高元智庫秉持多年的服務熱忱與精益求精的精神。將近年來後中醫、後西醫、私醫聯招等普化試題做了一番詳盡的蒐集與整理，彙編出『普通化學百分百3.0 試題詳解』書籍，依照不同單元分章節編輯成冊。

『工欲善其事，必先利其器』，『普通化學百分百3.0 試題詳解』書籍輔以精闢詳盡的解說。高元智庫特別聘請名師李鉌老師針對 106 至110年後西醫(高醫) + 104至110年後中醫(中國醫.義守.慈濟)＋105 至109年私醫 歷屆考題詳加解析，免除學子們耗盡時間尋覓正解的苦惱。另為加強考生邏輯思維能力，幫助考生在試場上有條不紊地準確作答，本書依歷屆試題類型加以分類，每一單元先依原理編撰重點整理，盡以表格化以利方便比較，而後再附歷屆考題供讀者研讀及參考。在詳解方面特別著重思維模式的引導，突破考題考點，讓考生在學習與考場上輕鬆發揮實力。

出版此書目的在提供讀者可靠的資訊，使讀者徹底瞭解歷年試題題型的變化趨勢，更能掌握命題方向。在前往醫科的路途上，相信這將是輔助考生的得力幫手。收錄的題目內容之廣泛，相信亦足以應付報考：經濟部職員級化學類、私醫聯招、學士後中醫、後西醫、大一轉學考、醫學院校內轉、......等考試使用。本書雖經謹慎校訂，疏漏恐難避免，尚祈學界先進惠予指教，讓此書更臻完美，以為改版時修正之用。

高元智庫與李鉌老師也會在未來陸續增修內容，出版相關系列叢書迎合更多人的需要與要求。

楊思敏、李鉌 謹誌

2021.10.6

普通化學百分百3.0 試題詳解　李鈗 編授

【106-110年高醫後西醫 +104-110年後中醫(中國醫.義守.慈濟) +
105-109年私醫 歷屆試題詳解】

目　錄

第0、1單元　基礎概念與化學計量

一、　七種 SI 基本單位

物理量	質量	長度	溫度	時間	物質數量	電流	亮度
符號	Kg	m	K	s	mol	A	Cd

二、　字首修飾 SI 單位的大小

字首	Prefix	乘的倍數	符號
十億	Giga	10^9	G
百萬	Mega	10^6	M
仟	Kilo	10^3	k
	Deci	10^{-1}	d
厘	Centi	10^{-2}	c
毫	Milli	10^{-3}	m
微	Micro	10^{-6}	μ
微毫（奈）	Nano	10^{-9}	n
微微	Pico	10^{-12}	p
菲	Femto	10^{-15}	f

三、　部分 SI 導出的單位

物理量	SI 單位	單位符號	SI 單位的定義
能量	焦耳 Joule	J	$Kg \cdot m^2 s^{-2}$
力	牛頓 newton	N	$Kgms^{-2}(or\ Jm^{-1})$
壓力	巴斯卡	Pa	$Kgm^{-1}s^{-2}(or\ Nm^{-2})$
功率	瓦特 watt	W	$Kgm^2s^{-3}(or\ Js^{-1})$
頻率	赫茲	Hz	s^{-1}
電荷	庫倫 coulomb	C	As
電位差	伏特 Volt	V	$Kgm^2s^{-3}A^{-1}(or\ Js^{-1}A^{-1})$

四、 *單位間的互換*

長度（*Length*）：SI 制單位 ⇒ 公尺 *m*	
1 m =1×10^2 cm =1×10^3 mm =1×10^6 μ m = 1×10^9 nm =1×10^{10} Å = 1×10^{12} pm	
1 Å（埃，angstron）= 1×10^{-10} m；1nm（奈米，nanometer）= 1×10^{-9} m	
2.54 cm = 1 inch（英吋，in）	1.609 km = 1mile（英哩，mi）
1 foot = 1ft（英呎）= 12 in	1mile = 5280 ft

體積（*Volume*）：SI 制導出單位 ⇒ 立方公尺 *m*^{3}	
1L = 1×10^3 cm^3 = 1dm^3（立方公寸）	1m^3（立方米）= 1×10^3 L= 1×10^6 mL
1 gal（加侖）= 4qt（夸特）= 3.785 L	1 qt = 0.946 L = 2pt（瓶脫）

質量（*Mass*）或重量（*Weight*）：SI 制單位 ⇒ 公斤 *kg*	
1 kg = 1×10^3 g = 1×10^6 mg = 10^{-3} 噸	1 oz = 28.350 g
1 *l*b（英鎊）= 454 g = 0.454 kg	1 *l*b =16 oz（盎司）

能量（*Energy*）：SI 制導出單位 ⇒ 焦耳 *J*（*Kg.m*^{2}*s*$^{-2}$）	
1（卡,cal）= 4.184（焦耳, J）	1 J = 1.0×10^7（爾格, erg）
1（電子伏特,eV）= 1.6×10^{-19} J	1atm.L = 101.325 J = 24.2 cal

壓力（*Pressure*）：SI 制導出單位 ⇒ 巴斯卡 *Pa*【*Kgm*$^{-1}$*s*$^{-2}$(*or Nm*$^{-2}$)】
1atm ＝76cm-Hg＝760mm-Hg＝760 torr（1 托耳，torr =1 毫米汞柱，mmHg）
＝ 1033.6 cm-H$_2$O＝1033.6 gw/cm^2＝10336 Kgw/m^2
＝1.013 × 10^5 N/m^2＝1.013 × 10^5 Pa（帕 *pascal*）＝1013 百帕 ＝1013 毫巴

五、 常見單位

1. **溫度**（*Temperature*）

    (1) SI 制的溫度單位為：K（凱氏溫度；絕對溫度）

    (2) 其他溫度單位與彼此關係：攝氏℃；華氏 ^{0}F

        A. 絕對溫度（T K）= t℃+273.15　【EX：25℃+273 = 298K】

        B. 華氏溫度（^{0}F）= $\dfrac{9}{5}$ t℃+32　　【EX：25℃×$\dfrac{9}{5}$+32 = 77 ^{0}F】

2. **密度**（*density*）

    (1) <u>定義</u>：每單位體積所含的質量。

    (2) <u>公式</u>：密度＝d＝$\dfrac{\text{質量M}}{\text{體積V}}$

    (3) <u>備註</u>：密度受溫度影響

3. **比熱**（*Specific heat*）

    (1) <u>定義</u>：1 克物質上升 1℃所吸收熱量

    (2) <u>常見單位</u>：cal/g.℃；J/g.℃

    (3) <u>物質的吸熱或放熱</u> = 質量 × 比熱 × 溫度差

六、 *測量數據的處理*

1. **測量數據**：準確值＋估計值 ＝ 有效數字

2. **有效數字**（*Significant Figures*）：

    (1) 有效數字來源：測量儀器有最小單位，其為準確值最後一位。

    (2) 有效數字愈多，表示所用測量單位越小，測量愈準。

3. **有效數字判定原則**：

    (1) 帶小數：任何阿拉伯數字皆是有效數字。

    (2) 純小數：

        A. 小數點右端異於零的數之後，所有 0 均為有效。

        B. 小數點在右端到異於 0 的數之間的各種 0 數均為無效。

    (3) 整數：

        A. 位於中間 0 皆有效。

        B. 末端連續的 0 不一定有效。

4. **有效數字的運算原則**

    (1) 加減法

        A. 準確數字相加減，其結果仍然準確。

        B. 不準確的數字經加減後其結果仍然含有不準確性

    (2) 乘除法

        乘、除運算後所得積或商的有效數字位數

        ＝運算中最少之有效數字

    (3) 有效數字經運算後的進位及判定： 四捨六入；逢五無後則成雙

七、　測量的信賴度

1. 精密度（*Precision*）

(1) 某次測量與多次測量結果的接近程度，衡量測量結果的再現性。

(2) 精密度常以絕對平均偏差（*deviation*）或相對平均偏差表示。

2. 準確度（*Accuracy*）

(1) 某次測量與真值（or 公認值）的接近程度。

(2) 準確度常以絕對平均誤差或相對平均誤差（*error*） 表示。

八、　混合物分離的方法（物理方法）

純化方法	原　　　　　理
過　　濾	利用合適的過濾器，如濾紙、濾網等，來分離固、液物質
蒸　　餾	利用混合物中各成分沸點差異，加以分離的方法，如分離墨水中的色素與水時，水會先氣化再將之冷凝收集
傾　　析	當液體中有難溶而易沉澱的固體時，可藉由傾倒上層液體而留下固體在容器中而分離
離心分離	利用離心機分離液體中不易沉降的固體粒子，使其在短時間內沉澱於離心管底部
萃　　取	利用物質在兩種不互溶的溶劑中溶解度不同，將物質由其中一相移入另一相。例如碘不易溶於水，但可溶於正己烷中，因此可用正己烷萃取水中的碘。
層　　析	利用物質在固定相及移動相中附著力的不同，而有不同移動速率而分離物質，如濾紙色層分析法。

九、 一些基本定律

確定原子學說的基本定律	
質量守恆定律	(1) 提出者：西元 1789 年，法國科學家拉瓦節。 (2) 內容： 　　在化學變化發生時，反應前後的總質量相等。
定比定律	(1) 提出者：西元 1799 年，法國科學家普魯斯特。 (2) 內容： 　　某一個化合物，無論其來源或製備方法為何， 　　其組成元素間都有一定的質量比。
倍比定律	(1) 提出者：西元 1803 年，英國科學家道耳頓。 (2) 內容： 　　當兩元素可以生成兩種以上的化合物時，若其中 　　一元素的質量固定，則另一元素質量恆成簡單整數比。
道耳頓原子說	(1) 內容： 　　(a) 物質均由不能再分割的原子構成 　　(b) 相同元素的原子，其質量與性質相同； 　　　　不同元素的原子，其質量與性質相異 　　(c) 不同元素原子能以簡單整數比，結合成化合物 　　(d) 化學反應是原子間的重新排列組合，在反應 　　　　過程中，原子的種類與數目均不改變 (2) 修正： 　　(a) 原子可再分割為質子、中子、電子等粒子 　　(b) 同位素之存在; 同量素之存在 (3) 道耳頓的原子說可以解釋質量守恆定律、定比定律及 　　倍比定律等定律。
確定分子學說的基本定律	
氣體化合體積定律	(1) 提出者：西元 1809 年，法國科學家給呂薩克。 (2) 內容： 　　同溫、同壓下，化學反應中用去或生成的各種 　　氣體體積間，恆成簡單的整數比。 (3) 道耳頓原子說無法說明氣體化合體積定律。
亞佛加厥定律	(1) 提出者：西元 1811 年，義大利科學家亞佛加厥。 (2) 內容： 　　在同溫、同壓下，同體積的任何氣體具有相同分子數。 (3) 解釋：可以合理解釋氣體化合體積定律。

十、 原子量求法

(1) 坎尼扎羅法（*Cannizzaro*）最大公因數法

原理	分子中含原子必為整數，故每莫耳分子中，含任何元素重均為其原子量的整數倍
方法	找出多種含 X 的化合物，依此測出每莫耳化合物中含 X 的重量，這些重量之最大公因數即為 X 之原子量（原子量不等於 1）

(2) 杜龍-博蒂法（*Dulong-Petit*）比熱法

原理	經由實驗發現，許多金屬固體元素，其一莫耳升高 1℃ 所需熱量均在 6.0~6.4 cal 之間。只能求得近似原子量，無法求精確值，需搭配當量法求的精確值。
方法	近似金屬原子量 $= \dfrac{6.0 \sim 6.4(\text{cal/mol}.^0\text{C})}{\text{比熱}(\text{cal/g}.^0\text{C})}$ ； $3R =$ 金屬熱容量 $= 24 \sim 25$ J/mol.℃

(3) 質譜儀法（目前最精確求得原子量方法；證實同位素存在）

原理	由質譜儀測得某種陽離子，X^{n+} 的 $\dfrac{q\text{電量}}{m\text{質量}}$ 的比值。
方法	原子量 $A_w = \dfrac{96500 \times n}{q/m}$

(4) 平均原子量法

原理	由於自然界同位素的存在，週期表上之原子量為平均原子量（不為實際質量數）
方法	$M = \sum (\text{同位素原子量} \times \text{所佔百分率})$

(5) 當量法

原理	化合物中組成元素之當量數相等。
方法	當量數 $=$ 莫耳數 $\times$ 價數 $= \dfrac{\text{重量}}{\text{原子量}} \times$ 價數 $= \dfrac{\text{重量}}{\text{當量}}$ （當量 $= \dfrac{\text{原子量}}{\text{價數}}$）

(6) 晶體繞射法	
原理	由 X-ray 晶體繞射測定金屬晶體構造，並求得晶體原子量
方法	$M = \dfrac{l^3 \times d}{單位晶格所含金屬原數} \times N_A$

十一、 莫耳數求法

已知條件		莫耳數（mol，n）求法
任何狀態	已知粒子數 為 N 個	$n = \dfrac{粒子數N}{亞佛加厥數N_A (6.02 \times 10^{23})}$
	已知質（重） 量為 W 克	$n = \dfrac{質量W克}{分子或原子莫耳質量M_w}$
氣態	已知體積 V 公升（L）	$n = \dfrac{PV}{RT} = \begin{cases} \dfrac{氣體體積V(L)}{22.4\,(L/mol)}\,(0^0C，1atm)\,(S.T.P) \\[2mm] \dfrac{氣體體積V(L)}{24.5\,(L/mol)}\,(25^0C，1atm)\,(N.T.P) \\[2mm] \dfrac{氣體體積V(L)}{24.6\,(L/mol)}\,(27^0C，1atm) \end{cases}$
溶液	已知體積莫耳 濃度 C_M	$n_{溶質} = C_M (mol/L) \times V(L)$
	已知重量百分 濃度 P%	$n_{溶質} = \dfrac{V_{液}(mL) \times D_{液}(g/mL) \times P\%}{M_{溶質}}$
電子	已知電流強度 I 安培、時間 t 秒	$n_{電子e} = \dfrac{I(A) \times t(s)}{96500coul}$

十二、 分子量求法

種類	公式	備註
氣體類	亞佛加厥定律的應用：$\dfrac{M_1}{M_2}=\dfrac{W_1}{W_2}=\dfrac{D_1}{D_2}$	同溫同壓下
	蒸汽密度法：$PM=dRT$	適用揮發性較大的物質 d 常見單位：g/L
	擴散定律：$\dfrac{R_2}{R_1}=\sqrt{\dfrac{M_1}{M_2}}$	同溫同壓下
	混合氣體平均分子量：$\overline{M}=\sum_{i=1}^{n}M_iX_i$	$M_{min}<\overline{M}<M_{max}$
一般類	沸點上升度數（$\Delta T_b=K_b\cdot C_m\cdot i$）或凝固點下降度數（$\Delta T_f=K_f\cdot C_m\cdot i$）	常用於不揮發物質 K_b、K_f 與溶劑種類有關
	滲透壓 $\pi=C_MRTi$	適用於分子量很大的物質
	滴定法：克當量數相同	適用於酸鹼中和與氧化還原反應

十三、 化學式表示法法

	實驗式	分子式	結構式	示性式
原子種類	✓	✓	✓	✓
原子數比	✓	✓	✓	✓
原子數量		✓	✓	✓
排列方式			✓	✓

十四、 *實驗式及分子式求法*

1. 假設實驗式為 $C_xH_yO_z$：

   $$=\frac{C質量}{C原子量}:\frac{H質量}{H原子量}:\frac{O質量}{O原子量}\left(\text{或}=\frac{C重\%}{C原子量}:\frac{H重\%}{H原子量}:\frac{O重\%}{O原子量}\right)$$

   $=x:y:z$（最簡單整數比），式量為 $12x+y+16z$。

2. 利用題目提供有關分子量資訊求得分子式

   $\Rightarrow$ 分子式＝（實驗式）$_n$，其中 $n=\dfrac{分子量}{式量}$

十五、 *化學計量*

1. **限量試劑**：

   (1) **定義**：一化學反應若完全反應， 作用完的反應物稱為限量試劑。

   (2) **應用**：計算生成物的量由限量試劑相關計量來計算

2. **理論產量**：限量試劑完全反應後，所得產物之量。

3. **實際產量**：化學反應過程中實際上所得的產物的量。

4. **產率**$=\dfrac{實際生成的量}{理論生成產量}\times100\%$

5. **分解率（轉化率）**$=\dfrac{反應物分解的量}{原反應物的量}\times100\%$

6. **原子使用效率**$=\dfrac{目標產物的總質量}{所有產物或反應物總質量}\times100\%$

7. **計量化學流程**：

十六、 *熱化學*

1. 反應熱ΔH種類 ：

種類	意義	特性
莫耳 生成熱	1 莫耳物質由其成分元素 生成時之反應熱	(1) 不一定為吸熱或放熱 (2) 元素物質的生成熱為 0
莫耳 分解熱	1 莫耳物質分解為其成分 元素時之反應熱	(1) 不一定為吸熱或放熱 (2) 同一種物質的莫耳分解熱與莫耳 生成熱等值號
莫耳 燃燒熱	1 莫耳物質完全燃燒時之 反應熱	(1) 必為放熱 (2) 不可燃物質 O_2、H_2O、CO_2、N_2 的 燃燒熱為 0
莫耳 溶解熱	1 莫耳物質溶解於大量 溶劑時之反應熱	(1) 氣體之莫耳溶解熱必為放熱 (2) 固體之莫耳溶解熱不一定為吸熱 或放熱
莫耳 解離熱	1 莫耳的氣態物質分解為 氣態原子之反應熱	(1) 必為吸熱 (2) 解離熱可視為分子中鍵能之和
莫耳 中和熱	酸與鹼反應生成 1 莫耳 水時之反應熱	必為放熱

2. 卡計中反應熱ΔH（熱量Q）

$= m$（質量）$\times s$（比熱）$\times \Delta T$（溫度差）

$= n$（莫耳數）$\times \hat{c}$（莫耳熱容量）$\times \Delta T$

3. 反應熱ΔH速解公式：

$\Delta H =$ 生成物焓總和－反應物焓總和（定義）

$\quad =$ 正活化能－逆活化能$= E_a - E_a{}'$ （動力學）

$\quad =$ 反應物鍵能之和－生成物鍵能之和 （$\sum$反鍵$-\sum$生鍵）

$\quad =$ 生成物生成熱之和－反應物生成熱之和 （$\sum$生生$-\sum$反生）

$\quad =$ 反應物燃燒熱之和－生成物燃燒熱之和 （$\sum$反燃$-\sum$生燃）

歷 屆 試 題 集 錦

---

1. Please calculate the specific heat capacity of a metal if 15.0 g of it requires 169.6 J to change the temperature from 25.00°C to 32.00°C?
   (A) 0.619 J/g°C   (B) 11.3 J/g°C   (C) 24.2 J/g°C
   (D) 1.62 J/g°C   (E) 275 J/g°C

【110 高醫(19)】

【詳解】D
$\Delta H = m \cdot s \cdot \Delta T = 15.0g \times s \times (32.00°C - 25.00°C) = 169.6 \text{ J} \Rightarrow s = 1.62 \text{ J/g°C}$

---

2. Consider the following processes:

$2A \rightarrow (1/2)B + C$	$\Delta H_1 = 5 \text{ kJ/mol}$
$(3/2)B + 4C \rightarrow 2A + C + 3D$	$\Delta H_2 = -15 \text{ kJ/mol}$
$E + 4A \rightarrow C$	$\Delta H_3 = 10 \text{ kJ/mol}$

   Calculate ΔH for: $C \rightarrow E + 3D$
   (A) 0 kJ/mol   (B) 10 kJ/mol   (C) -10 kJ/mol
   (D) -20 kJ/mol   (E) 20 kJ/mol

【110 高醫(26)】

【詳解】C
方程式：$C \rightarrow E + 3D = (1) \times 3 + (3) \times -1 + (2) \times 1$
其 $\Delta H = 5 \text{ kJ/mol} \times 3 + 10 \text{ kJ/mol} \times -1 + (-15 \text{ kJ/mol}) \times 1$
$= -10 \text{ kJ/mol}$

---

3. Select the answer with the correct number of decimal places for the following sum: 13.914 cm + 243.1 cm + 12.00460 cm =
   (A) 269.01860 cm   (B) 269.0186 cm   (C) 269.019 cm
   (D) 269.02 cm   (E) 269.0 cm

【110 高醫(61)】

【詳解】E

$$
\begin{array}{r}
13.91\underline{4} \\
243.\underline{1} \\
+\quad 12.0046\underline{0} \\
\hline
=\quad 269.\underline{0}1860
\end{array}
$$

※ 測量數據：

準確值+估計值（底線位置）=有效數字

故 269.01860 取四位有效記為：269.0

---

4. Hydroxylamine nitrate contains 29.17 mass % N, 4.20 mass % H, and 66.63 mass % O. Determine its empirical formula.

　(A) HNO　　　(B) H_2NO_2　　　(C) HN_6O_{16}　　　(D) $HN_{16}O_7$　　　(E) H_2NO_3

【110 高醫(85)】

【詳解】B

速解法：利用某原子在化合物中重量百分比尋找答案

以 O 原子為例：

(A) $\dfrac{16}{1+14+16}=0.52$　　　　(B) $\dfrac{16\times2}{1\times2+14+16\times2}=0.66$

(C) $\dfrac{16\times16}{1+14\times6+16\times16}=0.75$　　　(D) $\dfrac{16\times7}{1+14\times16+16\times7}=0.33$

(E) $\dfrac{16\times3}{1\times2+14+16\times3}=0.75$

---

5. 某元素 X 可形成 A、B、C 三種氣態化合物。在 1 大氣壓下，三種氣態化合物的數據如下：元素 X 為何？

化合物	密度	溫度	X 的含量
A	1.869 g/L	27 °C	69.6%
B	2.316 g/L	127 °C	63.2%
C	2.925 g/L	177 °C	74.1%

　(A) C　　　　　(B) N　　　　　(C) O　　　　　(D) F

【110 中國醫(33)】

【詳解】C

坎尼札洛法（*Cannizzaro*）預設原子原子量：最大公因數法

⇒ 分子中必含整數個原子，故分子中所含某元素重必為該元素原子量的整數倍。

⇒ 將含某元素之數種化合物之分子量，各乘以該元素所佔重量百分率，求所得之值之

最大公因數，即為該元素之原子量。（原子量不等於 1）

⇒ 莫耳體積（L/mol 針對氣體）× 密度（g/L）= 分子量（g/mol）

化合物	密度	溫度	莫耳體積（L / mol）	分子量（g / mol）	X 的含量	原子量
A	1.869 g/L	27 °C	24.6	46	69.6%	32
B	2.316 g/L	127 °C	32.8	76	63.2%	48
C	2.925 g/L	177 °C	36.9	108	74.1%	80

⇒ 該元素原子量(最大公因數) = 16…氧元素

---

6. NaCl 和 NaNO$_3$ 的混合物中鈉的含量為 34.5%，計算 NaCl 在此混合物中的重量百分比(%)。
   (A) 30.4%　　　　(B) 40.5%　　　　(C) 50.6%　　　　(D) 60.7%

   【110 中國醫(38)】

【詳解】D

設 NaCl 為 x mol、NaNO$_3$ 為 y mol

$$\Rightarrow \frac{23(x+y)}{58.5x+85y} \times 100\% = 35.0\% \Rightarrow x:y \approx 7:3$$

$$\Rightarrow \frac{7\times58.5}{7\times58.5+3\times85} \times 100\% \approx 61\%$$

---

7. 乙烯(C_2H_4(g))之標準燃燒熱為 −1411.1 kJ/mol，CO_2(g)之標準生成熱為 −393.5 kJ/mol，H_2O(l)之標準生成熱為 −285.8 kJ/mol，則乙烯之標準生成熱(ΔH_f, kJ/mol)為何？
   (A) 52.5　　　　(B) −1195.6　　　　(C) −338.2　　　　(D) 731.7

   【110 義守(16)】

【詳解】A

$CO_{2(g)}$ 之標準生成熱為 $C_{(s)}$ 的燃燒熱；$H_2O_{(l)}$ 之標準生成熱為 $H_{2(g)}$ 的燃燒熱。

反應熱（ΔH）＝（反應物總燃燒熱）－（生成物總燃燒熱）

由赫斯定律：

$2C_{(s)} + 2H_{2(g)} \rightarrow C_2H_{4(g)}$　$\Delta H_f = ?$

$\Delta H_f = \Sigma$ 反燃 $-\Sigma$ 生燃 $= [2\times(-394) + 2\times(-285.8)] - 1\times(-1411.1)$

$\qquad\qquad = +52.5$（kJ/mol）

---

8. 估計一摩爾乙炔(C_2H_2)生成二氧化碳和水蒸氣的焓變(enthalpy change)？

　　BE(C–H) = 456 kJ/mol

　　BE(C≡C) = 962 kJ/mol

　　BE(O=O) = 499 kJ/mol

　　BE(C=O) = 802 kJ/mol

　　BE(O–H) = 462 kJ/mol

(A) –1759 kJ/mol　　(B) +653 kJ/mol　　(C) +1010 kJ/mol　　(D) –1010 kJ/mol

【110 義守(35)】

【詳解】D

方程式如：$1C_2H_2 + 5/2\,O_2 \rightarrow 2CO_2 + 1H_2O$

利用 $\Delta H =$ 反應物鍵能之和 － 生成物鍵能之和（$\sum$反鍵$-\sum$生鍵）

$\Rightarrow \sum$反鍵 $= 1\times962 + 2\times456 + (5/2)\times499$

$\quad -\sum$生鍵 $= 2\times2\times802 + 1\times2\times462$

$\qquad\qquad = -1010$ kJ

9. A生和B生均利用原子吸收光譜儀量測廢水中的汞離子（Hg^{2+}）濃度，其數據如下表，下列敘述何者**最不適當**？

剔除商數表 (Values of Rejection Quotient, Q)
信賴水準 (confidence level)為95%

樣品編號	Hg^{2+}濃度 (ppm)	
	A生	B生
1	8.51	8.70
2	8.70	8.56
3	8.50	8.58
4	8.48	8.54
5	8.55	8.53
6	8.58	8.50
7		8.52

樣品數目	Q_{crit}
3	0.970
4	0.829
5	0.710
6	0.625
7	0.568
8	0.526
9	0.493
10	0.466

(A) 8.50在A生的數據中是正常值，不需要剔除。
(B) 8.70在B生的數據中是異常值（outlier），不需要剔除。
(C) 8.70在A生的數據中是異常值，需要剔除。
(D) 8.70在B生的數據中是異常值，需要剔除。

【110慈濟(4)】

【詳解】C

分析化學中，Q-test 法決定有疑義（或偏離最大）之實驗數據是否可以剔除

$$Q = \frac{\text{有疑義之數據值} - \text{與該值差距最小之數據值}}{\text{數據區間}(spread) = \text{最大數據值} - \text{最小數據值}}$$

若 $Q_{exp} > Q_{crit}$，數據刪除。

(B)(D)

$$Q_{exp} = \frac{8.7 - 8.58}{8.7 - 8.5} = 0.6 > Q_{crit} = 0.568 \text{（七組數據），該數據應該踢除。}$$

(C)

$$Q_{exp} = \frac{8.7 - 8.58}{8.7 - 8.48} = 0.545 < Q_{crit} = 0.625 \text{（六組數據），該數據應該保留。}$$

故(B)(C)選項應該皆有誤～但慈濟認為 C 是最不恰當。

10. 使用以下的數據所計算出H–Br的鍵能，其數值為何？

$H_{2(g)} + Br_{2(g)} \rightarrow 2\,HBr_{(g)}$ $\Delta H° = -103\ kJ/mol$

$H_{2(g)} \rightarrow 2\,H_{(g)}$ $\Delta H° = 432\ kJ/mol$

$Br_{2(g)} \rightarrow 2\,Br_{(g)}$ $\Delta H° = 193\ kJ/mol$

(A) 728 kJ/mol　　(B) 261 kJ/mol　　(C) 364 kJ/mol　　(D) 522 kJ/mol

【110慈濟(49)】

【詳解】C

利用 $\Delta H =$ 反應物鍵能之和－生成物鍵能之和（ $\sum$ 反鍵－ $\sum$ 生鍵）

$$\Rightarrow \sum 反鍵 = 1\times432 + 1\times193$$

$$-\sum 生鍵 = 2\times(H-Br)$$

$$= -103\ kJ，故\ H\text{-}Br\ 鍵能 = 364\ kJ/mol$$

11. 化合物 $H_2Cr_2O_7$ 和 HCl 反應可得 $CrCl_3$、Cl_2 和 H_2O，該反應式經平衡後，所有係數的總和為多少？

(A) 12　　　　(B) 13　　　　(C) 23　　　　(D) 24　　　　(E) 25

【109 中國醫(9)】

【詳解】E

$1H_2Cr_2O_7 + 12HCl \rightarrow 2CrCl_3 + 3Cl_2 + 7H_2O$

12. 在 540 克的 $C_6H_{12}O_6$ 中含有幾莫耳的氫原子？

(A) 3　　　　(B) 5　　　　(C) 18　　　　(D) 20　　　　(E) 36

【109 中國醫(23)】

【詳解】E

$$\frac{540g}{180g/mol} \times \frac{12mol\ H}{1mol\ C_6H_{12}O_6} = 36mol\ H$$

13. Hydroxylamine nitrate 含有 29.17 質量% N、4.20 質量% H 和 66.63 質量% O。如果它的分子量介於 94 至 98 g/mol 之間,它的分子式是什麼?
(A)NH_2O_5 (B) $N_2H_4O_4$ (C) $N_3H_3O_3$ (D) $N_4H_8O_2$

【109 義守(17)】

【詳解】B

利用元素分析法(燃燒法),假設此化合物為 100 克及化合物實驗式為

$N_xH_yO_z \Rightarrow x:y:z = \dfrac{29.17\%}{14} : \dfrac{4.2\%}{1} : \dfrac{66.63\%}{16} = 1:2:2$

此化合物實驗式 $N_1H_1O_2$

∵ **分子式＝(實驗式)$_n$**,其中 $n = \dfrac{分子量}{式量}$

∴ $n = \dfrac{分子量=96}{式量=(14+2+32)} = 2$;故分子式 $N_2H_4O_4$…選 B

速解法:此題中 BD 選項的分子量介於 94 至 98 g/mol 之間

計算兩者 O 的重量百分率

(B) $\dfrac{16\times4}{96}\times100\%=66.6\%$ (D) $\dfrac{32}{96}\times100\%=33.3\%$

14. 如果 61.3 g 的 Cl_2 (M_w =70.91 g/mol)與過量的 PCl_3 發生反應時生成 119.3 g 的 PCl_5 (M_w = 208.2 g/mol)。下列反應的百分比產率(yield)是多少?
$PCl_3(g) + Cl_2(g) \rightarrow PCl_5(g)$
(A) 195% (B) 85.0% (C) 66.3% (D) 51.4%

【109 義守(27)】

【詳解】C

方程式: $PCl_3(g)$ + Cl_2 → $PCl_5(g)$

初: excess $\dfrac{61.3g}{70.91g/mol}$
= 0.865mol

故 PCl_5 理論產生:$0.865mol\ Cl_2 \times \dfrac{+1PCl_5}{-1\ Cl_2} \times 208.2\ g/mol = 180.0g$

產率(yield) 百分比% = $\dfrac{實際產量=119.3g}{理論產量=180.0g}\times100\% = 66.3\%$

15. 合成硝酸的一個重要步驟是氨氣轉化為一氧化氮。

$\Delta H^{\circ}_f [NH_3(g)] = -45.9$ kJ/mol，$\Delta H^{\circ}_f [NO(g)] = +90.3$ kJ/mol，

$\Delta H^{\circ}_f [H_2O(g)] = -241.8$ kJ/mol

$4NH_3(g) + 5O_2(g) \rightarrow 4NO(g) + 6H_2O(g)$，計算此反應的 ΔH°_{rxn}。

(A) -906.0 kJ　　　(B) -197.4 kJ　　　(C) -105.6 kJ　　　(D) 197.4 kJ

【109 義守(28)】

【詳解】A

方程式：$4NH_{3(g)} + 5O_{2(g)} \rightarrow 4NO_{(g)} + 6H_2O_{(g)}$

$\Delta H = \sum$ 生成物生成熱和 $- \sum$ 反應物生成熱和

$\Rightarrow [(+90.3) \times 4 + (-241.8) \times 6] - [(-45.9) \times 4 + 0]$

$\Rightarrow [-1089.6] - [-183.6] = -906$ kJ

16. 層析法用於定量分析時常採用內標法，其最主要之優點為：

(A) 操作方便

(B) 提高共存成分的分離效果

(C) 減少儀器、人為操作影響，提高分析準確度

(D) 降低分離時拖尾因子影響

【109 慈濟(8)】

【詳解】C

內標法是色譜分析中一種比較準確的定量方法，尤其在沒有標準物對照時，此方法更顯其優越性。內標法是將一定重量的純物質作為內標物加到一定量的被分析樣品混合物中，然後對含有內標物的樣品進行色譜分析，分別測定內標物和待測組分的峰面積(或峰高)及相對校正因子，按公式和方法即可求出被測組分在樣品中的百分含量。

17. 分析結果出現系統誤差主要是指：

(A) 分析結果中的相對標準偏差增大　　(B) 分析結果的平均值顯著偏離真值

(C) 分析結果的總體平均值偏大　　(D) 分析結果的總體標準偏差偏大

【109 慈濟(14)】

【詳解】B

系統誤差（*systematic errors*）：

1. 已知因素造成，又稱 已定誤差 ；可控制的誤差 。
2. 此種誤差每次發生的趨勢一樣，不是忽高忽低。

　故：分析結果的平均值顯著偏離真值。區分為：

　(a) 儀器誤差（*instrumental errors*）；(b) 個人誤差（*personal errors*）

　(c) 方法誤差（*methodic errors*）

---

18. 有一化合物由元素 X 和氫組成，經分析後顯示 X 的質量佔該化合物分子量的 80%，該化合物中氫原子的數目為 X 原子的 3 倍，請問元素 X 是哪個元素？

(A) N　　　　(B) C　　　　(C) P　　　(D) S

【109 慈濟(33)】

【詳解】B

利用定比定律，假設此化合物實驗式為 X_1H_3

$$1:3 = \frac{80重\%}{原子量M_A} : \frac{20重\%}{1} \Rightarrow M_A = 12 ... 碳元素$$

---

19. 對某有機化合物的分析顯示，其包含 0.0700 mol 的 C，0.175 mol 的 H 和 0.0350 mol 的 N。其分子量 86 amu。請問該化合物的簡式 (empirical formula)中有多少個碳原子，分子式 (molecular formula)中有多少個碳原子？

(A) 2, 3　　　(B)5, 10　　　(C)2, 4　　　(D)3, 3

【109 私醫(3)】

【詳解】C

$C_xH_yN_z \Rightarrow x：y：z = 0.07：0.175：0.035 = 2：5：1$（最簡比）

故實驗式式量 $= 12×2+1×5+14×1 = 43$

$n = \dfrac{分子量=86}{式量=43} = 2$ ，故分子式 $= (C_2H_5N_1)×2 = C_4H_{10}N_2$

20. 硫酸製造與以下的反應步驟有關：

$$4FeS_2 + 11O_2 \rightarrow 2Fe_2O_3 + 8SO_2 \quad ; \quad 2SO_2 + O_2 \rightarrow 2SO_3$$

$$SO_3 + H_2O \rightarrow H_2SO_4$$

若 FeS_2 為 8.41 莫耳，請問可合成 H_2SO_4 多少莫耳？

(A) 4.21 莫耳　　(B) 8.41 莫耳　　(C) 16.8 莫耳　　(D) 46.3 莫耳

【109 私醫(6)】

【詳解】C

$$4FeS_2 + 11O_2 \rightarrow 2Fe_2O_3 + 8SO_2$$

$$8SO_2 + 4O_2 \rightarrow 8SO_3$$

$$8SO_3 + 8H_2O \rightarrow 8H_2SO_4$$

$-n_{FeS2} : +n_{H2SO4} = 1 : 2 = 8.41 : 16.8$

21. 在 25°C 下，已知下列反應：

	ΔH (kJ/mol)
$2ClF + O_2 \rightarrow Cl_2O + F_2O$	167.4
$2ClF_3 + 2O_2 \rightarrow Cl_2O + 3F_2O$	341.4
$2F_2 + O_2 \rightarrow 2F_2O$	−43.4

在同樣溫度下，試問：$ClF + F_2 \rightarrow ClF_3$ 的 ΔH 為？kJ/mol

(A) −217.5　　(B) −130.2　　(C) +217.5　　(D) −108.7

【109 私醫(29)】

【詳解】D

方程式 $ClF + F_2 \rightarrow ClF_3$ 由方程式(3)×1/2 + (2)×(−1/2)+(1)×1/2

故：$ClF + F_2 \rightarrow ClF_3$，$\Delta H = (\Delta H_1 + \Delta H_3 - \Delta H_2) \times 1/2$

$$= (167.4 + (-43.3) - 341.4) \times 1/2 = -108.7$$

22. 冰的熔化熱為 6.020 kJ/mol，水的比熱為 75.4 J/mol·°C，一顆冰塊含有一莫耳的水。試問想將 500 g 的水從 20°C 降至 0°C，需要最少幾顆冰塊？

(A) 1　　(B) 7　　(C) 14　　(D) 15

【109 私醫(30)】

【詳解】B

500 克的水放的熱全部被冰吸收至系統達 $0℃$，設具有 x mol 冰

故：$\left| 500g \times \dfrac{75.4J/mol.^0C}{18g/mol} \times (0℃-20℃) \right| = x$ mol $\times$ 6020 J/mol

$\Rightarrow x$ mol = 7 mol

---

23. Using the rules of significant figures, calculate following:

0.102 × 0.0821 ×273/1.01

(A) 2.2635　　(B) 2.264　　(C)2.26　　(D) 2.3　　(E) 2.66351

【108 高醫(16)】

【詳解】C

有效數字的運算原則

A. 乘除法

乘、除運算後所得積或商的有效數字位數 → 運算中最少之有效數字。

B. 有效數字經運算後的進位及判定： 四捨六入；逢五無後則成雙

故：$\dfrac{0.102\times0.0821\times273}{1.01} = 2.2635$取三位 $\Rightarrow$ 2.26

---

24. Which separation technique is based on differences in the affinity of the substances to be separated?

(A) filtration　　　　　(B) distillation　　　　　(C) solvent extraction

(D) paper chromatography　　(E) None of the above.

【108 高醫(22)】

【詳解】D

純化方法	原　　　　理
層　　析 （*Chromatography*）	利用物質在固定相及移動相中附著力的不同，而有不同移動速率而分離物質，如濾紙色層分析法。

25. Adipic acid contains 49.32% C, 43.84% O, and 6.85% H by mass. What is the empirical formula?

(A) $C_3H_5O_2$　　(B) C_2HO_3　　(C) $C_2H_5O_4$　　(D) C_3HO_3　　(E) $C_3H_3O_4$

【108 高醫(67)】

【詳解】A

速解法：計算 C 的重量百分率接近 50%

(A) $\dfrac{12\times3}{12\times3+5+32}\times100\% = 49.32\%$　(B) $\dfrac{12\times2}{12\times2+1+48}\times100\% = 38.1\%$

(C) $\dfrac{12\times2}{12\times2+5+64}\times100\% = 28.9\%$　(D) $\dfrac{12\times3}{12\times3+1+48}\times100\% = 42.35\%$

(E) $\dfrac{12\times3}{12\times3+3+64}\times100\% = 34.9\%$

最速解法：已知己二酸 Adipoc acid 分子式：$\underline{C_6H_{10}O_4}$

---

26. On a new temperature scale (°L), water boils at 155.00°L and freezes at –10.00°L. Calculate the normal human body temperature using this temperature scale.

On the Celsius scale, normal human body temperature is 37.0°C, and water boils at 100.0°C and freezes at 0.0°C.

(A) 57.30°L　　(B) 47.35°L　　(C) 51.05°L　　(D) 61.05°L　　(E) 41.05°L

【108 高醫(68)】

【詳解】C

假設新溫標（^0L）= $a\,^0C + b$

$\begin{cases} 155 = 100a + b \\ -10 = 0a + b \end{cases} \Rightarrow b = -10 \; ; \; a = \dfrac{165}{100} \Rightarrow {}^0L = \dfrac{165}{100}\,{}^0C + (-10)$

代入 $37\,^0C$ 得：$51.05\,^0L$

---

27. When the following equation $C_2H_5OH + O_2 \rightarrow CO_2 + H_2O$ is balanced, what are the coefficients?

(A) 2, 3, 1, 4　　　　(B) 1, 3, 2, 3　　　　(C) 1, 1, 1, 1

(D) 1, 2, 3, 4　　　　(E) 1, 2, 2, 2

【108 高醫(69)】

【詳解】B

$1C_2H_5OH + 3O_2 \rightarrow 2CO_2 + 3H_2O$

---

28. For the reaction $N_{2(g)} + 2H_{2(g)} \rightarrow N_2H_{4(l)}$, if the percent yield for this reaction is 41.0%, what is the actual mass of hydrazine(N_2H_4) produced when 30.57 g of nitrogen reacts with 4.45 g of hydrogen?

    (A) 24.00 g   (B)28.60 g   (C)15.00 g   (D)12.0 0 g   (E)14 .60 g

    【108 高醫(80)】

【詳解】E

$$
\begin{array}{cccc}
 & N_{2(g)} & + \quad 2H_{2(g)} & \rightarrow \qquad N_2H_{4(l)} \\
初 & \dfrac{30.57g}{28g/mol} & \dfrac{4.45g}{2g/mol} & \\
 & =1.09mol & =2.225mol & \\
作 & -1.09 & -2.18 & +1.09（mol） \\
\hline
終 & 0 & 0.045 & 1.09（\leftarrow 理論產量）
\end{array}
$$

$$產率 = \frac{實際生成的重量或莫耳數}{理論生成產量的重量或莫耳數} \times 100\%$$

$$= \frac{xg}{1.09mol \times (32)g/mol} \times 100\% = 41.0\% \Rightarrow xg = 14.6g$$

---

29. $^{56}Fe^{3+}$ 中有幾個質子(proton)、電子(electron)和中子(neutron)（依序列出）？
    (Fe 的原子序是 26)

    (A) 26, 26, 30   (B) 56, 26, 30   (C) 26, 23, 56

    (D) 29, 26, 30   (E) 26, 23, 30

    【108 中國醫(1)】

【詳解】E

$^{56}_{26}Fe^{3+}$（質子^1_1P，電子e^-，中子^1_0n）=（26，26−3，56−26）=（**26**，**23**，**30**）

30. 富馬酸(Fumaric acid)由碳、氫和氧三種元素組成，其中含 41.42 wt % 的碳以及 3.47 wt % 的氫。一個 0.05 莫耳的富馬酸樣品重量為 5.80 g。
富馬酸的分子式是
(A) $C_3H_3O_3$　　　　　(B) $C_4H_4O_4$　　　　　(C) $C_5H_8O_3$
(D) $C_5H_5O_5$　　　　　(E) $C_6H_{12}O_2$

【108 中國醫(3)】

【詳解】B
(1) **傳統解題法**：
利用元素分析法（燃燒法），假設此化合物為 100 克及化合物實驗式為 $C_xH_yO_z$

$$x：y：z = \frac{41.42}{12}：\frac{3.47}{1}：\frac{(100-41.42-3.47)}{16} = 1:1:1$$

∵ **分子式＝（實驗式）ₙ**，其中 $n = \dfrac{分子量}{式量}$

$$\therefore n = \frac{分子量 = \dfrac{5.8g}{0.05mol} = 116}{式量 = (12+1+16)} = 4$$

故分子式 $C_4H_4O_4$⋯選 B

(2) **速解法**：此題中 BCE 選項的分子量為 116
計算三者 C 的重量百分率

(B) $\dfrac{12}{29} \times 100\% = 41.3\%$　(C) $\dfrac{60}{116} \times 100\% = 51.7\%$　(E) $\dfrac{72}{116} \times 100\% = 62.0\%$

---

31. 將一個 50.0 克重的某金屬樣品加熱至 98.7 ℃，然後放置於裝有 395.0 克溫度為 22.5 ℃ 水的卡計中，最後水溫升至 24.5 ℃。此樣品為何種金屬？
(水的比熱 C = 4.18 J/g°C)
(A) 鉛 (C = 0.14 J/g°C)　(B) 銅 (C = 0.20 J/g°C)　(C) 銀 (C = 0.24 J/g°C)
(D) 鐵 (C = 0.45 J/g°C)　(E) 鋁 (C = 0.89 J/g°C)

【108 中國醫(17)】

【詳解】E
金屬塊放的熱 ＝ 水所吸的熱
ΔH（熱量變化）＝ m（質量）s（比熱）ΔT ＝ C(熱容量)ΔT
$| - [50.0 \times s \times (24.5 - 98.7)]℃ | = 395.0 \times 4.18 \times (24.5 - 22.5)℃$
$\Rightarrow C = 0.89$ J/(g℃)

32. 利用以下資料計算 $Mg(OH)_2(s)$ 的標準生成焓(standard enthalpy of formation)

$2Mg(s) + O_2(g) \rightarrow 2MgO(s)$　　　　　$\triangle H° = -1203.6$ kJ

$Mg(OH)_2(s) \rightarrow MgO(s) + H_2O(l)$　　$\triangle H° = +37.1$ kJ

$2H_2(g) + O_2(g) \rightarrow 2H_2O(l)$　　　　$\triangle H° = -571.7$ kJ

(A) 924.7 kJ/mol　　　　(B) 869.1 kJ/mol　　　　(C) 850.6 kJ/mol

(D) - 850.6 kJ/mol　　　(E) - 924.7 kJ/mol

【108 中國醫(18)】

【詳解】E

$Mg(s) + 1/2O_2(g) \rightarrow MgO(s)$　　　　　$\triangle H_1° = \dfrac{-1203.6}{2} kJ$

$MgO(s) + H_2O(l) \rightarrow Mg(OH)_2(s)$　　$\triangle H_2° = -37.1$ kJ

$+\ H_2(g) + 1/2O_2(g) \rightarrow H_2O(l)$　　　$\triangle H_3° = \dfrac{-571.7}{2} kJ$

$\Rightarrow Mg(s) + O_2(g) + H_2(g) \rightarrow Mg(OH)_2(s)$　　$\triangle H_4^0 = ?$

$\Rightarrow \triangle H_4^0 = \dfrac{-1203.6}{2} kJ + (-37.1 \text{ kJ}) + \dfrac{-571.7}{2} kJ = -924.7$ kJ

33. 下列何者不適合裝在玻璃製的容器內？

(A) HF　　　(B) HCl　　　(C) HBr　　　(D) HI

【108 義守(21)】

【詳解】A

(A) $SiO_2 + 4HF_{(aq)} \rightarrow SiF_{4(g)} + 2H_2O$

34. 下列何者完全燃燒時會產生相同分子數的二氧化碳及水？

(A)甲醇　　　(B)乙醇　　　(C)正己烷　　　(D)丙酮

【108 義守(26)】

【詳解】D

一般有機物燃燒反應：$1C_xH_yO_z + (x + \dfrac{y}{4} - \dfrac{z}{2})O_2 \rightarrow xCO_2 + \dfrac{y}{2}H_2O$

$\Rightarrow x = \dfrac{y}{2} \Rightarrow 2x = y$ 即有機物為 $C_nH_{2n}O_z$

分子式：(A)CH_4O　　(B)C_2H_6O　　(C)C_6H_{14}　　**(D)C_3H_6O**

35. 將 40.0 g 甲烷和丙炔的混合氣體樣品，在過量氧氣中完全燃燒，產生 121.0 g 的 CO_2 和一些 H_2O。請問樣品中甲烷的重量百分率是多少？
    (C: 12; H: 1; O: 16)
    (A) 20%　　　(B) 33%　　　(C) 50%　　　(D) 70%

    【108 義守(30)】

【詳解】C

$$\begin{cases} 1CH_4 + 2O_2 \rightarrow 1CO_2 + 2H_2O \\ \quad -xmol \qquad\qquad +xmol \\ 1C_3H_4 + 4O_2 \rightarrow 3CO_2 + 2H_2O \\ \quad -ymol \qquad\qquad +3ymol \end{cases} \Rightarrow \begin{cases} 16x + 40y = 40 \\ 44(x+3y) = 121 \end{cases} \Rightarrow (x, y) = (1.25, 0.5)$$

故甲烷的重量百分率：$\dfrac{1.25mol \times 16g/mol}{1.25mol \times 16g/mol + 0.5mol \times 40} \times 100\% = 50\%$

36. 已知某一化合物 C_xH_yQ 的分子量為 60 (Q 是未知元素)，若 C 和 H 在此化合物的質量百分比分別為 40.0% 和 6.67%，請問上述未知元素 Q 最接近下列哪一種元素？
    (A) S　　　(B) O　　　(C) P　　　(D) N

    【108 私醫(1)】

【詳解】A

利用元素分析法（燃燒法），假設此化合物為 100 克及化合物實驗式為

$C_xH_yO \Rightarrow x:y:1 = \dfrac{40.0\%}{12} : \dfrac{6.67\%}{1} : \dfrac{(100-40.0-6.67)\%}{Q原子量} = 2:4:1$

此化合物實驗式即為分子式故：Q 的原子量為 32…最佳解 A

37. 一個鹽水樣品的體積為 20.0 毫升，質量為 24.0 公克，依有效數字運算之結果計其比重(specific gravity)為何？
    (A) 0.833　　　(B) 8.3　　　(C) 1.2　　　(D) 1.20

    【108 私醫(2)】

【詳解】D

有效數字的運算原則

　A. 乘除法

　　乘、除運算後所得積或商的有效數字位數 → 運算中最少之有效數字。

　B. 有效數字經運算後的進位及判定： 四捨六入；逢五無後則成雙

故：$\dfrac{24.0g(三位)}{20.0mL(三位)} = 1.20(取三位)$

---

38. 下列何者是 0.0810 的科學記號表示法(scientific notation)？
    (A) 810×10^{-4}　　(B) 8.10×10^{2}　　(C) 8.1×10^{-2}　　(D) 8.10×10^{-2}

【108 私醫(3)】

【詳解】D

$0.0\mathbf{810}$ 為 3 位有效，故 $\mathbf{8.10} \times 10^{-2}$（其中 10^{-2} 不計有效數字）

---

39. 若乙烯($C_2H_{4(g)}$)之標準燃燒熱為 -1411.1 kJ/mol、$CO_{2(g)}$ 之標準生成熱為 -393.5 kJ/mol、$H_2O_{(l)}$ 之標準生成熱為 -285.8 kJ/mol，則乙烯之標準生成熱(ΔH_f°)為：
    (A) 731.7 kJ/mol　　　　(B) -1195.6 kJ/mol
    (C) 338.2 kJ/mol　　　　(D) 52.5 kJ/mol

【108 私醫(6)】

【詳解】D

$CO_{2(g)}$ 之標準生成熱為 $C_{(s)}$ 的燃燒熱；$H_2O_{(l)}$ 之標準生成熱為 $H_{2(g)}$ 的燃燒熱。

反應熱（ΔH）＝（反應物總燃燒熱）－（生成物總燃燒熱）

由赫斯定律：

$2C_{(s)} + 2H_{2(g)} \rightarrow C_2H_{4(g)}$　　$\Delta H_f = ?$

$\Delta H_f = \Sigma 反燃 - \Sigma 生燃 = [2 \times (-394) + 2 \times (-285.8)] - 1 \times (-1411.1)$

　　　　　　 $= +52.5$（kJ/mol）

40. 已知一反應 $H_{2(g)} + 1/2\ O_{2(g)} \rightarrow H_2O_{(l)}$，$\Delta H = -286$ kJ/mol，試問當產生 2.82 g 的水時，其焓(enthalpy)的變化為何？
(A)-44.8 kJ　　(B)-807 kJ　　(C) 44.8 kJ　　(D) 807 kJ
【108 私醫(7)】

【詳解】A

$H_{2(g)} + 1/2\ O_{2(g)} \rightarrow H_2O_{(l)}$，$\Delta H = -286$ kJ/mol

⇒ 生成 1mol 的水焓變化為 -286 kJ/mol

故 $\dfrac{-286kJ/mol}{+18g水=1mol水} = \dfrac{x\ kJ/mol}{+2.82g水}$ ⇒ $x = -44.8kJ$

---

41. 有關薄層色分析法 (TLC)的實驗規範 (固定相為 silica)，下列敘述何者最適當？
(A)以毛細管點樣品時，樣點直徑宜儘量放大，以免觀察不易
(B)實驗中做記號畫線以鉛筆最優先，或可選用原子筆代替
(C)展開液的極性會影響 R_f 值，選擇高極性溶劑使移動速率變慢但解析度未必較佳
(D)讓容器密閉是避免 TLC 片展開的移動速度不一致，其實沒有密閉也不影響結果
【108 私醫(48)】

【詳解】C
(A)以毛細管點樣品時，樣點直徑宜儘量**縮小**，以免觀察時造成誤差。
(B)鉛筆筆心是用石墨製成，不溶於極性或非極性溶劑，當展劑上升時不會發生基線也上升或不見了的情形，原子筆或鋼筆水屬於油性或水性顏料，便會發生上述情形。
(D)展開槽在加入展劑時，會蓋上蓋子適當的搖盪，讓展開槽內充滿了溶劑的蒸氣，溶劑的蒸氣壓有助於展劑的上升，濾紙上的溶劑因毛細現象上升時，不會馬上蒸發而勇往向上。沒有密閉，展劑的量也會變少。

---

42. Please balance the following equation (o, p, q, x, y, z are reaction coefficients). What is the sum of all coefficients (o + p + q + x + y + z)？
o $Cr_2O_7{}^{2-}{}_{(aq)}$ + p $H_2O_{2(aq)}$ + q $H^+{}_{(aq)}$ → x $Cr^{3+}{}_{(aq)}$ + y $O_{2(g)}$ + z$H_2O_{(aq)}$
(A) 18　　(B) 20　　(C) 22　　(D) 24　　(E) 26
【107 高醫(70)】

【詳解】D

$$（+1×2）×3$$

$$\underline{Cr}_2O_7{}^{2-}+3H_2\underline{O}_2+H^+\rightarrow 2\underline{Cr}^{3+}+3\underline{O}_2$$

$$+6\qquad\quad -1\qquad\quad +3\qquad 0$$

$$（-3×2）×1$$

$$Cr_2O_7{}^{2-}+3H_2O_2+8H^+\ \rightarrow\ 2Cr^{3+}+3O_2$$

$$Cr_2O_7{}^{2-}+3H_2O_2+8H^+\ \rightarrow\ 2Cr^{3+}+3O_2+7H_2O$$

---

43. In the blood of an adult human, there are approximately 2.64×10^{13} red blood cells with a total of 2.90 g of iron. On the average, how many iron atoms in each red blood cell? (Fe = 55.85 g/mol)

(A) 5.19×10^{-2} (B) 4.72×10^{11} (C) 1.09×10^{-13}

(D) 9.10×10^{12} (E) 1.18×10^{9}

【107 高醫(72)】

【詳解】E

$$\frac{2.6\times10^{13}\,red\ blood}{1\ red\ blood}=\frac{2.9\,gFe}{x\,gFe}$$

$$\Rightarrow\frac{1.115\times10^{-13}\,g}{55.85g/mol}\times\frac{6.02\times10^{23}\,個/mol}{1mol}=1.18\times10^{9}\,個$$

---

44. $HNO_{2(l)}+NaCl_{(s)}\ \rightarrow\ HCl_{(g)}+NaNO_{2(s)}$ Calculate the ΔH° value for the reaction above based on the information below.

Reaction	ΔH° kJ•mol^{-1}
$NO_{(g)}+NO_{2(g)}+Na_2O_{(s)}\ \rightarrow\ 2\,NaNO_{2(s)}$	-427.0
$NO_{(g)}+NO_{2(g)}\ \rightarrow\ N_2O_{(g)}+O_{2(g)}$	-43.0
$2\,NaCl_{(s)}+H_2O_{(l)}\ \rightarrow\ 2\,HCl_{(g)}+Na_2O_{(s)}$	507.0
$2\,HNO_{2(l)}\ \rightarrow\ N_2O_{(g)}+O_{2(g)}+H_2O_{(l)}$	34.0

(A) −78.5 kJ   (B) −157 kJ   (C) 0 kJ   (D) 78.5 kJ   (E) 157 kJ

【107 高醫(79)】

【詳解】D

$NO_{(g)} + NO_{2(g)} + Na_2O_{(s)} \rightarrow 2\,NaNO_{2(s)}$ 　　　　$\triangle H_1 = -427.0$

$NO_{(g)} + NO_{2(g)} \rightarrow N_2O_{(g)} + O_{2(g)}$ 　　　　$\triangle H_2 = -43.0$

$2\,NaCl_{(s)} + H_2O_{(l)} \rightarrow 2\,HCl_{(g)} + Na_2O_{(s)}$ 　　　　$\triangle H_3 = 507.0$

$2\,HNO_{2(l)} \rightarrow N_2O_{(g)} + O_{2(g)} + H_2O_{(l)}$ 　　　　$\triangle H_4 = 34.0$

全：$HNO_{2(l)} + NaCl_{(s)} \rightarrow HCl_{(g)} + NaNO_{2(s)}$ 　　　$\triangle H = $?

全方程式：$(4) \times \frac{1}{2} + (3) \times \frac{1}{2} + (1) \times \frac{1}{2} + (2) \times \frac{-1}{2}$

$\triangle H = (\triangle H_1 + \triangle H_3 + \triangle H_4 - \triangle H_2) \times \frac{1}{2} = 78.5$

---

45. 依據下列化學反應方程式：$N_{2(g)} + 3H_{2(g)} \rightleftharpoons 2NH_{3(g)}$ 在標準狀態(STP)下加入氫氣 4.0 L，如果氫氣全部反應完，則會產生多少公升的氨氣？
氣體常數 $R = 0.082$ L·atm/K·mol

(A)3.5 L 　　(B)2.7 L 　　(C)8.3 L 　　(D)1.4 L 　　(E)5.7 L

【107 中國醫(1)】

【詳解】B

在同溫同壓下，反應方程式係數比＝作用量的氣體體積比

方程式：　$N_{2(g)} + 3H_{2(g)} \rightleftharpoons 2NH_{3(g)}$

$\Rightarrow 3:2 = 4L : xL \Rightarrow x \approx 2.7L$

---

46. 將下列反應方程式進行最小整數比平衡，何者選項正確？
$aI^- + bMnO_4^- + cH_2O \rightarrow dI_2 + eMnO_2 + fOH^-$

(A) $a = 3$ 　(B) $b = 4$ 　(C) $d = 3$ 　(D) $e = 1$ 　(E)$f = 6$

【107中國醫(2)】

【詳解】C

利用氧化數法平衡方程式

方程式：$6I^- + 2MnO_4^- + 4H_2O \rightarrow 3I_2 + 2MnO_2 + 8OH^-$

47. 將 4 克碳酸鈣和二氧化矽的混合物以過量的鹽酸進行反應，產生0.88克的二氧化碳。請問原始混合物中$CaCO_3$ 的重量百分比是多少？
(C: 12; O: 16; Ca: 40)
(A) 12%　(B) 25%　(C) 50%　(D) 75%
【107義守(1)】

【詳解】C
$\because CaCO_3 + 2HCl \rightarrow CO_2 + H_2O + CaCl_2$; $SiO_2 + HCl \rightarrow \times$

$$\therefore \frac{0.88g}{44g/mol} = 0.02\ mol\ CO_2 = 0.02\ mol\ CaCO_3$$

$$\Rightarrow \frac{0.02\ mol \times 100\ g/mol}{4\ g} \times 100\% = 50\ \%$$

48. 一氧化碳與二氧化碳的混合物中，碳原子的重量百分率為 1/3；則在此混合物中二氧化碳的重量比率為 ______。 (C: 12; O: 16)
(A) 7/18　(B) 9/18　(C) 10/18　(D) 11/18
【107 義守(2)】

【詳解】D
令 CO 含量比為 a ; CO_2 含量比為 b

故：$\frac{12a+12b}{(28a+44b)} = \frac{1}{3} \Rightarrow a:b = 1:1$

則：CO_2 重量比率為$\Rightarrow \frac{44\times1}{28\times1+44\times1} = \frac{11}{18}$

49. 在 0 ℃及一大氣壓下某氣體 0.625 克佔 0.5 升的體積，此氣體最可能是下列何者？ (C: 12; H: 1; O: 16; N: 14)
(A) 乙烷　(B) 乙烯　(C) 乙炔　(D) 一氧化氮
【107 義守(4)】

【詳解】B

"氣體最可能是"意指求氣體分子量，猜測分子種類。

將氣體視為理想氣體，故代入 $PV = nRT$

$$\Rightarrow 1atm \times 0.5L = \frac{0.625g}{M(g/mol)} \times 0.082 \times 273K$$

$\Rightarrow M = 28\ (g/mol)$…選 B 最適合

另解：0 ℃及一大氣壓為 STP 下，莫耳體積：22.4 l/mol

故：$\dfrac{\frac{0.625g}{0.5L}}{22.4\frac{L}{mol}} = 28$ g/mol

---

50. 下列何者含有最多數目的原子？（R = 0.082 atm·L/ mol·K）
(A) 1 atm, 0 ℃時 5.6 L 的氧氣　　(B) 0.1 mol 的氨氣
(C) 0.5 克的氫氣　　(D) 1 atm, 25℃時 3.0 L 的甲烷

【107 義守(5)】

【詳解】D

Key：原子數目=分子數目×分子內各原子個數

(A) $\dfrac{5.6L}{22.4L/mol} \times \dfrac{2O}{O_2} = 0.5\ mol$ O

(B) $0.1molNH_3 \times \dfrac{4atoms}{1NH_3} = 0.4mol\ atoms$

(C) $\dfrac{0.5g}{2g/mol} \times \dfrac{2H}{H_2} = 0.5\ mol$ H

(D) $\dfrac{3L}{24.5L/mol} \times \dfrac{5atoms}{1CH_4} = 0.6122mol\ atoms$

---

51. 已知：$H_2O_{(l)}$ of $\triangle H = -68.32$ kcal/mol；
$H_2O_{(g)}$ of $\triangle H = -57.8$ kcal/mol。

請計算在 1 atm, 25℃時，水的蒸發熱*(cal/g)*是多少？
(A)－7006　　(B)－584　　(C) 584　　(D) 7006

【107 義守(6)】

【詳解】C

方程式：$H_2O(l) \rightarrow H_2O(g)$　$\triangle H = ?$ kcal/mol

$\triangle H_f \Rightarrow -68.32$　　-57.8

$\triangle H = (-57.8) - (-68.32) = 10.52$ kcal/mol

題目問的是：$\triangle H(\mathbf{cal/g}，\mathbf{熱值}) = \dfrac{10.52 \text{ kcal/mol}}{18 \text{ g/mol}} \times \dfrac{1000 \text{ cal}}{1 \text{kcal}} = 584$ cal/g

---

52. 碳原子的平均質量是 12.011。假設你只能拿起一個碳原子，你拿到一個
　　質量為 12.011 的碳原子之機會是？
　　(A) 0%　　　(B) 100%　　　(C) 98.89%　　　(D) 1.11%

【107慈濟(9)】

【詳解】A

碳常見兩種同位素 C-12 及 C-13，因此任一碳原子的質量不是 12 amu

就是 13 amu，而碳的平均原子量 $\overline{M} = M_1 x_1 + M_2 x_2 = 12 \times 99\% + 13 \times 1\%$

$= 12.011$，是指同位素質量的加權平均值，在自然界出現的機率是 0。

---

53. 一反應如下：$2H_2S + SO_2 \rightarrow 3S + 2H_2O$
　　當7.50g的H_2S加上 12.75g 的 SO_2開始反應，直到用完限量試劑
　　(limiting reagent)，請問以下結果何者正確？
　　(註：S 及 O 的原子量分別為 32.1，16.0 g/mol)
　　(A) 6.38g 的 S 產生　　　　　　　(B) 10.6g 的 S 產生
　　(C) 剩下 0.0216 moles 的 H_2S　　(D) 剩下 1.13g 的 H_2S

【107慈濟(10)】

【詳解】B

方程式：　　$2H_2S$　　　$+$　　　SO_2　　　$\rightarrow$　　　$3S$　　　$+$　　　$2H_2O$

初：　$\dfrac{7.5g}{34g/mol}$　　$\dfrac{12.75g}{64g/mol}$

　　　$= 0.22$mol　　$= 0.2$mol

$\Rightarrow \dfrac{0.22}{2} = 0.11 < 0.2$，故限量試劑為：$H_2S$；

且係數比＝作用量莫耳數比

故：$0.22\text{mol }H_2S \times \dfrac{+3\text{mol S}}{-2\text{mol }H_2S} \times 32 \text{ g/mol} = 10.6\text{g} \ldots$ 選 B

---

54. 某一化合物的沸點是 873 K，請問約為華氏($^\circ$F)幾度？

　　(A) 802 $^\circ$F　　　　(B) 982 $^\circ$F　　　　(C) 1112 $^\circ$F　　　　(D) 1232 $^\circ$F

【107 私醫(1)】

【詳解】C

$873\text{K} = X^\circ\text{C} + 273 \Rightarrow X^\circ\text{C} = 600^\circ\text{C}$

代入：$^0\text{F} = \dfrac{9}{5}{}^0\text{C} + 32 \Rightarrow {}^0\text{F} = \dfrac{9}{5} \times 600{}^0\text{C} + 32 = 1112{}^0\text{F}$

---

55. 下列有關實驗操作敘述何者正確？

　　(A) 可以直接將水倒入濃硫酸液體中稀釋

　　(B) 具有刻度線用以量取液體體積的玻璃針筒，不可置入烘箱內高溫烘乾

　　(C) 觀測水銀液體體積時應將量筒置於水平的桌面，眼睛的視線需與液面切齊平視，此時需讀取凹面的最高點

　　(D) 可將容量瓶當作直接加熱反應的器具

【107 私醫(5)】

【詳解】B

(A) 應為濃硫酸加入水中稀釋，以免危險。

(C) 量取水銀時，應讀取凸面最高點。

(D) 容量瓶不可加熱，體積會改變。

---

56. 請計算以下反應的ΔH°：

$2Na_{(s)} + 2H_2O_{(l)} \rightarrow 2NaOH_{(aq)} + H_{2(g)}$

	ΔH_f° (kJ/mol)		ΔH_f° (kJ/mol)
$Na_{(s)}$	0	NaOH(aq)	−470
$H_2O_{(l)}$	−286	$H_{2(g)}$	0

以下為相關成分的 Standard Enthalpies of Formation (ΔH_f°)

　　(A) −228 kJ　　　　(B) −268 kJ　　　　(C) −368 kJ　　　　(D) −328 kJ

【107 私醫(15)】

【詳解】C

$2Na_{(s)} + 2H_2O_{(l)} \rightarrow 2NaOH_{(aq)} + H_{2(g)}$

利用 $\sum 生生 - \sum 反生 = \Delta H$

故：$[2\times(-470) + 0] - [2\times(-286) + 0] = -368 \ KJ$

---

57. 請問下列數值中，何者質量最小？
    (A) 2.5×10^{-2} mg   (B) 3.0×10^{15} pg
    (C) 4.0×10^9 fg   (D) 5.0×10^{10} ng
    【107 私醫(22)】

【詳解】C
(A) $2.5\times10^{-2}\times10^{-3}g = 2.5\times10^{-5}g$
(B) $3.0\times10^{15}\times10^{-12}g = 3.0\times10^{3}g$（質量最大）
(C) $4.0\times10^{9}\times10^{-15}g = 4.0\times10^{-6}g$（質量最小）
(D) $5.0\times10^{10}\times10^{-9}g = 5.0\times10^{1}g$

---

58. 試利用氧化數法平衡下列離子方程式：
    $a \ I^- + b \ H^+ + c \ MnO_4^- \rightarrow d \ I_2 + e \ MnO_2 + f \ H_2O$
    請問 $a + b + c - d - e - f$ 等於多少？
    (A) –2   (B) 5   (C) 7   (D) 9
    【107 私醫(39)】

【詳解】C
$6I^- + 2MnO_4^- + 8H^+ \rightarrow 3I_2 + 2MnO_2 + 4H_2O$
故：$a + b + c - d - e - f = 7$

59. 已知反應物 A 與 B 可經由放熱反應形成某生成物。我們可透過利用不同比例的 A 與 B 混合，但總莫耳數相同的情況下來觀察此一反應過程。此一系列反應可得到有關反應物 A 莫耳分率與溫度上升變化的圖形，如附圖所示。請問此生成物最可能之分子式為何？

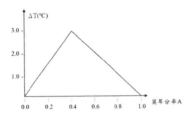

(A) A_3B_2 (B) A_2B_3 (C) AB_2 (D) AB

【107 私醫(42)】

【詳解】B
$X_A : X_B = 0.4 : 0.6 = 2 : 3$
根據定比定律 $\Rightarrow$ 化學式：A_2B_3

60. 下列哪一種物質不可用玻璃器皿保存？
(A) 硫酸 (B) 硝酸 (C) 過氯酸 (D) 氫氟酸

【107 私醫(36)】

【詳解】D
(D) $SiO_2 + 4HF_{(aq)} \rightarrow SiF_{4(g)} + 2H_2O$

61. Select the answer with the correct number of decimal places for the following sum: 13.914 cm + 243.1 cm + 12.00460 cm =
(A) 269.01860 cm (B) 269.0186 cm (C) 269.019 cm
(D) 269.02 cm (E) 269.0 cm

【106 高醫(16)】

【詳解】E

$$
\begin{array}{r}
13.91\underline{4} \\
243.\underline{1} \\
+\quad 12.004\underline{6}0 \\
\hline
=\quad 269.\underline{0}1860
\end{array}
$$

※ 測量數據：
準確值+估計值（底線位置）=有效數字
故 269.01860 取四位有效記為：269.0

---

62. The difference between a student's experimental measurement of the density of sodium chloride and the known density of this compound reflects the _____ of the student's result.
    (A) accuracy　　　　(B) precision　　　　(C) random error
    (D) systematic error　　(E) indeterminate error

【106 高醫(17)】

【詳解】A

(A)準確度（accuracy）

　(1) 某次測量與真值（or 公認值）的接近程度。

　(2) 準確度常以絕對平均誤差或相對平均誤差（error）表示。

(B)精密度（precision）

　(1) 某次測量與多次測量結果的接近程度，衡量測量結果的再現性。

　(2) 精密度常以絕對平均偏差（deviation）或相對平均偏差表示。

---

63. The average mass of a carbon atom is 12.011. Assuming you were able to pick up only one carbon unit, the chances that you would randomly get one with a mass of 12.011 is ____.
    (A) 0 %　　　　　(B) 0.011 %　　　　(C) about 12 %
    (D) 12.011 %　　　(E) greater than 50%

【106 高醫(18)】

【詳解】A

碳常見兩種同位素 C－12 及 C－13，因此任一碳原子的質量不是 12 amu

就是 13 amu，而碳的平均原子量 $\overline{M} = M_1 x_1 + M_2 x_2 = 12 \times 99\% + 13 \times 1\% = $

12.011，是指同位素質量的加權平均值，在自然界出現的機率是 0。

64. Naturally occurring copper exists in two isotopic forms: ^{63}Cu and ^{65}Cu. The atomic mass of copper is 63.55 amu. What is the approximate natural abundance of ^{63}Cu?

(A) 70 % (B) 63 % (C) 90 %

(D) 50 % (E) 30 %

【106 高醫(24)】

【詳解】A

銅的平均原子量 $\overline{M} = M_1 x_1 + M_2 x_2$（$M$ 為各同位素原子量，x 為各含量）

$\Rightarrow 63.55 \text{ amu} = 63 \cdot x_1 + 65 \cdot (1 - x_1) \Rightarrow x_1 = 0.725$（$72.5\% \approx 70\%$）

65. ___is a method of separation that employs a system with two phases of matter, including a mobile phase and a stationary phase.

(A) Chromatography (B) Distillation (C) Homogenization

(D) Vaporization (E) Filtration

【106 高醫(29)】

【詳解】A

純化方法	原　　理
過　濾（*filtration*）	利用合適的過濾器，如濾紙、濾網等，來分離固、液物質
蒸　餾（*distillation*）	利用混合物中各成分沸點差異，加以分離的方法，如分離墨水中的色素與水時，水會先氣化再將之冷凝收集
萃　取（*Extration*）	利用物質在兩種不互溶的溶劑中溶解度不同，將物質由其中一相移入另一相。例如碘不易溶於水，但可溶於正己烷中，因此可用正己烷萃取水中的碘。
層　析（*Chromatography*）	利用物質在固定相及移動相中附著力的不同，而有不同移動速率而分離物質，如濾紙色層分析法。

66. Given

$$Cu_2O_{(s)} + 1/2 O_{2(g)} \rightarrow 2CuO_{(s)}, \quad \Delta H° = -144 \text{ kJ and}$$

$$Cu_2O_{(s)} \rightarrow Cu_{(s)} + CuO_{(s)}, \quad \Delta H° = +11 \text{ kJ}$$

Calculate the standard enthalpy of formation of $CuO_{(s)}$.

(A) −155 kJ　　　　　(B) +299 kJ　　　　　(C) +155 kJ

(D) −299 kJ　　　　　(E) −166 kJ

【106 高醫(80)】

【詳解】A

$$Cu_2O_{(s)} + 1/2 O_{2(g)} \rightarrow 2CuO_{(s)} \quad \Delta H°_1 = -144 \text{ kJ} \ldots\ldots(1)$$

$$Cu_2O_{(s)} \rightarrow Cu_{(s)} + CuO_{(s)} \quad \Delta H°_2 = +11 \text{ kJ} \ldots\ldots\ldots(2)$$

求：$Cu_{(s)} + 1/2 O_{2(g)} \rightarrow CuO_{(s)} \quad \Delta H°_f = ?$

$\Delta H°_f = \Delta H°_1 + (-\Delta H°_2) = -144 + (-11) = -155 \text{ kJ}$

---

67. 將 2.43 克的鎂與 50.0 毫升的 3.0 M 鹽酸作用後，所產生的氫氣重量是多少？

(H = 1.0 g/mol; Mg = 24.3 g/mol)

(A) 0.075 克　　　　　(B) 0.100 克　　　　　(C) 0.150 克

(D) 0.200 克　　　　　(E) 0.300 克

【106 中國醫(14)】

【詳解】C

方程式：　$Mg_{(s)}$　　+　　$2HCl_{(aq)}$　→ $MgCl_{2(aq)}$ + $H_{2(g)}$

初：$\dfrac{2.43g}{24.3g/mol}$　　　$0.05L \times 3M$

　　$= 0.1 mol$　　　　$= 0.15 mol$

$0.1/2 = 0.05 < 0.15/2 = 0.075$

限量試劑為：HCl；且係數比＝作用量莫耳數比

故：$0.15 mol \ HCl \times \dfrac{+1 mol \ H_2}{-2 mol \ HCl} \times 2 \ g/mol = 0.15g$

68. 下列反應中 A–A 鍵能為 A–B 鍵能的一半，已知 B–B 的鍵能為+419 kJ/mol，請問 A–A 的鍵能為多少？$A_2 + B_2 \rightarrow 2AB$　$\Delta H = -415$ kJ
    (A)–415 kJ/mol
    (B) 208 kJ/mol
    (C) 278 kJ/mol
    (D) 627 kJ/mol
    (E) 834 kJ/mol
    【106 中國醫(16)】

【詳解】C

假設 $A-B$ 鍵能為 x；

利用 $\Delta H =$ 反應物鍵能之和－生成物鍵能之和（$\sum$反鍵－$\sum$生鍵）

代入數據：$[(1 \cdot \frac{1}{2}x) + (1 \cdot 419)] - [2 \cdot x] = -415$

$$\Rightarrow x = 556 \Rightarrow \frac{1}{2}x = 278$$

69. 薄層層析法 (thin-layer chromatography, TLC)是經常用於分辨溶液中含有多少種溶質的物質分離方法。下列為對薄層層析法的敘述，何者錯誤？
    (A)在展開過程中(development)，展開槽內的溶劑稱為移動相(mobile phase)
    (B)將樣品點到 TLC 片上時，樣品點大一點比較容易觀察
    (C) TLC 片上所塗佈的白色粉末稱為靜相(stationary phase)
    (D)不可用手觸摸 TLC 片表面，且在其表面做記號時應使用鉛筆
    (E)點樣品時，樣品點的大小必須愈小且濃度不能太稀
    【106 中國醫(28)】

【詳解】B
(A)固定相或稱為靜相，溶劑為移動相。
(B)樣品點不得太大，在展呈時，會有拖尾問題。
(C)薄層層析法中，塗佈於鋁片或玻璃片上的白色粉末（Al_2O_3）。

70. 有兩個測量結果所得到的數值分別為 23.68 與 4.12。請問這兩個數值相加時，所得的結果應有幾位有效位數(significant figures)？又相乘時所得結果應有幾位有效位數？(相加有效位數放在前面；相乘放在後面)
    (A) 3；3
    (B) 4；4
    (C) 3；4
    (D) 4；3
    (E) 5；3
    【106 中國醫(30)】

【詳解】D

(1) 測量數據：準確值＋估計值 ＝ 有效數字

(2) 有效數字的運算原則

   A. 加減法

     (a) 準確數字相加減，其結果仍然準確。

     (b) 不準確的數字經加減後其結果仍然含有不準確性

   B. 乘除法

     乘、除運算後所得積或商的有效數字位數＝運算中最少之有效數字

   C. 有效數字經運算後的進位及判定： 四捨六入 ；逢五無後則成雙

$$
\begin{array}{ll}
\text{故：}\ 23.68 & \text{故：}\ 23.68\ \ (4\,位) \\
+\ \ \ 4.12 & \times\ \ \ 4.12\ \ (3\,位) \\
\hline
=\ \ 27.80 \leftarrow 4\,位有效 & =\ \ 97.56 \\
& =\ \ 97.6 \leftarrow 3\,位有效
\end{array}
$$

---

71. 硝酸(nitric acid)做為原料，可生產很多的化合物如染料(dye)及肥料 (fertilizer)，其中第一步反應為氨(ammonia)的氧化反應如下：

$4NH_{3(g)} + 5O_{2(g)} \rightarrow 4NO_{(g)} + 6H_2O_{(g)}$，請計算此反應的標準焓($\Delta H°_{rxn}$) (standard enthalpy of reaction)是多少？

[其中 $NO(g)$ ($\Delta H°_f = 90$ kJ/mol)，$O_{2(g)}$ ($\Delta H°_f = 0$ kJ/mol)，

  $H_2O_{(g)}$ ($\Delta H°_f = -242$ kJ/mol)，$NH_{3(g)}$ ($\Delta H°_f = -46$ kJ/mol)]

(A) –1192 kJ　　　　(B) –908 kJ　　　　(C) –106 kJ

(D) +184 kJ　　　　(E) +378 kJ

【106 中國醫(32)】

【詳解】B

方程式：$4NH_{3(g)} + 5O_{2(g)} \rightarrow 4NO_{(g)} + 6H_2O_{(g)}$

$\Delta H = \sum$ 生成物生成熱和 $- \sum$ 反應物生成熱和

$\Rightarrow [\,(+90)\times4 + (-242)\times6\,] - [\,(-46)\times4 + 0\,]$

$\Rightarrow [\,-1092\,] - [\,-184\,] = -908$ kJ

72. 兩個反應式

$Cu_2O_{(s)} + 1/2\ O_{2(g)} \rightarrow 2CuO_{(s)}$ $\Delta H° = -144$ kJ

$Cu_2O_{(s)} \rightarrow Cu_{(s)} + CuO_{(s)}$ $\Delta H° = +11$ kJ

請計算 $CuO_{(s)}$ 生成的標準焓(standard enthalpy of formation，$\Delta H°_f$)是多少？

(A) –166 kJ   (B) –155 kJ   (C) –133 kJ

(D) +155 kJ   (E) +299 kJ

【106 中國醫(34)】

【詳解】B

$Cu_2O_{(s)} + 1/2\ O_{2(g)} \rightarrow 2CuO_{(s)}$ $\Delta H°_1 = -144$ kJ……(1)

$Cu_2O_{(s)} \rightarrow Cu_{(s)} + CuO_{(s)}$ $\Delta H°_2 = +11$ kJ………(2)

求：$Cu_{(s)} + 1/2O_{2(g)} \rightarrow CuO_{(s)}$ $\Delta H°_f = ?$

$\Delta H°_f = \Delta H°_1 + (-\Delta H°_2) = -144 + (-11) = -155$ kJ

---

73. 進行酸鹼滴定實驗時，滴定管的讀數如下圖，請問此數據應該記錄為
___ mL，有效數字有___位？

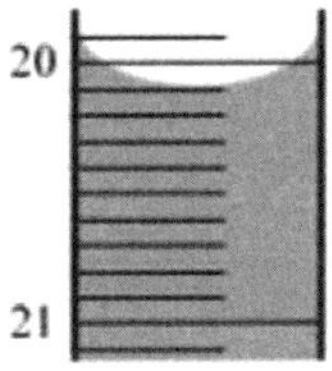

(A) 20.1 mL，3 位   (B) 20.10 mL，3 位

(C) 20.10 mL，4 位   (D) 20.100 mL，5 位

【106 義守(1)】

【詳解】C

圖中最小刻度為 0.1mL，測量結果約為 20.1mL

測量數據：準確值（含最小刻度）+1 位估計值 = 有效數字

故測量數據應記為 20.10 mL，4 位有效。

74. 將 100 g 溫度為 95℃ 的金屬置入 100 mL 溫度為 25℃ 的水中，下列何種金屬讓水溫上升最少？（金屬的比熱如下表）

金屬	I	II	III	IV
比熱($J/g℃$)	0.129	0.237	0.385	0.418

(A) I　　　(B) II　　　(C) III　　　(D) IV

【106 義守(6)】

【詳解】A

金屬塊所放的熱 ＝ 全部被水吸收的熱

ΔH（熱量變化）$= m$（質量）s（比熱）$\Delta T = C$(熱容量)ΔT

｜金屬 m（質量）×金屬 s（比熱）×ΔT｜＝ 水 m（質量）×水 s（比熱）ΔT

其中：金屬 m（質量），水 m（質量），水 s（比熱）固定值

故：水 $\Delta T \propto$ 金屬 s（比熱）…選 A

75. 在催化條件下，氨氣與氧氣反應生成一氧化氮和水。產生一莫爾的一氧化氮需要消耗多少莫爾的氧氣？

(A) 0.625　　　(B) 1.25　　　(C) 2.50　　　(D) 3.75

【106 義守(10)】

【詳解】B

方程式：$4NH_{3(g)} + 5O_{2(g)} \rightarrow 4NO_{(g)} + 6H_2O_{(l)}$

根據係數比＝作用量莫耳數比

$\dfrac{-5 \text{ mol } O_2}{+4 \text{ mol } NH_3} = \dfrac{-x \text{ mol } O_2}{+1 \text{mol } NH_3} \Rightarrow x = 1.25 \ mol$

76. 利用下列各化合物的燃燒熱(ΔH_c)：

$C_4H_{4(g)}$ 的 $\Delta H_c = -2341$ kJ/mol；

$H_{2(g)}$ 的 $\Delta Hc = -286$ kJ/mol；

$C_4H_{8(g)}$ 的 $\Delta H_c = -2755$ kJ/mol

計算 $C_4H_{4(g)} + 2H_{2(g)} \rightarrow C_4H_{8(g)}$ 的反應熱(ΔH_{rxn}) ＝？

(A) −5382 kJ　　　(B) −158 kJ　　　(C) −128 kJ　　　(D) 128 kJ

【106 義守(21)】

【詳解】B

$\sum$ 反應物燃燒熱和 $-\sum$ 生成物燃燒熱和

$\Rightarrow [1 \times (-2341) + 2 \times (-286)] - [1 \times (-2755)] = -158\,kJ$

---

77. 利用產生不溶於水的四苯基硼酸鉀鹽(tetraphenyl borate salt, $KB(C_6H_5)_4$)來分析不純的 K_2O 樣品中的 K 含量，得沉澱物 $KB(C_6H_5)_4$ 的質量為 1.57 g。（莫耳質量：$KB(C_6H_5)_4 = 358.3$ g/mol、$K_2O = 94.2$ g/mol）請問樣品中K_2O 的質量可以從下面哪一算式獲得？

(A) $\dfrac{(1.57)(94.2)}{358.3}\,g$ (B) $\dfrac{(358.3)}{(1.57)(94.2)}\,g$

(C) $\dfrac{(1.57)(94.2)}{2(358.3)}\,g$ (D) $\dfrac{2(358.3)}{(1.57)(94.2)}\,g$

【106 慈濟(13)】

【詳解】C

$K_2O \rightarrow 2K^+ + O^{2-}$ ；全部 $K^+ \rightarrow KB(C_6H_5)_4$

故 K_2O 與 $KB(C_6H_5)_4$ 中 K 含量比 $\Rightarrow 1:2$

設 K_2O 質量為 x 克 $\Rightarrow 1:2 = \dfrac{x 克}{94.2\ g/mol} : \dfrac{1.57g}{358.3\ g/mol} \Rightarrow x 克 = \dfrac{(1.57)(94.2)}{2(358.3)}\,g$

---

78. 冰和水的比熱分別是 2.10 J/(g·℃) 和 4.18 J/(g·℃)，冰的熔化熱為 333 J/g，水的蒸發熱為 2258 J/g。將重 64.6g 0.00℃的冰轉換成 55.2℃的水，需要多少能量？

(A)161kJ   (B)60.1kJ   (C)80.0kJ   (D)36.4kJ

【106 私醫(8)】

【詳解】D

$\triangle H$＝冰熔化熱($\triangle H_1$) ＋ 0℃水轉換成 55.2℃水($\triangle H_2$)

$=64.6g \times 333 J/g + 64.6g \times 4.18 J/g\,^0C \times (55.2\,^0C - 0\,^0C) \times \dfrac{1kJ}{1000J}$

$= 36.4kJ$

79. 25℃下，乙炔($C_2H_{2(g)}$)的燃燒熱是−1299 kJ/mol，$CO_{2(g)}$和 $H_2O_{(l)}$的標準生成熱 ΔH_f°分別是−393 和−286 kJ/mol。乙炔的標準生成熱是多少？
(A)2376 kJ/mol 　　(B)625 kJ/mol 　　(C)227 kJ/mol 　　(D)−625 kJ/mol

【106 私醫(12)】

【詳解】C

$1C_2H_2(g) + 5/2\ O_2(g) \rightarrow 2CO_2(g) + 1H_2O(l)$……乙炔莫耳燃燒熱−1299kJ/mol

$1C(s) + O_2(g) \rightarrow CO_2(g)$ ……石墨莫耳燃燒熱−393kJ/mol

$1H_2(g) + 1/2\ O_2(g) \rightarrow 1H_2O(l)$……氫氣莫耳燃燒熱−286kJ/mol

求 $2C(s) + H_2(g) \rightarrow C_2H_2(g)$……乙炔莫耳生成熱$\Delta H = ?$ kJ/mol

利用：$\Delta H = \sum$反燃$-\sum$生燃$= [2 \times (-393) + 1 \times (-286)] - [1 \times (-1299)] = 227$

80. 柯同學取 8.00 克柳酸 (分子量=138) 與 8.00 毫升的醋酸酐 (分子量=102，比重=1.08)，在濃鹽酸的催化下反應，所得產物經純化、再結晶及烘乾後，得到 7.20 克阿斯匹靈。阿斯匹靈的合成反應如下：

請問在本實驗中，柯同學的產率為多少(%)？
(A)35 　　(B)47 　　(C)52 　　(D)69

【106 私醫(29)】

【詳解】D

	$\dfrac{8g}{138g/mol}$	$\dfrac{8mL \times 1.08g/mL}{102g/mol}$		
初	$=0.058mol$	$=0.085mol$		
作	-0.058	-0.058	$+0.058$	$+0.058$
終	0	0.027	0.058（←理論產量）	

$$產率 = \frac{實際生成的重量或莫耳數}{理論生成產量的重量或莫耳數} \times 100\%$$

$$= \frac{7.2g}{0.058mol \times (138+102-60)g/mol} \times 100\% = 68.9\%$$

---

81. 華氏溫度計在什麼溫度時，其讀數為攝氏溫度計讀數的兩倍？
    (A)80°F (B)160°F (C)320°F (D)400°F

    【106 私醫(36)】

【詳解】C

$$\because {}^0F = \frac{9}{5}{}^0C + 32 \Rightarrow 2{}^0C = \frac{9}{5}{}^0C + 32 \Rightarrow {}^0C = 160$$

故：$2{}^0C = 320{}^0F$

---

82. 如下圖，請導出°C 和 °X 的關係式，據以導算出 20°X 相當於多少 K 或 °F？

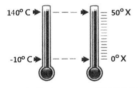

    (A)58°F (B)326 K (C)122°F (D)325 K

    【106 私醫(47)】

【詳解】C

假設新溫標（${}^0X$）$= a{}^0C + b$

$$\begin{cases} 50 = 140a + b \\ 0 = -10a + b \end{cases} \Rightarrow 50 = 150a \Rightarrow a = \frac{1}{3} \; ; \; b = \frac{10}{3} \Rightarrow {}^0X = \frac{1}{3}{}^0C + \frac{10}{3}$$

$$20 = \frac{1}{3}{}^0C + \frac{10}{3} \Rightarrow {}^0C = 50 \Rightarrow 122{}^0F = 323K$$

83. 於實驗過程中，當皮膚接觸到酸性溶液時最有效又安全之處理方法是：
    (A)用紙巾擦乾皮膚
    (B)用硫酸鈉($Na_2(SO)_{4(s)}$)粉末塗抹皮膚
    (C)用氨水($NH_{(aq)}$)沖洗皮膚
    (D)先用清水再用氫氧化鈉($NaOH_{(aq)}$)水溶液沖洗皮膚
    (E)先用清水再用碳酸氫鈉($NaHCO_{3(aq)}$)水溶液沖洗皮膚

【105 中國醫(12)】

【詳解】E
皮膚受酸腐蝕時，先用大量清水沖洗，再用飽和碳酸氫鈉清洗，最後再用清水清洗。

【註 1】：皮膚受鹼腐蝕時，先用大量清水沖洗，再用醋酸（20 g/L）清洗，最後再用清水清洗。

【註 2】：眼睛受鹼液濺入眼中時，可用硼酸溶液洗，最後再用清水清洗。

84. 根據下列所提供的鍵能數據，求出化學反應 $CH_4 + Cl \rightarrow CH_3Cl + H$ 的反應熱是多少？

鍵結	H–H	Cl–Cl	H–C	H–Cl	C–Cl	
鍵能	435	243	414	431	331	(kJ/mol)

    (A) 275 kJ/mol   (B) 109 kJ/mol   (C) 83 kJ/mol
    (D) −83 kJ/mol   (E) −109 kJ/mol

【105 中國醫(15)】

【詳解】C
方程式：$CH_4 + Cl \cdot \rightarrow CH_3Cl + H \cdot$

根據 $\Delta H = \sum$反鍵 $- \sum$生鍵 $\Rightarrow [414 \times 4] - [414 \times 3 + 331] = 83$ kJ/mol

85. 下列敘述何者**不在**道耳敦原子理論(Dalton's atomic theory)中出現？
    (A)物質由不可分割的原子組成
    (B)同種元素的原子都相同包括質量及其他所有性質
    (C)化合物組成之原子之間有最小整數比
    (D)原子在化學反應中維持自己原本特性不被破壞
    (E)同位素是質子數相同，中子數不同的原子

【105 中國醫(27)】

【詳解】E

物質由原子組成，不可再分割。故無次粒子：電子、質子、中子概念。

年代	發現者	學說或定律	內容	
1802	道耳頓	原子說	(1) 合理解釋質量守恆、定比、倍比。 (2) 無法解釋氣體化合體積定律。	
			內容	**修正**
			(1) 物質由原子組成，不可再分割。 (2) 相同元素具相同性質和質量。 (3) 形成化合物的原子具一定組成。 (4) 化學反應僅原子重新排列，但種類、數目不變。	(1) 原子中具更小粒子，如：質子、中子、電子。 (2) 同位素及同量素的發現。 (3) 核反應不適用原子不滅。

---

86. 已知三種反應式與反應熱如下：

　　$C_{(graph)} + O_2 \rightarrow CO_{2(g)}$　　　　　　　　$\Delta H° = -393.5$ kJ/mol

　　$H_{2(g)} + (1/2)O_2 \rightarrow H_2O_{(l)}$　　　　　　$\Delta H° = -285.8$ kJ/mol

　　$CH_3OH_{(l)} + (3/2)O_{2(g)} \rightarrow CO_{2(g)} + 2H_2O_{(l)}$　$\Delta H° = -726.4$ kJ/mol

　　計算 CH_3OH 的標準生成焓(standard enthalpy of formation)。

　　(A) −1,691.5 kJ/mol　　(B) −238.7 kJ/mol

　　(C) 1,691.5 kJ/mol　　(D) 47.1 kJ/mol

【105 義守(44)】

【詳解】B

反應熱（ΔH）＝（反應物總燃燒熱）－（生成物總燃燒熱）

由赫斯定律：

$$C_{(s)} + 2H_{2(g)} + \frac{1}{2}O_{2(g)} \rightarrow CH_3OH_{(l)} \quad \Delta H_f = ?$$

$$\Delta H_f = \Sigma \text{反燃} - \Sigma \text{生燃} = [(-393.5) + (-285.8 \times 2) + 0] - (-726.4 \times 1)$$

$$= -238.7 \text{（kJ/mol）}$$

87. 按照有效數字運算規則，算式：2.0540 g + 0.31 g－1.019 g = ?
    (A)1.35 g　(B) 1.345 g　(C) 1.34 g　(D) 1.3 g

【105 私醫(1)】

【詳解】C

有效數字的運算原則：加減法

(1) 準確數字相加減，其結果仍然準確。

(2) 不準確的數字經加減後其結果仍然含有不準確性。

(3) **逢" 5 "：**

　　　5 為尾數或 5 以後皆為 0 ⇒ 應看尾數『5』的前一位：

　　　*前一位為奇數 ⇒ 進位

　　　*前一位為偶數 ⇒ 捨去

　　故：2.0540 g + 0.31 g－1.019 g = 1.3450 g 取三位有效 = 1.34 g……C

88. 某一金屬的熔點是攝氏 750℃，請問約為華氏(℉)幾度？
    (A)1100　　(B)1280　　(C)1382　　(D)1560

【105 私醫(2)】

【詳解】C

華氏溫度 $(^0F) = \dfrac{9}{5} t℃ + 32$，代入公式：$750℃ \times \dfrac{9}{5} + 32 = 1382\,^\circ F$

89. 已知 $H_{2(g)}$ 及 $C_{(s)}$ 之莫耳燃燒熱分別為－285.5kJ 和－393.9 kJ，而 $C_2H_{2(g)}$ 之莫耳分解熱(分解成 $H_{2(g)}$ 及 $C_{(s)}$)為－226.7 kJ？

　　則反應：$2C_2H_{2(g)} + 5O_{2(g)} \rightarrow 4CO_{2(g)} + 2H_2O_{(l)}$ 的反應熱約為多少 kJ？

    (A)–453　　(B)–906　　(C)–2315　　(D)–2600

【105 私醫(3)】

【詳解】D

碳 C 的莫耳燃燒熱 = $CO_{2(g)}$ 莫耳生成熱

氫氣 H_2 的莫耳燃燒熱 = $H_2O_{(l)}$ 莫耳生成熱

$C_{(s)} + O_{2(g)} \rightarrow CO_{2(g)}$, $\Delta H_1 = -393.9$ KJ…………………(1)

$H_{2(g)} + 1/2O_{2(g)} \rightarrow H_2O_{(l)}$, $\Delta H_2 = -285.5$ KJ…………………(2)

$H_{2(g)} + 2C_{(s)} \rightarrow C_2H_{2(g)}$, $\Delta H_3 = +226.7$ KJ…………………(3)

方程式：$2C_2H_{2(g)} + 5O_2 \rightarrow 4CO_{2(g)} + 2H_2O_{(l)}$

$\Delta H = \sum$ 生成物生成熱和 $\sum$ 反應物生成熱和

$\Rightarrow [(-285.5) \times 2 + (-393.9) \times 4] - [(+226.7) \times 2 + 0]$

$\Rightarrow [-2146.6] - [+453.4] = -2600 \ KJ$

---

90. 已知金屬鉛的比熱(specific heat capacity)為 0.13 J/g-K。試問，若要將 15 g 的鉛從 22°C 加熱到 37 °C 需要多少焦耳的熱？

(A) 29　　(B)−0.13　　(C)5.8 × 10⁻⁴　　(D)2.0

【105 私醫(4)】

【詳解】A

ΔH（熱量變化）$= m$（質量）s（比熱）$\Delta T = C$（熱容量）ΔT

$\Delta H = 15.0 \ g \times 0.13 \ J/g\text{-}K \times (37°C - 22°C)$

$\Rightarrow \Delta H = 29.25 \ J \fallingdotseq 29 \ J$

---

91. 未平衡的反應式：$C_{12}H_{22}O_{11(s)} + O_{2(g)} \rightleftharpoons CO_{2(g)} + H_2O_{(g)}$，若欲與 1.26 莫耳的糖完全反應需要多少莫耳的氧？

(A)15.1　　(B)1.26　　(C)22.4　　(D)30.2

【105 私醫(11)】

【詳解】A

方程式：$1C_{12}H_{22}O_{11} + 12O_{2(g)} \rightarrow 12CO_{2(g)} + 11H_2O_{(g)}$。

作用量比＝方程式係數比

設需氧氣 O_2 為 x mol 數

$1 : 12 = 1.26 \ mol : x \ mol \Rightarrow \ x = 15.1 \ mol$

---

92. 12K 黃金表示其含有多少％的金？

(A)12　　(B)25　　(C)50　　(D)75

【105 私醫(21)】

【詳解】C

(1) 24 K 金為純金

(2) 12 K 金：$\dfrac{12}{24} \times 100\% = 50\%$ 金含量。

---

93. 下列有關實驗操作敘述何者正確？
    (A)容量瓶可以置於烤箱中高溫烘乾
    (B)容量瓶可當作藥品的儲存瓶使用
    (C)點燃酒精燈可以使用其他同學已點燃的酒精燈來點火
    (D)酒精燈添加酒精時應先確定燈火是熄滅的，再利用漏斗加酒精

【105 私醫(49)】

【詳解】D

(A)容器會因熱漲冷縮而失準，故不可高溫烘乾。

(B)容量瓶用於配置溶液。盛裝藥品應用塑膠瓶或特定玻璃器皿。

(C)酒精燈互點相當危險，不小心會造成火災。

---

94. 取 5.6 克鐵礦溶於濃鹽酸中，然後在溶液中加入 NH_3，此時溶液中的 Fe^{3+} 會產生三氧化二鐵 (Fe_2O_3) 沉澱，經過過濾、清洗及烘乾，三氧化二鐵的重量為 1.6 克。若鐵礦中，鐵以四氧化三鐵 (Fe_3O_4) 的形式存在，請計算鐵礦中四氧化三鐵的重量百分比為何？
    (分子量 Fe_2O_3：160 g/mol；Fe_3O_4：232 g/mol)
    (A) 6%　(B) 28%　(C) 32%　(D) 36%　(E) 50%

【104 中國醫(11)】

【詳解】B

設 Fe_3O_4 具有 x 克，又 Fe 的質量守恆

$\Rightarrow x 克 \times \dfrac{56.0 \times 3}{232} = 1.6 \times \dfrac{56 \times 2}{160} \Rightarrow x 克 = 1.51 克$

$\therefore Fe_3O_4$ 在鐵礦中重量百分率：$\dfrac{1.51克}{5.60克} \times 100\% = 28\%$

95. 有一個化學反應如下：

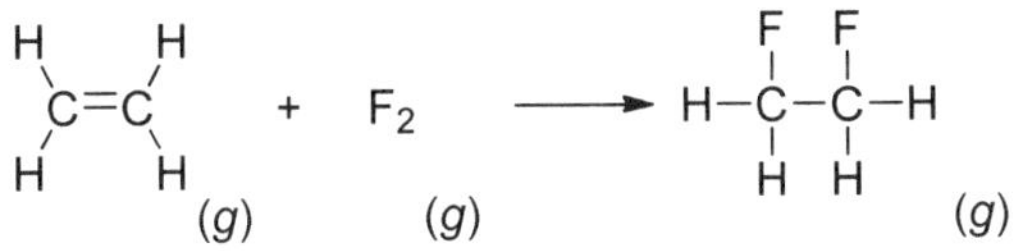

已知 C-C 的鍵能為 347 kJ/mol，C＝C 的鍵能為 614 kJ/mol，F-F 的鍵能為 154 kJ/mol，請問 C-F 的鍵能為何？

(A) 64 kJ/mol　　　(B) 485 kJ/mol　　　(C) 768 kJ/mol

(D) 961 kJ/mol　　(E) 1115 kJ/mol

【104 中國醫(22)】

【詳解】B

根據赫斯定律 $\Delta H = \Sigma$ 反鍵$-\Sigma$ 生鍵

得：$[614+154]-[347+2\times(C\text{-}F鍵)] = -549$ kJ

$\Rightarrow$ C-F鍵能$=485$kJ/mol

96. 鼓風爐中以 CO 為還原劑，可將氧化鐵還原成鐵元素，其反應如下：

$Fe_2O_{3(s)} + 3CO_{(g)} \rightarrow 2Fe_{(s)} + 3CO_{2(g)}$　　　　$\Delta H° = -23$ kJ

$3Fe_2O_{3(s)} + CO_{(g)} \rightarrow 2Fe_3O_{4(s)} + 3CO_{2(g)}$　　　$\Delta H° = -39$ kJ

$Fe_3O_{4(s)} + CO_{(g)} \rightarrow 3FeO_{(s)} + CO_{2(g)}$　　　$\Delta H° = 18$ kJ

請計算反應 $FeO_{(s)} + CO_{(g)} \rightarrow Fe_{(s)} + CO_{2(g)}$的 $\Delta H°$為何？

(A) -66 kJ　　(B) -33 kJ　　(C) -11 kJ　　(D) 11 kJ　　(E) 66 kJ

【104 中國醫(24)】

【詳解】C（經釋疑送分）

題目有瑕疵，應更改為：

$Fe_2O_3 + 3CO \rightarrow 2Fe + 3CO_2$　　　$\Delta H° = -23$ kJ ………(1)

$3Fe_2O_3 + CO \rightarrow 2Fe_3O_4 + \boxed{1}CO_2$　　$\Delta H° = -39$ kJ ………(2)

$Fe_3O_4 + CO \rightarrow 3FeO + CO_2$　　　$\Delta H° = 18$ kJ ………(3)

根據赫斯定律（Hess's Law）

故方程式：$FeO + CO \rightarrow Fe + CO_2 \Rightarrow \dfrac{-(3)}{3} + \dfrac{-(2)}{6} + \dfrac{(1)}{2}$

反應熱：$\Delta H = \dfrac{-1}{3}\Delta H_3 + \dfrac{-1}{6}\Delta H_2 + \dfrac{\Delta H_1}{2} = -6 + 6.5 + (-11.5) = -11$kJ

97. 乙醇燃燒時的反應如右：$C_2H_5OH + a\,O_2 \rightarrow b\,CO_2 + c\,H_2O$ (H: 1；O: 16)
式中 a、b、c 為該反應經平衡後的係數；若完全燃燒1 mol 的乙醇，下列何者錯誤？
(A) b + c = 5　　　　　(B) a = 3.5
(C)產生54克的水　　　(D)產生44.8 L的CO_2 (S.T.P.)

【104 義守(2)】

【詳解】B

$C_2H_5OH + aO_2 \rightarrow bCO_2 + cH_2O$

方程式平衡後：$1C_2H_5OH + 3O_2 \rightarrow 2CO_2 + 3H_2O$

得： a = 3，b = 2，c = 3

(A) b + c = 5　（正確）　　　　　(B) a = 3 (錯誤)…選(B)

(C) 3 mol × 18 g/mol = 54 (g) （正確）　(D) 2 mol × 22.4 ℓ/mol = 44.8 ℓ (正確)

98. 某化合物經定量分析發現其中含：49.5% C；5.15% H；28.9% N；16.5% O；若其分子量是194，則 _____。　(C: 12；N: 14)
(A)簡式　C_5H_7NO　　　　　　(B)分子式　$C_4H_5NO_2$
(C)分子式　$C_8H_{10}N_4O_2$　　　　(D)分子式　$C_{11}H_{18}N_2$

【104 義守(14)】

【詳解】C

(1) 由式量與分子量刪除不合理答案
　　(A)式量 = 97 (合理)　　(B) 分子量 = 99 (不合理)
　　(C)(D) 分子量 = 194 （合理）

(2) 由各元素重量百分率求實驗式，設化學式：$C_xH_yN_zO_a$

$$x : y : z : a = \frac{49.5}{12} : \frac{5.15}{1} : \frac{28.9}{14} : \frac{16.5}{16} \fallingdotseq 4 : 5 : 2 : 1$$

∴ 實驗式 = $C_4H_5N_2O_1$；(C) $C_8H_{10}N_4O_2$為最佳解。

99. 已知：$1/2\,A \rightarrow B$　　　　　$\Delta H = 150\ kJ$　　　$3\,B \rightarrow 2\,C + D$　　　$\Delta H = -125\ kJ$
　　　　　$E + A \rightarrow 2\,D$　　　$\Delta H = 350\ kJ$
則　$B + D \rightarrow E + 2\,C$　　　$\Delta H =$ _____。
(A) 525 kJ　　　(B) 325 kJ　　　(C) −175 kJ　　　(D) −325 kJ

【104 義守(19)】

【詳解】C

$$\frac{1}{2}A \rightarrow B \quad ………(1)，\Delta H_1 = 150 \text{ KJ}$$

$$3B \rightarrow 2C + D …(2)，\Delta H_2 = -125 \text{ KJ}$$

$$E + A \rightarrow 2D ……(3)，\Delta H_3 = 350 \text{ KJ}$$

求：$B + D \rightarrow E + 2C … (4)，\Delta H_4 = ?$

方程式(4)可由方程式：$[-(3)] + [(2)] + [(1)\times2]$

反應熱 $\Delta H_4 = [-\Delta H_3] + [\Delta H_2] + [\Delta H_1 \times 2]$

$$= -350 + (-125) + 150 \times 2$$

$$= -175 \text{ KJ}$$

---

100. 已知 $PbO(s) + CO(g) \rightarrow Pb(s) + CO_2(g)$, $\Delta H° = -131.4$ kJ;

$\Delta H°_f$ for $CO_2(g) = -393.5$ kJ/mol;

$\Delta H°_f$ for $CO(g) = -110.5$ kJ/mol。計算氧化鉛($PbO(s)$)的標準生成焓

(standard enthalpy of formation, $\Delta H°_f$)。

(A) −151.6 kJ/mol　　(B) −283.0 kJ/mol

(C) +283.0 kJ/mol　　(D) −372.6 kJ/mol

【104 慈濟(8)】

【詳解】A

$PbO_{(s)} + CO_{(g)} \rightarrow Pb_{(s)} + CO_{2(g)}$, $\Delta H_1 = -131.4$ KJ………(1)

$C_{(s)} + O_{2(g)} \rightarrow CO_{2(g)}$, $\Delta H_2 = -393.5$ KJ…………………(2)

$C_{(s)} + 1/2O_{2(g)} \rightarrow CO_{(g)}$, $\Delta H_3 = -110.5$ KJ………………(3)

求：$Pb_{(s)} + 1/2O_{2(g)} \rightarrow PbO_{(s)}$, $\Delta H_4 = ?$ KJ……………………(4)

方程式(4) $= [-(1)] + [(2)] + [-(3)]$

$\Delta H_4 = +131.4 + (-393.5) + (110.5) = -151.6$ KJ

---

101. NH_3 與 O_2 反應產生 NO_2 與 H_2O。假定反應完成後，得到27.0 g的 H_2O 還剩下8.52 g的NH_3，最初約使用多少克的NH_3？

(A) 17.0 g　　(B) 25.5 g　　(C) 34.1 g　　(D) 68.0 g

【104 慈濟(18)】

【詳解】B

$4NH_{3(g)} + 7O_{2(g)} \rightarrow 4NO_{2(g)} + 6H_2O_{(l)}$

假設最初使用 NH_3 X 克

$\Rightarrow \dfrac{X克 - 8.52克}{17\ g/mol} \times \dfrac{6\ mol\ H_2O}{4\ mol\ NH_3} \times 18\ g/mol = 27克$

$\Rightarrow$ X 克 $= 25.5$ 克

---

102. 在 $25.0°C$ 與 1 大氣壓(atm)下，興登堡號飛船充滿氫氣(H_2)時約需要 2.1×10^8 L。當飛船氣體完全燃燒後，大約產生多少能量？

(已知 $H_{2(g)} + 1/2\ O_{2(g)} \rightarrow H_2O_{(l)}$, $\Delta H = -286$ kJ)

(A) 2.46×10^9 kJ   (B) 3.82×10^{10} kJ

(C) 8.89×10^8 kJ   (D) 7.88×10^{10} kJ

【104 慈濟(23)】

【詳解】A

$H_{2(g)} + 1/2O_{2(g)} \rightarrow H_2O_{(l)}$, $\Delta H = -286$ KJ

$\Rightarrow \dfrac{作用1mol\ H_2}{產生（放熱）286\ KJ} = \dfrac{\dfrac{2.1 \times 10^8\ L}{24.5\ L/mol}}{產生\ x\ KJ} \Rightarrow x = 2.46 \times 10^9$ KJ

---

103. 在$25°C$下進行三種反應，反應方程式與反應熱如下所示：

$2C_2H_2 + 5O_2 \rightarrow 4CO_2 + 2H_2O$ $\Delta H = -2600$ kJ

$C + O_2 \rightarrow CO_2$ $\Delta H = -394$ kJ

$2H_2 + O_2 \rightarrow 2H_2O$ $\Delta H = -572$ kJ

下列反應的反應熱(ΔH)是多少？

$2C + H_2 \rightarrow C_2H_2$

(A) 226 kJ   (B) –226 kJ   (C) 2422 kJ   (D) –2422 kJ

【104 慈濟(24)】

【詳解】A

$2C_2H_2 + 5O_2 \rightarrow 4CO_2 + 2H_2O$, $\Delta H_1 = -2600$ KJ......(1)

$C + O_2 \rightarrow CO_2$, $\Delta H_2 = -394$ KJ........................(2)

$2H_2 + O_2 \rightarrow 2H_2O$, $\Delta H_3 = -572$ KJ....................(3)

求：$2C + H_2 \rightarrow C_2H_2$, $\Delta H_4 = ?$ KJ............................(4)

方程式(4) = [(2)×2] + [(3)÷2] + [－(1)÷2]

$$\Delta H_4 = \Delta H_2 \times 2 + \frac{\Delta H_3}{2} - \frac{\Delta H_1}{2} = [-394 \times 2] + [\frac{-572}{2}] - [\frac{-2600}{2}] = +226 \text{ kJ}$$

第2單元　原子結構與週期性

一、 原子結構建立的歷程

發現順序	年代	發現者	實驗	結論
電子 電子荷質比	1897	湯姆森	陰極射線實驗： 1. 陰極射線為直線高速運動的粒子束 即 β 射線)，此粒子稱為電子 2. 電子荷質比($\frac{e}{m}$)為 1.76×10^8 coul / g 3. 不論管中氣體種類或陰極金屬材料為何，所產生射線的性質均相同 4. 提出西瓜模型	
			陰極對面管壁形成障礙物陰影	顯示陰極射線由陰極射出，且陰極射線是直線前進
			轉輪可轉動	顯示陰極射線是具有質量、速度、動量、動能的粒子束
			陰極射線偏向正極	顯示陰極射線為帶負電的粒子束
			陰極射線偏折	顯示陰極射線是帶負電的粒子束(偏轉方向由安培右掌定則判斷)
電子電量 電子質量 (間接求出)	1909	密立坎	油滴實驗： 1. 以噴霧器將油滴噴入電場箱中 2. 以 X 光照射兩極板間的氣體，使其游離產生氣態陽離子及電子，油滴則吸附電子而帶有電荷	(1)油滴帶電量均為電子電量的整數倍，故取各油滴電量的最大公因數即為電子電量 (基本電荷)e $=1.6\times10^{-19}$ coul (2)由湯姆森的陰極射線實驗及密立坎的油滴實驗，可求出電子質量，m $= 9.1\times10^{-28}$ (g)
原子核	1911	拉塞福	α 粒子散射實驗 (α 粒子撞金箔)： 大部分 α 粒子直接穿透金箔；少部分 α 粒子大角度的偏折，甚至反彈(十萬個僅一個發生偏折)	(1)發現帶正電的原子核 (2)原子核體積極小，密度極大，原子質量集中於原子核 (3)原子直徑：原子核直徑=10^5：1 (4)提出核原子模型

發現順序	年代	發現者	實驗	結論
同位素	1913	湯姆森	**質譜儀實驗**： 帶相等電量的同一元素所形成的不同陽離子(陽極射線)，其荷質比 $(\dfrac{q}{m})$ 不同，當其在磁場中偏折而投射於感光片上即形成不同曲率半徑之質譜線 (曲率半徑 $r \propto \sqrt{\dfrac{m}{q}}$)	發現同位素的存在
原子序	1913	莫斯利	**X 射線實驗**： (1)以陰極射線撞擊不同的金屬靶，產生不同頻率的 X 射線 (2)X 射線頻率與原子序減 1 的平方 $(Z-1)^2$ 成正比	建立原子序概念
質子	1919	拉塞福	**α 粒子撞氮原子**： $_2^4\text{He} + _7^{14}\text{N} \rightarrow _8^{17}\text{O} + _1^1\text{p}$	發現質子
中子	1932	查兒克	**α 粒子撞鈹原子**： $_2^4\text{He} + _4^9\text{Be} \rightarrow _6^{12}\text{C} + _0^1\text{n}$	發現中子

二、 基本粒子比較

粒子	發現者	符號	電荷（庫侖）	相對質量比	質量	
					克	amu（Da）
電子	湯木生	$_{-1}^{0}e$	-1.602×10^{-19}	約 $1/1836$	9.11×10^{-28}	0.000548
質子	拉塞福	$_{1}^{1}p$	$+1.602 \times 10^{-19}$	1	1.673×10^{-24}	1.007277
中子	查兌克	$_{0}^{1}n$	0	約 1.001	1.675×10^{-24}	1.008665

三、 電磁波比較

電磁波名稱	無線電波 (Radio)	微波 (Microwave)	紅外線 (Infrared)	可見光 (Visible)	紫外光 (Ultraviolet)	X射線	γ射線
波長範圍	幾公尺以上	數毫米至數公尺	750 nm 至 0.01 cm	400 nm 至 750 nm	10 至 400 nm	0.01 至 50 nm	小於 0.05nm
應用	核磁共振	分子轉動	鍵的振動	價電子激發		晶體繞射	治療癌症
能量	低 →　　　　　　　　　　　　　　　　　　高						
波長	長 →　　　　　　　　　　　　　　　　　　短						

四、 電磁波能階、頻率與波長轉換

	公式	常數符號表示
能量 (*E*)	$\Delta E = E_H - E_L = K\left(\dfrac{1}{n_L^2} - \dfrac{1}{n_H^2}\right)Z^2$	(1) Z 為原子序，H 原子為 1，此公式亦適用類氫離子 (2) $K = 1312$ kJ/mol $= 313.6$ kcal/mol $= 2.179 \times 10^{-18}$ J/個 $= 13.6$ eV/個
頻率 (*ν*)	$\Delta\nu = 3.289 \times 10^{15}\left(\dfrac{1}{n_L^2} - \dfrac{1}{n_H^2}\right)$ 秒$^{-1}$	(3) 3.289×10^{15}s^{-1} 芮得柏常數（R） (4) $\nu = \dfrac{\Delta E}{h}$ （h $= 6.626 \times 10^{-34}$ J·s）
波長 (*λ*)	$\Delta\lambda = \dfrac{91.2\text{nm}}{\left(\dfrac{1}{n_L^2} - \dfrac{1}{n_H^2}\right)}$ $\bar{\upsilon}$ 波數=波長倒數 $\dfrac{1}{\lambda}$ $= 1.097 \times 10^5 Z^2\left(\dfrac{1}{n_H^2} - \dfrac{1}{n_L^2}\right)$ cm^{-1}	(5) $\Delta\lambda = \dfrac{c}{\nu}$ （c 光速 $= 3.0 \times 10^8$m/s）

五、 氫原子光譜

線系	來曼系 (*Lyman series*)		巴耳末系 (*Balmer series*)		帕申系 (*Paschen series*)	
光區	紫外光區		可見光區		紅外光區	
譜線	最後一條	第一條	最後一條	第一條	最後一條	第一條
電子躍遷	$n=\infty$ ↓ $n=1$	$n=2$ ↓ $n=1$	$n=\infty$ ↓ $n=2$	$n=3$ ↓ $n=2$	$n=\infty$ ↓ $n=3$	$n=4$ ↓ $n=3$
光子能量 (*kJ/mol*)	1312	984.0	328	182.4	145.8	63.76
波長 (*nm*)	91.2	121.6	364.8	656.5	820.8	1876.1

系列	低能階（n_L）	高能階（n_H）	光譜區
來曼系（*Lyman series*）	1	n＞1 之整數	紫外光區
巴耳末系（*Balmer series*）	2	n＞2 之整數	可見光區
帕申系（*Paschen series*）	3	n＞3 之整數	
布拉克系（*Brackett series*）	4	n＞4 之整數	紅外光區
蒲芬德系（*Pfund series*）	5	n＞5 之整數	

六、 近代有關原子結構理論

1. 德步洛依（*De brogile*）的質點波：

$$\lambda = \frac{h}{mc} = \frac{h}{mv} = \frac{h}{p} = \frac{h}{\sqrt{2mE_K}}$$

2. 海森堡測不準原理（*Heisenberg Uncertainty Principle*）：

$$\Delta P \cdot \Delta X \geq \frac{h}{4\pi}$$

七、 量子數（n，l，m_l，m_s）

名 稱	符號	性 質	出 現 數 值
主量子數 (*principal quantum number*)	n	又稱主殼層（*shell*），表示軌域之能量。	(1) $n = 1$、2、3……、∞等正整數，依序代表 K、L、……等殼層。 (2) n 愈大，電子離原子核愈遠，能量愈大。
角量子數 (*angular momentum quantum number*)	l	又稱副殼層（*subshell*），表示軌域之形狀。	(1) 角量子數（l）隨主量子數（n）而改變。 (2) $l = 0$、1、2、…，為$(n-1)$的整數，共n種。 (3) 以$l = 0$、1、2、3……等副殼層依序代表 s、p、d、f……等軌域。
磁量子數 (*magnetic quantum number*)	m_l	可表示軌域在空間位向及數目。	(1) $m_l = +l$、$+l-1$、……、$+1$、0、-1、……、$-l+1$、$-l$。 (2) m_l 之整數，共$2l + 1$ 個。
自旋量子數 (*spin quantum number*)	m_s	代表電子順時針與逆時針兩種不同的自旋方向。	$m_s = +\dfrac{1}{2}$　或　$-\dfrac{1}{2}$

八、 量子數與軌域、電子數的關係

主量子數		角量子數及軌域名稱		磁量子數	副殼層軌域總數	主殼層軌域總數	最多可容納電子數	旋轉量子數
n	符號	l	軌域	m_l	$2l+1$	n^2	$2n^2$	
1	K	0	$1s$	0	1	1	2	
2	L	0	$2s$	0	1	4	8	
		1	$2p$	$\pm1，0$	3			
3	M	0	$3s$	0	1	9	18	$+\dfrac{1}{2}$ 或 $-\dfrac{1}{2}$
		1	$3p$	$\pm1，0$	3			
		2	$3d$	$\pm2，\pm1，0$	5			
4	N	0	$4s$	0	1	16	32	
		1	$4p$	$\pm1，0$	3			
		2	$4d$	$\pm2，\pm1，0$	5			
		3	$4f$	$\pm3，\pm2，\pm1，0$	7			

九、 原子軌域的能量大小比較

1. **單電子系統**：適用於氫原子（或類氫離子 $_2He^+$、$_3Li^{2+}$等）

   (1) 能階高低由主量子數(n) 決定。

   (2) n 愈大，軌域能量愈高。與其他量子數無關。

   (3) 能階高低 $\Rightarrow 1s<2s=2p_x=2p_y=2p_z<3s=3p=3d$

2. **多電子系統**：適用於原子或離子中 2 個電子以上

   (1) 軌域能量大小由 n 和 l 共同決定。

   A. $n+l$ 值愈大，軌域能量愈高。

   B. $n+l$ 值相同時，n 值愈大，能量愈高。

   (2) 能階高低 $\Rightarrow 1s<2s<2p<3s<3p<4s<3d<4p<5s<4d<5p<\cdots$

十、 電子填軌域的規則（以符合基態）

規則	內容
苞立 不相容原理 （*Pauli-exclusion Principle*）	每一個軌域最多僅能存有兩個電子，而且二者的 自旋方向必須相反，
遞建原理 （*Aufbau principle*）	1. 將原子中所含有的電子依軌域的能量順序， 　由低能階開始填至高能階。 2. 能階高低順序為： 　$1s < 2s < 2p < 3s < 3p < 4s < 3d < 4p < 5s < 4d < 5p < \cdots$
洪德定則 （*Hund Rule*）	數個電子要填入同能階的同種軌域 （例如：$2p_x$、$2p_y$、$2p_z$）， 電子先以相同的自旋方向分別進入不同方位的軌域而 不成對，待各軌域均有一個電子時，才允許自旋方向 相反的電子進入而成對。

十一、 常見電子組態名

1. **基態**（*ground state*）：

   電子排列情形，若遵守電子排列原則

   （構築原則，罕德原則，苞立不相容原則）者，能量較穩定者稱之。

2. **激態**（*excited state*）：

   電子排列時，違反構築原理或罕德原則者，能量呈現較不穩定狀者。

3. **禁止態**（*forbidden state*）：（或稱不存在態）

   (1) 違反苞立不相容原則者。

   (2) 本身軌域不存者。

4. **特殊電子組態**：

   6B 族：Cr，Mo，W　　【舉例】$_{24}Cr：1s^2 2s^2 2p^6 3s^2 3p^6$ _**$4s^1 3d^5$**_

   1B 族：Cu，Ag，Au　　【舉例】$_{29}Cu：1s^2 2s^2 2p^6 3s^2 3p^6$ _**$4s^1 3d^{10}$**_

十二、 原子半徑的比較

	共價半徑	凡得瓦半徑	金屬半徑
意義	同種元素的兩個原子以共價單鍵連接時,其原子核間距離的一半,稱為共價半徑	在固態或液態時,兩個相鄰分子間(非鍵結原子)原子核距離的一半,稱為凡得瓦半徑	在金屬晶格中,兩相鄰金屬原子核間距離的一半,稱為金屬半徑
實例	I_2 中,兩個碘原子核距離為 2.66Å,故碘原子半徑為 1.33Å	I_2 分子的凡得瓦半徑為 1.98 Å	Al 的金屬半徑為 1.43Å
圖示	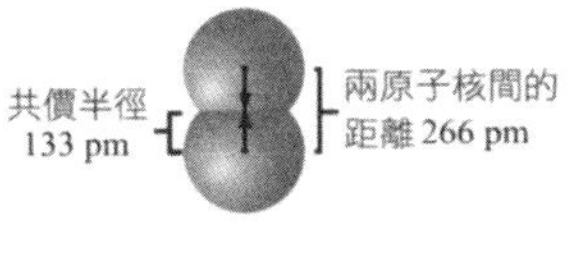	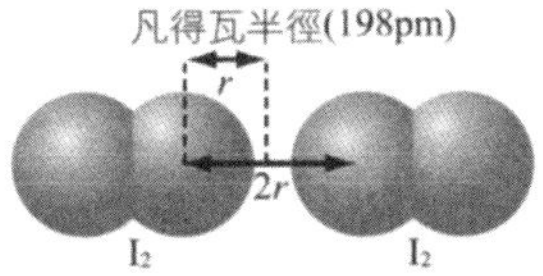	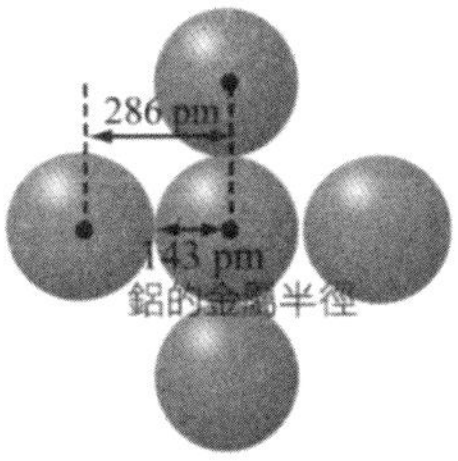

十三、 原子半徑 & 離子半徑規則性

1. **原子半徑的規則性:**

    (1) 同族元素的原子半徑,隨原子序的增加(由上而下)而增加

    (2) 同週期元素的原子半徑,隨原子序的增加(由左而右)而減小

2. **離子半徑的規則性:**

    (1) 同族元素且同電荷數的離子半徑,由上而下漸大。

    (2) 核電荷相同的原子或離子,電子數愈多,半徑愈大。

    (3) 電子數相同的原子或離子,核電荷愈多,半徑愈小。

十四、 *游離能 IE*

1. **定義**：

   由氣態原子移去最外層的一個價電子所需吸收的能量；可視為

   氣態原子的最外層電子，從基態能階提升至 n = ∞所需吸收的能量。

2. **特色**：

   (1) 對同一元素而言，連續游離能依序增大，即 $IE_1 < IE_2 < IE_3 < IE_4$。

   (2) 若 $IE_n << IE_{n+1}$，則表示此原子含有 n 個價電子。

   (3) IIA 族原子的 $\dfrac{IE_2}{IE_1} \approx 2$；IIIA 族原子的 $\dfrac{IE_3}{IE_2} \approx \dfrac{3}{2}$

3. **影響游離能的因素**：

   (1) <u>半徑</u>：半徑愈大（即價電子的主量子數愈大），游離能愈小

   (2) <u>核電荷</u>：等電子數的原子或離子，核電荷愈多，游離能愈大

   (3) <u>電子組態</u>：價電子組態全滿（如 s^2、p^6）或半滿（如 p^3）者，

   　　　　　　游離能較大

十五、 *電子親和力 EA*

1. **定義**：將一價陰離子移去一個電子時的能量變化。

2. **通式**：$X^-_{(g)} \rightarrow X_{(g)} + e^-$，$\Delta H = EA$

3. **實例**：$Cl^-_{(g)} \rightarrow Cl_{(g)} + e^-$，$\Delta H = EA = 348 \text{ kJ/mol}$

4. **電子親和力的規則性**：

   (1) 大部分中性原子獲得電子為放熱反應，而放熱愈多，代表該

   原子的電子親和力愈大。

   (2) 同週期的典型元素，以 7A 族的電子親和力最大，6A 族其次。

   而 2A 族的 s 軌域全滿，5A 族的 p 軌域半滿，8A 族的 p 軌域全滿，

   因此不易再接納電子，故其電子親和力較小，甚至有可能為

   吸熱反應。

(3) 任一原子的游離能大小，必大於任一原子之電子親和力的量值。

(4) 鹵素原子的電子親和力大小為 Cl（全部原子最大）＞F＞Br＞I

十六、 *電負度EN*

1. **定義**：

   分子內的鍵結原子吸引其共用電子對的相對能力稱為電負度，亦稱為「陰電性標」。電負度值愈大，表示該原子對共用電子對的吸引能力愈強。

2. **提出者：鮑林 1932 年（*L.C. Pauling*，1901～1994）**

   根據熱化學數據和化學鍵強度導出電負度值，氟原子的電負度最大，訂電負度為 4.0。其他元素原子的電負度是與氟的比較值。

   電負度前三名：F(4.0)、O(3.5)、N(3.0)

3. **電負度的週期傾向**

   (1) 一般而言，金屬電負度小於 2，非金屬電負度大於 2.0（H＝2.1）

   (2) 同週期元素：隨原子序增加而增加（惰性氣體無數據除外）。

   (3) 同族元素：隨原子序增加而減少。

歷 屆 試 題 集 錦

1. Identify the element of Period 2 which has the following successive ionization energies, in kJ/mol.

IE1, 1314　　　　IE2, 3389　　　　IE3, 5298　　　　IE4, 7471

IE5, 10992　　　IE6, 13329　　　IE7, 71345　　　IE8, 84087

(A) Li　　(B) B　　(C) O　　(D) Ne　　(E) None of these

【110 高醫(30)】

【詳解】C

由：$...< \text{IE}_4 < \text{IE}_5 < \text{IE}_6 << \text{IE}_7 < \text{IE}_8$

　　　　　7471　　10992　　13329　　　71345　　84087　（kJ/mol）

∵游離能$\text{IE}_7 >> \text{IE}_6$（倍增）

推測此元素外層電子應是6個（價電子），可能為VIA族元素

(C)氧原子為最佳解

2. Which of the followings is a correct set of quantum numbers for an electron in a 3d orbital?

(A) $n = 3, l = 0, m_l = -1$　　(B) $n = 3, l = 1, m_l = 3$　　(C) $n = 3, l = 2, m_1 = 3$

(D) $n = 3, l = 3, m_l = 2$　　(E) $n = 3, l = 2, m_l = -2$

【110 高醫(77)】

【詳解】E

3d 軌域：主量子數$(n) = 3$；角量子數$(l) = 2$；

　　　　　磁量子數 m_l 值允許$= -l$，$-l+1...$，0，$...$，$l-1$，l

3. Which of the following statements about "The Bohr Model" and "Particle in a Box" is TRUE?

　(A) For an electron trapped in a one-dimensional box, as the length of the box increases, the spacing between energy levels will increase.

　(B) The total probability of finding a particle in a one-dimensional box (length is L) in energy level $n = 4$ between $x = L/4$ and $x = L/2$ is 50%.

　(C) If the wavelength of light necessary to promote an electron from the ground state to the first excited state is λ in a one-dimensional box, then the wavelength of light necessary to promote an electron from the first excited state to the third excited state will be 3λ.

　(D) A function of the type $A \cos(Lx)$ can be an appropriate solution for the particle in a one-dimensional box.

　(E) Assume that a hydrogen atom's electron has been excited to the $n = 5$ level. When this excited atom loses energy, 10 different wavelengths of light can be emitted.

【110 高醫(80)】

【詳解】E

(A) $E_n = \dfrac{n^2 h^2}{8mL^2} \Rightarrow \Delta E = \dfrac{(n_H^2 - n_L^2)h^2}{8mL^2} \Rightarrow L\uparrow,\ \Delta E\downarrow$

(B) …energy level $n = 4$ between $x = L/4$ and $x = L/2$ is **25%（全部面積 1/4）**

(C) $\Delta E = h\Delta v = \dfrac{hc}{\lambda} \Rightarrow \Delta E\uparrow,\ \lambda\downarrow$

(D) 波函數應假設為 $A \sin(Lx)$ 才可在 boundary condition 發現電子機率 $= 0$

(E) 氫原子光譜中，由高能階至低能階可產生 $\dfrac{n_H(n_H-1)}{2}$ 不同波長發射光

　　$\Rightarrow \dfrac{5(5-1)}{2} = 10$條

---

4. 當氫原子中的激發電子從 $n = 5$ 能階下降到 $n = 2$ 能階時，所放出光的波長是多少？

　(A) 4.34×10^{-7} m　　　　(B) 5.12×10^{-7} m

　(C) 5.82×10^{-7} m　　　　(D) 6.50×10^{-7} m

【110 中國醫(21)】

【詳解】A

$$\Delta\lambda = \frac{91.2 \text{ nm}}{(\frac{1}{1^2} - \frac{1}{\infty^2})} = 91.2 \; nm$$

$$\Rightarrow \frac{91.2 \; nm}{(\frac{1}{2^2} - \frac{1}{5^2})} = 432nm = 4.32 \times 10^{-7} m$$

---

5. 假如氫原子的游離能為 1.31×10^6 J/mol，則 He^+ 的游離能為多少？

(A) 6.55×10^5 J/mol
(B) 1.31×10^6 J/mol
(C) 2.62×10^6 J/mol
(D) 5.24×10^6 J/mol

【110 中國醫(25)】

【詳解】D

$$E_n = \frac{-K}{n^2} Z^2 \; (\; K = 1.31 \times 10^6 \text{ J/mol} \;)$$

代入公式：$\left| \Delta E \right| = \left| -K \left(\frac{1}{n_L^2} - \frac{1}{n_H^2} \right) \right| Z^2$

$$\Rightarrow \Delta E = 1.31 \times 10^6 J / mol \left[\frac{1}{1^2} - \frac{1}{\infty^2} \right] \times 2^2$$

$$= 5.24 \times 10^6 J / mol$$

---

6. 鉻(Cr)元素的電子組態為何？

(A) $[Ar] \, 4s^1 3d^5$
(B) $[Ar] \, 4s^2 3d^4$
(C) $[Ar] \, 4s^2 3d^5$
(D) $[Ar] \, 4s^1 3d^6$

【110 中國醫(37)】

【詳解】A

鉻(Cr)元素的電子組態屬於特殊電子組態，違反構築（遞建）原理、
罕得定則，是一定要背的一五一十地清楚。

故組態A選項正確：$[Ar] \, 4s^1 3d^5$（B選項是陷阱）

7. 氫原子的可見光譜中，明亮的紅色譜線最可能是由於電子在下列哪一軌域躍遷？

(A) $2s \rightarrow 1s$　　(B) $2p \rightarrow 1s$　　(C) $3p \rightarrow 2s$　　(D) $4s \rightarrow 3p$

【110慈濟(15)】

【詳解】C

『…可見光譜中，明亮的紅色譜線…』，意旨：能階 $n_H > 2 \rightarrow n_L = 2$

只有(C)符合此條件（不用計算）。

8. 重要慶典及跨年時施放煙火，萬紫千紅的色光，非常壯觀。下列有關煙火色光的敘述，何者最有可能？

(A) 是來自於有機染料燃燒所造成　　(B) 是由氖、氫等氣體游離所造成
(C) 是由某些金屬鹽燃燒所造成　　(D) 是由不同火藥的燃燒所造成

【110慈濟(18)】

【詳解】C

金屬化合物含有金屬離子，當這些金屬離子被燃燒時，會發放出獨特的
火焰顏色。不同種類的金屬化合物在燃燒時，會發放出不同顏色的光芒。
如：氯化鈉和硫酸鈉都屬於鈉的化合物，他們在燃燒時便會發出金黃色火焰。

9. 請依下列元素的電負度（electronegativity）做遞增排列
（括號內數字為原子序）。

Ti (22), Mn (25), Co (27), Zr (40), Rh (45), Au (79)

(A) Ti < Zr < Mn < Co < Rh < Au　　(B) Ti < Mn < Co < Zr < Rh < Au
(C) Au < Rh < Zr < Co < Mn < Ti　　(D) Zr < Ti < Mn < Co < Rh < Au

【110慈濟(26)】

【詳解】D

過渡元素的電負度，分為前中後段
同週期的過渡元素，由左至右先增後降
同族的由上至下漸增（沒有差別很大）
故：Zr < Ti < Mn < Co < Rh < Au
　　　　　同週期　　　同族

10. Natural copper contains two isotopic forms. The most common isotope is ^{63}Cu (atomic mass 62.93 amu), which is 69.09% abundant. The average atomic mass of Cu is 63.55 amu. What is the mass of the other isotope?

(A) 61.90 amu　　　　　(B) 63.10 amu　　　　　(C) 64.93 amu

(D) 65.90 amu　　　　　(E) 67.10 amu

【109 高醫(22)】

【詳解】C

銅的平均原子量 $\overline{M} = M_1 x_1 + M_2 x_2$（$M$ 為各同位素原子量，x 為各含量）

$\Rightarrow 63.55\ \text{amu} = 62.93 \cdot 0.6909 + M_A \cdot 0.3091 \Rightarrow M_A = 64.93\ \text{amu}$

---

11. Determine the number of nodal surfaces for a 3s orbital.

(A) 3　　(B) 2　　(C) 1　　(D) 0　　(E) None of these

【109 高醫(63)】

【詳解】B

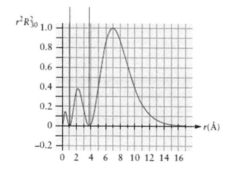

球型節（*spherical node*，*nodal surfaces*）是由軌域種類及 n 值大小決定，其數目為：$\underline{n-l-1}$ 故：$3-0-1=2$

---

12. The energy required to remove the electron from a hydrogen atom in its ground state is 2.178×10^{-18} J. What is the energy required to excite the electron in the He$^+$ ion from the n = 1 level to the n = 2 level?

(A) 1.634×10^{-18} J　　　　(B) 2.178×10^{-18} J　　　　(C) 3.268×10^{-18} J

(D) 8.712×10^{-18} J　　　　(E) None of these

【109 高醫(76)】

【詳解】E

$$E_n = \frac{-K}{n^2} Z^2 \ (K = 2.178 \times 10^{-18} \text{ J/atom})$$

代入公式：$\left| \Delta E \right| = \left| -K \left(\frac{1}{n_L^2} - \frac{1}{n_H^2} \right) \right| Z^2$

$$\Rightarrow \Delta E = 2.178 \times 10^{-18} J/atom \left[\frac{1}{1^2} - \frac{1}{2^2} \right] \times 2^2$$

$$= 6.53 \times 10^{-18} J$$

---

13. For an unknown molecules A_2, if the dissociation energy is 1204 kJ/mol, what is the maximum wavelength of electromagnetic radiation required to rupture this bond? (Planck constant: 6×10^{-34} J.s, light of speed: 3×10^8 m/s)

    (A) 90 nm　　(B) 120 nm　　(C) 150 nm　　(D) 180 nm　　(E) 210 nm

    【109 高醫(89)】

【詳解】A

$$E = h\frac{c}{\lambda} = 6.625 \times 10^{-34} Js \times \frac{3.0 \times 10^8 \frac{m}{s}}{\lambda nm} \times \frac{6.02 \times 10^{23} 個}{1mol} \times \frac{1kJ}{1000J}$$

$$= 1204 kJ/mol \Rightarrow \lambda nm = 90nm$$

---

14. 從下列哪一個離子移走其最外層價電子時需要最大的能量？

    (A) Na^+　　(B) F^-　　(C) K^+　　(D) Cl^-　　(E) Mg^{2+}

    【109 中國醫(7)】

【詳解】E

游離能（束縛能）比較大原則：

(1) 欲移除電子位於內層電子外層電子 $\Rightarrow Mg^{2+}$，$Na^+ > K$

(2) 若皆為內層電子：核電荷數愈多，所需能量愈大 $\Rightarrow Mg^{2+} > Na^+$

(3) 任意元素的游離能皆大於電子親和力 $\Rightarrow K > (F^-，Cl^-)$

(4) 鹵素電子親和力比較：$Cl^- > F^- > Br^- > I^-$

$\Rightarrow Mg^{2+} > Na^+ > K > Cl^- > F^-$ …選 E

15. 下列哪一組數字是不存在的量子數組合(n, l, m, s)？
　　(A) (5, 3, 2, –1/2)　　　(B) (4, 0, 0, –1/2)　　　(C) (3, 1, 1, 1/2)
　　(D) (2, 2, 1, 1/2)　　　(E) (1, 0, 0, 1/2)

【109 中國醫(11)】

【詳解】D

符號	名稱	允許值
n	主量子數	1，2，3...
l	角動量量子數	$n > l \geqq 0$
m (or m_l)	磁動量量子數	$l \geqq \vert m \vert$ or $m = 0$
s (or m_s)	自旋量子數	$+1/2$，$-1/2$

(D) ($n = 2$) = ($l = 2$) …… 此為不允許值，應 $n > l \geqq 0$

16. 燃燒氯化銅會看到明顯的藍光，這是氯化銅燃燒時發生下列哪一個作用所造成的現象？
　　(A) 放出藍光　　　(B) 吸收藍光　　　(C) 反射藍光
　　(D) 吸收橘光　　　(E) 吸收黃光

【109 中國醫(14)】

【詳解】A

焰色反應是化學上用來測試某種金屬是否存在在化合物的方法，其原理是每種元素都有其個別的光譜。銅的部分：
(1) (沒鹵素)Cu^+，淺藍；(2) (沒鹵素) Cu^{2+}，祖母綠；(3) (有鹵素)Cu^{2+}，藍
故：銅的焰色與離子價數以及是否有鹵素有關，用藍綠色是最適合的。
不同價數銅離子能階不同，光譜當然不同。由光譜看來，是藍(400 nm 左右)綠(500 nm 左右)都有。另外不同陰離子對銅可能有配位基(ligand)效應，會改變銅的能階，使光譜位移。

17. 一個 4d 軌域共有幾個節面 (nodal plane)？
　　(A) 0　　　(B) 1　　　(C) 2　　　(D) 3　　　(E) 4

【109 中國醫(21)】

【詳解】D

本題問的是節面（nodal plane）是由角量子數 $l=2$ 決定，

故無論 3d, 4d, 5d 應是 2 個 nodal planes，故答案有誤，**應更改為 C**

題幹應改為：一個 4d 軌域共有幾個總節點 (total number of nodes)。

---

18. 第一游離能大小排序何者正確？

    I: $Al < Si < P < Cl$　　　　　　　　II: $Be < Mg < Ca < Sr$

    III: $I < Br < Cl < F$　　　　　　　　IV: $Na^+ < Mg^{2+} < Al^{3+} < Si^{4+}$

    (A) III　　　　　(B) I, II　　　　　(C) I, IV　　　　　(D) I, III, IV

    【109 義守(1)】

【詳解】D

同週期游離能：$8A > 7A > 5A > 6A > 4A > 2A > 3A > 1A$

不同週期同族游離能：由上至下漸小

 (II)應為：$Be > Mg > Ca > Sr$

若皆為內層電子：核電荷數愈多，所需能量愈大

---

19. 電子位於 5f 軌域，以下哪一項是軌域中電子的正確量子數組合？

    (A) $n = 5, l = 3, ml = +1$　　　　　　(B) $n = 5, l = 2, ml = +3$

    (C) $n = 4, l = 3, ml = 0$　　　　　　　(D) $n = 4, l = 2, ml = +1$

    【109 義守(29)】

【詳解】A

5f 軌域：主量子數$(n) = 5$；角量子數$(l) = 3$；

        磁量子數 m_l 值$= -l，-l+1\ldots，0，\ldots，l-1，l$

20. 下面哪個元素，其前六個游離能 (ionization energy) 具有以下模式？

I1 = 第一游離能，I2 = 第二游離能，依此類推。

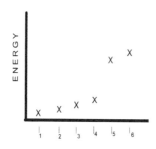

(A) Ca　　(B) Si　　(C) Al　　(D) Se

【109 慈濟(25)】

【詳解】B

若 $IE_n \ll IE_{n+1}$，則表示此原子含有 n 個價電子，原子為 nA 族元素。

$I4 \ll I5 \Rightarrow$ 預期此原子含有 4 個價電子 $\Rightarrow$ 4A 元素 ns^2np^2

21. 下列電磁輻射的頻率大小順序排列何者正確？

I: microwave；　II: γ-rays；　III: visible；　IV: IR；　V: UV

(A) V > III > IV > II > I　　　　(B) II > V > III > IV > I

(C) I > IV > III > V > II　　　　(D) V > II > IV > III > I

【109 慈濟(46)】

【詳解】B

電磁波名稱	無線電波	微波	紅外線	可見光	紫外光	X 射線	γ 射線
頻率	由小至大長						

22. 下列離子群分別為 F^-、Cl^-、Al^{3+}、Ca^{2+}、Fe^{3+} 及 Si^{2+}，何項離子配對屬於等電子對 (isoelectric pair)？

(A) F^- 與 Si^{2+}　　(B) F^- 與 Al^{3+}　　(C) Ca^{2+} 與 Fe^{3+}　　(D) F^- 與 Cl^-

【109 私醫(1)】

【詳解】B

離子	F^-	Cl^-	Al^{3+}	Ca^{2+}	Fe^{3+}	Si^{2+}
電子數	10	18	10	18	23	12

---

23. 光源經三菱鏡折射後，可分成四種不同波長的光，其中波長 680 nm 的光，應屬下列何者？

(A) 紅光　　(B) 綠光　　(C) 藍光　　(D) 紫光

【109 私醫(2)】

【詳解】A

顏色	紫色	藍色	綠色	黃色	橘色	紅色
波長範圍 (nm)	380~450	450~495	495~570	570~590	590~620	620~750

---

24. 有一氫原子光譜，電子的能階躍遷釋放了 6.6×10^{-19} J 的能量，以光子的型態釋放其波長約為何？（普朗克常數 $= 6.63 \times 10^{-34}$ J·s）

(A) 201 nm　　(B) 301 nm　　(C) 401 nm　　(D) 501 nm

【109 私醫(8)】

【詳解】B

$$E = h\frac{c}{\lambda} \Rightarrow 6.6 \times 10^{-19} J = 6.625 \times 10^{-34} Js \times \frac{3.0 \times 10^8 \frac{m}{s}}{\lambda m} \Rightarrow \lambda = 301 \times 10^{-9} m = 301nm$$

---

25. 下列哪些量子數組合是允許的？

(A) $n = 3$, $l = 3$, $ml = 1$, $ms = -\frac{1}{2}$　　(B) $n = 4$, $l = 3$, $ml = 4$, $ms = -\frac{1}{2}$

(C) $n = 3$, $l = 2$, $ml = 1$, $ms = +\frac{1}{2}$　　(D) $n = 1$, $l = 2$, $ml = 0$, $ms = -\frac{1}{2}$

【109 私醫(13)】

【詳解】C

符號	名稱	允許值
n	主量子數	1，2，3...
l	角動量量子數	$n > l \geq 0$
m (or m_l)	磁動量量子數	$l \geq |m|$ or $m = 0$
s (or m_s)	自旋量子數	$+1/2$，$-1/2$

(A) $l = 3 = n$ ......此為不允許值； (B) $m_l = 4 > l = 3$ ......此為不允許值
(D) $n = 1 < l = 2$ ......此為不允許值

---

26. 關於化學元素以及週期表的敘述何者正確？
    (A) 原子半徑大小依序為：鋰 < 鈹 < 硼
    (B) 鎂原子的電子組態為[Ar]$3s^2$
    (C) 磷原子的基態電子組態有三個不成對
    (D) 包立不相容原理 (Pauli exclusion principle)指的是電子要填入數個同副殼層的軌域時，必須先以相同的自旋方式完成半填滿之後再以成對的方式填入。

【109 私醫(14)】

【詳解】C
    (A) 同週期原子半徑大小依序為：鋰 Li > 鈹 Be > 硼 B
    (B) 鎂原子的電組態為[Ne]$3s^2$
    (D) *罕德定則* (Hund's rule)
        指的是電子要填入數個同副殼層的軌域時，必須先以相同的自旋方式完成半填滿之後再以成對方式填入。

---

27. 下列對於原子半徑的排列 (越往右越小)何者正確？
    (A) $Ga^{3+} > Ca^{2+} > K^+ > Cl^- > S^{2-}$ (B) $S^{2-} > Cl^- > K^+ > Ca^{2+} > Ga^{3+}$
    (C) $Ga^{3+} > S^{2-} > Ca^{2+} > Cl^- > K^+$ (D) $Ga^{3+} > Ca^{2+} > S^{2-} > Cl^- > K^+$

【109 私醫(17)】

【詳解】B

(1)主量子數越小者，原子半徑越小

(2)原子序越大者，對外層電子吸引力越大，原子半徑越小

等電子系統半徑大小：$S^{2-} > Cl^- > K^+ > Ca^{2+} > Ga^{3+}$

---

28. Which of the following best describes an orbital?

    (A) Space where electrons are likely to be found in an atom.

    (B) Space which may contain electrons, protons, and/or neutrons.

    (C) The space in an atom where an electron is most unlikely to be found.

    (D) Small, walled spheres that contain electrons.

    (E) A single space within an atom that contains all electrons of that atom.

    【108 高醫(17)】

【詳解】A

量子力學：電子在空間中出現概率較大的區域叫：**軌域 _orbital_**。

---

29. Which of the following gives correct rank of the ionization energies for Cs, Na, O, F, and S?

    (A) Cs < Na < S < O < F   (B) Cs < S < Na < O < F   (C) F < O < Na < S < Cs

    (D) F < O < S < Na < Cs   (E) Na < S < Cs < F < O

    【108 高醫(23)】

【詳解】A

同一週期元素，由左而右，原子的游離能呈鋸齒狀增加。

【EX】：游離能 Na < Al < Mg < Si < S < P < Cl < Ar。

同一族元素，由上而下，原子的游離能遞減。

故：Cs < Na < S < O < F

---

30. Naturally occurring copper exists in two isotopic forms: ^{63}Cu and ^{65}Cu. The atomic mass of copper is 63.55 amu. What is the approximate natural abundance of ^{63}Cu?

    (A) 63%   (B) 90%   (C) 80%   (D) 85%   (E) 72%

    【108 高醫(24)】

【詳解】E

銅的平均原子量 $\overline{M} = M_1 x_1 + M_2 x_2$（$M$ 為各同位素原子量，x 為各含量）

$\Rightarrow 63.55 \text{ amu} = 63 \cdot x_1 + 65 \cdot (1 - x_1) \Rightarrow x_1 = 0.725 \ (72.5\%)$

---

31. 銦 (In) 的原子序為 49、原子量為 114.8 g。天然存在的銦包含 ^{112}In 及 ^{115}In 兩種同位素，兩者(^{112}In / ^{115}In)的比例約為

　　(A) 7/93　　　(B) 25/75　　　(C) 50/50　　　(D) 75/25　　　(E) 93/7

【108 中國醫(4)】

【詳解】A

平均原子量 $M = \sum ($ 同位素原子量所佔百分率 $)$

假設 ^{112}In 在自然界含量為 $y\%$，^{115}In 在自然界含量為 $(100\% - y\%)$

$\Rightarrow$　$112 \text{ amu} \times y\% + 115 \text{ amu} \times (100 - y)\% = 114.8 \text{ amu}$

$\Rightarrow$　$y\% = 6.67\% \doteqdot 7\%$

$\Rightarrow$ 兩者(^{112}In / ^{115}In)的比例：7/93…選 A

---

32. 下列元素中，哪一個有最高的第三游離能(third ionization energy)？

　　(A) Al　　　(B) Mg　　　(C) Na　　　(D) P　　　(E) S

【108 中國醫(5)】

【詳解】B

IIA 族的第三游離能最大，因欲移去的電子處內層，束縛能較大。

---

33. 元素 X 的電子組態為 $[Ar]3d^{10}4s^24p^3$，下列何者是 X 的氟化物最有可能的化學式？

　　(A) XF　　　(B) XF_2　　　(C) XF_4　　　(D) XF_5　　　(E) XF_6

【108 中國醫(7)】

【詳解】D

元素 X 擁有 $[Ar]3d^{10}4s^24p^3$ 之電子組態，價電子組態為 $ns^2np^4 \Rightarrow$ VA 族 與價數等於1的F原子，產生化學式為XF_3&XF_5。

34. 下列何種光譜法是利用原子間的振動來鑑定有機化合物？
    (A)紅外光光譜法　　　(B)核磁共振光譜法　　　(C)紫外光光譜法
    (D) X-光繞射法　　　(E)可見光光譜法

【108 中國醫(28)】

【詳解】A

光譜區域	主要用途
X-射線（$x\text{-}ray$）	探測晶體結構或其他構造
紫外光區（UV）＆可見光區（$visible$）	分子或原子中電子轉移所吸收的能量
紅外光區（$Infrared$）	分子振動所吸收的能量
微波光譜（$Microwave$）	分子單純轉動所吸收的能量

35. 下列哪一組各物種的電子組態都相同？
    (A) F^-、Ne、Mg^{2+}　　　　(B) F^-、Ar、Mg^{2+}
    (C) O^-、Ne、Mg^{2+}　　　　(D) Cl^-、Ar、Mg^{2+}

【108 義守(29)】

【詳解】A
Key：在 A 族原子或離子，電子數同則電子組態同。故電子數：
(A)10、10、10　　(B) 10、18、10　　(C)9、10、10　　(D)18、18、10

36. 某分子吸收波長 300 nm 的紫外光進行解離，請問此照光解離所需的能量
    是多少 kJ/mol？（$h = 6.625 \times 10^{-34}$ Js；$c = 3 \times 10^8$ ms^{-1}）
    (A) 200　　　(B) 300　　　(C) 400　　　(D) 600

【108 義守(35)】

【詳解】C

$$E = h\frac{c}{\lambda} = 6.625 \times 10^{-34} Js \times \frac{3.0 \times 10^8 \frac{m}{s}}{300 \times 10^{-9} m} \times \frac{6.02 \times 10^{23} 個}{1mol} \times \frac{1kJ}{1000J}$$
$$= 400 kJ/mol$$

37. 某元素之連續游離能(kJ/mol)之大小順序如下：E1 = 700，E2 = 2430，E3 = 3660，E4 = 25200，E5= 32800，則該原子之價電子組態最可能為：
(A) ns^2np^1　　(B) ns^2np^2　　(C) ns^2p^3　　(D) ns^2np^5

【108 慈濟(46)】

【詳解】A

若 $IE_n << IE_{n+1}$，則表示此原子含有 n 個價電子，原子為 nA 族元素。

IE3 = 3660 << IE4 = 25200 $\Rightarrow$ 預期此原子含有 3 個價電子 $\Rightarrow$ 3A 元素 ns^2np^1

38. 關於"電負度"之敘述，下列何者正確？
(A)大致上，同族元素原子序越大，電負度越大
(B)大致上，同列元素原子序越大，電負度越大
(C)電負度以 F = 4.0 最大，因其最易失去電子
(D)電負度較大者金屬性越強，電負度較小者非金屬性越強

【108 慈濟(47)】

【詳解】B

(A) 同族元素原子序越大，電負度越**小**。
(C) 電負度以 F = 4.0 最大，因其最易**強奪**電子。
(D) 電負度較**小**者金屬性越強，電負度較**大**者非金屬性越強。

39. 有關元素 117 號的 Tennessine (Ts)的敘述，下列何者正確？
(A) 電子組態為$[Rn]6d^{10}7s^27p^6$
(B) 電子組態為$[Rn]5f^{14}6d^{10}7s^27p^5$
(C) 化性屬於 VIA
(D) 為一放射性人工合成鈍氣元素

【108 私醫(26)】

【詳解】B

元素 117 號的 Tennessine (Ts)應屬於第八週期 VIIA 鹵素人工合成元素。

其電子組態為$[Rn]5f^{14}6d^{10}\underline{7s^27p^5}$。

40. X、Y 是位於同週期的兩個未知元素，且原子序均小 20，已知 X_2 是共價
化合物，X^{2-} 與 Y^+ 的電子組態與鈍氣相同，下列敘述何者為非？
(A) X 原子和 Y 原子的價電子總和為 8
(B) X 原子和 Y 原子的原子序之差為 5
(C) X 原子和 Y 原子的電子數總和可能為 27
(D) X 原子和 Y 原子的最外層電子數之差為 5

【108 私醫(27)】

【詳解】A
(1) …X^{2-} 與 Y^+ 的電子組態與鈍氣電子組態相同
　　⇒ X 應為 VIA 族元素；Y 應為 IA 族元素
(2) …X、Y 是位於同週期的兩個未知元素，且原子序均小於 20
　　⇒（X，Y）元素可能為（$_8$O，$_3$Li）元素或（$_{16}$S，$_{11}$Na）元素組合。
(A) 6 + 1 = 7；(B) 8 − 3 = 5 或 16 − 11 = 5；(C) 16 + 11 = 27
(D) 6 − 1 = 5

41. 下列各離子半徑大小之排序何者正確？
(A) $K^+ < Cl^- < S^{2-} < P^{3-}$
(B) $K^+ < P^{3-} < S^{2-} < Cl^-$
(C) $P^{3-} < S^{2-} < Cl^- < K^+$
(D) $Cl^- < S^{2-} < P^{3-} < K^+$

【108 私醫(28)】

【詳解】A
比較離子半徑大小：
(1) 等電子系列，核電荷數↑，半徑↓
(2) 同族離子，由上至下，半徑漸增
此題為等電子系列，皆為 18 個電子，故半徑：$_{19}K^+ < _{17}Cl^- < _{16}S^{2-} < _{15}P^{3-}$

42. 當主量子數為 4 時，n = 4 的所有軌域可容納幾個電子？
(A) 32　　　(B) 18　　　(C) 10　　　(D) 8

【108 私醫(30)】

【詳解】A

主量子數 n	1	2	3	4
殼層 Shell	K	L	M	N
最多可允許容納的電子數 $2n^2$	2	8	18	32

---

43. 一原子中之某一電子的四個量子數如下,請問何種狀態能量最低?
    (其中 n 為主量子數;l 為角量子數;ml 為磁量子數; ms 為旋量子數)
    (A) n = 4; l = 0; ml = 0; ms = 1/2　　　(B) n = 3; l = 2; ml = 1; ms = 1/2
    (C) n = 3; l = 2; ml = −2; ms = −1/2　　(D) n = 3; l = 1; ml = 1; ms = −1/2

【108 私醫(31)】

【詳解】D

能階受 n 與 l 之影響:

A. $n+l$ 值愈大,能階能量愈高

B. $n+l$ 值相同,則 n 值愈大,則能階能量愈高。

	1s	<	2s	<	2p	<	3s	<	3p	<	4s	<	3d	<	4p
$n+l$ 值	1	<	2	<	3	<	3	<	4	<	4	<	5	<	5

故: (B) = (C) > (A) > (D)
　　　 3d 　　　 4s 　 3p

---

44. The figure below is a cross section of the electron probability distribution for an orbital. What are n and l values for this orbital?

    (A) n = 3, l = 1　　　(B) n = 2, l = 0　　　(C) n = 2, l = 1
    (D) n = 3, l = 2　　　(E) n = 2, l = 2

【107 高醫(28)】

【詳解】A

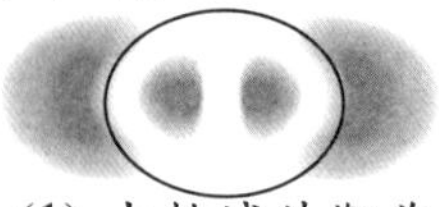

(1) 由軌域外觀為啞鈴型,故 l 值(角量子數)= 1

(2) 具有一徑向節面如圖中 O,故 n 值(主量子數)= 3

45. According to the Bohr Model, please use the equation below and calculate the minimum energy required to remove the electron from a He$^+$ ion in its first excited state.
   (A) 2.178 x 10^{-18} J　　　　(B) 5.445 x 10^{-19} J　　　　(C) 8.712 x 10^{-18} J
   (D) 4.356 x 10^{-18} J　　　　(E) 1.089 x 10^{-18} J

【107 高醫(66)】

【詳解】A
Key：(1) first excited state $\Rightarrow$ n = 2

(2) $E_n = \dfrac{-K}{n^2} Z^2$ ($K = 2.178$ x 10^{-18} J/atom)

代入公式：$|\Delta E| = \left| -K \left(\dfrac{1}{n_L^2} - \dfrac{1}{n_H^2} \right) \right| Z^2$

$\Rightarrow \Delta E = 2.178 \times 10^{-18} J / atom \left[\dfrac{1}{2^2} - \dfrac{1}{\infty^2} \right] \times 2^2$

$= 2.178 \times 10^{-18} J$

46. About the atomic orbitals, which of the following statements is incorrect?
   (A) In a polyelectronic atom, the orbital relative energies are $E_{3s} < E_{3p} < E_{3d}$.
   (B) In H atom, energy is absorbed and electron jumps from 1s to 3s orbital.
   (C) The 2p orbital is spherically symmetric.
   (D) The square of the wave function is indicated as a probability distribution.
   (E) None of the above.

【107 高醫(67)】

【詳解】C
(A) 多電子系統，軌域能階高低由 $n + l$ 值決定 $\Rightarrow$ $E_{3s} < E_{3p} < E_{3d}$ 。正確
(B) 氫原子，能階由 n = 1→ n = 3，需吸收能量（正確）
(C) 2p 軌域是啞鈴型，非球型對稱。故錯誤
(D) 波函數 φ^2 實為電子密度（或發現電子機率）。正確

47. 下列元素之電子組態(electron configuration)何者正確？
   (A)Cu：[Ar] $4s^23d^9$ 　(B) Br：[Ar]$4s^13d^{10}4p^6$ 　(C) Mn：[Ar]$4s^23d^5$
   (D)O：[Ne]$2s^22p^4$ 　(E) Pd：[Kr]$5s^24d^8$

【107 中國醫(4)】

【詳解】C
   (A)[Ar]$4s^13d^{10}$ 　(B)[Ar]$4s^23d^{10}4p^5$ 　(C)正確
   (D)[He]$2s^22p^4$ 　(E)[Kr]$4d^{10}$

48. 下列元素依照游離能(ionization energy)由小至大排列，下列選項何者正確？
   （Ⅰ）氦　（Ⅱ）氮　（Ⅲ）氧　（Ⅳ）鎂　（Ⅴ）磷　（Ⅵ）氟
   (A) Ⅰ<Ⅱ<Ⅲ<Ⅵ<Ⅳ<Ⅴ 　(B) Ⅳ<Ⅴ<Ⅲ<Ⅱ<Ⅵ<Ⅰ
   (C) Ⅴ<Ⅳ<Ⅵ<Ⅲ<Ⅱ<Ⅰ 　(D) Ⅳ<Ⅴ<Ⅱ<Ⅲ<Ⅵ<Ⅰ
   (E) Ⅰ<Ⅵ<Ⅲ<Ⅱ<Ⅴ<Ⅳ

【107 中國醫(5)】

【詳解】B
第二、三週期元素游離能比較大原則：
1. 同一週期：8A>7A>5A>6A>4A>2A>3A>1A
2. 同族：原子序越大，游離能越小
　　故：Ⅳ<Ⅴ<Ⅲ<Ⅱ<Ⅵ<Ⅰ

49. 下列光波依照波長由長至短排列，下列選項何者正確？
   （Ⅰ）無線電波(radio)　（Ⅱ）X 射線(x ray)　（Ⅲ）可見光(visible light)
   （Ⅳ）微波(microwave)　（Ⅴ）紫外光(ultraviolet)
   (A) Ⅰ<Ⅲ<Ⅳ<Ⅴ<Ⅱ 　(B) Ⅱ<Ⅴ<Ⅲ<Ⅳ<Ⅰ 　(C) Ⅰ<Ⅱ<Ⅲ<Ⅳ<Ⅴ
   (D) Ⅲ<Ⅰ<Ⅳ<Ⅴ<Ⅱ 　(E) Ⅰ<Ⅳ<Ⅲ<Ⅴ<Ⅱ

【107 中國醫(6)】

【詳解】B

電磁波名稱	無線電波	微波	紅外線	可見光	紫外光	X 射線	γ 射線
波長	長 →						短

50. 下列元素依照電負度(electronegativity)由大至小排列，下列選項何者正確？
　　（Ⅰ）F　　　（Ⅱ）N　　　（Ⅲ）P　　　（Ⅳ）Hg　　　（Ⅴ）Na
　　(A)　Ⅰ>Ⅱ>Ⅲ>Ⅳ>Ⅴ　　　(B)　Ⅰ>Ⅲ>Ⅱ>Ⅴ>Ⅳ　　　(C)　Ⅰ>Ⅱ>Ⅲ>Ⅴ>Ⅳ
　　(D)　Ⅰ>Ⅲ>Ⅱ>Ⅳ>Ⅴ　　　(E)　Ⅰ>Ⅳ>Ⅱ>Ⅲ>Ⅴ

【107 中國醫(19)】

【詳解】A
1. 同一週期：原子序越大，電負度越大。但 VIIIA 族不在其中。
2. 同族：原子序越大，電負度越小
　　故：Na < Hg < P < N < F

51. 關於下列反應，何者的 $\triangle H > 0$？
　　I. $O_{(g)} \rightarrow O^+_{(g)} + e^-$
　　II. $O^+_{(g)} \rightarrow O^{2+}_{(g)} + e^-$
　　III. $O_{(g)} + e^- \rightarrow O^-_{(g)}$
　　(A) I、II、III　　　(B) II、III　　　(C) I、III　　　(D) I、II

【107 義守(7)】

【詳解】D
　I. $O_{(g)} \rightarrow O^+_{(g)} + e^-$ ……為氣態氧原子 IE1 ⇒ 必吸熱
　II. $O^+_{(g)} \rightarrow O^{2+}_{(g)} + e^-$ ……為氣態氧原子 IE2 ⇒ 亦必吸熱，且 IE2 > IE1
　III. $O_{(g)} + e^- \rightarrow O^-_{(g)}$ ……為氣態氧原子 EA1 ⇒ 放熱
　【註】：EA1（第一電子親和力）為吸熱：IIA，N 原子，VIIIA

52. 下列哪一原子軌域不存在？
　　(A) 3f　　　(B) 4d　　　(C) 5p　　　(D) 7s

【107 義守(39)】

【詳解】A

符號	名稱	允許值	物理意義
n	主量子數	1，2，3...	軌域的能量與分佈的大小
l	角動量量子數	$n > l \geq 0$	軌域的形狀（種類）
$m\ (or\ m_e)$	磁動量量子數	$l \geq \lvert m \rvert$	軌域在空間的方位
$s\ (or\ m_s)$	自旋量子數	$+1/2$，$-1/2$	電子自旋的方向

故：3f ($n = 3, l = 3$) 為不合理

53. 請指出下列的電子軌域名稱 (orbital designations) 中，哪三個名稱是不存在的？ 1s, 1p, 7s, 7p, 3f, 4f, 2d

(A)7s, 7p, 3f　　(B)1p, 7s, 7p　　(C)1p, 3f, 2d　　(D)7s, 7p, 4f

【107慈濟(4)】

【詳解】C

符號	名稱	允許值	物理意義
n	主量子數	1，2，3...	軌域的能量與分佈的大小
l	角動量量子數	$n > l \geq 0$	軌域的形狀（種類）
m (or m_e)	磁動量量子數	$l \geq \mid m \mid$	軌域在空間的方位
s (or m_s)	自旋量子數	$+1/2$，$-1/2$	電子自旋的方向

故：1p　($n = 1, l = 1$)，3f　($n = 3, l = 3$)，2d ($n = 2, l = 2$) 皆為不合理

54. 氮(N)、磷(P)、砷(As) 和氯原子(Cl) 所形成之化學鍵，其極性由大到小排列，何者正確？

(A)N-Cl, P-Cl, As-Cl　　　　(B) P-Cl, N-Cl, As-Cl

(C) As-Cl, N-Cl, P-Cl　　　　(D) As-Cl, P-Cl, N-Cl

【107慈濟(5)】

【詳解】D

電負度的週期傾向

(1) 一般而言，金屬電負度小於 2，非金屬電負度大於 2.0（H＝2.1）

(2) 同週期元素：隨原子序增加而增加（惰性氣體無數據除外）。

(3) 同族元素：隨原子序增加而減少。

　　Key：鍵具有極性意旨：兩原子間具有電負度差（△EN）

　　故：As-Cl ($\triangle = 1.0$)，P-Cl ($\triangle = 0.9$)，N-Cl ($\triangle \fallingdotseq 0$)

55. 已知 X 和 Y 二元素原子的電子組態為 $X：1s^2 2s^2 2p^5$；$Y：1s^2 2s^2 2p^1$，則二元素結合成較安定化合物的實驗式為？

(A)YX_3　　(B) XY　　(C) XY_3　　(D) YX_5

【107慈濟(7)】

【詳解】A

$X：1s^2 2s^2 2p^5 \Rightarrow F$；$Y：1s^2 2s^2 2p^1 \Rightarrow B$

故：YX_3 即為 BF_3 分子

56. 某原子之 2s 波函數（Ψ_{2s}）可以下式表示：

$$\Psi_{2s} = \frac{1}{2\sqrt{2}}(\frac{1}{a_0})^{\frac{3}{2}}[2-\frac{r}{a_0}]e^{-\frac{r}{2a_0}}$$　　　其中 r 是電子與原子核間距，

a_0 為波爾半徑（Bohr radius；5.29×10^{-11} m）
請計算此軌域的節點（node）的位置（即距離原子核多遠的地方有點）？
(A) 5.29×10^{-11} m　　　(B) 2.65×10^{-11} m
(C) 7.92×10^{-11} m　　　(D) 1.06×10^{-10} m

【107 慈濟(21)】

【詳解】D
軌域的節點（node）意旨：
波函數與橫軸（r）交點，即為波函數=0 的位置。

令 $\Psi_{2s} = 0 \Rightarrow 2 - \frac{r}{a_0} = 0 \Rightarrow r = 2a_0$
$\Rightarrow r = 2 \times 5.29 \times 10^{-11}$ m $= 1.06 \times 10^{-10}$ m

57. 有關元素 Li、Na、C、O、F，請依第一游離能大小進行由小到大排列：
(A) Na < Li < C < O < F　　(B) Li < Na < C < O < F
(C) F < O < C < Li < Na　　(D) Na < Li < F < O < C

【107 私醫(16)】

【詳解】A
同週期游離能：8A>7A>5A>6A>4A>2A>3A>1A
　　　　　故：F > O > C > Li
不同週期同族游離能：由上至下漸小，故：Li > Na
綜合結果：F > O > C > Li > Na…選 A

58. 氮(nitrogen)有五個價電子，下列哪個代表 N⁻離子的基態(ground state)？

(A) I　　　　　(B) II　　　　　(C) III　　　　　(D) IV

【107 私醫(28)】

【詳解】D

N：$1s^2 2s^2 2p^3$：<u>↑↓</u>　<u>↑↓</u> <u>↑</u> <u>↑</u> <u>↑</u>　$\xrightarrow{+e}$　<u>↑↓</u>　<u>↑↓</u> <u>↑↓</u> <u>↑</u> <u>↑</u>

　　　　　　　　1s　　2s　　2p　　　　　　　1s　　2s　　　2p

---

59. 週期表中「1A 族」的"1"所代表的意義為何？
   (A) 活性最大　　　　　　(B) 化學性質相同
   (C) 價電子數為 1　　　　(D) 鹼性最強

【107 私醫(35)】

【詳解】C

$M \rightarrow M^{+1} + e^-$ （價電子為 1）

---

60. 請問在 Mn^{+3} 的 d 軌域中總共共有幾個電子？
   (A) 3　　　　(B) 4　　　　(C) 5　　　　(D) 6

【107 私醫(49)】

【詳解】B

$_{25}Mn$：$_{18}[Ar]4s^2 3d^5$：<u>↑↓</u>　<u>↑</u> <u>↑</u> <u>↑</u> <u>↑</u> <u>↑</u>

　　　　　　　　4s　　　　3d

$\xrightarrow{-3e}$　___　<u>↑</u> <u>↑</u> <u>↑</u> <u>↑</u> ___　（$_{18}[Ar]3d^4$）

　　　　　　4s　　　　3d

---

61. How many electrons in an atom can have the quantum numbers n = 4, l = 1?
   (A)2　　(B) 6　　(C) 10　　(D) 18　　(E) 32

【106 高醫(26)】

【詳解】B

$n = 4$，$l = 1$ 為 4p 軌域，4p 軌域共有+1，0，−1，三種(個)不同方向，
且為等能量的軌域。每個軌域至多可填入兩個電子，故 3x2＝6 個電子數。

62. How many valence electrons are there in an atom with the electron configuration [noble gas]ns^2(n – 1)d^{10}np^3?
(A) 2　　　(B) 3　　　(C) 5　　　(D) 10　　　(E) 15

【106 高醫(84)】

【詳解】C
[noble gas] **ns^2**(n – 1)d^{10}**np^3** ⇒ 為 VA 族元素，其價電子數 5 個。

63. Atomic orbitals developed using quantum mechanics _____.
(A) describe regions of space in which one is most likely to find an electron
(B) describe exact paths for electron motion
(C) give a description of the atomic structure which is essentially the same as the Bohr model
(D) allow scientists to calculate an exact volume for the hydrogen atom
(E) are in conflict with the Heisenberg Uncertainty Principle

【106 高醫(86)】

【詳解】A
(A)原子軌域：是描述電子最可能被發現的區域或機率（O）
(C)波耳模型只能適用描述單電子系統原子。
(B)(D)(E)
不可確實描述（繪）電子軌跡（路徑），故無法確切描述氫原子體積。
⇒ 海森堡的測不準效應

64. Which of the following species requires the highest energy to remove an electron from its valence shell?
(A) Na$^+$　　　(B) F$^-$　　　(C) K　　　(D) Cl$^-$　　　(E) Mg^{2+}

【106 高醫(87)】

【詳解】E
游離能（束縛能）比較大原則：
(1) 欲移除電子位於內層電子＞外層電子⇒Mg^{2+}，Na$^+$ > K
(2) 若皆為內層電子：核電荷數愈多，所需能量愈大⇒Mg^{2+} > Na$^+$
(3) 任意元素的游離能皆大於電子親和力⇒K >（F$^-$，Cl$^-$）
(4) 鹵素電子親和力比較：Cl$^-$ > F$^-$ > Br$^-$ > I$^-$
⇒ Mg^{2+} > Na$^+$ > K > Cl$^-$ > F$^-$ …選 E

65. 下表為各種不同化合物之紫外光/可見光光譜的最大吸收波長(λmax)，何種化合物為黃色？

化合物	I	II	III	IV	V
λmax (nm)	165	305	440	650	790

(A) I　　　　(B) II　　　　(C) III　　　　(D) IV　　　　(E) V

【106 中國醫(45)】

【詳解】C

吸收光			互補光	
波長範圍，nm	波數，cm^{-1}	光波（顏色）	波長，nm	呈現顏色
400～450	22000～25000	紫色	560	黃綠色
450～490	20000～22000	藍色	600	黃色
490～550	18000～20000	綠色	620	紅色
550～580	17000～18000	黃色	410	紫色
580～650	15000～17000	橘色	430	藍色

66. 下列哪一組是等電子(isoelectronic)？
(A) K^+ 和 Cl^-　　　(B) Zn^{2+} 和 Cu^{2+}　　　(C) Na^+ 和 K^+　　　(D) Cl^- 和 S

【106 義中醫(2)】

【詳解】A
(A)$18e^-/18e^-$　　　(B) $28e^-/27e^-$　　　(C)$10e^-/18e^-$　　　(D)$18e^-/16e^-$

67. 有多少個軌域具有以下量子數: $n = 3, l = 2, ml = 2$？
(A) 1　　　　(B) 3　　　　(C) 5　　　　(D) 7

【106 義中醫(11)】

【詳解】A
$n = 3$，$l = 2$ 為 3d 軌域，3d 軌域共有 +2，+1，0，−1，−2 五種(個)不同方向，且為等能量的軌域。故 $n = 3$，$l = 2$，$ml = 2$ 的軌域只有 1 個

68. 下列哪一項代表 Ni^{2+} 基態的電子組態？（Ni 的原子序為28）
    (A) $[Ar]4s^23d^8$　　　(B) $[Ar]4s^03d^8$　　　(C) $[Ar]4s^23d^6$　　　(D) $[Ar]4s^03d^{10}$
    【106 義中醫(12)】

【詳解】B
※ 由中性原子 → 陽離子電子組態：優先移除 n 值較大上的電子。
　　故 $_{28}Ni = [Ar]4s^23d^8$ → $Ni^{2+} = [Ar]4s^03d^8$

69. 下列電子組態何者代表激發態的氧原子？
    (A) $1s^22s^22p^2$　　　(B) $1s^22s^22p^33s^2$　　　(C) $1s^22s^22p^1$　　　(D) $1s^22s^22p^4$
    【106 慈中醫(4)】

【詳解】B
氧原子基態電子組態：$1s^22s^22p^4$
　　　　激態電子組態：$1s^22s^22p^33s^2$『違反構築（遞建）原理』

70. 下列原子的半徑大小順序，何者正確(由小到大排列)？
    (A) O < F < S < Mg < Ba　　　　　(B) F < O < S < Mg < Ba
    (C) F < O < Mg < S < Ba　　　　　(D) O < F < S < Ba < Mg
    【106 慈中醫(6)】

【詳解】B
原子半徑與離子半徑比較：
(1) 同族元素由上到下，原子半徑漸增
(2) 同週期中，原子半徑由左到右漸減。
⇒ Ba > Mg > S > O > F

71. L、D 是位於同週期的兩個未知元素，且原子序均小於 20，已知 L_2 是共價
    化合物，L^{2-} 與 D^+ 的電子組態與鈍氣電子組態相同，下列敘述何者為非？
    (A) L 原子和 D 原子的價電子總和為 8
    (B) L 原子和 D 原子的原子序之差為 5
    (C) L 原子和 D 原子的電子數總和可能為 27
    (D) L 原子和 D 原子的最外層電子數之差為 5
    【106 私醫(33)】

【詳解】A

由題幹推知：

(3) ...L^{2-} 與 D^+ 的電子組態與鈍氣電子組態相同

　　⇒L 應為 VIA 族元素；D 應為 IA 族元素

(4) ...L、D 是位於同週期的兩個未知元素，且原子序均小於 20

　　⇒（L，D）元素可能為（$_8O$，$_3Li$）元素或（$_{16}S$，$_{11}Na$）元素組合。

(A) 6 + 1 = 7；(B) 8 − 3 = 5 或 16 − 11 = 5；(C) 16 + 11 = 27

(D) 6 − 1 = 5

---

72. 根據量子力學理論，符合量子數 $n = 2$、$l = 0$ 的電子有多少個？

(A)0　　　(B)1　　　(C)2　　　(D)3

【106 私醫(35)】

【詳解】C

$n = 2$，$l = 0$ 為 2s 軌域，2s 軌域只有 0 一種(個)不同方向。又根據苞利不相容原理，每個軌域至多填 2 個電子，故答案為 2 個電子。

---

73. 下列哪一組的量子數，能正確的表示 3d 軌域？

(A)$n = 3, l = 2, ml = -1$　　　　(B)$n = 3, l = 1, ml = 2$

(C)$n = 3, l = 2, ml = 3$　　　　(D)$n = 3, l = 3, ml = 3$

【106 私醫(38)】

【詳解】A

3d 軌域：主量子數$(n) = 3$；角量子數$(l) = 2$；

　　　　磁量子數 m_l 值$= -l$，$-l+1...$，0，$...$，$l-1$，l

---

74. 在離子 $XO_3{}^{n-}$(X 是未知元素)中，共有 m 個核外電子，若 X 原子的質量數為 A，則 X 原子核內的中子數為若干？

(A)$A - m + n + 32$　　　　(B)$A - m + n + 24$

(C)$A - m - n - 24$　　　　(D)$A - m + n - 48$

【106 私醫(40)】

【詳解】B

$m = n + 8 \times 3 + (A -$ 中子數$)$　⇒中子數$= A - m + n + 24$

75. 已知雙原子離子化合物含有陽離子和陰離子，陽離子有 34 個質子和 30 個電子；陰離子的質子數是陽離子的二分之一，電子數是質子數加一；試問這個化合物的分子式為何？
(A)$SeCl_4$　　　(B)$AsCl_4$　　　(C)SeO_2　　　(D)$Te(OH)_4$

【106 私醫(43)】

【詳解】A

陽離子（cation）：$_{34}Se^{4+}$（原子序＝質子數＝34；34－4 = 30 電子）

陰離子（anion）：$_{17}Cl^-$（34/2 = 17 質子數；17 + 1=18 電子）

76. 在氫原子系統中，比較電子在下列不同的能階中躍遷(transition)，何者需要最大的能量？
(A) n = 1 to n = 2　　(B) n = 2 to n = 3　　(C) n = 3 to n = 4
(D) n = 5 to n = 6　　(E) n = 6 to n = 7

【105 中國醫(1)】

【詳解】A

系列	低能階(n_L)	高能階（n_H）	光譜區
來曼系（Lyman series）	1	n＞1 之整數	紫外光區
巴耳末系（Balmer series）	2	n＞2 之整數	可見光區
帕申系（Paschen series）	3	n＞3 之整數	
布拉克系（Brackett series）	4	n＞4 之整數	紅外光區
蒲芬德系（Pfund series）	5	n＞5 之整數	

※ 能量差大小：紫外光區＞可見光區＞紅外光區

77. 符合量子數(quantum numbers)為 n = 2，ℓ = 1，mℓ= 1 的原子軌域（atomic orbital)有多少個？
(A) 0　　(B) 1　　(C) 3　　(D) 5　　(E) 7

【105 中國醫(2)】

【詳解】B

$n = 2$，$l = 1$ 為 2p 軌域，2p 軌域共有+1，0，－1 三種(個)不同方向，
但等能量的軌域，故 $n = 2$，$l = 1$，$ml = 1$ 的軌域只有 1 個

78. 三種染料物質之顏色分別為：Ⅰ. 綠色、Ⅱ. 藍色、Ⅲ. 黃色，請問此三種物質之吸收波長 由大至小的順序為何？
(A) Ⅰ > Ⅱ > Ⅲ　(B) Ⅲ > Ⅰ > Ⅱ　(C) Ⅱ > Ⅰ > Ⅲ　(D) Ⅱ > Ⅲ > Ⅰ　(E) Ⅲ > Ⅱ > Ⅰ
【105 中國醫(7)】

【詳解】A

吸收光			互補光	
波長範圍，nm	波數，cm^{-1}	光波（顏色）	波長，nm	呈現顏色
450～490	20000～22000	藍色	600	黃色
580～650	15000～17000	橘色	430	藍色
650～700	14000～15000	紅色	520	綠色

※ 吸收光波長大小：Ⅰ（紅光）＞Ⅱ（橘黃光）＞Ⅲ（藍光）

79. 下列針對電磁波光譜(electromagnetic spectrum)，波長由小至大的排列順序何者正確？
(A) Gamma Rays < X-rays < Ultraviolet Radiation < Visible Light < Infrared Radiation < Microwaves < Radio Waves
(B) Visible Light < Infrared Radiation < Microwaves < Radio Waves < Gamma Rays < X-rays < Ultraviolet Radiation
(C) Radio Waves< X-rays < Ultraviolet Radiation < Visible Light < Infrared Radiation < Microwaves < Gamma Rays
(D) Gamma Rays < X-rays < Visible Light < Ultraviolet Radiation < Infrared Radiation < Microwaves < Radio Waves
【105 義守(37)】

【詳解】A

電磁波名稱	無線電波 (Radio)	微波 (Microwave)	紅外線 (Infrared)	可見光 (Visible)	紫外光 (Ultraviolet)	X 射線	γ 射線
波長	長 ———————————————————————————→ 短						

80. 一般而言，原子直徑的數量級約為多少公尺 (m)？
(A) 10^{-7}　　(B) 10^{-10}　　(C) 10^{-13}　　(D) 10^{-15}

【105 慈濟(1)】

【詳解】B

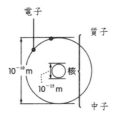

81. 下列哪一個原子或離子的半徑最大？
(A) O^{2+}　　(B) O^+　　(C) O　　(D) O^-

【105 慈濟(2)】

【詳解】D
核電荷相同的原子或離子，電子數愈多，半徑愈大。
得：$O^- > O > O^+ > O^{2+}$

82. 在氫原子主量子數 $n = 3$ 的殼層中，軌域能量的高低順序為何？
(A) $3s < 3p < 3d$　　(B) $3s > 3p > 3d$　　(C) $3s < 3p = 3d$　　(D) $3s = 3p = 3d$

【105 慈濟(3)】

【詳解】D
單電子系統：氫原子（或類氫離子 $_2He^+$、$_3Li^{2+}$ 等）
能階高低由主量子數(n) 決定。
(1) n 愈大，軌域能量愈高，與其他量子數無關。
(2) 能階高低：$1s < 2s = 2p_x = 2p_y = 2p_z < 3s = 3p = 3d < 4s = 4p = 4d = 4f < \dots$

83. Ti 原子有 22 個質子，則 Ti^{2+}基態的電子組態為何？
(A) $[Ar]4s^2$　　(B) $[Ar]4s^1 3d^1$　　(C) $[Ar]3d^2$　　(D) $[Ar]4s^1 4p^1$

【105 慈濟(9)】

【詳解】C

陽離子電子組態：優先移除主量子數 n 大者。

Ti：$_{18}[Ar]4s^2 3d^2$ → Ti^{2+}：$_{18}[Ar]4s^2 3d^2$ → Ti^{2+}：$_{18}[Ar]3d^2$

---

84. 分子從三重激發態 (triplet excited state) 發光後，躍遷回單重基態 (singlet ground state) 的過程，稱為？

(A)螢光 (fluorescence)　　　　(B)磷光 (phosphorescence)

(C)受激發射 (stimulated emission)　(D)內轉換 (internal conversion)

【105 慈濟(11)】

【詳解】B

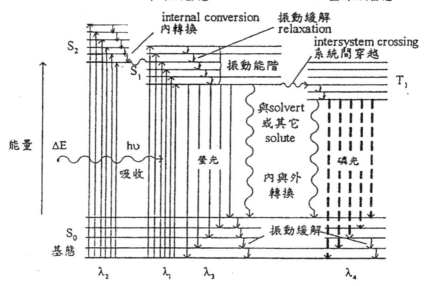

---

85. 關於離子的大小，請將以下的離子(As^{3-}、Se^{2-}、Sr^{2+}、Rb$^+$、Br$^-$)由小排列到大：

(A)Sr^{2+} < Rb$^+$ < As^{3-} < Se^{2-} < Br$^-$　　(B) As^{3-} < Se^{2-} < Br$^-$ < Sr^{2+} < Rb$^+$

(B)Rb$^+$ < Br$^-$ < Sr^{2+} < As^{3-} < Se^{2-}　　(D) Sr^{2+} < Rb$^+$ < Br$^-$ < Se^{2-} < As^{3-}

【105 私醫(26)】

【詳解】D

等電子系列，其半徑比較：陰離子 ＞ 中性原子 ＞ 陽離子

⇒ $_{33}$As^{3-} > $_{34}$Se^{2-} > $_{35}$Br$^-$ > $_{37}$Rb$^+$ > $_{38}$Sr^{2+}

86. 依量子力學理論，量子數(n = 4，l = 3)所描述的軌域中，最多可容納幾個電子？
    (A)8　　　　(B)14　　　　(C)18　　　　(D)32

    【105 私醫(30)】

【詳解】B

$n = 4$，$l = 3$ 為 4f 軌域，4f 軌域共有 7 種(個)不同方向，

根據苞林不相容原理，一個軌域至多可填 2 個電子，故共 14 個電子。

87. 下列哪一組量子數是屬於 4f 軌域電子組合？
    (A) $n = 4, l= 2$, $m_l = 0$, $m_s = -1/2$　　　(B) $n = 4$, $l = 2$, $m_l = -2$, $m_s = 1/2$
    (C) $n = 4, l = 3$, $m_l = 2$, $m_s = -1/2$　　　(D) $n = 4$, $l= 1$, $m_l = 1$, $m_s = -1/2$

    【105 私醫(47)】

【詳解】C

(A)(B) $n = 4$，$l = 2$ 為 4d 軌域　　　(D) $n = 4$，$l = 1$ 為 4p 軌域

88. 可以用量子數 $n = 4$、$l = 3$、$m_s = -1/2$ 來描述的電子有幾個？
    (A) 0　　　(B) 1　　　(C) 5　　　(D) 7　　　(E) 10

    【104 中國醫(3)】

【詳解】D

$n = 4$，$l = 3$，為 4f 軌域

f 軌域中具有最多 14 個電子數，14 個電子數中 $+\dfrac{1}{2}$ 與 $-\dfrac{1}{2}$ 各有 7 個電子數

89. 依據波爾模型，氫原子電子能階為 $E_n = -2.178 \times 10^{-18} (\dfrac{1}{n^2}) J$，若要將基態

    氫原子的電子移到無限遠處，請計算 ΔE 為何？
    (A) -6.626×10^{-34} J　　　(B) -2.178×10^{-18} J　　　(C) 6.626×10^{-34} J
    (D) 6.626×10^{-12} J　　　(E) 2.178×10^{-18} J

    【104 中國醫(13)】

【詳解】E

$$\Delta E = -k\left[\frac{1}{n_H^2} - \frac{1}{n_L^2}\right] = -2.178 \times 10^{-18}\left[\frac{1}{\infty^2} - \frac{1}{1^2}\right] = 2.178 \times 10^{-18}\ \text{J}\Big/\text{個}$$

（即為氫原子中電子游離能）

---

90. 週期表第三週期的某元素其游離能如下：IE_1（第一游離能）＝ 578 kJ/mol，
$IE_2 = 1820$ kJ/mol，$IE_3 = 2750$ kJ/mol，$IE_4 = 11600$ kJ/mol；此元素最可能是 ____ 。
(A) Al 　　　(B) S 　　　(C) P 　　　(D) Si

【104 義守(24)】

【詳解】A

由：$IE_1 < IE_2 < IE_3 << IE_4$
　　578　　1820　2750　　　11600 (KJ/mol)

∵游離能 $IE_4 >> IE_3$，

推測此元素外層電子應是3個（價電子），可能為IIIA族元素

(A)最佳解

---

91. 硼有兩種同位素，^{10}B 及 ^{11}B，而硼的平均原子量為10.8。下列何者正確？
　I. 均含有相同的電子數　　　　　II. 均含有相同的質子數
　III. 均含有相同的中子數　　　　IV. ^{11}B 在自然界的含量佔80%
　V. ^{10}B 在自然界的含量佔80%
(A) I、II 　　(B) I、II、IV 　　(C) I、II、V 　　(D) III、V

【104 義守(25)】

【詳解】B

(I)(II)(III)同位素：相同質子數（電子數），中子數不同，質量數不同。

假設 ^{10}B 含量為 X，^{11}B 含量為 $(1-X)$

平均原子量＝10.8＝$10 \cdot X + 11 \cdot (1-X)$

$\Rightarrow X = 0.2$（20%）

^{10}B 含量為 20%，^{11}B 含量為 80%

$\Rightarrow$ I、II、IV 為正確。

第3單元 化學鍵與分子軌域理論

一、 離子鍵、共價鍵與金屬鍵

鍵　型	離子鍵	共價鍵	金屬鍵
形成物質	離子晶體	分子晶體 或網狀固體	金屬晶體
結合力 的形成	陰、陽離子間 的庫侖靜電力	原子核與 共用電子對之間 的庫侖靜電力	陽離子與電子海間 的庫侖靜電力
化學鍵 方向性	無方向性	有方向性	無方向性
熔點、沸點	高	低（網狀固體除外）	高
導電性	固態不導電; 液態 及水溶液可導電	不良（石墨除外）	固態及液態 均可導電
延性 與展性	無	無	有
硬　度	大	小（網狀固體除外）	大
鍵能	離子鍵 ≒ 共價鍵 ＞ 金屬鍵 （150～400 kJ/mol）（50～150 kJ/mol）		

二、 離子鍵強度

1. **陰陽離子電荷一致 ≒ 化學式『1：1 型』（IA＋7A；2A＋6A）**

   ≒ **先考慮電荷乘積，再考慮半徑：**

   (1) 離子鍵長相近者，電荷數越大，則鍵越強。

   【EX】：MgO（2800℃）＞NaCl（801℃）

   (2) 電荷數相同者，離子鍵長越小，則鍵越強。

   【EX】：MgO（2800℃）＞CaO（2605℃）

2. **陰陽離子電荷不一致 ≒ 化學式『非 1：1 型』≒ 考慮離子性強弱**

   (1) 形成離子鍵的兩鍵結原子間 ΔEN 越大者，離子鍵越強，熔點越高

【EX】：$BaCl_2$ (962℃)＞$SrCl_2$ (873℃)＞$CaCl_2$ (772℃)

【EX】：$NaCl$ (801℃)＞$MgCl_2$ (708℃)＞$AlCl_3$ (190℃，at 2.5 atm)

(2) 同種陽離子，氧化數越大，則離子鍵越弱，熔點越低。

（∵高價陽離子吸引電子對，使鍵的共價性提高，離子性下降）

【EX】：$SnCl_2$ (246℃)＞$SnCl_4$ (－33℃)

三、 金屬鍵

1. **形成條件**：

   金屬元素必須具有　低游離能　及　空價軌域

2. **金屬鍵特性**：

   (1) 除 Au，Bi，Cu，Mn 等少數金屬外，其餘皆為銀白色。

   (2) 延展性大，因金屬之層面可滑動，在延展時不會破壞其晶體結構

   (3) 導熱性大＆導電性大，導電較佳者 Ag＞Cu＞Au＞Al＞Fe。

   (4) 金屬鍵愈強，金屬的熔點愈大

   (5) 金屬鍵的強度受價電子數的多寡及核電荷數大小影響。

      (a) 同週期金屬鍵強度，由左至右漸增。

      (b) 鹼金屬因堆積方式相同，其金屬鍵強度隨原子序增加而減少

      (c) 鹼土族，因無一定之堆積形式，故金屬鍵強度不規則。

四、 *共價鍵*

1. 路易士結構式：

畫單中心簡單分子步驟：（除氫外各原子滿足八隅）

(1) 陰電性較小且空價軌域較多的原子為結構中心，然後畫出原子在空間的正確排列（以單鍵相連接）。（H 原子不可當中心）

(2) 算出分子或離子團的價電子數總數。

(3) 先滿足外圍原子達八隅（除 H 外），再滿足中心原子達八隅。

(4) 若中心原子無法達八隅，則與外圍原子的價電子對共用，而產生雙鍵或三鍵，稱為共振結構。

2. 不符合八隅體規則者：

(1) 總價電子總數為奇數的分子或離子團。

(2) 中心原子之 Be、B 的簡單化合物或離子團。

(3) 中心原子與超過 4 個原子形成鍵結，此類為第三列以後的元素當中心。又稱擴張八隅。

3. 形式電荷（*Formal Charge*）：

(1) 定義：

在路易士結構中，將鍵結電子數均分給結合之原子，而算出每個原子擁有的電子數，並按照每個原子應有的價電子數，而知各原子得失電子的情形以指定給原子的電荷，被稱為形式電荷。

(2) 公式：原子本身價電子數－原子外圍應屬於自己的電子。

4. 軌域重疊方式：

種類	重疊方式	電子雲的位置	鍵強度	化學活性	核間軸轉動	備註
σ 鍵	軌域頭對頭	均勻包圍兩原子核	較強	較安定	可以	所有單鍵皆為 σ 鍵
π 鍵	p 軌域側對側	在兩原子核間軸兩側	較弱	較活撥	不能	雙鍵 $=1\sigma$ 鍵 $+\pi$ 鍵 參鍵 $=1\sigma$ 鍵 $+2\pi$ 鍵

5. *VSEPR*：

$m+n$	V.B.T	VSEPR	分子形狀	例子
2	sp	AX_2	直線	BeF_2，CO_2，HCN，C_2H_2
3	sp^2	AX_3	平面三角形	NO_3^-，SO_3，SeO_3
		AX_2E_1	彎曲形	SO_2，O_3
4	sp^3	AX_4	四面體	CH_4，SO_4^{2-}
		AX_3E_1	三角錐形	NH_3，H_3O^+，PCl_3，SO_3^{2-}
		AX_2E_2	彎曲形	H_2O，OF_2，ClF_2^+
5	sp^3d	AX_5	雙三角錐	PCl_5
		AX_4E_1	扭曲四面體	SeF_4，SCl_4
		AX_3E_2	T 字形	ClF_3
		AX_2E_3	直線形	XeF_2，I_3^-
6	sp^3d^2	AX_6	八面體	SF_6
		AX_5E_1	四方角錐形	BrF_5
		AX_4E_2	方形平面	XeF_4，ICl_4^-

6. **鍵數影響鍵能&鍵長：**

(1) 鍵能：

A. 鍵數越多，鍵能越大。

B. 鍵長越短，鍵能越大。

【例外】鍵長：$F-F<Cl-Cl<Br-Br<I-I$

鍵能：$I-I<F-F<Br-Br<Cl-Cl$

C. 鍵數、鍵長相近時，兩原子間電負度差越大，鍵能越大。

(2) 鍵長

A. 原子半徑越大，使兩原子核間鍵長越長。

B. 鍵數越多，鍵長越短。

7. **鍵角**：以中心原子為準，其中二個化學鍵的張角。

分子	無 *lp*	混成軌域不同，則鍵角不相同： $\Rightarrow$ BeF_2 (sp) $>BF_3$ $(sp^2)>CF_4$ (sp^3)
		混成軌域相同： $\Rightarrow$ $CH_4=SiH_4=GeH_4=SO_4^{2-}$（$\fallingdotseq 109.5^0$） $\Rightarrow$ $BF_3=CO_3^{2-}=SO_3=NO_3^-$（$\fallingdotseq 120^0$）
	有 *lp*	*lp* 數不同：*lp* 數越多，鍵角小 $\Rightarrow$ CH_4（109.5^0）$>NH_3$（106.7^0）$>H_2O$（104.5^0）
		lp 數同，電子靠近中心原子者鍵角大 $\Rightarrow$ $H_2O>H_2S>H_2Se$ $\Rightarrow$ $NH_3>PH_3>AsH_3$ $\Rightarrow$ $H_2O>OF_2$；$NH_3>NF_3$；$OI_2>OBr_2>OCl_2>OF_2$

8. **影響偶極矩（極性）大小的因素：**

(1) 分子立體形狀。

(2) 鍵結原子間電負度差：

　　⇒ 鍵偶極矩大，但不代表分子偶極矩（向量和）大。

(3) 各鍵結間的夾角。

9. **分子軌域理論：**

(1) <u>常見雙原子分子電子組態&磁性</u>

分子	電子組態	磁性
Li_2	$KK(\sigma_{2s})^2$	逆
Be_2	$KK(\sigma_{2s})^2(\sigma_{2s}^*)^2$	-
B_2	$KK(\sigma_{2s})^2(\sigma_{2s}^*)^2(\pi_{2px},\pi_{2py})^2$	順
C_2	$KK(\sigma_{2s})^2(\sigma_{2s}^*)^2(\pi_{2px},\pi_{2py})^4$	逆
N_2	$KK(\sigma_{2s})^2(\sigma_{2s}^*)^2(\pi_{2px},\pi_{2py})^4(\sigma_{2pz})^2$	逆
O_2	$KK(\sigma_{2s})^2(\sigma_{2s}^*)^2(\sigma_{2pz})^2(\pi_{2px},\pi_{2py})^4(\pi_{2px}^*,\pi_{2py}^*)^2$	順
F_2	$KK(\sigma_{2s})^2(\sigma_{2s}^*)^2(\sigma_{2pz})^2(\pi_{2px},\pi_{2py})^4(\pi_{2px}^*,\pi_{2py}^*)^4$	逆
Ne_2	$KK(\sigma_{2s})^2(\sigma_{2s}^*)^2(\sigma_{2pz})^2(\pi_{2px},\pi_{2py})^4(\pi_{2px}^*,\pi_{2py}^*)^4(\sigma_{2pz}^*)^2$	-
CO	$KK(\sigma_{2s})^2(\sigma_{2s}^*)^2(\pi_{2px},\pi_{2py})^4(\sigma_{2pz})^2$	逆

(2) <u>價電子數與鍵數關係</u>

價電子數	5	6	7	8	9	10	11	12	13	14	15
鍵數	0.5	1.0	1.5	2.0	2.5	3.0	2.5	2.0	1.5	1.0	0.5

歷屆試題集錦

1. Which of the following structures contains the central atom which has a formal charge of +2?

   a. SF_6　　b. SO_4^{2-}　　c. O_3　　d. $BeCl_2$　　e. $AlCl_4^-$

   (A) a　　　(B) b　　　(C) c　　　(D) d　　　(E) e

   【110 高醫(20)】

【詳解】B

形式電荷＝（原子個別價電子數）－（原子鍵結數＋孤對電子數）

圖中 SO_4^{2-} 為八隅結構，硫原子形式電荷：6－(4+0) = +2

---

2. What is the molecular shape of IF_3 using the VSEPR theory?

   (A) Trigonal bipyramidal　　(B) See-saw　　　(C) T-shaped

   (D) Linear　　　　　　　　(E) Square pyramidal

   【110 高醫(21)】

【詳解】C

m + n	V.B.T	VSEPR	分子形狀	例子
5	sp^3d	AX_3E_2	T-字型	IF_3，$XeOF_2$

---

3. What are the hybridization state and geometry of the nitrogen atom in the following chemical structure?

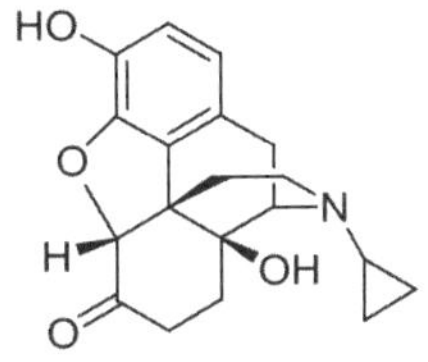

   (A) sp hybridized and linear geometry

   (B) sp^2 hybridized and trigonal pyramidal

   (C) sp^3 hybridized and trigonal pyramidal

   (D) sp^3 hybridized and trigonal planar

   (E) sp^3 hybridized and bent

   【110 高醫(22)】

【詳解】C

$$\Rightarrow 混成軌域總數 = \frac{5+1\times3}{2} = 4 \Rightarrow sp^3 屬於(AX_3E_1)型 \Rightarrow 三角錐$$

---

4. Which one of the following molecules has a dipole moment but without polarity?
　(A) O_3　　　(B) PH_3　　　(C) NH_3　　　(D) PCl_5　　　(E) H_2O_2

【110 高醫(25)】

【詳解】送分（題意有誤）

選項	m + n	V.B.T	VSEPR	分子形狀	極性分子與否
A	3	sp^2	AX_2E_1	彎曲	V
B	4	sp^3	AX_3E_1	三角錐	V
C	4	sp^3	AX_3E_1	三角錐	V
D	5	sp^3d	AX_5E_0	雙三角錐	X
E	H_2O_2 為雙中心，O 的混成軌域是 $sp^3 \Rightarrow$ 書頁型非共平面 $\Rightarrow$ 極性				

---

5. What are the values of bond order belonging to O_2^- and O_2^+, respectively?
　(A) 1.5, 2.5　　(B) 2.5, 1.5　　(C) 2, 3　　(D) 3, 2　　(E) 2, 2

【110 高醫(65)】

【詳解】A

離子	電子組態	價電子數	鍵數
O_2^-	$KK(\sigma_{2s})^2(\sigma_{2s}^*)^2(\pi_{2px},\pi_{2py})^4(\sigma_{2pz})^2(\pi_{2px}^{*2},\pi_{2py}^{*1})$	$13e^-$	1.5
O_2^+	$KK(\sigma_{2s})^2(\sigma_{2s}^*)^2(\pi_{2px},\pi_{2py})^4(\sigma_{2pz})^2(\pi_{2px}^{*1})$	$11e^-$	2.5

---

6. According to molecular orbital, which of the following molecules is diamagnetic?
　(A) HF　　　(B) O_2　　　(C) NO　　　(D) N_2^+　　　(E) N_2^-

【110 高醫(67)】

【詳解】A

	O_2	NO	N_2^+	N_2^-
價電子數	$12e^-$	$11e^-$	$9e^-$	$11e^-$
順逆磁	順磁	順磁	順磁	順磁

(A) HF 為單鍵逆磁（不可使用速解法）

7. How many of the following molecules exhibit resonance: NO_2, O_3, OCl_2, NF_3, N_2O, CCl_4, CNO, O_2F_2?
   (A) 1　　　(B) 2　　　(C) 3　　　(D) 4　　　(E) 5

   【110 高醫(70)】

【詳解】D
⇒ 具有共振結構的有：NO_2^-、O_3、N_2O、CNO^-
⇒ 不具有共振結構的有：OCl_2、NF_3、CCl_4、O_2F_2 無須共振，以達八隅體

8. 下列分子或離子何者為順磁性(paramagnetic)？
   (A) O_2^{2-}　　　　　(B) B_2　　　　　(C) N_2　　　　　(D) NO^+

   【110 中國醫(13)】

【詳解】B

	O_2^{2-}	B_2	N_2	NO^+
價電子數	$14e^-$	$6e^-$	$10e^-$	$10e^-$
順逆磁	逆磁	順磁	逆磁	逆磁

9. 下列四種分子，鍵角大小由大到小的順序何者正確？
   (I) NH_3　　　(II) H_2S　　　(III) O_3　　　(IV) H_2O
   (A) I > III > II > IV　　　　　　　(B) II > I > III > IV
   (C) II > III > I > IV　　　　　　　(D) III > I > IV > II

   【110 中國醫(18)】

【詳解】D
(1) 中心原子混成軌域不同：$sp > sp^2 > sp^3$
　　⇒　O_3 > ((I) NH_3 , (II) H_2S , (IV) H_2O)
(2) 中心原子混成軌域相同，lp 數愈多，鍵角愈小：
　　⇒　O_3 > NH_3 > ((II) H_2S , (IV) H_2O)
(3) 中心原子具有相同混成軌域及 lp 數相同時：
　　若中心原子不同，外圍原子相同：中心原子電負度大者鍵角較大。
　　⇒　$O_3 > NH_3 > H_2O > H_2S$

10. 當 XCl_5^- 離子形狀為正四方角錐形(square pyramidal)時，則 X 可能為下列何種原子？
    (A) O　　　　　(B) P　　　　　(C) S　　　　　(D) Xe
    【110 中國醫(24)】

【詳解】C

設 X 原子之價電子數 x 個 $\Rightarrow$ 混成軌域總數 $= \dfrac{x+1\times 5+1}{2} = 6$（正四方角錐形）

$\Rightarrow x = 6$ 表示此原子應為 VIA 族，但氧原子不合

（無擴張八隅，實為陷阱選項）

11. 下面哪一個物質的鍵能最小？
    (A) O_2^-　　　　　(B) O_2^{2-}　　　　　(C) O_2^+　　　　　(D) O_2^{2+}
    【110 中國醫(34)】

【詳解】B

	O_2^-	O_2^{2-}	O_2^+	O_2^{2+}
價電子數	$13e^-$	$14e^-$	$11e^-$	$10e^-$
順逆磁	順磁	逆磁	順磁	逆磁
鍵數	1.5	1	2.5	3

12. 此三結構 Cl_2^+, Cl_2 與 Cl_2^- 中，那些具順磁性(paramagnetic)？
    (A) Cl_2　　(B) Cl_2^+ 與 Cl_2　　(C) Cl_2^+ 與 Cl_2^-　　(D) Cl_2 與 Cl_2^-
    【110 義守(30)】

【詳解】C

選項	Cl_2^+	Cl_2	Cl_2^-
價電子數	$13e^-$	$14e^-$	$15e^-$
鍵數	1.5	1	0.5
磁性	順磁	逆磁	順磁

13. 在下列分子中，那個是非極性分子但是具有極性鍵結？
    (A) HCl　　(B) SO₃　　(C) H₂O　　(D) NO₂

【110 義守(31)】

【詳解】B

選項	m + n	V.B.T	VSEPR	分子形狀	極性鍵	極性分子
B	3	sp^2	AX_3E_0	平面三角形	V	X

14. 下圖為氯雷他定（Claritin®）的分子結構，氯雷他定是美國最暢銷的抗組織胺藥之一。請問其中有多少個碳原子屬於 sp^2 混成軌域？

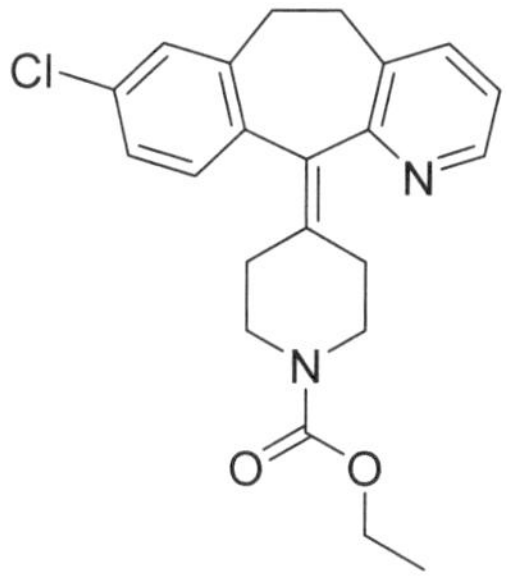

(A) 14　　(B) 8　　(C) 22　　(D) 1

【110慈濟(41)】

【詳解】A

出現 · 的位置為 sp^2 軌域的 C

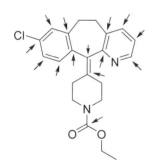

15. Which of the following molecule doesn't exhibit the behavior of *s-p* mixing of molecular orbitals?
    (A)N₂　　(B)B₂　　(C)O₂　　(D)NO　　(E)All of these

【109 高醫(18)】

【詳解】C

(A)(B)(D)的分子內具有第二週期 N 原子以前的原子，具有 s-p mixing

(C)分子內只具有第二週期 O 原子以後的原子，不具有 s-p mixing

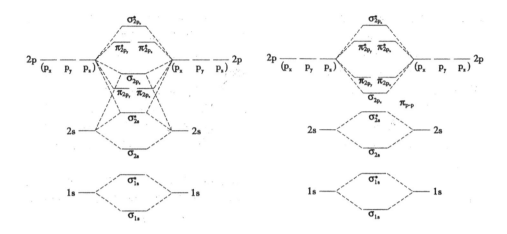

---

16. What is the charge of NO molecule if the bond order is 2?

    (A) +1　　　(B) −1　　　(C) 0　　　(D) +2　　　(E) −2

【109 高醫(26)】

【詳解】B

	NO	NO^-	NO^+
價電子數	$11e^-$	$12e^-$	$10e^-$
鍵數	2.5	2.0	3.0

---

17. Which molecule has only one resonance structure that obeys the Octet rule?

    (A) NO^+　　　(B) NO_2^-　　　(C) NO_3^-　　　(D) O_3　　　(E) CO_3^{2-}

【109 高醫(64)】

【詳解】A

(A) $:N{\equiv}O^+:$

(B)(D)等價電子系統

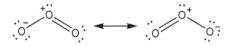

(C)(E) 等價電子系統

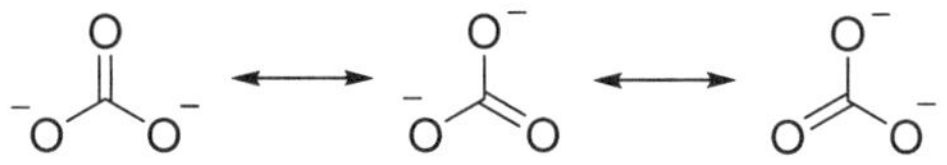

---

18. Based on MO theory, which molecule is not paramagnetic?
    (A) O_2^-　　　(B) O_2^+　　　(C) O_2　　　(D) N_2　　　(E) N_2^+

    【109 高醫(72)】

【詳解】D

	O_2^-	O_2^+	O_2	N_2	N_2^+
價電子數	$13e^-$	$11e^-$	$12e^-$	$10e^-$	$9e^-$
順逆磁	順	順	順	逆	順
鍵數	1.5	2.5	2.0	3.0	2.5

---

19. 下列化合物中有幾個是共平面的分子？
    F_2O、Cl_2CO、$H_2C=CH_2$、$H_2C=C=CH_2$、XeF_4、CH_4、H_2O_2
    (A) 3　　　(B) 4　　　(C) 5　　　(D) 6　　　(E) 7

    【109 中國醫(1)】

【詳解】B

不共平面：CH_4（AX_4E 四面體）、H_2O_2（書頁型）

$H_2C=C=CH_2$ 立體形狀：

共平面：$H_2C=CH_2$、XeF_4（平行四面形）
　　　　F_2O（AX_2E_2 彎曲）、Cl_2CO（AX_3E_0 三角形）

---

20. 下列哪一個化合物是**非極性**分子？
    (A) H_2O　　　(B) ICl_3　　　(C) SF_2　　　(D) NCl_3　　　(E) CCl_4

    【109 中國醫(8)】

【詳解】E

選項	m＋n	V.B.T	VSEPR	分子形狀	分子偶極矩與否
(A)	4	sp^3	AX_2E_2	彎曲	V
(B)	5	sp^3d	AX_3E_2	T-字型	V
(C)	4	sp^3	AX_2E_2	彎曲	V
(D)	4	sp^3	AX_3E_1	三角錐	V
(E)	4	sp^3	AX_4E_0	四面體	X

21. 當氧氣分子失去一個電子形成 O_2^+ 時，其化學鍵的鍵級（ bond order ）為多少
　　(A) 1　　　　　(B) 1.5　　　　(C) 2　　　　(D) 2.5　　　　(E) 3
　　　　　　　　　　　　　　　　　　　　　　　　　　　　　　　【109 中國醫(13)】

【詳解】D

	O_2	O_2^+
價電子數	$12e^-$	$11e^-$
鍵數	2.0	2.5

22. 下列哪一個雙原子物質具有最大的鍵級（ bond order) ？
　　(A) H_2　　　　(B) O_2^-　　　(C) C_2^{2-}　　　(D) N_2^-　　　(E) Be_2
　　　　　　　　　　　　　　　　　　　　　　　　　　　　　　　【109 中國醫(20)】

【詳解】C

	H_2	O_2^-	C_2^{2-}	N_2^-	Be_2
價電子數	$2e^-$	$13e^-$	$10e^-$	$11e^-$	$4e^-$
鍵數	1	1.5	3.0	2.5	0.0

23. 氧氣分子經氧化還原後的鍵級(bond order)等於 2.5，其價數可能為
　　(A) –2　　　　　(B) –1　　　　(C) +1　　　　(D) +2
　　　　　　　　　　　　　　　　　　　　　　　　　　　　　　　【109 義守(2)】

【詳解】C

	O_2	O_2^-	O_2^+
價電子數	$12e^-$	$13e^-$	$11e^-$
鍵數	2.0	1.5	2.5

24. 波函數 $\psi^* = c_1 \Psi_{1s}^{H} - c_2 \Psi_{1s}^{He}$ 表示 HeH^+ 的一個反鍵 (anti-bonding)軌域，其中

(A) $c_1 > c_2$

(B) $c_1 = c_2 = \dfrac{1}{\sqrt{2}}$

(C) $c_1 < c_2$

(D)以上皆非

【109 義守(8)】

【詳解】A

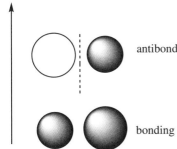

【說明】：

電子密度愈大軌域係數愈大,反鍵結會相反,故：

Bonding 時：H < He 軌域係數 $c_1 < c_2$

Antibonding 時：H > He 軌域係數 $c_1 > c_2$

25. 關於 N_2O 之所有共振結構 (resonance structures)，何者敘述最合適？

(A)中間的 N 原子之形式電荷 (formal charge)可能為 0，-1，$+1$

(B) O 原子之形式電荷可能為 0，-1，$+1$

(C) 非中間的 N 原子之形式電荷可能為 0，-1，$+1$

(D) N 與O 之間不可能為三鍵

【109 慈濟(11)】

【詳解】B

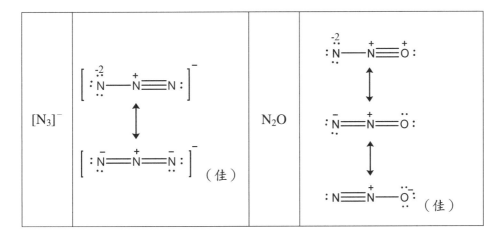

26. 下列中哪個鍵結角 (bond angle)　最大？
    (A) angle O–S–O in SO_4^{2-}　　　　(B) angle Cl–C–Cl in $HCCl_3$
    (C) angle F–Be–F in BeF_2　　　　(D) angle H–O–H in H_2O

【109 慈濟(26)】

【詳解】C

選項	m + n	V.B.T	VSEPR	分子形狀	鍵角
A	4	sp^3	AX_4E_0	四面體	109.5^0
B	4	sp^3	AX_4E_0	四面體	109.5^0
C	2	sp	AX_2E_0	直線	180^0
D	4	sp^3	AX_2E_2	彎曲、角形	$< 109.5^0$

27. 請利用下列資訊計算 LiBr(s)的晶格能 (lattice energy)

    Li(s)的昇華熱(sublimation energy)　　　　　　+166 kJ/mol

    Br(g)的標準莫耳生成熱 (ΔH_f)　　　　　　+97 kJ/mol

    Li(g)的第一游離能 (first ionization energy)　　+520 kJ/mol

    Br(g)的電子親和能 (electron affinity)　　　　－325 kJ/mol

    LiBr(s)的生成熱 (enthalpy of formation)　　　－351 kJ/mol

    (A) 107 kJ/mol　　(B) 195 kJ/mol　　(C) –546 kJ/mol　　(D) –809 kJ/mol

【109 私醫(7)】

【詳解】D

　　①昇華熱：

　　　　$Li_{(s)} \rightarrow Li_{(g)}$　　$\Delta H_1 = 166$ kJ/mol

　　②Br(g)的標準莫耳生成熱 (ΔH_f) $= \Delta H_2 = +97$ kJ/mol

　　③游離能：

　　　　$Li_{(g)} \rightarrow Li^+_{(g)} + e^-$　$\Delta H_3 = 520$ kJ/mol

　　④電子親和力：

　　　　$Br_{(g)} + e^- \rightarrow Br^-_{(g)}$　　$\Delta H_4 = -325$ kJ/mol

　　⑤晶格能：$Li^+_{(g)} + Br^-_{(g)} \rightarrow LiBr_{(s)}$　　$\Delta H_5 = ?$

⑥莫耳生成熱：

$$Li_{(s)}+\frac{1}{2}Br_{2(g)} \to LiBr_{(s)} \quad \Delta H_6 = -351 \text{ kJ/mol}$$

∵①＋②＋③＋④＋⑤＝6

∴⑤＝6－①－②－③－④ ⇒ $\Delta H_5 = -809$ kJ/mol

---

28. 對於化學鍵的敘述以下何者正確？
(A) 臭氧(O_3)的路易士結構含有兩個雙鍵
(B) C–S 單鍵能較 C=S 雙鍵鍵能高
(C) 氯分子的化學鍵長較溴分子的化學鍵長
(D) 硫氰酸根 (thiocyanide)的路易士結構為直線型，中心原子為碳
【109 私醫(15)】

【詳解】D
(A) 臭氧(O_3)的路易士結構含有 1 又 1/2 鍵
(B) C–S 單鍵能較 C=S 雙鍵鍵能低（單鍵鍵能低於雙鍵）
(C) 氯分子的化學鍵長較溴分子的化學鍵短（∵半徑 Cl < Br）

---

29. 以下哪一個分子之中心原子具有 dsp^3 混成之性質？
(A) SBr_6　　(B) SO_3　　(C) SF_4　　(D) CBr_4
【109 私醫(16)】

【詳解】C

選項	m＋n	V.B.T	VSEPR	分子形狀	極性分子與否
A	6	sp^3d^2	AX_6E_0	八面體	X
B	3	sp^2	AX_3E_0	平面三角形	X
C	5	sp^3d	AX_4E_1	蹺蹺板	V
D	4	sp^3	AX_4E_0	四面體	X

30. 請判斷 O_2^- 分子的鍵級與磁性？

    (A) 鍵級為 1.5，磁性為順磁   (B) 鍵級為 1.0，磁性為順磁

    (C) 鍵級為 2.0，磁性為順磁   (D) 鍵級為 1.5，磁性為反磁

【109 私醫(18)】

【詳解】A

	O_2	O_2^-	O_2^+
價電子數	$12e^-$	$13e^-$	$11e^-$
鍵數	2.0	1.5	2.5
順逆磁	皆為順磁		

31. 二氧化矽 (SiO_2) 為何不像二氧化碳 (CO_2) 分子可分散的存在？

    (A) Si–O 鍵不穩定

    (B) 矽的 $3p$ 軌域與氧的 $2p$ 軌域重疊 (overlap)較少

    (C) 二氧化矽為固體，二氧化碳為氣體

    (D) SiO_2 的路易士結構有孤對電子

【109 私醫(19)】

【詳解】B

    ∵矽的半徑較碳的半徑大，故矽 $3p$ 軌域與氧的 $2p$ 軌域重疊 (overlap)較少。

    以 Si−O 單鍵為主，並以 SiO_2 網狀固體存在，而 CO_2 為一般分子。

32. Which of the following is the correct electron configuration for OF^- ?

    (A) $\sigma_{1s}^2 \sigma*_{1s}^2 \sigma_{2s}^2 \sigma*_{2s}^2 \sigma_{2p}^2 \pi_{2p}^2$

    (B) $\sigma_{1s}^2 \sigma*_{1s}^2 \sigma_{2s}^2 \sigma*_{2s}^2 \sigma_{2p}^2 \pi_{2p}^4 \pi*_{2p}^2$

    (C) $\sigma_{1s}^2 \sigma*_{1s}^2 \sigma_{2s}^2 \sigma*_{2s}^2 \sigma_{2p}^2 \pi_{2p}^4 \pi*_{2p}^4$

    (D) $\sigma_{1s}^2 \sigma*_{1s}^2 \sigma_{2s}^2 \sigma*_{2s}^2 \pi_{2p}^1$

    (E) None of the above.

【108 高醫(18)】

【詳解】C

OF^- 與 F_2 等電子系統，故 MO 電子組態 electron configuration 相同

OF^- 與 F_2：$KK (\sigma_{2s})^2 (\sigma_{2s}^*)^2 (\sigma_{2pz})^2 (\pi_{2px}, \pi_{2py})^4 (\pi_{2px}^*, \pi_{2py}^*)^4$

33. Which of the following resonance structures is the most stable?

(A)　　　　　　　　(B)　　　　　　　　(C)

(D)　　　　　　　　(E) All of them are the same.

【108 高醫(19)】

【詳解】B

共振（resonance）：

1.原子不可重新排列　　　　　　　2.單鍵不可斷裂

3.共振式越多越好，鍵數越多越好　4.高電負度原子優先帶負電。

故：選 B 為最佳解

---

34. Which of the following does NOT contain at least one pi bond?

(A) H_2CO　　　　　(B) CO_2　　　　　(C) C_2H_2

(D) NO　　　　　(E) All of the above (A-D) contain at least one pi bond.

【108 高醫(20)】

【詳解】E

(A)　　　(B) $O=C=O$　　(C) $HC \equiv CH$　　(D) $N=O$

---

35. Which of the following has a zero dipole moment?

(A) NH_3　　　(B) HCN　　　(C) PCl_5　　　(D) SO_2　　　(E) H_2O

【108 高醫(73)】

【詳解】C

選項	m + n	V.B.T	VSEPR	分子形狀	分子偶極矩與否
NH_3	4	sp^3	AX_3E_1	三角錐	V
HCN	2	sp	AX_2E_0	直線	V
PCl_5	5	sp^3d	AX_5E_0	雙三角錐	X
SO_2	3	sp^2	AX_2E_1	彎曲	V
H_2O	4	sp^3	AX_2E_2	角形	V

36. An electron is promoted from the π to the $\pi*$ molecular orbital in an O_2 molecule following the absorption of a photon. Compared to the bond length in the non-excited molecule, the O_2 bond length will.
    (A) be shorter　　　　(B) be longer　　　　(C) not be affected
    (D) be same　　　　(E) None of the above.

【108 高醫(74)】

【詳解】B

根據分子軌域理論，電子逐漸填入反鍵結後，造成該分子的鍵數
（bond order）變小，甚至等於零或稱之不存在。

此時，鍵長（bond length）亦逐漸**變長**，致使分子或離子斷鍵，
再次變回原子狀態。

37. Which of the following species is diamagnetic?
    (A) CN　　　(B) B_2　　　(C) O_2　　　(D) All of the above the above .
    (E) None of the above .

【108 高醫(85)】

【詳解】E

(1) 價電子數為偶數但為順磁性：B_2，O_2
(2) 價電子數為奇數必為順磁性：O_2^+，O_2^-，CN

38. Sulfur tetrafluoride adopts a see-saw geometry with two axial F atoms with a F–S–F angle of about 180° and two equatorial F atoms at about 90° from the axial fluorines. Which statement most accurately describes the axial and equatorial S–F bonds?

(A) The axial S–F bonds are longer because the two fluorine atoms must share bonding to the same orbital on sulfur.

(B) The axial S–F bonds are longer because they experience greater repulsion from the other fluorine atoms in the molecule.

(C) The equatorial S–F bonds are longer because the equatorial F–S–F bond angle is the smallest in the molecule.

(D) The equatorial S–F bonds are longer because they experience greater repulsion from the lone pair on sulfur.

(E) The equatorial S–F bonds are longer because they experience greater repulsion from two axial fluorine atoms.

【108 高醫(87)】

【詳解】A

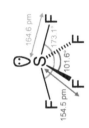

根據 **Bent's rule**：

軸位（**axial**）：軌域成分 $P_z + d_{z2}$（無 **s-character**）
⇒ 陰電性較低，故軸位鍵長較赤道位**長**，且優先鍵結陰電性大的原子或原子團。

赤道位（**equatoral**）：軌域成分 $s + P_x + P_y$（有 **s-character**）
⇒ 陰電性較高，故赤道位鍵長較軸位短，鍵結陰電性小的原子或原子團或 **lone pair**

39. 化合物 XeF_4 的立體結構為平面四邊形，中心原子 Xe 的混成軌域為何？
(A) d^2sp^3　　　(B) dsp^3　　　(C) dsp^2　　　(D) sp^3　　　(E) sp^2

【108 中國醫(6)】

【詳解】A

m + n	V.B.T	VSEPR	分子形狀	例子
6	sp^3d^2	AX_4E_2	平面四方形	XeF_4，$KrCl_4$

40. 下列化合物中碳氧鍵的鍵長排列何者正確？
　　(A) $CH_3OH < CH_2O < CHO_2^-$　　　　　(B) $CH_2O < CH_3OH < CHO_2^-$
　　(C) $CHO_2^- < CH_3OH < CH_2O$　　　　　(D) $CH_2O < CHO_2^- < CH_3OH$
　　(E) $CHO_2^- < CH_2O < CH_3OH$

【108 中國醫(28)】

【詳解】D

※ 鍵數（Bond order）v.s 鍵長（Bond length）：

　A. 大原則：鍵數越多，鍵長越短 $\Rightarrow$ 鍵數 $\propto \dfrac{1}{鍵長}$

鍵數	2	$1\frac{1}{2}$	1
例子	甲醛	甲酸根	甲醇 H_3C-OH

　B. 鍵數相同，分子中原子半徑愈短，所形成鍵長越短。

41. 依據混成(hybridization)的概念，ketene 分子($CH_2=C=O$)的兩個碳原子
　　（$H_2C=$ 與 $C=O$）依序分別屬於何種混成？
　　(A) sp^2，sp^2　(B) sp^2，sp　(C) sp，sp　(D) sp^2，sp^3

【108 義守(5)】

【詳解】B

元素	碳	氮	氧	混成軌域
價電子數	4	5	6	
鍵結方式	$-\overset{\vert}{\underset{\vert}{C}}-$	$:\overset{\vert}{N}-$	$-\overset{..}{\underset{..}{O}}-$	sp^3
	$-\overset{\vert}{C}=$	$:\overset{\vert}{N}=$	$:\overset{..}{O}=$	sp^2
	$-C\equiv$ $=C=$	$:N\equiv$	$:\overset{+}{O}\equiv$	sp

42. 下列何二者有相同的幾何形狀(geometry)？
　　 I. CO_2　 II. NO_2^+　 III. NO_2^-　 IV. SO_2
　　 (A) I 和 II　　　(B) I 和 III　　　(C) I 和 IV　　　(D) II 和 IV
【108 義守(9)】

【詳解】A

選項	m+n	V.B.T	VSEPR	分子形狀	分子偶極矩與否
CO_2	2	sp	AX_2E_0	直線	X
NO_2^+	2	sp	AX_2E_0	直線	X
NO_2^-	3	sp^2	AX_2E_1	彎曲	V
SO_2	3	sp^2	AX_2E_1	彎曲	V

43. 下列哪一化合物的碳氧鍵最長？
　　 (A) CH_3OH　　(B) CO　　(C) CH_3CHO　　(D) Na_2CO_3
【108 義守(15)】

【詳解】A

※ 鍵數（Bond order）v.s 鍵長（Bond length）：

C. 大原則：鍵數越多，鍵長越短 $\Rightarrow$ 鍵數 $\propto \dfrac{1}{鍵長}$

鍵數	3	2	$1\frac{1}{3}$	1
例子	一氧化碳 $C\equiv O$	甲醛 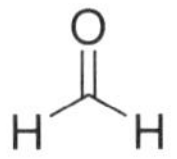	碳酸根 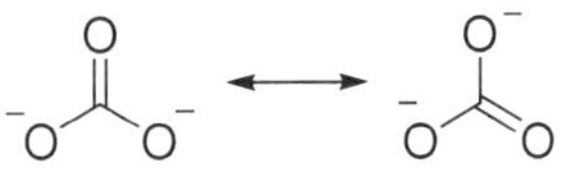	甲醇 H_3C-OH

D. 鍵數相同，分子中原子半徑愈短，所形成鍵長越短。

44. P 型半導體在形成過程中需在純矽晶體中少量摻雜下列何種元素？
　　 (A) As　　(B) Ga　　(C) Ge　　(D) Se
【108 義守(24)】

【詳解】B

在矽（或鍺）元素的基體（即矽晶圓）上摻雜少許如硼（B）、鎵（Ga）或銦（In）的ⅢA族元素，即形成 p 型半導體。由於硼比原來純矽少了一個帶負電荷的電子，可視為多了一個正電荷，因此稱為 p 型半導體。

---

45. 根據分子軌域理論判斷，下列何者最不穩定？
    (A) H_2　　(B) H_2^+　　(C) H_2^-　　(D) H_2^{2-}

    【108 慈濟(15)】

【詳解】D

根據分子軌域理論最不穩定分子或離子，表示有較多電子填入反鍵結，造成該分子的鍵數（bond order）等於零，或稱之不存在。

鍵數 bond order：(A)1　(B)0.5　(C)0.5　(D)0……選 D 為最佳解

---

46. 下列離子化合物中何者具有最大的晶格能？
    (A) BaO　　(B) MgO　　(C) KCl　　(D) NaBr

    【108 慈濟(45)】

【詳解】B

$nA_{(g)}^{m+} + mB_{(g)}^{n-} \rightarrow A_nB_{m(s)}$ $\Delta H = $晶格能

晶格能大小 $\propto \dfrac{NQ^+Q^-}{r^+ + r^-}$ $\leftarrow$ 優先考慮因素 $\leftarrow$ 次要考慮因素 ，

(1) N = 離子固體單位晶格中陽離子及陰離子個數和 ；

(2) $r^+ + r^-$ = 陰陽離子半徑和

故(B)為最佳解

---

47. 下列氯化物中，何者的化學鍵最具共價性 ？
    (A) NaCl　　(B) KCl　　(C) BCl_3　　(D) $MgCl_2$

    【108 私醫(9)】

【詳解】C

電負度之差可預測，A 和 B 兩原子間形成單鍵所具有的離子性，

電負度差 1.9 該化學鍵約有 50%離子性，大於 1.9 為離子鍵。

反之，電負度差：$0.4 \leq \Delta EN \leq 1.8$ 為極性共價鍵，差值越小越具有共價性

48. 下列離子何者之形狀為平面型 ？
　　(A) NH_4^+　　　(B) CO_3^{2-}　　　(C) SO_3^{2-}　　　(D) ClO_3^-

【108 私醫(10)】

【詳解】B

選項	m + n	V.B.T	VSEPR	分子形狀
NH_4^+	4	sp^3	AX_4E_0	四面體
CO_3^{2-}	3	sp^2	AX_3E_0	平面三角形
SO_3^{2-}	4	sp^3	AX_3E_1	角錐
ClO_3^-	4	sp^3	AX_3E_1	角錐

49. 雖然氧與硫為週期表中同一族之元素，但是一氧化硫(SO)為一非常不穩定的分子，而氧氣 (O_2)則為一穩定之分子。請問下列何者最能解釋兩分子在穩定性之差異 ？
　　(A) 氧、硫鍵(S－O)非常的不穩定
　　(B) 硫無法與其他原子形成雙鍵
　　(C) 氧與硫之電負度相差太大以致於無法形成穩定的鍵結
　　(D) 氧原子間所形成之雙鍵作用力遠大於氧、硫間所形成之雙鍵作用力

【108 私醫(29)】

【詳解】D
氧原子間半徑較氧、硫原子間小了許多，較易形成穩定雙鍵。

50. 黴菌素 (mycomycin, $C_{13}H_{10}O_2$)是一長鏈不飽和脂肪酸，下列敘述正確 ？

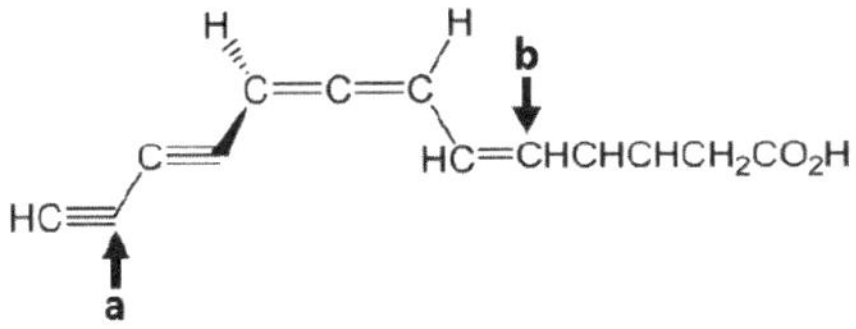

　　(A)具有 22 個 σ 鍵與 8 個 π 鍵
　　(B) a 碳為 sp^2 鍵結
　　(C) a 碳氧化數為零
　　(D) b 碳為 sp^3 鍵結

【108 私醫(35)】

【詳解】C

(A)具有 24 個 σ 鍵與 9 個 π 鍵　　(B) a 碳為 sp 鍵結

(D) b 碳為 sp^2 鍵結

---

51. Which of the following statements is **_incorrect_**?

(A) A triple bond is composed of two π bonds and one σ bond.

(B) σ bonds result from the head-to-head overlap of atomic orbitals.

(C) Free rotation does not occur about a double bond.

(D) π bonds have electron density on the inter-nuclear axis.

(E) More than one of these statements are incorrect.

【107 高醫(19)】

【詳解】D

(A)參鍵是由第一個 σ 鍵以及後面兩個 π 鍵構成。正確

(B) σ 鍵是由頭對頭的原子軌域重疊構成。正確

(C)雙鍵在常溫下不能自由扭曲旋轉。正確

(D) π 鍵核間軸是節面

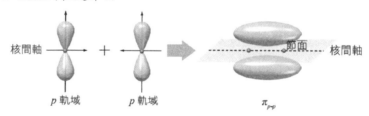

---

52. In the Lewis structure of I_3^-, there are _____ electrons around the central iodine atom.

(A) 4　　　　(B) 6　　　　(C) 8　　　　(D) 10　　　　(E) 12

【107 高醫(25)】

【詳解】D

m + n	V.B.T	VSEPR	分子形狀	例子
5	sp^3d	AX_2E_3	直線	XeF_2，I_3^-

53. Which of the following species has the *lowest* dissociation energy?
    (A) O_2　　(B) O_2^-　　(C) O_2^{2-}　　(D) O_2^+　　(E) O_2^{2+}
    【107 高醫(65)】

【詳解】C

	O_2	O_2^-	O_2^{2-}	O_2^+	O_2^{2+}
價電子數	$12e^-$	$13e^-$	$14e^-$	$11e^-$	$10e^-$
鍵數	2.0	1.5	1	2.5	3

54. NF_3 has a bond angle of 102.5°, while PF_3 has a bond angle of 96.3°. What is the best explanation for the larger bond angle in NF_3?
    (A) The nitrogen 2s orbital participates more in bonding than the phosphorus 3s orbital does.
    (B) Nitrogen is more electronegative than phosphorus.
    (C) NF_3 has no unpaired electrons while PF_3 has two unpaired electrons.
    (D) NF_3 is an ionic compound while PF_3 forms covalent bonds.
    (E) NF_3 adopts a trigonal geometry, while PF_3 displays a trigonal planar configuration.
    【107 高醫(68)】

【詳解】AB
    (A) 以 s-ch%角度解釋，N 原子 2s s-ch%大於 P 原子 3s s-ch%，
        因 s-ch%↑陰電性↑鍵角↑，故合理。
    (B) N 原子本身陰電性大於 P，陰電性↑鍵角↑故也合理。

55. Alkali metals (Group 1) are different with alkaline earth metals (Group 2). Which of the following statements is correct?
    (A) Alkali metals have larger ionic radii.
    (B) Alkali metals have higher melting points.
    (C) Alkali metals have greater first ionization energies.
    (D) Alkali metals have greater densities.
    (E) Alkali metals have greater electronegativity.
    【107 高醫(89)】

【詳解】A

(A)IA 族元素的半徑大於 IIA 族元素（正確）

(B) 兩者無法比較，IA 族原子序大，熔點小 ; IIA 族無規律性。（故錯誤）

(C)IA 族元素的游離能小於 IIA 族元素（正確）

(D) 兩族密度無規律性

(E) IIA 族陰電性較大

---

56. 根據價電子互斥理論(VSEPR)，下列分子形狀敘述何者正確？

(A)I_3^- 直線型　(linear)　　　　　　　　(B)H_2O 直線型　(linear)

(C) NH_3 平面三角形 (trigonal planar)　(D) SF_4 平面四邊形 (square planar)

(E) XeF_4 正四面體 (tetrahedral)

【107 中國醫(3)】

【詳解】A

(A) 正確　　　　　　　(B)H_2O 彎曲型　　　　　(C)NH_3 三角錐

(D)SF_4 蹺蹺板或扭曲四面體　　(E)XeF_4 平行四邊形

---

57. 下列分子中，幾個具有順磁性 (paramagnetism)？

(a) N_2　　　(b) O_2　　　(c) CO　　　(d) F_2　　　(e) C^{2+}　　　(f) O_2^{2+}

(g) NO^+　　(h) B^{2-}　　(i) HF　　(j) NO^-

(A) 2　　(B) 3　　(C) 4　　(D) 5　　(E) 6

【107 中國醫(8)】

【詳解】C⇒ 釋疑後 A

依上述各"分子"順磁性應為：(b)(j)…2 個

(h)雖為順磁性，但屬"原子離子"，與題意不符。

此外，若將(e)&(h)改為 C_2^+&B_2^-，順磁性應為：(b)(e)(h)(j)…原答案 4 個

故猜想，原題目應該(e)&(h)為 C_2^+&B_2^-。

若校方以送分處理似乎更為恰當。

---

58. 利用分子軌域模型(molecular orbital model)預測 N_2^+離子之鍵級(bond order)

為？

(A) 1.5　　(B) 2　　(C) 2.5　　(D) 3　　(E) 3.5

【107 中國醫(25)】

【詳解】C

	N_2^+
價電子數	9 e$^-$
鍵數	2.5

59. 下列最短之鍵長(bond length)為何？
　(A) C－C 鍵　　　(B) C＝C 鍵　　　(C) C＝O 鍵
　(D) H－H 鍵　　　(E) O－H 鍵
【107 中國醫(40)】

【詳解】D

鍵數（Bond order）v.s 鍵長（Bond length）：

大原則：(a) 鍵數越多，鍵長越短 ⇒ 鍵數 $\propto \dfrac{1}{鍵長}$

　　　　(b) 鍵數相同，分子中原子半徑愈短，所形成鍵長越短。

※ 上述中氫原子半徑最小，氫分子鍵長亦最小。

60. 關於 XeF_2 的形狀與中心原子的混成軌域，下列敘述何者正確？
　(A)角形，sp^3　　(B)角形，sp^2　　(C)直線形，sp　　(D)直線形，sp^3d
【107 義守(8)】

【詳解】D

m + n	V.B.T	VSEPR	分子形狀	例子
5	sp^3d	AX_2E_3	直線	XeF_2，I_3^-

61. 下列何者的偶極矩(dipole moment)不為零？
　(A) BF_3　　　(B) XeF_4　　　(C) $SiCl_4$　　　(D) SF_4
【107 義守(46)】

【詳解】D

選項	m+n	V.B.T	VSEPR	分子形狀	極性分子與否
A	3	sp^2	AX_3E_0	平面三角形	X
B	6	sp^3d^2	AX_4E_2	平面四邊形	X
C	4	sp^3	AX_4E_0	四面體	X
D	5	sp^3d	AX_4E_1	扭曲四面體	V

62. 請由以下反應及反應熱計算出 LiF(s)的格子能 (lattice energy)

Li(s)的昇華熱 (sublimation energy) +166 kJ/mol

F_2(g)的鍵能 (bond energy) +154 kJ/mol

Li(g)的第一游離能 (first ionization energy) +520 kJ/mol

F(g)的電子親和能 (electron affinity) – 328 kJ/mol

LiF(s)的生成熱 (enthalpy of formation) – 617 kJ/mol

(A) 285 kJ/mol　(B)－650 kJ/mol　(C) 800 kJ/mol　(D)－1052 kJ/mol

【107慈濟(2)】

【詳解】D

①昇華熱：

$$Li_{(s)} \rightarrow Li_{(g)} \quad \Delta H_1 = 166 \text{ kJ/mol}$$

②解離能：

$$\frac{1}{2}F_{2(g)} \rightarrow F_{(g)} \quad \Delta H_2 = \frac{1}{2}\times154 = 77 \text{ kJ/mol}$$

③游離能：

$$Li_{(g)} \rightarrow Li^+_{(g)} + e^- \quad \Delta H_3 = 520 \text{ kJ/mol}$$

④電子親和力：

$$F_{(g)} + e^- \rightarrow F^-_{(g)} \quad \Delta H_4 = -328 \text{ kJ/mol}$$

⑤晶格能：$Li^+_{(g)} + F^-_{(g)} \rightarrow LiF_{(s)} \quad \Delta H_5 = ?$

⑥莫耳生成熱：

$$Li_{(s)} + \frac{1}{2} F_{2(g)} \rightarrow LiF_{(s)} \quad \Delta H_6 = -617 \text{ kJ/mol}$$

∵①＋②＋③＋④＋⑤＝⑥

∴⑤＝⑥－①－②－③－④ ⇒ $\Delta H_5 = -1052$ kJ/mol

63. 某一雙原子分子的電子組態為 $(\sigma_{2s})^2(\sigma*_{2s})^2(\sigma_{2p})^2(\pi_{2p})^4(\pi*_{2p})^2$，該雙原子間的鍵級為何？
(A)1.5　　(B)1.0　　(C)0.5　　(D)2.0

【107 慈濟(3)】

【詳解】D
常見雙原子分子電子組態＆鍵數

分子	電子組態	鍵數
B_2	$\boldsymbol{KK}(\sigma_{2s})^2(\sigma_{2s}{}^*)^2(\pi_{2px}, \pi_{2py})^2$	1
C_2	$\boldsymbol{KK}(\sigma_{2s})^2(\sigma_{2s}{}^*)^2(\pi_{2px}, \pi_{2py})^4$	2
N_2	$\boldsymbol{KK}(\sigma_{2s})^2(\sigma_{2s}{}^*)^2(\pi_{2px}, \pi_{2py})^4(\sigma_{2pz})^2$	3
O_2	$\boldsymbol{KK}(\sigma_{2s})^2(\sigma_{2s}{}^*)^2(\sigma_{2pz})^2(\pi_{2px}, _{2py})^4(\pi_{2px}{}^*, \pi_{2py}{}^*)^2$	2
F_2	$\boldsymbol{KK}(\sigma_{2s})^2(\sigma_{2s}{}^*)^2(\sigma_{2pz})^2(\pi_{2px}, \pi_{2py})^4(\pi_{2px}{}^*, \pi_{2py}{}^*)^4$	1

64. 兩個中性原子之間的位能(E)與原子核間距(r)的關係式可以下面實驗式 (Lenard-Jones empirical equation) 表示

$$E = \frac{A}{r^{12}} - \frac{B}{r^6}$$ 式子中 A 及 B 為常數

假設此中性原子的 A= 4.096×10^5(kcal-Å^{12}/mol)；
B= 2.00×10^2 (kcal-Å^6/mol) 請問能量最低時的原子核間距為？
(A) 1.00Å　　(B) 2.00Å　　(C) 3.00Å　　(D) 4.00Å

【107慈濟(12)】

【詳解】D
依照數學微積分求極小值，即為方程式一次微分＝0

故：$\dfrac{dE}{dr} = \dfrac{-12A}{r^{13}} + \dfrac{6B}{r^7} = 0$

$\Rightarrow \dfrac{12A}{r^{13}} = \dfrac{6B}{r^7} \Rightarrow \dfrac{2A}{B} = r^6 \Rightarrow \dfrac{2 \times 4.096 \times 10^5}{2.0 \times 10^2} = r^6 \Rightarrow r = 4.0$

65. 請問以下的分子或離子何者在基態 (ground state) 不是順磁性的 (paramagnetic)？
(A) O_2　　(B) $O_2{}^+$　　(C) B_2　　(D) F_2

【107 慈濟(19)】

【詳解】D

分子 or 離子	電子組態	鍵數	磁性
O_2	$KK\,(\sigma_{2s})^2(\sigma_{2s}{}^*)^2(\sigma_{2pz})^2\,(\pi_{2px}\,,\,_{2py})^4(\pi_{2px}{}^*\,,\,\pi_{2py}{}^*)^2$	2	順
$O_2{}^+$	$KK\,(\sigma_{2s})^2(\sigma_{2s}{}^*)^2(\sigma_{2pz})^2\,(\pi_{2px}\,,\,_{2py})^4(\pi_{2px}{}^*\,,\,\pi_{2py}{}^*)^1$	2.5	順
B_2	$KK\,(\sigma_{2s})^2(\sigma_{2s}{}^*)^2(\pi_{2px}\,,\,_{2py})^2$	1	順
F_2	$KK\,(\sigma_{2s})^2(\sigma_{2s}{}^*)^2(\sigma_{2pz})^2\,(\pi_{2px}\,,\,_{2py})^4(\pi_{2px}{}^*\,,\,\pi_{2py}{}^*)^4$	1	逆

66. 臭氧（ozone）O_3 結構中 O-O-O 鍵角（bond angle）？
(A)104.9^0　　　(B)116.8^0　　　(C)120^0　　　(D)180^0

【107 慈濟(33)】

【詳解】B

O_3 為分子模型中的 AX_2E_1 型，中心 O 原子混成軌域為 sp^2，具有 1 個 lp

故：鍵角應為接近 120^0，故選 B 最為合理

67. 以下哪一對化學式與其命名是不正確？
(A) K_2CO_3，potassium carbonate　　　(B) NH_4Br，ammonium bromide
(C) MnO_2，manganese (IV) oxide　　　(D) $BaPO_4$，barium phosphate

【107 私醫(13)】

【詳解】D

(D) 應為 $Ba_3(PO_4)_2$

68. 在 $NO_3{}^-$ 的中心原子混成軌域形狀判定是：
(A) p^3　　　(B) sp^2　　　(C) sp^3　　　(D) dsp^2

【107 私醫(43)】

【詳解】B

混成軌域	分子形狀 AX_mE_n	鍵角（度）	常考實例
sp^2	平面三角形 AX_3E_0　　X—A⟨X,X⟩	120	$NO_3{}^-$、SO_3、$CO_3{}^{2-}$

69. 下列分子在其 Lewis 結構中，顯示最多數量的孤電子對(lone pairs)的是：
    (A) CH_3CHO　　(B) CO_2　　(C) CH_3Cl　　(D) C_2H_6

    【107 私醫(44)】

【詳解】B
(A) 2 對　　(B) 4 對　　(C)3 對　　(D)無

70. Which of the following ionic compounds has the largest lattice energy?
    (A)LiF　　(B) NaCl　　(C) MgO　　(D) KBr　　(E) $BaCl_2$

    【106 高醫(22)】

【詳解】C
$nA_{(g)}^{m+} + mB_{(g)}^{n-} \rightarrow A_nB_{m(s)}$ $\Delta H =$晶格能

晶格能大小 $\propto \dfrac{NQ^+Q^-}{r^+ + r^-}$ $\begin{array}{l}\leftarrow 優先考慮因素 \\ \leftarrow 次要考慮因素\end{array}$,

(1) N =離子固體單位晶格中陽離子及陰離子個數和；
(2) $r^+ + r^-$ =陰陽離子半徑和
(A)2×1×1 = 2　(B)2×1×1= 2　(C)2×2×2 = 8　(D)2×1×1 = 2　(E) 3×2×1 = 6

71. Which of the following species has a trigonal bipyramid structure?
    (A)IF_5　　(B) I_3^-　　(C) NH_3　　(D) PCl_5　　(E) All of the above

    【106 高醫(23)】

【詳解】D

選項	m + n	V.B.T	VSEPR	分子形狀
A	6	sp^3d^2	AX_5E_1	四方角錐 square pyramidal
B	5	sp^3d	AX_2E_3	直線 linear
C	4	sp^3	AX_3E_1	三角錐 pyramidal
D	5	sp^3d	AX_5E_0	雙三角錐 trigonal bipyramid

72. How many sigma bonds and pi bonds are there in $H_3C-CH_2-CH=CH-CH_2-C\equiv CH$?
    (A) 16, 3　　(B) 13, 2　　(C) 10, 2　　(D) 10,3　　(E) 14, 3

    【106 高醫(28)】

【詳解】A

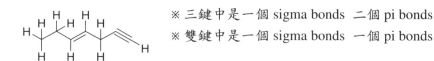

※ 三鍵中是一個 sigma bonds 二個 pi bonds
※ 雙鍵中是一個 sigma bonds 一個 pi bonds

---

73. Select the Lewis structure for XeO_2F_2 which correctly minimizes formal charges.

(A)   (B)   (C)

(D)   (E)

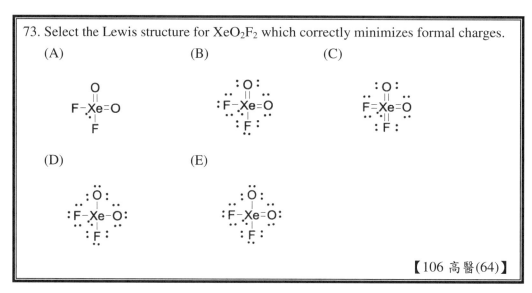

【106 高醫(64)】

【詳解】B

分子或離子常有很多路易士結構式，其各原子具有最小（皆為 0 最佳）形式
電荷，為最接近真實情況。若原子需有正負電荷，則高電負度原子優先帶負。
Xe 為第三週期以後元素，可具有擴張八隅結構。

(A)為陷阱選項，當 VA、VIA、VIIA 元素當外圍原子時，描述 Lewis structure
時，價電子須點出來。

---

74. Which species has the highest bond order?
    (A) NO^+ (B) O_2 (C) O_2^- (D) O_2^{2-} (E) NO^-
                                                       【106 高醫(65)】

【詳解】A

選項	NO^+	O_2	O_2^-	O_2^{2-}	NO^-
價電子數	$10\ e^-$	$12 e^-$	$13 e^-$	$14\ e^-$	$12\ e^-$
鍵數	3	2	1.5	1	2

75. What hybridization is present in the phosphorus atom in PCl_3 ad PCl_5 respectively?

(A) sp^2, d^2sp^3 (B) sp^2, dsp^3 (C) dsp, dsp^3

(D) sp^3, d^2sp^3 (E) sp^3, dsp^3

【106 高醫(66)】

【詳解】E

選項	m + n	V.B.T	VSEPR	分子形狀
PCl_3	4	sp^3	AX_3E_1	三角錐
PCl_5	5	sp^3d	AX_5E_0	雙三角錐

76. 下列五種化合物中，偶極矩(dipole moment)為零的有多少個？

     BH_3 NO_2 SF_6 XeF_6 PCl_5

(A) 1   (B) 2   (C) 3   (D) 4   (E) 5

【106 中國醫(17)】

【詳解】C

選項	m + n	V.B.T	VSEPR	極性分子與否
BH_3	3	sp^2	AX_3E_0	X
NO_2	3	sp^2	AX_2E_1	V
SF_6	6	sp^3d^2	AX_6E_0	X
XeF_6	7	sp^3d^3	AX_6E_1	V
PCl_5	5	sp^3d	AX_5E_0	X

77. 考慮 O_2 與 NO 的分子軌域能階圖，下列敘述何者正確？

     Ⅰ. 兩者皆具有順磁性 (paramagnetic)

     Ⅱ. O_2 的化學鍵強度大於 NO 的化學鍵強度

     Ⅲ. NO 為同核雙原子分子

     Ⅳ. NO 的電子游離能小於 NO^+ 的電子游離能

(A) 僅Ⅰ正確   (B) Ⅰ與Ⅱ正確   (C) Ⅰ與Ⅳ正確

(D) Ⅱ與Ⅲ正確   (E) 僅Ⅳ正確

【106 中國醫(27)】

【詳解】C

II. 鍵的強度與鍵數正相關，鍵數愈多，鍵強度愈強。

　　O_2 的 bond order = 2.0；NO 的 bond order = 2.5

III. NO 為異核雙原子分子。

IV. NO^+ 的最高佔有電子能階（HOMO）較 NO 的低

　　故較不易移去分子中的電子，所需游離能較大。

---

78. 下列分子中，共有幾個分子其所有組成的原子皆在同一平面？

　　$H_2C=CH_2$　　F_2O　　H_2CO　　NH_3　　CO_2　　$BeCl_2$

　　(A) 2　　　(B) 3　　　(C) 4　　　(D) 5　　　(E) 6

【106 中國醫(31)】

【詳解】D

不共平面：NH_3（AX_3E_1 三角錐）

　共平面：$H_2C = CH_2$（平行四面形）

　　　　　F_2O（AX_2E_2 彎曲）、H_2CO（AX_3E_0 三角形）

　　　　　CO_2、$BeCl_2$（AX_2E_0 直線）

---

79. 某分子基態(ground state)的電子組態為 $(\sigma 2s)^2(\sigma 2s^*)^2(\pi 2p_y)^1(\pi 2p_x)^1$，

　　請問此分子為下列何者？

　　(A) Li_2^+　　　(B) C_2　　　(C) Be_2　　　(D) B_2　　　(E) N_2

【106 中國醫(33)】

【詳解】D

分子 or 離子	電子組態	鍵數	磁性
Li_2^+	$\boldsymbol{KK}\,(\sigma_{2s})^1$	0.5	順
C_2	$\boldsymbol{KK}\,(\sigma_{2s})^2(\sigma_{2s}^{\ *})^2(\pi_{2px}\,,\,_{2py})^4$	2.0	逆
Be_2	$\boldsymbol{KK}\,(\sigma_{2s})^2(\sigma_{2s}^{\ *})^2$	0	逆
B_2	$\boldsymbol{KK}\,(\sigma_{2s})^2(\sigma_{2s}^{\ *})^2(\pi_{2py})^1(\pi_{2px}^{\ *})^1$	1	順
N_2	$\boldsymbol{KK}\,(\sigma_{2s})^2(\sigma_{2s}^{\ *})^2(\pi_{2px}\,,\,_{2py})^4(\sigma_{2pz})^2$	3	逆

80. NCO⁻ 離子(cyanate ion)之路易士結構式(Lewis structure)為 $\left[\ddot{N}—C≡O\right]^-$ ，
　　請問其中 N 的 formal charge 及 oxidation number 各為多少？
　　(formal charge 放在前面；oxidation number 放在後面)
　　(A) 1；0　　　(B)−1；1　　　(C)−2；−3　　　(D)−1；−2　　　(E) +1；−2
　　　　　　　　　　　　　　　　　　　　　　　　　　　　　　　　【106 中國醫(40)】

【詳解】C
formal charge $= 5 - 7 = \underline{\mathbf{-2}}$
oxidation number $(x) \Rightarrow (x) + (+4) + (-2) = -1 \Rightarrow \underline{\mathbf{\textit{x} = -3}}$

81. 下列哪一個分子以共振型式 (resonance form)之路易士結構式
　　(Lewis structure)表示為最佳？
　　(A) CH₄　　　(B) O₃　　　(C) NH₄⁺　　　(D) HCN　　　(E) CO₂
　　　　　　　　　　　　　　　　　　　　　　　　　　　　　　　【106 中國醫(46)】

【詳解】B

82. 有關 PF₃ 分子，下列敘述何者正確？
　　(I) 三角平面形狀
　　(II) P 原子上有一對未共用電子
　　(III) P 原子為 sp² 混成軌域
　　(IV) 極性分子
　　(V) 極性共價鍵
　　(A) I, IV, V　　　(B) II, III, IV　　　(C) I, II, IV　　　(D) II, IV, V
　　　　　　　　　　　　　　　　　　　　　　　　　　　　　　　【106 義守(7)】

【詳解】D【與 99 義中醫(5)同】

m + n	V.B.T	VSEPR	分子形狀	例子
4	sp³	AX₃E₁	三角錐形	PF₃，SO₃²⁻

(IV) $\mu \neq 0$ 為極性分子；(V)P-F 具有偶極鍵（$\Delta EN \neq 0$）

---

83. ClF_3 內中心原子上之電子對排列的幾何形狀為
   (A) 八面體　　　(B) 三角錐體　　　(C) 四面體　　　(D) 雙三角錐體

   【106 義守(8)】

【詳解】D

m + n	V.B.T	VSEPR	電子對幾何形狀	分子形狀	例子
5	sp^3d	AX_3E_2	雙三角錐體	T 型	ClF_3，XeF_3^+

---

84. IF_5 是 _____ 型的化合物，它的幾何形狀是 _____。
   (A)分子，雙三角錐　　　　(B)分子，四方角錐
   (C)離子，四方角錐　　　　(D)離子，雙三角錐

   【106 義守(9)】

【詳解】B

m + n	V.B.T	VSEPR	電子對幾何形狀	分子形狀	例子
6	sp^3d^2	AX_5E_1	八面體	四方角錐	IF_5，$XeCl_5^+$

---

85. 下列哪一個離子固體有最大的晶格能(lattice energy)？
   (A) SrO　　　(B) NaF　　　(C) $CaBr_2$　　　(D) CsI

   【106 義守(23)】

【詳解】A

$$nA_{(g)}^{m+} + mB_{(g)}^{n-} \rightarrow A_nB_{m(s)} \quad \Delta H = 晶格能$$

晶格能大小 $\propto \dfrac{NQ^+Q^- \leftarrow 優先考慮因素}{r^+ + r^- \leftarrow 次要考慮因素}$,

(1) N =離子固體單位晶格中陽離子及陰離子個數和 ;

(2) $r^+ + r^-$ =陰陽離子半徑和

(A)2×2×2 = 8　　　(B)2×1×1= 2　　　(C)3×2×1 = 6　　　(D)2×1×1 = 2

86. 根據分子軌域理論預測氧氣(O_2)具有順磁性。其最佳之理由為何？
    (A)氧氣的鍵級(bond order)等於2
    (B)鍵結軌域(bonding orbitals)中的電子數大於反鍵結軌域
        (antibonding orbitals)中的電子數
    (C)π 2p分子軌域的能量高於σ 2p分子軌域的能量
    (D)氧氣的分子軌域中有兩個未成對的電子

【106 慈濟(5)】

【詳解】D

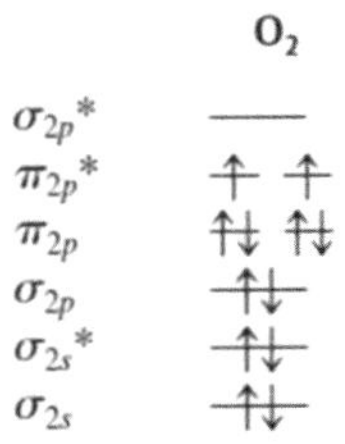

順磁性物質（*Paramagnetic substance*）
⇒ 原子、分子或離子物質有未成對電子者具有順磁性。

87. 利用分子軌域模型(molecular orbital model)預測 $O_2{}^{2-}$ 離子的鍵級(bond order)
    (A) 1.5　　　(B) 2　　　(C) 1　　　(D) 2.5

【106 慈濟(7)】

【詳解】C

	$O_2{}^{2-}$
價電子數	14 e$^-$
鍵數	1

88. 下列哪一個固體具有最高的熔點(melting point)？
    (A) NaF　　　(B) NaCl　　　(C) NaBr　　　(D) NaI

【106 慈濟(9)】

【詳解】A

離子鍵的強度：

(1) 可由庫侖定律決定：$U \propto \dfrac{Q_1Q_2}{r}$

Q_1、Q_2 為陰、陽離子所帶的電荷量，r 為陰、陽離子間的距離（即鍵長）。

(a) 晶體結構相同的物質，離子鍵的強度由離子所帶的電荷及半徑大小決定。

(b) 晶體堆積相異之晶體，其晶體強度需由計算晶格能大小來決定，晶格能愈大，熔、沸點愈高。

(2) 晶體結構相同的物質，離子鍵愈強者，硬度愈大，熔點愈高。

熔點：$\underline{NaF > NaCl > NaBr > NaI}$………選 A

---

89. 硝酸根離子（NO_3^-）上，氮之形式電荷(formal charge)是多少？

(A) -1 　　　(B) 0 　　　(C) +1 　　　(D) +2

【106 慈濟(11)】

【詳解】C

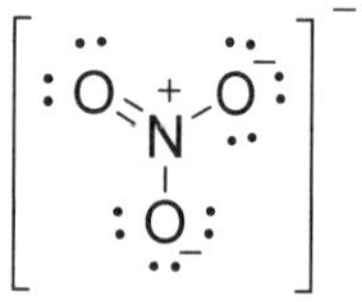

---

90. 下列哪一個離子擁有最短的 N—O 鍵？

(A)NO_3^- 　　　(B)NO_2^- 　　　(C)NO^- 　　　(D)NO^+

【106 私醫(2)】

【詳解】D

※ 鍵數（*Bond order*）v.s 鍵長（*Bond length*）：

大原則：鍵數越多，鍵長越短 $\Rightarrow$ 鍵數 $\propto \dfrac{1}{鍵長}$

例子	(A)NO_3^-	(B)NO_2^-	(C)NO^-	NO^+
鍵數	$1\frac{1}{3}$	$1\frac{1}{2}$	2	3
鍵長	長 ⟶ 短			

91. 下列那一個分子形狀成一直線？
(A)NH_3　　　(B)NO_2　　　(C)H_2O　　　(D)CO_2

【106 私醫(23)】

【詳解】D

選項	分子	m + n	V.B.T	VSEPR	分子形狀
(A)	NH_3	4	sp^3	AX_3E_1	三角錐
(B)	NO_2	3	sp^2	AX_2E_1	彎曲（含自由基）
(C)	H_2O	4	sp^3	AX_2E_2	彎曲
(D)	CO_2	2	sp	AX_2E_0	直線

92. 請由以下資料估算 KCl(s)晶格能
(K)　昇華熱＝79.2 kJ/mol
(K)　第一游離能＝418.7 kJ/mol
(Cl–Cl)　鍵能＝242.8 kJ/mol
(Cl)　電子親和力＝–348 kJ/mol
ΔH°_f(KCl(s)) = –435.7 kJ/mol
(A)–707 kJ/mol　　(B)288 kJ/mol　　(C)629 kJ/mol　　(D)–165 kJ/mol

【106 私醫(25)】

【詳解】A

①昇華熱：

$K_{(s)} \rightarrow K_{(g)}$　$\Delta H_1 = 79.2$ kJ/mol

②解離能：

$\frac{1}{2}Cl_{2(g)} \rightarrow Cl_{(g)}$　$\Delta H_2 = \frac{1}{2} \times 242.8 = 141.4$ kJ/mol

③游離能：

$K_{(g)} \rightarrow K^+_{(g)} + e^-$　$\Delta H_3 = 418.7$ kJ/mol

④電子親和力：

$Cl_{(g)} + e^- \rightarrow Cl^-_{(g)}$　$\Delta H_4 = -348$ kJ/mol

⑤晶格能：$K^+_{(g)} + Cl^-_{(g)} \rightarrow KCl_{(s)}$　　$\Delta H_5 = ?$

⑥莫耳生成熱：

$$K_{(s)} + \frac{1}{2} Cl_{2(g)} \rightarrow KCl_{(s)}　　\Delta H_6 = -435.7 \text{ kJ/mol}$$

∵①＋②＋③＋④＋⑤＝⑥

∴79.2 + 141.4 + 418.7 + (−348) +⑤ ＝−435.7

⇒ $\Delta H_5 = -707$ kJ/mol

---

93. 下列關於 O_2 以及 NO 分子軌域能階圖之相關敘述何者正確？

    (A)O_2 以及 NO 均為順磁性分子(paramagnetic)

    (B)O_2 的鍵能較 NO 的鍵能大

    (C)NO 是一典型的同核雙原子分子(homonuclear diatomic molecule)

    (D)NO 的游離能較 NO^+的游離能大

    【106 私醫(34)】

【詳解】A

	O_2	NO
價電子數	12 e$^-$	11e$^-$
鍵數	2	2.5
磁性	順磁	順磁

(C) NO 是一典型的**異核**雙原子分子(*heternuclear diatomic molecule*)

(D) NO 的 HOMO 電子填入 anti-bonding 較 NO^+易游離。

$\sigma_{2p}*$ ——————

$\pi_{2p}*$ ⊥ ———

E　σ_{2p} ——⊥⊥

π_{2p} ⊥⊥　⊥⊥

$\sigma_{2s}*$ ⊥⊥

σ_{2s} ——⊥⊥

▲ NO 分子

$\sigma_{2p}*$ ——————

$\pi_{2p}*$ ——　———

E　σ_{2p} ——⊥⊥

π_{2p} ⊥⊥　⊥⊥

$\sigma_{2s}*$ ——⊥⊥

σ_{2s} ——⊥⊥

▲ CO , CN^- , NO^+分子

---

94. 根據分子軌域理論（molecular orbital theory），下列物質何者**最不可能**存在？
　　(A) Li_2　　(B) Be_2　　(C) B_2　　(D) C_2　　(E) N_2

【105 中國醫(3)】

【詳解】B

分子	電子組態	鍵數	鍵長
Li_2	$KK(\sigma_{2s})^2$	1	2.67
Be_2	$KK(\sigma_{2s})^2(\sigma_{2s}^*)^2$	0	不存在
B_2	$KK(\sigma_{2s})^2(\sigma_{2s}^*)^2(\pi_{2px}, \pi_{2py})^2$	1	1.59
C_2	$KK(\sigma_{2s})^2(\sigma_{2s}^*)^2(\pi_{2px}, \pi_{2py})^4$	2	1.24
N_2	$KK(\sigma_{2s})^2(\sigma_{2s}^*)^2(\pi_{2px}, \pi_{2py})^4(\sigma_{2pz})^2$	3	1.10

---

95. 下列有關氧(O_2)和臭氧(O_3)的敘述，何者有誤？
　　(A)氧氣在液態和固態下的顏色均為藍色
　　(B)氧分子具有順磁的(paramagnetic)性質
　　(C)臭氧分子具有逆磁的(diamagnetic)性質
　　(D)臭氧是一種非極性(nonpolar)分子
　　(E)臭氧分子的結構為彎曲型(bent geometry)

【105 中國醫(5)】

【詳解】D

選項	分子形狀	偶極矩 μ （D：德拜）	磁性
O_2	直線  	0 D	順磁
O_3	彎曲 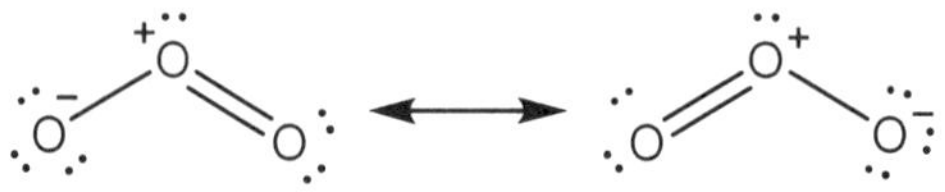 	0.52D	逆磁

96. 下列化合物中，何者的碳原子是以 sp^2 混成軌域(hybridization)的形式與周遭原子進行鍵結？
(A) H_2CO　　　(B) CH_2Cl_2　　　(C) CH_4　　　(D) CO_2　　　(E) CCl_4
【105 中國醫(10)】

【詳解】A

選項	$m+n$	V.B.T	VSEPR	分子形狀
A	3	sp^2	AX_3E_0	平面三角形
B	4	sp^3	AX_4E_0	四面體
C	4	sp^3	AX_4E_0	四面體
D	2	sp	AX_2E_0	直線
E	4	sp^3	AX_4E_0	四面體

97. 下列分子中的指定原子，何者**不遵守**八隅體規則(Octet rule)？
(A) NNO (中心 N 原子)　　　　　(B) BF_3 (B 原子)
(C) H_2CCCH_2 (中心 C 原子)　　(D) PF_3 (P 原子)
(E) H_2CNCl (中心 N 原子)
【105 中國醫(28)】

【詳解】B

不遵守八隅體速解：

(1)奇數總價電子數；(2)擴張八隅；(3) IIA、IIIA 族中心原子…只有(B)符合

98. 根據價殼層電子對斥力理論：

(The Valence Shell Electron Pair Repulsion theory, VSEPR)，下列關於分子形狀的敘述中，何者<u>有誤</u>？

(A)OF_2 是線形（linear）   (B)SF_4 是蹺蹺板形（seesaw）

(C)ClF_3 是扭曲 T-形（distorted T-shape）(D)BeH_2 是線形（linear）

(E) PF_5 是雙三角錐形（trigonal bipyramidal）

【105 中國醫(29)】

【詳解】A

選項	m + n	V.B.T	VSEPR	分子形狀
A	4	sp^3	AX_2E_2	角形 or 彎曲
B	5	sp^3d	AX_4E_1	蹺蹺板型 or 扭曲四面體
C	5	sp^3d	AX_3E_2	T 字型
D	2	sp	AX_2E_0	直線
E	5	sp^3d	AX_5E_0	雙三角錐形

99. 有一化合物其組成成分為二個氮及一個氧。下列排列方式中，何者最正確且最為穩定？

(A)
$$\overset{1-}{N}=\overset{1+}{N}=\overset{0}{O}$$

(B)

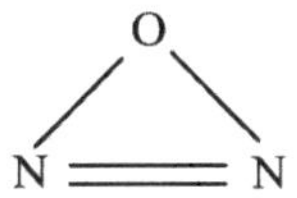

(C)
$$\overset{0}{N}\equiv\overset{1+}{N}-\overset{1-}{O}$$

(D)
$$\overset{1-}{N}=\overset{2+}{O}=\overset{1-}{N}$$

(E)
$$\overset{0}{N}\equiv\overset{2+}{O}-\overset{2-}{N}$$

【105 中國醫(31)】

【詳解】C

離子	結構式	分子	結構式
[N₃]⁻	$\left[\, :\overset{..}{\overset{-2}{N}}\!-\!\overset{+}{N}\!\equiv\!N: \,\right]^{-}$ ↕ $\left[\, :\overset{-}{\underset{..}{N}}\!=\!\overset{+}{N}\!=\!\overset{-}{\underset{..}{N}}: \,\right]^{-}$ （佳）	N_2O	$:\overset{-2}{\underset{..}{N}}\!-\!\overset{+}{N}\!\equiv\!\overset{+}{O}:$ ↕ $:\overset{-}{N}\!=\!\overset{+}{N}\!=\!\overset{..}{\underset{..}{O}}:$ ↕ $:N\!\equiv\!\overset{+}{N}\!-\!\overset{-}{\underset{..}{O}}:$ （佳）

---

100. 以下是一個簡化的氫分子軌域能量圖，氫分子 (H_2) 軌域是由氫原子 (H_a 和 H_b) 軌域線性組合而成。從下圖可看出反鍵結軌域能量差距 ($\Delta E_{antibonding}$) 的絕對值，稍微比鍵結軌域能量差距 ($\Delta E_{bonding}$) 的絕對值要來得大些，$|\Delta E_{antibonding}| > |\Delta E_{bonding}|$。利用下圖來預測，純粹從穩定能量的角度考量，下列敘述何者**有誤**？

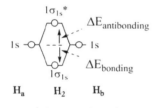

(A) H_2^+ 是可能穩定存在的　　(B) H_2^- 是可能穩定存在的
(C) H_2^- 比 He_2^+ 來得穩定　　(D) He_2^+ 是可能穩定存在的
(E) 將兩個 He 結合成 He_2 不可能存在

【105 中國醫(32)】

【詳解】C

分子	電子組態	鍵數
H_2^+	$KK(\sigma_{2s})^1$	0.5
H_2^-	$KK(\sigma_{2s})^2(\sigma_{2s}^*)^1$	0.5
He_2^+	$KK(\sigma_{2s})^2(\sigma_{2s}^*)^1$	0.5
He_2	$KK(\sigma_{2s})^2(\sigma_{2s}^*)^2$	0（不存在）

101. 下列哪一個固體的熔點最高？
　(A) NaI　　(B) NaF　　(C) MgO　　(D) $MgCl_2$
【105 義守(26)】

【詳解】C

離子鍵的強度與陰陽離子電荷乘積正相關，與陰陽離子的距離(半徑和)

成負相關，離子鍵強度(鍵能) $\propto \dfrac{Q_1 \, Q_2}{r} \propto$ 熔點

(1) **1：1 型**：熔點 $\propto \dfrac{Q_1 \, Q_2 (主因)}{r(次因)}$ 。EX：MgO＞CaO＞NaCl＞NaBr＞NaI

(2) **非 1：1 型**：陽離子電荷密度 $\dfrac{Q^+}{r^+}\uparrow$，共價性高，熔點（m.p）↓

　　故熔點最高應為：MgO

---

102. 下列哪些化合物屬於線型的分子形狀？
　I. N_2　　II. H_2S　　III. CO_2
　(A) 僅 I 和 II　　(B) 僅 I 和 III　　(C) 僅 II 和 III　　(D) I, II 和 III 皆是
【105 義守(35)】

【詳解】B

選項	m + n	V.B.T	VSEPR	分子形狀
N_2	2	sp	AX_1E_1	直線
H_2S	4	sp^3	AX_2E_2	角形 or 彎曲
CO_2	2	sp	AX_2E_0	直線

---

103. XeF_4 的分子結構為何？
　(A)平面四方形　　(B)正四面體　　(C)線形　　(D)蹺蹺板形
【105 慈濟(4)】

【詳解】A

m + n	V.B.T	VSEPR	分子形狀	例子
6	sp^3d^2	AX_4E_2	平面四方形	XeF_4，$KrCl_4$

104. N_2^+ 的鍵級 (bond order) 為何？
(A) 3　　(B) 5/2　　(C) 2　　(D) 3/2

【105 慈濟(10)】

【詳解】B

分子 or 離子	電子組態	鍵數
N_2	$\textbf{KK}(\sigma_{2s})^2(\sigma_{2s}^{*})^2(\pi_{2px}, \pi_{2py})^4(\sigma_{2pz})^2$	3
N_2^+	$\textbf{KK}(\sigma_{2s})^2(\sigma_{2s}^{*})^2(\pi_{2px}, \pi_{2py})^4(\sigma_{2pz})^1$	2.5

105. NH_3、PH_3、和 AsH_3 的鍵角大小順序為何？
(A) $NH_3 > PH_3 > AsH_3$　　(B) $NH_3 = PH_3 = AsH_3$
(C) $NH_3 < PH_3 < AsH_3$　　(D) $NH_3 > AsH_3 > PH_3$

【105 慈濟(13)】

【詳解】A

中心原子具有相同混成軌域及 lp 數相同時：

◎若中心原子不同，外圍原子相同：中心原子電負度大者鍵角較大。

　　【舉例】：$H_2O > H_2S > H_2Se$　；　$NH_3 > PH_3 > AsH_3$
　　　　　　（AX_2E_2，lp 數為 2）　（AX_3E_1，lp 數為 1）

106. 臭氧 (ozone) 的路易士結構如圖所示，從左至右，三個氧原子的形式電荷 (formal charge) 分別為：

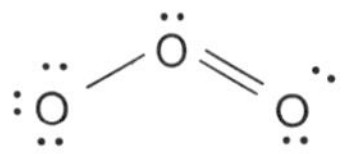

(A) +1，−1，0　　(B) −1，+1，0　　(C) 0，+1，−1　　(D) +1，+1，0

【105 慈濟(19)】

【詳解】B

分子	分子形狀	偶極矩 μ（D：德拜）	磁性
O_3	彎曲 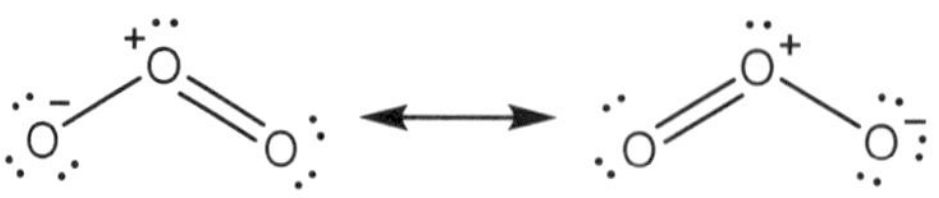	0.52D	逆磁

107. 下列分子哪一個的偶極矩 (dipole moment) 不為零？

(A) $O=C=O$　　(B) CCl_4　　(C) 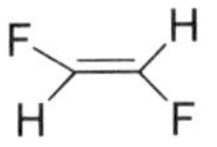 　　(D)

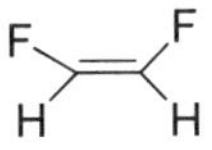

【105 慈濟(22)】

【詳解】D

分子中各鍵偶極矩之向量和不為零者（$\mu \neq 0$），稱為極性分子。

(A)直線各原子對稱，非極性

(B)四面體各原子對稱，非極性

(C)向量可平移，故兩 C-F 鍵鍵角為 180^0，造成向量和＝0，非極性

---

108. 在 Cl-F 路易士結構中，Cl 與 F 的形式電荷(formal charge)分別為：

(A) –1，–1　　(B)0，0　　(C)0，–1　　(D)+1，–1

【105 私醫(7)】

【詳解】B

各原子滿足八隅體： :C̈l-F̈:

形式電荷：Cl $\Rightarrow$ 7-7 = 0；F $\Rightarrow$ 7-7 = 0

---

109. H_3O^+的分子形狀為何？

(A)三角錐　　(B)正四面體　　(C)角型　　(D)直線

【105 私醫(8)】

【詳解】A

離子	m＋n	V.B.T	VSEPR	分子形狀	例子
H_3O^+	4	sp^3	AX_3E_1	三角錐	NH_3，H_3O^+

---

110. 請問下列分子或離子何者具有順磁性(paramagnetic)？

(I) Li_2^+　　(II) N_2　　(III) O_2　　(IV) F_2　　(V) N_2^-

(A) (I)，(III) and (V)　　(B)(II)，(III) and (IV)

(C)(II), (IV) and (V)　　(D)(I) and (II)

【105 私醫(27)】

【詳解】A

分子 or 離子	電子組態	鍵數	磁性
Li_2^+	$KK\,(\sigma_{2s})^1$	0.5	順
N_2	$KK\,(\sigma_{2s})^2(\sigma_{2s}^{*})^2(\pi_{2px},\,_{2py})^4(\sigma_{2pz})^2$	3	逆
O_2	$KK\,(\sigma_{2s})^2(\sigma_{2s}^{*})^2(\sigma_{2pz})^2(\pi_{2px},\,_{2py})^4(\pi_{2px}^{*},\,\pi_{2py}^{*})^2$	2	順
F_2	$KK\,(\sigma_{2s})^2(\sigma_{2s}^{*})^2(\sigma_{2pz})^2(\pi_{2px},\,_{2py})^4(\pi_{2px}^{*},\,\pi_{2py}^{*})^4$	1	逆
N_2^-	$KK\,(\sigma_{2s})^2(\sigma_{2s}^{*})^2(\pi_{2px},\,_{2py})^4(\sigma_{2pz})^2(\pi_{2px}^{*},\,\pi_{2py}^{*})^1$	2.5	順

---

111. 依分子軌域理論(molecular orbital theory)，下列何者為反磁性(diamagnetic)？
　　(A)B_2　　　(B)C_2　　　(C)O_2^+　　　(D)O_2

【105 私醫(29)】

【詳解】B

分子 or 離子	電子組態	鍵數	磁性
B_2	$KK\,(\sigma_{2s})^2(\sigma_{2s}^{*})^2(\pi_{2px},\,_{2py})^2$	1	順
C_2	$KK\,(\sigma_{2s})^2(\sigma_{2s}^{*})^2(\pi_{2px},\,_{2py})^4$	2	逆
O_2^+	$KK\,(\sigma_{2s})^2(\sigma_{2s}^{*})^2(\sigma_{2pz})^2(\pi_{2px},\,_{2py})^4(\pi_{2px}^{*},\,\pi_{2py}^{*})^1$	2.5	順
O_2	$KK\,(\sigma_{2s})^2(\sigma_{2s}^{*})^2(\sigma_{2pz})^2(\pi_{2px},\,_{2py})^4(\pi_{2px}^{*},\,\pi_{2py}^{*})^2$	2	順

---

112. 請用分子軌域模型(molecular orbital model)預測 O_2^+ 及 O_2^- 離子的鍵級
　　(bond order)分別為
　　(A) 1，1.5　　(B) 1.5，2　　(C) 1.5，2.5　　(D) 2.5，1.5　　(E) 2.5，3

【104 中國醫(7)】

【詳解】D

離子	電子組態	鍵數	磁性
O_2^+	$KK\,(\sigma_{2s})^2(\sigma_{2s}^{*})^2(\sigma_{2pz})^2(\pi_{2px},\,_{2py})^4(\pi_{2px}^{*},\,\pi_{2py}^{*})^1$	2.5	順
O_2^-	$KK\,(\sigma_{2s})^2(\sigma_{2s}^{*})^2(\sigma_{2pz})^2(\pi_{2px},\,_{2py})^4(\pi_{2px}^{*},\,\pi_{2py}^{*})^3$	1.5	順

113. 下列分子何者是極性分子？
　　(A) PBr_3　　(B) SO_3　　(C) CS_2　　(D) CH_4　　(E) SiF_4

【104 中國醫(21)】

【詳解】A

選項	m + n	V.B.T	VSEPR	分子形狀	極性分子與否
A	4	sp^3	AX_3E_1	三角錐	V
B	3	sp^2	AX_3E_0	平面三角形	X
C	2	sp	AX_2E_0	直線	X
D	4	sp^3	AX_4E_0	四面體	X
E	4	sp^3	AX_4E_0	四面體	X

114. 關於下列化合物中心原子的混成軌域(hybridization orbital)，何者正確？
　　(A) O_3，sp^3　　(B) CO_3^{2-}，sp^3　　(C) I_3^-，sp　　(D) NO_2^-，sp^2

【104 義守(9)】

【詳解】D

選項	m + n	V.B.T	VSEPR	分子形狀
A	3	sp^2	AX_2E_1	彎曲
B	3	sp^2	AX_3E_0	平面三角形
C	5	sp^3d	AX_2E_3	直線
D	3	sp^2	AX_2E_1	彎曲

115. 下列物質中，中心原子的混成軌域屬於 sp^2 者共有幾個？
　　BH_3　　HCN　　SO_3　　NH_3　　C_2H_4　　CH_3^+
　　(A) 4　　　　(B) 3　　　　(C) 2　　　　(D) 1

【104 義守(10)】

【詳解】A

選項	m + n	V.B.T	VSEPR	分子形狀
BH_3	3	sp^2	AX_3E_0	平面三角形
HCN	2	sp	AX_2E_0	直線
SO_3	3	sp^2	AX_3E_0	平面三角形
NH_3	4	sp^3	AX_3E_1	角錐
C_2H_4		sp^2		平面四方形
CH_3^+	3	sp^2	AX_3E_0	平面三角形

---

116. 下列物質的幾何形狀是直線形的共有幾個？

HOCl　　　HCN　　　CS_2　　　NH_3　　　H_2SO_3

(A) 4　　　　　(B) 3　　　　　(C) 2　　　　　(D) 1

【104 義守(11)】

【詳解】C

選項	m + n	V.B.T	VSEPR	分子形狀
HOCl	4	sp^3	AX_2E_2	彎曲 or 角形
HCN	2	sp	AX_2E_0	直線
CS_2	2	sp	AX_2E_0	直線
NH_3	4	sp^3	AX_3E_1	角錐
H_2SO_3	4	sp^3	AX_3E_1	角錐

---

117. Calcium bisulfate 的化學式為何？

(A) $Ca(SO_4)_2$　　　(B) CaS_2　　　(C) Ca_2HSO_4　　　(D) $Ca(HSO_4)_2$

【104 慈濟(2)】

【詳解】D

選項	化合物	英文名	中文名
D	$Ca(HSO_4)_2$	俗名：Calcium bisulfate 學名：Calcium hydrogen sulfate	硫酸氫鈣

118. 硫酸根離子(SO_4^{2-})之路易士結構式(Lewis structure)如下，其中硫原子的
形式電荷(formal charge)為何？

(A) –2

(B) 0

(C) +2

(D) +4

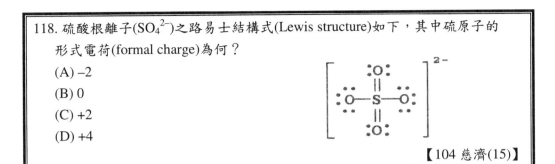

【104 慈濟(15)】

【詳解】B

形式電荷＝（原子個別價電子數）－（原子鍵結數＋孤對電子數）

圖中 SO_4^{2-} 為擴張八隅結構，硫原子形式電荷：$6-(6+0) = 0$

【註】：若 SO_4^{2-} 為滿足八隅結構，硫原子形式電荷：$6-(4+0) = +2$

119. 下列何者是 HNO_2 之路易士結構式(Lewis structure)？

(A) 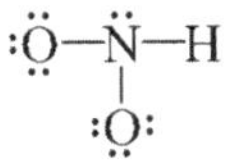 (B) 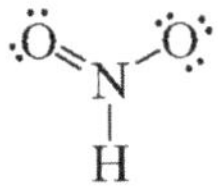 (C) 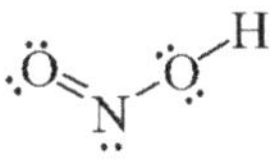 (D)

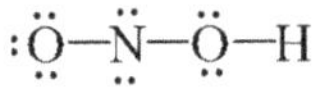

【104 慈濟(16)】

【詳解】C

含氧酸的結構學，先將可游離的 H^+ 去除後，得 NO_2^-。

滿足八隅體結構且各原子形式電荷為 0。

(C)為最佳解。

第4單元　液體與固體

一、　粒子間作用力比較

種類	本質	方向性	能量大小 （kJ/mol）	類別
離子鍵	陰、陽離子間的庫侖靜電力	無	150～400	化學鍵
共價鍵	兩原子利用共用電子對結合	有	150～400	
金屬鍵	金屬原子的價電子形成電子海	無	50～150	
氫鍵	H 原子與 F、O、N 原子形成的庫侖靜電力。	有	5～40	特殊分子間作用力
凡得瓦力	(1)偶極－偶極力 (2)偶極－誘發偶極力 (3)瞬間偶極－誘發偶極力 　（或稱分散力）	無	＜ 5	分子間作用力

二、　分子間作用力

$$（臨界溫度 \propto 莫耳汽化熱 \propto 黏度 \propto 表面張力 \propto 沸點 \propto \frac{1}{蒸氣壓}）$$

分子間作用力的種類	氫鍵 (5~40kJ/mol)	H 原子與 F、O、N 原子形成的庫侖靜電力。 如：H_2O、HF、NH_3
	凡得瓦力 (小於 5kJ/mol)	偶極－偶極力 ：存在於極性分子間(如 HCl 分子間)
		偶極－誘發偶極力 ：存在於極性與非極性分子間(如 HCl 與 H_2)
		瞬間偶極－誘發偶極力（或稱分散力） ：存在於任意分子間（包含惰性氣體間）。

分 散 力 的 影 響 因 素	分子中的電子數 (分子量)	若分子形狀相似，分子中電子數愈多（分子量愈大），則分散力愈大，其熔點、沸點愈高。	(1) $F_2 < Cl_2 < Br_2 < I_2$ (2) $He < Ne < Ar < Kr < Xe$ (3) $N_2 < O_2$	
	分子大小	結構相似的分子，分子愈大者，接觸愈大，則分散力愈大，其熔點、沸點愈高	(1) $Ar < Cl_2 < P_4 < S_8$ (2) 甲烷<乙烷<丙烷<正丁烷	
	分子的形狀	同分異構物	分子鏈愈長，表面積愈大，分散力愈大，沸點愈高	正戊烷>異戊烷 > 新戊烷
			分子愈對稱，熔點愈高	新戊烷>正戊烷 > 異戊烷
		順反異構物的熔點與沸點比較	一般順反異構物 1,2-二氯乙烯	沸點：順>反 熔點：反>順
			順式有分子內氫鍵的順反異構物丁烯二酸	沸點：反>順 熔點：反>順

三、 _氫鍵_

定義	當氫原子與 N、O、F 等高電負度的元素鍵結時，H 原子具部分正電性(δ^+)，若與另一高電負度的（N、O、F）接近時，分子間即形成氫鍵	
鍵能	約 5～40 kJ/mol，約略共價鍵：氫鍵：凡得瓦力=100：10：1	
種類	分子間氫鍵	含（O-H、N-H、H-F）結構者，常見於： (1) 無機物：HF、H_2O、NH_3、HCN、H_2SO_4、HNO_3、H_3PO_4...等等含氧酸。 (2) 有機物：ROH、RCOOH、C_6H_5OH、RNH_2、$RCONH_2$、反-丁烯二酸、醣類...等等
	特殊氫鍵	(1) 氰化氫分子間 (2) 氯仿與丙酮分子間 (3) 化合物 $KHF_{2(s)}$ 中有離子鍵，共價鍵與氫鍵。
	分子內氫鍵	(1) 順丁烯二酸 (2) 鄰位的苯衍生物。如鄰苯二酚、鄰苯二甲酸、鄰-氟酚、鄰硝基酚、鄰-羥基苯甲醛（柳醛）、柳酸...等 (3) 具有醯胺鍵或肽鍵的聚合物。如蛋白質、耐綸...

氫鍵效應		
物性	影響效應	實例
沸點	使分子物質的熔點和沸點異常升高	沸點： (1) $NH_3 > AsH_3 > PH_3$ (2) $H_2O > H_2Te > H_2Se > H_2S$ (3) $HF > HI > HBr > HCl$ (4) $H_2O > HF > NH_3 > CH_4$
	同分異構物中，有分子間氫鍵者沸點較高	沸點： (1) $C_2H_5OH > CH_3OCH_3$ (2) 反丁烯二酸 > 順丁烯二酸
溶解度	若溶質分子能與溶劑分子形成氫鍵，則溶解度增大	低分子量的醇與羧酸及胺、醛、酮等易溶於水
黏滯性	增加分子物質的黏滯性，氫鍵愈多，黏滯性愈大	$C_3H_5(OH)_3$（丙三醇、甘油）$> C_2H_4(OH)_2$（乙二醇）$> C_2H_5OH$（乙醇）
結構	HF_2^- 具有氟-氫鍵，其他鹵素 HX_2^- 則不存在	HF_2^-
	HF、醋酸可藉分子間氫鍵產生耦合現象	(1) $(HF)_x$ (2) 醋酸及其他有機酸的二聚體
	蛋白質藉分子內氫鍵的作用，形成 α 螺旋結構	蛋白質的螺旋結構，加熱或加酒精則螺旋結構被破壞（蛋白質變性）
	H_2O 的氫鍵影響水的性質	(1) 水結冰體積變大 (2) 水的高表面張力 (3) 水的毛細現象

【註】：

氫化物	沸點（b.p）	熔點（m.p）
VIIA	**HF** > HI > HBr > HCl	HI > **HF** > HBr > HCl
VIA	**H₂O** > H₂Te > H₂Se > H₂S	**H₂O** > H₂Te > H₂Se > H₂S
VA	SbH₃ > **NH₃** > AsH₃ > PH₃	**NH₃** > SbH₃ > AsH₃ > PH₃
IVA	SnH₄ > GeH₄ > SiH₄ > CH₄	SnH₄ > GeH₄ > SiH₄ > CH₄

四、 蒸汽壓 P、溫度 T 對汽化熱 H_v 關係 (Clausius-Clapeyron equation)

$$\ln P = -\frac{\Delta H_{vap}}{R} \times \frac{1}{T} + C$$

$$\log \frac{P_1}{P_2} = \frac{-\Delta H_{vap}}{2.30R} \times \left(\frac{1}{T_1} - \frac{1}{T_2} \right)$$

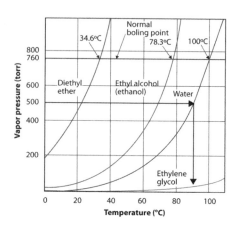

五、 七種晶體結構性質

邊長	角度	晶系名稱
$a = b = c$	$\alpha = \beta = \gamma = 90^0$	簡單立方晶系
$a = b = c$	$\alpha = \beta = \gamma \neq 90^0$	菱形晶系
$a = b \neq c$	$\alpha = \beta = \gamma = 90^0$	四（正）方晶系
$a = b \neq c$	$\alpha = \beta = 90^0 , \gamma = 120^0$	六（元）方晶系
$a \neq b \neq c$	$\alpha = \beta = \gamma = 90^0$	斜方晶系
$a \neq b \neq c$	$\alpha = \beta = 90^0 \neq \gamma$	單斜晶系
$a \neq b \neq c$	$\alpha \neq \beta \neq \gamma \neq 90^0$	三斜晶系

六、 常見金屬金體特性

晶體堆積型式	簡單立方堆積（sc）	體心立方堆積（bcc）	面心立方堆積（fcc）	六方最密堆積（hcp）
圖示	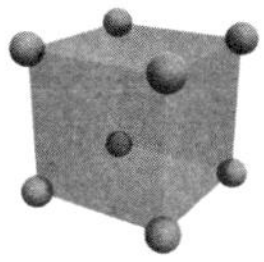	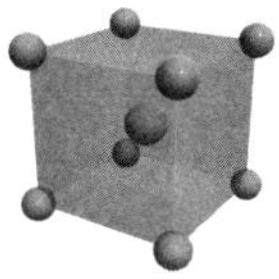	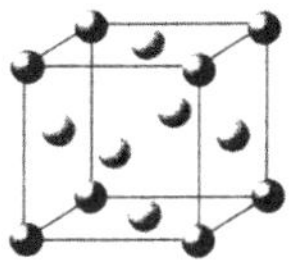	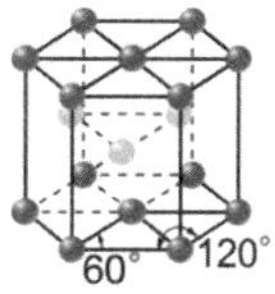
配位數	6	8	12	12
邊長(l)與半徑(r)	$r = \dfrac{1}{2}l$	$r = \dfrac{\sqrt{3}}{4}l$	$r = \dfrac{\sqrt{2}}{4}l = \dfrac{1}{2\sqrt{2}}l$	
	$l = 2r$	$l = \dfrac{4}{\sqrt{3}}r$	$l = (2\sqrt{2})r$	
單位晶格所含之粒子數	1	2	4	6
原子所佔空間	52% (1/2)	68% (2/3)	74% (3/4)	74% (3/4)
例子	Po	IA 族，Ba 等	Ca，Sr，Al，Cu	Be，Mg
密度 d（g / cm³）	$\dfrac{1 \cdot M}{N_A l^3}$	$\dfrac{2 \cdot M}{N_A l^3}$	$\dfrac{4 \cdot M}{N_A l^3}$	

七、 陽離子與陰離子的堆積形狀及配位數

r^+ / r^-	陽離子配位數	幾何形狀	實例
＜0.155	2	直線型	$BeBr_2$
0.155 ~ 0.225	3	平面三角形	B_2O_3
0.225 ~ 0.414	4	四面體	ZnS
0.414 ~ 0.732	6	八面體（面心）	NaCl
0.732 ~ 0	8	立方體（體心立方）	CsCl，CsBr，CsI

八、 離子晶體比較

性質 ＼ 晶體	四面體晶體	面心晶體	體心晶體
圖示	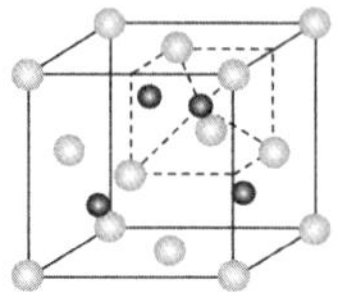	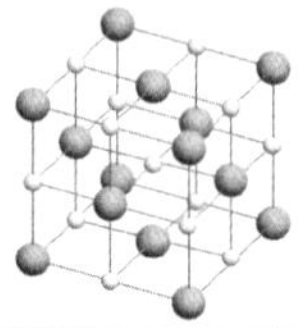	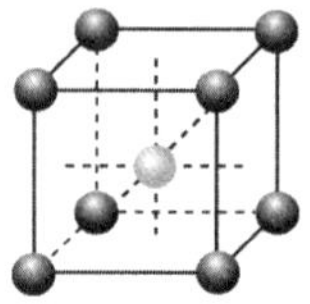
r^+/r^-	0.225~0.414	0.414~0.732	0.732~1.00
單位晶格含離子對	4	4	1
離子配位數	4	6	8
$r^+ + r^- =$ 離子鍵長與 單位晶格 邊長 (l) 關係	$(r^+ + r^-) = \dfrac{\sqrt{3}}{4}l$	$(r^+ + r^-) = \dfrac{1}{2}l$	$(r^+ + r^-) = \dfrac{\sqrt{3}}{2}l$
相同原子最短距離 (a) 與單位晶格 邊長 (l) 關係	$\sqrt{2}l = 2a$	$\sqrt{2}l = 2a$	$l = a$
密度 d (g/cm³) 與單位晶格 邊長 (l) 關係	$\dfrac{4 \cdot M}{N_A l^3}(g/cm^3)$	$\dfrac{4 \cdot M}{N_A l^3}(g/cm^3)$	$\dfrac{1 \cdot M}{N_A l^3}(g/cm^3)$
常見例子	ZnS，BeO	Li，Na，K 鹵化物 2A 族氧化物 ($\neq$BeO)	銫的鹵化物 ($\neq$F)

九、 各種晶體的比較

晶體	組成粒子	吸引力	特性	實例
離子 晶體	陰、陽離子	離子鍵	高熔點、硬、脆 、熔融態可導電	$NaCl$、KNO_3， 以實驗式表示
金屬 晶體	陽離子、 自由電子	金屬鍵	熔點範圍廣，具 延展性、良導體	Ag、Na、Cu， 以實驗式表示
極性分子 晶體	極性分子	偶極-偶極力 （凡得瓦力）	低熔點、軟、 非導體	HCl、SO_2
非極性 分子晶體	非極性分子	分散力 （凡得瓦力）	低熔點、軟、 非導電體	Cl_2、H_2、CO_2、 CH_4
網狀 晶體	原子	共價鍵	高熔點、非導體 （但石墨可導電）	C（金剛石或 石墨）、SiC、SiO_2， 以實驗式表示

※不同類之物質比較熔點的一般原則：（非絕對）

共價網狀晶體（破壞共價鍵）＞離子晶體（破壞離子鍵）

＞金屬晶體（破壞金屬鍵，Hg 為液體）＞分子晶體（破壞分子間引力）

歷 屆 試 題 集 錦

---

1. CdS can be described as cubic closest packed anions with the cations in tetrahedral holes. What fraction of the tetrahedral holes is occupied by the cations?
   (A) 0.125　　(B) 0.25　　(C) 0.50　　(D) 0.75　　(E) 1.0

   【110 高醫(27)】

【詳解】C

S^{2-} 為立方最密堆積，故佔據八頂角六個面 $\Rightarrow 8 \times \dfrac{1}{8} + 6 \times \dfrac{1}{2} = 4$

Cd^{2+} 佔據四面體洞（一個 *unit cell* 至多有 8 個）

又因 CdS 的實驗式原子個數比 1:1，故 Cd^{2+} 在每個 *unit cell* 中應具有 4 個，

因此佔據 $\Rightarrow \dfrac{4}{8} = 0.5$ 比例的四面體洞。

---

2. Which of the following statements concerning a face-centered cubic unit cell and the corresponding lattice, made up of identical atoms, is incorrect?
   (A) The coordination number of the atoms in the lattice is 8.
   (B) The packing in this lattice is more efficient than for a body-centered cubic system.
   (C) If the atoms have radius r, then the length of the cube edge is $\sqrt{8} \times r$.
   (D) There are four atoms per unit cell in this type of packing.
   (E) The packing efficiency in this lattice and hexagonal close packing are the same.

   【110 高醫(81)】

【詳解】A

晶體堆積型式	體心立方堆積（bcc）	面心立方堆積（fcc）	六方最密堆積（hcp）
配位數	8	12	12
邊長(l)與半徑(r)	$r = \dfrac{\sqrt{3}}{4}l$	$r = \dfrac{\sqrt{2}}{4}l = \dfrac{1}{2\sqrt{2}}l$	
	$l = \dfrac{4}{\sqrt{3}}r$	$l = \left(2\sqrt{2}\right)r$	
單位晶格所含之粒子數	2	4	6
原子所佔空間	68% (2/3)	74% (3/4)	74% (3/4)

3. Pentane, C_5H_{12}, boils at 35°C. Which of the followings is true about kinetic energy, E_k, and potential energy, E_p, when liquid pentane at 35°C is compared with pentane vapor at 35°C?

(A) $E_k(g) < E_k(l)$; $E_p(g) \approx E_p(l)$ (B) $E_k(g) > E_k(l)$; $E_p(g) \approx E_p(l)$
(C) $E_p(g) < E_p(l)$; $E_k(g) \approx E_k(l)$ (D) $E_p(g) > E_p(l)$; $E_k(g) \approx E_k(l)$
(E) $E_p(g) \approx E_p(l)$; $E_k(g) \approx E_k(l)$

【110 高醫(83)】

【詳解】D
定溫下，物質在氣體或液體都視為平均動能相同
同一溫度不同相態，位能：氣態>>液態>固態

4. 鎂金屬具有面心(face-centered)立方晶格，晶格的邊長為4.80 Å，其密度為 1.738 g/cm³，則其原子半徑為何？
(A) 3.42 Å　　　(B) 2.15 Å　　　(C) 1.70 Å　　　(D) 1.26 Å

【110 中國醫(26)】

【詳解】C

晶格面心立方 ⇒ 邊長與半徑關係 $l = \dfrac{4r}{\sqrt{2}}$ ；單位個數：4 個 ；設半徑 x cm

$$1.738(g/mL) = \frac{W(g)}{V(mL)} = \frac{\dfrac{24.0g/mol}{6.02 \times 10^{23} \text{個/mol}} \times 4\text{個}}{(\dfrac{4 \times xcm}{1.414})^3} \Rightarrow xcm = 1.70 \times 10^{-8} cm = 1.70\text{Å}$$

---

5. 下面哪一個元素的熔點最小？
   (A) B　　　　　(B) Ga　　　　　(C) Al　　　　　(D) K

   【110 中國醫(35)】

【詳解】B

考熔點需考慮晶體的種類（網離金分），如果皆為金屬元素，
還需考慮堆積方式、價電子數多寡及原子半徑等等因素，因此熔點
較無規則性。

	B	Ga	Al	K
物質類型	網狀	金屬	金屬	金屬
熔點	2300℃	30℃	660℃	64℃

---

6. 具有面心立方晶格的 NaCl，每一單位格子中的總離子數有幾個？
   (A) 2　　　(B) 4　　　(C) 8　　　(D) 16

   【110 義守(8)】

【詳解】C

NaCl 單位晶格中具有 4 對離子，故總離子數有 4 對×2(個/對)＝8 個

---

7. 碳60是90年代非常重要的化學物質，下列所述有關碳60之敘述何者錯誤？
   (A) 碳60為有60個碳原子所組成的足球形烯類分子，每一個碳原子與相鄰的
       三個碳原子以三個δ鍵，一個π鍵進行鍵結
   (B) 碳60可以容易地溶在有機溶劑正己烷中
   (C) 碳60的硬度超過於金剛石
   (D) 碳60具備抗氧化功能

   【110 義守(38)】

【詳解】AB

(A) …每一個碳原子與相鄰的三個碳原子以**三個 σ 鍵**才對，不是三個 δ 鍵

(B) 不管是極性或非極性溶劑皆不容易溶解 C_{60}

(C) C_{60}、鑽石、奈米碳管質地都相當堅硬（正確）

---

8. What is the net number of tetrahedral holes contained in the close packing of spheres unit cell like face-center cubic?

(A) 8　　(B) 4　　(C) 12　　(D) 6　　(E) 3

【109 高醫(20)】

【詳解】A

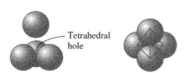

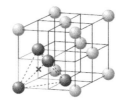

EX：**ZnS**（只填入4個四面體洞）

---

9. How many net numbers of spheres are occupied in a face-centered cubic (f.c.c.) unit cell?

(A) 1　　(B) 2　　(C) 4　　(D) 6　　(E) 8

【109 高醫(67)】

【詳解】C

晶體堆積型式	簡單立方堆積（sc）	體心立方堆積（bcc）	面心立方堆積（fcc）	六方最密堆積（hcp）
圖示	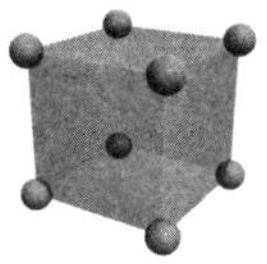	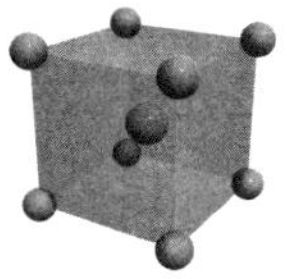	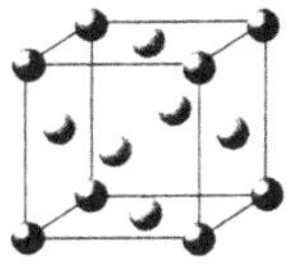	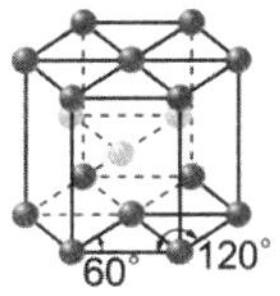
單位晶格所含之粒子數	1	2	4	6

10. 下列哪一個物質的沸點最低？
    (A) Et_3NBF_3 (B) C_3H_7OH (C) CH_2Cl_2 (D) P_2O_5 (E) KCl

【109 中國醫(6)】

【詳解】C

沸點比較大原則：

離子固體＞分子固體

（KCl）＞ 具有高極性共價鍵的 N^+-B^- ＞（C_3H_7OH，CH_2Cl_2，P_2O_5）

分子物質：氫鍵因素＞分子量＞極性＞接觸面積

$\Rightarrow P_2O_5 > CH_3CH_2CH_2OH > CH_2Cl_2$

11. 鉻金屬的原子量為 52.0 g/mol，晶格為體心立方，其原子半徑為 1.25 Å，試計算其密度 (g/cm^3)。($\sqrt{2} = 1.414$、$\sqrt{3} = 1.732$)
    (A) 2.76   (B) 3.59   (C) 5.52   (D) 7.20   (E) 7.81

【109 中國醫(12)】

【詳解】D

晶格體心立方 $\Rightarrow$ 邊長與半徑關係 $l = \dfrac{4r}{\sqrt{3}}$ ；單位個數：2 個

$$D(g/mL) = \frac{W(g)}{V(mL)} = \frac{\dfrac{52.0g/mol}{6.02\times10^{23}\,個/mol}\times2個}{(\dfrac{4\times1.25\times10^{-8}cm}{1.732})^3} = 7.2\,g/mL$$

12. 下列哪一組分子間的單一氫鍵作用力最大？

(A)

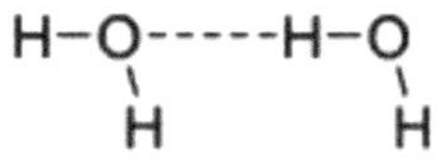

H–O----H–O
(下H，下H)

(B)

H–F-----H–F

(C)

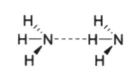

(D)

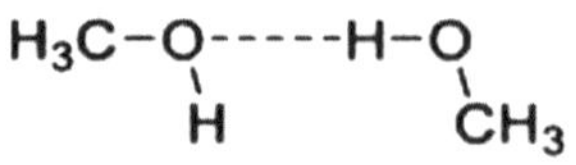

H_3C–O----H–O
(下H，下CH_3)

(E)

H_3C–O----H–O
(下H，下H)

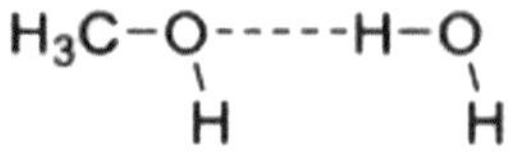

【109 中國醫(18)】

【詳解】B

氫鍵強度為 HF > H_2O > NH_3（∵ΔEN 大小）

---

13. 下列哪一個化合物在 25℃下以液體的形態存在？
    (A) CH_4　　　(B) CH_3F　　　(C) CH_3Cl　　　(D) CH_3Br　　　(E) CH_3I

【109 中國醫(24)】

【詳解】E

分子物質：氫鍵因素＞<u>分子量</u>＞極性＞接觸面積

	CH_4	CH_3F	CH_3Cl	CH_3Br	CH_3I
分子量	16	34	50.5	95	142
沸點	$-161.5℃$	$-78.4℃$	$-24.2℃$	$3.56℃$	$42℃$
狀態	Gas	Gas	Gas	Gas	Liquid

---

14. 鎂金屬的晶體是面心立方結構，金屬密度為 1.738 g/cm^3，單位晶格長度為
    單位晶格長度為 4.80×10^2 pm，請計算鎂原子半徑？
    (A) 90 pm　　　(B) 153 pm　　　(C) 170 pm　　　(D) 205 pm

【109 私醫(20)】

【詳解】C

晶格面心立方 ⇒ 邊長與半徑關係 $l = \dfrac{4r}{\sqrt{2}} \Rightarrow 480\,pm = \dfrac{4r}{1.414} \Rightarrow r = 170\,pm$

---

15. 固體鉛的莫爾體積為 18 cm^3/mol，假設固體鉛的晶體結構為立方最密堆積
    (cubic closest packed structure)，試問單位晶胞(unit cell)的體積為何？
    (A) 1.20×10^2 pm^3 　　　　　(B) 1.20×10^4 pm^3
    (C) 1.20×10^6 pm^3 　　　　　(D) 1.20×10^8 pm^3

【109 私醫(21)】

【詳解】D

$$\frac{18cm^3}{1mol} \times \frac{1mol}{6.02 \times 10^{23}個} \times \frac{4個}{1\ unit\ cell} \times \frac{10^{30}\ pm^3}{1cm^3} = 1.2 \times 10^8\ pm^3$$

---

16. 下面哪一種特性可以歸因於液體分子間的作用力較弱所引起？
    (A)低的揮發熱 　　　　(B)高的臨界溫度
    (C)低的蒸氣壓 　　　　(D)高沸點

    【109 私醫(22)】

【詳解】A

分子間作用力 $\propto$ 沸點 $\propto \dfrac{1}{蒸氣壓} \propto$ 莫耳汽化熱 $\propto$ 黏度 $\propto$ 表面張力 $\propto$ 臨界溫度

---

17. Order the intermolecular forces (dipole-dipole, London dispersion, ionic, and
    hydrogen-bonding) from weakest to strongest.
    (A) dipole-dipole, London dispersion, ionic, and hydrogen-bonding
    (B) London dispersion, dipole-dipole, hydrogen-bonding, and ionic
    (C) hydrogen-bonding, dipole-dipole, London dispersion, and ionic
    (D) dipole-dipole, ionic, London dispersion, and hydrogen-bonding
    (E) London dispersion, ionic, dipole-dipole, and hydrogen-bonding

    【108 高醫(21)】

【詳解】B

種類	本質	方向性	能量大小 (*kJ/mol*)	類別
離子鍵	陰、陽離子間的庫侖靜電力	無	$150 \sim 400$	化學鍵
氫鍵	H 原子與 F、O、N 原子形成的庫侖靜電力。	有	$5 \sim 40$	特殊分子間作用力
凡得瓦力	(1)偶極－偶極力 (2)偶極－誘發偶極力 (3)瞬間偶極－誘發偶極力 　（或稱分散力）	無	< 5	分子間作用力

---

18. Which one is Bragg equation?
    (A) F = ma 　　　　(B) Hφ = Eφ 　　　　(C) nλ = 2dsinθ
    (D) $\Delta x \cdot \Delta p = h/4\pi$ 　　　　(E) $E = mc^2$

    【108 高醫(30)】

【詳解】C

(A)牛頓第二定律：F = ma　　　(B)薛丁格方程式：Hϕ = Eϕ

(C)布拉格繞射：nλ = 2dsinθ　　(D)海森堡測不準原理 Δx · Δp = h/4 π

(E)質能轉換公式：E = mc^2

---

19. Examine the phase diagram for the substance Bogusium (Bo) and select the correct statement.

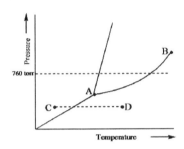

(A) Bo changes from a liquid to a gas as one follows the line from C to D.

(B) The triple point for Bo is at a higher temperature than the melting point for Bo.

(C) Bo changes from a solid to a liquid as one follows the line from C to D.

(D) Point B represents the critical temperature and pressure for Bo.

(E) Bo(s) has a lower density than Bo(l).

【108 高醫(65)】

【詳解】D

(A)(C) C to D 是 Bo 物質由固體（solid）轉成氣體（gas）

(B) 三相點的溫度都較熔點（melting point）低。

(D) B 點臨界點（具有臨界溫度及臨界壓力）

(E) Bo(s)密度較 Bo(l)大。固-液共存線斜率(+)，故固體體積 < 液體體積。

20. Which statement about hydrogen bonding is true?

    (A) Hydrogen bonding is the intermolecular attractive forces between two hydrogen atoms in solution.

    (B) The hydrogen bonding capabilities of water molecules cause $CH_3CH_2CH_2CH_3$ to be more soluble in water than CH_3OH.

    (C) Hydrogen bonding of solvent molecules with a solute will not affect the solubility of the solute.

    (D) Hydrogen bonding interactions between molecules are weaker than the covalent bonds within the molecule.

    (E) Hydrogen bonding arises from the dipole moment created by the equal sharing of electrons within certain covalent bonds within a molecule.

【108 高醫(71)】

【詳解】D

定義	當氫原子與 N、O、F 等高電負度的元素鍵結時，H 原子具部分正電性(δ^+)，若與另一高電負度的（N、O、F）接近時，分子間即形成氫鍵	
鍵能	約 5～40 kJ/mol，約略共價鍵：氫鍵：凡得瓦力=100：10：1	
物性 溶解度	若溶質分子能與溶劑分子形成氫鍵，則溶解度增大	**實例** 低分子量的醇與羧酸及胺、醛、酮等易溶於水

21. How many effective atoms are there in a body-centered cubic unit cell?

    (A) 1/2　　(B) 1　　(C) 2　　(D) 3/2　　(E) 3

【108 高醫(72)】

【詳解】C

晶體 堆積型式	簡單立方 堆積（sc）	體心立方 堆積（bcc）	面心立方 堆積（fcc）	六方最密 堆積（hcp）
原子 所佔空間	52% (1/2)	68% (2/3)	74% (3/4)	74% (3/4)

22. 鉬金屬的結晶屬於體心立方(body-centered cubic)系統，如果單位晶格
(unit cell)的邊長是 300 pm，鉬原子的半徑是多少？（$\sqrt{2} = 1.414$、$\sqrt{3} = 1.731$）
(A) 92 pm　　(B) 130 pm　　(C) 145 pm　　(D) 160 pm　　(E) 245 pm

【108 中國醫(24)】

【詳解】B

晶體堆積型式	簡單立方堆積 (sc)	體心立方堆積 (bcc)	面心立方堆積 (fcc)
邊長(l) 與 半徑(r)	$r = \dfrac{1}{2}l$	$r = \dfrac{\sqrt{3}}{4}l$	$r = \dfrac{\sqrt{2}}{4}l = \dfrac{1}{2\sqrt{2}}l$
	$l = 2r$	$l = \dfrac{4}{\sqrt{3}}r$	$l = \left(2\sqrt{2}\right)r$

故：$r = \dfrac{\sqrt{3}}{4}l \Rightarrow \dfrac{1.73 \times 300\,pm}{4} = 130\,pm$

23. 某化合物在 27.0℃ 呈液態，蒸氣壓為 76.0 mmHg，在 1.00 大氣壓下，該化
合物的沸點為 127℃。則在 1.00 大氣壓下該化合物的莫耳汽化熱(ΔH_{vap})是多
少？ （$\ln 10 = 2.30$；假設汽化熱與溫度無關）
(A) 226 J/mol　　(B) 22.9 kJ/mol　　(C) 226 kJ/mol　　(D) 2.3×10^3 kJ/mol

【108 慈濟(2)】

【詳解】B

$\ln \dfrac{P_2}{P_1} = \dfrac{\Delta H_{vap}}{R}\left[\dfrac{T_2 - T_1}{T_2 T_1}\right]$ ，R = 8.314 J/(K・mol)；

$\ln \dfrac{760mmHg}{76.0mmHg} = \dfrac{\Delta H_{vap}(kJ/mol) \times 1000(J/kJ)}{8.314\,J\!\!\Big/\!_{mol.K}}\left[\dfrac{400K - 300K}{400K \times 300K}\right]$

$\Rightarrow \Delta H_{vap} = 22.9kJ/mol$

24. 有一固態的晶體化合物，含有 A、B 兩種金屬原子和氧原子，其晶格中原子排列結構如下圖，下列何者是此化合物的化學式？

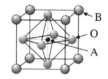

   (A) ABO_2　　　(B) ABO_3　　　(C) AB_2O_3　　　(D) AB_8O_6

【108 慈濟(17)】

【詳解】B

位於頂點者，僅 1/8 體積是屬於討論的 *unit cell*，故 B＝8×(1/8) = 1

位於六個上者，僅 1/2 體積是屬於討論的 *unit cell*，故 O＝6×(1/2) = 3

位於中心者，1 個完整體積屬於討論的 *unit cell*，故 A＝1×1 = 1

則此化合物的化學式：ABO_3

25. 下列何者的熔點 (melting point) 最高？
   (A) toluene　　　　　　　　(B) p－dichlorobenzene
   (C) o－dichlorobenzene　　　(D) m－dichlorobcnzene

【108 慈濟(28)】

【詳解】B

一般分子晶體熔化時，破壞分子間引力。

分子間引力大小比較：

(1)氫鍵；(2)分子量大小；(3)對稱性

故熔點：(B)(C)(D)＞(A)…分子量因素。

(B)(C)(D)中為雙取代苯化合物對稱性：$p->o->m-$

選 B 為最佳解

26. 氯化鈉晶體溶解於水中，屬下列何種分子間作用力 ？
   (A)氫鍵 (hydrogen bond)
   (B)分散力 (dispersion force)
   (C)偶極-誘發偶極作用力 (dipole-induced dipole interaction)
   (D)離子-偶極作用力 (ionic-dipole interaction)

【108 私醫(8)】

【詳解】D

$NaCl + H_2O \rightarrow Na(H_2O)_x^+ + Cl(H_2O)_x^-$

各別為：離子-偶極作用力 *ionic-dipole interaction*

---

27. 下列物質在$-50°C$下呈液狀，試排列出其蒸氣壓增加順序：

dimethyl ether(CH_3OCH_3)、ethanol(CH_3CH_2OH)、propane($CH_3CH_2CH_3$)

(A) ethanol < propane < dimethyl ether

(B) propane < dimethyl ether < ethanol

(C) ethanol < dimethyl ether < propane

(D) dimethyl ether < ethanol < propane

【108 私醫(20)】

【詳解】C

分子間作用力越大，分子的沸點越高，蒸汽壓越小

故沸點高低：propane < dimethyl ether < ethanol

蒸汽壓大小：propane > dimethyl ether > ethanol

---

28. 關於網狀固體 (network solids)，下列何者為電流絕緣體？

(A)奈米碳管 (carbon nanotube)　　　(B)碳化矽(SiC)

(C)石墨(graphite)　　　(D)石墨烯(graphene)

【108 私醫(21)】

【詳解】B

$SiC_{(s)}$結構與鑽石 C 類似，是 3D 網狀固體，結構中無 π 電子共軛導電。

其餘三者皆有 π 電子共軛會導電。

---

29. 具有面心立方晶格的 NaCl，每一單位格子中的總離子數有幾個？

(A) 2　　　(B) 4　　　(C) 8　　　(D) 16

【108 私醫(22)】

【詳解】C

NaCl 單位晶格中具有 4 對離子，故總離子數有 4 對 × 2(個/對)＝8 個

30. 實驗室玻璃器材需具有可耐較大溫差的特性，以免急速冷卻時，造成玻璃破裂。請問於純玻璃(SiO_2)加入下列何種物質，可以製成耐急熱急冷的理化學用玻璃？

(A) Al_2O_3(氧化鋁)　　　　(B) B_2O_3(氧化硼)
(C) Na_2CO_3(碳酸鈉)　　　　(D) PbO(氧化鉛)

【108 私醫(49)】

【詳解】B

高硼矽玻璃是一種低膨脹率(約是普通玻璃的三分之一)，這將減少因溫度梯度應力造成的影響，從而具有更強的抗斷裂機能。因為其外形偏差非常小，這使它成為千里鏡，反射鏡中必不可少的材料。

31. Which of the following is the correct order of boiling points for KNO_3, CH_3OH, C_2H_6, and Ne?

(A) $KNO_3 < CH_3OH < C_2H_6 < Ne$　　　　(B) $CH_3OH < Ne < C_2H_6 < KNO_3$
(C) $Ne < C_2H_6 < KNO_3 < CH_3OH$　　　　(D) $Ne < C_2H_6 < CH_3OH < KNO_3$
(E) $C_2H_6 < Ne < CH_3OH < KNO_3$

【107 高醫(17)】

【詳解】D

沸點：(大原則，與分子間作用力正相關)

(1) 物質種類：網狀固體＞離子固體＞金屬固體＞一般分子固體
(2) 一般分子固體中：

　　A. 氫鍵

　　B. 分子量↑沸點↑

　　∴ $Ne < C_2H_6 < CH_3OH < KNO_3$

32. 下列敘述何者**有誤**？

(A) 體心立方(body-centered cubic)的有效佔用體積(packing efficiency)為 68%
(B) 簡單立方(simple cubic)的有效佔用體積為 52%
(C) 面心立方(face-centered cubic)的配位數(coordination number)為 8
(D) 面心立方的單位晶格原子數(atom per unit cell)為 3
(E) 簡單立方的配位數為 6

【107 中國醫(10)】

【詳解】CD

晶體堆積型式	簡單立方堆積（sc）	體心立方堆積（bcc）	面心立方堆積（fcc）
圖示	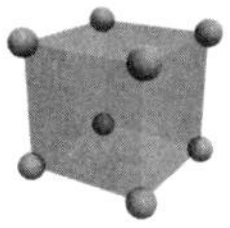	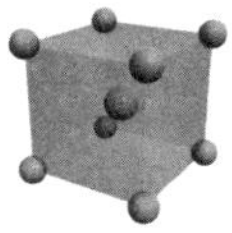	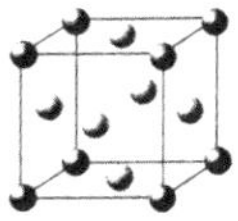
配位數	6	8	12
單位晶格所含之粒子數	1	2	4
原子所佔空間	52% (1/2)	68% (2/3)	74% (3/4)

33. 下列何者的沸點最低？
　　(A) BrCl　　　　(B) IBr　　　　(C) BrF　　　　(D) ClF

【107 義守(47)】

【詳解】D

沸點：（大原則，與分子間作用力正相關）

一般分子中：

(a) 氫鍵

(b) 分子量↑沸點↑

(c) 分子量相近者，極性分子＞非極性分子

(d) 同分異構物（同官能基時），分子間接觸面積大者，沸點較大

各選項中分子皆無氫鍵，故以分子量因素比較之：

(A)115.5　　(B)207　　(C)99　　(D)54.5…分子量最小為最佳解

34. 某金屬的晶體結構是面心立方 (face-centered cubic structure)，

請問此金屬原子的半徑 (r)與單位晶格的邊長(E)的關係式為？

(A) $r = \dfrac{E}{2}$　　(B) $r = \dfrac{E}{\sqrt{8}}$　　(C) $r = \dfrac{\sqrt{3}E}{4}$　　(D) $r = 2E$

【107慈濟(11)】

【詳解】B

晶體堆積型式	簡單立方堆積（sc）	體心立方堆積（bcc）	面心立方堆積（fcc）
邊長(l)與半徑(r)	$r = \dfrac{1}{2}l$	$r = \dfrac{\sqrt{3}}{4}l$	$r = \dfrac{\sqrt{2}}{4}l = \dfrac{1}{2\sqrt{2}}l$
	$l = 2r$	$l = \dfrac{4}{\sqrt{3}}r$	$l = \left(2\sqrt{2}\right)r$

35. 科學家用 X-光繞射分析一未知晶體的結構，如 X-光的波長(λ)為1.54Å，在繞射光與晶面夾角為 30 度時產生第一亮帶，請問此晶體的單位晶格的間距？

(A) 1.54Å   (B) 1.78Å   (C) 3.85Å   (D) 0.77Å

【107慈濟(13)】

【詳解】A

根據布拉格定律：$2d\sin\theta = n\lambda$

$\Rightarrow 2 \times d \times \sin(30^0) = 1 \times 1.54$Å

$\Rightarrow 2 \times d \times 1/2 = 1 \times 1.54$Å $\Rightarrow d = 1.54$Å

36. 足球烯（fullerene）C_{60} 是含有多少個（sigma）鍵？

(A) 70   (B) 80   (C) 90   (D)100

【107 慈濟(34)】

【詳解】C

C_{60} 由 60 個碳原子組成 32 面體，含 20 個六角環和 12 個五角環， 90 個 σ 鍵、 30 個 π 鍵，是其中最對稱的分子。分子量 = 720。

37. The successive packing pattern for a hexagonal closest packed structures is which of the following?

(A) ABCABC　　　　(B) ABCCBA　　　　(C) ABABAB

(D) ABAABA　　　　(E) AABBAA

【106 高醫(82)】

【詳解】C

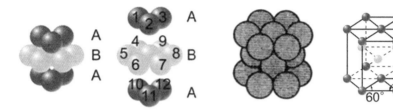

38. 下列關於碳六十(C_{60})的敘述何者錯誤？

(A) 又可稱[60]富烯([60]fullerene)

(B) 為一種碳的同素異形體(allotrope)

(C) 所有碳均為 sp^2 混成軌域

(D) 在碳核磁共振光譜中只有一種訊號

(E) 為球狀分子，且由 20 個五員環及 12 個六員環所構成

【106 中國醫(18)】

【詳解】E

(E)由 **12** 個五員環及 **20** 個六員環所構成

39. 四種化合物分別為 KNO_3、CH_3OH、C_2H_6 及 Ne，其沸點由低到高的順序，下列何者正確？

(A) $C_2H_6 < Ne < CH_3OH < KNO_3$　　　(B) $KNO_3 < CH_3OH < C_2H_6 < Ne$

(C) $Ne < CH_3OH < C_2H_6 < KNO_3$　　　(D) $Ne < C_2H_6 < CH_3OH < KNO_3$

(E) $Ne < C_2H_6 < KNO_3 < CH_3OH$

【106 中國醫(39)】

【詳解】D

沸點比較大原則：

離子固體＞金屬固體＞分子固體

$KNO_3 >$(CH_3OH，C_2H_6，Ne)

分子物質：氫鍵因素＞分子量＞極性＞接觸面積

$\Rightarrow KNO_3 > CH_3OH > C_2H_6 > Ne$

---

40. 下列化合物中，何者的臨界溫度(critical temperature)最高？
    (A) CBr_4　　　(B) CCl_4　　　(C) CH_4　　　(D) H_2

【106 慈濟(1)】

【詳解】A

物質的臨界溫度與分子間作用力有關，分子間作用力↑臨界溫度↑

分子間作用力與氫鍵、分子量、極性與接觸面積有關。

故分子間作用力：(A) > (B) > (C) > (D)

---

41. 甲醇(CH_3OH)的樣品被導入具有可移動活塞的真空容器中。當溫度保持在
    50℃ 時，測得的壓力與容器體積的關係如右圖所
    下面何者的敘述是正確的？
    I. 體積小於 60 mL 時，只有液態甲醇存在。
    II. 體積大於 60 mL 時，只有氣態甲醇存在。
    (A)只有 I 是正確
    (B)只有 II 是正確
    (C) I 和 II 兩者都正確
    (D) I 和 II 兩者都不正確

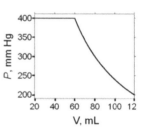

【106 慈濟(18)】

【詳解】B

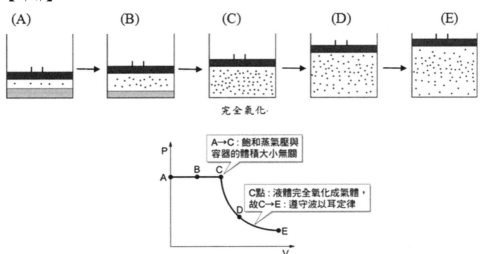

---

42. 某金屬的晶體是以面心立方的晶格(face－centered cubic lattice)構成，它的晶胞(unit cell)邊長是 408 pm。此金屬原子的直徑是多少？
(A)204pm　　　　(B)288pm　　　　(C)353pm　　　　(D)408pm

【106 私醫(9)】

【詳解】B

晶體堆積型式	簡單立方堆積（sc）	體心立方堆積（bcc）	面心立方堆積（fcc）
邊長(l)與半徑(r)	$r = \dfrac{1}{2}l$	$r = \dfrac{\sqrt{3}}{4}l$	$r = \dfrac{\sqrt{2}}{4}l = \dfrac{1}{2\sqrt{2}}l$
	$l = 2r$	$l = \dfrac{4}{\sqrt{3}}r$	$l = \left(2\sqrt{2}\right)r$

故：半徑 $r = \dfrac{\sqrt{2}}{4}l \Rightarrow \dfrac{1.414 \times 408\,pm}{4} = 144\,pm$

直徑：$2r = 144\,pm \times 2 = 288\,pm$

43. 碳的同素異形體 C_{60}(buckyball)，其原子鍵結軌域與下列何者不相同？
    (A)奈米碳管(carbon nanotube)　　　(B)鑽石(diamond)
    (C)石墨(graphite)　　　　　　　　(D)石墨烯(graphene)

【106 私醫(31)】

【詳解】B
(A)sp^2　　(B)sp^3　　(C)sp^2　　(D)sp^2

44. 哪一個分子，不存在分子間氫鍵作用 (intermolecular hydrogen bonding interaction)？

    (A) H_2O　　(B) 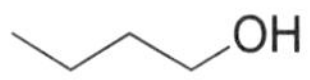 　　(C) 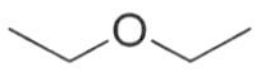 　　(D)

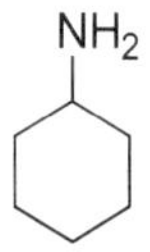

【105 慈濟(21)】

【詳解】C

定義	當氫原子與 N、O、F 等高電負度的元素鍵結時，H 原子具部分正電性(δ^+)，若與另一高電負度的（N、O、F）接近時，分子間即形成氫鍵

45. 哪一種分子間的作用力 (intermolecular interaction) 最弱？
    (A) ion-ion interaction　　　　(B) van der Waals force
    (C) Dipole-dipole　　　　　　(D) Hydrogen bonding

【105 慈濟(22)】

【詳解】B
(A)離子間＞(D)特殊凡得瓦力『氫鍵』＞(C)偶極力＞(B)一般分散力

46. 下列物質中，何者沸點最高？
    (A)$HF_{(l)}$　　(B) $HCl_{(l)}$　　(C)$HBr_{(l)}$　　(D)$HI_{(l)}$

【105 私醫(6)】

【詳解】A

一般分子固體中：

沸點高低：氫鍵因素大於分子量因素。

EX：常見於同族氫化物分子：$HF_{(l)} > HI_{(l)} > HBr_{(l)} > HCl_{(l)}$

---

47. 下列何種作用力為 $CaBr_2$ 分子主要的分子間作用力？

　　(A)倫敦分散力(London-dispersion force)

　　(B)離子-偶極吸引力(ion-dipole attraction)

　　(C)離子鍵結力(ionic bonding)

　　(D)偶極-偶極吸引力(dipole-dipole attraction)

【105 私醫(19)】

【詳解】C

$CaBr_2$ 為離子化合物，分子間主要作用力：離子鍵結力。

---

48. 黃金(Au)的結晶是面心最密堆積(cubic close-placked)結構，也是面心立方單晶的一種，其單晶的邊長 408 pm，請問該單晶的密度(g/cm^3)為多少？

　　(原子量：Au = 197)

　　(A)15.1 g/cm^3　　　(B)17.3 g/cm^3　　　(C)19.3 g/cm^3　　　(D)21.6 g/cm^3

【105 私醫(20)】

【詳解】C

　　408 pm = 408×10^{-12}m = 4.08×10^{-8}cm

$$\Rightarrow D\ (g/cm^3) = \frac{\dfrac{197(g/mol)}{\text{亞佛加厥數}6.02 \times 10^{23}(\text{個}/mol)} \times 4(\text{個})}{(4.08 \times 10^{-8}cm)^3} \Rightarrow D = 19.3\ g/cm^3$$

49. 依據下列表中四物質的性質，推論這四物質的可能為何？

物質	性質
W	任何情形下皆不導電
X	僅在水溶液中可導電
Y	熔融態及固態皆可導電
Z	熔融態及水溶液皆可導電

選項	W	X	Y	Z
(A)	HCl	S	NaCl	Pb
(B)	Pb	HCl	NaCl	S
(C)	S	HCl	Pb	NaCl
(D)	S	NaCl	HCl	Pb

【105 私醫(28)】

【詳解】C

物質	性質	物質分類	對應物質
W	任何情形下皆不導電	網狀固體（除石墨外）或一般物質非電解質	S
X	僅在水溶液中可導電	一般物質中電解質	HCl
Y	熔融態及固態皆可導電	金屬	Pb
Z	熔融態及水溶液皆可導電	離子化合物	NaCl

50. 利用雷射在高溫高壓下激發石墨而發現 C_{60}，其構造類似足球的形狀，俗稱巴克(Buckyball)，下列敘述何者錯誤？
(A) C_{60} 是由 60 個碳原子組成　　(B)原子量為 720
(C)其形狀為對稱的球狀
(D)由紙片摺成的模型有五角形平面及六角形平面兩種

【105 私醫(34)】

【詳解】B

(A)(B) $\Rightarrow C_{60}$ 為 60 個 C 原子所組成的分子，故分子量 = 720。

(C)(D) $\Rightarrow C_{60}$ 為 20 個六邊形&12 個五邊形所組成的對稱球狀。

51. 水的蒸氣壓(P_{vap})與絕對溫度(T)之間的關係，下列敘述何者正確？

(A) 以 $\ln(P_{vap})$ 對 $(1/T)$ 作圖，圖形為直線，且斜率 <0

(B) 以 $\ln(P_{vap})$ 對 $(1/T)$ 作圖，圖形為直線，且斜率 >0

(C) 以 P_{vap} 對 T 作圖，圖形為直線，且斜率 <0

(D) 以 P_{vap} 對 T 作圖，圖形為直線，且斜率 >0

(E) 以 (P_{vap}) 對 T^2 作圖，圖形為直線，且斜率 >0

【104 中國醫(18)】

【詳解】A

根據 ***Clausius-Clapeyron*** 方程式

$$lnP = \frac{-\Delta H_{vap}}{R} \cdot \frac{1}{T} + C$$

$\ln P \,v.s\, \dfrac{1}{T}$ 為直線；斜率 $= \dfrac{-\Delta H_{vap}}{R}$ 為負值

52. 有一個由 A 和 B 兩元素組成的化合物，化合物的單元晶格(unit cell)如下圖：

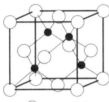

○A ●B   此化合物的化學式為何？

(A) AB   (B) A_2B (C) AB_2 (D) A_3B (E) A_4B

【104 中國醫(23)】

【詳解】A

A 原子數：$\dfrac{1}{8} \times 8 + \dfrac{1}{2} \times 6 = 4$ 個

B 原子數：$1 \times 4 = 4$ 個

$\Rightarrow$ A：B $= 4：4 = 1：1$ ......AB...選項(A)符合

53. 假設某金屬的結構為面心立方單位晶格(face-centered cubic unit cell)，其晶格的邊長是600 pm；該金屬原子的半徑是 _____。
   (A) 3 Å   (B) 2.6 Å   (C) 2.1 Å   (D) 1.4 Å
   【104 義守(12)】

【詳解】C

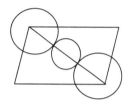

$4r = \sqrt{2}\ \ell$ 故$4×r = 1.414 × 600$ pm → 212.1 pm $= 2.121$Å

54. 某金屬的結構為面心立方單位晶格，其晶格的邊長是360 pm；該金屬的密度是8.96 g cm⁻³；該金屬最可能是 _____。(N : $6.02 × 10^{23}$)
   (A) Cu (63.5)   (B) Ag (108)   (C) Au (197)   (D) Cs (133)
   【104 義守(13)】

【詳解】A

360 pm $= 360×10^{-12}$m $= 3.6×10^{-8}$cm

$$\Rightarrow 8.96(g/cm^3) = \frac{\dfrac{M_w 原子量}{亞佛加厥數 6.02×10^{23}} × 個數4}{(3.6×10^{-8}cm)^3} \Rightarrow 原子量 M_w = 63.5 g/mol$$

55. KNO_3, CH_3OH, C_2H_6 及 Ne 的沸點由低至高次序為何？
   (A) $Ne < CH_3OH < C_2H_6 < KNO_3$ (B) $KNO_3 < CH_3OH < C_2H_6 < Ne$
   (C) $Ne < C_2H_6 < KNO_3 < CH_3OH$ (D) $Ne < C_2H_6 < CH_3OH < KNO_3$
   【104 慈濟(3)】

【詳解】D

沸點比較大原則：

離子固體＞金屬固體＞分子固體

KNO_3＞$(CH_3OH，C_2H_6，Ne)$

分子物質：氫鍵因素＞分子量＞極性＞接觸面積

$\Rightarrow KNO_3 > CH_3OH > C_2H_6 > Ne$

56. 下圖為硫之相圖(phase diagram of sulfur)，下列敘述何者為正確？

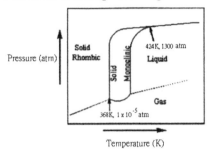

(A) 硫有2個三相點
(B) 硫有3個三相點
(C) 單斜硫(monoclinic sulfur)不會昇華
(D) 硫有0個三相點

【104 慈濟(17)】

【詳解】B

(A)(B)(D)

A 點：Rhombic(s)- Monoclinic -g 共存

B 點：Rhombic(s)- Monoclinic -l 共存

C 點：Monoclinic -l-g 共存

(C)單斜硫在特定溫度與壓力下

是可以昇華的

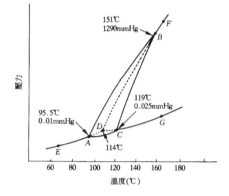

第5單元　氣體

一、 大氣層分層

名稱	範圍及主要活動
對流層（troposphere）	0~11 km， 所有氣候變化及生物活動皆在此範圍。
平流層（stratosphere）	11~50 km， 其中 20～30 km 處因含臭氧較多，因此又稱臭氧層，大氣中約有 90%的臭氧集中在這個區域，此層具有吸收紫外光的功能，可保護地表上的生物減少遭受紫外光的侵害。
中氣層（mesosphere）	50~85 km， 含 O_2、O_3 及氮的氧化物，會進行 O_2 光分解，最低溫約 $-90\ ℃$。
增溫層（thermosphere）	85~550 km， 原子產生游離現象，可用於反射長波長之無線電波，溫度相當高。
外氣層（exosphere）	550~1000 km，以氫、氦為主，為外太空的起點

二、 氣體的各定律&公式

氣體定律名稱	內容與公式
波以耳定律（Boyle's law）	$\because$ n 及 T 固定 $\therefore PV = k \implies P_1V_1 = P_2V_2$ 或 $\dfrac{P_1}{P_2} = \dfrac{V_2}{V_1}$
查理定律（Clarle's law）	$\because$ n 及 P 固定 $\therefore V = kT \implies \dfrac{V_1}{V_2} = \dfrac{T_1}{T_2}$（應用於體積膨脹率）
給呂薩克定律（Gay-Lussac law）	$\because$ n 及 V 固定 $\therefore P = kT \implies \dfrac{P_1}{P_2} = \dfrac{T_1}{T_2}$
亞佛加厥定律（Avogadro's law）	$\because$ P 及 T 固定 $\therefore V = k\,n \implies \dfrac{V_1}{V_2} = \dfrac{n_1}{n_2}$ 且 $\dfrac{M_2}{M_1} = \dfrac{D_2}{D_1}$（D 為密度）
波-查定律（Boyle-Clarle law）	$\because$ only n 固定…… $\therefore PV = kT$ 或 $\dfrac{P_1V_1}{T_1} = \dfrac{P_2V_2}{T_2}$

三、　理想氣體與真實氣體的比較

1. **性質上的差異：**

	理想氣體	非理想氣體
一	分子本身具有質量但無體積	分子本身具有質量及體積
二	分子間無吸引力存在	分子間有吸引力存在
三	永不液化	加壓：增加氣體束縛力 降溫：降低氣體動能 **當束縛力＞動能　→　氣體液化**
四	分子間完全碰撞 無能量變化	分子非完全碰撞 互相碰撞會產生能量變化
五	遵守 PV＝nRT	不遵守 PV＝nRT
六	無臨界狀態性質與狀態	具有特定臨界溫度 T_c 與壓力 P_c

2. **真實氣體～凡得瓦氣體方程式：**

   (1) $(P+\dfrac{n^2a}{V^2})(V-nb)=nRT$ 　或 $P=\dfrac{RT}{V-b}-\dfrac{a}{V^2}$

   其中：a 與分子間引力有關，b 與分子本身體積大小有關。

   (2) 真實氣體接近 ideal gas 的條件：**高溫低壓**

   (3) 所有真實氣體中，**He** 氣體最接近理想氣體。

四、　道耳吞分壓定律

1. **A、B、C…各成分混合氣體**：總壓 = 系統中各氣體分壓和

   $P_t = P_A + P_B + P_C + \dots$

2. **各成分氣體之分壓 = 總壓×各莫耳分率：**

   $\dfrac{P_1}{P_t}=\dfrac{n_1}{n_t}=X_1 \Rightarrow P_1=X_1\times P_t$

3. **混合氣體，各成分分壓比 = 莫耳分率比 = 莫耳數比**

$$P_1 : P_2 = X_1 : X_2 = n_1 : n_2$$

4. **各種裝有氣體相連通時的總壓：**

$$P_t = \frac{P_A V_A + P_B V_B + P_C V_C}{V_A + V_B + V_C}$$

5. **分壓應用**：排水集氣法或水面上收集氣體。

五、 *氣體動力論*

1. 氣體分子的壓力：每秒每 m^2 面積的全部動量變化稱為壓力

2. 氣體分子每碰撞器壁一次所引起的動量變化：$2mv$

3. 氣體動力方程式導出氣體性質的公式：

(1) **平均動能** $E_K \propto T$

$$\left[\text{一莫耳氣體平均動能} = \frac{3}{2}RT = \left(\frac{1}{2}Mv^2\right); \text{總動能} = n \cdot \frac{3}{2}RT\right]$$

(2) **平均速度**：$v \propto \dfrac{\sqrt{T}}{\sqrt{M}}$ **【氣體分子的各種運動速率】**：

各種運動速率 $v \propto \dfrac{\sqrt{T}}{\sqrt{M}}$	內容
均方根速率 （*root-mean-square*）	$u = \sqrt{\dfrac{3RT}{M}}$ （$\because \dfrac{3}{2}RT = \left(\dfrac{1}{2}Mv^2\right)$）
平均速率 （*average speed*）	$v = \sqrt{\dfrac{8RT}{\pi M}} = 0.921u$
最大可能速度 （*the most probable*）	$v_p = \sqrt{\dfrac{2RT}{M}} = 0.816u$

(3) **碰撞器壁頻率**：$f \propto \dfrac{n\sqrt{T}}{V\sqrt{M}}$　【V 為體積】

(4) **平均動量**：$mv \propto \sqrt{MT}$

(5) **分子間平均距離**：$\ell = \left(\dfrac{V}{N_0}\right)^{\frac{1}{3}}$　【V 為體積】

(6) **平均自由徑 λ（Mean Free Path）：**

　　A. 一粒子在兩碰撞間所走的距離

　　B. $\lambda = \dfrac{1}{Z} \cdot \bar{u}_{avg} = \dfrac{\bar{u}}{\sqrt{2} \cdot \left(\dfrac{N}{V}\right) \cdot \pi \cdot d^2 \cdot \bar{u}} = \dfrac{1}{\sqrt{2} \cdot \pi \cdot d^2 \dfrac{N}{V}}$

六、 *Graham 格銳目氣體擴散定律*：同狀況下

$$\frac{R_A}{R_B} = \frac{t_B}{t_A} = \frac{\sqrt{M_B}}{\sqrt{M_A}} = \frac{\sqrt{d_B}}{\sqrt{d_A}}$$

（R＝速率，M＝分子量，d＝氣體密度，t＝時間）

歷屆試題集錦

---

1. What is the volume of $O_{2(g)}$ generated when 22.4 g of KClO₃ is decomposed at 153°C under 0.820 atm? (KClO₃: 122.55 g/mol)
   (A) 0.09 L　　(B) 3.00 L　　(C) 4.20 L　　(D) 7.79 L　　(E) 11.7 L

   【110 高醫(74)】

【詳解】E

製備氧氣（MnO_2 為催化劑）：$2KClO_{3(s)} \xrightarrow[\Delta]{MnO_2} 2KCl_{(s)} + 3O_{2(g)}$

$$\Rightarrow +n_{O2} = \frac{22.4g}{122.55g/mol} \times \frac{3O_2}{2KClO_3} = 0.275mol$$

$$\xrightarrow{代入} PV = nRT = 0.82atm \times V(L) = 0.275mol \times 0.082 \times (153^0C + 273.15)K$$
$$\Rightarrow V(L) = 11.7L$$

---

2. Calculate the ratio of the root-mean-square velocities (μrms) of H₂ to SO₂.
   (A) 1.0　　(B) 0.18　　(C) 32　　(D) 5.6　　(E) 180

   【109 高醫(90)】

【詳解】D

均方根速度 $v_{rms} = \sqrt{\frac{3RT}{M}} \xrightarrow{同溫同壓} v_{rms} \propto \sqrt{\frac{1}{M}}$

$$\frac{v_{H_2}}{v_{SO_2}} = \sqrt{\frac{M_{SO_2}}{M_{H_2}}} = \sqrt{\frac{64}{2}} = \sqrt{32} \approx 5.6$$

---

3. 將氖氣置於具有可移動活塞的容器中(假設活塞重量及摩擦力皆可忽略)，定壓下當氣體溫度從 20.0 ℃ 上升至 40.0 ℃ 時，此時氖氣的密度變化為何？
   (A) 降低少於10%　　　　(B) 降低大於10%
   (C) 增加少於10%　　　　(D) 增加大於10%

   【110 中國醫(19)】

【詳解】A

『將氖氣置於具有可移動活塞的容器中，定壓下…』，表示氣體定量定壓下

置入。根據理想氣體方程式 $PV = nRT \Rightarrow V \propto T \propto \dfrac{1}{d(密度)}$

$\Rightarrow \dfrac{273+20=293}{273+40=313} \Rightarrow$ 下降變化率 $= \dfrac{\Delta d = 313-293}{d_1 = 313} \times 100\% < 10\%$

---

4. 於25°C與1016 kPa下，若丁烷氣體中含1.00%（質量）的硫化氫，則硫化氫

之體積為何？

(A) 1.80 dm^3　　(B) 3.59 dm^3　　(C) 7.18 dm^3　　(D) 14.36 dm^3

【110 義守(40)】

【詳解】送分

【釋疑】本題題目應為 101.6 kPa，誤植為 1016 kPa，故本題無適當答案

---

5. 造成臭氧層破壞的冷媒分子，主要是含有哪一種化學鍵結？

(A) O－Br　　　(B) C－Cl　　　(C) O－Cl　　　(D) C－Br

【110慈濟(16)】

【詳解】B

$$CCl_2F_2 \xrightarrow{h\nu} CClF_2 + Cl$$
$$Cl + O_3 \rightarrow ClO + O_2$$

$$ClO \xrightarrow{h\nu} Cl + O$$

$$+)\quad O + O_3 \rightarrow 2O_2$$

（總反應）：$2O_3 \rightarrow 3O_2$　（Cl 為催化劑）

---

6. 室溫常壓下一立方公分的空氣中大約有多少個氣體分子？

(A) 10^6　　　(B) 10^{12}　　　(C) 10^{19}　　　(D) 10^{21}

【110慈濟(17)】

【詳解】C

室溫常壓下（at NTP），其莫耳體積為 24.5 L/mol

$$\Rightarrow \dfrac{1}{24.5(L/mol)} \times \dfrac{1L}{1000cm^3} \times \dfrac{6.02 \times 10^{23}個}{1mol} = 2.46 \times 10^9 個/cm^3$$

7. 16.0克甲烷（CH_4）樣品與64.0克氧氣（O_2）在裝有活塞的容器中反應（1.00 atm 和425 K）。甲烷可與氧氣反應生成二氧化碳和水蒸氣或一氧化碳和水蒸氣。待燃燒反應完成後，觀察在給定條件下的氣體密度為0.7282克/升。請問有多少莫爾分率的甲烷用以反應生成一氧化碳？

(A) 0.3　　(B) 0.5　　(C) 0.7　　(D) 0.8

【110慈濟(45)】

【詳解】A

甲烷 CH_4 初 $\dfrac{16g CH_4}{16g/mol} = 1mol$ ； 氧氣 O_2 初 $\dfrac{64g O_2}{32g/mol} = 2mol$

$$
\begin{cases}
1CH_4 + \dfrac{3}{2}O_2 \rightarrow 1CO + 2H_2O \\
作用： \quad -x \quad -\dfrac{3}{2}x \quad +x \quad +2x \\
1CH_4 + 2O_2 \rightarrow 1CO_2 + 2H_2O \\
作用：-(1-x) \quad -2x \quad +(1-x) \quad +2(1-x)
\end{cases}
$$

反應終止：xs $O_2 = 2 - \dfrac{3}{2}x - 2(1-x) = \dfrac{1}{2}x$

CO 產生量 $= x$ ；CO_2 產生量 $= (1-x)$

H_2O 產生量：2

系統中平均分子量 $M = \dfrac{DRT}{P} = \dfrac{0.7282g/L \times 0.082 \times 425K}{1atm} = 25.38$

又 $\because \overline{M} = 25.38 = \dfrac{總質量 = 16g + 64g = 80g}{總莫耳數 = \dfrac{1}{2}x + x + (1-x) + 2 = 3 + \dfrac{1}{2}x} \Rightarrow x = 0.3$

8. 空氣中氧氣的含量約為 21%，試問在 1 atm 下，2 L 空氣在 27℃ 時含有幾克的氧氣？(氣體常數為 0.082 atm·L/mol.K)

(A) 0.55　　(B) 1.81　　(C) 2.60　　(D) 5.46　　(E) 6.07

【109 中國醫(10)】

【詳解】A

氧氣在空氣中的分壓佔 1atm × 0.21 = 0.21atm

$PV = nRT \Rightarrow PV = \dfrac{W}{M}RT \Rightarrow 0.21atm \times 2L = \dfrac{W_{O2}}{32g/mol} \times 0.082 \times 300K$

$\Rightarrow W_{O2} = 0.55g$

9. 凡得瓦方程式 (*van der Waals equation*)為　$nRT = [P + a(n/V)^2] (V - nb)$。
   下列敘述何者影響參數 *b*？
   (A) 真實氣體分子或原子具有體積
   (B) 真實氣體分子的平均速度會因溫度增加而變大
   (C) 真實氣體分子會有分子間吸引力
   (D) 真實氣體的擴散速率會與其分子量的平方根成反比
   【109 私醫(10)】

【詳解】A
方程式：$nRT = [P + a(n/V)^2] (V - nb)$
方程式導證：凡得瓦方程式係由理想氣體方程式經下列兩項修正得到

壓力修正：$P_i = P + P'$ 因 $P' = a(\dfrac{n}{V})^2$，則　$P_i = P + a(\dfrac{n}{V})^2$

　　式中　P'：因分子間存有引力所造成的壓力損失。

　　$a(\dfrac{n}{V})^2$：用來修正因分子間引力所造成的壓力損失。

體積的修正：$V_i = V - nb$

　　式中　<u>b</u>：氣體分子間的莫耳體積的 4 倍。
　　　　　<u>nb</u>：真實氣體的排斥體積。若為 0：$V = V_i$
　　<u>V－nb</u>：真實氣體可完全被壓縮的體積。

---

10. 在一箱體中，未知氣體樣品需要 434 秒完全通過一孔洞擴散至另一真空箱體
    中。在相同溫度及壓力下，氮氣需要 175 秒才能完全擴散通過同一孔洞。
    求未知氣體的分子量？
    (A) 172 g/mol　　　(B) 69.1 g/mol　　　(C) 44.0 g/mol　　　(D) 13.1 g/mol
    【109 私醫(11)】

【詳解】A

$$\frac{v_{gas}}{v_{N_2}} = \frac{time_{N_2}}{time_{gas}} = \frac{175s}{434s} = \sqrt{\frac{28}{M_{gas}}} \Rightarrow M_{gas} = 172.2 g/mol$$

11. 下列對氣體的描述何者不真？
    (A) 理想氣體 (ideal gas)在絕對溫度為 0 K 時，其體積為零。
    (B) 在相同的溫度下，理想氣體所有分子擁有相同的動能 (kinetic energy)。
    (C) 氣體分子除了碰撞容器壁，也相互碰撞。
    (D) 在相同的溫度下，氣體分子平均運動速率是質量愈輕者愈快 。
    【109 私醫(12)】

【詳解】B
(B) 在相同的溫度下，理想氣體分子具有相同的**平均動能**。

12. A sample of helium gas has been contaminated with argon gas. At 1atm and 25°C, the density of the mixture is 0.200 g/L. What is the volume percent helium in the sample?
    (A) 90.0%　　(B) 97.5%　　(C) 80.3%　　(D) 2.5%　　(E) 99%
    【108 高醫(81)】

【詳解】B
在定溫定壓下，氣體的體積比＝莫耳數比＝莫耳分率比

且混合氣體平均分子量 $\overline{M} = \dfrac{DRT}{P} = M_1 x_1 + M_2 x_2$

（x_1 為 Ar 莫耳分率 ；x_2 為 He 莫耳分率）

$\dfrac{0.2(g/L) \times 0.082 \times 298K}{1atm} = 40\,(1 - x_2) + 4x_2 \Rightarrow x_2 = 0.975\ (97.5\%)$

（其中 $1 = x_1 + x_2$）

13. Which of the lines in the figure below is the best representation of the relationship between the volume of a gas and its pressure, other factors remaining constant?

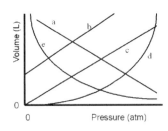

    (A) a　　　(B) b　　　(C) c　　　(D) d　　　(E) e
    【108 高醫(86)】

【詳解】E

波以耳定律：

在定溫定量下的氣體，其壓力與體積的乘積為一常數，即為成反比。

公式：$PV = K$　或　$P_1V_1 = P_2V_2$

故雙曲線的一股"e"為最佳解。

---

14. 以下各組氣體混合物，哪一組最易藉由氣體擴散(gaseous effusion)分離？
    (A) NH_3 和 Cl_2 　　　(B) Ar 和 O_2 　　　(C) Ne 和 He
    (D) Cl_2 和 Kr 　　　(E) N_2 和 O_2

    【108 中國醫(8)】

【詳解】C

Key：$\dfrac{M_{大}}{M_{小}}$ 比值↑,分離效果越佳。

(A) $\dfrac{71}{17} = 4.17$　(B) $\dfrac{40}{32} = 1.25$　(C) $\dfrac{20}{4} = 5$　(D) $\dfrac{83.8}{71} = 1.18$　(E) $\dfrac{32}{28} = 1.14$

---

15. 等重的甲、乙二氣體，同溫同壓下甲氣體的體積為乙氣體的 2/3；若乙氣體為一氧化碳，則甲氣體可能是＿＿＿。
    (A) 二氧化碳　　　(B) 丙烯　　　(C) 乙烯　　　(D) 丙炔

    【108 義守(27)】

【詳解】B

亞佛加厥定律：$\dfrac{V}{n} = k$　$\rightarrow$　$\dfrac{V_1}{n_1} = \dfrac{V_2}{n_2}$　或　$\dfrac{V_1}{V_2} = \dfrac{n_1}{n_2}$

或　$\dfrac{V_1}{V_2} = \dfrac{\frac{W_1}{M_1}}{\frac{W_2}{M_2}}$　若質量相同的氣體，則：$\dfrac{V_1}{V_2} = \dfrac{M_2}{M_1} = \dfrac{D_2}{D_1}$（D 為密度）

故：$\dfrac{V_甲}{\frac{2}{3}V_乙} = \dfrac{M_甲}{M_乙} = \dfrac{M_甲}{28} \Rightarrow M_甲 = 42 \dots$(B)丙烯最佳解

16. 凡得瓦方程式(van der Waals equation)可表示為 $(P + a\frac{n^2}{V^2})(V - nb) = nRT$

用於描述真實氣體的性質,式中的 n、P、V、T 分別代表氣體的莫耳數、壓力、體積、溫度,而不同氣體具有不同特定的 a 和 b 值,下列何種氣體的 a 值最大?

(A) H_2 (B) O_2 (C) H_2O (D) CO_2

【108 慈濟(14)】

【詳解】C

因 $P' = a\frac{n^2}{V^2}$,則 $P = (P' + a\frac{n^2}{V^2})$

式中 P':因分子間存有引力所造成的壓力損失。

$\frac{n^2a}{V^2}$:用來修正因分子間引力所造成的壓力損失。

故:**分子間引力愈大的氣體,其 a 值愈大** ;

分子間引力大小順序:(C) > (D) > (B) > (A)……選 C 最佳解

17. 內燃機藉由燃料與空氣混合燃燒,產生熱能,使氣體受熱膨脹,通過機械裝置轉化為機械能。若產生之高溫造成環境受熱,反而促使下列何反應產生空氣汙染物?

(A) $C_{(s)} + O_{2(g)} \rightarrow CO_{2(g)}$, $\triangle H = -393$ kJ
(B) $N_{2(g)} + O_{2(g)} \rightarrow 2NO_{(g)}$, $\triangle H = 180$ kJ
(C) $C_3H_{8(g)} + 5 O_{2(g)} \rightarrow 3CO_{2(g)} + 4 H_2O$, $\triangle H = -2221$ kJ
(D) $2C_{(s)} + O_{2(g)} \rightarrow 2CO_{(g)}$, $\triangle H = -222$ kJ

【108 私醫(4)】

【詳解】B

汽、機車廢氣中的 NO,來自空氣中的 N_2 和 O_2 在汽、機車內燃機高溫條件下化合而成。以塵埃為核心,NO、NO_2 及烴類附著其上,形成紅棕色光煙霧;汽、機車觸媒轉化器可將有毒的氮氧化物轉為無毒的 N_2。

18. 在 0℃ 1atm 時,下列何種氣體的性質最接近理想氣體?

(A) HCl   (B) N_2 (C) CO_2 (D) NH_3

【108 私醫(17)】

【詳解】B

接近理想氣體的條件：

高溫（消除引力因素）**低壓**（分子與分子間距離增大）下，真實氣體的性質才能接近理想氣體，以分子間的作用力極小的 **He，H₂** 就最接近理想氣體。

故分子間作用力大小：NH_3 ＞ HCl ＞ CO_2 ＞ N_2

氫鍵　　極性　　非極性 CO_2 分子量較大

---

19. 在 STP 狀態下，1.12 公升的氣體為 6.23 g。試問該氣體的分子量為？
    (A) 56.0 g/mol　(B) 89.0 g/mol　(C) 125 g/mol　(D) 140.0 g/mol
    【108 私醫(18)】

【詳解】C

利用氣體蒸汽密度法得分子量 $\Rightarrow PM = DRT$

代入公式：$1atm \times M(g/mol) = \dfrac{6.23g}{1.12L} \times 0.082 \times 273K \Rightarrow M = 125g/mol$

---

20. 台中后里輪胎廠大火，輪胎燃燒或未完全燃燒將會產生戴奧辛、一氧化碳與二氧化硫等有害物質，請問通過下列何種物質，可以除去二氧化硫？
    (A) $CaCO_3$(碳酸鈣)　　(B) NaCl(氯化鈉)
    (C) $CaSO_4$(硫酸鈣)　　(D) Na_2SO_4(硫酸鈉)
    【108 私醫(50)】

【詳解】A

可用碳酸鈣吸附 SO_2：$SO_{2(g)} + CaCO_{3(s)} \rightarrow CaSO_{3(s)} + CO_{2(g)}$

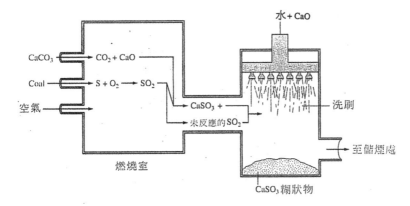

21. The rate of effusion of an unknown gas is measured and found to be 24 mL/min. Under the same condition, the rate of effusion of CO gas is 38 mL/min. Which is the best formula of this unknown gas?

(A) CO_2　　　　(B) H_2O　　　　(C) C_5H_{10}　　　　(D) C_6H_6　　　　(E) C_2H_5OH

【107 高醫(77)】

【詳解】C

格銳目逸散定律 Graham's law：在同狀況下，$\dfrac{r_1}{r_2} = \sqrt{\dfrac{M_2}{M_1}}$

$$\Rightarrow \frac{24mL/\min}{38mL/\min} = \sqrt{\frac{28}{M_1}} \Rightarrow M_1 = 70......C_5H_{10}$$

22. The partial pressure of $CO_{2(g)}$ is 0.22 atm and that of CO(g) is 0.44 atm in a mixture of the two gases at 25°C. What is the mass fraction of CO_2 in the mixture? (atomic weight: C = 12 g/mol, O = 16 g/mol)

(A) 44%　　　　(B) 56%　　　　(C) 33.3%　　　　(D) 66.7%　　　　(E) 50%

【107 高醫(90)】

【詳解】A

總壓 Pt = 0.22 + 0.44 = 0.66

故 CO_2 的莫耳分率 0.22/0.66 = 1/3；CO 莫耳分率 ＝ 1 － 1/3 = 2/3

$$Mass\ fraction\ CO_2 = \frac{44 \times \dfrac{1}{3}}{44 \times \dfrac{1}{3} + 28 \times \dfrac{2}{3}} \times 100\% = 44\%$$

23. 下列何者不是屬於與理想氣體定律 (ideal gas law) 相關的公式？

(A) $V_2 = \dfrac{T_2 P_1 V_1}{T_1 P_2}$　　(B) $\dfrac{PV}{RT} = n$　　(C) $\dfrac{P_1 T_1}{V_1} = \dfrac{P_2 T_1}{V_2}$　　(D) $\dfrac{T_1}{V_1 P_1} = \dfrac{T_2}{V_2 P_2}$

【107慈濟(1)】

【詳解】C

氣體定律名稱	內容與公式
波-查定律 （**Boyle-Clarle law**）	$\because$ only n 固定…… $\therefore PV = kT$ 或 $\dfrac{P_1 V_1}{T_1} = \dfrac{P_2 V_2}{T_2}$

---

24. 下列三個體積一致的密閉容器，於溫度為 0℃時分別裝了三種氣體，氣體的名稱與容器內的氣壓詳列如下：

　　容器 A：一氧化碳 (CO)，氣壓：760 torr

　　容器 B：氮氣 (N₂)，氣壓：250 torr

　　容器 C：氫氣 (H₂)，氣壓：100 torr

　　試問：在一秒鐘內，哪一個容器內的氣體碰撞該容器內壁的次數為最多？

　　(A) 三種都一樣多，因為是在同一溫度　(B) 容器 A

　　(C) 容器 B　　　　　　　　　　　　　(D) 容器 C

【107 慈濟(23)】

【詳解】B

$\because$ 碰撞器壁頻率：$f \propto \dfrac{n\sqrt{T}}{V\sqrt{M}}$　【V 為體積】

又 $\because PV = nRT$，同溫且同體積，故 $P \propto n$

$\therefore$ 碰撞器壁頻率：$f \propto \dfrac{P}{\sqrt{M}}$

　(A) $\dfrac{760}{\sqrt{28}} = 143...$ 最大　　(B) $\dfrac{250}{\sqrt{28}} = 47$　(C) $\dfrac{100}{\sqrt{2}} = 70$

---

25. 帕(Pa)是常用來表示氣體壓力大小的單位，若一氣體對 5.5 m² 的面積施加 55 牛頓的力，則此氣體壓力為多少 Pa，多少 mmHg？

　　(A) 0.1 Pa，7.5 x 10⁻⁴ mmHg　　　　(B) 0.1 Pa，7.5 x 10⁻³ mmHg

　　(C) 10 Pa，7.5 x 10⁻³ mmHg　　　　　(D) 10 Pa，7.5 x 10⁻² mmHg

【107 私醫(12)】

【詳解】D

(1) $\dfrac{55Nt}{5.5m^2}=10Pa(\dfrac{Nt}{m^2}=\text{Pa})$

(2) $10Pa\times\dfrac{760mmHg}{1.013\times10^5Pa}=7.5\times10^{-2}mmHg$

---

26. 小雋拿著兩個氣球，一個橙色的氣球和一個藍色的氣球。橙色氣球充滿(He)藍色氣球充滿氬氣(Ar)。橙色氣球有兩倍藍色氣球的體積。以下哪一項最能代表氣球中 He：Ar 的質量比例？ (He ≈ 4 g/mol；Ar ≈ 40 g/mol)
    (A) 1：1　　　(B) 2：1　　　(C) 1：2　　　(D) 1：5

【107 私醫(14)】

【詳解】D

$$PV=\dfrac{W}{M}RT\Rightarrow V\propto\dfrac{W}{M}\Rightarrow\dfrac{V_1}{V_2}=\dfrac{W_1}{W_2}\times\dfrac{M_2}{M_1}$$

$$\therefore\dfrac{2}{1}=\dfrac{W_{He}}{W_{Ar}}\times\dfrac{40}{4}\Rightarrow\dfrac{W_{He}}{W_{Ar}}=\dfrac{1}{5}$$

---

27. 在同溫同壓下，擴散同重量的氧氣和氫氣，所需時間比為：
    (A)1：4　　　(B)4：1　　　(C)1：2　　　(D)2：1

【107 私醫(21)】

【詳解】A

$$\dfrac{R_1}{R_2}=\dfrac{\dfrac{\Delta n_1}{\Delta t_1}}{\dfrac{\Delta n_2}{\Delta t_2}}=\sqrt{\dfrac{M_2}{M_1}}$$

$$\because 等重下\therefore\dfrac{t_1}{t_2}=\sqrt{\dfrac{M_2}{M_1}}=\sqrt{\dfrac{2}{32}}=\dfrac{1}{4}$$

28. For a gas sample, which conditions of P (pressure), T (temperature),and n
(molar number), respectively, are most ideal?
(A)high P , high T, high n　　　(B) low P, low T, low n
(C) high P, low T, high n　　　(D) low P, high T, high n
(E) low P, high T, low n

【106 高醫(20)】

【詳解】E
真實氣體（real gas）在以下狀況接近理想氣體（ideal gas）：
低壓 low P 視為容積 V 大，氣體分子本身體積可忽略。
高溫 high T 使氣體動能遠大於分子間束縛力
低莫耳數(粒子數) low n，可減少分子間可能的碰撞＆減小分子間作用力

29. Which of the following is an example of nitrogen fixation?
(A) Absorption of NH_3 and its transformation into to N_2
(B) Absorption of NH_3 and its transformation into NO_2
(C) Absorption of N_2 and its transformation into elemental nitrogen
(D) Absorption of N_2 and its transformation into NH_3
(E) Absorption of nitric acid and its transformation into N_2

【106 高醫(30)】

【詳解】D
※ nitrogen fixation：固氮作用
※人工固氮一般指通過化學方法，使氮氣單質轉化為含氮的化合物。
　　目前工業上最常用的是哈伯法，也就是氮氣與氫氣在高溫高壓催化劑

　　（鐵粉）作用下發生化合生成氨：$N_{2(g)} + 3H_{2(g)} \xrightleftharpoons{\text{Fe粉}} 2NH_{3(g)}$

30. 請問 N_2 與 N_2O 的逸散(effusion)速率比值(N_2/N_2O)為何？
($N_2 = 28$ g/mol; $N_2O = 44$ g/mol)
(A) 0.64　　(B) 0.80　　(C) 1.25　　(D) 1.57　　(E) 1.61

【106 中國醫(19)】

【詳解】C

同溫同壓下，逸散速率：$r \propto \sqrt{\dfrac{1}{\text{分子量M}}} \Rightarrow \sqrt{\dfrac{44}{28}} = 1.25$

---

31. 下列哪種氣體在25℃和1.00 atm 下佔據最小的體積？
    (A) 100 g C_2H_6　　(B) 100 g SO_2　　(C) 100 g O_3　　(D) 100 g O_2

    【106 義中醫(3)】

【詳解】B

根據氣體方程式：$PV = nRT \Rightarrow V \propto n \Rightarrow V \propto \dfrac{W}{M} \Rightarrow V \propto \dfrac{1}{M}$（同溫同壓下）

(A) $\dfrac{1}{30}$　　(B) $\dfrac{1}{64}$　　(C) $\dfrac{1}{48}$　　(D) $\dfrac{1}{32}$……故 B 為最小

---

32. 置氮氣於固定容積的密封容器中，由 25℃ 加熱至 250℃，下列哪一性質的值不變？
    (A)氮氣分子與容器碰撞的平均強度　　　(B)氮氣的壓力
    (C)氮氣分子的平均速度　　　　　　　　(D)氮氣的密度

    【106 義中醫(5)】

【詳解】D

根據氣體方程式：$PM = DRT \Rightarrow$ 密度 $D = \dfrac{W}{V}$（W 固定、V 固定），密度不變

(A) 碰撞器壁頻率 $f \propto \dfrac{n}{V}\sqrt{\dfrac{T}{M}} \Rightarrow T\uparrow, f\uparrow$

(B) 壓力 $P \propto T \Rightarrow T\uparrow, P\uparrow$

(C) 平均速度 $v \propto \sqrt{\dfrac{T}{M}} \Rightarrow T\uparrow, v\uparrow$

---

33. 定溫定壓下，$H_{2(g)}$ 和 $SO_{2(g)}$ 兩種氣體的均方根速度(*root-mean-square velocity*)的比值 $V_{rms(H2)}/V_{rms(SO2)}$ 為多少？(分子量：H_2, 2.0g/mol；SO_2, 64.1g/mol)
    (A)0.18　　(B)1.0　　(C)5.6　　(D)180

    【106 私醫(14)】

【詳解】C

均方根速度 $v_{rms} = \sqrt{\dfrac{3RT}{M}} \xrightarrow{\text{同溫同壓}} v_{rms} \propto \sqrt{\dfrac{1}{M}}$

$\dfrac{v_{H_2}}{v_{SO_2}} = \sqrt{\dfrac{M_{SO_2}}{M_{H_2}}} = \sqrt{\dfrac{64}{2}} = \sqrt{32} \approx 5.6$

---

34. 下列雙原子分子氣體中，在相同溫度時，何者之擴散速率較 O_2 氣體大？
    (A)N_2　　　(B)F_2　　　(C)Cl_2　　　(D)Br_2

    【106 私醫(19)】

【詳解】A

擴散速率 $v \propto \sqrt{\dfrac{T}{M}} \xrightarrow{\text{同溫}} v \propto \sqrt{\dfrac{1}{M}}$

分子量分別：(A)28　　(B)38　　(C)71　　(D)160

分子量需小於氧氣的 32，故選 A 為最佳解。

---

35. 馬克斯威爾-波茲曼　(Maxwell-Boltzmann)　的氣體分子速率分佈方程式
    如下。以溫度(T)為橫軸，以 f(u)為縱軸作圖。下列敘述何者**有誤**？

$$f(u) = 4\pi \left(\dfrac{m}{2\pi k_B T}\right)^{3/2} u^2 \exp\left(\dfrac{-mu^2}{2k_B T}\right)$$

    (A)相對而言，氣體溫度低時，其圖形高且窄；溫度高時，圖形矮且寬
    (B)氣體分子愈重，其平均速率越慢
    (C)氣體分子速率分佈和壓力無關
    (D)分子量愈大的氣體分子，其圖形愈高且窄
    (E)在總體氣體分子達熱平衡時，此方程式才成立

    【105 中國醫(39)】

【詳解】本題無解（本題送分）

馬克斯威爾-波茲曼(Maxwell-Boltzmann)氣體分子速率分佈方程式：

$$f(u) = 4\pi \left(\frac{m}{2\pi k_B T}\right)^{3/2} u^2 \exp\left(\frac{-mu^2}{2k_B T}\right)$$

依照文獻，馬克斯威爾-波茲曼（Maxwell-Boltzmann）是利用統計熱力學機率分佈的概念，主要是探討溫度 v.s 氣體速率的導證。

溫度高低影響同一系統中各氣體粒子速率分佈：（溫度為影響圖形寬窄主因）

溫度越低，分子速率分佈較為集中，且最大速率相對較低（圖形高且窄）

溫度越高，分子速率分佈較為分散，且最大速率相對較高（圖形低且寬）

◎申訴的地方：

題目中有提到溫度為 x 軸與 $f(u)$ 為 y 軸作圖 →"**沒有圖**"。

方程式中，具有 m（質量）（或 M 莫耳質量）是影響速率分佈的變因之一。

其餘參數為常數。（D 選項）

附圖所示：

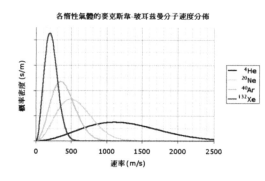

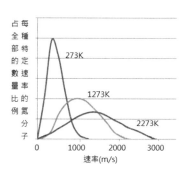

惰性氣體在 298.15 K（25 °C）的溫度下的速率分布函數。y 軸的單位為 s/m，因此任何一段曲線下的面積，它表示速度處於那個範圍的機率。

不同溫度下，相同氣體種類，速率分佈圖

36. 下列敘述何者**有誤**？
    (A)「波以耳定律 (Boyle's law)」是指定量氣體在定溫下的壓力和體積成反比
    (B)「定組成定律 (The law of Definite Proportion)」是指一化學物質的組成元素之間有一定比例，且不論來源為何
    (C)「倍比定律 (The law of Multiple Proportions)」是指不同化學物可能由相同元素組成，化學物中元素之間有簡單整數比
    (D)「查理定律 (Charles's law)」是指在定壓下，定量氣體的體積與絕對溫度成正比
    (E)「亞佛加厥假說 (Avogadro's law)」是指相同「體積」的不同氣體，在相同的「溫度」及「壓力」下，含有相同「數目」的原子

【105 中國醫(41)】

【詳解】E
(A)(B)(D)為各定律的定義，正確。
(C)倍比定律：
　　二元素形成數種化合物，若將其中之一元素質量固定，另一元素的質量間形成一簡單的比例關係，多種化合物中，實驗式不得相同。
(E)因任意氣體皆為分子，故應改為...『**含有相同數目的"分子"**』。

---

37. 某氣體在 25℃、760 mmHg 佔的體積是 1.40×10^3 mL，則該氣體在相同溫度、380 mmHg 佔的體積是多少？
    (A) 2,800 mL　　(B) 2,100 mL　　(C) 1,400 mL　　(D) 1,050 mL

【105 義中醫(28)】

【詳解】A
氣體視為遵守理想氣體方程式：$PV = nRT$
在定溫、定量下的氣體遵守波以耳定律：$P_1V_1 = P_2V_2 = K$（常數）
$760 \text{ mmHg} \times 1.4 \times 10^3 \text{mL} = 380 \text{mmHg} \times V_2 \Rightarrow V_2 = 2800$ mL

---

38. 若 A、B 兩分子的直徑分別為 d_A 和 d_B，其碰撞截面 (collision cross-section) 為 πd^2，則 d＝？
    (A) $d_A - d_B$　　(B) $(d_A - d_B)/2$　　(C) $d_A + d_B$　　(D) $(d_A + d_B)/2$

【105 慈中醫(12)】

【詳解】D

氣體分子間碰撞（*Intermolecular collision*）

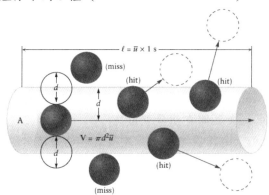

示意圖：

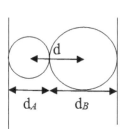

---

39. 在同溫同壓下，某氣體擴散所需的時間是同體積氫氣(H_2)的 4 倍，則該氣體為下列何者？(原子量：$H = 1$，$O = 16$，$C = 12$，$N = 14$，$S = 32$)

(A)N_2　　(B)O_2　　(C)CO_2　　(D)SO_2

【105 私醫(15)】

【詳解】B

在同溫同壓力下，不同的氣體擴散速率：

$$\Rightarrow \frac{r_2}{r_1} = \frac{t_1}{t_2} = \sqrt{\frac{M_1}{M_2}} = 4 \Rightarrow 4 = \sqrt{\frac{M \ (g/mol)}{2 \ (g/mol)}} \Rightarrow M = 32 \ g/mol \ \text{...B 適合}$$

---

40. 下列有關定量氣體性質之圖示，何者不正確？

(A)$V_1 > V_2$　　　　(B)$P_1 > P_2$　　　　(C)$P_1 < P_2$　　　　(D)$T_1 > T_2$

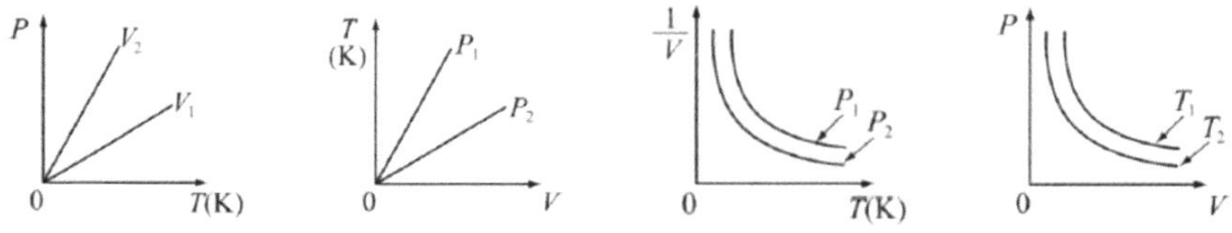

【105 私醫(17)】

【詳解】C

PV = nRT （定量下，R 為氣體常數）

(A) $P \propto \frac{1}{V} \times T \Rightarrow P-T$ 圖為 P 截距為正之斜線，且 V 愈大斜率愈小。

(B) $T \propto P \times V \Rightarrow T-V$ 圖為 T 截距為正之斜線，且 P 愈大斜率愈大。

(C) $\frac{P}{T} \propto \frac{1}{V} \Rightarrow \frac{1}{V}-T$ 圖為反比曲線，且愈靠近原點者 P 愈小

(D) $P \propto \frac{1}{V} \times T \Rightarrow P-V$ 圖為反比曲線，且愈靠近原點者 T 愈小

---

41. 當一個氣泡在 10.0 ℃ 和 8.0 大氣壓(atm)下，氣泡的體積是 1.5 mL，請問當溫度升高至 35.0 ℃、壓力下降至 1.0 大氣壓時，氣泡的體積為多少 mL？

(A)10.8 mL　　　(B)13.1 mL　　　(C)17.9 mL　　　(D)23.5 mL

【105 私醫(18)】

【詳解】B

根據波-查定律：

$$\Rightarrow \frac{P_1 V_1}{T_1} = \frac{P_2 V_2}{T_2} = \frac{8.0\,\text{atm} \times 1.5\,\text{mL}}{(10^0 C + 273)} = \frac{1.0\,\text{atm} \times V_2}{(35^0 C + 273)} \Rightarrow V_2 = 13.1\,\text{mL}$$

---

42. 有一個氣體在溫度為 300 K，壓力為 1 大氣壓(atm)時，密度為 1.62 g/L。已知原子量：C = 12 g/mol；N = 14 g/mol；O = 16 g/mol；Ne = 20 g/mol；Ar = 40 g/mol。請問此氣體可能為下列何者？

(A) Ne　　(B) Ar　　(C) O_2　　(D) CO_2　　(E) N_2

【104 中國醫(1)】

【詳解】B

根據理想氣體行為方程式中 PM=DRT

$$\Rightarrow 分子量\,M\,(\text{g/mol}) = \frac{1.62\,\text{g/L} \times 0.082(\frac{\text{atm.L}}{\text{mol.K}}) \times 300K}{1\text{atm}} \approx 39.85$$

(A) 20　　(B) 40　　(C) 32　　(D) 44　　(E) 28 ……(B)最適當

43. 某含氦與氬的氣體混合物，在1 atm、300 K 時其密度是0.9 g/L，則下列
何者正確？(He: 4；Ar: 40) (R = 0.082 L・atm / mol・K)
(A)氦氣的分壓0.68 atm　　　(B)氬氣的分壓0.68 atm
(C)氦氣的莫耳分率0.42　　　(D)氦氣的莫耳分率0.5

【104 義中醫(17)】

【詳解】D

混合氣體平均分子量兩公式算出各氣體莫耳分率

$$\begin{cases} \overline{M} = \Sigma M_i X_i \\ \overline{M} = \dfrac{DRT}{P} \end{cases}$$

設 $Y_{He} = X$，$Y_{Ar} = 1-X$

得：$4X + 40\,(1-X) = \dfrac{0.9 \times 0.082 \times 300}{1}$

$\Rightarrow 4X + 40 - 40X = 22.14$

$\Rightarrow -36X = -18 \quad X = 0.5$

(A)(B) $P_{He} = P_{Ar} = 1 \times 0.5 = 0.5$ atm ; (C)(D) $Y_{He} = Y_{Ar} = 0.5$

第6單元　溶液

一、真溶液、膠體溶液與懸浮液

	真溶液	膠體溶液	懸浮液
粒子的直徑	10^{-10} m	$10^{-7}{\sim}10^{-9}$ m	10^{-7} m 以上
溶質的粒子（1 粒子中的原子數）	$1{\sim}10^3$ 個	$10^3{\sim}10^9$ 個	10^9 個以上
使用的顯微鏡	超顯微鏡不能觀察	超顯微鏡能觀察存在	普通顯微鏡即可觀察
分離方式（濾紙＆羊皮紙）	不可用濾紙及羊皮紙分離	通過普通濾紙可用羊皮紙分離	可用濾紙及羊皮紙分離
沈澱與否	安定，不沈澱	相當安定不沈澱	不沈澱靜置後產生沈澱
均勻與否	均勻（1 相）	2 相（外表作均勻狀）	不均勻（2 相）
外觀	澄清透明	渾濁不透明	渾濁不透明
光散是否分散（廷得耳效應）	不分散光線	分散光線	分散光線
行布朗運動與否	可，但不易觀察	行布朗運動	不行布朗運動

二、電解質

	強電解質	弱電解質
性質	電解質視為完全解離，在溶液中大部分以離子存在 EX：$HCl + H_2O \rightarrow H_3O^+ + Cl^-$	電解質僅部分解離，在溶液中大部分以分子存在 EX：$CH_3COOH + H_2O \Leftarrow H_3O^+ + CH_3COO^-$
酸	$HClO_4$、HI、HBr、HCl、HNO_3、H_2SO_4	H_2CO_3、HF、HCN、H_3PO_4 與 CH_3COOH 有機酸等等弱酸
鹼	NaOH、KOH、RbOH、CsOH、$Ca(OH)_2$、$Sr(OH)_2$、$Ba(OH)_2$	LiOH、$Be(OH)_2$、$Mg(OH)_2$、氨水 與 CH_3NH_2 有機胺等等弱鹼
鹽	IA^+ 金屬離子鹽類、NH_4^+ 離子鹽類	大部分難溶鹽

三、 各種濃度表示法

	濃度種類	公式	單位	受溫度改變而影響
重量濃度	重量百分率濃度	$P\% = \dfrac{溶質重}{溶液重} \times 100\%$	%	不會
	重量莫耳濃度	$C_m = \dfrac{溶質莫耳數}{溶劑仟克重}$	$\dfrac{mol}{Kg}$ (m)	
	莫耳分率	$X_i = \dfrac{溶質莫耳數}{溶液總莫耳數}$	無	
	百萬分濃度	$ppm = \dfrac{溶質重}{溶液重} \times 10^6$	ppm ($\dfrac{mg}{Kg}$)	
體積濃度	體積莫耳濃度	$C_M = \dfrac{溶質莫耳數}{溶液體積升數}$	$\dfrac{mol}{L}$ (M)	會
	體積百分率濃度	$V\% = \dfrac{溶質體積}{溶液體積} \times 100\%$	%	

四、 溶解與沉澱

1. 溶解與沉澱的定義：

	溶解		沉澱
定義	固體(糖)置入液體溶劑(水)中，其粒子離開晶體表面而進入液體中之現象稱為溶解。		固體自溶液中析出的現象稱為沉澱，若呈現晶體狀，叫做結晶。
	溶解平衡：達平衡時，溶解速率等於沉澱速率，為動態平衡，可由外觀的變化觀察。		
溶液濃度分類	未飽和溶液	飽和溶液	過飽和溶液
	(1)濃度小於飽和溶液。 (2)可再加溶質或減少溶劑達飽和。	(1)定溫時，定量溶劑所能溶解溶質最大量。 (2)在加入溶質，濃度也不會再增加。	溶液濃度大於飽和溶液，此時加入晶種或搖震後會有結晶析出，而變為飽和溶液。
	過飽和現象的運用：天空中有過飽和水蒸氣，散布 AgI 與乾冰，乾冰降低溫度，AgI 作晶種使過飽和水蒸氣凝結成水，此即人造雨原理。		
溶解度	(1)定溫下，定量溶劑所能溶解溶質之最大量而形成飽和溶液，此溶液之濃度稱為溶解度。 (2)常用溶解度之表示法： 　定溫時，溶質 g/100g 溶劑，例如 20℃，溶解度為 NaCl 37g/100g 水。		

2. 影響溶解度的因素：

物質的本性	(1)溶質和溶劑的本性直接影響溶解度。 (2)同性互溶常是決定可溶與否的普遍原則，如：極性分子(HCl)易溶於極性溶劑 (H_2O)，非極性分子(I_2) 易溶於非極性溶劑(CCl_4)
溫度	(1)大部分固體溶解於水中時會吸熱，溶解度隨溫度升高而增大，如：CH_3COONa、NH_4Cl、KNO_3、NH_4NO_3、$CaCl_2$ 等。 (2)固體溶解時呈放熱者，溶解度隨溫度升高而下降，如：$CaSO_4$、$Ce_2(SO_4)_3$ 等。 (3)氣體溶於水中均會放熱，其溶解度隨溫度的昇高而降低。 (4)溶解度與晶體純化：利用物質的溶解度對溫度變化的差異，先溶解而後結晶以達到純化的方法，稱為再結晶法。
壓力 (亨利定律)	(1) 提出者：1803 年英國人亨利。 (2) 內容：定溫時，溶解於定量溶劑中的氣體重量與液面上該氣體分壓成正比。 (3) 公式：$\boxed{w = kP}$ (4) 其中 w 為溶解氣體重量；P 為該氣體分壓，k 為比例常數，隨氣體種類、溫度及溶劑種類而異。 (5) 氣體體積溶解度不隨液面上該氣體之分壓而變。 (6) 亨利定律適用的限制： 　(a) 一般而言，僅在稀薄溶液與低壓下適用。 　(b) 亨利定律對易溶解於水的氣體不適用，如氨、氯化氫、二氧化硫等。

五、　理想溶液與非理想溶液

	理想溶液	非理想溶液（真實溶液）	
定義	遵守拉午耳定律 $P_t = P^0_A X_A + P^0_B X_B$	對拉午耳定律呈正偏差 $P_t > P^0_A X_A + P^0_B X_B$	對拉午耳定律呈負偏差 $P_t < P^0_A X_A + P^0_B X_B$
混合後引力變化	不變 A-B 作用力 = A-A 或 B-B 作用力	變小 A-B 作用力 < A-A 或 B-B 作用力	變大 A-B 作用力 > A-A 或 B-B 作用力
混合後能量變化	不吸放熱 $\Delta H = 0$	吸熱 $\Delta H > 0$	放熱 $\Delta H < 0$
混合後體積加成性	有，$V_t = V_A + V_B$	無，$V_t > V_A + V_B$	無，$V_t < V_A + V_B$

六、　拉午耳定律

1. **溶質 B 沒有揮發性的水溶液（溶劑為水：A）：**

$$\Rightarrow \quad P_A = P_A{}^0 \times X_A$$

2. **蒸氣壓下降量：**

$$\Rightarrow \Delta P = P_A{}^0 - P_A = P_A{}^0 - P_A{}^0(1 - X_B) = P_A{}^0 \times X_B$$

3. **溶質 B 與溶劑 A 皆具有揮發性的理想溶液：**

(1) 溶液產生的蒸氣壓 $\Rightarrow$ 液相遵守拉午耳定律

$$\Rightarrow \quad P_t = P_A{}^0 \times X_A + P_B{}^0 \times X_B$$

(2) 溶液產生的蒸氣壓 $\Rightarrow$ 氣相遵守道耳頓分壓定律

$$\Rightarrow \quad P_t = P_A + P_B$$

$$\Rightarrow y_A = \frac{P_A}{P_t} = \frac{P_A^0 X_A}{P_A^0 X_A + P_B^0 X_B} = \frac{P_A^0 X_A}{P_A^0 X_A + P_B^0(1 - X_A)}$$

$$\Rightarrow y_B = \frac{P_B}{P_t} = \frac{P_B^0 X_B}{P_A^0 X_A + P_B^0 X_B} = \frac{P_B^0 X_B}{P_A^0(1 - X_B) + P_B^0 X_B}$$

七、 理想氣體v.s 理想溶液

	理想氣體	理想溶液
分子間引力	引力＝0	混合前後引力不變
自身體積	忽略不計	體積有加成性（$\Delta V_{mix}=0$）
特性	永不液化	不吸熱不放熱（$\Delta H_{mix}=0$）
近似條件	分子間引力小的氣體	稀薄溶液
遵守定律	PV＝nRT	$P=P_A+P_B=P_A°X_A+P_B°X_B$

八、 依數性質

	非電解質溶液	電解質溶液	備註
蒸氣壓下降	$\Delta P=P°_A\times\dfrac{n_B}{n_A+n_B}$	$\Delta P=P°_A\times\dfrac{n_B\times i}{n_A+n_B\times i}$	(1) 凡特荷夫因子（i）： 　$i=\dfrac{\text{解離後粒子數}}{\text{解離前粒子數}}$
沸點上升	$\Delta T_b=K_b\times C_m$	$\Delta T_b=K_b\times C_m\times i$	(2) $C_m i$、$C_M i$ 表溶液中粒子有效濃度
凝固點下降	$\Delta T_f=K_f\times C_m$	$\Delta T_f=K_f\times C_m\times i$	(3) 溶液越稀薄，i 值越接近理想值
滲透壓	$\pi=C_M\times R\times T$	$\pi=iC_M RT$	(4) 電解質溶液，離子電荷越大 i 值越偏離理想

九、 凡特荷夫因子（i）值的應用

凡特荷夫因子(i)	$\overline{M}_{(實測得分子量)}=\dfrac{M_{(實際溶質分子量)}}{i}$	意義
$i=1$	$\overline{M}=M$	溶質為非電解質，不解離，不耦合
$i>1$	$\overline{M}<M$	若溶質為電解質，A_xB_y 之解離度 α 　$A_xB_y \rightarrow xA^{y+}+yB^{x-}$ (1) 稀強電解質，完全解離 　$\alpha=100\%$，$i=x+y$ (2) 濃電解質及弱電解質，部分解離 $0<\alpha<1$，$i=1+(x+y-1)\,\alpha$
$i<1$	$\overline{M}>M$	溶質發生耦合現象

歷 屆 試 題 集 錦

---

1. Which of the solvents shown below could best dissolve KBr?
   (A) C_6H_{14} (hexane)　　　　　(B) CH_3CH_2OH (ethanol)
   (C) C_6H_6 (benzene)　　　　　 (D) CCl_4 (carbon tetrachloride)
   (E) C_6H_{12} (cyclohexane)

   【110 高醫(17)】

【詳解】B
根據物質間的溶解度的大觀念：極性溶於極性，非極性溶於非極性。
KBr 是離子化合物偶極矩大，應溶於偶極矩大的溶劑（EX：CH_3CH_2OH）
(A)(C)(D)(E)選項皆為非極性物質（溶劑）

---

2. The lattice energy of NaI(s) is -686 kJ/mol, and its heat of solution is -7.6 kJ/mol. Calculate the hydration of energy of NaI(s) in kJ/mol.
   (A) -678　　　(B) -694　　　(C) $+678$　　　(D) $+694$　　　(E) $+15.2$

   【110 高醫(66)】

【詳解】B
溶解熱（焓）＝－(晶格能)＋ 水合能。
晶體形成晶格能本來為負，因溶解過程需破壞結晶，
方程式逆寫，故晶格能變為正號=以負負得正來表示。

$$\Rightarrow -7.6 = -(-686) + \Delta H_{hydration} \Rightarrow \Delta H_{hydration} = -694(kJ/mol)$$

---

3. When a 1.00 mL of the 3.55×10^{-4} M solution of organic acid is diluted with 9.00 mL of ether, forming solution A and then 2.00 mL of the solution A is diluted with 8.00 mL of ether, forming solution B. What is the concentration of solution B?
   (A) 3.55×10^{-6} M　　　(B) 9.86×10^{-6} M　　　(C) 7.10×10^{-5} M
   (D) 7.89×10^{-5} M　　　(E) 7.10×10^{-6} M

   【110 高醫(73)】

【詳解】E

原則：稀釋前、後溶液所含的溶質重量或莫耳數不變。

溶質莫耳數不變：$M_前 \times V_前 = M_後 \times V_後$

solution A $\Rightarrow \dfrac{3.55 \times 10^{-4} M \times 1.0 mL}{V_t = (1+9)mL} = 3.55 \times 10^{-5} M$

solution B $\Rightarrow \dfrac{3.55 \times 10^{-5} M \times 2.0 mL}{V_t = (2+8)mL} = 7.10 \times 10^{-6} M$

---

4. Five molecules are shown as below. Which one has the highest ionic strength?
   (A) $B(OH)_3$　　　(B) HNO_3　　　(C) Na_2HPO_4　　　(D) $CaCO_3$　　　(E) $BaSO_4$

   【110 高醫(84)】

【詳解】C

離子強度是溶液中離子濃度的量度，是溶液中所有離子濃度的函數，

定義如：$I = \dfrac{1}{2}\displaystyle\sum_{i=1}^{n} c_i z_i^2 \begin{cases} c_i 是離子 i \text{ 的莫耳濃度}(M) \\ z_i 是離子 i \text{ 所帶的電荷數}, Mg^{2+} 就是 +2 \end{cases}$

(C)選項：$Na_2HPO_4 \rightarrow 2Na^+ + HPO_4^{2-}$，在同濃度下可得最多離子數，

故離子強度最大。

---

5. 將方糖($C_{12}H_{22}O_{11}$)與食鹽($NaCl$)莫耳數比為 $1:2$ 的混合物18.36 g 溶於 100 g 的水中，計算此水溶液的凝固點為多少？

   (水的$K_b = 0.512\ °C/m$，$K_f = 1.86\ °C/m$)

   (A) $3.72\ °C$　　　(B) $1.02\ °C$　　　(C) $-2.23\ °C$　　　(D) $-3.72\ °C$

   【110 中國醫(28)】

【詳解】D

設方糖($C_{12}H_{22}O_{11}$)為 x mol、食鹽($NaCl$)為 $2x$ mol

$\Rightarrow 342x + 58.5 \cdot 2x = 18.36$ 克 $\Rightarrow x$ mol $= 0.04$ mol

$\Delta T_f = 1.86\ ^0C/m \times \dfrac{0.04\ mol \times (1+2\times2)}{0.1\ kg 水} = 3.72\ ^0C$ (陷阱)

$\Rightarrow T_f = 0^0C - 3.72\ ^0C = -3.72\ ^0C$

6. 想要從一瓶體積百分比為 95%的酒精溶液中取出 2 mol 酒精，已知其密度為0.82 g/mL。請問要取的體積(mL)最接近下列那個選項？
   (A) 72　　　(B) 80　　　(C) 106　　　(D) 120

   【110 義守(9)】

【詳解】D

設取體積 $VmL \Rightarrow 2mol = \dfrac{VmL \times 0.82g/mL \times 95\%}{46g/mol} \Rightarrow VmL = 118mL$

7. 請將下列化合物於水中的溶解度由低到高排列？
   I. $CH_3CH_2CH_2CH_2OCH_3$　　　II. CH_3OCH_3
   III. $CH_3OCH_2CH_2OCH_3$　　　IV. $CH_3CH_2CH_2CH_2OH$
   (A) I < III < II < IV　　　　(B) I < IV < II < III
   (C) III < I < IV < II　　　　(D) IV < I < III < II

   【110 義守(18)】

【詳解】B

此題的陷阱容易答 A，碳數越多溶解度下降，氧數增加溶解度上升，造成判斷上的困難度，基本原則一個氧親水性大概可以抵銷 4 個 C 的親油性：III > IV，II 略大於 IV，故答案應為：III > II > IV > I

8. 下列哪個化合物水溶液的離子強度最大？（假設濃度均為0.1 M）
   (A) $MgSO_4$　　　(B) Na_3PO_4　　　(C) NaCl　　　(D) $Ba(NO_3)_2$

   【110慈濟(2)】

【詳解】B

離子強度是溶液中離子濃度的量度，是溶液中所有離子濃度的函數，

定義如：$I = \dfrac{1}{2}\sum_{i=1}^{n} c_i z_i^2$ $\begin{cases} c_i 是離子 i 的莫耳濃度(M) \\ z_i 是離子 i 所帶的電荷數, Mg^{2+} 就是 +2 \end{cases}$

(B)選項：$Na_3PO_4 \rightarrow 3Na^+ + PO_4^{3-}$，在同濃度下可得最多離子數，故離子強度最大。

9. 下列哪一個水溶液凝固點下降（freezing-point depression）最多？
　　(A) 1.0 m KBr　　(B) 0.75 m $C_6H_{12}O_6$　　(C) 0.5 m $MgCl_2$　　(D) 0.25 m $BaSO_4$
　　　　　　　　　　　　　　　　　　　　　　　　　　　【110慈濟(35)】

【詳解】A

∵$\Delta T_f = K_f \times C_m \times i$　（i 為 ***van't Hoff factor***）∴$\Delta T_f \propto C_m \times i$

ΔT_f 凝固點下降量越大，凝固點越低。

　　(A) KBr：$1.0m \times 2 = 2.0m$　　　　　(B) $C_6H_{12}O_6$：$0.75m \times 1 = 0.75m$

　　(C) $MgCl_2$：$0.5m \times 3 = 1.5m$　　　　(D) $BaSO_4$：$0.25m \times 2 = 0.5m$

---

10. 以下選項中，哪個濃度與329.3 ppm的$K_3Fe(CN)_6$（分子量：393.3 g/mol）相等？
　　(A) 329.3 mM　　(B) 329.3 g/L　　(C) 329.3 mg/L　　(D) 329.3 μg/L
　　　　　　　　　　　　　　　　　　　　　　　　　　　【110慈濟(48)】

【詳解】C

$K_3Fe(CN)_6$ 為 329.3 ppm = $\dfrac{329.3mg}{1L}$ ；相當於 $\dfrac{\dfrac{329.3 \times 10^{-3} g}{329.3 \ (g/mol)}}{1L} = 10^{-3}(M)$

---

11. Which compound yields the largest van't Hoff factor (i) when dissolved in water?
　　(A) NaCl　　(B) $MgCl_2$　　(C) $MgSO_4$　　(D) $FeCl_3$　　(E) Glucose
　　　　　　　　　　　　　　　　　　　　　　　　　　　【109 高醫(30)】

【詳解】D

　　(A) NaCl：$i = 2$　　　(B) $MgCl_2$：$i = 2$　　　(C) $MgSO_4$：$i = 2$

　　(D) $FeCl_3$：$i = 3$　　(E) $C_6H_{12}O_6$：$i = 1$

---

12. What is the boiling-point change for a solution containing 18.0 g of glucose in
　　150.0 g of water at 1 atm? (K_b = 0.51 °C kg/mol for water)
　　(A) 2.2 °C　　　　　(B) 0.06 °C　　　　　(C) 0.34 °C
　　(D) 4.3 °C　　　　　(E) 1.8 °C
　　　　　　　　　　　　　　　　　　　　　　　　　　　【109 高醫(84)】

【詳解】C

$\Delta T_b = K_b \times C_m \times i$

$$\Delta T_b{}^{\circ}C = 0.51 {}^{\circ}C/m \times \dfrac{\dfrac{18.0g}{180\ (g/mol)}}{0.15kg\ \text{water}} \times 1 \Rightarrow \Delta T_b = 0.34 {}^0 C$$

---

13. If the human eye has an osmotic pressure of 8.0 atm at 25°C, the concentration of solution particles in water will be mmol/L in order to provide an isotonic eye drop solution, a solution with equal osmotic pressure.

    (A) 620   (B) 4,110   (C) 0.62   (D) 327   (E) 79

    【109 高醫(85)】

【詳解】D

渗透壓 $\pi = C_M RTi$

$$\Rightarrow 8atm = \dfrac{xmmol}{1L} \times \dfrac{10^{-3}}{1m} \times 0.082 \times 298K \Rightarrow x = 327$$

---

14. The solubility of $CaCl_2$ in cold water is 74.5 g per 100.0 g water. Assuming $i = 3.0$ for $CaCl_2$, the freezing point for a saturated solution of $CaCl_2$ will be ℃. ($K_f = 1.86$ ℃ kg/mol for water)

    (A) 0   (B) −0.32   (C) −13   (D) −32   (E) −37.4

    【109 高醫(86)】

【詳解】E

$\Delta T_f = K_f \times C_m \times i$

$$\Delta T_f{}^{\circ}C = 1.86 {}^{\circ}C/m \times \dfrac{\dfrac{74.5g}{111\ (g/mol)}}{0.1kg} \times 3 \Rightarrow \Delta T_f = 37.4 {}^0 C$$

$T_f = 0 - \Delta T_f = -37.4{}^{\circ}C$

15. 一氧化碳在 25°C 水中的亨利定律常數(k)為 9.71×10^{-4} mol/(L·atm)。如果一氧化碳的分壓為 2.75 atm，有多少克的一氧化碳會溶解在 1 公升的水中？
(A) 3.53×10^{-4} g   (B) 2.67×10^{-3} g
(C) 9.89×10^{-3} g   (D) 7.48×10^{-2} g

【109 義守(30)】

【詳解】D

亨利定律：$C_M = kP_i$

（C_M 為溶於水中的氣體濃度，k 為亨利常數，P_i 各難溶於水的氣體分壓）

$$\Rightarrow \frac{9.71 \times 10^{-4} mol}{1 atm \cdot L} = \frac{x mol}{2.75 atm \cdot L} \Rightarrow x mol = 2.67 \times 10^{-3} mol$$

$$\Rightarrow 2.67 \times 10^{-3} mol \times 28(g/mol) = 7.48 \times 10^{-2} g$$

16. 苯甲醛 (benzaldehyde)（分子量 = 106.1 g/mol），也稱為杏仁油，用於染料和香水的製造以及調味品。溶解 75.00 g 的苯甲醛於 850.0 g 乙醇中，此溶液的凝固點是多少？$K_f = 1.99$ °C/m，純乙醇的凝固點 $= -117.3$°C。
(A) -117.5°C   (B) -118.7°C   (C) -119.0°C   (D) -120.6°C

【109 義守(31)】

【詳解】C

$$\Delta T_f = K_f \times C_m \times i$$

$$\Delta T_f °C = 1.99°C/m \times \frac{\dfrac{75g}{106.1(g/mol)}}{0.85kg} \times 1 \Rightarrow \Delta T_f = 1.7^0 C$$

$$T_f = -117.3°C - (1.7°C) = -119°C$$

17. 在 25°C 下，苯的蒸氣壓為 94.4 torr，氯仿的蒸氣壓為 172.0 torr。試問在 48.2 g 的氯仿與 48.2 g 的苯混合溶液中（假設此為理想溶液），氯仿的蒸氣壓為何？
(A) 37.3 torr   (B) 68.0 torr   (C) 86.0 torr   (D) 104 torr

【109 私醫(23)】

【詳解】B

氯仿的莫耳數$(n) = \dfrac{48.2g}{119.5} = 0.4mol$ ；苯的莫耳數$(n) = \dfrac{48.2g}{78} = 0.62mol$

故氯仿的莫耳分率剛好約 0.4；苯的莫耳分率剛好約 0.6

因是理想溶液，故：$P_{CHCl_3} = P^0_{CHCl_3} \times X_{CHCl_3} = 172.0 \times 0.4torr = 68.8torr$

---

18. 有一溶液為 0.250 mol 的甲苯 $(C_6H_5CH_3)$溶在 246 g 的硝基苯 $(C_6H_5NO_2)$中，此溶液在 $-1.1°C$ 會凝固，純硝基苯的凝固點為 $6.0°C$。試問硝基苯的凝固點下降常數（K_f）為何？

    (A) $3.5°C/m$　　　(B) $4.4°C/m$　　　(C) $7.0°C/m$　　　(D) $28°C/m$

【109 私醫(24)】

【詳解】C

$\triangle$ 凝固點下降量 $\triangle T_f = K_f C_m i$

$\left(6^0C - (-1.1^0C)\right) = K_f \times \dfrac{0.25mol \times \dfrac{1000g}{1kg}}{246g} \times 1$

故 $K_f = 7.0°C/m$

---

19. A 0.20 M solution of $MgSO_4$ has an observed osmotic pressure of 6.0 atm at 25°C. Determine the observed van't Hoff factor for this experiment.

    (A) 1.23　　(B) 2.00　　(C) 1.66　　(D) 1.80　　(E) 1.45

【108 高醫(66)】

【詳解】A

滲透壓 $\pi = C_M \times R \times T \cdot i$ （其中 *i* 為 ***van't Hoff factor***）

$6.0(atm) = 0.2M \times 0.082\dfrac{atm.L}{mol.K} \times 298K \times i$

$\Rightarrow i = 1.23$

---

20. 室溫下，0.0100 M 的 NaCl 水溶液的滲透壓大約是多少 torr？

    (A) 0.245　　(B) 15.6　　(C) 186　　(D) 372　　(E) 744

【108 中國醫(11)】

【詳解】D

渗透壓 $\pi = C_M \times R \times T \cdot i$

$\pi(\text{atm}) = 0.01 M \times 0.082 \dfrac{\text{atm.L}}{\text{mol.K}} \times 298 K \times 2$，$\pi = 0.489$ atm

0.489 atm $\times \dfrac{760 \text{ torr}}{1 \text{ atm}} = 372$ torr

---

21. 下列何者之沸點最低？
    (A) 0.1 M 蔗糖水溶液　　　　(B) 0.1 M NaCl 水溶液
    (C) 0.1 M 乙醇水溶液　　　　(D) 純水

    【108 義守(17)】

【詳解】C

溶液沸點高低判斷順序應為：
1. 溶質是否有揮發性，若有，往往是最低的。
2. 其餘的比較沸點上升度數，才與依數性質有關。

故沸點高低：(B) > (A) > (D) > (C)

---

22. 甲、乙、丙三瓶硫酸溶液，各瓶之硫酸濃度分別為甲 1.0 M（比重 1.07）、乙 1.0 m、丙 11% 重量百分率；各瓶之硫酸濃度大小關係為_____。
    （硫酸分子量 98 g/mol）
    (A) 甲>乙>丙　　　(B) 乙>甲>丙　　　(C) 丙>甲>乙　　　(D) 丙>乙>甲

    【108 義守(28)】

【詳解】C

Key：將濃度以重量百分率一致化。

甲：$1M = \dfrac{1mol H_2SO_4}{1L} \Rightarrow \dfrac{1mol \times 98g/mol}{1000mL \times 1.07g/mL} \times 100\% = 9.16\%$

乙：$1m = \dfrac{1mol H_2SO_4}{1kg \; water} \Rightarrow \dfrac{1mol \times 98g/mol}{1000g + 1mol \times 98g/mol} \times 100\% = 8.92\%$

故：丙 11% > 甲 9.16% > 乙 8.92%

23. 下列各物質的水溶液，何者凝固點最低？
    (A) 0.1 M 氯化鈉　　　(B) 0.1 m 醋酸　　　(C) 0.1 M 草酸鈉　　　(D) 0.1 m 蔗糖
    【108 義守(33)】

【詳解】C

∵ $\Delta T_f = K_f \times C_m \times i$ （i 為 ***van't Hoff factor***）∴ $\Delta T_f \propto i$

ΔT_f 凝固點下降量越大，凝固點越低。

(A) $NaCl$：$i = 2$　　　　　　　　(B) CH_3COOH：$1 < i < 2$

(C) $Na_2C_2O_4$：$i = 3$　　　　　　(D) $C_{12}H_{22}O_{11}$：$i = 1$

24. 有一鹽類化合物的化學式為 M_xN_y 在水中解離出 M^{Y+}，N^{X-}，$25°C$ 時，在水中的溶解度為 1.0×10^{-2} mol/L，其飽和水溶液的滲透壓為 0.978 大氣壓，則化學式 M_xN_y 中 x 和 y 的值最有可能是多少？
    (A) x = 1, y = 1　　(B) x = 1, y = 2　　(C) x = 1, y = 3　　(D) x = 2, y = 3
    【108 慈濟(18)】

【詳解】C

滲透壓 $\pi = C_M \times R \times T \cdot i$

$0.978(atm) = 0.01 \frac{mol}{L} \times 0.082 \frac{atm.L}{mol.K} \times 298K \times i$ ，（$i = x + y$）

$\Rightarrow i = x + y = 4$ ……選 C 最佳解

25. 對拉午耳定律 (Raoult's law)而言，下列何組混合溶液的蒸氣壓會產生正偏差？
    (A)正己烷(C_6H_{14})，氯仿($CHCl_3$)　　　　(B)丙酮(C_3H_6O)，水(H_2O)
    (C)正己烷(C_6H_{14})，正辛烷(C_8H_{18})　　　(D)苯(C_6H_6)，甲苯($C_6H_5CH_3$)
    【108 私醫(19)】

【詳解】A

正偏差溶液常出現於（極性分子＋非極性分子）所產生的溶液…(A)

有機物中同系物互溶，是較接近理想溶液…(C)(D)

負偏差溶液常出現於（極性分子＋具有氫鍵分子）所產生的溶液…(B)

26. 在體溫 (37 ℃)時，血液的滲透壓與 0.160 M NaCl 溶液相同，對電解質而言，凡特荷夫定律(van't Hoff's Law)：π = iCRT。NaCl 溶液在此濃度的 i 為 1.85，試計算在 37 ℃，血液的滲透壓為多少大氣(atm)？

(A) 0.89　　　(B) 3.76　　　(C) 4.02　　　(D) 7.52

【108 私醫(24)】

【詳解】D

滲透壓 $\pi = C_M \times R \times T \cdot i$ （其中 i 為 *van't Hoff factor*）

$$\pi(atm) = 0.16M \times 0.082 \frac{atm.L}{mol.K} \times 310K \times 1.85$$

$$\Rightarrow \pi(atm) = 7.52 atm$$

27. Which of the following statements is **incorrect** for colloids?

(A) Colloids are suspension of very large particles (>2000 nm) in a medium.

(B) Tyndall effect is observed for colloids.

(C) Electric repulsion seems to be the main factor that stabilizes colloids.

(D) Removal of soot from smoke is an example of coagulation of colloids.

(E) None of the above.

【107 高醫(26)】

【詳解】A

	真溶液	膠體溶液	懸浮液
粒子的直徑	10^{-10} m	$10^{-7} \sim 10^{-9}$ m	10^{-7} m 以上
沈澱與否	安定，不沈澱	相當安定 不沈澱	不沈澱 靜置後產生沈澱
均勻與否	均勻（1 相）	2 相 （外表作均勻狀）	不均勻 （2 相）
外觀	澄清透明	渾濁不透明	渾濁不透明
光散是否分散 （廷得耳效應）	不分散光線	分散光線	分散光線
行布朗運動與否	可，但不易觀察	行布朗運動	不行布朗運動

28. 1 mg of a non-electrolyte protein is dissolved in enough water to make 1.00 mL of solution. The osmotic pressure of the solution is found to be 1.56 torr at 25ºC. The molecular weight of this protein is approximately _____ g.
(A) 1.19×10^7　　　　(B) 11905　　　　(C) 5950
(D) 999　　　　(E) None of the above

【107 高醫(74)】

【詳解】B

滲透壓 $\pi = C_M RTi$

$$\Rightarrow \frac{1.56torr}{760torr/atm} = \frac{\frac{1mg}{M(g/mol)}}{1mL} \times 0.082 \frac{atm.L}{mol.K} \times 298K$$

$$\Rightarrow M(g/mol) = 11905$$

29. 下列各水溶液，凝固點最低者是_____。
(A) 0.5 m $C_{12}H_{22}O_{11}$ (sucrose)　　　(B) 0.5 m $Ca(NO_3)_2$
(C) 0.5 m $NiSO_4$　　　(D) 0.5 m Li_3PO_4

【107義守(16)】

【詳解】D

∵ $\Delta T_f = K_f \times C_m \times i$ （i 為 **_van't Hoff factor_**） ∴ $\Delta T_f \propto i$

ΔT_f 凝固點下降量越大，凝固點越低。

(A) $i = 1$　　(B) $i = 3$　　(C) $i = 2$　　(D) $i = 4$

30. 某非揮發性非電解質未知物 0.50 g 溶於 100 g 水中，水的沸點上升 0.10 ℃，則此未知物的分子量為何？水的沸點上升常數為 0.52 ℃/m
(A) 26 g/mol　　(B) 52 g/mol　　(C) 13 g/mol　　(D) 65 g/mol

【107 私醫(6)】

【詳解】A

$\Delta T_b = K_b \times C_m \times i$

$$0.1℃ = 0.52℃/m \times \frac{\frac{0.5g}{M_w(g/mol)}}{0.1kg} \times 1 \Rightarrow M_w = 26$$

31. Mixing 20 mL of a 4.0 M sodium chloride solution with 40 mL of a 2.0 M calcium chloride results in a solution with a chloride ion concentration of___M.

(A) 2.67　　　(B) 3.33　　　(C) 4.00　　　(D) 4.33　　　(E) 5.00

【106 高醫(25)】

【詳解】C

兩者皆為強電解質，視為完全解離。

$$NaCl_{(aq)} \rightarrow Na^+_{(aq)} + Cl^-_{(aq)}$$

初　80mmol

終　~0　　　　　80mmol　　　　80mmol

$$CaCl_{2(aq)} \rightarrow Ca^{2+}_{(aq)} + 2Cl^-_{(aq)}$$

初　80mmol

終　~0　　　　　80mmol　　　　160mmol

$$\Rightarrow [Cl^-] = \frac{80 \text{ mmol} + 160 \text{ mmol}}{20 \text{mL} + 40 \text{ mL}} = 4 \text{ M}$$

---

32. 有一苯及甲苯的混合溶液，在其溶液上的蒸氣中發現苯的莫耳分率為 0.600，請問甲苯在溶液中的莫耳分率為何？

(純苯的蒸氣壓為 750 torr；甲苯的蒸氣壓為 300 torr)

(A) 0.286　　　(B) 0.375　　　(C) 0.400　　　(D) 0.600　　　(E) 0.625

【106 中國醫(20)】

【詳解】E

設溶液中 ⎰ 苯的莫耳分率 $x_{苯}$
　　　　 ⎱ 甲苯的莫耳分率 $x_{甲苯}$

　蒸氣中 ⎰ 苯的莫耳分率 $y_{苯} = 0.6$
　　　　 ⎱ 甲苯的莫耳分率 $y_{甲苯} = 0.4$

$$0.4 = \frac{300 \cdot x_{甲苯}}{300 \cdot x_{甲苯} + 750 \cdot (1 - x_{甲苯})} \Rightarrow x_{甲苯} = 0.625$$

33. 下圖是吸光度(absorbance)對 Co(II)濃度(mg/mL)的標準校準曲線 (standard calibration curve)。取 0.50 mL 未知濃度的 Co(II)溶液，並稀釋至 10.0 mL 測試其吸光度為 0.564。此未知溶液中 Co(II) 離子的濃度是多少？

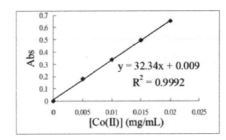

(A) 0.017 mg/mL

(B) 0.17 mg/mL

(C) 0.34 mg/mL

(D) 0.56 mg/mL

【106 慈中醫(19)】

【詳解】C

方程式：$y = 32.34 x + 0.009$，（其中 $y =$吸光度， $x =$樣品濃度(mg/mL)）

將數據代入方程式：$0.564 = 32.34x + 0.009$,

$\Rightarrow x = 0.017$ mg/mL（← 稀釋後濃度）

※ 稀釋或配置時，原溶液與稀溶液溶質含量（質量、莫耳數）不變。

故：0.017 mg/mL×10mL ＝ 未知濃度×0.5mL

$\Rightarrow$ 未知濃度＝0.34 mg/mL………選(C)

---

34. 在一理想溶液中，該溶液之滲透壓大小與下列何者無關？

(A)溶質的莫耳分率　　　(B)該溶液之體積莫耳濃度

(C)溫度　　　　　　　　(D)當時的大氣壓力

【106 私醫(4)】

【詳解】D

(B)(C)滲透壓 $\pi = C_M \times R \times T \times i$

(A)稀薄溶液莫耳分率 $X_i \fallingdotseq$ 體積莫耳濃度 $C_M \fallingdotseq$ 重量莫耳濃度 C_m

只與當時大器壓力無關(D)

---

35. 將 1 莫耳的液體 A 與 3 莫耳的液體 B 混合後形成溶液，該溶液在 25℃下的蒸氣壓為 314 torr，而液體 A 與液體 B 在 25℃的蒸氣壓分別為 265 torr 以及 335 torr。請問下列敘述何者正確？

(A)該溶液偏離拉午耳定律(Raoult's law)並且為正偏差

(B)該溶液偏離拉午耳定律(Raoult's law)並且為負偏差

(C)該溶液為理想溶液　　　(D)資訊不足，無法判斷

【106 私醫(6)】

【詳解】B

$$P_{t,\#} = 314 < 265\text{torr} \times \frac{1}{4} + 335\text{torr} \times \frac{3}{4} = 317.5torr$$

…溶液屬於偏離拉午耳定律(Raoult's law)並且為負偏差

---

36. 計算與血液的等張滲透壓($\pi = 7.70\text{atm}, 25°C$)的食鹽水的凝固點為何？
($R = 0.082 \text{L} \cdot \text{atm/K} \cdot \text{mol}$；水比重$=1.00\text{g/cm}_3$；$K_f = 1.86°C\,\text{kg/mol}$；
Na 原子量：23g/mol；Cl 原子量：35.5g/mol)
(A)–0.294°C　　　(B)–0.286°C　　　(C)–0.587°C　　　(D)–0.572°C

【106 私醫(16)】

【詳解】C

滲透壓 $\pi = C_M \times R \times T \times i$

$\Rightarrow 7.7\text{atm} = 0.082 \times 298\text{K} \times (C_M \times i) \Rightarrow (C_M \times i) = 0.315\text{M}$

$\Delta T_f = K_f \times C_m \times i$（視 $C_M \times i \fallingdotseq C_m \times i$）

$\Rightarrow \Delta T_f = 1.86°C\,\text{kg/mol} \times 0.315\text{M} = 0.587°C$

$T_f = 0°C - 0.587°C = -0.587°C$

---

37. 拉午耳定律(Raoult's law)描述了溶液的蒸氣壓與其濃度的關係，下列何溶質溶劑組合符合右圖的關係？

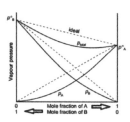

(A)Heptane－water　　　　　(B)Ethanol－hexane

(C)Heptane－hexane　　　　　(D)Acetone－water

【106 私醫(17)】

【詳解】D

(A)(B)極性分子與非極性分子互溶常出現正偏差溶液。

(C)同系物互溶，接近理想溶液。

(D)極性與極性分子互溶，常出現負偏差溶液。

38. 血液酒精濃度(BAC)的含量可以經由測量呼氣酒精濃度(BrAC)得知，此一方法所根據的定律是：
(A)波以耳定律（Boyle's law）　　　(B)查理定律（Charles's law）
(C)亞佛加厥定律（Avogadro's law）　(D)亨利定律（Henry's law）
(E)赫斯定律　（Hess's law）

【105 中國醫(4)】

【詳解】D
(1) **提出者** ：亨利發現，1803 年
(2) **內容** ：
　　定溫下，在定量溶劑所溶解難溶性氣體之質量（與體積莫耳濃度）
　　其平衡時，該氣體之分壓成正比。
(3) **討論** ：亨利定律適用於 高溫、低壓且溶解度小的氣體 。

---

39. 下列水溶液在室溫(25°C)下，何者具有最高滲透壓？
(A) 0.2 M KBr　　(B) 0.2 M ethanol　　(C) 0.2 M Na_2SO_4　　(D) 0.2 M KCl

【105 義守(29)】

【詳解】C
滲透壓與溶液中溶質的數量（依數性質）有關，與溶質揮發性無關。
公式：π（滲透壓）＝ $C_M \times R \times T \times i$（$i$ 為凡特荷夫因子）
故 $\pi \propto i$ $\Rightarrow$ (A) $i = 2$　(B) $i = 1$　(C) $i = 3$　(D) $i = 2$

---

40. 下列何者可溶於四氯化碳(CCl_4)？
(A) NaCl　　(B) CS_2　　(C) NH_3　　(D) 以上皆可

【105 義守(36)】

【詳解】B
液體溶解度性質：極性溶於極性，非極性溶於非極性。
CCl_4 為非極性溶劑，與非極性的 CS_2 互溶性高

41. 下列何者是製備 2.00 升 0.100 M Na$_2$CO$_3$(分子量 106)水溶液的正確方法？
    (A)秤取 10.6 g Na$_2$CO$_3$ 並加入 2.00 升的水
    (B)秤取 21.2 g Na$_2$CO$_3$ 並加入 2.00 升的水
    (C)秤取 10.6 g Na$_2$CO$_3$ 並加入水直到最終體積為 2.00 升
    (D)秤取 21.2 g Na$_2$CO$_3$ 並加入水直到最終體積為 2.00 升
    【105 義守(38)】

【詳解】D
由 M×V＝莫耳數，再求溶質的克數
溶質的克數＝0.1M×2L×106 g/mol＝21.2 克…(A)(C)可刪除
(B)取 21.2 克（亦有體積）Na$_2$CO$_3$ 溶於 2L 水，最終水溶液體積＞2L。
(D)加水至容量瓶（或稱定量瓶）『總體積』為 2L 最佳。

42. 對於重量莫耳濃度 (0.01 m) 相同的下列稀溶液，蒸氣壓最高的是：
    (A)醋酸溶液　　　　(B) CaCl$_2$ 溶液　　　(C) 蔗糖溶液　　　(D) NaCl 溶液
    【105 慈濟(16)】

【詳解】C
此題為常見陷阱：依數性質為『蒸氣壓下降量 ΔP』非『蒸氣壓 P』。
蒸氣壓下降量↑則蒸氣壓↓
蒸氣壓下降量 $\Delta P = P^{\circ}_A \times \dfrac{n_B \times i}{n_A + n_B \times i}$ ，故蒸氣壓下降量 $\propto i$
(A) $1 < i < 2$　　(B) $i \fallingdotseq 3$　　(C) $i = 1$　　(D) $i \fallingdotseq 2$
蒸氣壓大小：(C)＞(A)＞(D)＞(B)

43. 體積莫耳濃度 b 之溶液 1.0 升，密度為 d，其中溶質分子量為 M_1，溶劑
    分子量為 M_2，若溶質並未解離，則該溶液所含溶質與溶劑之總莫耳數為何？
    (A)$b + \dfrac{1000d - bM_1}{M_2}$
    (B)$\dfrac{b + 1000}{M_2}$
    (C)$\dfrac{bM_1 + (1000d - b)}{M_2}$
    (D)$\dfrac{bM_2 + (1000d - b)}{M_1}$
    【105 私醫(24)】

【詳解】A

溶質莫耳數：b (mol/L)×1.0 L = b mol

溶液總重(g)：1000 mL×d (g/mL) = 1000d g

溶劑莫耳數：$\dfrac{1000d\,(g) - (b\,mol \times M_1\,(g/mol))}{M_2\,(g/mol)}$

溶質＋溶劑總莫耳數 $= b + \dfrac{1000d - bM_1}{M_2}$

---

44. 已知水的凝固點下降常數(k_f)為 1.86 °C/m。試問，0.055 m 的 $NaNO_3$ 水溶液的凝固點為何？

    (A)0.0286　　(B)–0.1023　　(C)0.1023　　(D)–0.2046

    【105 私醫(25)】

【詳解】D

$\Delta T_f = K_f \times C_m \times i$

$\Delta T_f = 1.86(℃/m) \times 0.055\,m \times 2.0 = 0.2046℃$

$T_f = 0 - 0.2046 = -0.2046℃$

---

45. 在 25℃，有一罐裝汽水，汽水上方 CO_2 的壓力為 6 atm，若 CO_2 的亨利定律常數為 3×10^{-2} mol/L · atm，且大氣中 CO_2 的壓力為 4×10^{-4} atm，請計算汽水開瓶後，汽水中 CO_2 的平衡濃度為何？

    (A) 1.2×10^{-5} M　(B) 2×10^{-3} M　(C) 0.18 M　(D) 6 M　(E) 240 M

    【104 中國醫(8)】

【詳解】A

根據亨利定律：

$C_A \left(\dfrac{mol}{L}\right) = k \left(\dfrac{mol}{L.atm}\right) \cdot P_A$

在定溫下，k = 3.0×10^{-2} 不變，大氣中 CO_2 的壓力為 4×10^{-4} atm

得：$C_A = 1.2 \times 10^{-5} M$

---

46. 將 0.5 莫耳非揮發且不會解離的溶質溶解在 3 莫耳的溶劑中，請問此溶液的蒸氣壓與純溶劑的蒸氣壓之比為何？

(A) 1:3　　(B) 1:7　　(C) 2:3　　(D) 5:6　　(E) 6:7

【104 中國醫(10)】

【詳解】E

$$P_A = P_A^\circ \cdot \frac{3mol}{0.5+3mol} = \frac{6}{7}P_A^\circ \quad \Rightarrow \quad P_A : P_A^\circ = \frac{6}{7}P_A^\circ : P_A^\circ = 6:7$$

---

47. 在 27℃ 室溫下，0.01 M 的氯化鈉 (NaCl) 水溶液的滲透壓大約是多少 torr？

(A) 0.245 torr　　(B) 15.6 torr　　(C) 374 torr　　(D) 520 torr　　(E) 748 torr

【104 中國醫(14)】

【詳解】C

滲透壓 $\pi = C_M \times R \times T \cdot i$

$$\pi\,(atm) = 0.01M \times 0.082\,\frac{atm \cdot L}{mol \cdot K} \times 300K \times 2\,, \quad \pi = 0.492\,atm$$

$$0.492\,atm \times \frac{760\,torr}{1\,atm} = 374\,torr$$

---

48. 有一瓶酒，其中乙醇的體積百分比濃度為 23% (v/v)，請計算乙醇的體積莫耳濃度(Molarity)為何？　(水的密度= 1.0 g/cm³，乙醇的密度= 0.80 g/cm³，乙醇的分子量= 46 g/mol)

(A) 0.4 M　　(B) 4.0 M　　(C) 8.0 M　　(D) 12.0 M　　(E) 16.0 M

【104 中國醫(16)】

【詳解】B

乙醇 $C_2H_5OH_{(aq)}$；23% ($\frac{V}{V}$)

$$\Rightarrow \frac{23\,mL\,(C_2H_5OH_{(l)})}{100\,mL\,(C_2H_5OH_{(aq)})} \times 100\% = 23\%$$

則：$\dfrac{\dfrac{23\,mL \cdot 0.8\,g/mL}{46\,g/mol}}{\dfrac{100\,mL}{1000\,mL/L}} = 4.0\,M$

49. 氫溴酸水溶液，重量百分率是48%，密度是1.05 g/cm³。此氫溴酸水溶液的
    體積莫耳濃度是 _____。 (Br: 80)

    (A) 18.0 M   (B) 11.6 M   (C) 6.22 M   (D) 5.12 M

    【104 義守(15)】

【詳解】C

設HBr (aq)重量百分率濃度$48\% = \dfrac{48\ \text{g HBr(g)}}{100\ \text{g HBr(aq)}} \times 100\%$

得：$\dfrac{\left(\dfrac{48\text{g}}{81\ ^{\text{g}}\!/_{\text{mol}}}\right) \times 1000}{\dfrac{100\text{g}}{1.05\ ^{\text{g}}\!/_{\text{mL}}}} = 6.22\ \text{M}$

第7單元　反應動力學

一、 化學反應速率表示法

1. 若有一反應式為 $a\text{A} + b\text{B} \rightleftharpoons c\text{C} + d\text{D}$

   A 的減少速率 $r_A = -\dfrac{\Delta[A]}{\Delta t}$、B 的減少速率 $r_B = -\dfrac{\Delta[B]}{\Delta t}$

   C 的增加速率 $r_C = +\dfrac{\Delta[C]}{\Delta t}$、 D 的增加速率 $r_D = +\dfrac{\Delta[D]}{\Delta t}$ 均可表示

   反應速率

2. 各速率間之關係：

$$r = \frac{1}{a} \times \frac{-\Delta[A]}{\Delta t} = \frac{1}{b} \times \frac{-\Delta[B]}{\Delta t} = \frac{1}{c} \times \frac{\Delta[C]}{\Delta t} = \frac{1}{d} \times \frac{\Delta[D]}{\Delta t}$$

$$\therefore r_A : r_B : r_C : r_D = \frac{-\Delta[A]}{\Delta t} : \frac{-\Delta[B]}{\Delta t} : \frac{\Delta[C]}{\Delta t} : \frac{\Delta[D]}{\Delta t} = a : b : c : d$$

二、 化學反應速率的表示-速率定律式

1. 如果反應方程式為 $a\,\text{A}_{(g)} + b\,\text{B}_{(g)} \longrightarrow g\,\text{G} + h\,\text{H}$，其反應速率

   與反應物濃度某次方成正比：

   (1) 速率定律式可以表示成：$r = k[A]^x[B]^y$

   (2) 又反應物濃度與其分壓成正比，也可改寫成：$r = kP_A{}^x P_B{}^y$

2. x 和 y 分別為 A 和 B 的反應級數，與反應方程式的係數無關，必須

   經由實驗測得。

3. 反應級數可以是 0 級、1 級、2 級等，也可以是分數或負數。

4. 對反應物 A 而言，是 x 級反應；對反應物 B 而言，是 y 級反應，

   x＋y 稱為反應的總級數。

5. 速率常數（k）的單位會因反應總級數不同而不同，

   如果反應總級數為 z，採用秒作為時間的單位，則 k 的單位可以

   表示為 $M^{1-z} \cdot s^{-1}$。

6. 對反應速率有影響的因素，除了濃度、壓力外，皆會影響 k 值。

7. 反應方程式的係數乘上 n 倍，速率定律仍不變。

8. 速率定律的推求：

　　由實驗數據推求，已知反應 $aA + bB \longrightarrow cC$，

　　設速率定律為 $R = k[A]^m[B]^n$。

　　(1) 先將 [B] 固定，求 r 與 [A] 之關係，即求 m 值。

　　(2) 將 [A] 固定，求 r 與 [B] 之關係，即求 n 值。

三、 各級反應之速率定律與圖形關係

反應：$aA \rightarrow$ 產物	零級反應（Zero order）	一級反應（First order）	二級反應（Second order）
反應速率 r (M/s)	$r = k[A]^0 = k$	$r = k[A]$	$r = k[A]^2$
k 的單位	Ms^{-1}	s^{-1}	$M^{-1}s^{-1}$
r 與[A]關係圖			
[A]-t 關係圖			
[A]-t 關係式	$[A] = [A]_0 - kt$	$log\dfrac{[A]_0}{[A]} = \dfrac{kt}{2.303}$	$\dfrac{1}{[A]} = \dfrac{1}{[A]_0} + kt$
直線作圖			
半生期	$t_{1/2} = \dfrac{[A]_0}{2k}$	$t_{1/2} = \dfrac{ln2}{k} = \dfrac{0.693}{k}$	$t_{1/2} = \dfrac{1}{k[A]_0}$

四、 速率常數(k)與阿瑞尼斯方程式

1. 阿瑞尼斯方程式：

(1) 方程式內容： $k = A \cdot e^{\frac{-E_a}{RT}}$

    A：頻率因子（*frequency factor*）

    E_a：活化能(本性、催化劑)

    T：溫度(K)

    R：氣體常數 $(8.314\,J/mol \cdot K)$

(2) 方程式定量討論

    A. 求得活化能已知的條件下，不同溫度下的速率常數

    （溫度 $T_2 > T_1$） $\log\dfrac{r_1}{r_2} = \log\dfrac{k_1}{k_2} = \dfrac{-E_a}{2.303R} \times (\dfrac{1}{T_1} - \dfrac{1}{T_2})$

    B. 同溫度下，不同反應途徑（加入催化劑）反應速率比較

    （E_{a1} 時未加催化劑） $\log\dfrac{r_1}{r_2} = \log\dfrac{k_1}{k_2} = \log\dfrac{A_1}{A_2} = \dfrac{-(E_{a1} - E_{a2})}{2.303RT}$

2. 速率常數(k)影響因素：

影響 *k* 的因素	不影響 *k* 的因素
本質	濃度
溫度	壓力
催化劑	反應熱
溶劑種類	

3. 速率常數(*k*)之單位：

非定值，隨反應總級數而變，故可由 *k* 之單位判斷反應級數。

通式： $M^{1-(m+n)} \cdot s^{-1}$ or $P^{1-(m+n)} \cdot s^{-1}$

五、 溫度與催化劑對反應的影響

1. 溫度因素：

可改變	不可改變
分子動能分布曲線圖	反應途徑
化學平衡及平衡常數	活化能（低限能）
碰撞頻率及有效碰撞分率	反應機構（反應級數）
正逆反應速率（無論吸放熱反應）	活化錯合物及中間產物
正、逆速率常數 k 值：不等量變化	
反應熱（大部分的反應變動很小）	

2. 催化劑因素：

可改變	不可改變
活化能	總產量
反應速率常數	ΔH（反應熱）
單位時間內的產量	平衡狀態及平衡常數
反應途徑（反應機構、級數）	分子動能分布曲線圖
反應速率（使正逆反應速率皆等倍增加）	非自發性反應變成可行的反應

六、 濃度、溫度與催化劑對反應速率的影響方式

改變反應條件	速率常數（k）	總碰撞頻率	有效碰撞分率	有效碰撞頻率	速率
濃度(或氣體壓力)增大	不變	變大	不變	變大	
加入催化劑	變大	不變	提高	變大	增大
溫度升高	變大	變大	提高	變大	

【註】：有效碰撞頻率 ∝ 反應速率

歷 屆 試 題 集 錦

1. For the reaction $3A(g) + 2B(g) \rightarrow 2C(g) + 2D(g)$, the following data was collected at constant temperature. Determine the correct rate law for this reaction.

Trial	Initial [A] (mol/L)	Initial [B] (mol/L)	Initial Rate (mol/(L·min))
1	0.200	0.100	6.00×10^{-2}
2	0.100	0.100	1.50×10^{-2}
3	0.200	0.200	1.20×10^{-1}
4	0.300	0.200	2.70×10^{-1}

(A) Rate = k[A][B]　　　(B) Rate = k[A][B]^2　　(C) Rate = k[A]^3[B]^2

(D) Rate = k[A]$^{1.5}$[B]　　　(E) Rate = k[A]^2[B]

【110 高醫(28)】

【詳解】E

設速率定律式 $R = k[A]^a[B]^b$

由 Run #1, 2 $\Rightarrow \dfrac{R_2}{R_1} = \dfrac{1.5 \times 10^{-2}}{6.0 \times 10^{-2}} = \dfrac{1}{4} = \left(\dfrac{0.1}{0.2}\right)^a \Rightarrow a = 2$

由 Run #1, 3 $\Rightarrow \dfrac{R_3}{R_1} = \dfrac{1.2 \times 10^{-1}}{6.0 \times 10^{-2}} = \dfrac{2}{1} = \left(\dfrac{0.2}{0.1}\right)^b \Rightarrow b = 1$

則速率定律式 $R = k[A]^2[B]^1$

2. The rate law for a reaction is found to be Rate = $k[A]^2[B]$. Which of the following mechanisms gives this rate law?

I. A + B $\rightleftharpoons$ E (fast)　　　　II. A + B $\rightleftharpoons$ E (fast)　　　　III. A + A $\rightarrow$ E (slow)

　E + B $\rightarrow$ C + D (slow)　　　E + A $\rightarrow$ C + D (slow)　　　　E + B $\rightarrow$ C + D (fast)

(A) I　　　(B) II　　　(C) III　　　(D) I & II　　　(E) II & III

【110 高醫(87)】

【詳解】B

由 R.D.S 法求速率定律式

$$r = k_2[E][B]\ldots\ldots(1)$$

$\underline{I}$：$k_1[A][B] = k_{-1}[E]$

$$\Rightarrow \frac{k_1}{k_{-1}}[A][B] = [E]\ldots\ldots(2)$$

由(2)代入(1)得 $r = k[A][B]^2$　（其中 $k = \dfrac{k_1 k_2}{k_{-1}}$）……與題意不合

$$r = k_2[E][A]\ldots\ldots(1)$$

$\underline{II}$：$k_1[A][B] = k_{-1}[E]$

$$\Rightarrow \frac{k_1}{k_{-1}}[A][B] = [E]\ldots\ldots(2)$$

由(2)代入(1)得 $r = \dfrac{k_2 k_1}{k_{-1}}[A]^2[B]$　（其中 $\dfrac{k_2 k_1}{k_{-1}} = k$）…..與題意合

$\underline{III}$：$r = r_1 = k_1[A]^2\ldots\ldots$與題意不合

---

3. 反應物 A 進行零級(zero-order)反應，其積分速率定律式(integrated rate law)為何？

   (A) $[A] = kt$　　　(B) $[A]_0 - [A] = kt$　　(C) $\dfrac{[A]}{[A]_0} = kt$　　(D) $\ln\dfrac{[A]}{[A]_0} = kt$

【110 中國醫(16)】

【詳解】B

反應： $aA \rightarrow$ 產物	零級反應 （Zero order）	一級反應 （First order）	二級反應 （Second order）
[A]-t 關係式	$[A] = [A]_0 - kt$	$\log\dfrac{[A]_0}{[A]} = \dfrac{kt}{2.303}$	$\dfrac{1}{[A]} = \dfrac{1}{[A]_0} + kt$

4. 臭氧（O_3）在大氣中的破壞反應如下，請問何者是催化劑（catalyst）？何者是反應中間體（intermediate）？

$$NO + O_3 \longrightarrow NO_2 + O_2 \text{（slow）}$$
$$NO_2 + O \longrightarrow NO + O_2 \text{（fast）}$$

淨反應　$O + O_3 \longrightarrow 2O_2$

(A) NO_2是反應中間體、NO是催化劑
(B) NO是反應中間體、NO_2是催化劑
(C) NO是反應中間體、O_3是催化劑
(D) O_3是反應中間體、NO_2是催化劑

【110慈濟(3)】

【詳解】A

NO_2既在第一反應生成，又在第二反應消失，故為中間體。

NO在第一反應一開始就有參與反應，最後又於第二反應生成且未出現於淨反應，此乃催化劑。

---

5. 請問在一級化學反應中，若將反應物的濃度增加10倍，反應的半生期如何變化？
(A) 增快5倍　　(B) 減慢10倍　　(C) 增快10倍　　(D) 不變

【110慈濟(18)】

【詳解】D

一級化學反應半生期公式：$t_{1/2} = \dfrac{0.693}{k}$ 與濃度無關。

---

6. 反應$3X_{(g)} + Y_{(g)} \rightleftharpoons 2Z_{(g)}$的速率定律式為$r = k[X]^2[Y]$。假設參與反應的$X_{(g)}$為1莫耳，$Y_{(g)}$為4莫耳時，反應初速率為R；若在溫度、總壓力維持不變的情況下，參與反應的$X_{(g)}$莫耳數不變，$Y_{(g)}$增為9莫耳，則反應初速率將為若干？
(A) 9R/4　　(B) 9R/16　　(C) 9R/32　　(D) 9R/64

【110慈濟(43)】

【詳解】C

設總壓力 P_t；$P_{X1} = \frac{1}{5}Pt$ ；$P_{Y1} = \frac{4}{5}Pt$

$\xrightarrow{V_2 = 2V_1}$ $P_{X2} = \frac{1}{10}Pt$ ；$P_{Y2} = \frac{9}{10}Pt$ ，故：$\dfrac{r_2}{r_1} = \dfrac{k(Pt \times \frac{1}{10})^2 (Pt \times \frac{9}{10})^1}{k(Pt \times \frac{1}{5})^2 (Pt \times \frac{4}{5})^1} = \dfrac{9}{32}$

---

7. For a reaction involving changes of reactant concentrations ([A]), what is the reaction order (m) when the correlation of ln [A] versus time (t) is a straight line?
   (A) $m = 0$ (B) $m = 1/2$ (C) $m = 1$ (D) $m = 2$
   (E) None of these

   【109 高醫(68)】

【詳解】C

反應：$aA \to$ 產物	零級反應 (Zero order)	一級反應 (First order)	二級反應 (Second order)
反應速率 r (M/s)	$r = k[A]^0 = k$	$r = k[A]$	$r = k[A]^2$
$[A]$-t 關係式	$[A] = [A]_0 - kt$	$\log \dfrac{[A]_0}{[A]} = \dfrac{kt}{2.303}$	$\dfrac{1}{[A]} = \dfrac{1}{[A]_0} + kt$
直線作圖			

8. 某學生進行一化學反應並隨著時間變化記錄反應物 I 的濃度，他發現此反應為反應物 I 的二級反應。下列哪一張是學生觀察到的反應物濃度變化圖？

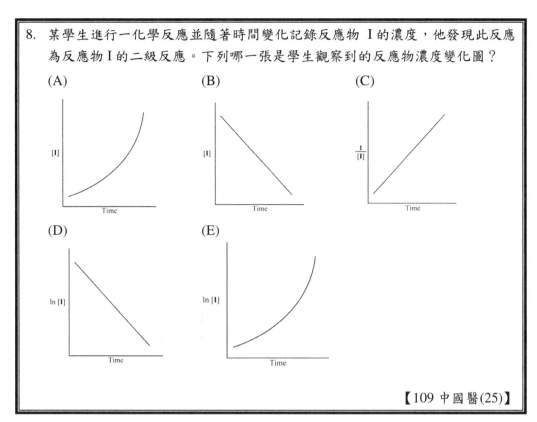

(A)　　　　　　(B)　　　　　　(C)

(D)　　　　　　(E)

【109 中國醫(25)】

【詳解】C

反應：$aA \rightarrow$ 產物	零級反應（Zero order）	一級反應（First order）	二級反應（Second order）
[A]-t 關係式	$[A] = [A]_0 - kt$	$log\dfrac{[A]_0}{[A]} = \dfrac{kt}{2.303}$	$\dfrac{1}{[A]} = \dfrac{1}{[A]_0} + kt$
直線作圖	[A]₀ [A] 斜率＝−k t	log [A]₀ log [A] 斜率＝−($\frac{k}{2.30}$) t	1/[A] 1/[A]₀ 斜率＝k t

9. 某化學反應：$P + 2Q \rightarrow R + S$，其實驗數據如下表所示

時間(s)	$[Q]_0 = 5.0$ M 實驗（I）[P] (M)	$[Q]_0 = 10.0$ M 實驗（II）[P] (M)
0	10.0×10^{-2}	10.0×10^{-2}
20	6.67×10^{-2}	5.00×10^{-2}
40	5.00×10^{-2}	3.33×10^{-2}
60	4.00×10^{-2}	2.50×10^{-2}
80	3.33×10^{-2}	2.00×10^{-2}
100	2.86×10^{-2}	1.67×10^{-2}
120	2.50×10^{-2}	1.43×10^{-2}

下列哪一項為正確的反應速率式(rate law)？
(A) Rate = $k[P]^2[Q]^2$　　(B) Rate = $k[P]^2[Q]$　　(C) Rate = $k[P][Q]^2$
(D) Rate = $k[P][Q]$　　(E) Rate = $k[P]$

【109 中國醫(26)】

【詳解】B

假設速率定律式為 $R = k[P]^a[Q]^b$

(1) 由實驗（I）或實驗（II）固定物種 Q 的濃度（5.0 M or 10.0 M）
不管實驗 I 或實驗 II 中，P 物種半生期時間皆是加倍（如實驗 I 中第一半生期為 40s，第二半生期為 120s－40s＝80s），此為二級反應特色。
故 $R \propto [P]^2$

(2) 物種 Q 的濃度加倍時（5.0 M → 10.0 M），$[P]_0 = 10 \times 10^{-2}$ M 反應至 5.0×10^{-2} M 所需時間由 40s 縮短為 20s，反應時間減半反應速率加倍。
故 $R \propto [Q]^1$

(3) 得速率定律式為 $R = k[P]^2[Q]^1$

	$[Q]_0 = 5.0$ M 實驗（I）	
時間(s)	[P] (M)	
0	10.0×10^{-2}	
40	5.00×10^{-2}	
120	2.50×10^{-2}	

	$[Q]_0 = 10.0$ M 實驗（II）	
時間(s)	[P] (M)	
0	10.0×10^{-2}	
20	5.00×10^{-2}	
60	2.50×10^{-2}	

10. 已知 $2O_3(g) \rightarrow 3O_2(g)$，臭氧在某期間的平均消失速率為 9.00×10^{-3} atm/s，同時期氧的生成速率為
    (A) 1.35×10^{-2} atm/s   (B) 9.00×10^{-3} atm/s
    (C) 6.00×10^{-3} atm/s   (D)以上皆非

    【109 義守(4)】

【詳解】A

$$R = \frac{-\Delta[O_3]}{2\Delta t} = \frac{+\Delta[O_2]}{3\Delta t}$$

故：$3R_{O_3} = 2R_{O_2} \Rightarrow R_{O_2} = \dfrac{3 \times 9.0 \times 10^{-4}}{2} = 1.35 \times 10^{-4}$

---

11. 反應 $3A \rightarrow 2B$ 的速率常數為 6.00×10^{-3} L mol^{-1} min^{-1}。反應物 A 的濃度從 0.75 M 下降到 0.25 M 需要多久時間？
    (A) 2.2×10^{-3} min   (B) 440 min
    (C) 180 min   (D) 5.0×10^2 min

    【109 義守(32)】

【詳解】B

由『…速率常數為 6.00×10^{-3} L mol^{-1} min^{-1}……』的單位得知二級反應。

故代入二級積分式：$\dfrac{1}{[A]} = \dfrac{1}{[A]_0} + kt \Rightarrow \dfrac{1}{\frac{1}{4}M} = \dfrac{1}{\frac{3}{4}M} + 6.0 \times 10^{-3} \times time$

$\Rightarrow time \approx 440\,min$

---

12. 有一個化學反應 $A \rightarrow B$ 為二級反應，反應時間為 50 分鐘時，有 50% A 被轉換成 B，若要將 80% A 轉換成 B 需要多少反應時間？
    (A) 200 分鐘   (B) 150 分鐘   (C) 100 分鐘   (D) 80 分鐘

    【109 私醫(37)】

【詳解】A

『…反應時間為 50 分鐘時，有 50% A 被轉換成 B…』

表示反應物 A 剩下原來的 1/2（50%），表示 50 分鐘為半生期

由半生期：$t_{1/2} = \dfrac{1}{k[A]_0} = 50\,min \Rightarrow k[A]_0 = \dfrac{1}{50}$

二級反應中，積分公式 $(\dfrac{1}{[A]_t}-\dfrac{1}{[A]_0})=kt$

代入 $(\dfrac{1}{\frac{1}{5}[A]_0}-\dfrac{1}{[A]_0})=k\times time \Rightarrow time=(\dfrac{4}{k[A]_0})=\dfrac{4}{\frac{1}{50}}=200\,min$

---

13. 已知 $A \rightarrow B + C$ 反應速率為二級反應，當 $[A]_0 = 0.100\,M$，反應完成 20%
時，需要 48.2 分鐘，試求此反應的半衰期 (Half–life) 為：
(A) 1.93×10^2 min　　(B) 12.1 min　　(C) 2.41×10^4 min　　(D) 8.57 min
【109 私醫(39)】

【詳解】A
『…反應完成 20%時…』表示反應物 A 剩下原來的 4/5（80%）

二級反應中，積分公式 $(\dfrac{1}{[A]_t}-\dfrac{1}{[A]_0})=kt$

代入 $(\dfrac{1}{\frac{4}{5}[A]_0}-\dfrac{1}{[A]_0})=k\times 48.2\,min \Rightarrow k=0.0518$

由半生期：$t_{1/2}=\dfrac{1}{k[A]_0} \Rightarrow t_{1/2}=\dfrac{1}{0.0518\times 0.1M}=1.93\times 10^2\,min$

---

14. 下列表格中的數據由 NO 和 O_2 的反應得到(濃度單位為 molecules/cm³)，
試求此反應的速率方程式為？

$[NO]_0$	$[O_2]_0$	Initial Rate
1×10^{18}	1×10^{18}	2.0×10^{16}
2×10^{18}	1×10^{18}	8.0×10^{16}
3×10^{18}	1×10^{18}	18.0×10^{16}
1×10^{18}	2×10^{18}	4.0×10^{16}
1×10^{18}	3×10^{18}	6.0×10^{16}

(A) Rate = $k[NO][O_2]$　　(B) Rate = $k[NO][O_2]^2$
(C) Rate = $k[NO]^2[O_2]$　　(D) Rate = $k[NO]^2[O_2]^2$
【109 私醫(40)】

【詳解】C

設速率定律式：rate = k [NO]^a[O$_2$]^b

由 Run #1, 2 $\Rightarrow \dfrac{R_2}{R_1} = \dfrac{8.0\times10^{16}}{2.0\times10^{16}} = 4 = (\dfrac{2.0\times10^{18}}{1.0\times10^{18}})^a = (\dfrac{2}{1})^a \Rightarrow a = 2$

由 Run #1, 4 $\Rightarrow \dfrac{R_4}{R_1} = \dfrac{4.0\times10^{16}}{2.0\times10^{16}} = 2 = (\dfrac{2.0\times10^{18}}{1.0\times10^{18}})^b = (\dfrac{2}{1})^b \Rightarrow b = 1$

則速率定律式：rate = k [NO]^2[O$_2$]^1

---

15. Why is this reaction considered to be exothermic?

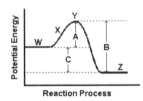

(A) Because energy difference A and energy difference C are about equal.

(B) Because energy difference B is greater than energy difference C plus energy difference A.

(C) Because energy difference A is greater than energy difference C.

(D) Because energy difference B is greater than energy difference A.

(E) Because energy difference B is greater than energy difference C.

【108 高醫(28)】

【詳解】D

【舉例】：BrNO 分子反應過程的位能變化圖

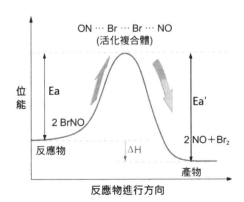

反應熱（ΔH）
＝正活化能 E_a－逆活化能 E_a'
＝A－B＜0（放熱）
意旨：B 比 A 差距較大。

16. Consider the following data concerning the equation:

$$H_2O_2 + 3I^- + 2H^+ \rightarrow I_3^- + 2H_2O$$

	$[H_2O_2]$	$[I^-]$	$[H^+]$	rate
I.	0.100 M	5.00×10^{-4} M	1.00×10^{-2} M	0.137 M/sec
II.	0.100 M	1.00×10^{-3} M	1.00×10^{-2} M	0.268 M/sec
III.	0.200 M	1.00×10^{-3} M	1.00×10^{-2} M	0.542 M/sec
IV.	0.400 M	1.00×10^{-3} M	2.00×10^{-2} M	2.084 M/sec

(A) Rate = k $[H_2O_2][I^-][H^+]$ (B) Rate = k $[H_2O_2]^2[I^-]^2[H^+]^2$

(C) Rate = k $[I^-][H^+]$ (D) Rate = k $[H_2O_2][H^+]$

(E) Rate = k$[H_2O_2][I^-]$

【108 高醫(62)】

【詳解】A

設速率定律式：rate = k $[H_2O_2]^a[I^-]^b[H^+]^c$

由 Run #1, 2 $\Rightarrow \dfrac{R_2}{R_1} = \dfrac{0.268}{0.137} = \dfrac{1.0 \times 10^{-3}}{5.0 \times 10^{-4}} = \left(\dfrac{2}{1}\right)^b \Rightarrow b = 1$

由 Run #2, 3 $\Rightarrow \dfrac{R_3}{R_2} = \dfrac{0.542}{0.268} = \dfrac{0.2}{0.1} = \left(\dfrac{2}{1}\right)^a \Rightarrow a = 1$

由 Run #3, 4 $\Rightarrow \dfrac{R_4}{R_3} = \dfrac{2.084}{0.542} = \left(\dfrac{0.4}{0.2}\right)^1 \left(\dfrac{2.0 \times 10^{-2}}{1.0 \times 10^{-2}}\right)^c \Rightarrow c = 1$

則速率定律式：rate = k $[H_2O_2]^1[I^-]^1[H^+]^1$

17. Which of the following statements are true? A catalyst can act in chemical reaction to:

   I. Lower the activation energy.

   II. Change the equilibrium concentration of the products.

   III. Decrease ΔE for the reaction.

   IV. Change the order of the reaction.

   V. Provide a new path for the reaction.

(A) I,II, and III   (B) II and III   (C) II and V

(D) I and V   (E) III and IV

【108 高醫(63)】

【詳解】D

參與反應，會改變反應速率，但反應前後總量不改變，不出現在

全反應式中的物質，稱之為催化劑(catalyst)又稱為觸媒，在生物體中稱為酶。

催化原理：**提供新的反應途徑，降低活化能（低限能）**

---

18. 下列為室溫下氣體反應 $2NO + 2H_2 \rightarrow N_2 + 2H_2O$ 的起始反應速率的數據，
何者為此反應的速率常數值？

$[NO]_0(M)$	$[H_2]_0(M)$	起始反應速率（M/s）
0.16	0.32	0.0180
0.16	0.48	0.0270
0.32	0.32	0.0720

(A) 0.35　　(B) 1.1　　(C) 2.2　　(D) 6.9　　(E) 8.4

【108 中國醫(22)】

【詳解】C

設速率定律式 $R = [NO]^a[H_2]^b$

由 Run #1, 2 $\Rightarrow \dfrac{R_2}{R_1} = \dfrac{0.027}{0.018} = \dfrac{3}{2} = \left(\dfrac{0.48}{0.32}\right)^b \Rightarrow b = 1$

由 Run #1, 3 $\Rightarrow \dfrac{R_3}{R_1} = \dfrac{0.072}{0.018} = 4 = \left(\dfrac{0.32}{0.16}\right)^a \Rightarrow a = 2$

則速率定律式 $R = [NO]^2[H_2]^1$

再由實驗(一)數據：

$0.018 \text{ (M/s)} = k(0.16)^2(0.32)^1$，得：$k = 2.2 \text{ M}^{-2}\text{s}^{-1}$

---

19. 某一反應 $A + B \rightleftharpoons C$ 之正反應的活化能為 20 kJ/mol，逆反應的活化能
為 85 kJ/mol，請問此反應之反應熱最接近下列何者？

(A) -105 kJ/mol　　(B) -65 kJ/mol　　(C) 65 kJ/mol　　(D) 105 kJ/mol

【108 義守(16)】

【詳解】B

反應熱（ΔH）

＝正活化能 E_a － 逆活化能 $E_a' = 20 - 85 = -65$ kJ/mol（放熱）

20. 反應 $2A + 2B \rightarrow C$ 的反應機制是

　　(1) $A + B \rightarrow D$ （慢）

　　(2) $D + B \rightleftharpoons E$ （快）

　　(3) $A + E \rightleftharpoons C$ （快）

　　則此反應的速率方程式(rate equation)是下列何者？

　　(A) 速率 $= k[A][B]$ 　　　(B) 速率 $= k[A][E]$

　　(C) 速率 $= k[A]^2[B]^2$ 　　(D) 速率 $= k[D][B]$

【108 義守(25)】

【詳解】A

因反應機制中每一步驟為基本反應，其反應式係數即為定律式指數。

又因步驟 1 為速率決定步驟，故速率定律式為：$R = k[A][B]$

21. 在 pH 7.0 和 25℃ 時，cis-platin 在水中水解的速率常數為 1.5×10^{-3} min^{-1}。
如果新製備的 cis-platin 溶液濃度為 0.053 M，經 3 個半衰期(half-life)後，
cis-platin 溶液濃度約變成為_____。

　　(A) 0.027 M 　　　(B) 0.018 M 　　　(C) 0.013 M 　　　(D) 0.007 M

【108 義守(34)】

【詳解】D

由速率常數為 1.5×10^{-3} **min^{-1}**，單位是時間倒數，判定為一級反應。

利用半衰期概算作法：

$$0.053M \xrightarrow[1^{st}\,t_{1/2}]{} 0.0265M \xrightarrow[2^{nd}\,t_{1/2}]{} 0.01325M \xrightarrow[3^{rd}\,t_{1/2}]{} 0.006625M$$

22. 氣態的環丙烷可進行異構化反應(isomerization)產生丙烯：在 520℃ 時，該
反應的速率常數(rate constant)為 6.93×10^{-4} s^{-1}。在 520℃ 下，環丙烷最初
的壓力為 0.100 大氣壓，當壓力減少至 0.025 大氣壓，則需多少反應時間？
(ln 2 = 0.693)

　　(A) 69 s 　　　(B) 1.0×10^3 s 　　　(C) 2.0×10^3 s 　　　(D) 4.3×10^4 s

【108 慈濟(9)】

【詳解】C

方法一：代入 1 級積分公式

$$\ln \frac{[A]_0}{[A]} = kt \Rightarrow \ln \frac{0.1atm}{0.025atm} = 6.93 \times 10^{-4} (s^{-1}) \times t \Rightarrow t = 2.0 \times 10^3 s$$

方法二：利用半生期法

$$0.1atm \xrightarrow[\;1^{st}\,t_{1/2}\;]{} 0.05atm \xrightarrow[\;2^{nd}\,t_{1/2}\;]{} 0.025atm$$

$$t_{1/2} = \frac{0.693}{k} = \frac{0.693}{6.93 \times 10^{-4} s^{-1}} = 1.0 \times 10^3 s$$

$$\Rightarrow 1.0 \times 10^3 s \times 2 = 2.0 \times 10^3 s$$

---

23. NO 與 Br_2 氣體反應可生成 NOBr，反應式為 $2NO(g) + Br_2(g) \rightarrow 2NOBr(g)$，
   其反應機構(reaction mechanism)如下：

   $$Br_{2(g)} + NO_{(g)} \rightleftharpoons NOBr_{2(g)}$$

   (快且達平衡，k_1 正反應速率常數 ，k_{-1} 正反應速率常數)

   $$NOBr_{2(g)} + NO_{(g)} \xrightarrow{\;k_2\;} 2NOBr_{2(g)} (慢)$$

   下列何者為該反應的速率定律式(rate law)？

   (A) rate $= \dfrac{k_1 k_2}{k_{-1}}[NO][Br_2]$ (B) rate $= k_2[NOBr][NO]$

   (C) rate $= \dfrac{k_1 + k_2}{k_{-1}}[NO][Br_2]$ (D) rate $= \dfrac{k_1 k_2}{k_{-1}}[NO]^2[Br_2]$

   【108 慈濟(11)】

【詳解】D

利用速率決定步驟法（R.D.S 法）

假設速率定律式為

rate $= k_2[NOBr_2][NO]\ldots(1)$

又∵ $k_1[Br_2][NO] = k_{-1}[NOBr_2]$

$$\Rightarrow [NOBr_2] = \frac{k_1}{k_{-1}}[NO][Br_2]\ldots(2)$$

將(2)代入(1)得：rate $= \dfrac{k_1 k_2}{k_{-1}}[NO]^2[Br_2]$

24. CH_3NC 分子可進行異構化反應(isomerization)：$CH_3NC(g) \rightarrow CH_3CN(g)$
在 420 K 時，其反應速率常數為 $2.00 \times 10^{-6}\,s^{-1}$，溫度增加至 450 K 時，
反應速率常數為 $2.00 \times 10^{-5}\,s^{-1}$，該反應的活化能是多少 kJ/mol? (ln 10 = 2.3)
(A) 11.2　　(B) 45　　(C) 120　　(D) 160

【108 慈濟(16)】

【詳解】C

$$\ln \frac{k_1}{k_2} = \frac{-E_a}{R}\left[\frac{1}{T_1} - \frac{1}{T_2}\right]$$

$$\ln \frac{2.00 \times 10^{-6}\,s^{-1}}{2.00 \times 10^{-5}\,s^{-1}} = \frac{-E_a(kJ/mol) \times 1000(J/kJ)}{8.314\,J/mol.K}\left[\frac{1}{420K} - \frac{1}{450K}\right]$$

$$\Rightarrow E_a = 120\,kJ/mol$$

25. 若一反應：$2O_{3(g)} \rightarrow 3O_{2(g)}$ 之反應機制如下：
(1) $O_3 \rightleftharpoons O_2 + O$；(2) $O_3 + O \rightarrow 2O_2$。
已知(2)為速率決定步驟且 (1)為一快速平衡步驟，則該反應率式何？
(A) rate = $k[O_3]$ 　　　　　　(B) rate = $k[O_3]^2[O_2]$
(C) rate = $k[O_3]^2[O_2]^{-1}$ 　　(D) rate = $k[O_3]^2$

【108 私醫(14)】

【詳解】C
利用速率決定步驟法（R.D.S 法）
假設速率定律式為：rate = $k_2[O_3][O]$…(1)
$$\Rightarrow \frac{[O_2][O]}{[O_3]} = \frac{k_1}{k_{-1}}\ldots(2) \Rightarrow [O] = (\frac{k_1[O_3]}{k_{-1}[O_2]})\ldots(3)$$

將(3)代入(1) $\Rightarrow$ rate = $\frac{k_1k_2[O_3]^2}{k_{-1}[O_2]}$

得速率定律式 $\Rightarrow rate = k[O_3]^2[O_2]^{-1}$

26. 下列有關催化劑的敘述，何者正確？
    (A)可藉催化劑以改變化學反應的平衡常數
    (B)可藉催化劑以改變化學反應進行的路徑
    (C)催化劑可提高正反應的速率，並降低逆反應的速率
    (D)可藉催化劑以改變化學反應的反應熱

【108 私醫(15)】

【詳解】B
(A) 催化劑**無法改變**化學反應的**平衡常數**
(C) 催化劑可**提高正，逆反應的速率**。
(D) 催化劑**無法改變**化學反應的**反應熱**，可降低活化能。

27. 已知化學反應：$A + B \rightarrow C$，若[B]不變，[A]加倍，則反應速率加倍 ；若[A]、[B]同時加倍，則反應速率增加為原來之 8 倍，試求該反應之速率式為何？
    (A) rate = k[A][B]　　　　(B) rate = k[A][B]^3
    (C) rate = k[A]^2[B]　　　(D) rate = k[A][B]^2

【108 私醫(16)】

【詳解】D
假設速率定律式為：rate = k[A]^m[B]^n
若[B]不變，[A]加倍，則反應速率加倍… $m = 1$
當 $m = 1$ 成立，而[A]、[B]同時加倍，則反應速率增加為原來之 8 倍
得 $n = 2$。故 rate = k[A]^1[B]^2

28. Which of the following statements is ***incorrect***?
    (A) The reaction constant might change when the reaction temperature changes.
    (B) The reaction constant won't change when the concentration of reactants changes.
    (C) The reaction constant might change when the catalyst is added to the reaction.
    (D) The activation of energy for a reaction might change when the catalyst is added.
    (E) The activation of energy for a reaction might change when the reaction temperature changes.

【107 高醫(20)】

【詳解】E

(A)反應速率常數會因溫度改變而改變。正確

(B)反應速率常數不受濃度改變而改變。正確

$$\ln \frac{k_1}{k_2} = \frac{-E_a}{R}\left[\frac{1}{T_1} - \frac{1}{T_2}\right]$$

(C)催化劑會改變活化能，反應速率常數會改變。正確

$$\ln \frac{k_1}{k_2} = \frac{-E_a}{R}\left[\frac{1}{T_1} - \frac{1}{T_2}\right]$$

(D)**釋疑：催化劑會改變活化能，因此速率常數也會改變，因此原答案不變。**

(E)溫度對於活化能影響甚小，忽略不計，視為不影響。（故錯誤）

---

29. For the reaction A + B $\rightarrow$ products, the following data were obtained:

Initial rate (mol/L · s)	0.030	0.059	0.060	0.090	0.090
[A]o (mol/L)	0.10	0.20	0.20	0.30	0.30
[B]o (mol/L)	0.20	0.20	0.30	0.30	0.50

What is the experimental rate law?

(A) Ratc = k[A]　　　　(B) Rate = k[B]　　　　(C) Rate = k[A][B]

(D) Rate = k[A]^2[B]　　　(E) Rate = k[A][B]^2

【107 高醫(71)】

【詳解】A

利用初速率法，將速率定律式假設為 R= k[A]^m[B]^n

由實驗(1)(2)：$\dfrac{0.059}{0.03} = (\dfrac{0.2}{0.1})^m \Rightarrow m=1$

由實驗(2)(3)：$\dfrac{0.059}{0.06} = (\dfrac{0.2}{0.3})^n \Rightarrow n=0$

故速率定律式為 R= k[A]^1

30. 右圖為某一個反應之反應能量圖(energy reaction diagram)：

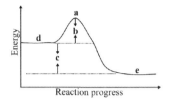

下列關於這個反應的敘述何者正確？

(A) b 為焓(enthalpy)

(B)反應是否容易進行取決於 c

(C) c 為焓的話，數值應該為負數

(D) a 點為反應中間體(intermediate)

(E) 此反應應該是吸熱反應(endothermic reaction)

【107 中國醫(15)】

【詳解】C

(A)b 為正活化能（E_a）

(B) 取決 b 的大小 ；低活化能較易發生。

(C) 正確

(D)a 為活化錯合體 activation complex（過渡狀態 transition state）

(E) 為放熱反應

31. 已知反應 $A + B \rightarrow C + D$ 的速率定律式 rate = k [A][B]，$k = 100 \ M^{-1}s^{-1}$。假設進行該反應時，起始濃度$[A]_0 = 0.001 \ M$，$[B]_0 = 0.1 \ M$，則 _____ 。

(ln 2 = 0.693)

(A) 100 s 時，$[A] = 10^{-4} \ M$

(B) 偽一級(pseudo−first order)反應速率常數 $k_{obs} = 0.1 \ s^{-1}$

(C) 此反應的半生期(half life)為 0.0693 s

(D) 若將$[A]_0$ 提升為 0.005 M，反應的偽一級速率常數 $k_{obs} = 50 \ s^{-1}$

【107 義守(11)】

【詳解】C

(B)(D)

$$rate = k[A][B] \Rightarrow rate = k[B_0][A_0]$$
$$\Rightarrow rate = k_{obs}[A_0] \Rightarrow rate = 100 \times 0.1[A_0] = 10 \ [A_0]$$

$$(A) \ln \frac{[A_0]}{[A]} = k_{obs}t \Rightarrow \ln \frac{0.001M}{[A]} = 10 \times 100s \Rightarrow [A] \approx 0.0M$$

$$(C) t_{\frac{1}{2}} = \frac{0.693}{k_{obs}} \Rightarrow t_{\frac{1}{2}} = \frac{0.693}{10 \text{ s}^{-1}} = 0.0693 \text{ s}$$

---

32. 當溫度從 T_1 增加至 T_2 時，反應甲的反應速率常數增加為 2 倍；反應乙的反應速率常數增加為 4 倍。甲乙二反應之活化能分別為 a 和 b，請問 a 和 b 的關係最接近下列何者？
    (A) b = 2 a　　　(B) b = 1.5 a　　　(C) a =1.5 b　　　(D) a = 2 b
    【107 義守(43)】

【詳解】A

根據阿瑞尼司方程式：$\ln \frac{k_1}{k_2} = \frac{-E_a}{R}[\frac{1}{T_1} - \frac{1}{T_2}]$

甲：$\ln \frac{k_甲}{2k_甲} = \frac{-a}{R}[\frac{1}{T_1} - \frac{1}{T_2}]$ ；乙：$\ln \frac{k_乙}{4k_乙} = \frac{-b}{R}[\frac{1}{T_1} - \frac{1}{T_2}]$

$\frac{乙}{甲} = \frac{\ln 4}{\ln 2} = \frac{b}{a} \Rightarrow 2a = b$

---

33. 反應甲（A→產物）為零級反應，反應乙（A→產物）為一級反應，反應丙（A→產物）為二級反應。在相同初濃度條件下，此三反應的第一個半生期皆為 100 秒，第二個半生期依序分別為 a、b 和 c，則 a、b 和 c 的大小關係為下列何者？
    (A) a > b > c　　　(B) a = b = c　　　(C) a < b < c　　　(D) 以上皆非
    【107 義守(44)】

【詳解】C

反應： $aA \rightarrow$ 產物	零級反應 （Zero order）	一級反應 （First order）	二級反應 （Second order）
半生期	$t_{1/2} = \frac{[A]_0}{2k}$ 減半	$t_{1/2} = \frac{ln2}{k} = \frac{0.693}{k}$ 定值	$t_{1/2} = \frac{1}{k[A]_0}$ 增倍

34. 反應 A 之速率決定步驟為"自由基和自由基碰撞"的反應，反應 B 之速率決定步驟為"自由基和分子碰撞"的反應，反應 C 之速率決定步驟為"分子和分子碰撞"的反應，此三反應之活化能依序分別為 a、b 和 c，
請問 a、b 和 c 的大小關係為下列何者？
(A) $a > b > c$　　(B) $a = b = c$　　(C) $a < b < c$　　(D) 以上皆非

【107 義守(45)】

【詳解】C
反應 A：自由基和自由基碰撞，活化能 a 接近 0
反應 B：自由基和分子碰撞，活化能 b 大過 a
反應 C：分子和分子碰撞，活化能 c 最大

35. 已知反應（A → 產物）為一級反應，不同時間下，A 的濃度，[A]，隨時間變化如下表所示：

時間，s	0	5	10	15	20
[A]，M	0.200	0.140	0.100	0.071	0.050

請問，此反應的速率常數(s^{-1})最接近下列何者？
(A) 0.035　　(B) 0.070　　(C) 0.140　　(D) 0.280

【107 義守(49)】

【詳解】B
由表格得知每 10s 濃度減半，故半生期 $t_{1/2} = 10s$

$$t_{\frac{1}{2}} = \frac{0.693}{k} \Rightarrow 10s = \frac{0.693}{k} \Rightarrow k = 0.0693 \approx 0.070 s^{-1}$$

36. 反應 $2NO + O_2 \rightarrow 2NO_2$ 遵循速率定律式

$$-\frac{d[O_2]}{dt} = k[NO]^2[O_2]$$

以下機制何者符合速率定律式？
(A) $NO + NO \rightarrow N_2O_2$　　(慢)
　　$N_2O_2 + O_2 \rightarrow 2NO_2$　　(快)
(B) $NO + O_2 \rightleftharpoons NO_3$　　(快速平衡)
　　$NO_3 + NO \rightarrow 2NO_2$　　(慢)
(C) $2NO \rightleftharpoons N_2O_2$　　(快速平衡)
　　$N_2O_2 \rightarrow NO_2 + O$　　(慢)
　　$NO + O \rightarrow NO_2$　　(快)
(D) $O_2 + O_2 \rightarrow O_2 + O_2$　　(慢)
　　$O_2 + NO \rightarrow NO_2 + O$　　(快)
　　$O + NO \rightarrow NO_2$　　(快)

【107 慈濟(15)】

【詳解】B

根據速率決定步驟法求速率定律式：

(A) $R = k[NO]^2$

(B) 令速率定律式：$R = k_2[NO][NO_3]$

$$\because k_1[NO][O_2] = k_{-1}[NO_3] \Rightarrow [NO_3] = \frac{k_1}{k_{-1}}[NO][O_2]$$

$$\therefore R = \frac{k_1k_2}{k_{-1}}[NO]^2[O_2] = k[NO]^2[O_2]$$

(C) $R = k[NO]^2$; (D) $R = k[O_2]^2$

---

37. 一反應如下： $2NOBr \rightarrow 2NO + Br_2$ 遵循速率定律式

$$Rate = = \frac{-d[NOBr]}{dt} = k[NOBr]^2$$

其中 $k = 1.0 \times 10^{-5} M^{-1} s^{-1}$ at 25℃. NOBr 的起始濃度 ($[NOBr]_0$) 為 1.00×10^{-1} M 請問此反應的半生期 (half-life) ？

(A) 5.0×10^{-1} s   (B) 6.9×10^4 s   (C) 1.0×10^{-5} s   (D) 1.0×10^6 s

【107 慈濟(20)】

【詳解】D

根據二級半生期公式：$t_{\frac{1}{2}} = \dfrac{1}{k[A_0]}$

代入公式：$t_{\frac{1}{2}} = \dfrac{1}{1.0 \times 10^{-1} \times 1.0 \times 10^{-5}} = 1.0 \times 10^6 s$

---

38. 某個化學反應的速率式可表示為 rate = k[D][X]，試問速率常數 k 的單位為何？

(A) $mol\ L^{-1}\ s^{-1}$ (B) $L\ mol^{-1}\ s^{-1}$ (C) $mol^2\ L^{-2}\ s^{-1}$ (D) $mol\ L^{-1}\ s^{-2}$

【107 私醫(9)】

【詳解】B

K 單位通式：$\dfrac{M^{-1}s^{-1}}{M^n} \Rightarrow \dfrac{R：單位(M^1 \times s^{-1})}{濃度平方：M^2} = M^{-1}s^{-1} = L^1mol^{-1}s^{-1}$

39. 在某一密閉容器中，A 與 B 反應後產生 C，其反應速率分別用 v(A)、v(B)、v(C)來表示。經實驗結果已知：3 v(B) = 2 v(A)，2 v(C) = 3 v(B)。請問該化學反應方程式應為下列何者？
    (A) 2 A + 3 B → 2 C　　　(B) A + 3 B → 2 C
    (C) 3 A + 2 B → 3 C　　　(D) A + B → C

【107 私醫(25)】

【詳解】C
假設方程式：aA + bB → cC

$$\because 3\times\frac{\Delta[B]}{\Delta t}=2\times\frac{\Delta[A]}{\Delta t}=2\times\frac{\Delta[C]}{\Delta t}$$

故：a：b：c = 3：2：3　∴3A + 2B → 3C

---

40. A catalyst _____.
    (A) changes the enthalpy of the reaction
    (B) does not change the activation energy
    (C) provides an alternate pathway to the reaction
    (D) does not change the effective collisions
    (E) is consumed when more reacting molecules are added

【106 高醫(19)】

【詳解】C
參與反應，會改變反應速率，但反應前後總量不改變，不出現在全反應式中的物質，稱之為催化劑(catalyst)又稱為觸媒，在生物體中稱為酶。
催化原理：**提供新的反應途徑，降低活化能（低限能）**

---

41. Reaction intermediate differ from activated complexes in that ____.
    (A) they are stable molecules with normal bonds and are frequently isolated
    (B) they are molecules with normal bonds rather than partial bonds and can occasionally be isolated
    (C) they are intermediate structures which have characteristics of both reactants and products
    (D) they are unstable and can never be isolated
    (E) all reactions involve reaction intermediates, but not all have activated complexes

【106 高醫(63)】

【詳解】B

(1) **活化複合體**(*activated complex*)：一種具有高能量不穩定的過渡物種，可分解為生成物亦可分解為反應物，亦稱為活化錯合物。

(2) **中間(產)物** （*Intermediate*）：

不存在於總反應式中，只短暫地出現在反應機構中。

【舉例】：$CO_{(g)} + Cl_{2(g)} \rightleftharpoons COCl_{2(g)}$ 之反應機構可能為：

$$Cl_2 \rightleftharpoons 2Cl \quad \dots\dots\dots\dots\dots \text{快}$$
$$Cl + CO \rightleftharpoons COCl \dots\dots\dots\dots\text{快}$$
$$Cl_2 + COCl \rightarrow COCl_2 + Cl \dots\dots\dots \text{慢}$$

總反應式（淨反應式）：$CO(g) + Cl_2(g) \rightleftharpoons COCl_2(g)$

反應過程中： *Cl、COCl* 為中間物

---

42. A reaction was found to be zero order in X. Increasing the concentration of X by a factor of 5 will cause the reaction rate to _____.

(A) remain constant 　　　　　(B) increase by a factor of 25

(C) increase by a factor of 5 　　(D) increase by a factor of 10

(E) decrease by a factor of the cube root of 5

【106 高醫(88)】

【詳解】A

零級反應：$R = k[X]^0$，當 X 增為 5X 代入方程式，速率 R 依然不變。

---

43. Which of the following is not a factor determining the energy of activation according to the Arrhenius equation?

(A) temperature

(B) frequency of collision of reacting molecules

(C) fraction of collisions with effective orientations

(D) frequency factor

(E) all of the above

【106 高醫(89)】

【詳解】E

(A) 溫度對於活化能影響微乎極微，視為不影響。

(B) 反應分子的碰撞頻率

(C) 有效碰撞分率

(D)頻率因子

⇒ 以上四點皆不影響活化能（the energy of activation）

(E)應改為 all of the above（釋疑已改，也送分！）

※能改變活化能的是"反應途徑"或"分子結構"

---

44. 反應 $A \rightarrow B + C$ 為零級反應，在 25℃ 下此反應的速率常數為 4.8×10^{-2} mol/L·s。假設 A 的初始濃度為 2.2 M，請問反應 6 秒後 B 的濃度是多少？

(A) 4.8×10^{-2}M　　　　(B) 1.1×10^{-1}M　　　　(C) 2.9×10^{-1} M

(D) 6.4×10^{-1} M　　　　(E) 2.2 M

【106 中國醫(24)】

【詳解】C

零級積分式為 $[A]_0 - [A]_t = kt$

∵A 物質作用濃度即為 B 物質的生成濃度

∴$[B] = kt = 4.8 \times 10^{-2}$mol/L·s $\times 6$s $= 2.88 \times 10^{-1}$M

---

45. 已知反應 $A \rightarrow P$，rate $= k[A]$。若 A 的濃度減半，則半生期將

(A)變為 2 倍　　　(B)變為 1/2　　　(C)變為 1/4　　　(D)維持不變

【106 義守(14)】

【詳解】D

反應：$aA \rightarrow$ 產物	零級反應（Zero order）	一級反應（First order）	二級反應（Second order）
反應速率 r (M/s)	$r = k[A]^0 = k$	$r = k[A]$	$r = k[A]^2$
半生期	$t_{1/2} = \dfrac{[A]_0}{2k}$	$t_{1/2} = \dfrac{ln2}{k} = \dfrac{0.693}{k}$	$t_{1/2} = \dfrac{1}{k[A]_0}$

※ 一級反應半生期與濃度無關。

46. 氣體反應 $2NO_{(g)} + 2H_{2(g)} \rightarrow N_{2(g)} + 2H_2O_{(g)}$ 的起始反應速率的數據如下：

$[NO]_0$ (M)	$[H_2]_0$ (M)	起始反應速率(M/s)
0.20	0.30	0.0180
0.20	0.45	0.0270
0.40	0.30	0.0720

　　此反應的速率常數值為何？
　　(A) 0.35　　　(B) 1.1　　　(C) 1.5　　　(D) 6.9

【106 義守(16)】

【詳解】C

設速率定律式 $R = k[NO]^a[H_2]^b$

由 Run #1, 2 $\Rightarrow$ $\dfrac{R_2}{R_1} = \dfrac{0.027}{0.018} = \dfrac{3}{2} = (\dfrac{0.2}{0.2})^a (\dfrac{0.45}{0.30})^b \Rightarrow$ b = 1

由 Run #2, 3 $\Rightarrow$ $\dfrac{R_3}{R_1} = \dfrac{0.072}{0.018} = 4 = (\dfrac{0.4}{0.2})^a (\dfrac{0.30}{0.30})^b \Rightarrow$ a = 2

則速率定律式 $R = k\,[NO]^2[H_2]^1$

代入 exp1：$0.018\ (M/s) = k\,[0.2]^2[0.3]^1$，得 $k = 1.5$

47. 臭氧 O_3 在大氣中被破壞的反應機制如下：

　　(i) $O_3 + NO \rightarrow NO_2 + O_2$　　慢

　　(ii) $NO_2 + O \rightleftharpoons NO + O_2$　　快

　　請問此反應中催化劑及中間產物分別為何？

　　(A) O，O_2　　　(B) O_2，O　　　(C) NO，NO_2　　　(D) NO_2，NO

【106 義守(17)】

【詳解】C

參與反應，會改變反應速率，但**反應前後總量不改變**，不出現在

全反應式中的物質，稱之為**催化劑**又稱為**觸媒**，在生物體中稱為**酶**。

故 NO（催化劑：有進有出）符合以上條件，NO_2 為中間物（既生成又消失）

48. 假設臭氧分解反應之反應機制如下：

$$O_3 \longleftrightarrow O_2 + O$$

$$O + O_3 \xrightarrow{k_2} 2O_2 \ (slow)$$

當臭氧濃度加倍且氧氣的濃度減半時，瞬間反應速率
(A)維持不變　　(B)變為 2 倍　　(C)變為 4 倍　　(D)變為 8 倍

【106 義守(24)】

【詳解】D

利用速率決定步驟法（R.D.S 法）：假設速率定律式為：rate = $k_2[O_3][O]$…(1)

$$\Rightarrow \frac{[O_2][O]}{[O_3]} = \frac{k_1}{k_{-1}}\ ...(2) \Rightarrow [O] = \left(\frac{k_1[O_3]}{k_{-1}[O_2]}\right)...(3)$$

將(3)代入(1) $\Rightarrow$ rate = $\frac{k_1 k_2 [O_3]^2}{k_{-1}[O_2]} \Rightarrow k\frac{[O_3]^2}{[O_2]}$

題意：將臭氧濃度加倍，氧氣濃度減半 $\Rightarrow \dfrac{2^2}{1/2} = 8$

49. 若 A→B 之反應速率為一級(first-order)，下列何選項作圖可得直線？
〔註：t 是反應時間〕

(A)ln[A]$_t$，$\dfrac{1}{t}$　　(B)ln[A]t，t　　(C)$\dfrac{1}{[A]_t}$，t　　(D)[A]$_t$，t

【106 慈濟(10)】

【詳解】B

反應： aA → 產物	零級反應 （Zero order）	一級反應 （First order）	二級反應 （Second order）
[A]-t 關係式	$[A] = [A]_0 - kt$	$log\dfrac{[A]_0}{[A]} = \dfrac{kt}{2.303}$	$\dfrac{1}{[A]} = \dfrac{1}{[A]_0} + kt$
直線作圖			

50. 若"測定速率定律"的實驗，$S_2O_8^{2-} + 2I^- \rightarrow 2SO_4^{2-} + I_2$ 的反應速率式已被測定為 $rate = k[S_2O_8^{2-}]^{1.1}[I^-]^{0.94}$。根據下面的數據，三次試驗(trial)的初始速率其大小順序為何？

Trial No.	0.20M NaI (mL)	0.20M NaCl (mL)	0.0050M Na$_2$S$_2$O$_3$ (mL)	2% Starch (mL)	0.10M K$_2$SO$_4$ (mL)	0.10M K$_2$S$_2$O$_8$ (mL)
1	2.0	2.0	1.0	1.0	2.0	2.0
2	2.0	2.0	1.0	1.0	0	4.0
3	4.0	0	1.0	1.0	2.0	2.0

(A)試驗 2 > 試驗 3 > 試驗 1　　　(B)試驗 3 > 試驗 1 > 試驗 2
(C)試驗 1 > 試驗 3 > 試驗 2　　　(D)試驗 2 > 試驗 1 > 試驗 3

【106 慈濟(20)】

【詳解】A

$S_2O_8^{2-} + 2I^- \rightarrow 2SO_4^{2-} + I_2$ 之速率定律式 $rate = k[S_2O_8^{2-}]^a[I^-]^b$。反應速率的測定是利用在反應液內加入限量的硫代硫酸根（$S_2O_3^{2-}$）作為計時劑，其可與反應產物之一的碘分子 I_2 作用：$2S_2O_3^{2-} + I_2 \rightarrow 2I^- + S_4O_6^{2-}$。

$S_2O_3^{2-}$ 與 I_2 反應的速率極快，可以在混合的剎那間即完成，所以反應式 $S_2O_8^{2-} + 2I^- \rightarrow 2SO_4^{2-} + I_2$ 所產生的 I_2 可以立刻被 $S_2O_3^{2-}$ 作用掉而再產生 I^-。事實上可視為有 $S_2O_3^{2-}$ 存在，I_2 不會存在，$S_2O_3^{2-}$ 一旦消耗完時，I_2 與 I^- 形成 I_3^-，I_3^- 就會原先加於反應液中的澱粉指示劑生成藍黑色的錯合物；記錄此藍黑色出現的時間（Δt），並由 $S_2O_3^{2-}$ 之用量和它與 $S_2O_8^{2-}$ 之化學計量關係：$\Delta[S_2O_3^{2-}] = 2\Delta[S_2O_8^{2-}]$，可知此段時間內 $S_2O_8^{2-}$ 的濃度變化

而測得平均速率：$rate = \dfrac{-\Delta[S_2O_8^{2-}]}{\Delta t} = \dfrac{-1/2\Delta[S_2O_3^{2-}]}{\Delta t}$

註1：加入 $NaCl_{(aq)}$ 及 $K_2SO_{4(aq)}$ 乃為維持溶液之離子強度之用。
註2：三組不同初濃度試驗（總體積均 10 mL）
註3：硫代硫酸根（$S_2O_3^{2-}$）為限量之計時劑（體積、莫耳數固定）
$rate = k[S_2O_8^{2-}]^{1.1}[I^-]^{0.94}$

$\dfrac{rate_2}{rate_1} = \dfrac{k(2\times0.02M)^{1.1}(0.04)^{0.94}}{k(0.02M)^{1.1}(0.04M)^{0.94}} = 2^{1.1} = 2.14$

$\dfrac{rate_3}{rate_1} = \dfrac{k(0.02M)^{1.1}(2\times0.04)^{0.94}}{k(0.02M)^{1.1}(0.04M)^{0.94}} = 2^{0.94} = 1.91$

故：試驗 2 > 試驗 3 > 試驗 1

51. 在非均相反應中，大理石與稀鹽酸反應產生的氣體，氣體體積變化如附圖，其中虛線的曲線表示 0.1g 的大理石顆粒與 10mL 的 0.1M 鹽酸反應。若以 0.1g 的大理石粉末替代顆粒，則反應產生氣體的體積變化，最接近哪一條曲線？

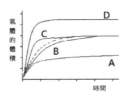

(A)A   (B)B   (C)C   (D)D

【106 私醫(1)】

【詳解】C

因 B、C 之大理石量相同，故最終所得 V_{CO_2} 相同，但 C 生成速率快，反應結束時間較短，應是粉末代替顆粒的曲線。

---

52. 臭氧(O_3)分解反應的反應機制為：

$$O_{3(g)} \rightleftharpoons O_{2(g)} + O$$

(快且達平衡，k_1 正反應速率常數，k_{-1} 正反應速率常數)

$$O + O_3 \xrightarrow{k_2} 2O_2 \quad 速率決定步驟$$

當一反應系統中臭氧的濃度加倍、氧氣的濃度也加倍時，下列關於其瞬時反應速率相較於原始濃度的反應速率之敘述，何者為真？

(A)反應速率不變

(B)瞬時反應速率較原本的反應速率增加了 4 倍

(C)瞬時反應速率較原本的反應速率略為減少

(D)瞬時反應速率較原本的反應速率增加了 2 倍

【106 私醫(7)】

【詳解】D

利用速率決定步驟法（R.D.S 法），假設速率定律式為

rate = $k_2[O_3][O]$…(1)

$\Rightarrow \dfrac{[O_2][O]}{[O_3]} = \dfrac{k_1}{k_{-1}}$…(2) $\Rightarrow [O] = (\dfrac{k_1[O_3]}{k_{-1}[O_2]})$…(3)

將(3)代入(1) $\Rightarrow$ rate = $\dfrac{k_1 k_2 [O_3]^2}{k_{-1}[O_2]}$

將 O_3 濃度加倍，其反應速率變為原來 4 倍；但 O_2 濃度加倍，反應速率反而變為原來 1/2 倍。故較原本的反應速率增加了 2 倍。

53. 已知 A→B + C 反應速率為零級反應，25℃下反應常數為 $5.0×10^{-2}$ mol/L·s。
當 $[A]_0 = 2.4×10^{-2}$ M 在 25℃下反應 5 分鐘後，此反應之速率為何？
(A) 0.0 mol/L·s (B) $2.5×10^{-2}$ mol/L·s
(C) $1.0×10^{-2}$ mol/L·s (D) $5.0×10^{-3}$ mol/L·s

【106 私醫(21)】

【詳解】A（送分）

反應速率為零級反應：$[A]=[A]_0 - kt$

代入數據：$[A] = 2.4×10^{-2}\,M - 5.0×10^{-2}\,mol/L·s × 5min × 60\,s/min$
$= -14.976\,M$...在反應 5 分鐘前，早已為 0。

※**零級反應反應速率雖與[A]無關，但不可為零，故此題送分。**

54. 反應 $2N_2O_{5(g)} → 4NO_{2(g)} + 3O_{2(g)}$ 中，N_2O_5 平均消失率為 $9.0×10^{-4}$ atm/s，
則氧氣生成率為何？
(A) $1.3×10^{-3}$ atm/s (B) $1.8×10^{-3}$ atm/s
(C) $6.0×10^{-4}$ atm/s (D) $9.0×10^{-4}$ atm/s

【106 私醫(22)】

【詳解】A
反應式應為：$2N_2O_{5(g)} → 4NO_{2(g)} + O_{2(g)}$
但此題無送分，若以錯誤方程式解題如下：
$$R = \frac{-\Delta[N_2O_5]}{2\Delta t} = \frac{+\Delta[NO_2]}{4\Delta t} = \frac{+\Delta[O_2]}{3\Delta t}$$
故：$3R_{N_2O_5} = 2R_{O_2} \Rightarrow \frac{3×9.0×10^{-4}}{2} = 1.35×10^{-4}$

55. $CH_3CHO → CH_4 + CO$ 此分解反應之反應速率為二級反應，在 518℃數據
如下：

Time(s)	Pressure CH₃CHO(mmHg)
0	364
42	330
105	290
720	132

請問半衰期為多少？ (A) 520s (B)410s (C)305s (D)$1.5×10^5$s

【106 私醫(24)】

【詳解】B

反應速率為二級反應：$\dfrac{1}{[A]} = \dfrac{1}{[A]_0} + kt$

代入數據先求 k 值：$\dfrac{1}{330} = \dfrac{1}{364} + k \times 42(s) \Rightarrow k = 6.7 \times 10^{-6} \, torr^{-1} \cdot s^{-1}$

再將 k 值代入半生期公式：$t_{1/2} = \dfrac{1}{k[A]_0} \Rightarrow \dfrac{1}{(6.7 \times 10^{-6})(364)} = 410s$

---

56. 下圖是反應物 A、產物 B 與過渡態 C 在化學反應過程中的相關能量變化圖（energy profile），下列何者決定反應速率的大小？

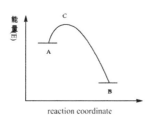

(A) A 的能量　　　　　(B) B 的能量　　　(C) C 和 A 的能量差

(D) B 和 A 的能量差　　(E) C 的能量

【105 中國醫(21)】

【詳解】C

(A)A 的能量各反應物總焓；　　　　(B)B 的能量各生成物總焓；

(E)C 的能量為活化錯合體總焓　　　(D) B 和 A 的能量差為反應熱 ΔH

(C)C 和 A 的能量差為活化能，活化能決定正反應速率大小的因素之一。

---

57. 下列有關一級反應 (first order reaction) 的敘述中，何者**有誤**？

(A) $t_{1/2}$ = ln(2)/k　　　($t_{1/2}$：半衰期；k：速率常數)

(B) $t_{1/2}$ 的值越大，表示初始速率越快

(C)一級反應的半衰期和反應物本質有關

(D)放射性物質的衰變現象是一級反應

(E)一級反應的半衰期和反應物濃度無關

【105 中國醫(35)】

【詳解】B

(A)(B)(E) $t_{1/2} = \dfrac{ln2}{k} = \dfrac{0.693}{k}$ 越大，初速率越小，與初濃度無關。

(C) $t_{1/2} = \dfrac{ln2}{k} = \dfrac{0.693}{k}$ 中 k 與反應物本質（A：碰撞頻率因子）有關。

(D) 一切放射性物質的衰變反應皆是一級反應。

---

58. 依據化學反應式：

$2ClO_{2(aq)} + 2OH^-_{(aq)} \rightarrow ClO_2^-_{(aq)} + ClO_3^-_{(aq)} + H_2O_{(l)}$

進行動力學研究，獲得如下數據，下列何者為該反應速率方程式(rate law)?

Exp	$[ClO_2]$ (M)	$[OH^-]$ (M)	$-\Delta[ClO_2]/\Delta t$ (M/s)
1	0.0500	0.100	5.75×10^{-2}
2	0.100	0.100	2.30×10^{-1}
3	0.100	0.0500	1.15×10^{-1}

(A) rate = $k[ClO_2][OH^-]$ (B) rate = $k[ClO_2]^2[OH^-]$
(C) rate = $k[ClO_2][OH^-]^2$ (D) rate = $k[ClO_2]^2[OH^-]^2$

【105 義守(27)】

【詳解】B

設速率定律式 $R = k[ClO_2]^a[IOH^-]^b$

由 Run #1, 2 $\Rightarrow \dfrac{R_2}{R_1} = \dfrac{2.3 \times 10^{-1}}{5.75 \times 10^{-2}} = 4 = (\dfrac{0.1}{0.05})^a (\dfrac{0.1}{0.1})^b \Rightarrow a = 2$

由 Run #2, 3 $\Rightarrow \dfrac{R_2}{R_3} = \dfrac{2.3 \times 10^{-1}}{1.15 \times 10^{-1}} = 2 = (\dfrac{0.1}{0.1})^a (\dfrac{0.1}{0.05})^b \Rightarrow b = 1$

則速率定律式 $R = k[ClO_2]^2[IOH^-]^1$......選 B

---

59. 利用阿瑞尼斯方程式(Arrhenius equation, $k = Ae^{-Ea/RT}$)，以 ln k 對 1/T 作圖，其斜率等於 ____。

(A) $-k$ (B) k (C) Ea (D) $-Ea/R$

【105 義守(30)】

【詳解】D

阿瑞尼斯方程式：

$$k = A \cdot e^{\frac{-E_a}{RT}} \Rightarrow \ln\frac{r_1}{r_2} = \ln\frac{k_1}{k_2} = \frac{-E_a}{R} \times (\frac{1}{T_1} - \frac{1}{T_2})，斜率：\frac{-E_a}{R}$$

---

60. 在金屬表面發生的催化反應，當表面吸附滿反應物時，其速率定律為幾級的反應？

(A)零級　　(B)一級　　(C)二級　　(D)三級

【105 慈濟(5)】

【詳解】A

表面吸附飽和時，化學反應速率相對穩定，不受濃度變化影響。

故：不受濃度影響反應者為零級反應。

舉例：氨在催化劑（鐵粉金屬）表面分解為氮氣和氫氣。（此為可逆反應）

笑氣 N_2O 在黃金表面分解為氮氣和氧氣反應。

---

61. 已知 $4HBr_{(g)} + O_{2(g)} \rightarrow 2H_2O_{(g)} + 2Br_{2(g)}$ 的 $r = kP_{HBr}P_{O2}$，其在 400°C、總壓 1 atm 時含 3 莫耳 HBr 及 1 莫耳 O_2 的反應速率為 S，則在同溫下加入 8 莫耳 He，維持總壓 1 atm 時之反應速率(r)為何？

(A)S　　(B)$\frac{1}{3}$S　　(C)$4\frac{1}{4}$S　　(D)$\frac{1}{9}$S

【105 私醫(13)】

【詳解】D

分壓 $P_i = $（總壓 P_t）×（系統中各氣體莫耳分率 X_i）

$$\frac{R_2}{R_1} = \frac{r}{s} = \frac{k}{k}(\frac{P_t \times \frac{3}{12}}{P_t \times \frac{3}{4}})^1(\frac{P_t \times \frac{1}{12}}{P_t \times \frac{1}{4}})^1 \Rightarrow r = \frac{1}{9}s$$

62. $2NO_{(g)} + 2H_{2(g)} \rightarrow N_{2(g)} + 2H_2O_{(g)}$ 的反應機構由兩步驟組成，其中第一步驟 $2NO_{(g)} + H_{2(g)} \rightarrow N_{2(g)} + H_2O_{2(g)}$ 為速率決定步驟，則此反應的速率定律式為下列何者？(k 為速率常數)

(A)rate = k[NO][H_2]　　　(B)rate = k[NO]^2[H_2]

(C)rate = k[NO][H_2]^2　　(D)rate = k[NO]^2[H_2]^2

【105 私醫(14)】

【詳解】B

(1) 每一基本反應程序的速率定律式中的濃度的次方與該基本反應方程式的係數相同。

(2) 第一個步驟的活化能 E_{a1} 比第二個步驟的活化能 E_{a2} 大，所以第一個步驟比第二個步驟慢，第一個步驟是反應速率決定步驟，即決定速率定律式。

得速率定律式：rate = k [NO]^2[H_2]

---

63. 反應 A + 3B → 2C + D 的反應速率與濃度數據如下：

Expt. #	[A]	[B]	Initial Rate
1	0.02	0.03	1.2×10^{-3} M/s
2	0.04	0.03	4.8×10^{-3} M/s
3	0.02	0.06	9.6×10^{-3} M/s

請問此反應的速率定律(rate law)為何？

(A)rate = k [A][B]^3　　(B)rate = k [A]^2[B]

(C)rate = k [A]^2[B]^3　　(D)rate = k [A]^2[B]^8

【105 私醫(16)】

【詳解】C

設速率定律式 R = k [A]^a[B]^b

由 Run #1, 2 $\Rightarrow \dfrac{R_2}{R_1} = \dfrac{4.8 \times 10^{-3}}{1.2 \times 10^{-3}} = 4 = (\dfrac{0.04}{0.02})^a (\dfrac{0.03}{0.03})^b \Rightarrow a = 2$

由 Run #1, 3 $\Rightarrow \dfrac{R_3}{R_1} = \dfrac{9.6 \times 10^{-3}}{1.2 \times 10^{-3}} = 8 = (\dfrac{0.02}{0.02})^a (\dfrac{0.06}{0.03})^b \Rightarrow b = 3$

則速率定律式 R = k [A]^2[B]^3......選 C

64. 有一個化學反應，其反應方程式為 $BrO_3^-{}_{(aq)} + 5Br^-{}_{(aq)} + 6H^+{}_{(aq)} \rightarrow 3Br_{2(l)}$ $+ 3H_2O_{(l)}$　此化學反應的反應速率和反應物的濃度關係如下：

實驗	BrO_3^- 的濃度	Br^- 的濃度	H^+的濃度	反應速率（mol /L.s）
1	0.1 M	0.1 M	0.1 M	8×10^{-4}
2	0.2 M	0.1 M	0.1 M	1.6×10^{-3}
3	0.2 M	0.2 M	0.1 M	3.2×10^{-3}
4	0.1 M	0.1 M	0.2 M	3.2×10^{-3}

若反應速率式 $Rate = k[BrO_3^-]^a[Br^-]^b[H^+]^c$，請問 $a+b+c=$？
(A) 2　(B) 3　(C) 4　(D) 5　(E) 6

【104 中國醫(2)】

【詳解】C

設速率定律式 $R = k[BrO_3^-]^a[Br^-]^b[H^+]^c$

由 Exp #1, 2 $\Rightarrow \dfrac{R_2}{R_1} = 2 = \left(\dfrac{0.2}{0.1}\right)^a \Rightarrow a=1$

由 Exp #1, 3 $\Rightarrow \dfrac{R_3}{R_1} = 2 = \left(\dfrac{0.2}{0.1}\right)^b \Rightarrow b=1$

由 Exp #1, 4 $\Rightarrow \dfrac{R_4}{R_1} = 4 = \left(\dfrac{0.2}{0.1}\right)^2 \Rightarrow c=2$　則：$a+b+c=4$

65. 若化學反應 $A + 2B \rightarrow C + D$ 的反應速率式為 $Rate = k[A]^2[B]$。下列三組反應機制，有哪幾個是合理的？
　Ⅰ. $A+B \rightleftharpoons E$ (fast)
　　$E+B \rightarrow C+D$ (slow)
　Ⅱ. $A+B \rightleftharpoons E$ (fast)
　　$E+A \rightarrow C+D$ (slow)
　Ⅲ. $A+A \rightleftharpoons E$ (fast)
　　$E+B \rightarrow C+D$ (slow)
(A)只有 Ⅰ 合理　(B)只有 Ⅱ 合理　(C)只有 Ⅲ 合理
(D)Ⅰ 和 Ⅱ 合理　(E)Ⅱ 和 Ⅲ 合理

【104 中國醫(17)】

【詳解】送分

由 R.D.S 法求速率定律式

$$r = k_2[E][B]..........(1)$$

I： $k_1[A][B] = k_{-1}[E]$

$$\Rightarrow \frac{k_1}{k_{-1}}[A][B] = [E]..........(2)$$

由(2)代入(1)得 $r = k[A][B]^2$　（其中 $k = \frac{k_1 k_2}{k_{-1}}$）........與題意不合

$$r = k_2[E][A]..........(1)$$

II： $k_1[A][B] = k_{-1}[E]$

$$\Rightarrow \frac{k_1}{k_{-1}}[A][B] = [E]..........(2)$$

由(2)代入(1)得 $r = \frac{k_2 k_1}{k_{-1}}[A]^2[B]$　（其中 $\frac{k_2 k_1}{k_{-1}} = k$）.....與題意合

$$r = k_2[E][B]..........(1)$$

III： $k_1[A]^2 = k_{-1}[E]$

$$\Rightarrow \frac{k_1}{k_{-1}}[A]^2 = [E]..........(2)$$

由(2)代入(1)得 $r = \frac{k_2 k_1}{k_{-1}}[A]^2[B]^1$　（其中 $\frac{k_1 k_2}{k_{-1}} = k$）..... 與題意合

釋疑：題目應為$2A + B \rightarrow C + D$誤植為$A + 2B \rightarrow C + D$，本題沒有答案。送分

66. 已知某反應 $A \rightarrow B + C$ 的速率常數為 $0.01\ Ms^{-1}$ (25℃)；某生進行該反應時，起始濃度 $[A]_o = 0.1\ M$，則下列何者正確？
   (A)速率定律式 $rate = k$
   (B) integrated rate law $[A]_t - [A]_o = kt$
   (C)反應的半衰期 $t_{1/2} = 69\ s$
   (D) 10 秒時，$[A] = 0.025\ M$
   【104 義守(3)】

【詳解】A

由 k 單位為 M^1s^{-1} ，指數 $+1+(-1)=0$，得知零級反應。

(A) 零級反應速率定律式：$Rate = k$（與濃度、分壓無關）

(B) 積分式：應為 $[A]_o - [A]_t = kt$

(C) 零級反應半生期公式：$t_{\frac{1}{2}} = \dfrac{[A]_o}{2k} = \dfrac{0.1}{2 \times 0.01} = 5$

(D) 代入正確(B)選項公式：$0.1 - [A]_t = 0.01 \times 10 \rightarrow [A]_t = 0\ M$

---

67. 已知過氧化氫的分解反應的反應機制如下：
   (1) $H_2O_2 + I^- \rightarrow H_2O + IO^-$ (slow, rate constant k_1)
   (2) $H_2O_2 + IO^- \rightleftharpoons H_2O + O_2 + I^-$ (fast, rate constant k_2)
   下列何者錯誤？
   (A) I^- 是中間產物
   (B) rate $= k_1[H_2O_2][I^-]$
   (C)總反應為：$2\ H_2O_2 \rightarrow 2\ H_2O + O_2$
   (D)速率決定步驟是反應(1)
   【104 義守(4)】

【詳解】A

催化劑(有進有出)，應為 I^-。

(A) IO_3^- 為中間物(既生成又消失)

(B)(D) 由 R.D.S 法，步驟(1)為速率決定步驟，故 rate $= k_1[H_2O_2][I^-]$

(C) (1) $H_2O_2 + I^- \rightarrow H_2O + IO_3^-$
　　(2) $H_2O_2 + IO_3^- \rightarrow H_2O + O_2 + I^-$
　　―――――――――――――――――――
　　$\Rightarrow$ (1) + (2) $\Rightarrow$ 全反應式：$2H_2O_2 \rightarrow H_2O + O_2$

---

68. 下列數據是測量 $2Fe(CN)_6^{3-} + 2I^- \rightarrow 2Fe(CN)_6^{4-} + I_2$ 的反應速率，由該數據中，此反應之速率定律(rate law)為何？

Run	$[Fe(CN)_6^{3-}]_0$	$[I^-]_0$	$[Fe(CN)_6^{4-}]_0$	$[I_2]_0$	Initial Rate (M/s)
1	0.01	0.01	0.01	0.01	1×10^{-5}
2	0.01	0.02	0.01	0.01	2×10^{-5}
3	0.02	0.02	0.01	0.01	8×10^{-5}
4	0.02	0.02	0.02	0.01	8×10^{-5}
5	0.02	0.02	0.02	0.02	8×10^{-5}

(A) $\dfrac{\Delta[I_2]}{\Delta t} = k[Fe(CN)_6^{3-}]^2[I^-]^2[Fe(CN)_6^{4-}]^2[I_2]$

(B) $\dfrac{\Delta[I_2]}{\Delta t} = k[Fe(CN)_6^{3-}]^2[I^-][Fe(CN)_6^{4-}][I_2]$

(C) $\dfrac{\Delta[I_2]}{\Delta t} = k[Fe(CN)_6^{3-}]^2[I^-]$

(D) $\dfrac{\Delta[I_2]}{\Delta t} = k[Fe(CN)_6^{3-}][I^-]^2$

【104 慈濟(1)】

【詳解】C

設速率定律式 $R = k[Fe(CN)_6^{3-}]^a[I^-]^b[Fe(CN)_6^{4-}]^c[I_2]^d$

由 Run #1, 2 $\Rightarrow$ $\dfrac{R_2}{R_1} = 2 = \left(\dfrac{0.02}{0.01}\right)^b \Rightarrow b = 1$

由 Run #2, 3 $\Rightarrow$ $\dfrac{R_3}{R_2} = 4 = \left(\dfrac{0.02}{0.01}\right)^a \Rightarrow a = 2$

由 Run #3, 4 $\Rightarrow$ $\dfrac{R_4}{R_3} = 1 = \left(\dfrac{0.02}{0.01}\right)^c \Rightarrow c = 0$

由 Run #4, 5 $\Rightarrow$ $\dfrac{R_5}{R_4} = 1 = \left(\dfrac{0.02}{0.01}\right)^d \Rightarrow d = 0$

則速率定律式 $R = k[Fe(CN)_6^{3-}]^2[I^-]^1$

69. 某一化學反應其化學反應方程式為 $A \rightarrow B + C$，將反應物 A 之濃度取倒數
後，對反應之時間作圖($1/[A]_t$ vs. time)，得到一條斜率為正的直線，此化學
反應的反應級數(reaction order)為幾級？
(A) 0　　　　(B) 1　　　　(C) 2　　　　(D) 3

【104 慈濟(10)】

【詳解】C

反應： $aA \rightarrow$ 產物	零級反應 （*Zero order*）	一級反應 （*First order*）	二級反應 （*Second order*）
直線作圖	$[A]_0$ $[A]$ 斜率$=-k$ t	$\log [A]_0$ $\log [A]$ 斜率$=-\left(\dfrac{k}{2.30}\right)$ t	$1/[A]$ $1/[A]_0$ 斜率$=k$ t

70. 下圖為一級反應(first-order reaction)之反應物濃度(Molar concentration of
reactant)對時間(Time)之作圖，在曲線上之A, B, C三個時間點，那一點之
反應速率最大？
(A) A
(B) B
(C) C
(D) 以上皆非

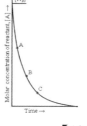

【104 慈濟(12)】

【詳解】A
切線斜率越大，瞬間速率越大：A＞B＞C

第 8 單元　核化學

一、 核化學與化學反應的比較

	核反應	一般化學反應
本質	核內質點種類及數目改變	核外電子轉移
能量	大（10^7 Kcal）	小（$10^1 \sim 10^2$ Kcal）
反應熱和化合能關係	無關	有關
核種變化	有	無
反應次數	一次	不定
活化能	0	大於 0
可逆與否	不可逆	可為可逆

	相（物理）變化	化學變化	核變化
本質	不變	產生新物質	產生新的核種
粒子模型	改變粒子間距離	原子重組	核內質子、中子重組
能量變化	微小	小	甚大
實例	水的三態	哈伯法製胺	鐳的蛻變

二、 原子核的安定性範圍 & 衰變種類

Z（原子序）	1~20	20~40	40~60	60~80	82
n / p	1	1.25	~1.4	~1.5	$\geqq 1.5$

	α	β^-	β^+	電子捕捉	γ
原子序變化	−2	+1	−1	−1	無
質量數變化	−4	無	無	無	無
條件	Z＞83 A＞209	n/p 太大	n/p 太小 Z＜30	n/p 太小 Z=70~80	伴隨
$\left(\dfrac{n}{p}\right)$ 變化	↑	↓	↑	↑	無

三、　天然衰變三種射線比較

放射線 性質	α-射線	β-射線	γ-射線
本質	高速的 α 粒子	高速的電子流	高頻率的電磁波
組成	氦核（$^4_2He^{2+}$）	電子$_{-1}^{\ 0}e$	高能量光子
電性	帶正二電荷	帶負一電荷	不帶電
質量	相當於 He 核	相當於電子	無質量
速度	光速的 1/4	光速一半以上	**光速**
游離氣體之能力	很大	α 的 10^{-2} 倍	α 的 10^{-4} 倍
穿透能力	小（∴1） $10^{-3}mm$ 鋁板	中（∴10^2） 0.5mm 鋁板	很大（∴10^4） 5~11cm 厚鋁板
電磁場影響	向負極偏	向正極偏	不偏折
照片感光能力	小	中	大

四、　天然衰變系列

質量數	系列	最初元素	最末穩定元素	經 α 次	經 β 次
4n	釷系	$^{232}_{90}Th$	$^{208}_{82}Pb$	6	4
4n+2	鈾鐳系	$^{238}_{92}U$	$^{206}_{82}Pb$	8	6
4n+3	鈾錒系	$^{235}_{92}U$	$^{207}_{82}Pb$	7	4

五、　衰變速率

1. a（活性）$= R$（反應速率）$= kN$

（$k =$ 速率常數，N：放射性原子核數目）

∵ R（速率）$= \dfrac{-\Delta N}{\Delta t} = kN$

∴ $\ln(\dfrac{a_0}{a}) = \ln(\dfrac{N_0}{N}) = kt \Rightarrow \log(\dfrac{N_0}{N}) = \dfrac{k}{2.303}t$

其中：a_0：$t = 0$ 時的放射強度（活性），

a：蛻變後剩餘的放射性強度（活性）

N_0：$t = 0$ 時的放射前的數目（量），

N：蛻變後的剩餘數目（量）

2. **衰變為一級反應，關於半衰期：**

(1) 半衰期 $t_{1/2} = \dfrac{\ln 2}{k} = \dfrac{0.693}{k}$

(2) 在同一時間內蛻變的分率為一定值（ 正比 ）。

公式：$\dfrac{N（剩下量）}{N_0（初始量）} = (\dfrac{1}{2})^{\frac{t}{t_{1/2}}}$

(3) ∵核之放射性強度（活性）與半衰期為成反比。

∴半衰期越短的元素，表示放射性強度越強。

3. **放射活性（a）強度常用的單位：**

(1) 巴克樂（*Becquerel*）：每一秒鐘有一個原子核產生蛻變

(2) 居里（*Curie*）：每秒鐘有 3.7×10^{10} 個原子核發生蛻變

∴ $1Ci = 3.7 \times 10^{10} Bq$

六、 *核結合能（nuclear binding energy）簡稱核能：B.E*

1. **核結合能：**

(1) 是由成分核子結合成原子核時，其損失的質量轉變為能量。

(2) 由愛因斯坦質能互換方程式：

$\Delta E = (\Delta)mc^2 = (\Delta)m \times k$（$k$ 為常數）。

（$k = 9.0 \times 10^{13}$ J/g = 931.5 MeV/amu）

2. **核子結合能為原子核中各核子之平均結合能。**

（核子結合能）平均結合能 $= \dfrac{核結合能}{質量數}$

3. **原子核結合能隨質量越大，而越大。**

(1) 質量數為 60 附近的原子核（Fe，Co）核子結合能最大

(2) 核子結合能可預測核的安定性，其安定性指不進行：核融合及核

分裂不是指無放射性。EX：$^{60}Co \rightarrow \beta + {}^{60}Ni + \gamma$

七、 核能發電

裝置	成分		來源
爐心	燃料	鈾（$^{235}_{92}U$）	天然鈾礦中的 $^{235}_{92}U$（占 0.7%） （需由 0.7%濃縮至 3%）
		鈽（$^{239}_{94}Pu$）	天然鈾礦中的 $^{238}_{92}U$（占大部分）吸收中子而得
減速劑	水（輕水、重水）、石墨		減緩中子的速度，使成為慢中子
控制棒	硼 B、鎘 Cd		吸收過剩的中子，終止反應
冷卻系統（*Coolant*）	水冷、氣冷		將熱從爐心攜帶至外部蒸器和渦輪機，並將熱能轉變為電能
防衛系統	混凝土、厚鋼板		※ 由內到外： (1) 可吸收 γ-ray 及 X-ray 的輕便防護衣，以保護操作人員。 (2) 1-3 公尺厚的高密度混凝土 (3) 3-20 公分厚鋼板以防止大部分的輻射

歷 屆 試 題 集 錦

---

1. What is the number of the half-lives required for a radioactive element to decay to about 6% of its original activity? (please choose the nearest number)

   (A) 2　　(B) 3　　(C) 4　　(D) 5　　(E) 6

   【110 高醫(29)】

【詳解】C

$$\Rightarrow 100\% \xrightarrow{1^{st} t_{1/2}} 50\% \xrightarrow{2^{nd} t_{1/2}} 25\% \xrightarrow{3^{rd} t_{1/2}} 12.5\% \xrightarrow{4^{th} t_{1/2}} 6.25\%$$

故經由 4 次半生期，活性剩下比例最接近 6%

---

2. Detection of radiation by a Geiger-Müller counter depends on _____.

   (A) the emission of a photon from an excited atom

   (B) the ability of an ionized gas to carry an electrical current

   (C) the emission of a photon of light by the radioactive particle

   (D) the ability of a photomultiplier tube to amplify the electrical signal from a phosphor

   (E) the detection of the sound made by decay particles

   【110 高醫(62)】

【詳解】B

利用放射性同位素之電離效應，使測筒中之氣體導電，而發出滴答聲的裝置。

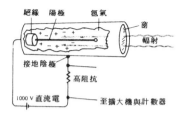

3. 天然鈾主要由^{238}U和^{235}U組成，其相對含量分別為99.28%和0.72%。^{238}U的半衰期約為4.5×10^9年，^{235}U的半衰期則約為7.1×10^8年。假設地球是在45億年前形成的，請估計地球形成時^{238}U和^{235}U同位素當時的相對含量最接近下列何者？

(A) 50%, 50%　　　(B) 82%, 18%　　　(C) 99.5%, 0.5%　　　(D) 77%, 23%

【110慈濟(1)】

【詳解】D

利用半生期公式反推各個原來量：$\dfrac{N}{N_0} = (\dfrac{1}{2})^{\frac{t}{t_{1/2}}}$

假設 ^{238}U 原來量$=\,^{238}U_0$ 和 ^{235}U 原來量$=\,^{235}U_0$

$$\begin{cases} \dfrac{0.9928}{^{238}U_0} = (\dfrac{1}{2})^{\frac{4.9\times10^9}{4.9\times10^9}} \Rightarrow\, ^{238}U_0 = 1.9856 \\[4mm] \dfrac{0.0072}{^{235}U_0} = (\dfrac{1}{2})^{\frac{4.9\times10^9}{7.1\times10^8}} \Rightarrow\, ^{235}U_0 = 0.585 \end{cases} \Rightarrow \dfrac{^{238}U_0 = 1.9856}{^{235}U_0 = 0.585} = 3.4 \Rightarrow 77\% : 23\%$$

4. The decay of strontium-90 follows a first-order process and the rate constant is 0.02406 year^{-1}. How much of 2 mg sample of strontium-90 remains after 144 years?

(A) 0.250 mg　　　(B) 0.062 mg　　　(C) 0.031 mg

(D) 0.125 mg　　　(E) 0.500 mg

【109 高醫(29)】

【詳解】B

$$t_{\frac{1}{2}} = \frac{\ln 2}{k} = \frac{0.693}{0.024\, yr^{-1}} = 28.8\, yr^{-1}$$

$$\frac{N}{N_0} = (\frac{1}{2})^{\frac{t}{t_{1/2}}} \Rightarrow \frac{N}{2mg} = (\frac{1}{2})^{\frac{144\, yr}{28.8}} \Rightarrow N = 0.0625 mg$$

5. 2-deoxy-2-[^{18}F]fluoroglucose ([^{18}F]FDG) decays by _____ and [^{18}F] will yield stable _____.

    (A) alpha emission, ^{18}O   (B) beta emission, ^{19}F

    (C) positron emission, ^{18}O   (D) photon emission, ^{19}F

    (E) neutron capture, ^{19}O

【109 高醫(88)】

【詳解】C

	α	β$^-$	β$^+$	電子捕捉
原子序變化	−2	+1	−1	−1
質量數變化	−4	無	無	無
條件	Z>83 A>209	n/p 太大	n/p 太小 Z<30	n/p 太小 Z=70~80

故：$^{18}_{9}F \rightarrow ^{18}_{8}O + ^{0}_{+1}\beta$($positron\ emission$)

6. 核融合反應：^{2}H + ^{3}H → ^{4}He + ^{1}n + energy

    ^{2}H = 2.0140 amu、^{3}H = 3.0161 amu、^{4}He = 4.0026 amu、^{1}n = 1.0087 amu

    試問 1 mol ^{2}H 和 1 mol ^{3}H 進行核融合反應會放出多少能量(J)？

    (光速為 3×10^8 m/s)

    (A) 5.55×10^{37} (B) 1.01×10^{36} (C) 9.25×10^{13}

    (D) 1.69×10^{12} (E) 5.63×10^8

【109 中國醫(19)】

【詳解】D

$\Delta E = \Delta mk ($ 其中 $k = 1.51 \times 10^{-10} J / amu)$

$\Delta m = (2.0140 + 3.0161) - (4.0026 + 1.0087) = 0.0188 amu /$ 個

代入 $\Delta E = 0.0188 amu /$ 個 $\times 1.51 \times 10^{-10} J / amu \times 6.02 \times 10^{23} ($ 個 $/ mol)$

$= 1.69 \times 10^{12} J / mol$

7. ^{222}Rn 衰變成 α 粒子及

    (A) ^{218}Po   (B) ^{218}Ra   (C) ^{226}Ra   (D)^{226}Po

                                                        【109 義守(11)】

【詳解】A

根據原子序守恆；質量數守恆

$$^{222}_{86}Rn \rightarrow {}^{4}_{2}\alpha + {}^{218}_{84}Po$$

8. 有一核反應過程為：$^{14}_{7}N + {}^{4}_{2}He \rightarrow {}^{17}_{8}O + {}^{1}_{1}H$，此反應的各核種的質量如下：

    $^{14}_{7}N$：14.003074 amu；$^{4}_{2}He$：4.002603 amu

    $^{17}_{8}O$：16.999133 amu；$^{1}_{1}H$：1.007825 amu

    請計算此反應所釋放的能量？

    (A) 1.15×10^{10} J/mol   (B) 1.15×10^{11} J/mol

    (C) 1.15×10^{13} J/mol   (D) 1.15×10^{17} J/mol

                                                       【109 私醫(26)】

【詳解】B

Key：$\Delta E = \Delta mc^2$

其中 Δm = [1.007825+16.999133]amu－[4.002603 +14.003074]amu

          = 0.001281 amu

代入 $\Delta E = \Delta mc^2 = \Delta mk$

$$\Rightarrow 0.001281\frac{amu}{個} \times \frac{1.50 \times 10^{-10} J}{amu} \times \frac{6.02 \times 10^{23} 個}{1mol} = 1.15 \times 10^{11} J/mol$$

9. 對於幅射的敘述以下何者正確？

    (A) α 射線通過電場時會被吸引往正極偏移

    (B) 穿透力：α 射線 ＞β 射線 ＞γ 射線

    (C) 飛行速度：γ 射線 ＞β 射線 ＞α 射線

    (D) β 射線是不具有電量及質量的高能磁輻射

                                                       【109 私醫(27)】

【詳解】C

性質　　放射線	α-射線	β-射線	γ-射線
本質	高速的 α 粒子	高速的電子流	高頻率的電磁波
組成	氦核（$_2^4\text{He}^{2+}$）	電子 $_{-1}^{0}\text{e}$	高能量光子
電性	帶正二電荷	帶負一電荷	不帶電
質量	相當於 He 核	相當於電子	無質量
速度	光速的 1/4	光速一半以上	**光速**
穿透能力	小（：1）10^{-3}mm 鋁板	中（：10^2）0.5mm 鋁板	很大（：10^4）5~11cm 厚鋁板
電磁場影響	向負極偏	向正極偏	不偏折

---

10. It is desired to determine the concentration of arsenic in a lake sediment sample by means of neutron activation analysis. The nuclide $_{33}^{75}As$ captures a neutron to form $_{33}^{76}As$, which in turn undergoes β decay. The daughter nuclide produces the characteristic γ rays used for the analysis. What is the daughter nuclide?

(A) $_{34}^{76}Se$ (B) $_{32}^{76}Ge$ (C) $_{31}^{74}Ga$ (D) $_{34}^{75}Se$ (E) $_{34}^{74}Se$

【108 高醫(77)】

【詳解】A

$$_{33}^{75}As + {_0^1}n \to {_{33}^{76}}As \to {_{-1}^{0}}\beta + {_{34}^{76}}Se*$$
$$_{34}^{76}Se* \to \gamma + {_{34}^{76}}Se$$

（其中：γ rays 為高能量電磁波，不影響質量數與質子數）

---

11. 太陽放射之能量來自於
　　(A) 氫氣燃燒   (B) 光合作用   (C) 核分裂
　　(D) 核融合   (E) 自然放射性

【108 中國醫(2)】

【詳解】D

分類	核熔合
定義	將較輕的原子核熔合一起，形成質量較大的核，並放出巨大的能量 $^2_1H + ^3_1H \rightarrow ^4_2He + ^1_0n$　ΔH=1.7×10^{12} J/mol
實例	太陽、氫彈
難題	需極高溫($10^6 \sim 10^7$ K)、高壓，無法控制及商業化

---

12. ^{90}Sr 的半衰期是 28.1 年，10.9 g 的 ^{90}Sr 衰變成 0.17 g 大約需要多少年？

(A) 84　　　(B) 140　　　(C) 169　　　(D) 225　　　(E) 281

【108 中國醫(21)】

【詳解】C

(1) 傳統作法：$\dfrac{N}{N_0} = \left(\dfrac{1}{2}\right)^{\frac{t}{t_{1/2}}} \Rightarrow \dfrac{0.17g}{10.9g} = \left(\dfrac{1}{2}\right)^{\frac{t}{28.1年}} \Rightarrow t \approx 169年$

(2) 利用半衰期概算作法：

$10.8g \xrightarrow[1^{st} t_{1/2}]{} 5.4g \xrightarrow[2^{nd} t_{1/2}]{} 2.7g \xrightarrow[3^{rd} t_{1/2}]{}$

$1.35g \xrightarrow[4^{th} t_{1/2}]{} 0.68g \xrightarrow[5^{th} t_{1/2}]{} 0.34g \xrightarrow[6^{th} t_{1/2}]{} 0.17g$

$\Rightarrow 28.1年 \times 6 = 168.6年 \approx 169年$

---

13. 試問下列哪一個同位素，最不穩定？

(A) $^{20}_{10}Ne$　　　(B) $^{72}_{37}Rb$　　　(C) $^{16}_{8}O$　　　(D) $^{11}_{5}B$

【108 慈濟(40)】

【詳解】B

此為奇偶律觀念：

(B) $^{72}_{37}Rb$ 之質子數(37)與中子數(72－37) = 35 皆為奇數，屬較不穩定核種。

---

14. Plutonium-241(Pu-241)經過兩個 α - decay 和兩個 β - decay，最後預期會得到
    下列何者？ (原子序：Th = 90, Pa = 91, U = 92, Np = 93, Pu = 94)
    (A) Np-233　　　　(B) Pa-233　　　　(C) U-233　　　　(D) Th-233

    【108 私醫(41)】

【詳解】C

$$_{94}^{241}Pu \rightarrow 2\,_{-1}^{0}\beta + 2\,_{2}^{4}\alpha + \,_{Z}^{A}X$$

$$\Rightarrow \begin{cases} 241 = 0 + 2\times 4 + A \\ 94 = 2\times(-1) + 2\times 2 + Z \end{cases} \Rightarrow \begin{cases} A = 233 \\ Z = 92 \end{cases} \Rightarrow \,_{92}^{233}U$$

---

15. 如下圖，顯示各元素單位核子(nucleon)之結合能變化，隨著低質量數(mass
    number)到 ^{56}Fe，結合能上升，其後開始下降。請問關於結合能和原子融合或
    分裂的敘述，下列何者為真？

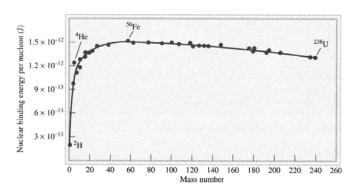

    (A) 低質量數原子融合(fusion)將吸收更多能量
    (B) 高質量原子進行融合 (fusion)將釋放能量
    (C) 原子融合反應，低質量所吸收的能高於釋放之
    (D) 質量數 40－100 的原子具有高單位核之結合能

    【108 私醫(42)】

【詳解】D
    (A) 低質量數原子融合(fusion)將**放出更多能量**
    (B) 高質量原子進行**核分裂** (fission)將釋放能量
    (C) 原子融合反應，低質量所吸收的能**低於**釋放之

16. 各元素之原子核內質子數對中子數作圖如下，對角點線為一安定帶 (belt of stability)，實線為中子數對質子數比為 $1:1$，下列敘述何者為真？

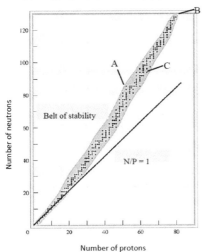

(A) A 點之安定帶以上的元素衰變 α 粒子為主
(B) B 點之安定帶上方原子序大於 84 的元素衰變以 β 粒子為主
(C) C 點之安定帶以下的元素衰變方式得捕捉電子為主
(D) $_{53}I-129$ 的中子數對質子數比為 1.43，為一安定的原子

【108 私醫(43)】

【詳解】C

(A) A 點之安定帶以上的元素衰變 **β 粒子**為主（$\dfrac{n}{p}$ 太大）

(B) B 點之安定帶上方原子序大於 84 的元素衰變以 **α 粒子**為主

(D) $_{53}I-129$ 的中子數對質子數比為 1.43（略顯太大），為一**不安定**的原子。

Z（原子序）	1~20	20~40	40~60	60~80	82
n／p	1	1.25	~1.4	~1.5	≥ 1.5

17. 有關一放射性同位素 (radionuclide)半衰期之敘述，何者正確？
(A) 各半衰期之時間保持固定
(B) 各半衰期之時間會逐漸遞減
(C) 各半衰期之時間會逐漸遞增
(D) 溫度上升會使半衰期的時間縮短

【108 私醫(44)】

【詳解】A

(A)(B)(C) 放射性同位素 (radionuclide)為動力學一級反應，各半衰期與濃度無關，故時間保持固定。

(D) 溫度改變不影響半衰期的時間（放射性同位素活化能為零）

---

18. What is the rate constant for radioactive decay of $^{14}CO_{2(g)}$ at 0.1 atm?
(The half-life of C-14 nucleus is 5730 years.)
    (A) 1.38×10^{-8} h^{-1}　　　(B) 2.76×10^{-8} h^{-1}　　　(C) 1.38×10^{-9} h^{-1}
    (D) 3.45×10^{-9} h^{-1}　　　(E) 6.90×10^{-9} h^{-1}

【107 高醫(73)】

【詳解】A

核衰變反應皆為一級反應，半生期 $t_{\frac{1}{2}} = \dfrac{0.693}{k}$

$$k = \frac{0.693}{t_{\frac{1}{2}}} = \frac{0.693}{5730\,years} \times \frac{1year}{365day} \times \frac{1day}{24h} = 1.38 \times 10^{-8}\,h^{-1}$$

---

19. The radioactive isotope ^{247}Bk (Z = 97) decays by a series of α-particle and β-particle productions, taking ^{247}Bk through many transformations to end up as ^{207}Pb (Z = 82). In the complete decay series, how many α-particles and β-particles are produced, respectively?
    (A) 10, 8　　　(B) 10, 5　　　(C) 10, 2　　　(D) 8, 8　　　(E) 5, 8

【107 高醫(86)】

【詳解】B

$^{247}_{97}B \rightarrow ^{207}_{82}Pb$ 利用質量數守恆與原子序守恆，設衰變 x 次 α，y 次 β

$\begin{cases} 247 = 4x + 207 \text{ -----------(1)} \\ 97 = 82 + 2x + (-y) \text{ ----(2)} \end{cases} \Rightarrow x = 10 \quad y = 5$

20. 一般核能發電廠利用鈾之核分裂產生的能量來發電。以下有關此核分裂之敘述，何者正確?

(A) 此核分裂所釋放的能量，主要來自分裂前後參與反應或產生的原子之電子組態改變

(B) 最常使用的鈾為 $^{238}_{92}U$

(C) 所使用的鈾需受到質子撞擊才能分裂

(D) 此核分裂反應中，反應物之質量大於生成物之質

【107 私醫(50)】

【詳解】D

(A) 原子種類改變　　(B) $^{235}_{92}U$　　(C)中子（^1_0n）

21. Identify the missing particle in the following equation: $^{238}_{92}U \rightarrow {}^4_2He + $?

(A) $^{242}_{94}Pu$　　(B) $^{234}_{90}Th$　　(C) $^{242}_{90}Th$　　(D) $^{234}_{92}U$　　(E) None of the above.

【106 高醫(83)】

【詳解】B

根據原子序守恆;質量數守恆

$\Rightarrow {}^{238}_{92}U \rightarrow {}^4_2He + {}^{234}_{90}Th$

22. Cs-131 原子核的半生期為 30 年。一個 Cs-131 樣品經過 120 年後剩下 3.1 公克，此樣品的原始質量大約為多少公克?

(A) 12　　(B) 25　　(C) 50　　(D) 100

【106 義中醫(15)】

【詳解】C

公式：$\dfrac{N(剩下量)}{N_0(初始量)} = (\dfrac{1}{2})^{\frac{t}{t_{1/2}}} \Rightarrow \dfrac{3.1\ g}{N_0} = (\dfrac{1}{2})^{\frac{120}{30}} \Rightarrow N_0 = 49.6\ g \fallingdotseq 50\ g$

23. Co-60 可藉由 3 個核反應：中子捕捉(neutron capture)、β-放射(β-emission)、中子捕捉(neutron capture)而產生。請問此產生 Co-60 的起始反應物應為下列何者？
(A) ^{58}Ni (B) ^{59}Co (C) ^{58}Fe (D) ^{62}Ni

【106 慈中醫(23)】

【詳解】C

根據核反應：質量數守恆＆原子序守恆

假設起使反應物為 $_Z^A X$，進行以下反應：

$$_Z^A X + {}_0^1 n \rightarrow {}_Z^{A+1} Y \; ; \; {}_Z^{A+1} Y \rightarrow {}_{-1}^0 \beta + {}_{Z+1}^{A+1} Z \; ; \; {}_{Z+1}^{A+1} Z + {}_0^1 n \rightarrow {}_{27}^{60} Co$$

$\Rightarrow A+1+1=60 \; ; \; Z+1=27 \Rightarrow {}_Z^A X = {}_{26}^{58} Fe$

24. 一個 ^{235}U 原子核可能會產生的一種分裂反應如下：

$$_0^1 n + {}_{92}^{235} U \rightarrow {}_{56}^{141} Ba + {}_{36}^{92} Kr + 3{}_0^1 n$$

請計算分裂一顆 ^{235}U 原子核產生多少焦耳的能量？
($_{92}^{235}$U = 235.04393 amu; $_0^1$n =1.00867amu; $_{56}^{141}$Ba =140.91436 amu; Kr = 91.92627 amu; 1amu =1.66×10^{-24} gram; 1Joule =1 kg·m^2/s^2)
(A)2.10×10^{13} (B)3.40×10^8 (C)2.78×10^{-11} (D)2.15×10^{-4}

【106 私醫(42)】

【詳解】C
Key：$\Delta E = \Delta mc^2$
其中 Δm = [1.00867+235.4393]amu － [140.91436 + 91.92627+3×1.00867]amu
= 0.18596 amu

代入 $\Delta E = \Delta mc^2 = \Delta mk = 0.18596 amu \times (1.51 \times 10^{-10} J / amu) = 2.78 \times 10^{-11} J$

25. 完成下列反應式：

$$^{231}_{90}\text{Th} \rightarrow \underline{\hspace{2cm}} + ^{227}_{88}\text{Ra}$$

(A)正電子(positron)　　(B) beta 粒子

(C) alpha 粒子　　(D) gamma 粒子

【105 義中醫(41)】

【詳解】C

核反應 ⇒ 遵守反應前後質量數守恆；遵守反應前後原子序守恆

$$^{231}_{90}\text{Th} \rightarrow ^{4}_{2}\alpha + ^{227}_{88}\text{Ra}$$

26. 假設 ^{14}C 的半衰期為 5730 年，若測得一樣品中的 ^{14}C 濃度為原有 ^{14}C 的八分之一，則依實驗數據推估，此樣品的生成年代為何？
(A) 716 年前　　(B) 45840 年前　　(C) 11460 年前　　(D) 17190 年前

【105 慈中醫(14)】

【詳解】D

放射性元素衰變速率皆為一級反應。

半衰期：濃度變為原初濃度的一半所需的時間。

樣品中的 ^{14}C 濃度為原的 ^{14}C 的八分之一，即為第三半衰期。

代入公式：$3 \times t_{1/2} = 3 \times 5730 = 17190$

27. 某種元素的放射性核種(radioactive nuclide)在 240 年期間發生了 75%衰變，亦即剩下原本的 25% 數量，請問此核種的半衰期為多久？
(A)120 年　　(B)80 年　　(C)480 年　　(D)60 年

【105 私醫(42)】

【詳解】A

放射性元素衰變速率皆為一級反應。

半衰期：濃度變為原初濃度的一半所需的時間。

某元素濃度為原來的四分之一，即為第二半衰期。

$$\Rightarrow \frac{240}{t_{1/2}} = 2 \quad , t_{1/2} = 120$$

28. 原子核 $^{240}_{93}\text{Np}$ 最可能進行的衰變為以下何者？

(A)放射α粒子　　(B)放射β粒子　　(C)放射正子　　(D)放射γ-射線

【105 私醫(43)】

【詳解】B

【釋疑】依各普化版本教科書，原子序≧83 之放射性元素基本上是進行

α-dacay。Np 此元素之原子序為 93，其中以質量數 237 為最常見，

因此理論上會進行 α-dacay。但本題為 $^{240}_{93}\text{Np}$ ，是為一少見特殊

例子，進行 β-dacay。

29. 利用中子來撞擊重原子核，使重核發生分裂，產生兩個較小的核與中子，
並放出巨大的能量，這種產生核能的方式稱為核分裂。例如用中子撞擊鈾
原子核，可用下列的核反應式來表示：

$^{1}_{0}\text{n} + ^{235}_{92}\text{U} \rightarrow ^{92}_{w}\text{Kr} + ^{141}_{56}\text{Ba} + x^{y}_{z}\text{n}+$能量。

試問下列哪一個選項中的兩個數字，正確表示上式中的 w 與 x？

(註：式中 Kr 是與 He、Ne 同屬於週期表的第 18 族(VIIIA 族)的元素)

(A)34 與 5　　(B)35 與 4　　(C)35 與 5　　(D)36 與 3

【105 私醫(44)】

【詳解】D

核反應 ⇒ 遵守反應前後質量數守恆；遵守反應前後原子序守恆

$1+235 = 141 + 92 + x \cdot 1 \Rightarrow x = 3$

$0 + 92 = 56 + w + 0 \Rightarrow w = 36$

30. U-238 原子核經過 _____ 次 α 衰變及 6 次 β 衰變後，生成 Pb-206 原子核。
(A) 2　　(B) 4　　(C) 6　　(D) 8　　(E) 10

【104 中國醫(12)】

【詳解】D

$^{238}_{92}U \rightarrow ^{206}_{82}Pb$　利用質量數守恆與原子序守恆，設衰變 x 次 α，y 次 β

$\begin{cases} 238 = 4x + 206 \text{ ----(1)} \\ 92 = 82 + 2x + (-y) \text{ ----(2)} \end{cases} \Rightarrow x = 8 \quad y = 6$

31. 原子核 $^{12}_{7}N$ 極不穩定，容易進行下列何種衰變？

(A) β^-　　　(B) β^+　　　(C) σ　　　(D) α

【104 慈中醫(7)】

【詳解】B

$\dfrac{n}{p}$ 太小（小於穩定帶）→ β^+ 放射 or K 層電子捕獲

得：$^{12}_{7}N \rightarrow \dfrac{n}{p} = \dfrac{5}{7} < 1$，$\beta^+$ 放射……(B)最佳解

第9單元　化學平衡

一、　平衡狀態可表達及不可表達異議

能表示者	不能表示者
(1) 由 $\rightleftharpoons$ 符號知道物系處於平衡狀態，正反應速率等於逆反應速率	(1) 達平衡的速率。(與反應物的本性有關)
(2) 平衡系的物種。	(2) 平衡各物的濃度大小。(須依實驗測定)
(3) 反應物與生成物的相對消耗量或生成量。	(3) 由何方向開始反應而達平衡。
(4) 正、逆反應的反應熱。	(4) 反應進行的程度。

二、　平衡常數

1. 在一可逆反應 $a\mathrm{A}_{(g)} + b\mathrm{B}_{(g)} \rightleftharpoons d\mathrm{D}_{(g)} + e\mathrm{E}_{(g)}$；達平衡：

$$k_{正}[\mathrm{A}]^a[\mathrm{B}]^b = k_{逆}[\mathrm{D}]^d[\mathrm{E}]^e$$

$$K = \frac{[D]^d[E]^e}{[A]^a[B]^b} = \frac{k_{正}}{k_{逆}} = \frac{正反應速率常數}{逆反應速率常數}$$

(1) 平衡常數種類

　　A. 濃度平衡常數（K_C，常簡記為 K），$K_\mathrm{C} = \dfrac{[\mathrm{D}]^d[\mathrm{E}]^e}{[\mathrm{A}]^a[\mathrm{B}]^b}$

　　B. 壓力平衡常數（K_p），$K_\mathrm{p} = \dfrac{(P_\mathrm{D})^d(P_\mathrm{E})^e}{(P_\mathrm{A})^a(P_\mathrm{B})^b}$

(2) 平衡常數之間關係

　　$K_\mathrm{p} = K_\mathrm{C}(RT)^{\Delta n}$

　　（Δn＝氣體產物係數和－氣體反應物係數和＝$(d+e)-(a+b)$）

2. **平衡常數的應用：**

(1) 預測反應進行的方向：$aA_{(g)} + bB_{(g)} \rightleftharpoons dD_{(g)} + eE_{(g)}$，於反應過程中之任意狀態，將各成分物種濃度，代入依平衡常數式所得數值 (Q)稱為　反應商(*reaction quotient*)　。

$$任意狀態：Q = \frac{[D]^d[E]^e}{[A]^a[B]^b}\ ;\quad 平衡狀態：K_C = \frac{[D]_e^d[E]_e^e}{[A]_e^a[B]_e^b}$$

(2) 若 $Q > K_c$ 表示該反應由右向左進行，直至 $Q = K_c$，兩邊速率會相等達平衡狀態。

(3) 若 $Q = K_c$ 表示該反應已達平衡 。

(4) 若 $Q < K_c$ 表示該反應由左向右進行，直至 $Q = K_c$，兩邊速率會相等達平衡狀態。

三、 勒沙特列原理

1. **內容：**

加一個可以影響平衡的因子(如濃度、壓力、溫度)於一個平衡系中，則平衡向能削弱該因子的一方移動。

2. **濃度因素：**

(1) 增加反應物濃度或減少生成物濃度，則平衡向生成物方向移動	如：$2CrO_4^{2-}{}_{(aq)} + 2H^+{}_{(aq)} \rightleftharpoons Cr_2O_7^{2-}{}_{(aq)} + H_2O_{(l)}$ (a) 加 $K_2CrO_{4(s)}$，$[CrO_4^{2-}]$增加平衡向右 (b) 加酸，$[H^+]$ 增加平衡向右 (c) 加鹼，$[H^+]$ 減少平衡向左 (d) 加 $BaCl_{2(s)}$，產生 $BaCrO_{4(s)}$沉澱，$[CrO_4^{2-}]$減少，平衡向左。
(2) 增加生成物濃度或減少反應物濃度，則平衡向反應物方向移動	
(3) 加入平衡系的難溶固態物種，因濃度固定，K_c不變，故平衡不移動　如：$CaCO_{3(s)} \rightleftharpoons CaO_{(s)} + CO_{2(g)}$ ，加入或移走少量 $CaCO_{3(s)}$，平衡不移動	
(4) 加水至水溶液系(稀釋效應)，平衡向可列入平衡定律式中係數和多的一方移動。如：$AgCl_{(s)} \rightleftharpoons Ag^+{}_{(aq)} + Cl^-{}_{(aq)}$ 加水，平衡向右移動	

3. 壓力因素：

(1) 縮小體積(或增加總壓)，則平衡向氣體莫耳數和(係數和)少的一方移動，但物系的濃度均變大	如：$2NO_{2(g)}$ [紅棕色] $\rightleftharpoons N_2O_{4(g)}$ [無色] +熱 (a) 增大壓力(縮小體積)，平衡向右，NO_2 莫耳數減少，$[NO_2]$增加，顏色加深
(2) 擴大體積(或減少總壓)，則平衡向氣體莫耳數和(係數和)多的一方移動，但物系的濃度均變小	(b) 減小壓力(擴大體積)，平衡向左，NO_2 莫耳數增加，$[NO_2]$減少，顏色變淡
(3) 若反應系兩邊氣體總莫耳數相等，則無論加壓或減壓，平衡皆不移動，但仍有濃度的變化	如：$H_{2(g)}+I_{2(g)}\rightleftharpoons 2HI_{(g)}$ 　加壓或減壓，平衡皆不移動。
(4) 加入惰性氣體 (即不與平衡系中之物質起反應之氣體) 　(a) 定容下，則平衡系的總壓增加，但各成份氣體的分壓不變，故不平衡不移動。 　(b) 定壓下，則體積變大，平衡向氣體莫耳數和較多的一方移動(與(2)情況相同)。	

4. 溫度與催化劑因素：

※ 設某可逆反應：$aA_{(g)} + bB_{(g)} \rightleftharpoons dD_{(g)} + eE_{(g)}$ （為基本反應）

達平衡時：$k_{正}[A]^a[B]^b = k_{逆}[D]^d[E]^e$ ；

	反應速率		$n，m$ 關係	移動方向	莫耳數或濃度變化 A	莫耳數或濃度變化 D	平衡常數
加熱 （升溫）	正	即 $r_1 \rightarrow mr_1$，$m>1$	$m>n>1$	$\rightarrow$	$-$	$+$	$+$ 變大
	逆	即 $r_2 \rightarrow nr_2$，$n>1$					
冷卻 （降溫）	正	即 $r_1 \rightarrow mr_1$，$m<1$	$m<n<1$	$\leftarrow$	$+$	$-$	$-$ 變小
	逆	即 $r_2 \rightarrow nr_2$，$n<1$					
催化劑	正	即 $r_1 \rightarrow mr_1$，$m=1$	$m=n=1$	$\times$	$\times$	$\times$	不變
	逆	即 $r_2 \rightarrow nr_2$，$n=1$					

四、 平衡常數（K）與反應速率常數（k）影響因素的比較

	正反應速率常數（k_1）	逆反應速率常數（k_2）	平衡常數 K（$\frac{k_1}{k_2}$）	
加催化劑	對正逆反應而言均等倍的增加，故不影響		不影響	
溫度升高	均升高，以吸熱反應增加的比較多		吸熱反應	增加
			放熱反應	減少
溫度降低	均下降，以吸熱反應減少的比較多		吸熱反應	減少
			放熱反應	增加
濃度	不影響		不影響	
壓力	不影響		不影響	
反應種類	影響		影響	
溶劑種類	影響		影響	

五、 方程式與反應熱 & 平衡常數關係

方程式變化	相加（＋）	相減（－）	×n（÷n）	逆寫
K	相乘（×）	相除（÷）	$K^n(\sqrt[n]{K})$	$\frac{1}{K}$
ΔH	相加（＋）	相減（－）	$n\Delta H\left(\frac{1}{n}\Delta H\right)$	$-\Delta H$

歷屆試題集錦

1. One mole of X(g) and one mole of Y(g) are mixed in a closed reactor in the presence of catalysts, and Z(g) is generated. The reaction is a X + b Y → c Z, where a, b, and c are the coefficients in the balanced equation. At a certain time, the mixture contains 1.8 moles of gases while the ratio of their partial pressures is $P_X:P_Y:P_Z = 7:9:2$. What are the values of a, b, and c?
   (A) a = 1, b = 2, c = 3　　(B) a = 3, b = 1, c = 2　　(C) a = 7, b = 9, c = 2
   (D) a = 3, b = 1, c = 8　　(E) a = 2, b = 9, c = 7

【110 高醫(71)】

【詳解】B
平衡時，總莫耳數＝1.8mol 又 $P_X:P_Y:P_Z = 7:9:2$，

且平衡時莫耳數為 $(X):Y:Z = (1.8 \times \dfrac{7}{7+9+2} = 0.7):0.9:0.2$

理想氣體同溫同體積下，作用量莫耳數比＝分壓比＝係數比

	a X	+ b Y	⇌	c Z
初	1.0	1.0		0
作	−0.3	−0.1		+0.2
終	0.7	0.9		0.2

$\Rightarrow$ a : b : c ＝｜−0.3｜：｜−0.1｜：+0.2＝3：1：2

2. 將 $NH_4NO_3(s)$ 置於一真空容器內，加熱使其進行分解反應如下：
$NH_4NO_3(s) \rightleftharpoons N_2O(g) + 2H_2O(g)$
此反應在 500 °C 達平衡時，發現容器內氣體總壓力為 2.25 大氣壓，計算其 Kp。
   (A) 45.6　　　(B) 5.06　　　(C) 2.25　　　(D) 1.69

【110 中國醫(32)】

【詳解】D
假設平衡時，$N_2O_{(g)}$為 x atm；$H_2O_{(g)}$為 $2x$ atm
總壓＝分壓和＝2.25 atm = $x + 2x \rightarrow x = 0.75$ atm = P_{N2O}
則 $P_{H2O} = 2 \times 0.75$ atm = 1.5 atm
$K_p = (P_{N2O})(P_{H2O})^2 = (0.75\ atm) \times (1.5\ atm)^2 = 1.69\ atm^3$

3. 下列在反應條件改變下，對 NO 濃度產生的影響，何組敘述正確？

$$N_{2(g)} + 2H_2O_{(g)} + 熱能 \rightleftharpoons 2NO_{(g)} + 2H_{2(g)}$$

I. 增加$[N_2]$，NO 增加　　　II. 降低$[H_2]$，NO 減少

III. 降低溫度，NO 減少　　　IV. 加催化劑，NO 增加

(A) 僅 I, II, IV　　(B) 僅 I, III　　(C) 僅 II, III, IV　　(D) 以上皆是

【110義守(13)】

【詳解】B

$$N_{2(g)} + 2H_2O_{(g)} + 熱能 \rightleftharpoons 2NO_{(g)} + 2H_{2(g)}$$

(A) $[N_2]\uparrow$，平衡 →，$[NO]\uparrow$

(B) $[H_2]\downarrow$，平衡 →，$[NO]\uparrow$

(C) $N_{2(g)} + 2H_2O_{(g)} \rightleftharpoons 2NO_{(g)} + 2H_{2(g)}$ 吸熱反應，$T\downarrow$，平衡 ←，$[NO]\downarrow$

(D) 加入催化劑縮短達平衡時間，不影響平衡位置及各物質產量

4. Consider the reaction $Fe^{3+}(aq) + SCN^-(aq) \rightleftharpoons FeSCN^{2+}(aq)$. Which one of the following statements is correct?

(A) The equilibrium position shifts to the right after water is added to double the volume

(B) The equilibrium position shifts to the right after $AgNO_3(aq)$ is added

(C) The equilibrium position shifts to the left after $NaOH(aq)$ is added

(D) The equilibrium position shifts to the left after $Fe(NO)_3(aq)$ is added

(E) None of the above is correct

【109 高醫(69)】

【詳解】C

(A) 加水稀釋體積加倍，平衡往離子係數大移動，故往左。

(B) 加入 Ag^+，$Ag^+ + SCN^- \rightarrow Ag(SCN)_2^-$，視為 Ag^+離子濃度下降，平衡往左。

(C) 加入 OH^-，$Fe^{3+} + 3OH^- \rightleftharpoons Fe(OH)_3$ 沈澱，視為 Fe^{3+}離子濃度下降，平衡往左。

(D) 加入 Fe^{3+}，視為 Fe^{3+}離子濃度上升，平衡往右。

5. To increase the value of K for the endothermic reaction as mentioned below, a chemist should .

(A) decrease the temperature　　(B) decrease the container volume

(C) increase the total pressure　　(D) increase the temperature

(E) None of these

【109 高醫(77)】

【詳解】D

	正反應速率常數 (k_1)	逆反應速率常數 (k_2)	平衡常數 K $(\frac{k_1}{k_2})$	
溫度升高	均升高，以吸熱反應增加的比較多		吸熱反應	增加
			放熱反應	減少
溫度降低	均下降，以吸熱反應減少的比較多		吸熱反應	減少
			放熱反應	增加

6. Determine the value of Kc for the reaction

$HX(aq) \rightleftharpoons H^+(aq) + X^-(aq)$　　　　　　　　　$Kc = 7.0 \times 10^{-4}$

$H_2C_2O_4(aq) \rightleftharpoons 2H^+(aq) + C_2O_4^{2-}(aq)$　　　　　$Kc = 4.0 \times 10^{-6}$

$2HX(aq) + C_2O_4^{2-}(aq) \rightleftharpoons 2X^-(aq) + H_2C_2O_4(aq)$　　$Kc = ?$

(A) 0.001　　　(B) 0.01　　　(C) 0.1　　　(D) 1.0　　　(E) 10

【109 高醫(87)】

【詳解】C

(3) $2HX(aq) + C_2O_4^{2-}(aq) \rightarrow 2X^-(aq) + H_2C_2O_4(aq)$

∵ 由方程式(2)逆寫且加上方程式(1)×2 得到

∴ K_2 取倒數乘於 $(K_1)^2 \Rightarrow \dfrac{(7.0 \times 10^{-4})^2}{4.0 \times 10^{-6}} \approx 0.12$

7. NH_3 可以從 N_2 和 H_2 生成，其平衡反應式為：$N_2 + 3H_2 \rightleftharpoons 2NH_3$，平衡常數 $K = 2.3 \times 10^{-6}$。若將各別為 1.0 mol 的反應物和產物加入 1.0 L 的容器內進行反應，達平衡時 H_2 的濃度為多少(M)？

(A) 0.5　　　(B) 1.0　　　(C) 1.5　　　(D) 2.0　　　(E) 2.5

【109 中國醫(4)】

【詳解】E

$(Q = \dfrac{1^2}{1^1 \times 1^3} > K = 2.3 \times 10^{-6})$，又因 K 值極小，反應向左視為完全反應

	N_2	$+$	$3H_2$	$\rightleftharpoons$	$2NH_3$
初	1.0M		1.0M		1.0 M
作	$+0.5$M		$+1.5$M		-1.0M
平	~1.5		~2.5		~0

---

8. 已知 C_6H_{12} (chair) $\rightleftharpoons C_6H_{12}$ (twist-boat)。C_6H_{12} 在室溫有 99.99%以 chair 構型存在，但在 800℃有 30%以 twist-boat 構型存在。依此平衡方程式，C_6H_{12} 在 800℃的平衡常數為

(A) 0.30　　　　(B)0.23　　　　(C) 2.3　　　　(D) 0.43

【109 義守(10)】

【詳解】D

$$K_c = \frac{C_6H_{12}(twist-boat)}{C_6H_{12}(chair)} = \frac{30\%}{(100-30)\%} \approx 0.43$$

---

9. 請考慮以下兩個平衡及其各自的平衡常數：

(1) NO (g) + 1/2O$_2$ (g) $\rightleftharpoons$ NO$_2$(g)　　　　　　　　　K_1

(2) 2NO$_2$(g) $\rightleftharpoons$ 2NO (g) + O$_2$(g)　　　　　　　　　K_2

以下哪一個是平衡常數 K_1 與 K_2 之間的正確關係？

(A) $K_2 = 2/K_1$　　　(B) $K_2 = (1/K_1)^2$　　(C) $K_2 = -K_1/2$　　(D) $K_2 = 1/(2K_1)$

【109 義守(33)】

【詳解】B

∵由方程式(2)是由方程式(1)逆寫且×2得到

∴ K_1 取倒數且平方可得 $K_2 \Rightarrow K_2 = \dfrac{1}{K_1^2}$

---

10. 有一反應平衡如下：2NO(g) + Cl$_2$(g) $\rightleftharpoons$ 2NOCl(g)

在溫度為 308 K 達成平衡時反應物之分壓 $P_{NO} = 0.35$ atm；$P_{Cl2} = 0.1$ atm 且平衡常數為 $K_p = 6.5 \times 10^4$，請計算 NOCl(g)的平衡分壓？

(A) 42 atm　　　(B) 28 atm　　　(C) 14 atm　　　(D) 7 atm

【109 私醫(33)】

【詳解】B

$$K_p = \frac{P_{NOCl}^2}{P_{NO}^2 \times P_{Cl2}} = \frac{P_{NOCl}^2}{(0.35)^2(0.1)^1} = 6.5 \times 10^4 \Rightarrow P_{NOCl} = 28\,atm$$

---

11. 對於化學反應敘述，下列何者正確？

   (A) 平衡常數 $K > 1000$ 代表反應速率極快，在室溫下就會進行。

   (B) 若正反應是吸熱反應，溫度升高則平衡常數變大。

   (C) 反應到達平衡時，正反應與逆反應速率皆為零。

   (D) 加入催化劑會讓一個吸熱反應變成放熱反應，且加速反應進行。

   【109 私醫(35)】

【詳解】B

(A) 平衡常數大小與反應速率**無關**。

(C) 反應到達平衡時，正反應與逆反應速率**相等**。

(D) 加入催化劑會讓正逆反應速率皆加速進行，但不會讓一個吸熱反應變成放熱反應。

---

12. According to the Haber-Bosch process, which statement is true?

   (A) The reaction to produce NH_3 from H_2 and N_2 is reversible.

   (B) According to the Le Châtelier's principle, the overall reaction is favorable to produce products in the state of high pressure.

   (C) Increasing the reaction temperature can accelerate the reaction to equilibrium.

   (D) Using Fe as a catalyst can accelerate the reaction to equilibrium, but cannot change the equilibrium between the reagents and products.

   (E) All statement are true.

   【108 高醫(88)】

【詳解】E

$$N_{2(g)} + 3H_{2(g)} \xrightarrow{Fe + Al_2O_3 + K_2O} 2NH_{3(g)} + 92.1 \text{ kJ}$$

(1) 理論：為提高氨的產量，應在高壓、低溫下進行（平衡才能向右移動）。

(2) 實際：在 350 atm 高壓、500 °C 高溫下進行。

(3) 原因：溫度低雖有利於氨的生成，但反應速率太慢，不合經濟效益，
    故在 500 °C 下進行，可兼顧產量與反應速率。

(4) 哈柏法製氨以鐵粉為催化劑，氧化鋁、氧化鉀為助催化劑。
    其中催化劑對平衡的影響：
    (a) 縮短達到平衡的時間 ;(b) 不能使平衡移動，故不影響產率。

13. 考量肼(hydrazin)的分解反應：$N_2H_4(g) \rightleftharpoons 2H_2(g) + N_2(g)$ 在某一溫度下，
平衡常數 $K_p = 2.5 \times 10^3$。在此溫度下，將純的氣體肼放入真空的容器裡。
當 50.0% 的肼分解時，系統達成平衡。此時，氫氣的分壓為多少？
(A) 25 atm (B) 50 atm (C) 75 atm (D) 100 atm (E) 125 atm

【108 中國醫(12)】

【詳解】B

$$N_2H_4(g) \rightleftharpoons 2H_2(g) + N_2(g)$$

初 P(atm)

作 $\quad -\dfrac{1}{2}P \qquad +P \qquad +\dfrac{1}{2}P$

平 $\quad \dfrac{1}{2}P \qquad\quad P \qquad \dfrac{1}{2}P$

代入：$K_P = \dfrac{\left(\dfrac{1}{2}P\right)^1 (P)^2}{\left(\dfrac{1}{2}P\right)^1} = 2.5 \times 10^3 \Rightarrow P = 50atm = P_{H2}$

---

14. 將硝酸銨(NH_4NO_3)固體置入 $500°C$ 的真空密閉容器內，進行下列分解反應：
$NH_4NO_3(s) \rightleftharpoons N_2O(g) + 2H_2O(g)$
當反應達平衡時，容器內壓力為 2280 mmHg，仍有剩餘未分解的硝酸銨
固體，則該反應的壓力平衡常數(K_p)是多少？
(A) 2.0 (B) 4.0 (C) 1.16×10^6 (D) 2.31×10^6

【108 慈濟(19)】

【詳解】B

假設平衡時，$N_2O_{(g)}$ 為 x mmHg；$H_2O_{(g)}$ 為 $2x$ mmHg

總壓＝分壓和＝2280mmHg ＝ $x + 2x$ → $x = 760$ mmHg ＝1atm ＝ P_{N2O}

則 $P_{H2O} = 2 \times 760$ mmHg ＝ 2 atm

$$K_p = (P_{N2O})(P_{H2O})^2 = (1atm) \times (2\ atm)^2$$
$$= 4\ atm^3$$

15. 光氣($COCl_2$)的分解反應為：$COCl_{2(g)} \rightleftharpoons CO_{(g)} + Cl_{2(g)}$。達平衡時 $COCl_2$ 的濃度為 2 莫耳 /升。若再添加 $COCl_2$ 於容器中，使再度達到平衡，此時測得 $COCl_2$ 的濃度為 8 莫耳 /升。試問再度達到平衡時，CO 濃度與第一次平衡時之 CO 濃度有何變化 ？
    (A)不變　　　(B)增加為四倍　　　(C)增加為二倍　　　(D)減為二分之一
    【108 私醫(11)】

【詳解】C
Key：溫度不變，K 值大小不變
方程式：$COCl_{2(g)} \rightleftharpoons CO_{(g)} + Cl_{2(g)}$

平衡 1　　　2M　　　　　xM　　xM
平衡 2　　　8M　　　　　yM　　yM

$\Rightarrow K = \dfrac{[CO][Cl_2]}{[COCl]} = \dfrac{x^2}{2} = \dfrac{y^2}{8} \Rightarrow y = 2x$

---

16. 有一平衡系統，$2A \rightleftharpoons 2B + C$ 其平衡常數為 $K = 1.36 \times 10^{-6}$。假設反應起始有 3 mole 的 A 放入 1.5 L 的容器中。在達到平衡時，C 的濃度是多少？
    (A) 0.011 M　　　(B) 0.024 M　　　(C) 0.032 M　　　(D) 0.048 M
    【108 私醫(12)】

【詳解】A

　　　　　　　$2A$　　$\rightleftharpoons$　　$2B$　+　C，$K = 1.36 \times 10^{-6}$

初　　$\dfrac{3mol}{1.5L} = 2M$

作　　　$-2x$　　　　　$+2x$　　　$+x$

終　　　$2M - 2x$　　　$2x$　　　x

$\Rightarrow K = \dfrac{[B]^2[C]^1}{[A]^2} = \dfrac{(2x)^2(x)^1}{(2M - 2x)^2} = 1.36 \times 10^{-6}$（其中：$2M - 2x \fallingdotseq 2M$）

$\Rightarrow \dfrac{(2x)^2(x)^1}{(2M)^2} = 1.36 \times 10^{-6} \Rightarrow x = \sqrt[3]{1.36 \times 10^{-6}} = 1.1 \times 10^{-2}$

17. 某一可逆反應 為：$2 NOBr_{(g)} \rightleftharpoons 2NO_{(g)} + Br_{2(g)}$，在容器中達成平衡。若依照下列條件改變後再度達到平衡，根據勒沙特列原理下敘述何者錯誤？
   (A)加入 NO 後，反應向左進行
   (B)增加容器體積，反應向右進行
   (C)增加容器體積，NOBr 的濃度降低
   (D)減少容器體積，Br_2 的濃度降低
   【108 私醫(13)】

【詳解】D
(D)減少容器體積，視為增加系統總壓力，氣相物質分壓瞬間提高，雖說平衡往氣相係數和小移動，但 Br_2 的濃度降低不多，淨結果還是**增加**。

18. The reaction system $CO_{(g)} + H_2O_{(g)} \rightleftharpoons H_{2(g)} + CO_{2(g)}$ has already reached equilibrium. Which of the following statements is correct?
   (A) Additional $H_2O_{(g)}$ added to the system will shift to the left to obtain the equilibrium.
   (B) As an exothermic reaction, the system will shift to the right to attain the equilibrium when temperature increases.
   (C) When carbon dioxide is removed, the system will shift to the left to achieve the equilibrium.
   (D) When volume of the reaction container is decreased, the system will shift to the right to reach the equilibrium.
   (E) Addition of helium gas into the reaction system will have no effects on its equilibrium.
   【107 高醫(23)】

【詳解】E
(A)增加反應物 $H_2O_{(g)}$，平衡往右
(B)溫度提高，往吸熱方向移動，此例往左。
(C)移除生成物 $CO_{2(g)}$，平衡往右
(D)因生成物與反應物氣相係數和相等，擴大或縮小容器體積，平衡不移動
(E)加入不反應氣體如 He(g)，不影響各物種分壓，故平衡不移動。正確

19. The Haber process _____
    (A) is used to produce nitric acid. (B) is used to produce sulfuric acid.
    (C) is used to produce ammonia. (D) is used to produce urea.
    (E) None of the above.

【107 高醫(30)】

【詳解】C

氮氣及氫氣在 200 個大氣氣壓及攝氏 400 度，通過一個鐵化合物的催化劑（Fe^{3+}），會發生化學作用，產生氨氣。在這個情況下，產量一般是 10-20%

$N_2(g) + 3H_2(g) \rightleftharpoons 2NH_3(g)$（可逆反應）$\Delta H^o$，反應熱為 -92.4kJ/mol。

---

20. 下列反應式之平衡常數表示何者**有誤**？

(A) $2KClO_{3(s)} \rightleftharpoons 2KCl_{(s)} + 3O_{2(g)}$ $K = [O_2]^3$

(B) $HF_{(aq)} + H_2O_{(l)} \rightleftharpoons H_3O^+_{(aq)} + F^-_{(aq)}$ $K = \dfrac{[H_3O^+][F^-]}{[HF]}$

(C) $PCl_{5(g)} \rightleftharpoons PCl_{3(l)} + Cl_{2(g)}$ $K = \dfrac{[PCl_3][Cl_2]}{[PCl_5]}$

(D) $C_3H_{8(g)} + 5O_{2(g)} \rightleftharpoons 3CO_{2(g)} + 4H_2O_{(g)}$ $K = \dfrac{[CO_2]^3[H_2O]^4}{[C_3H_8][O_2]^5}$

(E) $CaCO_{3(s)} \rightleftharpoons CaO_{(s)} + CO_{2(g)}$ $K = [CO_2]$

【107 中國醫(7)】

【詳解】C

平衡常數式：

1. 由於純物質的固體或液體的濃度為定值，因此書寫平衡常數表示式時，均可簡化而不列入式中，僅列出氣體或溶質的濃度。

2. 水溶液中的平衡：對於稀薄溶液而言，水的耗損量極低，故溶液中水的濃度與純水的濃度（約 55.56 M）極為接近，可視為定值，因此書寫平衡常數表示式時，[H_2O]可不列入式中。

3. 非水溶液的平衡：水並非大量，故濃度並不是定值，[H_2O]需列入平衡常數表示式中。故(C)正確應為 $K = \dfrac{[Cl_2]^1}{[PCl_5]^1}$

21. 已知：$A + B \rightleftharpoons C$　　　K = 12

　　　　　$2A + B \rightleftharpoons D$　　　K = 130

下列敘述何者錯誤？

　I. $C \rightleftharpoons A + B$　　　K= 0.083

　II. $4A + 2B \rightleftharpoons 2D$　　K = 16900

　III. $A + C \rightleftharpoons D$　　　K = 121

(A) I、II　　　　(B) III　　　　(C) I　　　　(D) I、III

【107 義守(12)】

【詳解】B

方程式與反應熱&平衡常數關係

　I. $C \rightleftharpoons A + B$　　　$K = \dfrac{1}{12} = 0.083...$正確

　II. $4A + 2B \rightleftharpoons 2D$　　$K = (130)^2 = 16900...$正確

　III. $A + C \rightleftharpoons D$　　　$K = \dfrac{130}{12} = 10.83...$(121 錯誤)

22. 對於下面的平衡反應，哪一個變化會導致平衡反應向左移動？

　　$2A_{(g)} \rightleftharpoons 2B_{(g)} + C_{(g)}$，$\Delta H°_{rxn} = 30kJ/mol$

　(A)增加容器體積　　　　　　(B)添加更多的化合物 A

　(C)移除一些化合物 B　　　　(D)降低反應溫度

【107 私醫(2)】

【詳解】D

　(A) 反應物氣態係數和（2）＜生成物氣態係數和（3），故反應 →

　(B) 增加反應物濃度，故反應 →

　(C) 減少生成物濃度，故反應 →

23. 對於在 750 ℃下的反應 $NO_{(g)} + 1/2\ O_{2(g)} \rightleftharpoons NO_{2(g)}$，其平衡常數 K_c 與平衡常數 K_p 關係為何，$K_c =$ ？

　(A) K_p　　　　(B) $K_p(RT)^{-1/2}$　　　(C) $K_p(RT)^{3/4}$　　　(D) $K_p(RT)^{1/2}$

【107 私醫(17)】

【詳解】D

$$K_p = K_c (RT)^{\Delta n_g} = K_c (RT)^{(1-\frac{3}{2})} = K_c RT^{(-\frac{1}{2})}$$

$$\Rightarrow K_c = K_p (RT)^{\frac{1}{2}}$$

---

24. 平衡系 $PCl_{5(g)} \rightleftharpoons PCl_{3(g)} + Cl_{2(g)}$，在定溫下總壓為 2 atm 時，$PCl_{5(g)}$ 之分解百分率為 20%，求此反應之平衡常數 K_p 為下列何者？

    (A) 0.042 atm   (B) 0.083 atm   (C) 0.167 atm   (D) 0.333 atm

    【107 私醫(18)】

【詳解】B

代入公式：$K_p = \dfrac{\alpha^2}{1-\alpha^2} \times P_t$

$$K_p = \frac{(0.2)^2}{1-(0.2)^2} \times 2 = \frac{0.04}{0.96} \times 2 = 0.083 atm$$

---

25. 平衡常數的大小會受下列何種因素的影響？

    (A)催化劑   (B)反應物及生成物的濃度

    (C)反應的溫度   (D)反應容器的大小

    【107 私醫(19)】

【詳解】C

平衡常數大小只與改變溫度有關，與改變濃度、壓力及加入催化劑無關。

---

26. $4HCl_{(g)} + O_{2(g)} \rightleftharpoons 2Cl_{2(g)} + 2H_2O_{(g)}$，$\Delta H < 0$。此反應之平衡系統，欲使反應有利於向右進行，以下何者為有效的方法？

    (A)加催化劑   (B)加熱

    (C)降壓   (D)減小反應容器的體積

    【107 私醫(20)】

【詳解】D

(A) 加入催化劑不影響平衡位置。

(B) 因反應為 $\Delta H < 0$（放熱），升高溫度，平衡往左。

(C) $\Delta n_g = 4 - (4+1) < 0$

     ∵擴大容器體積（降壓），平衡往氣態係數和大的移動，∴平衡往左。

27. 國際太空站處理 CO_2 的方式之一是將 CO_2 進行還原，其所涉及的反應方程式為：$CO_{2(g)} + 4H_{2(g)} \rightleftharpoons CH_{4(g)} + 2H_2O_{(g)}$。若溫度從 300℃ 增加到 400℃，反應重新達到平衡時，H_2 的莫耳分率增加。下列有關該過程的敘述何者正確？
   (A)該反應的 $\Delta H < 0$　　　　　　(B)化學平衡常數 K 變大
   (C) CO_2 的消耗率增加　　　　　　(D)正反應速率增加，逆反應速率減小

   【107 私醫(24)】

【詳解】A

$CO_{2(g)} + 4H_{2(g)} \rightleftharpoons CH_{4(g)} + 2H_2O_{(g)}$

當從 300℃ 提升至 400℃，反應物 $H_{2(g)}$ 的莫耳分率提高（莫耳數提高），

表示溫度上升，平衡往左，此反應為放熱,(A)正確。

28. Consider the following reaction: $NOCl_{2(g)} \rightleftharpoons NO_{(g)} + Cl_{2(g)}$. The equilibrium constant K is about 0.0196 at 115 °C. Calculate Kp at this temperature?
   (A) 0.196　　　(B) 0.624　　　(C) 0.285　　　(D) 22.9　　　(E) 2.9

   【106 高醫(76)】

【詳解】B

$K_p = K(RT)^{\Delta n_g}$

$\Delta n_g = 1 \Rightarrow K_p = 0.0196 \times 0.082 \times (115+273)^1 = 0.624$

29. The equilibrium constant for reaction (1) is K. The equilibrium constant for reaction (2) is _____.
   (1) $SO_{2(g)} + 1/2O_{2(g)} \rightleftharpoons SO_{3(g)}$
   (2) $4SO_{3(g)} \rightleftharpoons 4SO_{2(g)} + 2O_{2(g)}$
   (A) K^4　　　(B) 4K　　　(C) 1/4 K　　　(D) $1/K^4$　　　(E) $-K^4$

   【106 高醫(77)】

【詳解】D

∵由方程式(1)逆寫且×4 可得(2)

∴K 取倒數且 4 次方 $\Rightarrow K_2 = \dfrac{1}{K^4}$

---

30. 下列平衡反應在 640 K 下的平衡常數 $K_p = 2.3 \times 10^6$，請問在同樣溫度下此反應的平衡常數 K_c 為多少？ $H_{2(g)} + O_{2(g)} \rightleftharpoons H_2O_{2(g)}$

(A) 3.1×10^4　　　　(B) 4.4×10^4　　　　(C) 2.3×10^6

(D) 1.2×10^8　　　　(E) 1.7×10^8

【106 中國醫(21)】

【詳解】D

$K_p = K_c(RT)^{\Delta ng}$（$\Delta n_g =$ 生成物氣相係數和－反應物氣相係數和）

$2.3 \times 10^6 = K_c(0.082 \times 640)^{(1-2)} \rightarrow K_c = 1.2 \times 10^8$

---

31. 下列化學反應達到平衡後，若降低此系統之壓力，系統將如何變化？

$4NH_{3(g)} + 5O_{2(g)} \rightleftharpoons 4NO_{(g)} + 6H_2O_{(g)}$

(A)水蒸氣將變成液態水

(B)更多的 NO 分子生成

(C)更多的氧氣分子生成

(D)不會有任何變化

(E)更多的 NH_3 分子生成

【106 中國醫(35)】

【詳解】B

根據勒沙特列原理：

降低此系統壓力視為擴大容器體積，平衡往氣相係數和較大方向移動。

$\because (4+5) < (4+6)$，平衡往右移動，$\therefore$ 造成更多 NO 分子生成。

---

32. $N_{2(g)} + 3H_{2(g)} \rightleftharpoons 2NH_{3(g)}$，$\Delta H = -92$ kJ/mol。下列敘述何者可以增加 NH_3 的產量？ (I)加溫　　(II)降溫　　(III)加壓　　(IV)減壓

(A) 只有 I　　　(B) 只有 II　　　(C) I 和 III　　　(D) II 和 III

【106 義中醫(4)】

【詳解】D

根據勒沙特列原理

(I)(II)溫度因素：放熱反應，降溫平衡向右，可增加 $NH_{3(g)}$ 的產量。

(III)(IV)壓力因素：加壓平衡向右（$\Delta n_g = 2-4 = -2$）可增加 $NH_{3(g)}$ 的產量。

33. 考量肼(hydrazine)的分解反應：$N_2H_{4(g)} \rightleftharpoons 2H_{2(g)} + N_{2(g)}$在某一溫度下，平衡常數 $K_p=2.5\times10^3$。在此溫度下，將純的氣體肼放入真空的容器裡。當 30.0%的肼分解時，系統達成平衡。此時，氫氣的分壓為多少？

(A)54 atm　　　(B)76 atm　　　(C)127 atm　　　(D)576 atm

【106 私醫(13) B】

【詳解】B

$$N_2H_4(g) \rightleftharpoons 2H_2(g) + N_2(g)$$

初　　$P(atm)$

作　　$-\dfrac{3}{10}P$　　　$+\dfrac{6}{10}P$　　$+\dfrac{3}{10}P$

平　　$\dfrac{7}{10}P$　　　$\dfrac{6}{10}P$　　$\dfrac{3}{10}P$

代入：

$$K_P = \frac{\left(\dfrac{3}{10}P\right)^1\left(\dfrac{6}{10}P\right)^2}{\left(\dfrac{7}{10}P\right)^1} = 2.5\times10^3 \Rightarrow P=126atm \Rightarrow P_{H2}=\frac{3}{5}P=76atm$$

34. 針對平衡反應 $2SO_{2(g)} + O_{2(g)} \rightleftharpoons 2SO_{3(g)}$, $\Delta H^\circ_{rxn} = -198$ kJ/mol ，下列哪個因素會增加其平衡常數？

(A)降低溫度　　(B) 加入 SO_2 氣體　　(C)移除氧氣　　(D)加入催化劑

【105 義中醫(42)】

【詳解】A

	正反應 速率常數（k_1）	逆反應 速率常數（k_2）	平衡常數 K（$\dfrac{k_1}{k_2}$）	
溫度升高	均升高，以吸熱反應增加的比較多		吸熱反應	增加
			放熱反應	減少
溫度降低	均下降，以吸熱反應減少的比較多		吸熱反應	減少
			放熱反應	增加

35. 下列變化中，$N_{2(g)} + O_{2(g)} \rightleftharpoons 2NO_{(g)}$，$\Delta H > 0$，不影響平衡狀態的是：
(A)升高溫度　　(B)加大氮氣壓力　　(C)延長反應時間　　(D)通入氧氣
【105 慈中醫(44)】

【詳解】C
(A) 升高溫度：此為吸熱反應，平衡向右移動。
(B) 加大氮氣壓力：雖然平衡不移動（$\Delta n_g = 0$），但總壓＆各氣體分壓升高，但分壓平衡常數 K_p 不變。
(D) 通入氧氣：視為增加反應物濃度（分壓），故平衡向右移動，K_p 不變

36. $2SO_{3(g)} \rightleftharpoons 2SO_{2(g)} + O_{2(g)}$，此平衡反應是吸熱反應，當升高溫度時，下列敘述何者正確？
(A)$SO_{3(g)}$的濃度增加　　　　(B)K_c 值變小
(C)反應瓶壓力變小　　　　　(D)$O_{2(g)}$的濃度增加
【105 私醫(5)】

【詳解】D
升高溫度：此為吸熱反應，平衡向右移動。
(A)$[SO_3]\downarrow$　　(B)$K_c\uparrow$　　(C)壓力變大（∵氣體粒子數變多）　　(D)$[O_2]\uparrow$

37. 有一個化學反應 $aR_{(g)} \rightleftharpoons bP_{(g)}$，反應到達平衡時，在定壓的狀況下，突然降低溫度，反應速率趨勢圖如圖一所示；反應到達平衡時，在定溫的狀況下，突然增加壓力，反應速率趨勢圖如圖二所示。

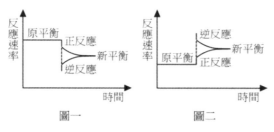

可知此反應為下列何者？
(A) 放熱反應，且 a < b　　(B) 吸熱反應，且 a < b
(C) 放熱反應，且 a > b　　(D) 吸熱反應，且 a > b
(E) 吸熱反應，且 a = b
【104 中國醫(9)】

【詳解】A

由圖一：降低溫度時，逆反應反應速率下降量較多，得知此反應為：

　　　逆活化能＞正活化能　∴**為放熱反應**。

由圖二：增加壓力（在密閉容器中縮小體積），增加總碰撞頻率，

　　　逆反應速率瞬間上升較多於正反應速率，得知：

　　　生成物 P 的係數 b 較大

---

38. 有一化學反應：$H_{2(g)} + O_{2(g)} \rightleftharpoons H_2O_{2(g)}$。試問此反應在溫度600K下，其平衡常數($K$)與分壓平衡常數($K_p$)的關係式為下列何者？(R為氣體常數)

　(A) $K_p = K(600R)$ 　　　　　　　(B) $K = K_p(600R)^2$

　(C) $K_p = K(600R)^2$ 　　　　　　(D) $K = K_p(600R)$

【104 慈中醫(20)】

【詳解】D

$K_p = K_c(RT)^{\Delta ng}$ ($\Delta ng =$ 生成物氣相係數和－反應物氣相係數和)

$K_p = K_c(600R)^{(1-2)} \rightarrow K_p = K_c(600R)^{-1} \rightarrow K_c = K_p(600R)$

第10單元　酸鹼鹽

一、 酸鹼的定義

學說	定義		應用範圍	中和反應
	酸	鹼		
阿瑞尼斯	$H^+_{(aq)}$	$OH^-_{(aq)}$	水溶液	生成鹽和水 $HA + BOH \rightarrow BA + H_2O$
布-羅	供給質子酸 H^+	接受質子酸 H^+	質子轉移反應，不一定為水溶液	質子轉移 $HA + B^- \rightarrow HB + A^-$
路易士	接受電子對	供給電子對	水溶液、質子移轉反應及不含氫或氫離子的反應	配位共價鍵的生成 $A + : B \rightarrow AB$

二、 常見無機酸強度比較

1. **溶劑無平準效應**：

   $HClO_4 > HI > HBr > HCl > H_2SO_4 > HNO_3 > H_3O^+ >$

   $H_2C_2O_4 > H_2SO_3 > HSO_4^- > H_3PO_4 > HF > HNO_2 > C_6H_5COOH >$

   $CH_3COOH > H_2CO_3 > H_2S > HCN > NH_4^+ > H_2O$

2. **平準效應（*Leveling effect*）**：

   (1) 內容：

   　A. 超酸（酸性大於 H_2SO_4 者稱之）溶於水中，幾乎 100% 的解離，

   　　所以與 H_3O^+ 酸性程度相同，所以無法比較酸性大小。

   　B. H_2O 為平準溶劑。

   (2) 在水溶液中下的酸性：

   　$HClO_4 = HI = HBr = HCl = HNO_3 = H_2SO_4 = H_3O^+$

三、 *酸鹼強弱比較*

1. 酸度大小比較：

物種	判斷規則	實例
氫化物	(1) 同週期元素之氫化物，其酸性隨原子序增大而增強 (極性效應)。 (2) 金屬氧化物的水溶液呈鹼性。	酸性大小： $LiH<BeH_2<BH_3<CH_4<NH_3<H_2O<HF$
	同族元素之氫化物其酸性隨原子序之增大而減弱。	酸性大小： $LiH>NaH>KH>RbH>CsH$
	同族非金屬元素之氫化物，其酸性隨原子序之增大而變強(鍵強度效應)。	酸性大小： $HF<HCl<HBr<HI$
氫氧化物	同週期元素之氫氧化物，其酸性隨原子序之增大而增強。	酸性大小： $NaOH<Mg(OH)_2<Al(OH)_3<Si(OH)_4<PO(OH)_3$ 　強鹼　　弱鹼　　　兩性　　　極弱酸　　弱酸 $<SO_2(OH)_2<ClO_3(OH)$ 　　強酸　　　極強酸
	同族元素之氫氧化物，其酸性隨原子序之增大而減弱。	酸性大小： $HNO_3>H_3PO_4>H_3AsO_4>H_3SbO_4>HBiO_3$
含氧酸 $XO_m(OH)_n$	若 m=0，則為極弱酸，即 X(OH)n 為極弱酸。	$HClO$、$HBrO$、$HIO[=X(OH)]$為極弱酸。
	若 n 一定，m 值愈大，酸性愈強。	酸性大小： $HClO_4>HClO_3>HClO_2>HClO$
	若 m 值相同，則 X 的電負度愈大者，酸性愈強。	酸性大小： $HClO_3 > HBrO_3 > HIO_3$
陽離子	隨中心陽離子的電荷密度增大而增強。	酸性大小： $Fe^{3+} > Fe^{2+}$；$Al^{3+} > Mg^{2+}$

| 氧化物 | 同元素的不同氧化物，其氧化數愈高，酸性愈強。 | 酸性大小：$CrO_3>Cr_2O_3>CrO$
$SO_3>SO_2$ |

2. 鹼度大小比較：

物種	判斷規則	實例
金屬氧化物	同週期金屬元素的氫化物、氧化物、氫氧化物，愈左者，鹼性愈強。	鹼性大小： $NaH > MgH_2 > AlH_3$ $NAOH > Mg(OH)_2 > Al(OH)_3$
	同族金屬元素的氫化物、氧化物、氫氧化物，愈下者，鹼性愈強。	鹼性大小： (1) $Be(OH)_2 < Mg(OH)_2 < Ca(OH)_2$ 　　$< Sr(OH)_2 < Ba(OH)_2$ (2) $MgO < CaO < SrO < BaO$
共軛鹼	愈強鹼之共軛鹼愈弱酸；愈弱酸之共軛鹼為愈強鹼。	酸性大小： $HF > CH_3COOH > NH_4^+ \approx HCN > H_2O$ 鹼性大小： $F^- < CH_3COO^- < NH_3 \approx CN^- < OH^-$
酸根	同一種形式之不同酸根，其所帶負電荷愈大者，鹼性愈強。	鹼性大小： $CO_3^{2-} > HCO_3^-$
氧化物	同元素的不同酸根，其氧化數低者，鹼性較強。	$VO > V_2O_3 > V_2O_5$

四、 *水溶液的pH 值*

1. $[H^+]$、$[OH^-]$、$\sqrt{K_w}$ 及 pH、pOH、pK_w 與酸鹼性的關係：

酸性溶液	$[H^+] > \sqrt{K_w} > [OH^-]$	$pH < \dfrac{1}{2}pK_w < pOH$
中性溶液（純水）	$[H^+] = \sqrt{K_w} = [OH^-]$	$pH = \dfrac{1}{2}pK_w = pOH$
鹼性溶液	$[H^+] < \sqrt{K_w} < [OH^-]$	$pH > \dfrac{1}{2}pK_w > pOH$

2. **不同溫度下，各數值的比較**：

溫度	K_w	pK_w = pH + pOH	純水或中性溶液的$[H^+] = \sqrt{K_w}$	中性溶液的 pH	pH = 7 時的酸鹼性
$< 25℃$	$< 10^{-14}$	> 14	$< 10^{-7}$	> 7	酸性
$= 25℃$	$= 10^{-14}$	$= 14$	$= 10^{-7}$	$= 7$	中性
$> 25℃$	$> 10^{-14}$	< 14	$> 10^{-7}$	< 7	鹼性

3. **討論**：

(1) 無論純水、酸性、中性與鹼性水溶液 $\rightarrow$ $K_w = [H^+][OH^-]$

若水溶液為 25℃ $\rightarrow$ $K_w = [H^+][OH^-] = 10^{-14}$；pH + pOH = 14

(2) 當溫度上升：（溫度下降時，性質與下列相反）

A. α、$[H^+]$、$[OH^-]$、K_w 均變大（因溫度上升，平衡右移）

B. pH、pOH、pK_w 均變小

五、 酸鹼濃度計算公式（大多以[H⁺]公式，鹼為反之）

類型	公式	備註
強酸水溶液 $[H^+]$	$[H_3O^+] = [HA]$	$[HA]$ 一般濃度 $> 10^{-6} M$
	$[H_3O^+] = \dfrac{[HA]+\sqrt{[HA]^2+4K_w}}{2}$	$[HA] < 10^{-6} M$（接近 $10^{-7} M$），需考慮水的解離
弱酸水溶液 $[H^+]$	$[H^+]^2 + K_a[H^+] - C_0 K_a = 0$，利用一元二次方程式，解 $x = [H^+]$	C_0 為弱酸初濃度
	$[H^+] = \sqrt{C \cdot K_a}$	當 $C_0 \geqq K_a \cdot 1000$ 或 $\alpha \leqq 5\%$ 所使用的簡易公式
弱酸水溶液 解離率 α（$\alpha\%$）	$\alpha = \dfrac{[H^+]}{[HA]} = \dfrac{\sqrt{C \cdot K_a}}{C} = \sqrt{\dfrac{K_a}{C}}$	當 $C_0 \geqq K_a \cdot 1000$ 或 $\alpha \leqq 5\%$ 所使用的簡易公式
HA 與 A⁻ 關係	$K_a \times K_b = K_w$	$K_a =$ 弱酸解離常數 $K_b =$ 共軛鹼水解常數
二質子弱酸水溶液	$[H^+]^2 + K_{a1}[H^+] - C_0 \cdot K_{a1} = 0$，利用一元二次方程式，解 $x = [H^+]$	K_{a1} 大 EX：$H_2C_2O_4$，H_2SO_3
	$[H^+] = [HA^-] = \sqrt{C_0 \times K_{a1}}$	$K_{a2} << K_{a1}$ EX：H_2S，H_2CO_3
	$K_{a2} = \dfrac{x \cdot y}{x}$ ；$[A^{2-}] = K_{a2}$	多質子弱酸皆適用
三質子弱酸水溶液（H_3PO_4）	$[H^+] \fallingdotseq [H_2PO_4^-] \fallingdotseq \sqrt{C_0 \times K_{a_1}}$	（當 $\alpha < 5\%$）
	$[HPO_4^{2-}] \fallingdotseq K_{a_2}$	多質子弱酸皆適用
	$[PO_4^{3-}] \fallingdotseq \dfrac{K_{a_2} \times K_{a_3}}{[H^+]}$	常為陷阱 誤以為 $K_{a3} = [PO_4^{3-}]$
	電荷平衡：$[H^+] = [OH^-] + [H_2PO_4^-] + 2[HPO_4^{2-}] + 3[PO_4^{3-}]$ 質量平衡：$[H_3PO_4]_0 = [H_3PO_4]_e + [H_2PO_4^-] + [HPO_4^{2-}] + [PO_4^{3-}]$	
混酸（多種酸）	$[H^+] = [HCl]$	強酸（HCl）＋ 弱酸（HA）
	$[H^+] = \sqrt{K_{HA} \times [HA] + K_{HB} \times [HB]}$	弱酸（HA）＋ 弱酸（HB）
酸鹼中和	$m \times C_A V_A = n \times C_B V_B$	m 為每一分子酸可釋出的 H^+ 數，n 為每一分子鹼所提供的 OH^- 數。

六、 **鹽類的分類**

1. 組成：

2. 分類及命名：

正鹽	無 H^+、OH^- 或無可解離的 H^+、OH^- 之鹽，不一定呈中性 氯化鈉 NaCl、亞磷酸鈉 Na_2HPO_3、次磷酸鈉 NaH_2PO_2、五水合硫酸銅 $CuSO_4 \cdot 5H_2O$ 提示：無法解離的 H^+ 不寫在名稱中
酸式鹽	含有可解離的 H^+ 之鹽，不一定呈酸性 碳酸氫鈉 $NaHCO_3$（酸式碳酸鈉）、磷酸二氫鈉 NaH_2PO_4、 磷酸氫二鈉 Na_2HPO_4、亞磷酸氫鈉 NaH_2PO_3
鹼式鹽	含有可解離的 OH^- 之鹽，不一定呈鹼性 氯化氫氧鈣 Ca(OH)Cl（鹼式氯化鈣）、硝酸二氫氧鉍 $Bi(OH)_2NO_3$、 硝酸氫氧鉍 $Bi(OH)(NO_3)_2$（鹼式硝酸鉍）
複鹽	由兩種或兩種以上的鹽所結合之鹽： 硫酸銨亞鐵 $Fe(NH_4)_2(SO_4)_2$，硫酸鉀鈉 $NaKSO_4$、十二水合硫酸鋁鉀 $KAl(SO_4)_2 \cdot 12H_2O$（鉀鋁礬、鉀明礬、明礬） $KAl(SO_4)_2 \cdot 12H_2O_{(s)} \xrightarrow{\text{溶於水}} K^+_{(aq)} + Al^{3+}_{(aq)} + 2SO_4^{2-}_{(aq)} + 12H_2O(\ell)$
錯鹽	含有錯離子之鹽類：氯化二氨銀 $[Ag(NH_3)_2]Cl$、氯化六氨鉻 $[Cr(NH_3)_6]Cl_3$、 六氰亞鐵酸鉀 $K_4[Fe(CN)_6]$ $K_4[Fe(CN)_6]_{(s)} \xrightarrow{\text{溶於水}} 4K^+_{(aq)} + Fe(CN)_6^{4-}_{(aq)}$（六氰亞鐵離子）

3. **磷酸 v.s 亞磷酸 v.s 次磷酸**：

	化學式	存在的鈉鹽	鹽的種類	水溶液酸鹼性
磷　酸	H_3PO_4	NaH_2PO_4	酸式鹽	酸性
		Na_2HPO_4	酸式鹽	鹼性
		Na_3PO_4	正鹽	鹼性
亞磷酸	H_3PO_3	NaH_2PO_3	酸式鹽	酸性
		Na_2HPO_3	正鹽	鹼性
次磷酸	H_3PO_2	NaH_2PO_2	正鹽	鹼性

七、 *鹽類酸鹼性計算*

1. **常見來自強鹼的陽離子及來自強酸的陰離子不水解，呈中性**

常見來自強鹼的陽離子	常見來自強酸的陰離子
某些第 1 族陽離子 Na^+、K^+、Rb^+、Cs^+（$\cancel{Li^+}$）	**某些鹵素離子** Cl^-、Br^-、I^-
某些第 2 族陽離子 Ca^{2+}、Sr^{2+}、Ba^{2+}（$\cancel{Be^{2+} \rightarrow Mg^{2+}}$）	**某些酸根** ClO_4^-、SO_4^{2-}、NO_3^-

2. **鹽類水解後呈現酸鹼性公式：**

類型	公式	備註
單基弱酸鹽 （視單元弱鹼）	$[OH^-] = \sqrt{C_0 \cdot \dfrac{K_w}{K_a}}$	$C_0 =$ 單基鹽類濃度 $K_a =$ 弱酸解離常數
弱酸與弱鹼 產生鹽類	$[H^+] = \sqrt{\dfrac{K_a \cdot K_w}{K_b}}$; $[OH^-] = \sqrt{\dfrac{K_b \cdot K_w}{K_a}}$	$K_a =$ 弱酸解離常數 $K_b =$ 弱鹼解離常數
二質子酸 中酸式鹽	$[H^+] = \sqrt{K_{a1} \cdot K_{a2}}$	EX：HCO_3^-，$H_2PO_3^-$
三質子酸 中酸式鹽	$[H^+] = \sqrt{K_{a1} \cdot K_{a2}}$ or $[H^+] = \sqrt{K_{a2} \cdot K_{a3}}$	EX：$H_2PO_4^-$，HPO_4^{2-}

八、 *緩衝溶液*

1. **意義**：

   一溶液中若加入少量強酸或少量強鹼其 pH 值<u>不會</u>大幅改變者
   稱緩衝溶液。

2. **緩衝原理**：共同離子效應

3. **緩衝容量**（*Buffer Capacity*）

   (1) <u>意義</u>：

   　使一緩衝溶液的 pH 值改變一單位所需之強酸或強鹼的莫耳數

   (2) <u>意旨</u>：

   　當共軛酸鹼之莫耳數一樣時，可達抵抗 H^+ 及 OH^- 之最大容量
   的莫耳數。

   → 弱酸/弱酸鹽或弱鹼/弱鹼鹽含量為 1:1 時為最大緩衝能力

   → 若皆為 1:1 含量，則含有大量緩衝組分者具有較大的
   　緩衝容量。

4. **緩衝溶液計算**：

   (1) <u>弱酸＋弱酸鹽緩衝溶液</u>：

   $$[H^+] = K_a \times \frac{[酸]}{[共軛鹼]} = K_a \times \frac{n_{酸}}{n_{共軛鹼}} \Rightarrow pH = pK_a + \log\frac{[共軛鹼]}{[酸]}$$

   (2) <u>弱鹼＋弱鹼鹽緩衝溶液</u>：

   $$[OH^-] = K_b \times \frac{[鹼]}{[共軛酸]} = K_b \times \frac{n_{鹼}}{n_{共軛酸}} \Rightarrow pOH = pK_b + \log\frac{[共軛酸]}{[鹼]}$$

   (3) <u>形成緩衝溶液後再加入強酸或強鹼之計算</u>：

   A. 緩衝溶液($CH_3COOH＋CH_3COONa$)＋強酸 HCl

   $$[H^+] = K_a \times \frac{n_{CH_3COOH} + n'_{HCl}}{n_{CH_3COONa} - n'_{HCl}} \quad ; \quad [OH^-] = K_b \times \frac{n_{CH_3COONa} - n'_{HCl}}{n_{CH_3COOH} + n'_{HCl}}$$

B. 緩衝溶液($CH_3COOH + CH_3COONa$)＋強鹼 NaOH

$$[H^+] = K_a \times \frac{n_{CH_3COOH} - n'_{NaOH}}{n_{CH_3COONa} + n'_{NaOH}} \quad ; \quad [OH^-] = K_b \times \frac{n_{CH_3COONa} + n'_{NaOH}}{n_{CH_3COOH} - n'_{NaOH}}$$

九、 *酸鹼滴定*

1. 滴定：利用一已知濃度的酸(鹼)去滴定另一未知濃度的酸(鹼)。

2. 原理：酸鹼中和時，酸與鹼的當量數相等時，達當量點。

克當量重 E	釋出 1 莫耳的 $H^+(OH^-)$ 所需酸(鹼)的重量	$E = \dfrac{\text{酸(鹼)的分子量}}{\text{1分子酸(鹼)所釋出的}H^+(OH^-)\text{個數}} = \dfrac{M}{n}$
克當量數	酸鹼反應中，酸(鹼)釋出的 $H^+(OH^-)$ 莫耳數	酸(鹼)的克當量數 = $\dfrac{\text{酸(鹼)物重W(克)}}{\text{克當量重E}}$
酸鹼當量濃度(N)	每公升溶液中含有酸或鹼的克當量數	$N = \dfrac{\text{酸(鹼)克當量數}}{\text{溶液體積 (L)}} = \dfrac{\text{酸(鹼)mol} \times n}{V} = C_M \times n$
備註	(1) 達當量點，酸鹼當量數相等，不需考慮酸鹼之強弱，僅考慮酸鹼解離 $H^+(OH^-)$ 莫耳數 (2) 酸(鹼)當量數 $= \dfrac{W}{E} =$ 酸(鹼)mol $\times$ n $= C_N \times V = C_M \times$ n $\times$ V	

3. **當量點、中性點與滴定終點**。

名詞	內容	備註
當量點	(1) 酸的當量數與鹼的當量數相等 $C_{acid} \times V_{acid} \times$ m $= C_{base} \times V_{base} \times$ n	強酸+強鹼 $\Longrightarrow$ 中性
	(2) 在當量點附近，滴定曲線的 pH 值變化較大	強酸+弱鹼 $\Longrightarrow$ 酸性
	(3) 與酸鹼強度無關，只與酸鹼各別當量數有關	弱酸+強鹼 $\Longrightarrow$ 鹼性
滴定終點	(1) 指示劑顏色改變之意	鹼滴酸 $\rightarrow$ 酚酞
	(2) 選擇適當的指示劑，可讓滴定終點代替當量點使用	酸滴鹼 $\rightarrow$ 酚酞 　　　　　or 甲基橙
中性點	(1) 滴定的過程中，溶液成中性之意	強酸+強鹼 $\Longrightarrow$ 中性
	(2) 當量點未必呈中性	弱酸+弱鹼 $\Longrightarrow$ 中性 （$K_a = K_b$）

十、 難溶鹽定性討論

1. 鹽類溶解度大小分為：

   (1) 可溶：溶解度大於 $0.1M$

   (2) 微溶：溶解度介於 $0.1M$ 與 $10^{-4}M$ 之間

   (3) 不溶：溶解度小於 $10^{-4}M$（此時稱之為沉澱）

2. 一般鹽類溶解度討論：

溶解度分類	離子化合物	例外
幾乎皆可溶	IA 陽離子、NH_4^+、NO_3^-、CH_3COO^- 的化合物	CH_3COO^- 和 Ag^+ 的化合物難溶
大多數可溶（記難溶）	Cl^-、Br^-、I^-	難溶：Ag^+、Pb^{2+}、Hg_2^{2+}、Cu^+、Tl^+
	SO_4^{2-}	微溶：Ca^{2+} 難溶：Sr^{2+}、Ba^{2+}、Pb^{2+}
	CrO_4^{2-}	難溶：Ba^{2+}、Pb^{2+}、Ag^+
大多數難溶（記可溶）	S^{2-}	可溶：IA 族陽離子、NH_4^+、IIA 族陽離子
	OH^-	可溶：IA 族陽離子、NH_4^+、Sr^{2+}、Ba^{2+} 微溶：Ca^{2+}
	CO_3^{2-}、$C_2O_4^{2-}$	可溶：IA 族陽離子、NH_4^+ 微溶：Mg^{2+}
	SO_3^{2-}、PO_4^{3-}	可溶：IA 族陽離子、NH_4^+

3. 常見鹽類顏色：

白色	$AgCl$、$PbCl_2$、Hg_2Cl_2、$PbSO_4$、$BaSO_4$、$SrSO_4$、$BaSO_3$、$CaCO_3$、$BaCO_3$、CaC_2O_4、BaC_2O_4、ZnS、$Mg(OH)_2$
淡黃色	$AgBr$、$PbBr_2$
黃色	AgI、PbI_2、$PbCrO_4$、$BaCrO_4$
棕紅色	Ag_2CrO_4、$Fe(OH)_3$
黑色	CuS、PbS、Ag_2S
綠色	$Cr(OH)_3$、$Ni(OH)_2$
粉紅色	MnS
藍色	$Cu(OH)_2$

4. **沉澱後再溶解：**

(1) 弱酸鹽類在水中難溶，但可溶於酸中：

A. 金屬氧化物或金屬氫氧化物（進行酸鹼中和）

B. 大部分弱酸根（EX：碳酸鹽、亞硫酸鹽、鉻酸鹽）

C. CoS、NiS、ZnS、MnS、FeS 等硫化物

(2) 兩性化合物：

A. 特色：

金屬氧化物＆金屬氫氧化物難溶於水，但可溶於強酸或強鹼中。

B. 金屬種類：Al^{3+}，Pb^{2+}，Be^{2+}，Cr^{3+}，Zn^{2+}，Ga^{3+}，Sn^{2+}

(3) 部分過渡元素之氧化物或氫氧化物：在水中難溶，但可溶於過量之氨水

A. 特色：加入過量氨水可形成錯離子而溶解

B. 金屬種類：Co^{2+}，Cu^{2+}，Zn^{2+}，Cr^{3+}，Ni^{2+}，Cd^{2+}，Ag^+

十一、 陽離子分析與分離

陽離子種類	特色
Ag^+、Hg_2^{2+}、Pb^{2+}	與 HCl 形成沉澱
Cu^{2+}、Hg^{2+}、Cd^{2+}、Bi^{3+}、As^{3+}、As^{5+}、Sn^{2+}、Sn^{4+}、Sb^{3+}、Sb^{5+}	與酸性 H_2S 形成沉澱（pH = 1）
Cr^{3+}、Mn^{2+}、Fe^{2+}、Fe^{3+}、Co^{2+}、Ni^{2+}、Al^{3+}、Zn^{2+}	與鹼性 H_2S 形成沉澱（pH = 10）
Ca^{2+}、Sr^{2+}、Ba^{2+}、Mg^{2+}	與鹼性 CO_3^{2-} 形成沉澱
K^+、Na^+、NH_4^+	為第五族陽離子

十二、 *難溶鹽定量*

1. **常見的化學反應類型及 K_{sp} 與溶解度 s 表示法：**

化學式 類型	K_{sp} 與離子濃度 關係	K_{sp} 與 s 關係	s 與 K_{sp} 關係
AgCl	$K_{sp} = [Ag^+][Cl^-]$	$K_{sp} = s^2$	$s = \sqrt{K_{sp}}$
Hg_2Cl_2	$K_{sp} = [Hg_2^{2+}][Cl^-]^2$	$K_{sp} = 4s^3$	$s = \sqrt[3]{\dfrac{K_{sp}}{4}}$
$Fe(OH)_3$	$K_{sp} = [Fe^{3+}][OH^-]^3$	$K_{sp} = 27s^4$	$s = \sqrt[4]{\dfrac{K_{sp}}{27}}$
Ag_2CrO_4	$K_{sp} = [Ag^+]^2[CrO_4^{2-}]$	$K_{sp} = 4s^3$	$s = \sqrt[3]{\dfrac{K_{sp}}{4}}$
$Ca_3(PO_4)_2$	$K_{sp} = [Ca^{2+}]^3[PO_4^{3-}]^2$	$K_{sp} = 108s^5$	$s = \sqrt[5]{\dfrac{K_{sp}}{108}}$

2. **混合溶液的沉澱：**

(1) 離子積(*ion product*)的定義：

在一般電解質水溶液中，存在離子莫耳濃度之乘積(各以其平衡方程式之係數為乘冪)，稱為離子積，以 Q 表示。

(2) 離子積與 K_{sp} 關係：

A.　離子積 $< K_{sp}$ 時，溶液為未飽和溶液，無沉澱析出，可再溶解該物質。

B.　離子積 $= K_{sp}$ 時，溶液外狀無變化，是飽和溶液。

溶液中電解質的離子和固體電解質間形成一種動態平衡，巨觀而言，沒有固體電解質發生溶解和沉澱。

C.　離子積 $> K_{sp}$ 時，溶液為(過)飽和，有固體電解質沉澱析出，直至離子積又與溶度積相等而達平衡為止。

(3) 兩溶液混合：

兩溶液混合時，離子濃度相互稀釋(此處體積視為具有加成性)，再利用離子積與 K_{sp} 關係判斷是否有沉澱發生。

A. $Q < K_{sp} \rightarrow$ 無沉澱發生，此時為未飽和溶液。

B. $Q \geqq K_{sp} \rightarrow$ 有沉澱發生，直到無沉澱物為止，為飽和溶液。

(4) 選擇性沉澱：

當兩種以上的陰離子(陽離子)遇相同陽離子(陰離子)而發生沉澱者，所需試劑之離子濃度較少者先沉澱。

【註】：並非 K_{sp} 較小者一定先沉澱，必須配合類型。

歷 屆 試 題 集 錦

1. Which of the followings will give a solution with a pH > 7, but is not an Arrhenius base in the strict sense?

(A) CH_3NH_2 (B) NaOH   (C) CO_2 (D) $Ca(OH)_2$ (E) CH_4

【110 高醫(82)】

【詳解】A

(B)(D)屬於阿瑞尼斯鹼；(C)屬路易斯酸；(E)中性（溶解度差）

(A)含 N 鹼都屬於非阿瑞尼斯鹼，以提供孤對電子對為路易斯鹼，

2. Which of the followings is the best representation of the titration curve which will be obtained in the titration of a weak acid (0.10 mol L^{-1}) with a strong base of the same concentration?

(A) 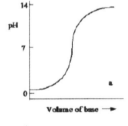   (B) 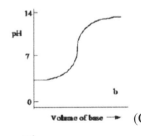   (C)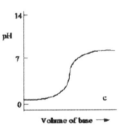

(D) 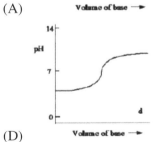   (E)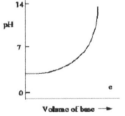

【110 高醫(89)】

【詳解】B

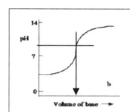

⇒ 單元強鹼滴定單元弱酸，達當量點的鹽類為
單性鹽，呈鹼性。且過程中會經過緩衝區
（此圖不明顯），雖然不是很好的圖，
但已經選項中最合理的答案。

---

3. 依據下列反應，將 40.0 毫升 0.5 M 硫酸溶液與 25.0 毫升 0.2 M 氫氧化鉀溶液混合後所產生的熱量為多少？

$H_2SO_4(aq) + 2KOH(aq) \rightarrow K_2SO_4(aq) + 2H_2O(l)$　$\Delta H° = -112$ kJ/mol

(A) -0.28 kJ　　　(B) -0.56 kJ　　　(C) -2.24 kJ　　　(D) -112 kJ

【110 中國醫(15)】

【詳解】A

$\qquad H_2SO_4(aq) + 2KOH(aq) \rightarrow K_2SO_4(aq) + 2H_2O(l)$　$\Delta H° = -112$ kJ/mol

初：　　20 mmol　　　5mmol

終：　　17.5mmol　　　0　　　　　2.5 mmol　　　5mmol

反應 $H_2SO_4(aq) + 2KOH(aq)$ 完全中和產生 $2H_2O(l)$，放熱 $\Delta H° = -112$ kJ/mol

故：$\dfrac{-112\ kJ}{+2\ mol\ 水} = \dfrac{x\ kJ}{+0.005\ mol水} \Rightarrow x = -0.28\ kJ$

---

4. 氫氧化鎂$(K_{sp} = 8.9 \times 10^{-12})$在 1.0 公升 pH = 10.0 的緩衝溶液中之溶解度為何？(假設緩衝溶液的緩衝能力極大)

(A) 8.9×10^{-8} mol　　　　(B) 8.9×10^{-4} mol

(C) 8.9×10^{-2} mol　　　　(D) 8.9×10^{8} mol

【110 中國醫(22)】

【詳解】B

在 1.0 公升 pH = 10.0 水溶液中 $\Rightarrow [H^+] = 10^{-10}M \Rightarrow [OH^-] = 10^{-4}$ M

緩衝溶液中：　$Mg(OH)_{2(s)} \rightleftharpoons Mg^{2+}_{(aq)} + 2OH^-_{(aq)}$

初：　　　　　　　　　　　　　　　　　　　　10^{-4} M

作：　　$-s$　　　　　$+s$　　　　　$+2s$

平：　　$-s$　　　　　$+s$　　　　　$2s + 10^{-4}$ M

$\Rightarrow K_{sp} = (s)^1(2s + 10^{-4})^2 = 8.9 \times 10^{-12}$

$\Rightarrow s = 8.9 \times 10^{-4}M \Rightarrow s = 8.9 \times 10^{-4}M \times 1L = 8.9 \times 10^{-4}mol$

5. 鹽類 AgX 與 AgY 對水具有相似的溶解度,但 AgX 比 AgY 容易溶於酸,請問 HX 與 HY 酸性大小的關係為何?
   (A) HX 較 HY 的酸性小
   (B) HX 較 HY 的酸性大
   (C) HX 與 HY 的酸性相同
   (D) HX 與 HY 的酸性大小無法判斷
   【110 中國醫(23)】

【詳解】A
AgX 比 AgY 容易溶於酸,表示 X^- 與 H^+ 結合力越大。
共軛鹼的鹼性:$X^- > Y^- \Rightarrow$ 酸性:$HY > HX$;

6. 一杯含有 Ag^+、Pb^{2+}、Ni^{2+} 三種金屬離子的水溶液中,若要以三種 NaCl、Na_2SO_4、Na_2S 稀釋水溶液將三種金屬離子有效地分離,則三種稀釋水溶液加入的順序為何?
   (A) Na_2SO_4、NaCl、Na_2S
   (B) Na_2S、NaCl、Na_2SO_4
   (C) NaCl、Na_2S、Na_2SO_4
   (D) NaCl、Na_2SO_4、Na_2S
   【110 中國醫(27)】

【詳解】A

	Ag^+	Pb^{2+}	Ni^{2+}
Cl^-	↓	↓	—
SO_4^{2-}	—	↓	—
S^{2-}	↓	↓	↓
『↓』表示沉澱; 『—』表示澄清溶液			

(1) 由上述可知 SO_4^{2-} 加入後,只有$PbSO_4$產生沉澱,故優先加入SO_4^{2-}。
(2) 再加入Cl^-後,只產生AgCl沉澱。
(3) 最後加入S^{2-},產生NiS沉澱。

7. 下列那些化合物為二質子酸(diprotic acid)?
   I. H_3AsO_4 II. H_3PO_3 III. H_3BO_3 IV. $H_2C_2O_4$
   (A) 僅 I, III   (B) 僅 I, IV   (C) 僅 II, III   (D) 僅 II, IV
   【110 義守(4)】

【詳解】D

含氧酸的氫必皆在 O 上，屬於結構學延伸的背多分題目，

故單質子酸：III. H_3BO_3　　；　雙質子酸：II. H_3PO_3、IV. $H_2C_2O_4$

三質子酸：I. H_3AsO_4

---

8. 中藥鉛丹常造成中毒事件，其主成分為Pb_3O_4，此成分可由一氧化鉛於空氣中加熱至500℃製得，　然而產物中常殘留一氧化鉛，可用何種溶液來純化？

　　(A) Na_2CO_3　　　(B) KOH　　　(C) HCl　　　(D) H_2SO_4

【110 義守(29)】

【詳解】B

鉛丹製備：由一氧化鉛在空氣中加熱至 500℃製得：

$$6\,PbO + O_2 \rightarrow 2\,Pb_3O_4$$

產物中含有雜質一氧化鉛，可用氫氧化鉀溶液提純：

$$PbO + KOH + H_2O \rightarrow K[Pb(OH)_3]_{(aq)}$$

---

9. 甲狀腺素(L-thyroxine, pKa = 6.7)於生理之pH值中，約有多少百分比為離子態(ionized)？

　　(A) 10%　　　(B) 30%　　　(C) 70%　　　(D) 90%

【110 義守(49)】

【詳解】D

甲狀腺素(L-thyroxine, pKa = 6.7)於生理之 pH 值中

⇒ 意旨在 pH 值＝7.4~7.5 中

故利用緩衝溶液公式

$$\Rightarrow pH = pK_a + \log\frac{A^-}{HA} \Rightarrow 7.4 = 6.7 + \log\frac{A^-}{HA} \Rightarrow 7.4 - 6.7 = \log\frac{A^-}{HA} \Rightarrow \frac{A^-}{HA} = 5$$

故平衡時 $\dfrac{A^- = 5}{total = 1 + 5} \times 100\% = 83.3\%$

---

10. 難溶性鹽類$M(OH)_3$ ($K_{sp} = 1.6 \times 10^{-39}$)溶解在水中後，其溶液的氫氧根離子($OH^-$)濃度為多少M？

　　(A) 1.0×10^{-10}　　(B) 2.0×10^{-10}　　(C) 1.0×10^{-7}　　(D) 2.0×10^{-5}

【110慈濟(5)】

【詳解】C

$M(OH)_3$ 為 $K_{sp} = 27s^4$ 型的鹽類且：$M(OH)_3 \rightleftharpoons M^{3+} + 3OH^-$

故：$27s^4 = 1.6 \times 10^{-39} \Rightarrow s = \sqrt[4]{\dfrac{160000 \times 10^{-44}}{27}} \approx 8.8 \times 10^{-11}$

$[OH^-] = 3 \times 8.8 \times 10^{-11} \fallingdotseq 2.7 \times 10^{-10} \ll 10^{-7} M$（水自身的解離）

故 $[OH^-]$ 視為 $1.0 \times 10^{-7} M$

---

11. 將 0.5 M 的 NaOH 水溶液與 0.5 M 的弱酸（HA，$Ka = 1.0 \times 10^{-6}$）水溶液以等體積混合後，溶液中各離子濃度大小順序，下列何者最為適當？

(A) $[Na^+] > [A^-] > [OH^-] > [H^+]$

(B) $[Na^+] > [A^-] > [H^+] > [OH^-]$

(C) $[A^-] > [OH^-] > [Na^+] > [H^+]$

(D) $[A^-] > [Na^+] > [H^+] > [OH^-]$

【110慈濟(6)】

【詳解】A

假設弱酸為 HA，$NaOH + HA \rightarrow NaA + H_2O$ （完全中和）

$NaA \rightarrow Na^+ + A^-$ （100 完全解離）

其中：Na^+ 不再水解，而 $A^- + H_2O \rightleftharpoons OH^- + HA$

　　　弱酸根部分水解，使水溶液呈鹼性：$[OH^-] > [H^+]$

※ $[Na^+] > [A^-] > [OH^-] > [H^+] = \dfrac{K_w}{[OH^-]}$

---

12. For 1.0 M of the following solution, which chemical gives the highest pH value?

(A) NaF　　　　　　　　(B) $Na_2S_2O_3$　　　　　(C) NH_4Cl

(D) $Al(NO_3)_3$　　　　　(E) Ethanol

【109 高醫(16)】

【詳解】A

較高的 pH 表示鹼性物質

(A) 鹼性鹽之鹼性 ；(B) 鹼性鹽之鹼性 ；(C) 鹼性鹽之酸性

(D) 鹼性鹽之酸性 ；(E) 中性有機物質

(B) 中 $S_2O_3^{2-}$ 具有較多的共振式，故陰離子較穩定，鹼性較小，pH 較小。

13. 0.2 g of $FeCl_3(s)$ is dissolved in 20 mL water. The pH of this aqueous solution at 25°C will be

(A) pH > 7   (B) pH < 7   (C) pH = 7

(D) no effect on pH   (E) this cannot be determined

【109 高醫(23)】

【詳解】B

$FeCl_3 \rightarrow Fe^{3+}$（可水解）$+ 3Cl^-$（不水解）

$Fe^{3+} + H_2O \rightarrow Fe(OH)_3 + H^+$（酸性 pH < 7）

14. Consider mixing equal volume of 0.1 M Na_2CO_3 solution and 0.1 M H_2SO_4 solution. Which statement is correct?

(A) $[H^+]$ is less than 0.05 M   (B) $[H^+]$ is between 0.1 M and 0.05 M

(C) $[H^+]$ is 0.1 M   (D) $[H^+]$ is 0.2 M

(E) pH > 7

【109 高醫(73)】

【詳解】A

$Na_2CO_3 + H_2SO_4 \rightarrow H_2CO_3 + Na_2SO_4$

當 Na_2CO_3 and H_2SO_4 當量數相等，得初濃度＝0.05M H_2CO_3 溶液

故 $[H^+] \approx \sqrt{C_{H2CO3} \times K_{a1}} < 0.05$M

15. Which is the major specie for a carbonate-containing solution at pH 8.5? ($K_{a1} = 4.3 \times 10^{-7}$, $K_{a2} = 4.8 \times 10^{-11}$ for carbonic acid)

(A) CO_2 (B) H_2CO_3 (C) HCO_3^-

(D) CO_3^{2-} (E) $C_2O_4^{2-}$

【109 高醫(74)】

【詳解】C

各成分（H_2CO_3，HCO^-，CO_3^{2-}）在不同 pH 值下的莫耳分率：

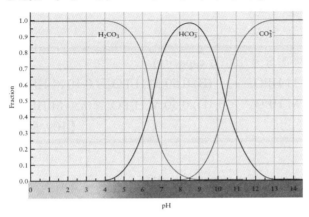

16. 將壓力為 1.17 atm 的 0.8 L 氯化氫氣體加入體積為 750 mL 的 32℃水中，
    假設所形成水溶液的體積和溫度不變，其 pH 值為多少？
    (氣體常數為 0.082 atm·L/mol·K，log2 = 0.301、log3 = 0.477、log7 = 0.845)
    (A) 0.699　　　(B) 1.301　　　(C) 1.477　　　(D) 1.699　　　(E) 1.845
    【109 中國醫(3)】

【詳解】B

先算 HCl 溶在水中莫耳數，再計算出 H^+ 濃度，最後取 $-\log$ 得 pH 值。

$$n_{HCl} = \frac{PV}{RT} = \frac{1.17\,atm \cdot 0.8L}{0.082\,\dfrac{atm.L}{mol.K} \times (32^0C + 273)} = 0.0374mol$$

$$[H^+] = \frac{n_{HCl}}{V_{so\ln}} = \frac{0.0374mol}{0.75L} \approx 5.0 \times 10^{-2}M \xrightarrow{-\log} pH = 2 - \log 5 = 1.301$$

17. 根據布侖斯惕－洛瑞酸鹼理論(Bronsted-Lowry theory)，下列有關 $2NaCl(s) + H_2SO_4(l) \rightarrow Na_2SO_4(s) + 2HCl(g)$ 的敘述何者正確？
    (A) NaCl 是中性，既不是酸也不是鹼　　　(B) NaCl 是酸
    (C) NaCl 是鹼　　　(D) NaCl 既是酸也是鹼
    【109 義守(3)】

【詳解】C

接受 H^+ 為鹼：$2Cl^- + 2H^+ \rightarrow 2HCl$

---

18. 以下哪一項具有最高的緩衝容量(buffer capacity)？
   (A) $0.10\ M\ H_2PO_4^- / 0.10\ M\ HPO_4^{2-}$　　(B) $0.50\ M\ H_2PO_4^- / 0.10\ M\ HPO_4^{2-}$
   (C) $0.10\ M\ H_2PO_4^- / 0.50\ M\ HPO_4^{2-}$　　(D) $0.50\ M\ H_2PO_4^- / 0.50\ M\ HPO_4^{2-}$

   【109 義守(34)】

【詳解】D

當共軛酸鹼之莫耳數一樣時，可達抵抗 H^+ 及 OH^- 之最大容量的莫耳數。

⇒ 弱酸/弱酸鹽或弱鹼/弱鹼鹽含量為 1：1 時為最大緩衝能力

⇒ 若皆為 1：1 含量，則含有大量緩衝成分者具有較大的緩衝容量。

---

19. 50.0 mL，0.50 M 的 HCl 樣品用 0.50 M 的 NaOH 進行滴定，在酸中加入 28.0 mL 的 NaOH 後，溶液的 pH 是多少？
   (A) 0.85　　　　(B) 0.75　　　　(C) 0.66　　　　(D) 0.49

   【109 義守(35)】

【詳解】A

$$
\begin{array}{lcccccc}
 & HCl & + & NaOH & \rightarrow & NaCl & + & H_2O \\
初 & 0.5{\times}50\,mmol & & 0.5{\times}28\,mmol & & & & \\
作 & -0.5{\times}28\,mmol & & 0.5{\times}28\,mmol & & & & \\
\hline
終 & 0.5{\times}22\,mmol & & = 0 & & 0.5{\times}28\,mmol & & \\
\end{array}
$$

$$[H^+] = \frac{H^+ mmol}{V(mL)} = \frac{0.5 \times 22\,mmol}{(28mL + 50mL)} = 0.14M$$

$$\Rightarrow pH = 1 - \log(1.4) = 0.85$$

---

20. 某酸鹼指示劑之 $Ka = 3.0 \times 10^{-5}$ (pKa : 4.52)，其酸型態是紅色，鹼型態則為藍色，欲使指示劑由 80% 的藍色轉變為 80% 的紅色，溶液 pH 值必須為下列何情況：
   (A) 增加 1.2　　(B) 減少 1.2　　(C) 增加 0.75　　(D) 減少 0.75

   【109 慈濟(21)】

【詳解】B

指示劑變色範圍（改變 pH 值）只與 $\log \dfrac{鹼型[In^-]}{酸型[HIn]}$ 有關

故『…欲使指示劑由 80% 的藍色轉變為 80% 的紅色…』

意旨：本來 $\dfrac{[In^-]}{[HIn]}=\dfrac{4}{1}$ 變為 $\dfrac{[In^-]}{[HIn]}=\dfrac{1}{4}$ 。

pH 值下降（減少）：$(\log \dfrac{4}{1}=0.6)-(\log \dfrac{1}{4}=-0.6)=1.2$

---

21. 以 NaOH 水溶液將 0.10 M $H_2C_2O_4$ （pKa_1：1.23, pKa_2：4.19）水溶液之 pH 調整為 4.50 時，下列關係何者最適當：

(A) $[H_2C_2O_4] = [HC_2O_4^-]$　　　(B) $[HC_2O_4^-] = [C_2O_4^{2-}]$

(C) $[H_2C_2O_4] > [HC_2O_4^-]$　　　(D) $[HC_2O_4^-] < [C_2O_4^{2-}]$

【109 慈濟(22)】

【詳解】D

弱酸＋弱酸鹽緩衝溶液：

緩衝溶液：$[H^+] = K_a \times \dfrac{[酸]}{[共軛鹼]} = K_a \times \dfrac{n_酸}{n_{共軛鹼}} \Rightarrow pH = pK_a + \log\dfrac{[共軛鹼]}{[酸]}$

$pH = pK_{a2} + \log\dfrac{[C_2O_4^{2-}]}{[HC_2O_4^-]} \Rightarrow 4.5 = 4.19 + \log\dfrac{[C_2O_4^{2-}]}{[HC_2O_4^-]}$

$\Rightarrow 0.3 = \log 2 \Rightarrow [C_2O_4^{2-}] = 2[HC_2O_4^-] \Rightarrow [C_2O_4^{2-}] > [HC_2O_4^-]$

---

22. $H_3PO_4(aq)$的 pK_{a1}：2.20、pK_{a2}：7.20、pK_{a3}：12.40，當 pH 6.21 時，$[HPO_4^{2-}]$ 與 $[H_2PO_4^-]$ 的比值約為：

(A) 1:2　　　(B) 1:5　　　(C) 1:10　　　(D) 10:1

【109 慈濟(23)】

【詳解】C

弱酸＋弱酸鹽緩衝溶液：

緩衝溶液：$[H^+] = K_a \times \dfrac{[酸]}{[共軛鹼]} = K_a \times \dfrac{n_{酸}}{n_{共軛鹼}} \Rightarrow pH = pK_a + \log\dfrac{[共軛鹼]}{[酸]}$

$pH = pK_{a2} \times \log\dfrac{[HPO_4^{2-}]}{[H_2PO_4^-]} \Rightarrow 6.21 = 7.2 + \log\dfrac{[HPO_4^{2-}]}{[H_2PO_4^-]}$

$\Rightarrow \log\dfrac{[HPO_4^{2-}]}{[H_2PO_4^-]} = -1 \Rightarrow \dfrac{[HPO_4^{2-}]}{[H_2PO_4^-]} = \dfrac{1}{10}$

---

23. 關於水溶液中某特定酸及其各種型態之離子濃度之總和，其分布係數 α=[特定離子型態] / [各種型態之離子總和] 之敘述下列何者最佳：
    (A) 僅取決於水溶液中離子總濃度　　　　(B) 取決於離子總濃度以及[H$^+$]
    (C) 取決於酸解離常數及水溶液中 pH 值　(D) 取決於酸解離常數

【109 慈濟(24)】

【詳解】C

以 C_0 作為 HA 系統中的濃度總和之意

利用質量平衡（Mass Balance）$C_0 = [HA] + [A^-]$

再利用電荷平衡（Charge Balance）$[H^+] = [OH^-] + [A^-]$

欲得 $\alpha_{A^-} = \dfrac{[A^-]}{C_0} = \dfrac{\dfrac{[HA] \times K_a}{[H^+]}}{[HA] + \dfrac{[HA] \times K_a}{[H^+]}} = \dfrac{\dfrac{[HA] \times K_a}{[H^+]}}{\dfrac{[HA] \times (K_a + [H^+])}{[H^+]}} = \dfrac{K_a}{K_a + [H^+]}$

---

24. 在相同濃度下，下列哪種鹽之水溶液的 pH 值最高？
    (A) NH$_4$Cl　　　(B) KBr　　　(C) NaNO$_3$　　　(D) NaF

【109 慈濟(28)】

【詳解】D

1. 四個選項皆為單性鹽類
2. (A) 酸性；(B) 中性；(C) 中性；(D) 鹼性

25. 醋酸銀 $AgC_2H_3O_2$ 是微溶鹽，$Ksp = 1.9 \times 10^{-3}$。考慮與固體鹽平衡的飽和溶液並比較添加 HNO_3 或 NH_3 對溶液溶解度的影響，下列敘述何者最正確？
   (A) 兩種物質都會降低溶解度
   (B) NH_3 會增加溶解度，但 HNO_3 會降低溶解度
   (C) NH_3 會降低溶解度，但 HNO_3 會增加溶解度
   (D) 兩種物質都會增加溶解度

【109 慈濟(29)】

【詳解】D
根據勒沙特列原理
$CH_3COO^-Ag^+ + H^+ \rightarrow CH_3COOH + Ag^+$
$CH_3COO^-Ag^+ + 2NH_3 \rightarrow CH_3COO^- + Ag(NH_3)_2^+$
上述兩式平衡皆往右，故皆增加溶解度。

26. 某一水溶液中含 Cu^{2+}、Pb^{2+} 和 Ni^{2+} 三種離子濃度皆為 0.10 M，加入 H_2S 使溶液中之 $[H_2S] = 0.10$ M，並將 pH 值調整至 1.0 時會形成沉澱物。沉澱物中存在哪些硫化物？$[H_2S] = 0.10$ M；H_2S 之 $Ka_1 \times Ka_2 = 1.1 \times 10^{-24}$
Ksp：$CuS = 8.5 \times 10^{-45}$，$PbS = 7.0 \times 10^{-29}$，$NiS = 3.0 \times 10^{-21}$
   (A) CuS、PbS 與 NiS   (B) PbS 與 NiS
   (C) CuS 與 PbS   (D) CuS

【109 慈濟(31)】

【詳解】C
Key：$Q \geq K_{sp}$ 有沉澱發生為飽和溶液。

欲使 CuS 產生沉澱，$[S^{2-}] \geq \dfrac{K_{sp}}{[Cu^{2+}]} = \dfrac{8.5 \times 10^{-45}}{0.1M} = 8.5 \times 10^{-44} M$

欲使 PbS 產生沉澱，$[S^{2-}] \geq \dfrac{K_{sp}}{[Pb^{2+}]} = \dfrac{7.0 \times 10^{-29}}{0.1M} = 7.0 \times 10^{-28} M$

欲使 NiS 產生沉澱，$[S^{2-}] \geq \dfrac{K_{sp}}{[Ni^{2+}]} = \dfrac{3.0 \times 10^{-21}}{0.1M} = 3.0 \times 10^{-20} M$

而溶液中，$[S^{2-}] = \dfrac{[H_2S] \times K_c}{[H^+]^2} = \dfrac{0.1M \times 1.1 \times 10^{-24}}{(0.1M)^2} = 1.1 \times 10^{-23} M$

故只有 CuS & PbS 物質沉澱…選 C

27. 將 5.00 mL 未知濃度的 H_2SO_4 水溶液樣品分為五個 1.00 mL 樣品，然後分別用 0.100 M NaOH 滴定。在每次滴定中，H_2SO_4 皆被完全中和，用於達到滴定終點的 NaOH 溶液的平均體積為 15.6 mL。試問 5.00 mL 樣品中的 H_2SO_4 濃度為何？
    (A) 1.56 M (B) 0.312 M (C) 0.780 M (D) 0.156 M

【109 慈濟(32)】

【詳解】C

『將 5.00 mL 未知濃度的 H_2SO_4 水溶液樣品分為五個 1.00 mL 樣品...』
⇒ 硫酸體積改變，莫耳數改變，但濃度不變
利用酸的當量數＝鹼的當量數

$$\Rightarrow C_{H2SO4} \times 1mL \times 2 = 0.1M \times 15.6mL \times 1 \Rightarrow C_{H2SO4} = 0.78M$$

28. 在新冠肺炎防疫期間廣泛被使用的次氯酸水溶液，可由何種酸稀釋而成？
    (A) Perchloric acid (B) Hypochlorous acid
    (C) Hydrochloric acid (D) Chloric acid

【109 私醫(4)】

【詳解】B

次氯酸（*hypochlorous acid*）化學式為 HClO，是種不穩定弱酸，僅能存在於溶液中，一般用作漂白劑、氧化劑、除臭劑和消毒劑。

29. 下列命名何者錯誤？
    (A) SO_4^{2-}, sulfate ion (B) $S_2O_3^{2-}$, thiosulfate ion
    (C) PO_4^{3-}, phosphate ion (D) ClO_3^-, chlorite ion

【109 私醫(5)】

【詳解】D

ClO_3^-, chlor**ate** ion

30. 有一指示劑 HIn 在水中平衡為 $HIn \rightleftharpoons H^+ + In^-$，酸解離常數 $Ka = 1 \times 10^{-8}$，請問當此指示劑至於 pH＝6 的水溶液中時，HIn / In^-的濃度比值為何？
    (A) 1/1 (B) 100/1 (C) 1/100 (D) 10/1

【109 私醫(31)】

【詳解】B

指示劑為弱酸或弱鹼其：$K_a = \dfrac{[H^+][I^-]}{[HIn]} \Rightarrow \dfrac{[HIn]}{[I^-]} = \dfrac{[H^+]}{K_a} = \dfrac{10^{-6}}{10^{-8}} = \dfrac{100}{1}$

---

31. 有一體積 100 毫升，濃度為 0.05 M 的三質子酸，若要將此三質子酸水溶液的維持在 pH = 9.5，請問需加入多少體積的 1.00 M NaOH 水溶液？三質子酸的酸解離常數分別為：

$K_{a1} = 1.0 \times 10^{-3}$; $K_{a2} = 5.0 \times 10^{-8}$; $K_{a3} = 2.0 \times 10^{-12}$

(A) 30 毫升　　　(B) 25 毫升　　　(C) 20 毫升　　　(D) 10 毫升

【109 私醫(32)】

【詳解】D

$\because [H^+] = \sqrt{K_{a2} \times K_{a3}} \Rightarrow pH = \dfrac{pK_{a2} + pK_{a3}}{2} = \dfrac{7.3 + 11.7}{2} = 9.5$

欲維持水溶液 pH = 9.5 剛好為第二當量點。

其方程式：$1H_3A + 2NaOH \rightarrow 1Na_2HA + 2H_2O$

故：$100mL \times 0.05M \times 2 = 1.0M \times VmL \times 1 \Rightarrow VmL = 10mL$

---

32. 已知下面三種化合物之 K_b：

C_6H_7O　　　　$K_b = 1.3 \times 10^{-10}$

$C_2H_5NH_2$　　　$K_b = 5.6 \times 10^{-4}$

C_5H_5N　　　　$K_b = 1.7 \times 10^{-9}$

它們的共軛酸(conjugate acids)之酸強度由小到大排列，何者正確？

(A) $C_5H_5NH^+ < C_6H_7OH^+ < C_2H_5NH_3^+$　　(B) $C_6H_7OH^+ < C_5H_5NH_3^+ < C_2H_5NH^+$

(C) $C_5H_5NH^+ < C_2H_5NH_3^+ < C_6H_7OH^+$　　(D) $C_2H_5NH_3^+ < C_5H_5NH^+ < C_6H_7OH^+$

【109 私醫(36)】

【詳解】D

酸（鹼）的強度由 K_a（K_b）值大小決定，且強酸共軛弱鹼強鹼共軛弱酸。

K_b 值大小順序：$C_2H_5NH_2 > C_5H_5N > C_6H_7O$

共軛酸(conjugate acids)之酸強度：$C_6H_7OH^+ > C_5H_5NH^+ > C_2H_5NH_3^+$

33. The correct mathematical expression for finding the molar solubility(s) of $Al(OH)_3$ is .
    (A) $9s^2 = K_{sp}$　　　(B) $3s^3 = K_{sp}$　　　(C) $27s^4 = K_{sp}$
    (D) $s^4 = K_{sp}$　　　(E) $9s^3 = K_{sp}$

【108 高醫(25)】

【詳解】C
常見的化學反應類型及 K_{sp} 與溶解度 s 表示法：

化學式 類型	平　衡　系	K_{sp} 與離子濃度關係	K_{sp} 與 s 關係
Hg_2Cl_2	$Hg_2Cl_{2(s)} \rightleftharpoons Hg_2^{2+} + 2Cl^-$	$K_{sp} = [Hg_2^{2+}][Cl^-]^2$	$K_{sp} = 4\,s^3$
$Al(OH)_3$	$Al(OH)_{3(s)} \rightleftharpoons Al^{3+} + 3OH^-$	$K_{sp} = [Al^{3+}][OH^-]^3$	$K_{sp} = 27\,s^4$
$Ca_3(PO_4)_2$	$Ca_3(PO_4)_{2(s)} \rightleftharpoons 3Ca^{2+} + 2PO_4^{3-}$	$K_{sp} = [Ca^{2+}]^3 [PO_4^{3-}]^2$	$K_{sp} = 108\,s^5$

34. To form a buffer solution with pH = 9.0, how many moles of NH_4Cl should be added to 3.0 L of 0.20 M $NH_3(aq)$ at 25°C? (K_b of ammonia = 1.8×10^{-5}; assuming the volume of solution does not change after adding NH_4Cl)
    (A) 0.36　　　(B) 0.72　　　(C) 1.08　　　(D) 3.6　　　(E) None of the above.

【108 高醫(70)】

【詳解】C
假設加入 NH_4Cl x 莫耳

$$[H^+] = K_{a,NH_4Cl} \times \frac{n_{NH_4Cl}}{n_{NH_3}}$$

$$\Rightarrow 10^{-9} = \frac{1.0 \times 10^{-14}}{1.8 \times 10^{-5}} \times \frac{x\ mol}{0.2M \times 3.0L} \Rightarrow x\ mol = 1.08\ mol$$

35. Determine the percent dissociation of a 0.18 M solution of hypochlorous acid, HClO. The Ka for the acid is 3.5×10^{-8}.
   (A) 4.4×10^{-2} %　　　　(B) 3.5×10^{-6} %　　　　(C) 6.3×10^{-9} %
   (D) 4.4×10^{-4} %　　　　(E) 7.9×10^{-3} %

【108 高醫(75)】

【詳解】A

當 $C_0 \geqq K_a \cdot 1000$ 或 $\alpha \leqq 5\%$ 弱酸（鹼）可以利用簡易公式。

解離度(率)（Percent Dissociation）$\alpha = \dfrac{[H^+]}{[HA]} = \dfrac{\sqrt{C \cdot K_a}}{C} = \sqrt{\dfrac{K_a}{C}}$

代入公式：$\alpha(\%) = \sqrt{\dfrac{3.5 \times 10^{-8}}{0.18M}} \times 100\% = 4.4 \times 10^{-2}\%$

36. The solubility of $CaSO_4$ in pure water at 0℃ is 1.14 gram per liter. The value of the solubility product is .
   (A) 7.01×10^{-5}　　　　(B) 8.37×10^{-3}　　　　(C) 7.01×10^{-2}
   (D) 8.37×10^{-5}　　　　(E) None of the above.

【108 高醫(76)】

【詳解】A

$CaSO_4$ 為 1：1 型，故溶解度與 solubility product K_{sp} 關係式：$s^2 = K_{sp}$

$\left(\dfrac{1.14 \text{ g/L}}{40+32+64 \text{ g/mol}}\right)^2 = K_{sp} = 7.01 \times 10^{-5}$

37. A sample of a washing powder that contains a mixture of Na_2CO_3 and $NaHCO_3$ is titrated with aqueous HCl and the following result is obtained:

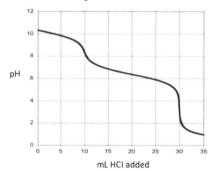

mL HCl added

(A) 2 mole CO_3^{2-} : 1 mole HCO_3^-　　(B) 1 mole CO_3^{2-} : 1 mole HCO_3^-
(C) 1 mole CO_3^{2-} : 2 mole HCO_3^-　　(D) 1 mole CO_3^{2-} : 3 mole HCO_3^-
(E) 3 mole CO_3^{2-} : 1 mole HCO_3^-

【108 高醫(89)】

【詳解】B（釋疑後送分，因答案字打錯）

假設溶液中含有 Na_2CO_3 x mol ＋ $NaHCO_3$ y mol

第一當量點：　Na_2CO_3　＋　　HCl　→　　$NaHCO_3$ ＋ NaCl

　　　　初　　　x　　　　　過量
　　　　作　$-x$　　$-[HCl]×10mL$　　＋x mol
　　　　平　　0　　　　　過量　　　　x mol ＝ [HCl]×10mL

第二當量點：　$NaHCO_3$ ＋　　HCl　→　　H_2CO_3　＋　NaCl

　　　　初　($x+y$)　　　過量
　　　　作　$-(x+y)$　　$-[HCl]×(30-10)mL$
　　　　平　　0　　　　　過量　　　　$x+y$ mol ＝ [HCl]×20mL

得 $\Rightarrow x : x+y = 10 : 20 \Rightarrow x : y = 1 : 1$

---

38. 0.1 M 醋酸鈉(CH_3COONa)水溶液中，下列哪一個物種的濃度最低？
（醋酸的酸解離常數 $Ka = 1.8 \times 10^{-5}$）
(A) Na^+　　(B) CH_3COO^-　　(C) OH^-　　(D) CH_3COOH　　(E) H^+

【108 中國醫(13)】

【詳解】E

$CH_3COONa \rightarrow Na^+ + CH_3COO^-$（100 完全解離）

其中：Na^+不再水解

$\qquad CH_3COO^- + H_2O \rightleftharpoons OH^- + CH_3COOH$

$\qquad$醋酸根部分水解，使水溶液呈鹼性：$[OH^-] > [H^+]$

※　$[Na^+] > [CH_3COO^-] > [OH^-] \geqq [CH_3COOH] > [H^+] = \dfrac{K_w}{[OH^-]}$

---

39. 下列哪一個反應不是酸鹼反應？

(A) $Cl_2 + H_2O \rightarrow HCl + HOCl$　　　(B) $BF_3 + NH_3 \rightarrow F_3BNH_3$

(C) $CaO + SiO_2 \rightarrow CaSiO_3$　　　(D) $PO_4^{3-} + H_2O \rightarrow HPO_4^{2-} + OH^-$

(E) $Na_2O + 2HCl \rightarrow 2NaCl + H_2O$

【108 中國醫(14)】

【詳解】A

(A)氧化還原反應（方程式中具有元素態物質）

(B)Lewis acid-base rxn　　　(C) Lewis acid-base rxn

(D)酸根水解反應呈鹼性（利用布-忍酸鹼反應原理）

(E)鹼酐與酸化合物反應

---

40. 室溫下，AX_2 的溶解度積常數(solubility product constant, Ksp)的值為 K_1，BX_2 的溶解度積常數的值為 K_2。現將 AX_2 和 BX_2 置於同一燒杯中，加水溶解成一飽和溶液狀態。請問，此飽和溶液中 X^- 的濃度(M)最接近下列何者？（假設：水的解離忽略不計）

(A) $\sqrt{\dfrac{K_1 + K_2}{2}}$　　(B) $\sqrt[3]{\dfrac{K_1 + K_2}{2}}$　　(C) $\sqrt[3]{2(K_1 + K_2)}$　　(D) $\sqrt[3]{\dfrac{K_1 + K_2}{4}}$

【108 義守(19)】

【詳解】C

設 AX_2 及 BX_2 之溶解度分別為 x，y

依題意：

$$AX_2 \rightleftharpoons A^{2+} + 2X^-$$
$$\quad -x \qquad x \qquad 2x + 2y$$
$$BX_2 \rightleftharpoons B^{2+} + 2X^-$$
$$\quad -y \qquad y \qquad 2y + 2x$$

達平衡時 $[X^-] = 2x + 2y$；$[A^{2+}] = x$；$[B^{2+}] = y$

$$\begin{cases} x(2x+2y)^2 = K_1 \cdots\cdots(1) \\ y(2x+2y)^2 = K_2 \cdots\cdots(2) \end{cases} \Rightarrow (1)+(2) = 4(x+y)^3 = K_1 + K_2 \Rightarrow (x+y) = \sqrt[3]{\frac{K_1 + K_2}{4}}$$

$$\Rightarrow 2(x+y) = [X^-] = \sqrt[3]{\frac{8(K_1 + K_2)}{4}} = \sqrt[3]{2(K_1 + K_2)}$$

---

41. 下列何者在水中的溶解度(solubility)最低？
    (A) $Mg(IO_3)_2$　　　(B) $Ca(IO_3)_2$　　　(C) $Sr(IO_3)_2$　　　(D) $Ba(IO_3)_2$

    【108 義守(22)】

【詳解】D

利用軟硬酸鹼理論：陽離子及陰離子之電荷密度

陰離子 IO_3^- 屬於軟鹼（$\frac{q^-}{r^-}\downarrow$）

陽離子 $\frac{q^+}{r^+}$ 大→小：$Mg^{2+} > Ca^{2+} > Sr^{2+} > Ba^{2+}$（即硬酸→軟酸）

因（硬酸硬鹼，軟酸軟鹼）結合力較強，溶解度低。

故溶解度大小應為：$Mg(IO_3)_2 > Ca(IO_3)_2 > Sr(IO_3)_2 > Ba(IO_3)_2$

---

42. Na_2S 水溶液中各種離子的濃度大小關係，下列何者正確？
    (A) $[Na^+] > [HS^-] > [S^{2-}] > [OH^-]$　　(B) $[OH^-] > [Na^+] > [HS^-] > [S^{2-}]$
    (C) $[Na^+] > [S^{2-}] > [OH^-] > [HS^-]$　　(D) $[Na^+] > [OH^-] > [HS^-] > [S^{2-}]$

    【108 義守(23)】

【詳解】C（釋疑後增加 D 亦可）

$Na_2S \rightarrow 2Na^+ + S^{2-}$ （完全解離，故 Na^+ 濃度最高）

S^{2-} 視為單基鹽且二次水解（視為二元鹼解離）

$$S^{2-} + H_2O \rightleftharpoons HS^- + OH^-$$

平衡　$C_0 - x$　　　　　　　$x - y$　　$x + y$

$$HS^- + H_2O \rightleftharpoons H_2S + OH^-$$

平衡　$x - y$　　　　　　　y　　　$x + y$

一般而言：$C_o >> x \Rightarrow C_0 - x \fallingdotseq C_0$

$x >> y \Rightarrow x + y \fallingdotseq x$; $x - y \fallingdotseq x$ $(x + y > x - y)$

故：$[Na^+] > [S^{2-}] > [OH^-] > [HS^-]$ or $[Na^+] > [OH^-] > [HS^-] > [S^{2-}]$

---

43. 含亞硝酸的緩衝溶液(HNO_2/NO_2^-)之 pH 值為 3.50，下列何者可降低該溶液
    的 pH 值？ $(HNO_2, Ka = 4.5 \times 10^{-4})$
    (A) 加入少量的亞硝酸鈉$(NaNO_2)$　　　(B) 加入少量的亞硝酸
    (C) 加入少量的氫氧化鈉　　　　　　　(D) 加入少量的水

【108 義守(31)】

【詳解】B

弱酸＋弱酸鹽緩衝溶液：

緩衝溶液：$[H^+] = K_a \times \dfrac{[酸]}{[共軛鹼]} = K_a \times \dfrac{n_酸}{n_{共軛鹼}} \Rightarrow pH = pK_a + \log\dfrac{[共軛鹼]}{[酸]}$

(A) 加入共軛鹼，降低 $\dfrac{[HA]}{[NaA]}$ 比例，$[H^+]$下降，pH 值上升。

(B) 加入共軛酸，提升 $\dfrac{[HA]}{[NaA]}$ 比例，$[H^+]$上升，pH 值下降。

(C) $[H^+] = K_{a,HNO_2} \times \dfrac{n_{HNO_2}}{n_{NaNO_2}} = K_{a,HNO_2} \times \dfrac{n_{HNO_2} - n_{NaOH}}{n_{NaNO_2} + n_{NaOH}}$

降低 $\dfrac{[HA]}{[NaA]}$ 比例，$[H^+]$下降，pH 值上升。

(D) 加入少量的水，pH 值不變。

普通化學百分百 3.0 試題詳解
343

44. 當以氫氧化鈉溶液滴定醋酸水溶液時，下列何者是最適宜的指示劑？
  (A)指示劑甲(pKa = 7.81)　　　(B) 指示劑乙(pKa = 4.66)
  (C)指示劑丙(pKa = 3.46)　　　(D) 指示劑丁(pKa = 1.28)

【108 義守(32)】

【詳解】A

指示劑的定義：

為確定滴定當量點是否達到，加入一物質，該物質在當量點附近因 H^+ 之急速變化而顯現本身顏色之迅速改變，此為指示劑。弱酸與強鹼中和，

達當量點時生成的鹽會水解，為鹼性：$[OH^-] \sqrt{CH_3COO^- 的\ K_b \times C_{CH_3COO^-}}$

---

45. 常溫下四種離子固體在水中的溶解度積常數分別是：
  I. $BaSO_4$，$Ksp = 1.1 \times 10^{-10}$　　II. $MgCO_3$，$Ksp = 4.0 \times 10^{-5}$
  III. $BaCO_3$，$Ksp = 8.1 \times 10^{-9}$　　IV. PbI_2，$Ksp = 1.4 \times 10^{-8}$
  此四種固體在水中的溶解度由小至大依序是____。
  (A) IV、III、II、I　　　　(B) III、I、IV、II
  (C) I、III、IV、II　　　　(D) III、I、II、IV

【108 義守(36)】

【詳解】C

(I) $S_I^2 = Ksp = 1.1 \times 10^{-10} \quad \approx \quad S_I = 10^{-5}$

(II) $S_{II}^2 = Ksp = 4.0 \times 10^{-5} \quad \approx \quad S_{II} = 10^{-2.5}$

(III) $S_{III}^2 = Ksp = 8.1 \times 10^{-9} \quad \approx \quad S_{III} = 10^{-4.5}$

(IV) $4S_{IV}^3 = Ksp = 1.4 \times 10^{-8} \quad \rightarrow \quad S_B = \sqrt[3]{\dfrac{1.4 \times 10^{-8}}{4}} = \sqrt[3]{3.5} \times 10^{-3}$

故溶解度由小至大依序是：I < III < IV < II

46. 已知下列反應在 25°C 時的平衡常數：

$AgBr_{(s)} \rightleftharpoons Ag^+_{(aq)} + Br^-_{(aq)}$　　　　$K_{sp} = 5.0 \times 10^{-13}$

$Ag^+_{(aq)} + 2NH_{3(aq)} \rightarrow Ag(NH_3)_2^+_{(aq)}$　　$K_f = 1.8 \times 10^7$

於 25°C 時，AgBr 在 1.0 M NH_3 水溶液中的溶解度約是多少？

(A) 7.1×10^{-7} M　　(B) 1.0×10^{-3} M　　(C) 3.0×10^{-3} M　　(D) 7.1×10^{-3} M

【108 慈濟(4)】

【詳解】C

$$\begin{array}{ll} AgBr_{(s)} \rightleftharpoons Ag^+ + Br^- & K_{sp.AgBr} = 5.0 \times 10^{-13} \\ + \quad Ag^+ + 2NH_3 \rightarrow Ag(NH_3)_2^+ & K_f = 1.8 \times 10^7 \\ \hline 全：AgBr + 2NH_3 \rightarrow Ag(NH_3)_2^+ + Br^- & K = 9.0 \times 10^{-6} \end{array}$$

假設溶解度＝s，故：$\dfrac{s^2}{(1-2s)^2} = 9.0 \times 10^{-6} \Rightarrow s = 3.0 \times 10^{-3} M$

---

47. H_3PO_4 分子具有三個酸解離常數，分別為 K_{a1}、K_{a2}、K_{a3}，在 25.0°C 時，其 $pK_{a1} = 2.12$、$pK_{a2} = 7.20$、$pK_{a3} = 12.32$，則 0.10 M NaH_2PO_4 水溶液的 pH 值是多少？

(A) 3.60　　(B) 4.10　　(C) 4.66　　(D) 9.76

【108 慈濟(8)】

【詳解】C

NaH_2PO_4 為第一酸式鹽，其 $[H^+] = \sqrt{K_{a1} \times K_{a2}} \Rightarrow pH = \dfrac{pKa_1 + pKa_2}{2}$

故代入公式：$pH = \dfrac{2.12 + 7.20}{2} = 4.66$

---

48. 改變水溶液的 pH 值，下列何者在水中的溶解度變化最大？

(A) MnS　　(B) $FeCl_3$　　(C) $NaClO_4$　　(D) NaI

【108 慈濟(13)】

【詳解】A

※ **弱酸鹽類在水中難溶，但可溶於酸中：**

    A. 大部分弱酸根（EX：碳酸鹽 、亞硫酸鹽、鉻酸鹽）

        【EX】：$CaCO_{3(s)} + 2H^+_{(aq)} \rightarrow Ca^{2+}_{(aq)} + CO_{2(g)} + H_2O_{(l)}$

        【EX】：$CaSO_{3(s)} + 2H^+_{(aq)} \rightarrow Ca^{2+}_{(aq)} + SO_{2(g)} + H_2O_{(l)}$

        【EX】：$2BaCrO_{4(s)} + 2H^+_{(aq)} \rightarrow 2Ba^{2+}_{(aq)} + Cr_2O_7^{2-}{}_{(aq)} + H_2O_{(l)}$

    B. CoS、NiS、ZnS、MnS、FeS 等硫化物

        【EX】：$MnS_{(s)} + 2H^+_{(aq)} \rightarrow Mn^{2+}_{(aq)} + H_2S_{(aq)}$

---

49. 取 25.0 毫升未知濃度的 HF 水溶液，加入 25.0 毫升的 0.20 M NaOH 水溶液，充分混合反應後，溶液的 pH 值為 3.00，則原來 HF 水溶液的濃度約是多少？（HF 的 Ka = 7.1×10^{-4}）

    (A) 0.12 M   (B) 0.24 M   (C) 0.36 M   (D) 0.48 M

【108 慈濟(21)】

【詳解】D

弱酸＋弱酸鹽緩衝溶液：

緩衝溶液：$[H^+] = K_a \times \dfrac{[酸]}{[共軛鹼]} = K_a \times \dfrac{n_{酸}}{n_{共軛鹼}} \Rightarrow pH = pK_a + \log\dfrac{[共軛鹼]}{[酸]}$

$$[H^+] = K_{a,HF} \times \frac{n_{HF}}{n_{NaF}} = K_{a,HF} \times \frac{n_{HF} - n_{NaOH}}{n_{NaOH} = n_{NaF}}$$

$$\Rightarrow 10^{-3} = 7.1\times10^{-4} \times \frac{xM \times 25mL - 0.2M \times 25mL}{0.2M \times 25mL} \Rightarrow xM = 0.48M$$

---

50. 在測溶液的導電裝置中，裝有硫酸銅的溶液，通電時燈泡會發亮；若慢慢加入某物質則燈泡會變暗直至幾乎熄滅，若再繼續加入該物質則燈泡又會轉而繼續發亮，則所加入之物質最可能為下列何者？

    (A) KNO_3 (B) Na_2CO_3 (C) $Ba(OH)_2$ (D) $CaCl_2$

【108 慈濟(22)】

【詳解】C

由題幹中：

(1)...裝有硫酸銅的溶液，通電時燈泡會發亮 ⇒ 硫酸銅為電解質。

(2)...若慢慢加入某物質則燈泡會變暗直至幾乎熄滅

　　⇒ 加入的物質使 SO_4^{2-} 及 Cu^{2+} 皆產生沈澱。

(3)...再繼續加入該物質則燈泡又會轉而繼續發亮

　　⇒ 加入的物質本身也是電解質，當過量時，便能使燈泡再發亮。

　　故加入的物質為：$Ba(OH)_2$，$\because Ba^{2+} + SO_4^{2-} \rightarrow BaSO_4(s) \downarrow$

　　　　　　　　　　　　　　　　$\because Cu^{2+} + 2OH^- \rightarrow Cu(OH)_2(s) \downarrow$

---

51. 在配製成緩衝溶液時，醋酸水溶液中加入半當量之下列何種物種並混合均
　　勻，最不適合配製成理想的緩衝溶液？
　　(A) NaOH　　　(B) KOH　　　(C) NH_4Cl　　　(D) CH_3COONa

【108 慈濟(37)】

【詳解】C

緩衝溶液之配製：

(1) 弱酸與該弱酸鹽類的混合液：

【EX】：CH_3COOH 與 CH_3COONa 之溶液。

(2) 過量弱酸與少量強鹼之混合液：

【EX】：1 mol CH_3COOH 與 0.5 mol NaOH 之混合液。

CH_3COOH（多）+ NaOH（少）$\xrightarrow{\text{反應}}$ $\underbrace{CH_3COOH（多—少）+ CH_3COONa（少）}_{\text{共存}}$

---

52. 以 0.10M NaOH(aq)滴定 H_3PO_4(aq)之滴定曲線[pH 值(y 軸)與滴定液之體積
　　(x 軸)]之關係圖中，若想找出 $H_2PO_4^-$ 的 pKa 值，此數值應相當於下列
　　何種情況時所對應的 pH 值？
　　(A)當 $[H_2PO_4^-]=1/2[H_3PO_4]$　　　(B)當 $[H_2PO_4^-]=[HPO_4^{2-}]$
　　(C)當 $[HPO_4^{2-}]=1/2[H_2PO_4^-]$　　　(D)當 $[H_3PO_4]=[HPO_4^{2-}]$

【108 慈濟(41)】

【詳解】B

$$H_3PO_4 \xrightarrow{K_{a1}} H_2PO_4^- \xrightarrow{K_{a2}} HPO_4^{2-} \xrightarrow{K_{a3}} PO_4^{3-}$$

在強鹼滴定弱酸的過程，達 1/2 當量點時，此時溶液（$[A^-]=[HA]$）
即 $pH=pK_a$，緩衝效果最好。

53. 若一緩衝溶液由 NH_3 與 NH_4Cl 組成，其 pH=10.0，則此溶液中 NH_4Cl 與 NH_3 的濃度比是多少？(若 NH_3 的 $K_b=1.0\times10^{-5}$)

　　(A) 1 : 10　　　(B) 10 : 1　　　(C) 1 : 1　　　(D) 2 : 1

【108 私醫(23)】

【詳解】A

弱鹼＋弱鹼鹽緩衝溶液：

$$緩衝溶液：[H^+]=K_a\times\frac{[酸]}{[共軛鹼]}=K_a\times\frac{n_{酸}}{n_{共軛鹼}}\Rightarrow pH=pK_a+\log\frac{[共軛鹼]}{[酸]}$$

$$[H^+]=K_{a,NH_4Cl}\times\frac{n_{NH_4Cl}}{n_{NH_3}}\Rightarrow 10^{-10}=\frac{1.0\times10^{-14}}{1.0\times10^{-5}}\times\frac{[NH_4Cl]}{[NH_3]}\Rightarrow\frac{[NH_4Cl]}{[NH_3]}=\frac{1}{10}$$

54. 若將少量的鹽酸加入 0.1 M 之氟化氫水溶液中，則下列關於該水溶液之敘述，何者正確？

　　(A)水溶液中氟化氫解離之百分比會上升

　　(B)水溶液中氟化氫解離之百分比會下降

　　(C)水溶液中氟化氫解離之百分比不變

　　(D)水溶液中氟化氫之 Ka 值會上升

【108 私醫(25)】

【詳解】B

在弱電解質水溶液中，加入與該弱電解質之共同離子時，有抑制弱電解質解離的效應，稱為同離子效應。

平衡系：$HF \rightleftharpoons F^- + H^+$

若加入 HCl 或 NaF，使得 H^+ 或 F^- 增加，平衡左移，抑制弱酸的解離。

（但 K_a 值不變）

55. When 6 M sodium hydroxide is added to an unknown white solid, the solid is dissolved.What is a possible identity for this solid?

　　(A) $Mg(OH)_2$　　　　　　(B) $Al_2(SO_4)_3$　　　　　　(C) $BaCO_3$

　　(D) AgBr　　　　　　　　(E) $Ca_3(PO_4)_2$

【107 高醫(21)】

【詳解】B

Key：兩性金屬離子於過量的 OH^-，會將沈澱物溶解。

此有：Sn^{2+}、Be^{2+}、Cr^{3+}、Al^{3+}、Pb^{2+}、Zn^{2+}、Ga^{3+}

故：$Al^{3+} + 3OH^- \rightarrow Al(OH)_{3(s)} \xrightarrow[OH^-]{xs} Al(OH)_{4(aq)}^-$

---

56. A sample of a white solid is known to be $NaHCO_3$, $AgNO_3$, Na_2S, or $CaBr_2$.
    Which 0.1 M aqueous solution can be used to confirm the identity of the solid?
    (A) NH_3(aq)　　　　(B) HCl(aq)　　　　(C) NaOH(aq)
    (D) KCl(aq)　　　　　(E) CH_3COOH(aq)

    【107 高醫(29)】

【詳解】B

$NaHCO_3 + HCl \rightarrow NaCl + H_2CO_3$（意旨：$CO_{2(g)} \uparrow + H_2O$）

$Ag^+ + Cl^- \rightarrow AgCl(s) \downarrow$

$Na_2S + HCl \rightarrow NaCl + H_2S_{(g)} \uparrow$

---

57. Which of the following solution has shown the correct titration curve?

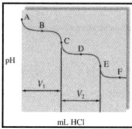

(A) NH_3　　(B) CO_3^{2-}　　(C) HCN　　(D) PO_4^{3-}　　(E) NaOH

    【107 高醫(61)】

【詳解】B

A→B→C：CO_3^{2-}（only）+ HCl → $HCO_3^- + Cl^-$

A：只有 CO_3^{2-}

B：$CO_3^{2-}/HCO_3^- \Rightarrow 1：1$ 緩衝溶液

C：第一當量點，HCO_3^- 最大量

C→D→E：HCO_3^-（最大量）+ HCl → $H_2CO_3 + Cl^-$

C：第一當量點，HCO_3^- 最大量

D：$HCO_3^-/H_2CO_3 \Rightarrow 1：1$ 緩衝溶液

E：第二當量點，H_2CO_3（最大量）

---

58. A chemist needs to prepare a buffered solution using one of the following acids (and its sodium salt):

HA ($Ka = 1.4 \times 10^{-3}$), HB ($Ka = 9.8 \times 10^{-6}$), HC ($Ka = 8.4 \times 10^{-5}$), HD ($Ka = 3.5 \times 10^{-7}$), HE ($Ka = 1.9 \times 10^{-8}$).

To prepare a solution buffered at pH = 5.10, which system will work best (a buffer with the best capacity)?

(A) HA and its sodium salt   (B) HB and its sodium salt

(C) HC and its sodium salt   (D) HD and its sodium salt

(E) HE and its sodium salt

【107 高醫(63)】

【詳解】B

緩衝溶液欲配置，弱酸或弱鹼的選擇：pH = pKa±1（pH＝pKa 為最佳）

欲配置 pH＝4.3 的緩衝溶液，故(B)(D)選項可先刪除

而(B)選項 HB：pKa = 5.01 較接近 pH = 5.1 為最佳解。

HA：pKa = 2.86；HC：pKa = 4.02；HD：pKa = 6.46；HE：pKa = 7.72

59. An unknown concentration of NH_3 solution is titrated by HCl solution. The color change for indicators at different pH values are shown in the table below. Which of the following indicators is the best for this titration?

Indicator	Color of acidic form	pH range for the color change	Color of basic form
crystal violet	yellow	0---2	blue
thymol blue	red	1---3	yellow
	yellow	8---9	blue
methyl red	red	4---6	yellow
phenolphthalein	colorless	8---10	red
alizarine yellow R	yellow	10---12	red

(A) phenolphthalein　　　(B) alizarine yellow R　　　(C) methyl red
(D) crystal violet　　　(E) thymol blue

【107 高醫(78)】

【詳解】C
因沒有告知 NH_3 初濃度，一般設定為 0.1M~1.0 M 左右
又因 NH_3 為弱鹼，$K_b = 10^{-4} \sim 10^{-5}$
指示劑的變色範圍：$pH = pK_a \pm 1$；故 methyl red 為最佳解。

---

60. 已知0.1 M 單質子酸水溶液的解離度(degree of dissociation)為1%；則0.4 M 的此酸水溶液 _____ 。
(A) 解離度增為2%　　　(B) 解離度仍為1%
(C) 解離度降為0.5%　　　(D) $[H^+] = 0.006$ M

【107義守(10)】

【詳解】C

(A)(B)(C) $\dfrac{\alpha_1}{\alpha_2} = \sqrt{\dfrac{C_2}{C_1}} \Rightarrow \dfrac{1\%}{\alpha_2\%} = \sqrt{\dfrac{0.4\text{ M}}{0.1\text{ M}}} \Rightarrow \alpha_2\% = 0.5\ \%$

(D) $\alpha = \sqrt{\dfrac{K_a}{C_0}} \Rightarrow 0.01 = \sqrt{\dfrac{K_a}{0.1M}} \Rightarrow K_a = 10^{-5} \Rightarrow [H^+] = \sqrt{0.4M \times 10^{-5}} = 0.002M$

61. 下列各混合水溶液，何者可視為緩衝溶液(buffer solution)？
　　I. $HCl_{(aq)}$, $NaOH_{(aq)}$
　　II. $HNO_{3(aq)}$, $NaNO_{3(aq)}$
　　III. $Na_2HPO_{4(aq)}$, $NaH_2PO_{4(aq)}$
　　IV. $H_2SO_{4(aq)}$, $CH_3COOH_{(aq)}$
　　V. $CH_3COOH_{(aq)}$, $NaOH_{(aq)}$
　　(A) I、III 　　　(B) II、III 　　　(C) III 　　　(D) III、V

【107 義守(13)】

【詳解】D

緩衝溶液基本定義：共軛酸(鹼)與其共軛鹼(酸)共存溶液。

　I. $HCl_{(aq)}$, $NaOH_{(aq)}$ ⇒ 強酸加強鹼不產生緩衝溶液

　II. $HNO_{3(aq)}$, $NaNO_{3(aq)}$ ⇒ HNO_3 強酸，$NaNO_3$ 中性鹽

　III. $Na_2HPO_{4(aq)}$, $NaH_2PO_{4(aq)}$
　　　⇒ 共軛酸 NaH_2PO_4 與其共軛鹼 Na_2HPO_4 共存溶液…緩衝溶液

　IV. $H_2SO_{4(aq)}$, $CH_3COOH_{(aq)}$ ⇒ H_2SO_4 強酸+ CH_3COOH 弱酸 ⇒ 混酸

　V. $CH_3COOH_{(aq)}$, $NaOH_{(aq)}$
　　　⇒ $NaOH + CH_3COOH \rightarrow CH_3COONa + H_2O$
　　　⇒ 共軛酸 CH_3COOH 與其共軛鹼 CH_3COONa 共存溶液…緩衝溶液

62. 常溫下，含 0.073 g 某酸之溶液 25 mL 需 0.200 M 氫氧化鈉溶液 10.0 mL 以達滴定當量點，請問此酸最可能是下列何者？ (Cl: 35.5; I: 127; S: 32)
　　(A) HCl 　　　(B) HI 　　　(C) H_2SO_4 　　　(D) CH_3CO_2H

【107 義守(40)】

【詳解】A

達當量點：酸當量數＝鹼當量數

$$\frac{0.073g}{M(g/mol)} \times n = 0.2M \times 10\ mL \times \frac{1L}{1000\ mL} \times 1$$

$$\Rightarrow \frac{M}{n} = 36.5 \dots A\ 為最佳解$$

63. 欲溶解相同莫耳數的下列鹽類，何者需水量最少？
(A) $NiCO_3$　($Ksp = 1 \times 10^{-7}$)
(B) MgF_2　($Ksp = 7 \times 10^{-9}$)
(C) Ag_3AsO_4　($Ksp = 1 \times 10^{-22}$)
(D) $Pb_3(PO_4)_2$　($Ksp = 8 \times 10^{-43}$)

【107 義守(42)】

【詳解】B
Key：需水量最少表示溶解度最大！

(A) $S_A^2 = Ksp = 1.0 \times 10^{-7}$ → $S_A = 10^{-3.5}$

(B) $4S_B^3 = Ksp = 7 \times 10^{-9}$ → $S_B = \sqrt[3]{\dfrac{7 \times 10^{-9}}{4}} = \sqrt[3]{1.75} \times 10^{-3}$ …B 最佳解

(C) $27S_C^4 = Ksp = 1.0 \times 10^{-22}$ → $S_C = \sqrt[4]{\dfrac{100 \times 10^{-24}}{27}} = \sqrt[4]{3.7} \times 10^{-6}$

(D) $108S_D^5 = Ksp = 8.0 \times 10^{-43}$ → $S_D = \sqrt[5]{\dfrac{800 \times 10^{-45}}{108}} = \sqrt[5]{7.4} \times 10^{-9}$

64. 下列哪二種水溶液混合後，何者不會形成緩衝溶液 (buffer solution)？
(A) 100 mL of 0.1 M Na_2CO_3 and 50 mL of 0.1 M HCl
(B) 100 mL of 0.1 M Na_2CO_3 and 75 mL of 0.2 M HCl
(C) 50 mL of 0.2 M Na_2CO_3 and 5 mL of 1.0 M HCl
(D) 100 mL of 0.1 M Na_2CO_3 and 50 mL of 0.1 M NaOH

【107 慈濟(16)】

【詳解】D
緩衝溶液基本定義：共軛酸(鹼)與其共軛鹼(酸)共存溶液。

(A)　　　　　Na_2CO_3　+　HCl　→　$NaHCO_3$　+　NaCl
初　　　10 mmol　　5.0 mol
終　　　5.0 mmol　　0　　　　　5.0 mol
平衡時的水溶液CO_3^{2-} : HCO_3^- = 1 : 1 為緩衝溶液

(B) Na_2CO_3 + HCl $\rightarrow$ $NaHCO_3$ + $NaCl$

初   10 mmol   15 mol

終   0 mmol   5   10 mol

          $NaHCO_3$ + HCl $\rightarrow$ H_2CO_3 + $NaCl$

初   10 mmol   5 mol

終   5 mmol   0   5 mol

平衡時的水溶液 HCO_3^- : H_2CO_3 = 1：1 為緩衝溶液

(C) Na_2CO_3 + HCl $\rightarrow$ $NaHCO_3$ + $NaCl$

初   10 mmol   5.0 mol

終   5.0 mmol   0   5.0 mol

平衡時的水溶液 CO_3^{2-} : HCO_3^- = 1：1 為緩衝溶液

(D) Na_2CO_3 + $NaOH$ $\rightarrow$ 鹼性溶液非緩衝溶液

---

65. 某溶液由等體積之 1.00 M HCN ($Ka = 6.2 \times 10^{-10}$) 與 1.00 M $HC_2H_3O_2$ ($Ka = 1.8 \times 10^{-5}$) 水溶液混合而成，則此溶液中含量最多的三種成分，為下列何者？

(A) HCN, $HC_2H_3O_2$, H_2O (B) CN^-, $C_2H_3O_2^-$, H_2O

(C) H^+, $C_2H_3O_2^-$, H_2O (D) H^+, OH^-, H_2O

【107 慈濟(24)】

【詳解】A

1. 酸性：$HC_2H_3O_2 \gg HCN$（見 K_a 大小）

2. 兩者皆為弱酸，應為分子形式存在（HCN, $HC_2H_3O_2$），故 $H^+ \ll H_2O$。

---

66. 下列哪些化合物不溶於水中？

   I. $Ni(ClO_4)_2$ II. AgBr   III. $BaCO_3$ IV. $Mg(OH)_2$

(A) I 和 II   (B) II、III 和 IV   (C) II 和 IV   (D) I、II 和 IV

【107 私醫(7)】

【詳解】B

(1) **陰離子＋陽離子大部分可溶，記少部分沉澱**：

陰離子	陽離子
Cl^-，Br^-，I^-	Hg_2^{2+}，Cu^+，Pb^{2+}，Ag^+，Tl^+

(2) **陰離子＋陽離子大部分沉澱，記少部分可溶**：

陰離子	陽離子
OH^-	IA^+，H^+，NH_4^+，Ba^{2+}，Sr^{2+}，Ra^{2+}
CO_3^{2-}，SO_3^{2-}，PO_4^{3-}	IA^+，H^+，NH_4^+，

---

67. 某一重 0.45 g 未知單質子酸，溶於 100 毫升水中，並以 0.100 M NaOH 溶液滴定，滴定 30.0 mL 後達到滴定終點，則此未知單質子酸的分子量為何？
(A) 135 g/mol　　(B) 150 g/mol　　(C) 300 g/mol　　(D) 450 g/mol

【107 私醫(8)】

【詳解】B

酸的當量數＝鹼的當量數

故：$\dfrac{0.45g}{M_w} \times 1 = 0.1M \times 30mL \times 10^{-3} \dfrac{L}{mL} \times 1 \Rightarrow M_w = 150$

---

68. 依下列三種弱酸及其 Ka 值，請排序各弱酸間酸強度(Ⅰ)和 pKa 值(Ⅱ)的順序(小→大)。

Acid	Ka
HOCl	3.5×10^{-8}
HCN	4.0×10^{-10}
HNO$_2$	4.5×10^{-4}

(A) Ⅰ：$HCN < HOCl < HNO_2$ ；Ⅱ：$HNO_2 < HOCl < HCN$
(B) Ⅰ：$HNO_2 < HOCl < HCN$ ；Ⅱ：$HNO_2 < HOCl < HCN$
(C) Ⅰ：$HNO_2 < HOCl < HCN$ ；Ⅱ：$HCN < HOCl < HNO_2$
(D) Ⅰ：$HCN < HOCl < HNO_2$ ；Ⅱ：$HCN < HOCl < HNO_2$

【107 私醫(38)】

【詳解】A

酸性強度↑，Ka↑，pKa↓

故：$Ka：HNO_2 > HOCl > HCN$ ； $pKa：HCN > HOCl > HNO_2$

69. 0.1 M 的 NaOH 水溶液在 25 ℃時的 pH 值為何?
　　(A) 0.1　　　　(B) 1.0　　　　(C) 7.0　　　　(D) 13.0

【107 私醫(48)】

【詳解】D

$NaOH \rightarrow Na^+ + OH^-$，$[OH^-] = 0.1M$，$pOH = 1$

（at 25℃）$pKw = 14 = pH + pOH$

$pH = 14 - 1 = 13$

70. A solution contains the ions Ag^+, Ba^{2+}, and Ni^{2+}. Dilute solutions of NaCl, Na_2SO_4, and Na_2S are available to separate the positive ion from each other. In order to effect separation, the solutions should be added in which order?

(A) Na_2S, NaCl, Na_2SO_4　　　　(B) Na_2SO_4, NaCl, Na_2S

(C) Na_2SO_4, Na_2S, NaCl　　　　(D) NaCl, Na_2S, Na_2SO_4

(E) NaCl, Na_2SO_4, Na_2S

【106 高醫(61)】

【詳解】B&E

答案 B 的流程：

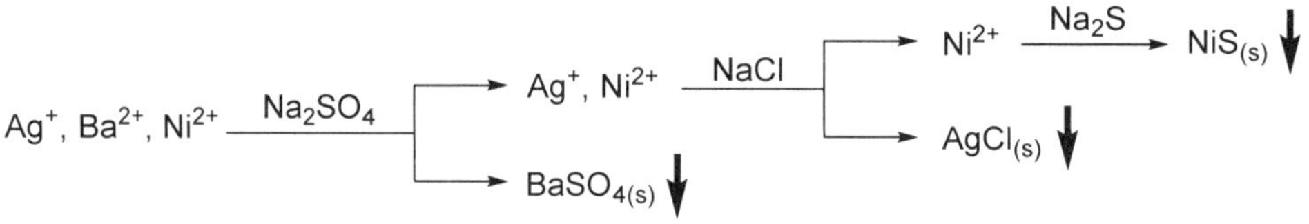

答案 E 的流程：

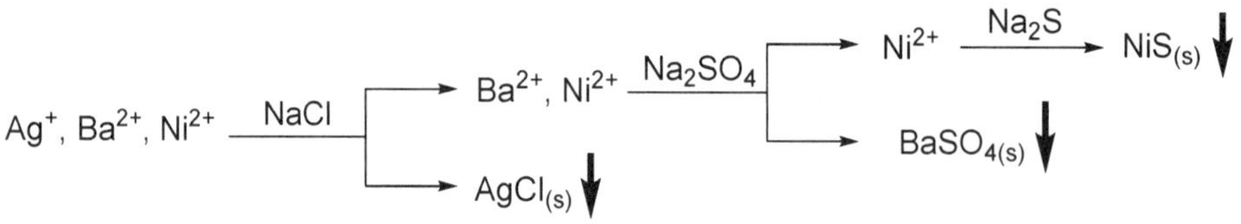

71. A diprotic acid H_2A has $Ka_1 = 1 \times 10^{-4}$ and $Ka_2 = 1 \times 10^{-8}$. The corresponding base A^{2-} is titrated with aqueous HCl, both solutions being 0.1 mol/L. Which one of the following diagrams best represents the titration curve which will be seen?

(A)

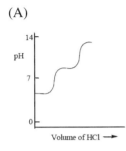

(B)

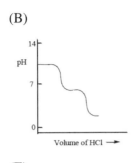

(C)

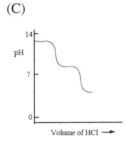

(D)

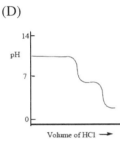

(E)

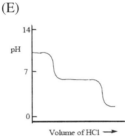

【106 高醫(68)】

【詳解】B

$pK_b = 14 - pK_a$，因此 $pK_{b1} = 10$，$pK_{b2} = 6$，用酸滴定時，pH 值圖表，pK_{b1} 的 pH 值會在 10 附近，pK_{b2} 點的 pH 值會在 6 附近，因此(B)為最佳答案

(E)第二緩衝區太長（不合理）

72. The pH of a 0.005 M K_2O aqueous solution should be _____.
   (A) 11.7   (B) 7.0   (C) 2.3   (D) 12.0   (E) 5.0

【106 高醫(78)】

【詳解】D

$$K_2O \quad + \quad H_2O \rightarrow \quad 2K^+ + \quad 2OH^-$$

初 0.005 M   ⇓

終 ~0   0.005M×2 = 0.01M

$pOH = -\log (0.01M) = 2 \Rightarrow pH = 14 - 2 = 12$

73. A student needs a solution buffered at pH = 4.30 ($[H^+]$ = 5.0 $\times$ 10^{-5} M). This student can choose from the following weak acids and their salts to prepare the buffer. Which system will own the best buffering capacity?

(A)Benzoic acid (Ka = 6.4 $\times$ 10^{-5})　　(B) Chloroacetic acid (Ka = 1.35 $\times$ 10^{-3})

(C)Propanoic acid (Ka = 1.3 $\times$ 10^{-5})　　(D) Hypochlorous acid (Ka = 3.5 $\times$ 10^{-8})

(E) All of the above

【106 高醫(90)】

【詳解】A

緩衝溶液欲配置，弱酸或弱鹼的選擇：pH = pKa±1（pH＝pKa 為最佳）

欲配置 pH＝4.3 的緩衝溶液，故(B)(D)選項可先刪除

而(A)選項 pKa = 4.19；(C)選項 pKa = 4.88

(A)選項 pKa = 4.19 較接近 pH = 4.3 為最佳解。

74. 於含有醋酸銀固體的飽和醋酸銀水溶液中加入氨(NH_3)或是硝酸(HNO_3)，對醋酸銀溶解度的影響，下列敘述何者正確？(醋酸銀 K_{sp}=1.9×10^{-3})

(A) 二者均會減少溶解度

(B) 氨會增加溶解度；硝酸會減少溶解度

(C) 氨會增加溶解度；硝酸不影響

(D) 氨會減少溶解度；硝酸會增加溶解度

(E) 二者均會增加溶解度

【106 中國醫(15)】

【詳解】E

根據勒沙特列原理

$CH_3COO^-Ag^+ + H^+ \rightarrow CH_3COOH + Ag^+$

$CH_3COO^-Ag^+ + 2NH_3 \rightarrow CH_3COO^- + Ag(NH_3)_2^+$

上述兩式平衡皆往右，故皆增加溶解度。

75. 下列五種化合物之 0.10 M 水溶液，其 pH 值由低到高的順序，下列何者正確？

NaF, NaC$_2$H$_3$O$_2$, C$_5$H$_5$NHCl, KOH, HCN.

(HCN：K$_a$ = 6.2× 10^{-10}; HF：K$_a$ = 7.2× 10^{-4}; HC$_2$H$_3$O$_2$：K$_a$ = 1.8× 10^{-5};

C$_5$H$_5$N：K$_b$ = 1.7× 10^{-9})

(A)C$_5$H$_5$NHCl < HCN < NaC$_2$H$_3$O$_2$ < NaF < KOH

(B)C$_5$H$_5$NHCl < HCN < NaF < NaC$_2$H$_3$O$_2$ < KOH

(C)KOH < NaC$_2$H$_3$O$_2$ < NaF < HCN < C$_5$H$_5$NHCl

(D) HCN<C$_5$H$_5$NHCl < NaF < NaC$_2$H$_3$O$_2$ < KOH

(E)NaF < NaC$_2$H$_3$O$_2$ < HCN < C$_5$H$_5$NHCl < KOH

【106 中國醫(22)】

【詳解】B

酸性：

$$C_5H_5NHCl \Rightarrow [H^+] = \sqrt{C_0 \times \frac{K_w}{K_b}} = \sqrt{0.1M \times \frac{1.0 \times 10^{-14}}{1.7 \times 10^{-9}}} = 7.66 \times 10^{-4} \Rightarrow pH = 3.12$$

$$HCN \Rightarrow [H^+] = \sqrt{C_0 \times K_a} = \sqrt{0.1M \times 6.2 \times 10^{-10}} = 7.87 \times 10^{-6} \Rightarrow pH = 5.10$$

鹼性：NaF

$$\Rightarrow [OH^-] = \sqrt{C_0 \times \frac{K_w}{K_a}} = \sqrt{0.1M \times \frac{1.0 \times 10^{-14}}{7.2 \times 10^{-4}}} = 1.18 \times 10^{-6} \Rightarrow pOH = 5.93 \Rightarrow pH = 8.07$$

NaC$_2$H$_3$O$_2$

$$\Rightarrow [OH^-] = \sqrt{C_0 \times \frac{K_w}{K_a}} = \sqrt{0.1M \times \frac{1.0 \times 10^{-14}}{1.8 \times 10^{-5}}} = 7.45 \times 10^{-6} \Rightarrow pOH = 5.13 \Rightarrow pH = 8.87$$

KOH 為強鹼 pH 值= 13

76. 氫氧化鋅在 25 °C 之溶解度為 3.7 x 10^{-4} g/L，則溶解度積常數(K_{sp})的值是多少？（鋅的原子量為 65.38 g/mol）

(A) 1.26 x 10^{-17}　　(B) 5.1 x 10^{-17}　　(C) 2.0 x 10^{-16}　　(D) 3.8 x 10^{-15}

【106 義中醫(18)】

【詳解】C

$Zn(OH)_2$ 為 $1：2$ 型，故溶解度與 K_{sp} 關係式：$4s^3 = K_{sp}$

$$4 \times (\frac{3.7 \times 10^{-4} \text{ g/L}}{65.38 + 2 \times 17 \text{ g/mol}})^3 = K_{sp} = 2.0 \times 10^{-16}$$

※ 此題單位為陷阱，若直接用溶解度值代入公式得 2.0×10^{-10}
　　所幸無此選項。

---

77. 將下列物質溶於 5 L 的水中可形成緩衝溶液，請問哪一組的緩衝溶液 pH 值為 5.05？

(NH_4^+ 的 pKa = 9.24; $C_5H_5NH^+$ 的 pKa = 5.23; log(2/3) = –0.176; log(3/2) = 0.176)

(A) 1.0 mol NH_3　及　1.5 mol NH_4Cl

(B) 1.5 mol NH_3　及　1.0 mol NH_4Cl

(C) 1.5 mol C_5H_5N　及　1.0 mol C_5H_5NHCl

(D) 1.0 mol C_5H_5N　及　1.5 mol C_5H_5NHCl

【106 義中醫(25)】

【詳解】D

緩衝溶液欲配置，弱酸或弱鹼的選擇：pH = pKa±1（pH＝pKa 為最佳）

欲配置 pH＝5.05 的緩衝溶液，故(A)(B)選項可先刪除

利用韓德生公式（Hesselbalch equation）

$$\text{緩衝溶液：}[H^+] = K_a \times \frac{[酸]}{[共軛鹼]} = K_a \times \frac{n_{酸}}{n_{共軛鹼}} \Rightarrow pH = pK_a + \log \frac{[共軛鹼]}{[酸]}$$

$$pH = pK_a + \log \frac{[共軛鹼]}{[酸]} \Rightarrow 5.05 = 5.23 + \log \frac{1.0 \text{ mol}}{1.5 \text{ mol}}$$

---

78. 氯化銀在下列哪一種水溶液中的溶解度會最高？

(A) 0.020 M NH_3　　(B) 0.20 M HCl　　(C) 純水　　(D) 0.20 M NaCl

【106 慈中醫(8)】

【詳解】A

AgCl 溶於氨水內形成 $Ag(NH_3)_2^+$

$AgCl_{(s)} \rightleftharpoons Ag^+ + Cl^-$

$+ \quad Ag^+ + 2NH_3 \rightarrow Ag(NH_3)_2^+$

全：$AgCl + 2NH_3 \rightarrow Ag(NH_3)_2^+ + Cl^-$

(B)(C)(D)溶解度相當。

79. 用 1.000 M HCl 溶液滴定某弱鹼 1.000 g，得如右圖所示之滴定曲線。

請問此弱鹼最可能是下面哪一個？

(A)氨(Ammonia, NH_3) (NH_4^+, pKa = 9.3)

(B)苯胺(Aniline, $C_6H_5NH_2$) ($C_6H_5NH_3^+$, pKa = 4.6)

(C)羥胺(Hydroxylamine, NH_2OH) (NH_3OH^+, pKa = 6.0)

(D)聯胺(Hydrazine, H_2NNH_2) ($H_2NNH_3^+$, pKa = 8.12)

【106 慈中醫(15)】

【詳解】A

由滴定曲線得知：

(1) 滴入 60 毫升 HCl 大約為當量點，故滴入約 30 毫升 HCl 時，應為最佳緩衝區。

(2) 由最佳緩衝點劃水平線與縱座標 pH 值取交點，約在 pH 值：9~10。

(3) 故弱鹼 pKa 須為 9~10…(A)為最佳解

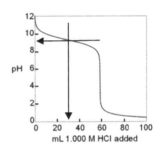

80. 一位學生利用標準化的氫氧化鈉溶液，滴定 25.00 mL 食用醋，使用酚酞作為指示劑，測定食用醋樣品的醋酸濃度。下面哪一項誤差會造成食用醋的醋酸含量偏低？

(A) NaOH 標準溶液放置一段時間後，從空氣中吸收二氧化碳。

(B)當記錄終點的時機是溶液變成深紅色而不是淡粉紅色。

(C)在加入 NaOH 溶液之前，滴定錐形瓶中的食用醋用蒸餾水稀釋。

(D)當從容量瓶轉移到滴定時，有些食用醋溢出。

【106 慈中醫(16)】

【詳解】D

(A)CO_2 為酸酐，會增加酸的莫耳數。滴定時，會造成酸含量偏高的誤差。

(B) 記錄終點時，應以淡紅色為指示劑終點；變為深紅色時，表示氫氧化鈉加入過量，造成判斷酸含量偏高誤差。

(C) 在錐形瓶中加入蒸餾水，影響酸濃度但不影響酸含量（莫耳數）。

(D)"食用醋溢出"表示酸含量減少，故造成實驗偏低誤差。

81. 氨水的鹼常數 K_b 為 1.8×10^{-5}，要配置 pH = 10.0 的緩衝溶液，$NH_4Cl : NH_3$ 的比例應該是
    (A)$1.8 : 1$　　　(B)$0.18 : 1$　　(C)$1 : 0.18$　　(D)$1 : 1.8$

【106 私醫(3)】

【詳解】B

弱鹼＋弱鹼鹽緩衝溶液：

$$緩衝溶液：[H^+] = K_a \times \frac{[酸]}{[共軛鹼]} = K_a \times \frac{n_{酸}}{n_{共軛鹼}} \Rightarrow pH = pK_a + \log\frac{[共軛鹼]}{[酸]}$$

$$[H^+] = K_{a,NH_4^+} \times \frac{n_{NH_4Cl}}{n_{NH_3}}$$

$$\Rightarrow 10^{-10} = \frac{10 \times 10^{-15}}{1.8 \times 10^{-5}} \times \frac{n_{NH_4Cl}}{n_{NH_3}} \Rightarrow n_{NH_4Cl} : n_{NH_3} = 0.18 : 1$$

---

82. 下列何組溶液，可構成一個緩衝溶液？
    (A)$HCl_{(aq)}$和 $HF_{(aq)}$　　　　　　　(B)$HF_{(aq)}$和 $NaF_{(aq)}$
    (C)$NaOH_{(aq)}$和 $NH_{3(aq)}$　　　　　(D)$HCl_{(aq)}$和 $NaCl_{(aq)}$

【106 私醫(5)】

【詳解】B

緩衝溶液基本定義：共軛酸(鹼)與其共軛鹼(酸)共存溶液。
(A)強酸＋弱酸＝混酸　　　　(B)正確
(C)強鹼＋弱鹼＝混鹼　　　　(D)酸＋中性鹽類＝酸性溶液沒變

---

83. 計算 0.20 M $C_2H_5NH_2$ 溶液的 pH 值，下列何者最接近？($K_b = 5.6 \times 10^{-4}$)
    (A)10　　　(B)11　　　(C)12　　　(D)13

【106 私醫(15)】

【詳解】C

$$\frac{C_0 = 0.2M}{K_b = 5.6 \times 10^{-4}} \geq 250 \Rightarrow [OH^-] = \sqrt{C_0 \times K_b}$$

故：$[OH^-] = \sqrt{0.2M \times 5.6 \times 10^{-4}} = 1.05 \times 10^{-2}$

取 $-\log \Rightarrow pOH = 1.98 \Rightarrow pH = 12.02 \approx 12$

84. 色胺酸為雙質子酸(H_2A)，已知其 $pK_{a1} = 2.37$，$pK_{a2} = 9.33$，在 pH=9 的水溶液中，溶液中的最主要的成分為
(A)H_2A (B)HA^- (C)A^{2-} (D)H_2A 和 A^{2-} 一樣多

【106 私醫(18)】

【詳解】B
pH = 9 接近於 $pK_{a2} = 9.33$，故溶液應處於第二緩衝區。

緩衝溶液：$[H^+] = K_a \times \dfrac{[酸]}{[共軛鹼]} = K_a \times \dfrac{n_{酸}}{n_{共軛鹼}} \Rightarrow pH = pK_a + \log \dfrac{[共軛鹼]}{[酸]}$

$\Rightarrow 9.0 = 9.33 + \log \dfrac{A^{2-}}{HA^-} \Rightarrow HA^- > A^{2-} \ldots$故主要成分為 HA^-

---

85. 有一個三質子酸(H_3A)，其酸解離常數分別為：$K_{a1} = 1.0 \times 10^{-2}$，$K_{a2} = 1.0 \times 10^{-6}$，$K_{a3} = 1.0 \times 10^{-10}$，當溶液中之主產物為 H_2A^- 時，其 pH 值範圍為何？
(A) 1 ~ 3   (B) 3 ~ 5   (C) 5 ~ 7   (D) 7 ~ 9   (E) 9 ~ 11

【105 中國醫(13)】

【詳解】B
H_2A^- 在第一當量點主要成分且為酸式鹽，$pH = \dfrac{pK_{a1} + pK_{a2}}{2}$

故：$pH = \dfrac{2+6}{2} = 4$，pH = 3~5 為答案 B

---

86. 下列等體積的混合溶液中，何者為酸性緩衝溶液（buffered solution）？
(A) 0.10 M HCl + 0.10 M NaOH   (B) 0.10 M HCl + 0.10 M NaCl
(C) 0.10 M HCO_2H + 0.10 M $NaHCO_2$ (D) 0.10 M NH_3 + 0.10 M NH_4Cl
(E) 0.10 M Na_2HPO_4 + 0.10 M Na_3PO_4

【105 中國醫(23)】

【詳解】C
(A)產生中性水溶液；(B) 0.05 M HCl 酸性溶液
(D)(E)鹼性緩衝溶液

87. 假設等濃度的共軛酸鹼對，下列那一組適宜製備 pH 9.2–9.3 的緩衝溶液？
(A) CH₃COONa/CH₃COOH (Ka = 1.8 x 10⁻⁵)
(B) NH₃/NH₄Cl (Ka = 5.6 x 10⁻¹⁰)
(C) NaOCl/HOCl (Ka = 3.2 x 10⁻⁸)
(D) NaNO₂/HNO₂ (Ka = 4.5 x 10⁻⁴)
【105 義中醫(31)】

【詳解】B
緩衝溶液欲配置，弱酸或弱鹼的選擇：pH = pKa±1（pH＝pKa 為最佳）
(A)pH = 4~5　　(B) pH = 9~10　　(C) pH = 7~8　　(D) pH = 3~4

88. 針對反應式：NH₄⁺(aq) + H₂O(aq) → NH₃(aq) + H₃O⁺(aq)，下列何者正確？
(A) NH₄⁺是酸，H₂O 是其共軛鹼　　(B) H₂O 是鹼，NH₃ 是其共軛酸
(C) NH₄⁺是酸，H₃O⁺是其共軛鹼　　(D) H₂O 是鹼，H₃O⁺是其共軛酸
【105 義中醫(39)】

【詳解】D
在布－洛酸鹼反應中，
反應物與產物的化學式彼此相差一個 H⁺，稱之為共軛酸鹼對。

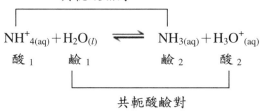

89. LiOH(s) → Li⁺(aq) + OH⁻(aq), $K_{eq} = 4.6 \times 10^{-3}$，反應平衡時[OH⁻] = 0.042 M，則[Li⁺] =_____。
(A) 0.11 M　　(B) 0.0046 M
(C) 0.042 M　　(D) 沒有[LiOH]值無法計算
【105 義中醫(40)】

【詳解】A
K_{eq}= [Li⁺][OH⁻]=4.6×10⁻³ ⇒ [Li⁺]×0.042 M＝4.6×10⁻³ ⇒ [Li⁺] = 0.11 M

90. 解離 0.0070%的 0.10 M HCN 溶液，其 pH 值是_____。(log7 = 0.8451)

    (A) 1.00　　(B) 0.00070　　(C) 3.15　　(D) 5.15

    【105 義中醫(43)】

【詳解】D

$[H^+] = 0.1\,M \times 0.007 \times 10^{-2}$ ⇒ $[H^+] = 7.0 \times 10^{-6}M$

$pH = 6 - \log7 = 5.15$

---

91. 血液的 pH 值是藉由碳酸緩衝系統 (H_2CO_3 / HCO_3^-) 維持於 pH 7.40。據此，血液中的 HCO_3^- / H_2CO_3 比例為何？ $(H_2CO_3$ 之 $pKa_1 = 6.35)$

    (A) 0.89　　(B) 11.22　　(C) 0.18　　(D) 0.089

    【105 慈中醫(17)】

【詳解】B

弱酸＋弱酸鹽緩衝溶液：

緩衝溶液：$[H^+] = K_a \times \dfrac{[酸]}{[共軛鹼]} = K_a \times \dfrac{n_{酸}}{n_{共軛鹼}}$ ⇒ $pH = pK_a + \log\dfrac{[共軛鹼]}{[酸]}$

$7.40 = 6.35 + \log\dfrac{[HCO_3^-]}{[H_2CO_3]}$ ⇒ $\dfrac{[HCO_3^-]}{[H_2CO_3]} = 11.22$

---

92. 水溶液中，乙烷 (ethane)，乙烯 (ethene) 和乙炔 (ethyne) 酸離解常數 (acid dissociation constant: K_a) 的 pK_a 值如下：

    乙烷：50；乙烯：44；乙炔：25

    據此，這些分子共軛鹼 (conjugate base) 的鹼性，由弱到強的順序為：

    (A) $^-$:CH$_2$CH$_3$ < $^-$:CH=CH$_2$ < $^-$:C≡CH

    (B) $^-$:CH$_2$CH$_3$ < $^-$:C≡CH < $^-$:CH=CH$_2$

    (C) $^-$:C≡CH < $^-$:CH$_2$CH$_3$ < $^-$:CH=CH$_2$

    (D) $^-$:C≡CH < $^-$:CH=CH$_2$ < $^-$:CH$_2$CH$_3$

    【105 慈中醫(24)】

【詳解】D

酸解離常數 K_a↑ pK_a↓ 酸性越強，且共軛酸鹼對中強酸共軛弱鹼。

故酸性：HC≡CH＞H$_2$C＝CH$_2$＞CH$_3$CH$_3$

　鹼性：$^-$:C≡CH < $^-$:CH=CH$_2$ < $^-$:CH$_2$CH$_3$

93. 某溶液中含有 Ag^+、Pb^{2+}、Ba^{2+} 離子，且濃度相同，往溶液中滴加
K_2CrO_4 試劑，各離子開始沉澱的順序為：[已知溶度積 (solubility product)：
$K_{sp}(Ag_2CrO_4) = 1.12 \times 10^{-12}$，$K_{sp}(BaCrO_4) = 1.17 \times 10^{-10}$，
$K_{sp}(PbCrO_4) = 1.77 \times 10^{-14}$]
(A) $PbCrO_4$ 然後 $BaCrO_4$ 然後 Ag_2CrO_4
(B) $PbCrO_4$ 然後 Ag_2CrO_4 然後 $BaCrO_4$
(C) Ag_2CrO_4 然後 $PbCrO_4$ 然後 $BaCrO_4$
(D) 無法判斷

【105 慈中醫(41)】

【詳解】D

兩溶液混合時，離子濃度相互稀釋(此處體積視為具有加成性)，
再利用離子積 Q 與 K_{sp} 關係判斷是否有沉澱發生：
(a) $Q < K_{sp} \rightarrow$ 無沉澱發生，此時為未飽和溶液。
(b) $Q \geq K_{sp} \rightarrow$ 有沉澱發生，直到無沉澱物為止，為飽和溶液。
　$Ag_2CrO_4 \rightleftharpoons 2Ag^+ + CrO_4^{2-}$，$K_{sp} = [Ag^+]^2[CrO_4^{2-}] = 1.12 \times 10^{-12}$
　$PbCrO_4 \rightleftharpoons Pb^{2+} + CrO_4^{2-}$，$K_{sp} = [Pb^{2+}][CrO_4^{2-}] = 1.77 \times 10^{-14}$
　$BaCrO_4 \rightleftharpoons Ba^{2+} + CrO_4^{2-}$，$K_{sp} = [Ba^{2+}][CrO_4^{2-}] = 1.17 \times 10^{-10}$
假設 $[Ag^+]$、$[Pb^{2+}]$、$[Ba^{2+}]$ 皆為 0.001M 時：
欲使 $PbCrO_{4(s)}$ 沉澱，$[Pb^{2+}]$ 所需最少，故優先沉澱。
其次為 $BaCrO_4$ 最後為 Ag_2CrO_4 沉澱…（選 A，陷阱在此）
（上述只適用於稀薄溶液）
但假設 $[Ag^+]$、$[Pb^{2+}]$、$[Ba^{2+}]$ 皆為 1 M 時：
需 $[CrO_4^{2-}]_{Pb2+} = 1.77 \times 10^{-14}$M
需 $[CrO_4^{2-}]_{Ba2+} = 1.17 \times 10^{-10}$M
需 $[CrO_4^{2-}]_{Ag+} = 1.12 \times 10^{-12}$M
故：$[Pb^{2+}]$ 所需最少，故優先沉澱。
其次為 Ag_2CrO_4 最後為 $BaCrO_4$ 沉澱（太過接近不易觀察）
故此題：(D)選項為最佳解。

94. HA 為一弱酸，下列何項平衡方程式可得到 A^- 的平衡常數 K_b？
(A) $HA_{(aq)} + H_2O_{(l)} \rightleftharpoons H_2A^+_{(aq)} + OH^-_{(aq)}$
(B) $A^-_{(aq)} + H_3O^+_{(aq)} \rightleftharpoons HA_{(aq)} + H_2O_{(l)}$
(C) $HA_{(aq)} + OH^-_{(aq)} \rightleftharpoons H_2O_{(l)} + A^-_{(aq)}$
(D) $A^-_{(aq)} + H_2O_{(l)} \rightleftharpoons HA_{(aq)} + OH^-_{(aq)}$

【105 私醫(9)】

【詳解】D

HA 與 A⁻互為共軛酸鹼對：

$$HA_{(aq)} \rightleftharpoons H^+_{(aq)} + A^-_{(aq)} \, , \, K_a = \frac{[H^+] \times [A^-]}{[HA]}$$

$$A^-_{(aq)} + H_2O_{(l)} \rightleftharpoons HA_{(aq)} + OH^-_{(aq)} \, , \, K_b = \frac{[HA][OH^-]}{[A^-]}$$

$$K_a \times K_b = \frac{[H^+][A^-]}{[HA]} \times \frac{[HA][OH^-]}{[A^-]} = [H^+][OH^-] = K_w$$

---

95. 下列何種溶液中有最低的[OH⁻]濃度？
(A)純水　　(B)pOH = 12　　(C)10^{-3}M 的 NH₄Cl　　(D)pH = 3

【105 私醫(12)】

【詳解】B

(A)純水：中性溶液 $\Rightarrow$ pH＝pOH＝pK_w （若 25℃ $\Rightarrow$ [H⁺]＝[OH⁻]＝10^{-7}M ）。

(B) pOH = 12 $\Rightarrow$ [OH⁻]＝10^{-12} M 。

(C) NH₄Cl 微弱鹼鹽水解，呈酸性。($\Rightarrow$ [OH⁻]< 10^{-7} M)。

(D) pH = 3 $\Rightarrow$ [H⁺]＝10^{-3} M ，若 25℃ $\Rightarrow$ [OH⁻]＝10^{-11}M 。

---

96. Na₂CO₃・10 H₂O 經加熱可析出部分結晶水，將所得樣品 0.2 g 溶於足量水，並以 0.1 M HCl 滴定，當加入 30.0 mL HCl 後，溶液呈酸性，後以 0.2 M NaOH 6.4 mL 始能中和，則每莫耳 Na₂CO₃・10H₂O 經加熱失去若干莫耳結晶水？(原子量 Na = 23)
(A)1　　(B)3　　(C)5　　(D)7

【105 私醫(22)】

【詳解】B
設 Na₂CO₃・10H₂O 經加熱後析出部分結晶水，
產生新物質化學式為：Na₂CO₃・nH₂O，式量為 M(g/mol)
∵Na₂CO₃・nH₂O 中 Na₂CO₃ 為二元鹼
∴酸的當量數＝ 鹼的當量數

$$\Rightarrow 0.1M \times 0.03L \times 1 = 0.2M \times 0.0064L \times 1 + \frac{0.2\,g}{M(g/mol)} \times 2 \Rightarrow M \approx 232\,(g/mol)$$

代入化學式中得：$Na_2CO_3 \cdot 7H_2O$，故析出 3 莫耳結晶水。

---

97. 有一胃病患者，檢查顯示其胃液中含氫氯酸的濃度為 0.050 莫耳/升，用含氫氧化鎂的胃藥中和，若此病人共分泌出 0.2 升的胃液，需服用多少克的氫氧化鎂，恰可中和胃酸？(式量：$Mg(OH)_2 = 58$)

(A)1.06　　(B)0.87　　(C)0.58　　(D)0.29

【105 私醫(23)】

【詳解】D

$$Mg(OH)_{2(s)} + 2\,HCl_{(aq)} \longrightarrow MgCl_{2(aq)} + 2\,H_2O_{(l)}$$

∵酸的當量數 ＝ 鹼的當量數

∴設需 x 克 $Mg(OH)_{2(s)}$

$$\Rightarrow \frac{x\,g}{58(g/mol)} \times 2 = 0.2L \times 0.05(mol/L) \times 1 \Rightarrow x = 0.29\,g$$

---

98. 已知一杯溶液中有 Pb^{2+}、Mg^{2+} 及 Ba^{2+} 三種離子各為 $0.01M$，若以 NaOH、Na_2SO_4 及 Na_2S 溶液作為試劑加以分離，則下列試劑滴加順序，可達分離之目的？(請依附表資訊加以判斷)

	$Pb(NO_3)_2$	$Mg(NO_3)_2$	$Ba(NO_3)_2$
NaOH	沈澱	沈澱	無沈澱
Na_2SO_4	沈澱	無沈澱	沈澱
Na_2S	沈澱	無沈澱	無沈澱

(A)NaOH；Na_2SO_4；Na_2S　　(B)Na_2S；NaOH；Na_2SO_4
(C)Na_2SO_4；Na_2S；NaOH　　(D)Na_2SO_4；NaOH；Na_2S

【105 私醫(50)】

【詳解】B

	$Pb(NO_3)_2$	$Mg(NO_3)_2$	$Ba(NO_3)_2$
NaOH	↓	↓	－
Na_2SO_4	↓	－	↓
Na_2S	↓	－	－
『↓』表示沉澱；『－』表示澄清溶液			

※由上述可知Na_2S加入後，只產生PbS沉澱，優先加入S^{2-}進行分離。

---

99. 有一個 0.1 M 的弱酸溶液(HA)，酸解離常數 $K_a = 4 \times 10^{-5}$，請計算此弱酸在溶液中的解離百分比為何？
   (A) 0.02%　　(B) 0.2%　　(C) 2%　　(D) 4%　　(E) 8%

   【104 中國醫(20)】

【詳解】C

若 $\dfrac{C_0}{K_a} \geq 1000$ 可用簡易公式解題：$\dfrac{0.1M}{4 \times 10^{-5}} \geq 1000$ ，可用簡易公式

$$\alpha = \sqrt{\dfrac{K_a}{C_0}} = \sqrt{\dfrac{4 \times 10^{-5}}{0.1M}} = 0.02 \Rightarrow \alpha\% = 0.02 \times 100\% = 2\%$$

---

100. 0.1 M 的醋酸鈉(CH_3COONa)水溶液中，下列何者正確？
   (A) $[CH_3COO^-] > [Na^+]$ 　　　　(B) $[H^+] > [OH^-]$
   (C) $[Na^+] > [OH^-]$ 　　　　　　(D) $[H^+] > [CH_3COOH]$

   【104 義中醫(1)】

【詳解】C

$CH_3COONa \rightarrow Na^+ + CH_3COO^-$ （100 完全解離）

其中：Na^+ 不再水解

$\quad\quad CH_3COO^- + H_2O \rightleftharpoons OH^- + CH_3COOH$

$\quad\quad$醋酸根部分水解，使水溶液呈鹼性：$[OH^-] > [H^+]$

$\quad\quad \therefore [Na^+] > [OH^-] \ldots\ldots$(C)正確

---

101. 下列何者當混合後可以成為一緩衝溶液(buffer solution)？
   (A) 30.0 mL 0.10 M NaOH，10.0 mL 0.10 M CH_3COOH
   (B) 15.0 mL 0.10 M NaOH，15.0 mL 0.10 M CH_3COOH
   (C) 15.0 mL 0.10 M NaOH，20.0 mL 0.10 M CH_3COOH
   (D) 10.0 mL 0.10 M NaOH，5.0 mL 0.10 M CH_3COONa

   【104 義中醫(5)】

【詳解】C

緩衝溶液：共軛酸(鹼)與其共軛鹼(酸)共存溶液

(A) $30 \times 0.1 - 10 \times 0.1 \Rightarrow$ 強鹼過量 $\Rightarrow$ NaOH 水溶液…（錯誤）

(B) $CH_3COOH + NaOH \rightarrow CH_3COONa + H_2O$

初　1.5 mmol　1.5 mmol

終　　0　　　　0　　　　　　　1.5 mmol …CH$_3$COONa鹽類水溶液（錯誤）

(C) $CH_3COOH + NaOH \rightarrow CH_3COONa + H_2O$

初　2.0mmol　1.5 mmol

終　0.5 mmol　　　　　　　1.5 mmol　…共軛酸鹼共存（正確）

(D) NaOH / CH$_3$COONa 共存 … 非共軛酸鹼（錯誤）

---

102. 以 0.08 M 的氫氧化鈉水溶液滴定 100 mL，0.08 M 的弱酸(HA，$K_a = 10^{-6}$)水溶液，當滴定達當量點時弱酸水溶液的 pH 值為若干？

($\log_{10} 2 = 0.3010$，$\log_{10}3 = 0.4771$)

(A) 10.7　　　(B) 9.3　　　(C) 8.7　　　(D) 7.3

【104 義中醫(6)】

【詳解】B

　　　　NaOH　+　HA　→　NaA + H$_2$O

初　　8 mmol　　8 mmol

終　　0　　　　　0　　　　8 mmol

NaA為鹼性單基鹽，故水解公式

$$\Rightarrow \left[OH^-\right] = \sqrt{\frac{8mmol}{200mL} \times \frac{K_w}{K_a}} \Rightarrow \left[OH^-\right] = \sqrt{0.04M \times 10^{-8}} = 2 \times 10^{-5}$$

$$\Rightarrow \left[H^+\right] = 5 \times 10^{-10}, pH = 10 - \log 5 = 9.3$$

---

103. 以氫氧化鈉水溶液滴定一弱酸(HA)水溶液，其滴定當量點預期為 pH = 9.0，下列何者是最適宜的指示劑(indicator)？

(A) Methyl orange，$pK_a = 3.47$　　(B) Methyl red，$pK_a = 5.1$

(C) Bromothymol blue，$pK_a = 7.1$　　(D) Phenolphthalein，$pK_a = 9.3$

【104 義中醫(7)】

【詳解】D

指示劑變色範圍：pH = pKa±1 為最適合

---

104. 下列何者在水中的溶解度最高？
　　(A) $BaCO_3$，$K_{sp} = 5.0 \times 10^{-9}$　　　　(B) CaF_2，$K_{sp} = 3.9 \times 10^{-11}$
　　(C) $PbCrO_4$，$K_{sp} = 2.8 \times 10^{-13}$　　　(D) $Al(OH)_3$，$K_{sp} = 1.3 \times 10^{-33}$

【104 義中醫(8)】

【詳解】B

(A) $S \fallingdotseq \sqrt{5} \times 10^{-4.5}$　　　(B) $S \fallingdotseq 2 \times 10^{-11/3} \fallingdotseq 2 \times 10^{-3.67}$

(C) $S \fallingdotseq \sqrt{2.8} \times 10^{-6.5}$　　(D) $S \fallingdotseq \sqrt[4]{\dfrac{130}{27}} \times 10^{-35/4}$

---

105. 僅含有 $NaHCO_3$ 及 Na_2CO_3 兩化合物的某試料，若以 0.035 mol HCl(aq) 恰可將其完全反應並生成 0.025 mol 的 CO_2。請問該試料中原含有 Na_2CO_3 多少 mol？
　　(A) 0.030 mol　　　(B) 0.025 mol　　　(C) 0.015 mol　　　(D) 0.010 mol

【104 義中醫(16)】

【詳解】D

$\begin{cases} NaHCO_3 + HCl \rightarrow NaCl + CO_2 + H_2O \\ Na_2CO_3 + 2HCl \rightarrow 2NaCl + CO_2 + H_2O \end{cases}$

設 $NaHCO_3$ 為 x mol；Na_2CO_3 為 y mol

$\begin{cases} x + 2y = 0.035 \ldots\ldots 與\ HCl\ 作用量 \\ x + y = 0.025 \ldots\ldots 生成\ CO_2\ 量 \end{cases}$

得：$Na_2CO_3\ y = 0.01$ mol

---

106. 下列鹵化氫化合物的水溶液，何者酸性最強？
　　(A) HF　　　(B) HCl　　　(C) HBr　　　(D) HI

【104 慈中醫(6)】

【詳解】D（題目有瑕疵）

在水溶液(aq)中：水為平準溶劑，

故 $HClO_{4(aq)} = HI_{(aq)} = HBr_{(aq)} = HCl_{(aq)} = HNO_{3(aq)} = H_2SO_{4(aq)} = H_3O^+ > HF_{(aq)}$

在非水溶液或氣相中：$HI > HBr > HCl > HF$

---

107. 下圖為某種鈉鹽(Na_2X)以 HCl 滴定之滴定曲線。在III時，溶液中主要之滴定產物為何？

(A) X^{2-} 及 HX^-

(B) HX^-

(C) HX^- 及 H_2X

(D) H_2X

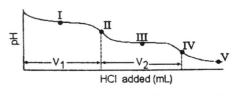

【104 慈中醫(14)】

【詳解】C

Na_2X 視為二元鹼，視為 HCl 滴定二元鹼。

(I)點為第一緩衝點時，主要成分：$Na_2X/NaHX$

(II)點為第一當量點時，主要成分：$NaHX$

(III)點為第二緩衝點時，主要成分：$NaHX/H_2X$

(IV)點為第二當量點時，主要成分：H_2X

(V)點過第二當量點，主要成分：$H^+ \& Cl^-$

---

108. 水溶液中混有 Ag^+、Ba^{2+} 與 Ni^{2+} 三種陽離子。利用 $NaCl$、Na_2SO_4 與 Na_2S 等三種不同溶液來有效分離水溶液中的陽離子，加入的順序為何？

(A) Na_2SO_4, $NaCl$, Na_2S　　(B) Na_2SO_4, Na_2S, $NaCl$

(C) Na_2S, $NaCl$, Na_2SO_4　　(D) $NaCl$, Na_2S, Na_2SO_4

【104 慈中醫(19)】

【詳解】A

	Ag^+	Ba^{2+}	Ni^{2+}
Cl^-	↓	—	—
SO_4^{2-}	—	↓	—
S^{2-}	↓	—	↓
『↓』表示沉澱；『—』表示澄清溶液			

(1) 由上述可知SO_4^{2-} or Cl^-加入後，可產生$BaSO_4$ or $AgCl$沉澱，刪除(C)

(2) 加入Cl^- or SO_4^{2-}，必須為第一試劑或第二試劑，刪除(B)(D)

109. 欲製備pH 5.0的緩衝溶液，使用下列那一種酸及其鈉鹽最合適？
    (A) monochloroacetic acid ($K_a = 1.35 \times 10^{-3}$)
    (B) nitrous acid ($K_a = 4.0 \times 10^{-4}$)
    (C) propanoic acid ($K_a = 1.3 \times 10^{-5}$)
    (D) benzoic acid ($K_a = 6.4 \times 10^{-5}$)

【104 慈中醫(21)】

【詳解】C

緩衝溶液欲配置，弱酸或弱鹼的選擇：pH＝pKa±1（pH＝pKa 為最佳）

欲配置 pH＝5 的緩衝溶液，故(A)(B)選項可先刪除

而(C)選項 pKa＝4.88；(D)選項 pKa＝4.19

(C)選項較接近 pH＝5 的緩衝溶液為最佳解。

---

110. 在相同溫度下，氯化銀(AgCl)在水中的溶解度是A，在強酸溶液中的溶解度是B，在高濃度的氨(NH_3)溶液中溶解度是C。下列何者正確？
    (A) C＞A＞B　　(B) C＞B＞A　　(C) C＞A≈B　　(D) A≈B≈C

【104 慈中醫(22)】

【詳解】C

(1) $AgCl + 2NH_3 \rightarrow Ag(NH_3)_2^+ + Cl^-$, $K_c = K_{sp} \cdot K_f$
    ⇒ AgCl 在 NH_3 溶解度會上升為 C 的溶解度。

(2) $AgCl \Leftrightarrow Ag^+ + Cl^-$，溶解度為 A
    ⇒ Cl^- 為中性陰離子（酸根），穩定地存在於水中，不會水解。
    ⇒ AgCl 在酸中溶解度 B 與在水中溶解度 A 差不多。
      【註】：弱酸根陰離子在酸性水溶液下，較易增加溶解度。

(3) 溶解度：C＞A≒B

第11單元　熱力學

一、 熱力學中常見名詞

名詞	內容或解釋
系統（*system*）	在熱力學中，正在被測量或研究的某一特定範圍
環境（*surrounding*）	指系統以外的區域
宇宙（*universe*）	系統＋外界（環境）
開放系統（*open*）	質量（物質）和能量皆可以進出者
密閉系統（*closed*）	能量可以進出者，但質量（物質）不可以進出者
孤立系統（*isolated*）	質量（物質）和能量均不可進出者
均勻系 （*Homogenous System*）	相數為 1 者
非均勻系 （*Heterogeneous System*）	相數為 $\geqq 2$ 者

二、 熱力學常見性質

1. 依性質大小是否隨著『系統量』而變來分類：

示量 性質	性質的大小會隨系統量而變者，又稱為外延性質。 （*Extensive Property*）【EX】：P、V、U、H、Q、w、S、G
示強 性質	性質的大小會不隨系統量而變者，又稱為內涵性質。 （*Intensive Property*）【EX】：P^0、T、ρ
	比性質：1 克物質所具有的性質，$\dfrac{示量性質}{重量}=$ 比性質 【EX】：比熱 cal/$g.$℃、J/$g.$℃
	莫耳性質：1 莫耳物質所具有的性質，$\dfrac{示量性質}{莫耳數}=$ 莫耳性質 【EX】：莫耳熱容量 cal/$mol.$℃、J/$mol.$℃ 　(1) 固體與液體：$C_p \fallingdotseq C_v$ 　(2) 氣體物質：$C_p = C_v + R$（視為理想） 　　(a) 單原子分子 $C_v = 3R/2$ 　　(b) 雙原子分子（空氣視為此類）$C_v = 5R/2$ 　(3) 金屬元素莫耳熱容量為 3R 或 25 J/mol.K or 6.0 cal/mol.K

2. **依性質的變化是否與『路徑』有關來分類：**

路徑函數 （*Path Function*）	(1) 性質變化量只與路徑有關，與初、終狀態無關。 　【EX】：Q、w。 (2) 路徑函數變化量，需依路徑實際發生的需求。 　【EX】： 　相同一段路程 A 到 B，則光滑面與粗糙面所造成的 　熱量（摩擦生熱）變化不同。
狀態函數 （*State Function*）	(1) 性質變化量只與初、終狀態有關，與路徑無關。 　【EX】：ΔP、ΔV、ΔT、ΔU、ΔH、ΔS、ΔG。 (2) 狀態函數變化量 $\Delta =$ 終狀態量－初狀態量。

三、 熱力學三大定律

定律	內容
熱力學第一定律	能量的型是可以轉變，但宇宙總能量為定值。而系統內能變化量（ΔE）是熱 Q 及功 w 之和。$\Delta E = Q + w$
熱力學第二定律	自發性的過程，必然使宇宙的總亂度增大， 意旨：$\Delta S_{total} > 0$；$\Delta S_{total} = \Delta S_{sys} + \Delta S_{surr} > 0$
熱力學第三定律	元素或化合物，在 0K 時，若以完美晶體存在，則其所含的熵或亂度為零（$S^0 = 0$）

四、 系統絕對熵（*entropy*）大小

1. 同一物質，氣體 >> 液體 > 固體

2. 物質所處的環境溫度越大，熵值越大

3. 同一族元素且同一相態時，由上至下越大

4. 種類相同的原子組成各物質，原子數越多，絕對熵越大

5. 物質所佔據的體積越大，熵值越大

6. 未定域 π 電子： 苯 > 環己烷

7. 物質互相混合熵值必變大。

五、 *標準狀態與非標準狀態自由能變化*

1. $\triangle G = \triangle G_r^0 + RT\,(\ln Q)$

$\Rightarrow \triangle G = \triangle G_r^0 + 2.303RT\,(\log Q)$，當化學平衡時，$\triangle G = 0$；$Q = K_{eq}$

$\Rightarrow \triangle G_r^0 = -2.303RT\,(\log K_{eq})$

K	$\ln K$	$\triangle G^0$	說明
>1	$+$	負值（－）	平衡傾向於生成物
$=1$	0	0	平衡點在反應物與生成物的中間
<1	$-$	正值（＋）	平衡傾向於反應物

2. $\triangle G = \triangle H - T\triangle S$

$\triangle H$	$\triangle S$	$\triangle G$
$+$	$+$	在高溫下為自發反應
$+$	$-$	在任何溫度下，"逆反應"才是自發的
$-$	$+$	在任何溫度下均為自發反應
$-$	$-$	在低溫為自發反應

3. 平衡常數（K_{eq}），反應熱（$\triangle H_r$）對溫度的關係：

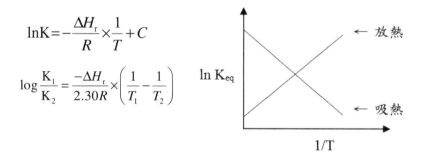

$$\ln K = -\frac{\triangle H_r}{R} \times \frac{1}{T} + C$$

$$\log \frac{K_1}{K_2} = \frac{-\triangle H_r}{2.30R} \times \left(\frac{1}{T_1} - \frac{1}{T_2}\right)$$

【註】溫度越高，平衡常數 K_{eq} 不一定越大，須看反應的吸放熱決定。

六、 *熱力學計算公式總集*

相變化	汽化: 液體↔氣體	(1) $Q_r = Q_P = \Delta H_V = n\Delta\hat{H}_V = m\Delta h_V$ (2) $W_m = -P_{ext}\left(V_g - V_l\right) = -nRT_b$ (3) $\Delta U_v = Q_p + W_m = \Delta H_v + W_m$ (4) $\Delta G_V = 0$ ， $\Delta S_V = \dfrac{\Delta H_V}{T_b}$ （曲吞定則） （a）大部分液體的熵 $\Delta S_V = \dfrac{\Delta H_V}{T_b} \fallingdotseq 88$ J/mol.K （b）用於預測液體沸點。 （c）結構中，具有氫鍵不適用。
	熔化: 固體↔液體	(1) $Q_P = Q_r = \Delta H_f = n\Delta\hat{H}_f = m\Delta h_f$ (2) $W_m = -P_{ext}\left(V_l - V_s\right) \approx 0$ (3) $\Delta U_f = Q_p + W_m \approx \Delta H_f$ (4) $\Delta G_f = 0$ ， $\Delta S_f = \dfrac{\Delta H_f}{T_f}$
理想氣體 不經反應	恆溫膨脹 (或壓縮)	(1) $\Delta U = 0 , \Delta H = 0$ (2) $\Delta S = nR\ln\dfrac{V_2}{V_1} = nR\ln\dfrac{P_1}{P_2}$ 。 (3) $\Delta G = -T\Delta S = nRT\ln\dfrac{V_1}{V_2} = nRT\ln\dfrac{P_2}{P_1}$ 。 (4) $Q = -W$ (與路徑有關) 　（a）恆溫可逆壓縮(或膨脹): 　　　$Q_r = -W_m = nRT\ln\dfrac{V_2}{V_1} = nRT\ln\dfrac{P_1}{P_2}$ 　（b）恆溫對抗一定外壓膨脹（壓縮） 　　　$Q = -W = nRT\left[1-\dfrac{V_1}{V_2}\right] = nRT\left[1-\dfrac{P_2}{P_1}\right]$ 　（c）恆溫(=絕熱)自由膨脹: $Q = -W = 0$

理想氣體 不經反應	恆壓加熱 （或冷卻） 經可逆過程	(1) $Q_P = \Delta H = n\hat{C}_p\Delta T = n\hat{C}_p(T_2 - T_1)$ (2) $\Delta U = n\hat{C}_v\Delta T = n\hat{C}_v(T_2 - T_1)$ (3) $W = -P_{ext}(V_2 - V_1) = -nR\Delta T$ (4) $\Delta S = n\hat{C}_p \ln\dfrac{T_2}{T_1}$
	恆容加熱 （或冷卻）	(1) $Q_v = \Delta U = n\hat{C}_v\Delta T = n\hat{C}_v(T_2 - T_1)$ (2) $\Delta H = n\hat{C}_p\Delta T = n\hat{C}_p(T_2 - T_1)$ (3) $W = 0$ (4) $\Delta S = n\hat{C}_v \ln\dfrac{T_2}{T_1}$
	絕熱 可逆膨脹 （或壓縮）	(1) $Q_r = 0$　;　$\Delta S = 0$ (2) $\Delta U = n\hat{C}_v\Delta T = n\hat{C}_v(T_2 - T_1) = W_m$ (3) $\Delta H = n\hat{C}_p\Delta T = n\hat{C}_p(T_2 - T_1)$ (4) $(\dfrac{T_2}{T_1}) = (\dfrac{V_1}{V_2})^{r-1} = (\dfrac{P_2}{P_1})^{\frac{r-1}{r}}$　;　$P_1V_1^r = P_2V_2^r$
	恆溫 混合過程	(1) $\Delta T = 0 ; \Delta V_{mix} = 0 ; \Delta U_{mix} = 0 ; \Delta H_{mix} = 0$ (2) $\Delta S_{mix} = -R\sum n_i \ln y_i > 0$ 。
經化學反應 $a\mathrm{A} + b\mathrm{B} \to c\mathrm{C} + d\mathrm{D}$		(1) $\Delta H = \Delta E + \Delta PV \Rightarrow Q_p = Q_v + \Delta n_g RT$ (2) $\Delta H = $（生成物的焓）−（反應物的焓） 　　　$= $（生成物生成熱之和）−（反應物生成熱之和） 　　　$= $（反應物燃燒熱之和）−（生成物燃燒熱之和） 　　　$= $（反應物鍵能之和）−（生成物鍵能之和） 　　　$= $（正活化能）−（逆活化能） (3) $\Delta S^0 = [cS^0 + dS^0] - [aS^0 + bS^0]$ 　　　其中莫耳標準（絕對）熵可以利用查表。 (4) $\Delta G^0 = [cG^0 + dG^0] - [aG^0 + bG^0]$ 　　　（ΔG^0_f：標準莫耳生成自由能）

歷屆試題集錦

---

1. Please calculate the ΔS if ΔH_{vap} is 66.8 kJ/mol, and the boiling point is 83.4°C at 1 atm, when the substance is vaporized at 1 atm.

   (A)－187 J/K mol　　　　(B) 187 J/K mol　　　　(C) 801 J/K mol

   (D)－801 J/K mol　　　　(E) 0

   【110 高醫(63)】

【詳解】B

相變化達平衡，$\Delta G = \Delta H - T\Delta S = 0$

$$\Rightarrow \Delta H = T\Delta S \Rightarrow \Delta S = \frac{\Delta H}{T_b} = \frac{66.8 \text{ kJ/mol} \times \frac{1000J}{1kJ}}{(273.15 + 83.4\,^0C)K} = 187 \text{ J/mol.K}$$

---

2. Which of the following values is based on the Third Law of Thermodynamics?

   (A) $\Delta H^\circ_f = 0$ for $Al_{(s)}$ at 298 K

   (B) $\Delta G^\circ_f = 0$ for $H_{2(g)}$ at 298 K

   (C) $S^\circ = 51.446$ J/(mol·K) for $Na_{(s)}$ at 298 K

   (D) $q_{sys} < 0$ for $H_2O_{(l)} \rightarrow H_2O_{(s)}$ at 0°C

   (E) None of these

   【110 高醫(64)】

【詳解】C

熱力學第三定律定義：

絕大部分結晶性物質在絕對零度(0K)的絕對熵為零，

但少數物質，ex CO_2，CO，H_2O，N_2O 在 0 K 時 S_{0k} 不等於零

故根據熱力學第三定律 S° 可計算出來的

3. Consider the figure, which shows ΔG° for a chemical process plotted against absolute temperature. Which of the following is an incorrect conclusion, based on the information in the diagram?

(A) $\Delta H° > 0$

(B) $\Delta S° > 0$

(C) The reaction is spontaneous at high temperatures.

(D) $\Delta S°$ increases with temperature while $\Delta H°$ remains constant.

(E) There exists a certain temperature at which $\Delta H° = T\Delta S°$.

【110 高醫(68)】

【詳解】D

由圖可知溫度越高，ΔG^0 由正轉負，表示溫度越高，越傾向自發表示 $\Delta H° > 0$ 且 $\Delta S° > 0$。

並且在某溫度得(通過) $\Delta G^0 = 0$

$\Rightarrow \Delta H^0 = T\Delta S^0$。(D)選項不存在的理論

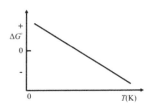

4. Acetone can be easily converted to isopropyl alcohol by addition of hydrogen to the carbon-oxygen double bond. Calculate the enthalpy of reaction using the bond energies given.

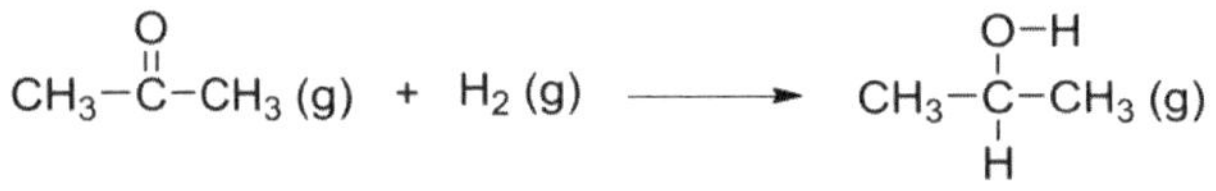

$$CH_3-\overset{\overset{O}{\|}}{C}-CH_3 \ (g) \ + \ H_2 \ (g) \longrightarrow CH_3-\overset{\overset{O-H}{|}}{\underset{H}{C}}-CH_3 \ (g)$$

Bond:	C=O	H-H	C-H	O-H	C-C	C-O
Bond energy (kJ/mol):	745	436	414	464	347	351

(A) −484 kJ   (B) −366 kJ   (C) −48 kJ   (D) +48 kJ   (E) +366 kJ

【110 高醫(69)】

【詳解】C

利用 ΔH =反應物鍵能之和－生成物鍵能之和（$\sum$反鍵-$\sum$生鍵）

$$\Rightarrow \sum 反鍵 = 1\times745 + 6\times414 + 2\times347 + 1\times436$$
$$-\sum 生鍵 = 7\times414 + 2\times347 + 1\times351 + 1\times464$$
$$= -48 \text{ kJ}$$

5. Consider an adiabatic and reversible expansion process from state I to state II. Which of the following statements is true?

(A) $P_1V_1 = P_2V_2$

(B) $T_1V_1^{\gamma} = T_2V_2^{\gamma}$, $\gamma = C_p/C_v$

(C) The final temperature will be higher than the initial temperature.

(D) The final volume of the gas is much greater than the expansion were carried out isothermally.

(E) The work delivered to the surrounding is much smaller than the expansion were carried out isothermally.

【110 高醫(72)】

【詳解】E

Route b 為理想氣體恆溫可逆膨脹，Route a 為理想氣體絕熱可逆膨脹。

(A) 應為理想氣體定量定溫時，波以耳定律

(B) 理想氣體絕熱可逆公式：$\dfrac{T_2}{T_1} = (\dfrac{V_1}{V_2})^{r-1} = (\dfrac{P_2}{P_1})^{\frac{r-1}{r}}$

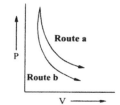

(C) 因為膨脹，拿內能去做功，終溫應比初溫低。

(D) 絕熱膨脹體積應小於等溫膨脹，

(E) 故理想氣體恆溫可逆膨脹對外界做最大功。

---

6. 反應 $A + B \rightarrow C + D$ 其 $\Delta H°$ 及 $\Delta S°$ 分別為 +40 kJ/mol 及 +50 J/mol·K，則此反應在標準狀態下，下列敘述何者正確？

(A) 10 K以下為自發性反應　　(B) 反應在10 K至800 K為自發性反應

(C) 800 K 以上為自發性反應　　(D) 任何溫度下都為自發性反應

【110 中國醫(17)】

【詳解】C

達平衡時 $\Delta G° = 0 = \Delta H° - T\Delta S°$

$\Rightarrow \Delta S^0 = \dfrac{\Delta H^0}{T} \Rightarrow +50J/mol.K = \dfrac{+40kJ/mol \times 1000J/kJ}{T(K)}$

$\Rightarrow T = 800K$，故 $T > 800K$ 為自發性反應

7. 利用下列化學鍵的鍵能，計算化學反應 $H_2O_2 + CH_3OH \rightarrow H_2CO + 2H_2O$ 的反應焓(ΔH)。

C–C	347 kJ/mol	C–H	413 kJ/mol
C=C	614 kJ/mol	O–H	463 kJ/mol
C–O	358 kJ/mol	O–O	146 kJ/mol
C=O	745 kJ/mol		

(A) -291 kJ　　　(B) -145 kJ　　　(C) $+145$ kJ　　　(D) $+291$ kJ

【110 中國醫(30)】

【詳解】A

利用 $\Delta H =$ 反應物鍵能之和－生成物鍵能之和（$\sum$反鍵$-\sum$生鍵）

結構式：

$$\Rightarrow \sum \text{反鍵} = 3\times463 + 1\times146 + 3\times413 + 1\times358$$
$$-\sum \text{生鍵} = 2\times2\times463 + 1\times745 + 2\times413$$
$$= -291 \text{ kJ}$$

8. 某化合物 A 進行如右所示的反應：$A(s) \rightarrow A(l)$。此反應的 $\Delta H° = 8.8$ kJ/mol，$\Delta S° = 36.4$ J/mol·K，計算 A 的熔點。

(A) $-242\,°C$　　　(B) $-31\,°C$　　　(C) $31\,°C$　　　(D) $242\,°C$

【110 中國醫(31)】

【詳解】B

相平衡下，$\Delta G^0 = \Delta H^0 - T\Delta S^0 = 0$

$$\Rightarrow \Delta H^0 = T\Delta S^0 \Rightarrow \Delta S^0 = \frac{\Delta H^0}{T_f} = \frac{8.8 \text{ kJ/mol} \times \dfrac{1000J}{1kJ}}{(T)K} = 36.4 \text{ J/mol.K}$$

$$\Rightarrow T(K) = 242K \Rightarrow t^0C = -31^0C$$

9. 當一個雙原子分子由原子自發形成，則其 ΔH、ΔS、ΔG 之數值為何？

	ΔH	ΔS	ΔG
(A)	+	+	+
(B)	+	−	−
(C)	−	+	−
(D)	−	−	−

【110 義守(17)】

【詳解】D

雙原子分子由其組成的原子發生自發性反應而形成：

(1) 由雙原子生成分子，產生化學鍵，為放熱反應 $\Delta H < 0$

(2) 由原子形成分子，亂度變小，$\Delta S < 0$

(3) 自發性反應，$\Delta G < 0$

10. 21~24 為題組：哈柏法（Haber process）是利用氮氣與氫氣在 500 ℃ 與 200 atm 下藉由鐵觸媒催化轉製成氨，其反應式如下：

$N_2(g) + 3H_2(g) \rightleftharpoons 2NH_3(g)$　$\Delta H(25\,℃) = -92.38\ kJ$

請問改變下列哪一項反應條件可以提昇產率？

(A) 增加壓力　　(B) 增加溫度　　(C) 增加體積　　(D) 增加催化劑

【110慈濟(21)】

【詳解】A

(A)(C)增加壓力（縮小容器體積），平衡往氣相反應中係數和較小移動。

故往右，提升產率。

(B)此反應為放熱，增加溫度，平衡往左，產率下降

(D)加入催化劑，只縮短達平衡時間，不影響平衡位置（產率產量）。

11. 請問反應前後亂度（entropy）的變化最有可能為？

(A) 沒有變化　　(B) 大幅增加　　(C) 小幅增加　　(D) 下降

【110慈濟(22)】

【詳解】D

方程式：$N_2(g) + 3H_2(g) \rightleftharpoons 2NH_3(g)$，反應物氣相係數和（1+3）變為生成物氣相係數和（2）$\Delta ng = 2 - 4 = -2 < 0$，亂度變小。

12. 請問改變下列哪一項反應條件可以提昇反應速率？
    (A) 增加壓力　　(B) 增加溫度　　(C) 增加體積　　(D) 增加溶劑
    【110慈濟(23)】

【詳解】B
增加溫度，無論反應是吸熱或放熱，正逆反應速率皆提升。

13. 請問如何改變反應平衡常數K_{eq}？
    (A) 改變壓力　　(B) 改變溫度　　(C) 改變體積　　(D) 添加催化劑
    【110慈濟(24)】

【詳解】B
同一反應平衡常數 K 值只隨溫度而變

14. 一氧化碳（CO）具有毒性，因為它與血紅蛋白（Hb）的結合比與氧（O_2）的結合更牢固，血液中這兩者標準自由能變化為：反應A：$Hb + O_2 \rightarrow HbO_2$，$\Delta G° = -70$ kJ/ mol。反應B：$Hb + CO \rightarrow HbCO$，$\Delta G° = -80$ kJ/ mol。
    請估算在298 K時下列平衡反應的平衡常數K值為何？
    $HbO_2 + CO \rightleftharpoons HbCO + O_2$
    （ln60＝4.09，ln80＝4.38，ln120＝4.79，ln200＝5.30）
    (A) 60　　(B) 80　　(C) 120　　(D) 200
    【110慈濟(42)】

【詳解】A
$HbO_2 + CO \rightleftharpoons HbCO + O_2$，$\Delta G° = \Delta G°$kJ/ mol $= -80-(-70) = -10$ kJ/ mol
根據能士特方程式：$\Delta G° = -RT\ln K$
$\Rightarrow -10kJ/mol \times 1000J/kJ = -8.314$(J/mol.K)$\times 298K\ln K \Rightarrow K = 60$

15. Several possible combinations of ΔH and ΔS for a reaction are listed as below. Which of the following case is spontaneous for this reaction at all temperatures?
    (A) ΔH is positive, ΔS is positive　　(B) ΔH is negative, ΔS is positive
    (C) ΔH is negative, ΔS is negative　　(D) ΔH is positive, ΔS is negative
    (E) None of these
    【109 高醫(24)】

【詳解】B

ΔH	ΔS	ΔG
＋	－	在任何溫度下，"逆反應"才是自發的
－	＋	在任何溫度下均為自發反應

16. Which is an incorrect statement for heat capacity of ideal gases?

(A) C_v is identical for monatomic ideal gases

(B) Molecular motion of monatomic ideal gas is zero

(C) C_v of polyatomic ideal gas is larger than C_v of monatomic ideal gas

(D) $C_p > C_v$ in all ideal gases

(E) $C_p = 5/2R$ for monatomic ideal gas

【109 高醫(61)】

【詳解】B

(B) 即使是單原子分子尚有三個 x , y , z 移動方向。

17. $C_{diamond\ (s)} \rightarrow C_{graphite\ (s)}$ $\Delta G^o = -2.9$ kJ Which of the following is an incorrect statement?

(A)The process is spontaneous   (B)It occurs very slowly at 25℃ and 1atm

(C)Smaller ΔS^o for diamond   (D)Smaller ΔH^o for diamond

(E)The process become reversible at high temperature and pressure

【109 高醫(62)】

【詳解】D

(D) $\Delta H^o = -2.9$ kJ 放出大量的熱

18. What is the main contribution for the negative entropy value ($\Delta S^o_{soln} < 0$) when formation of LiF(aq) in water?

(A) Random dispersal of water

(B) Breaking ordered bonding of solids

(C) Interaction of Li^+ and F^- with water molecules

(D) Dispersion of Li^+ and F^- into solution

(E) Fast equilibrium

【109 高醫(75)】

【詳解】C

當離子化合物在水中溶解，常見水合作用使亂度變小($\Delta S^{\circ}_{soln} < 0$)

---

19. Two moles of an ideal gas undergo isothermal expansion from a volume of 1.0 L to a volume of 10.0 L against a constant external pressure of 1.0 atm. Calculate the changes of internal energy (ΔE). (1 L·atm = 101.3 J)

    (A) 9.12×10^2 J   (B) 1.82×10^3 J   (C) -9.12×10^2 J

    (D) -1.82×10^3 J   (E) 0 J

    【109 高醫(78)】

【詳解】E

理想氣體（ideal gas）且恆溫（isothermal）$\Rightarrow \Delta E = 0$

---

20. Using the data below, calculate the normal boiling point of liquid Br_2 at 1 atm. For the process, $Br_2(l) \rightarrow Br_2(g)$: $\Delta H^{\circ} = 31.0$ kJ mol^{-1} and $\Delta S^{\circ} = 93.0$ JK^{-1}mol^{-1}

    (A) 300 K   (B) 0.33 K   (C) 0.30 K   (D) 333 K   (E) 433 K

    【109 高醫(80)】

【詳解】D

根據曲吞定則：

$$\Delta S(J/K) = \frac{\Delta H(kJ/mol)}{T_b(K)} \Rightarrow 93.0(J/K) = \frac{31(kJ/mol) \times \dfrac{1000J}{1kJ}}{T_b(K)} \Rightarrow T_b = 333K$$

---

21. 已知甲酸的熱力學參數如下，則甲酸的正常沸點為

	ΔH°_f (kJ/mol)	S° (J/mol K)
HCOOH(l)	−410	130
HCOOH(g)	−363	251

    (A) 2.57 K   (B) 388℃   (C) 115℃   (D) 82℃

    【109 義守(5)】

【詳解】C

$HCOOH_{(l)} \rightarrow HCOOH_{(g)}$

$\Delta H = (-363) - (-410) = +47$ KJ/mol

$\Delta S = (251) - (130) = +121$ J/mol.K

根據曲吞定則：$T_b = \dfrac{\Delta H}{\Delta S} = \dfrac{47(KJ/mol) \times 1000\ J/KJ}{121\ J/mol.K} = 388.4\ K$

388.4 K = 115.4°C +273，得沸點為 115.4°C

---

22. 考慮下列反應及相關熱力學表格，選出能夠發生自發反應之"最高"溫度°C：

$NH_3(g) + HCl\ (g) \rightarrow NH_4Cl\ (s)$		
Substance	$\Delta Hf\ °$ (kJ/mol)	S° (J/mol·K)
NH_3 (g)	− 46.19	192.50
HCl (g)	− 92.30	186.69
NH_4Cl (s)	− 314.40	94.60

(A) 618.1　　　　(B) 432.8　　　　(C) 345.0　　　　(D) 235.2

【109 慈濟(6)】

【詳解】C

根據 $\Delta G = \Delta H - T\Delta S$

其中：$\Delta H = (-314.40) - [(-92.3) + (-46.19)] = -175.91\ KJ/mol$

$\Delta S = (94.6) - [(186.69) + (192.5)] = -284.59\ J/mol.K$

當 $\Delta G \leqq 0$，$\Delta H \leqq T \Delta S$

$\Rightarrow T \geqq \dfrac{\Delta H}{\Delta S} \geqq \dfrac{175.91kJ \times 1000J/kJ}{284.59(J/mol.K)} \geqq 618.12K \Rightarrow 345^0 C$

---

23. 根據下列反應，哪一選項之描述最合理？

$2\ C_4H_{10}(g) + 13\ O_2\ (g) \rightarrow 8\ CO_2\ (g) + 10\ H_2O\ (g)$

$\Delta H°$: –125 kJ/mol　　　　$\Delta S°$: +253 J/K · mol.

(A) 在所有溫度下皆為自發性反應　　(B) 只有在高溫下為自發性反應

(C) 只有在低溫下為自發性反應　　(D) 所有溫度下皆非自發反應

【109 慈濟(9)】

【詳解】A

ΔH	ΔS	ΔG
−	+	在任何溫度下均為自發反應

24. 水在 25℃ 下的自動解離常數 K_w 為 1.0×10^{-14}，反應的 ΔS^o 和 ΔH^o 的符號（+/−）為何？ $H_2O(l) \rightarrow H^+(aq) + OH^-(aq)$
    (A) ΔS^o 為 +　and　ΔH^o 為 +　　　(B) ΔS^o 為 +　and　ΔH^o 為 −
    (C) ΔS^o 為 −　and　ΔH^o 為 +　　　(D) ΔS^o 為 −　and　ΔH^o 為 −

【109 慈濟(30)】

【詳解】A
1. $H_2O(l) \rightarrow H^+(aq) + OH^-$ ……解離是吸熱反應 $\Delta H^o > 0$
2. $H_2O(l) \rightarrow H^+(aq) + OH^-$ ……解離是 1 變多亂度變大 $\Delta S^o > 0$

25. $2N_2O_5(g) \rightleftharpoons 4NO_2(g) + O_2(g)$

	ΔH_f°	S°
N_2O_5	11.289 kJ/mol	355.28 J/K mol
NO_2	33.150 kJ/mol	239.90 J/K mol
O_2	0 kJ/mol	204.80 J/K mol

    利用上述表格的數據，計算此反應式在 25℃ 下的 ΔG°？
    (A) -1.35×10^5 kJ　　　(B) 98.7 kJ
    (C) -25.2 kJ　　　(D) 135 kJ

【109 私醫(28)】

【詳解】C
根據 $\Delta G^0 = \Delta H^0 - T\Delta S^0$
其中：ΔH^0（kJ/mol）$= [0 + 4\times(+33.15)] - 2\times(+11.289) = +110$ kJ/mol
$\Delta S^0 = [(204.80)\times1+(239.9\times4)] - 2(+355.28) = +453.84$ J/mol.K
故：$\Delta G^0 = +110$ kJ/mol $- (298\ K)\times(453.84\ J/mol.K)\times10^{-3} = -25.2$ kJ

26. 下列化學反應式中，何者的 ΔS° 預期有最大的正數值？
    (A) $O_2(g) + 2 H_2(g) \rightarrow 2H_2O(g)$
    (B) $2NH_4NO_3(s) \rightarrow 2N_2(g) + O_2(g) + 4H_2O(g)$
    (C) $NH_3(g) + HCl(g) \rightarrow NH_4Cl(g)$
    (D) $H_2O(l) \rightarrow H_2O(s)$

【109 私醫(38)】

【詳解】B

(1) 氣體的莫耳數越多，熵亦越大（反應式中 $\Delta n_g > 0$）

(2) 排列越不整齊（$S_{solid} < S_{liquid} < S_{gas}$）

(A) $\Delta n_g < 0$　(B) $\Delta n_g > 0$　(C) $\Delta n_g < 0$

(D) 液體→固體，原子排列更緊密 $\Delta S < 0$

---

27. For which of the following processes would $\Delta S°$ be expected to be most positive?

    (A) $NH_{3(g)} + HCl_{(g)} \rightarrow NH_4Cl_{(g)}$

    (B) $2NH_4NO_{3(s)} \rightarrow 2N_{2(g)} + O_{2(g)} + 4H_2O_{(g)}$

    (C) $H_2O_{(l)} \rightarrow H_2O_{(s)}$

    (D) $N_2O_{4(g)} \rightarrow 2NO_{2(g)}$

    (E) $O_{2(g)} + 2H_{2(g)} \rightarrow 2H_2O_{(g)}$

【108 高醫(27)】

【詳解】B

絕對熵大小：solid＜liquid＜＜gas

故經物理變化或化學變化 Δn_g 越大者，ΔS^0 則越大（正值）

Δn_g：(A)1－2＝－1；(B) (4+1+2)－0＝7；(D)2－1＝1；(E)2－3＝－1

其中(D)液體變為固體，熵值變小。

---

28. The equilibrium constant of a certain reaction was measured at various temperatures to give the plot shown below. What is $\Delta S°$(J/mol·K) for the reaction? (R = 8.314 J/mol·K)

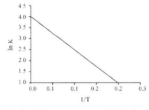

(A)0.20　　　(B)3.0　　　(C)－50　　　(D)－8.3x10³　　　(E)33

【108 高醫(79)】

【詳解】E

$$\ln K = \frac{-\Delta H^0}{R}\frac{1}{T} + \frac{\Delta S^0}{R}\ ,$$

其中斜率（*slope*）：$\dfrac{-\Delta H^0}{R}$ ；截距（*intercept*）：$+\dfrac{\Delta S^0}{R}$

由圖可知：截距（*intercept*）$=4.0 = \dfrac{\Delta S^0}{8.314\ \text{J/mol.K}} \Rightarrow \Delta S^0 = 33\ \text{J/mol.K}$

---

29. Which of the following is NOT a state function?

    (A) entropy　　　　(B) enthalpy　　　　(C) internal energy

    (D) heat　　　　　(E) temperature

    【108 高醫(82)】

【詳解】D

在熱力學中只有熱(*heat*)與功(*work*)屬於路徑函數（*path function*）

---

30. 下列為化合物 A 熔化過程的熱力學數據，化合物 A 的熔點是攝氏幾度？

    $A(s) \rightarrow A(l)$　　$\triangle H° = 8.8$ kJ/mol、$\triangle S° = 36.4$ J/mol•K

    (A) −228　　　(B) −31　　　(C) 31　　　(D) 242　　　(E) 304

    【108 中國醫(20)】

【詳解】B

相平衡下，$\triangle G^0 = \triangle H^0 - T\triangle S^0 = 0$

$$\Rightarrow \Delta H^0 = T\Delta S^0 \Rightarrow \Delta S^0 = \frac{\Delta H^0}{T_f} = \frac{8.8\ \text{kJ/mol} \times \dfrac{1000\text{J}}{1\text{kJ}}}{(T)K} = 36.4\ \text{J/mol.K}$$

$$\Rightarrow T(K) = 242K \Rightarrow t^0C = -31^0C$$

---

31. 關於反應 $I_2(s) \rightarrow I_2(g)$，$\Delta G° = 19.4$ kJ/mol。下列敘述何者正確？

    (A)標準狀態下此反應不會自發　　　(B)此反應稱為碘的凝結

    (C)溫度變化不會改變反應的自發性　　(D)此反應為放熱反應

    【108 義守(37)】

【詳解】A

(A) $\Delta G° = 19.4$ kJ/mol > 0…標準狀態下此反應不會自發。

(B) 此反應稱為碘的**昇華**

(C)(D) $I_2(s) \to I_2(g)$：$\Delta H > 0$；$\Delta S > 0$，故在**高溫**自發。

---

32. 於 27℃ 環境中，一個休息狀態的成人，對環境釋放出的熱能速率大約 100W，請估計此人一整天(24 小時)造成環境的熵(entropy)值變化為多少 $kJ \cdot K^{-1}$？
    (A)-3.20　(B)$-2.92×10^3$　(C) 121　(D) 28.8

【108 慈濟(3)】

【詳解】D

對環境釋放出的熱能：

$$-100\frac{J}{s}\times60(s/\min)\times60(\min/hr)\times24(hr/day)\times\frac{1kJ}{1000J}=-8640kJ$$

外界熵變化(ΔS_{surr})計算：被動者，其值**只與系統熱量變化**與**環境溫度**有關

外界熵變化完全由系統吸、放熱所引發,可將外界視同發生一恆溫可逆過程,

即　$\Delta S_{surr}=\frac{Q_{surr}}{T_{surr}}=-\frac{Q_{sys}}{T_{surr}}$

代入：$\Delta S_{surr}=\frac{-(-8640)kJ}{(27^0C+273)K}=28.8\ kJ/K$

---

33. 理想氣體在進行等溫壓縮的過程，下列何者會維持不變？
    (A)功 (work)　(B)熱 (heat)
    (C)熵 (entropy)　(D)內能 (internal energy)

【108 慈濟(26)】

【詳解】D

(D)理想氣體且恆溫 $\Rightarrow \Delta U$（內能變化）$=0$；ΔH（焓變化）$=0$

(A)(B)$\because \Delta U=0=q+w\Rightarrow q=-w$

(C)$\Delta S\Rightarrow nR\ln\frac{V_2}{V_1}=nR\ln\frac{P_1}{P_2}$

34. 將燃料與空氣混合置於裝有活塞的圓筒中。原始體積為 0.310 L。當混合物被點燃時，產生氣體並釋放 815 J 的能量。如果釋放的所有能量全部轉換為推動活塞的工作能量，氣體在 635 mmHg 的恆定壓力下膨脹到多少體積？

(A) 9.32 L　　　(B) 7.03 L　　　(C) 9.94 L　　　(D) 1.59 L

【108 慈濟(44)】

【詳解】C

$$|q| = w = -P_{ext}(V_2 - V_1)$$

$$\Rightarrow -815J = -\frac{635mmHg}{760\,mmHg/atm}(V_2 - 0.310L) \times 101.325 \,{}^{J}\!/\!{}_{atm.L}$$

$$\Rightarrow V_2 \approx 9.94L$$

35. 已知自由能關係式 $\triangle G° = \triangle H° - T\triangle S°$, $\triangle G° = -RTlnK$。若以平衡常數 lnK vs. 1/T($\times 10^3$) 作圖得到下圖，試計算出 T、K、$\triangle H°$ 及 $\triangle S°$，請問下列敘述何者為真？ (R = 8.314 J/K•mol)

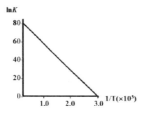

(A) $\triangle S° = 665$ J/K•mol

(B) $\triangle H° = 2.2 \times 10^2$ J/mol

(C) 平衡常數 K = 1 時，反應溫度為 25 °C

(D) 當溫度愈趨近冰點，反應愈趨於平衡

【108 私醫(5)】

【詳解】A

$$\ln K = \frac{-\Delta H^0}{R}\frac{1}{T} + \frac{\Delta S^0}{R}$$，其中斜率（*slope*）：$\frac{-\Delta H^0}{R}$ ；截距（*intercept*）：$+\frac{\Delta S^0}{R}$

由圖可知：

斜率（*slope*） $= \frac{-\Delta H^0}{R}$

$$\Rightarrow \frac{0-80}{0.003} = \frac{-\Delta H(kJ/mol) \times 1000(J/kJ)}{8.314J/mol.K} \Rightarrow \Delta H = 221.7(kJ/mol)$$

截距（*intercept*）$=80=\dfrac{\Delta S^0}{8.314\ J/mol.K}\Rightarrow \Delta S^0=665\ J/mol.K$

(C)(D)：高溫（>25℃）反應趨於平衡，平衡常數越接近等於 1

ΔH	ΔS	ΔG
＋	＋	在高溫下為自發反應

---

36. When the reaction below is at equilibrium, what is the temperature?

$2\ NO_{(g)}+O_{2(g)}\rightarrow 2\ NO_{2(g)}$

$\Delta H^{\circ}_{rxn}=-113\ kJ\cdot mol^{-1}$

$\Delta S^{\circ}_{rxn}=-145\ J\cdot mol^{-1}\cdot K^{-1}$

(A) –195 °C   (B) 77.9 °C   (C) 350.9 °C

(D) 506 °C   (E) 779 °C

【107 高醫(69)】

【詳解】D

達平衡時 $\Delta G^{\circ}=0=\Delta H^{\circ}-T\Delta S^{\circ}$

$\Rightarrow \Delta S^0=\dfrac{\Delta H^0}{T}\Rightarrow -145J/mol.K=\dfrac{-113kJ/mol\times1000J/kJ}{T(K)}$

$\Rightarrow T=779K=506^{0}C$

---

37. Which isomers of C_4H_8 has the lowest absolute entropy at 25°C?

(A) 1-butene   (B) cis-2-butene   (C) trans-2-butene

(D) 2-methylpropene   (E) cyclobutane

【107 高醫(84)】

【詳解】E

同分異構物中，具有 π 鍵結構亂度相對較高，

環狀結構分子較可整齊排列，亂度較低，故(E)環丁烷亂度最低為最佳解。

38. 下列關於自由能(free energy)的敘述何者正確？
   (A) 當 $\Delta H < 0$、$\Delta S < 0$，在高溫的情況下 $\Delta G < 0$
   (B) 當 $\Delta H > 0$、$\Delta S < 0$，在任意溫度下 $\Delta G < 0$
   (C) 當 $\Delta H < 0$、$\Delta S > 0$，在高溫下會屬於非自發反應(nonspontaneous reaction)
   (D) 當 $\Delta H > 0$、$\Delta S > 0$，在低溫下會屬於自發反應(spontaneous reaction)
   (E) 當 $\Delta H < 0$、$\Delta S < 0$，在任意溫度下屬於自發反應
   【107中國醫(12)】

【詳解】送分

※ $\Delta G = \Delta H - T\Delta S$

ΔH	ΔS	ΔG
+	+	在高溫下為自發反應
+	−	在任何溫度下，"逆反應"才是自發的
−	+	在任何溫度下均為自發反應
−	−	在低溫為自發反應

39. 下列哪些變化之 ΔH 及 ΔS 皆大於零？
   I. $F_{2(g)} \rightarrow 2F_{(g)}$
   II. $NaOH_{(s)} + HCl_{(aq)} \rightarrow NaCl_{(aq)} + H_2O_{(l)}$
   III. $NaCl_{(s)} \rightarrow Na^+_{(g)} + Cl^-_{(g)}$
   IV. $Br_{2(g)} \rightarrow Br_{2(l)}$
   (A) I、II　　　(B) I、III　　　(C) II、III　　　(D) I、II、IV
   【107 義守(14)】

【詳解】B

方程式	ΔH	ΔS
I. $F_{2(g)} \rightarrow 2F_{(g)}$	>0（斷鍵）	>0
II. $NaOH_{(s)} + HCl_{(aq)} \rightarrow NaCl_{(aq)} + H_2O_{(l)}$	<0（中和熱）	>0
III. $NaCl_{(s)} \rightarrow Na^+_{(g)} + Cl^-_{(g)}$	>0（結晶分離）	>0
IV. $Br_{2(g)} \rightarrow Br_{2(l)}$	<0（凝結熱）	<0

40. 在標準狀態下，若兩個原子可以鍵結成一穩定雙原子分子，請問此反應之反應熱、熵、及自由能的變化（$\Delta H°$、$\Delta S°$、$\Delta G°$），其正負值依序為何？
    (A)　＋　＋　＋　　　　　　(B)＋　－　－
    (C)　－　－　＋　　　　　　(D)－　－　－

【107慈濟(14)】

【詳解】D

雙原子分子由其組成的原子發生自發性反應而形成：
(1) 由雙原子生成分子，產生化學鍵，為放熱反應$\Delta H^0 < 0$
(2) 由原子形成分子，亂度變小，$\Delta S^0 < 0$
(3) 自發性反應，$\Delta G^0 < 0$

41. $A_{2(g)} + B_{(s)} \rightarrow A_2B_{(g)}$，$\Delta H° = -20$ kJ/mol 和 $\Delta S° = +43$ J/K·mol。
    請問下列敘述何者正確？
    (A) 反應在所有溫度下都是自發
    (B) 僅有在低溫時反應才會自發
    (C) 隨著溫度的增加，反應會愈不容易自發
    (D) 僅有在高溫時反應才會自發

【107 私醫(3)】

【詳解】A

ΔH	ΔS	ΔG
＋	＋	在高溫下為自發反應
＋	－	在任何溫度下，"逆反應"才是自發的
－	＋	在任何溫度下均為自發反應
－	－	在低溫為自發反應

42. $3NO_{2(g)} + H_2O_{(l)} \rightarrow 2HNO_{3(l)} + NO_{(g)}$，請問當 9 mol 的 $NO_{2(g)}$ 與水完全反應成 $HNO_{3(l)}$ 及 $NO_{(g)}$ 時，$\Delta G°_{rxn}$ 為何？

	$\Delta G_f°$ (kJ/mol)		$\Delta G_f°$ (kJ/mol)
$HNO_{3(l)}$	–79.9	$NO_{(g)}$	86.7
$H_2O_{(l)}$	–237.2	$NO_{2(g)}$	51.8

(A) –29.3 kJ　　(B) –11.2 kJ　　(C) 26.1 kJ　　(D) 35.4 kJ

【107 私醫(4)】

【詳解】C

	$3NO_{2(g)}$	+	$H_2O_{(l)}$	$\rightarrow$	$2HNO_{3(l)}$	+	$NO_{(g)}$
作	$-9mol$		$-3mol$		$+6mol$		$+3mol$
終	$0mol$		$0mol$		$6mol$		$3mol$

故：$[6 \times (79.9) + 3 \times (86.7)] - [9 \times (51.8) + 3 \times (237.2)]$

$\quad = 26.1 \ KJ/mol$

---

43. 下列熱力學描述中，何者正確？

    I. 一個化學反應在定體積下，則 $q = \Delta H$

    II. 一個化學反應的內能(internal energy，ΔE)變化，等於轉移的熱能(q)和功(w)的總和($\Delta E = q + w$)

    III. 一個化學反應在定壓下，則 $w = 0$

    IV. 一個化學反應前後，如果壓力和體積變化不大，則 ΔH 和 ΔE 大約相等

    (A) I 和 II   (B) II 和 III   (C) II 和 IV   (D) 以上皆非

【107 私醫(10)】

【詳解】C

(I) 在定容下，$q = \Delta U$（ΔE）

(III) 在定壓下，$w \neq 0$，應為定容下，$w = 0$

---

44. 一個系統(system)對外界(surrounding)作功 8.2 J，並放熱 12.8 J，試問此系統的內能變化 ΔE 為何？

    (A) –21.0 J   (B) –8.2 J   (C) 12.4 J   (D) 21.0 J

【107 私醫(11)】

【詳解】A

$\Delta E = q + w$

$\quad\quad = (-12.8 \ J) + (-8.2 \ J)$

$\quad\quad = -21.0 \ J$（註：系統對外界做功，為負功）

45. 根據化學熱力學定律，某一反應已知其 $dU = TdS - PdV$，且 $H = U + PV$。試問，以下敘述何者正確？

(A) $dH = TdS + VdP$　　　　(B) $dH = SdT - VdP$

(C) $dH = - SdT - PdV$　　　(D) $dH = dU + PdV$

【107 私醫(23)】

【詳解】A

$dU = TdS - PdV$

$\because dH = dU + PdV + VdP$

$\therefore dH = (TdS - PdV) + (PdV) + VdP$

$\qquad = TdS + VdP$

46. One mole of an ideal gas at $20^{\circ}C$ is expanded isothermally and reversibly from 100 L to 200 L. Which statement is correct?

(A) $\Delta S_{gas} = 0$　　　　(B) $\Delta S_{surr} = 0$　　　　(C) $\Delta S_{univ} = 0$

(D) $\Delta S_{gas} = R\ln 2$　　　(E) $\Delta S_{gas} = \Delta S_{surr}$

【106 高醫(21)】

【詳解】C&D

(1) $\Delta S_{univ} = \Delta S_{gas} + \Delta S_{surr}$

(2) 理想氣體恆溫下，路徑無論為可逆膨脹 or 對抗一定外壓膨脹 or 自由膨脹

其 $\Delta S = nR \ln \dfrac{V_2}{V_1} = nR \ln \dfrac{P_1}{P_2}$

故 $\Delta S_{gas} = 1\text{mol} \times R \times \ln \dfrac{200 \text{ L}}{100 \text{ L}} = R\ln 2 \ldots$(D)正確

$\because$ 可逆過程，$\therefore \Delta S_{surr} = - \Delta S_{gas} = -R\ln 2$

$\Rightarrow \Delta S_{univ} = R\ln 2 + (-R\ln 2) = 0 \ldots\ldots\ldots$(C)正確

47. The following reaction takes place to $120^{\circ}C$: $H_2O_{(l)} \rightarrow H_2O_{(g)}$, $\Delta H = 44.0$ kJ/mol, $\Delta S = 0.119$ kJ/mol $\cdot$ K. Which of the following must be true?

(A) The reaction is not spontaneous　　　(B) The reaction is spontaneous

(C) $\Delta G < 0$　　　　(D) Two of these

(E) None of the above

【106 高醫(27)】

【詳解】D

判斷是否為自發反應，應由 $\triangle G = \triangle H - T \triangle S$ 判斷，若 $\triangle G < 0$ 則自發。

故 $\triangle G = \triangle H - T \triangle S$

$= 44 \text{ kJ/mol} - (120+273) \times (0.119 \text{ kJ/mol.K}) = -2.77 \text{ kJ} < 0 \ldots$(B)(C)皆對

---

48. For the process $CHCl_{3(s)} \rightarrow CHCl_{3(l)}$, $\triangle H^\circ = 9.19$ kJ/mol and the melting point of chloroform is $-64°C$. Calculate $\triangle S^\circ$?

    (A) 43.9 J/mol.K   (B) 53.9 J/mol.K   (C) 26.3 J/mol.K

    (D) 75.2 J/mol.K   (E) None of the above.

    【106 高醫(85)】

【詳解】A

相平衡下，$\triangle G^0 = \triangle H^0 - T \triangle S^0 = 0$

$$\Rightarrow \Delta H^0 = T \Delta S^0 \Rightarrow \Delta S^0 = \frac{\Delta H^0}{T_f} = \frac{9.19 \text{ kJ/mol} \times \frac{1000J}{1kJ}}{(-64+273)K} = 43.9 \text{ J/mol.K}$$

---

49. 某弱酸 HA 於 $27°C$ 下，在水中解離反應的 ΔH 及 ΔS 分別為 -8.0 kJ/mol 及 -70 J/mol.K，請問此反應的 ΔG 為多少？

    (A) –29 kJ/mol   (B) –13 kJ/mol   (C) –6.1 kJ/mol

    (D) +13 kJ/mol   (E) +29 kJ/mol

    【106 中國醫(25)】

【詳解】D

$\Delta G = \Delta H - T \Delta S$

$$\Rightarrow \Delta G \text{ (kJ/mol)} = [-8000J/mol - 300K \times (-70J/mol.K)] \times \frac{1kJ}{1000J} = +13 \text{ kJ/mol}$$

---

50. 在 $25°C$ 時，$CH_{4(g)} + N_{2(g)} + 164$ kJ $\rightarrow HCN_{(g)} + NH_{3(g)}$ 反應之 $\Delta G^\circ = 158$ kJ/mol，請計算 $25°C$ 時此反應的 ΔS° (J/K·mol)。

    (A) 6   (B) 20   (C) 530   (D) 550

    【106 義中醫(20)】

【詳解】B

$CH_{4(g)} + N_{2(g)} + 164\ kJ \rightarrow HCN_{(g)} + NH_{3(g)}$反應，表示$\triangle H^0 = 164\ kJ$

$\because \triangle G^0 = \triangle H^0 - T\triangle S^0$

$\therefore 158(\ kJ/mol\ ) = 164(\ kJ/mol\ ) - (25 + 273) \times \triangle S^0(\ J/mol.K\ ) \times \dfrac{1kJ}{1000J}$

$\Rightarrow \triangle S^0 = 20\ J/mol.K$

---

51. 當一個穩定的雙原子分子由其組成的原子發生自發性反應而形成，此反應的 $\triangle H°$、$\triangle S°$ 及 $\triangle G°$的符號依序為下列哪個選項？

　　(A) + + +　　　　(B) – – –　　　　(C) + – +　　　　(D) – + –

【106 義中醫(22)】

【詳解】B

雙原子分子由其組成的原子發生自發性反應而形成：

(4) 由雙原子生成分子，產生化學鍵，為放熱反應$\triangle H^0 < 0$

(5) 由原子形成分子，亂度變小，$\triangle S^0 < 0$

(6) 自發性反應，$\triangle G^0 < 0$

---

52. 在恆定的溫度和壓力下，對於系統中之自發過程，哪一項是真實的？

　　I. $\triangle S_{sys} + \triangle S_{surr} > 0$　　　II. $\triangle G_{sys} < 0$

　　(A)只有 I　　　　　　　　　　(B)只有 II

　　(C) I 和 II 兩者都是　　　　　(D) I 和 II 兩者都不是

【106 慈中醫(14)】

【詳解】C

$\triangle S_{univ} = \triangle S_{sys} + \triangle S_{surr} > 0$………自發

$\Rightarrow \triangle S_{univ} = \triangle S_{sys} + \triangle S_{surr} = \triangle S_{sys} - \dfrac{\triangle H_{sys}}{T} \Rightarrow -T\triangle S_{univ} = \triangle H_{sys} - T\triangle S_{sys} < 0$

在定溫定壓下，若$\triangle H_{sys} - T\triangle S_{sys} = \triangle G_{sys} < 0$………自發

53. 對於下面反應中 ΔS° 為負值，哪一選項是最佳的解釋？

$CaSO_{4(s)} \rightarrow Ca^{2+}_{(aq)} + SO_4^{2-}_{(aq)}$ $\Delta S^\circ = -143$ J mol^{-1} K^{-1}

(A)Ca^{2+}和 SO_4^{2-}離子在水溶液中比在晶格中有更多的排列 (arrangement)方式。

(B)固體的 $CaSO_4$ 是網狀共價(network covalent)固體，但是在水溶液中 分離成離子。

(C)Ca^{2+}和 SO_4^{2-}離子與水分子有緊密的水合(solvation)，當固體溶解時， 減少水分子排列方式的數量。

(D)硫酸鈣固體以放熱方式溶解在水中，導致熵(entropy)的增加。

【106 慈中醫(17)】

【詳解】C

水合會造成自由離子束縛效應，故亂度下降

54. 關於化合物 A 熔化過程的熱力學數據如下：

$A_{(s)} \rightarrow A_{(l)}$，$\Delta H^\circ = 8.8$ kJ/mol、$\Delta S^\circ = 36.4$J/mol·K。試問：化合物 A 的 熔點是攝氏幾度？

(A)–228℃ (B)–31℃ (C)31℃ (D)242℃

【106 私醫(10)】

【詳解】B

相平衡下，$\Delta G^0 = \Delta H^0 - T\Delta S^0 = 0$

$$\Rightarrow \Delta H^0 = T\Delta S^0 \Rightarrow \Delta S^0 = \frac{\Delta H^0}{T_f} = \frac{8.8 \text{ kJ/mol} \times \dfrac{1000J}{1kJ}}{(T)K} = 36.4 \text{ J/mol.K}$$

$$\Rightarrow T(K) = 242K \Rightarrow t^0C = -31^0C$$

55. 固定體積下，將 4.00 mol 單原子理想氣體分子由 327℃冷卻至 27℃，$\Delta S = ?$ (氣體常數 R=8.314J/K·mol、ln2 = 0.693)

(A)–8.7 J/K (B)–34.6 J/K (C)–124.4 J/K (D)–284.5 J/K

【106 私醫(11)】

【詳解】B

單原子理想氣體：$\hat{C}_v = \frac{3}{2}R$

$$\Delta S = n \times \hat{C}_v \times \ln\frac{T_2}{T_1} \Rightarrow 4mol \times \frac{3}{2} \times 8.314 \frac{J}{mol.K} \times \ln\frac{300K}{600K} = -34.6 \frac{J}{K}$$

---

56. 若對一蛋白質加熱時，造成該蛋白質二級結構的氫鍵斷裂。則此變性 (denaturation)反應前後的熱焓改變量(ΔH)以及熵變化量(ΔS)的敘述下列何者正確？

(A)$\Delta H > 0$；$\Delta S > 0$　　　(B)$\Delta H < 0$；$\Delta S < 0$

(C)$\Delta H > 0$；$\Delta S = 0$　　　(D)$\Delta H < 0$；$\Delta S > 0$

【106 私醫(37)】

【詳解】A

氫鍵斷裂

(1)解離為吸熱反應，(2) "斷裂" 一變多，熵增加

---

57. 任何氣體凝結成液體時，下列有關熱力學參數ΔH和ΔS的敘述何者正確？

(A) ΔH 為正值，ΔS 為正值　　　(B) ΔH 為負值，ΔS 為正值

(C) ΔH 為負值，ΔS 為負值　　　(D) ΔH 為正值，ΔS 為負值

(E) ΔH 為零，ΔS 亦為零

【105 中國醫(26)】

【詳解】C

(1) $H_2O_{(g)} \rightarrow H_2O_{(l)}$：凝結熱放熱 $\Delta H < 0$ 是汽化熱 $\Delta H > 0$ 等值異號。

(2) 同一物質亂度：氣體＞液體＞固體，因此氣體至液體，亂度變小 $\Delta S < 0$

---

58. 下列敘述何者有誤？

(A)黑斯熱反應定律 (Hess's law) 指出，可以透過個別反應方程式相加（或相減）及其已知相對應的ΔH 值相加 (或相減)，以得到總體反應的ΔH 值

(B)所有反應相對應的ΔH值必須在其標準狀態，亦即在個別熱焓量（焓，enthalpy)的絕對值的狀態下，才能相加 (或相減)

(C)黑斯熱反應定律的基礎是熱焓量為狀態函數 (state function)

(D)狀態函數是和所採取的反應路徑無關的函數

(E)系統作功(δw)，功不是狀態函數

【105 中國醫(30)】

【詳解】B

(A)能量為向量，具有相加（減）性。

(B)反應熱為能量（焓）差，無絕對值；無須在標準狀態下相加減。

(C)(D)(E)

熱力學中，路徑函數只有：熱量 Q、功 w

其餘皆為狀態函數，有：P、V、T、U、H、S、G

---

59. 下列有關亂度（熵，entropy，ΔS) 的敘述中，何者**有誤**？

(A)一個系統經過不可逆過程 (irreversible process) 操作後，其總亂度必然增加

(B)從一反應的亂度改變，可以計算出此系統作多少功

(C) 0℃液態的水比 0℃的冰亂度要大

(D)在可逆反應過程中，系統亂度的改變是由每段反應熱量除以相對應溫度的值之總和

(E)當膨脹過程為等溫且為可逆，體積由 $(V_1 \to V_2)$，其亂度變化的計算公式為 $\Delta S = n R \ln(V_2/V_1)$。（R 是氣體常數；ln 是自然對數。）

【105 中國醫(34)】

【詳解】B

(A)熱力學第二定律：所有的自發過程都是不可逆過程；

所有的自發過程，皆朝使系統熵增加的方向進行。

(B)亂度為狀態函數，其亂度改變值不須知路徑；功為路徑函數，須知路徑才可得知其變化量。

(C)同一物質亂度：氣體＞液體＞固體，故冰的亂度較水亂度小。

(D) $\Delta S = \int \dfrac{\delta Q_{rev}}{T}$ ————熵變化總公式

當系統發生可逆相變化或理想氣體恆溫可逆膨脹：$\Delta S = \dfrac{Q_{rev}}{T}$

(E)理想氣體恆溫可逆膨脹或壓縮：

$$\Delta S = \int \dfrac{\delta Q_{rev}}{T} = \dfrac{Q_{rev}}{T} = nR\ln\dfrac{V_2}{V_1} = nR\ln\dfrac{P_1}{P_2}$$

60. 下列有關化學反應的敘述中，何者正確？
   (A)平衡常數與活化能　(activation energy) 成反比關係
   (B)隨著反應溫度提高，反應往前方向進行速率也提高，且一定會使反應平衡常數增大
   (C)在表達平衡常數的式子中，催化劑的濃度項可以出現
   (D)在反應速率表示式中，催化劑的濃度項不可以出現
   (E)繪製 lnK 對 1/T 作圖的圖上 (lnK 為縱軸；1/T 為橫軸)，其直線展現的斜率(slope)代表$-\Delta H^0/R$。
   (K 是平衡常數；T 是溫度；ln 是自然對數；R 是氣體常數)

【105 中國醫(36)】

【詳解】E
(A)平衡常數為度量平衡時的趨勢，與活化能(決定反應速率)無關。
(B)(E)溫度越高，正逆反應速率皆上升，只是幅度不同，但平衡常數 K
需反應的吸、放熱才可決定。公式：$\log\dfrac{K_1}{K_2}=\dfrac{-\Delta H}{2.303R}\times(\dfrac{1}{T_1}-\dfrac{1}{T_2})$。

(C) 在一可逆反應 $a\text{A}_{(g)} + b\text{B}_{(g)} \rightleftharpoons d\text{D}_{(g)} + e\text{E}_{(g)}$；
   達平衡：$k_{正}[\text{A}]^a[\text{B}]^b = k_{逆}[\text{D}]^d[\text{E}]^e$

   $K = \dfrac{[\text{D}]^d[\text{E}]^e}{[\text{A}]^a[\text{B}]^b} = \dfrac{k_{正}}{k_{逆}} = \dfrac{正反應速率常數}{逆反應速率常數}$ ，無催化劑。

(D)速率定律式中可有催化劑。(常見於以酸鹼催化劑反應中)

---

61. 在 25℃，下列何者具有最大的熵值(entropy, S°)？
   (A) $CH_3OH_{(l)}$　　(B) $CO_{(g)}$　　(C) $MgCO_{3(s)}$　　(D) $H_2O_{(l)}$

【105 義中醫(32)】

【詳解】B
熵值大小：氣體＞＞液體＞固體，選項(B)一氧化碳 CO 為氣體

---

62. 在溫度為 300 K 時，若一吸熱化學反應的焓變量 $\Delta H = 300$ kJ/mol，則此反應造成環境的熵變量 $\Delta S_{surr} = ?$
   (A) +1 kJ/(K · mol)　　　　(B) –1 kJ/(K · mol)
   (C) +0.5 kJ/(K · mol)　　　(D) –0.5 kJ/(K · mol)

【105 慈中醫(6)】

【詳解】B

外界熵變化(ΔS_{surr})計算：被動者，其值<u>只與系統熱量變化</u>與<u>環境溫度</u>有關

外界熵變化完全由系統吸、放熱所引發，可將外界視同發生一恆溫可逆過程，

即 $\Delta S_{surr} = \dfrac{Q_{surr}}{T_{surr}} = -\dfrac{Q_{sys}}{T_{surr}}$

代入：$\Delta S_{surr} = \dfrac{-300 \text{ kJ/mol}}{300 \text{ K}} = -1 \text{ kJ/K.mol}$

---

63. 若一個化學反應的焓變量 $\Delta H < 0$，熵變量 $\Delta S < 0$，則此反應？
    (A)在任何溫度皆屬於自發反應 (spontaneous reaction)
    (B)在高溫時屬於自發反應
    (C)在低溫時屬於自發反應
    (D)在任何溫度皆不屬於自發反應

【105 慈中醫(7)】

【詳解】C

ΔH	ΔS	ΔG
+	+	在高溫下為自發反應
+	−	在任何溫度下，"逆反應"才是自發的
−	+	在任何溫度下均為自發反應
−	−	在低溫為自發反應

---

64. 在溫度為 300 K 時，氬氣的平均動能約為多少？
    (氣體常數 R 約為 8.3 J/(K · mol))
    (A) 2.5 kJ/mol   (B) 3.7 kJ/mol   (C) 5.0 kJ/mol   (D) 1.2 kJ/mol

【105 慈中醫(8)】

【詳解】B

Ar 為單原子氣體：平均動能 E_k：$\dfrac{3}{2}RT$

代入：$\dfrac{3}{2} \times (8.3 \text{J/(K.mol)}) \times 300\text{K} \times \dfrac{1\text{kJ}}{1000\text{J}} = 3.7 \text{ kJ/mol}$

65. 理想氣體在進行等溫膨脹的過程中，其內能 (internal energy) 的變化情形為何？
(A)會持續變大　(B)會持續變小　(C)會維持不變　(D)會先變大再變小
【105 慈中醫(15)】

【詳解】C
理想氣體且等溫過程：內能變化ΔU、焓變化ΔH 即為 0

66. 有一個化學反應 $Br_{2(l)} \rightarrow Br_{2(g)}$，已知此反應的 $\Delta H° = 31.0$ kJ/mol，
$\Delta S° = 93.0$ J/K · mol，請計算液態 Br_2 的沸點為何？
(A) 0 K　(B) 273 K　(C) 333 K　(D) 610 K　(E) 666 K
【104 中國醫(25)】

【詳解】C
根據曲吞定則：

$$\Delta S(J/K) = \frac{\Delta H(kJ/mol)}{T_b(K)} \Rightarrow 93.0(J/K) = \frac{31(kJ/mol) \times \frac{1000J}{1kJ}}{T_b(K)} \Rightarrow T_b = 333K$$

67. 燃料置於裝置活塞的鋼瓶內，體積0.255 L，外壓1 atm。燃燒後體積膨脹至1.45 L，並釋放875 J的熱。此燃料的內能變化，ΔE，是_____。
(1 atm · L = 101.3 J)
(A) 996 J　(B) 754 J　(C)−754 J　(D)−996 J
【104 義中醫(18)】

【詳解】D
$\Delta E = Q + w$

$$= -875 J + [-1atm \times (1.45-0.255)L] \times \frac{101.3 J}{1 atm \cdot L} = -996 (J)$$

68. 關於乾冰(dry ice)的昇華現象，下列何者正確？
(A)ΔH > 0，ΔS > 0　(B) ΔH > 0，ΔS < 0
(C)ΔH < 0，ΔS < 0　(D) ΔH < 0，ΔS > 0
【104 義中醫(23)】

【詳解】A

乾冰 $CO_{2(s)} \to CO_{2(g)}$....相變化中固體直接昇華為氣體為吸熱 $\Delta H > 0$

同一物質亂度：gas＞＞liquid＞solid $\Rightarrow$ 固體→氣體，亂度變大 故：$\Delta S > 0$

---

69. 在任何溫度下，任一化學反應一定會自發(spontaneous)的條件，為下列何者？

(A) $\Delta H > 0, \Delta S > 0$　　(B) $\Delta H = 0, \Delta S < 0$

(C) $\Delta S = 0, \Delta H > 0$　　(D) $\Delta H < 0, \Delta S > 0$

【104 慈中醫(9)】

【詳解】D

ΔH	ΔS	ΔG
＋	＋	在高溫下為自發反應
＋	－	在任何溫度下，"逆反應"才是自發的
－	＋	在任何溫度下均為自發反應
－	－	在低溫為自發反應

---

70. 在25℃時，下列何者的熵(entropy)最高？

(A) $CO(g)$　　　(B) $CH_4(g)$　　　(C) $NaCl(s)$　　　(D) $H_2O(l)$

【104 慈中醫(13)】

【詳解】B

不同物質型：

(1) 氣體＞＞液體＞固體

(2) 對氣體而言，單原子分子＜雙原子分子＜多原子分子

---

71. 根據下列數據計算甲酸(HCOOH)的正常沸點(normal boiling point)為何？

	ΔH°_f (kJ/mol)	S° (J/(mol K))
HCOOH(l)	–410	130
HCOOH(g)	–363	251

(A) 115 °C　　(B) 135 °C　　(C) 82 °C　　(D) 173 °C

【104 慈中醫(25)】

【詳解】A

$HCOOH_{(l)} \rightarrow HCOOH_{(g)}$

$\Delta H = (-363) - (-410) = +47$ KJ/mol

$\Delta S = (251) - (130) = +121$ J/mol.K

根據曲吞定則：$T_b = \dfrac{\Delta H}{\Delta S} = \dfrac{47\text{(KJ/mol)} \times 1000 \text{ J/KJ}}{121 \text{ J/mol.K}} = 388.4$ K

388.4 K = 115.4℃ +273，得沸點為 115.4℃

第 12 單元　氧化還原與電化學

一、常見氧化劑&還原劑及半反應

種類	化學式	名稱	電子得失的反應
氧化劑	KMnO₄	過錳酸鉀	$MnO_4^- + 8\,H^+ + 5\,e^- \xrightarrow{\text{酸}} Mn^{2+} + 4\,H_2O$ （粉紅）
			$MnO_4^- + 2H_2O + 3e^- \xrightarrow{\text{中性或微鹼}} MnO_2 + 4\,OH^-$ （褐）
			$MnO_4^- + e^- \xrightarrow{\text{強鹼}} MnO_4^{2-}$ （綠）
	K₂Cr₂O₇	二鉻酸鉀	$Cr_2O_7^{2-} + 14\,H^+ + 6\,e^- \rightarrow 2\,Cr^{3+} + 7\,H_2O$ （橙）　　　　　（綠）
	H₂O₂	雙氧水	$H_2O_2 + 2\,H^+ + 2\,e^- \rightarrow 2\,H_2O$
	HNO₃	稀硝酸	$HNO_3 + 3\,H^+ + 3\,e^- \rightarrow NO + 2\,H_2O$
	HNO₃	濃硝酸	$HNO_3 + H^+ + e^- \rightarrow NO_2 + H_2O$
	H₂SO₄	濃硫酸	$SO_4^{2-} + 4\,H^+ + 2\,e^- \rightarrow SO_2 + 2\,H_2O$
	X₂	鹵素	$X_2 + 2\,e^- \rightarrow 2\,X^-$
	Ce⁴⁺	鈰離子	$Ce^{4+} + e^- \rightarrow Ce^{3+}$
	Fe³⁺	鐵離子	$Fe^{3+} + e^- \rightarrow Fe^{2+}$ （黃褐）　　（綠）
	O₃	臭氧	$O_3 + 2\,H^+ + 2\,e^- \rightarrow O_2 + H_2O$
還原劑	H₂C₂O₄	草酸	$H_2C_2O_4 \rightarrow 2\,CO_2 + 2\,H^+ + 2\,e^-$
	H₂O₂	過氧化氫	$H_2O_2 \rightarrow O_2 + 2\,H^+ + 2\,e^-$
	H₂S	硫化氫	$H_2S \rightarrow S + 2\,H^+ + 2\,e^-$ （黃）
	SO₂(SO₃²⁻, HSO₃⁻)	二氧化硫	$SO_2 + 2\,H_2O \rightarrow SO_4^{2-} + 4\,H^+ + 2\,e^-$
	X⁻	鹵素離子	$X^- \rightarrow 1/2\,X_2 + e^-$
	Sn²⁺	亞錫離子	$Sn^{2+} \rightarrow Sn^{4+} + 2\,e^-$
	Fe²⁺	亞鐵離子	$Fe^{2+} \rightarrow Fe^{3+} + e^-$
	Na,Mg...	活潑金屬	$Na \rightarrow Na^+ + e^-$
	S₂O₃²⁻	硫代硫酸根	與弱氧化劑反應：$S_2O_3^{2-} \xrightarrow{I_2} \frac{1}{2}S_4O_6^{2-} + e^-$
			與強氧化劑反應：$S_2O_3^{2-} + 5H_2O \xrightarrow{Cl_2 \,,\, MnO_4^-} 2\,SO_4^{2-} + 10H^+ + 8\,e^-$

二、　常見金屬當還原劑簡表

活性	K Ca Na	MgAl	Zn Fe	Ni Sn Pb	(H₂) Cu	Hg Ag	Pt Au
與水作用	冷水	水蒸氣 (高溫)	與水無反應				
與酸作用	激←溶鹽酸或稀硫酸產生氫氣→緩				溶硝酸及濃硫酸		溶於王水
與氧作用	易 ◀ ── 被氧化生成氧化物 ── ▶ 難						不被氧化
治煉	電解熔融物	氧化物被 C 或 CO 還原		氧化物被加熱 還原			單質產出

1. 活性比 Na 大的金屬(如 IA 與 IIA 的 Ca，Sr，Ba)可與冷水作用產生 H_2，而活性在 Mg 與 Fe 間的金屬須與高溫的水蒸氣反應產生 H_2。

2. 活性比 Pb 大的金屬可溶於非氧化性之普通酸(如濃鹽酸、稀鹽酸、稀硫酸)生成 H_2；Pb 與鹽酸、硫酸呈鈍性，因表面產生不溶性 $PbCl_2$、$PbSO_4$。

3. Cu、Hg、Ag 不溶於稀鹽酸、稀硫酸，但可溶於有氧化性的稀硝酸、濃硝酸、濃硫酸，依次產生 NO、NO_2、SO_2(不生 H_2)。

4. Al、Fe、Cr 不容於濃硝酸中，因與濃硝酸接觸時，表面生成一層氧化物的保護膜(Al_2O_3、Fe_3O_4、Cr_2O_3)。

5. Pt、Au 兩種金屬可與王水 (1 份濃硝酸+3 份濃鹽酸) 反應。

三、　氧化還原克當量、當量數與當量濃度

	定義	公式
(克) 當量	在氧化還原中，氧化劑獲得(還原劑失去)一莫耳電子之重量	$E = \dfrac{氧化劑或還原劑莫耳罿}{電子轉移數}$
當量數	在氧化還原反應中，一物種獲得(失去)電子之莫耳數	$當量數 = \dfrac{重量W(克)}{克當量重E} = 物種莫耳數 \times n$ (n：一分子物種獲得或失去的電子數)
當量濃度	1 升的溶液中所含氧化劑或還原劑的當量數	$C_n = \dfrac{當量數}{溶液體積 (L)} = \dfrac{物種mol數 \times n}{溶液體積V(L)} = C_M \times n$

四、 氧化還原滴定

意義	以已知濃度的氧化劑(還原劑)，來測定未知濃度的還原劑(氧化劑)的方法。
原理	(1) 參與反應的氧化劑與還原劑得失電子數必相等，亦即反應物種的「當量數必相等」，稱為「當量點」。 (2) 得電子莫耳數(氧化劑總當量數)=失電子莫耳數(還原劑總當量數) (3) 當量數=反應物種莫耳數×n=$\dfrac{W}{E}$=C_M×V×n=C_N×V
滴定終點	實際當量點難定，以指示劑變色的點為滴定終點，代替當量點。

五、 氧化還原與電化學連結

	陽極(anode)	陰極(cathode)
化學上定義	發生氧化的電極	發生還原的電極
電子運動方向	電子流出的電極	電子流入的電極
物理上稱為	負（－）極	正（＋）極
被吸引的離子	陰離子	陽離子
符號 電池	負（－）極	正（＋）極
符號 電解池	＋（接電源正極）	－（接電源負極）

六、 半電位的應用

1. **預測氧化還原反應是否自然發生**

    (1) 全反應$\Delta E° < 0$，反應不能自然發生

    (2) 全反應$\Delta E° > 0$，反應自然發生

2. **預測氧化劑、還原劑的相對強度**

    (1) 還原電位愈大者為愈強的氧化劑

    (2) 氧化電位愈大者為愈強的還原劑

3. **預測電化電池的電動勢（電池電壓）**

　電池電動勢($E°$)

　= $E°$(陽極氧化電位) + $E°$(陰極還原電位)

　= $E°$(陽極氧化電位) − $E°$(陰極氧化電位)

　= −$E°$(陽極還原電位) + $E°$(陰極還原電位)

七、 *電化學熱力學*

1. **電池電動勢與電池反應自由能變化量 $\varDelta G$ 的關係：**

　因：$\Delta G = W_{useful} = W_E = -\varepsilon Q$　；又因：$Q = nF$

　則　$\Delta G = -nF\varepsilon$　或　$\Delta G^0 = -nF\varepsilon^0$

　式中 n：參與反應之電子數。F：法拉第常數。

　　　ε：電動勢(volt)。ε^0：標準電動勢

2. **電動勢與反應商數（Q）之間的關係式 → *Nernst equation*：**

　$\because \Delta G = \Delta G^0 + RT \ln Q$ ，$-nF\varepsilon = -nF\varepsilon^0 + RT \ln Q$ ，則　$\varepsilon = \varepsilon° - \dfrac{RT}{nF} \ln Q$

　$\therefore$ 在25℃時，$\varepsilon = \varepsilon^0 - \dfrac{0.0592}{n} \log Q$

3. **非標準狀態半反應電極電位可依 *Nernst equation* 修正：**

　$\because$氧化態 $+ ne^- \rightarrow$ 還原態

　$\therefore \varepsilon = \varepsilon^0 - \dfrac{RT}{nF} \ln \dfrac{[Red]}{[Ox]}$　；　$\varepsilon = \varepsilon^0 - \dfrac{0.0592}{n} \log \dfrac{[Red]}{[Ox]}$

　【註】： 水及不溶性物質（固體）之濃度均視為 1，氣體以分壓表示

4. 非標準狀態電池電位 ε_{cell} 亦可由 *Nernst equation* 修正：

$$\varepsilon_{cell} = \varepsilon_{陰極還原電位} - \varepsilon_{陽極還原電位}$$

$$= \varepsilon^0_{cell} - \frac{0.0592}{n}\log\frac{[陽極電解質]}{[陰極電解質]} \quad (n：總電子數)$$

【應用】：**濃差電池**（pH meter 應用此原理）

5. **由標準電動勢計算平衡常數**：當電化學反應達平衡時

則：$\underline{\Delta G = 0}$，即 $\varepsilon = 0$，且 **Q = K**，則 $\quad \varepsilon^0 = \frac{RT}{nF}\ln K$

在 25°C： $\Delta G^0 = -2.303RT\log K$，$\varepsilon^0 = \frac{0.0592}{n}\log K$

ΔG^0	K	E^0	標準狀態下的反應
負值（－）	>1	正值（＋）	傾向於生成物
0	=1	0	平衡點在反應物與生成物的中間
正值（＋）	<1	負值（－）	傾向於反應物

八、 常用（商用）電池

電池種類	正極	負極	電解質	電壓(V)
乾電池	石墨棒（惰性電極）、二氧化錳	鋅	氯化銨水溶液、氯化鋅水溶液	1.5
鹼性乾電池	鋼外殼（惰性電極）、二氧化錳	金屬集電棒（惰性電極）、鋅	氫氧化鉀水溶液	1.5
鉛蓄電池	二氧化鉛	鉛	硫酸水溶液	2
鋰離子電池	鋰金屬氧化物（如 $LiCoO_2$）	石墨	溶於有機溶劑的鋰鹽（如 $LiPF_6$／乙醚）	3.6
氫燃料電池	鎳（惰性電極、催化劑）、氧氣	鉑（惰性電極、催化劑）、氫氣	質子交換膜	0.86

九、 電解反應

定義		電解與化學電池同樣是氧化還原反應，其不同處在於電解為非自發反應，將外電源輸入的電能轉為化學能。	
裝置		電池的正極為陰極，負極為陽極；而電解池的正極為陽極，負極為陰極。	
產物	熔融態 EX：$MgCl_2$ （惰性電極）	陽極：$2Cl^-_{(l)} \rightarrow Cl_2 + 2e^-$	
		陰極：$Na^+_{(l)} + e^- \rightarrow Na_{(s)}$	
	水溶液	陽極 （陰離子）	活性電極：$M_{(s)} \rightarrow M^{n+}_{(aq)} + n\,e^-$
			惰性電極： (1) $2\,X^- \rightarrow X_2 + 2\,e^-$ 　　（X：Cl^-（濃）、Br^-、I^-） (2) OH^- 產生 O_2 (3) 其餘視電解水得 $O_{2(g)}$
		陰極 （陽離子）	(1) IA^+、IIA^{2+}、Al^{3+} 與 Mn^{2+}， 　　視電解水得 $H_{2(g)}$ (2) 其餘： $M^{n+}_{(aq)} + n\,e^- \rightarrow M_{(s)}$
法拉第定律	定義	進行電解時，若無副產品產生，某電極析出物質的質量（ΔW）變化與通入的電量（Q）成正比	
	公式	$$n \times \frac{\Delta W}{M} = \frac{Q}{F}$$	

歷 屆 試 題 集 錦

---

1. Given the following two standard reduction potentials,

$Fe^{3+} + 3e^- \rightarrow Fe$ $E° = -0.036$ V

$Fe^{2+} + 2e^- \rightarrow Fe$ $E° = -0.44$ V

determine for the standard reduction potential of the half-reaction

$Fe^{3+} + e^- \rightarrow Fe^{2+}$

(A) 0.40 V   (B) 0.77 V   (C) -0.40 V   (D) -0.11 V   (E) 0.11 V

【110 高醫(86)】

【詳解】B

$$
\overset{-0.036\text{V}}{\overbrace{\underset{x\text{V}}{\underbrace{Fe^{3+} + e^-}} \rightarrow \underset{-0.44\text{V}}{\underbrace{Fe^{2+} + 2e^-}} \rightarrow Fe}}
$$

電位差是一種反應趨勢的量化結果，沒有加成性！

需利用能量具有加成性：

$Fe^{3+} + e^- \rightarrow Fe^{2+}$ $E^0 = x$V

$Fe^{2+} + 2e^- \rightarrow Fe$ $E^0 = -0.44$ V

$Fe^{3+} + 3e^- \rightarrow Fe$ $E^0 = -0.036$V

$3(-0.036\text{V}) = x\text{V} \times 1 + (-0.44\text{V} \times 2) \Rightarrow x = +0.77\text{V}$

---

2. When the redox reaction in basic solution: $NO_2^-(aq) + Al(s) \rightarrow NH_3(aq) + AlO_2^-$ (aq) is balanced using the smallest whole-number coefficients, the coefficient of H_2O is x and the sum of all coefficients is y. What is the sum of x and y, $(x + y)$?

(A) 9   (B) 10   (C) 11   (D) 12   (E) 13

【110 高醫(88)】

【詳解】A

利用氧化還原法平衡方程式：

$H_2O(l) + OH^-(aq) + NO_2^-(aq) + 2Al(s) \rightarrow NH_3(aq) + 2AlO_2^-(aq)$

$x = 1$; $y = 1+1+1+2+1+2 = 8 \Rightarrow 1 + 8 = 9$

3. 假如金屬 X 是比金屬 Y 強的還原劑，則下列敘述何者正確？
   (A) X^+ 是比 Y^+ 強的氧化劑　　(B) X^+ 是比 Y^+ 強的還原劑
   (C) Y^+ 是比 X^+ 強的還原劑　　(D) Y^+ 是比 X^+ 強的氧化劑

【110 中國醫(20)】

【詳解】D
金屬 X 是比金屬 Y 強的還原劑 ⇒ 表示 X 還原力較 Y 強（大）
故 Y^+ 氧化力較 X^+ 強 ⇒ Y^+ 是比 X^+ 強的氧化劑

---

4. 比較下列化合物的氧化等級(oxidation level)：
   I. CO_2　　　II. CH_3OH　　　III. HCO_2H　　　IV. H_2CO
   (A) I > IV > III > II　　(B) I > III > IV > II
   (C) III > II > IV > I　　(D) III > I > IV > II

【110 義守(3)】

【詳解】B

	I. $\underline{C}O_2$	II. $\underline{C}H_3OH$	III. $H\underline{C}O_2H$	IV. $H_2\underline{C}O$
C 的氧化數：	+4	−2	+2	0

故氧化等級：I > III > IV > II

---

5. 利用 Pt 電極電解含有 Na_2SO_4 和幾滴酚酞(phenolphthalein)指示劑的水溶液，請問下列敘述那一項是正確的？
   (A) 陽極附近無色的溶液轉成粉紅色，陰極附近溶液仍然維持無色
   (B) 陰極附近無色的溶液轉成粉紅色，陽極附近溶液仍然維持無色
   (C) 陰陽兩極附近的溶液電解前後都維持無色
   (D) 陽極附近粉紅色的溶液轉成無色，陰極附近溶液仍然維持粉紅色

【110 義守(15)】

【詳解】B
Pt 電極電解含有 Na_2SO_4 的水溶液 ⇒ 視為電解水

$$\Rightarrow \begin{cases} anode : H_2O \rightarrow 2e^- + \dfrac{1}{2}O_2 + 2H^+ \\ cathode : 2e^- + H_2O \rightarrow H_2 + 2OH^- \end{cases}$$

故陰極附近酚酞由無色轉成粉紅色（鹼性）

6. 利用 H^+ 或 H_2O 完成下列化學反應的淨離子方程式（net ionic equation），完整淨離子方程式中反應物和生成物的係數總和為多少？

$HNO_2 + MnO_4 \rightarrow NO_3^- + Mn^{2+}$

(A) 15　　　(B) 16　　　(C) 17　　　(D) 18

【110慈濟(7)】

【詳解】D

（註）MnO_4 應更改為 MnO_4^-

以 MnO_4^- 進行反應：$1H^+ + 5HNO_2 + 2MnO_4^- \rightarrow 5NO_3^- + 2Mn^{2+} + 3H_2O$

故係數和：1+5+2+3+5+2 = 18

7. 對於進入Q循環的每兩個 QH_2，一個將被再生，另一個將其兩個電子傳遞到兩個細胞色素（cytochrome）c_1 中心，整體方程式為

$QH_2 + 2$ cytochrome c_1 $(Fe^{3+}) + 2 H^+ \rightarrow Q + 2$ cytochrome c_1 $(Fe^{2+}) + 4 H^+$

試計算此反應的自由能變化量？（法拉第常數 $F = 96485$ C/mole）

Half-reaction	$\varepsilon^{\circ'}(v)$
Cytochrome c_1 $(Fe^{3+}) + e^- \rightleftharpoons$ cytochrome c_1 (Fe^{2+})	0.22
Ubiquinone + $2 H^+ + 2 e^- \rightleftharpoons$ ubiquinol	0.045

(A) −16.9 kJ/mole　　(B) −67.6 kJ/mole　　(C) −33.8 kJ/mole　　(D) 0 kJ/mole

【110慈濟(10)】

【詳解】C

（註）*Ubiquinone* = Q ; *Ubiquinol* = QH_2

Cytochrome c_1 $(Fe^{3+}) + e^- \rightleftharpoons$ cytochrome c_1 (Fe^{2+})

$QH_2 \rightleftharpoons Q + 2 H^+ + 2 e^-$

$\Rightarrow QH_2 + 2$Cytochrome c_1 $(Fe^{3+}) + 2 H^+ \rightleftharpoons Q + 4 H^+ + 2$cytochrome c_1 (Fe^{2+})

$\varepsilon^{\circ}_{cell} = 0.22V - 0.045V = 0.175V$

故：$\Delta G^0 = -nF\varepsilon^0_{cell} = -2 \times 96.5 kJ/mol \times 0.175V = -33.8 kJ$

8. 從下列化學電池簡圖及半電池反應中，請指出何者為還原劑？何者為氧化劑？哪一個電極的重量變重？以及電池的標準電位（standard cell potential ε^o_{cell}）為何？

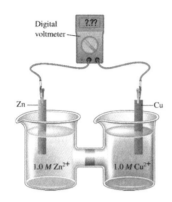

Digital voltmeter

Zn ── ── Cu

1.0 M Zn²⁺　　1.0 M Cu²⁺

$Cu^{2+}(aq) + 2e^- \rightarrow Cu(s), \varepsilon^\circ = 0.34\ V$

$Zn^{2+}(aq) + 2e^- \rightarrow Zn(s), \varepsilon^\circ = -0.76\ V$

(A) Cu是還原劑；Zn^{2+}是氧化劑；Cu電極重量增加；$\varepsilon^\circ_{cell} = -0.42\ V$

(B) Zn是還原劑；Cu^{2+}是氧化劑；Zn電極重量增加；$\varepsilon^\circ_{cell} = 0.42\ V$

(C) Cu是還原劑；Zn^{2+}是氧化劑；Zn電極重量增加；$\varepsilon^\circ_{cell} = -1.10\ V$

(D) Zn是還原劑；Cu^{2+}是氧化劑；Cu電極重量增加；$\varepsilon^\circ_{cell} = 1.10\ V$

【110慈濟(36)】

【詳解】D

（－）陽極（發生氧化當還原劑）：$Zn_{(s)} \longrightarrow Zn^{2+}_{(aq)} + 2e^-$　$\varepsilon^\circ_{cell} = +0.76\ V$

（＋）陰極（發生還原當氧化劑）：$Cu^{2+}_{(aq)} + 2e^- \longrightarrow Cu_{(s)}$　$\varepsilon^\circ_{cell} = +0.34\ V$

全反應為：$Zn_{(s)} + Cu^{2+}_{(aq)} \longrightarrow Zn^{2+}_{(aq)} + Cu_{(s)}$　$\varepsilon^\circ_{cell} = 1.10\ V$

9. 以下哪個化學反應沒有牽涉到氧化（oxidation）與還原（reduction）？

(A) $CH_4 + 3O_2 \rightarrow 2H_2O + CO_2$　　　　(B) $Zn + 2HCl \rightarrow ZnCl_2 + H_2$

(C) $2Na + 2H_2O \rightarrow 2NaOH + H_2$　　　(D) 以上反應皆牽涉到氧化與還原

【110慈濟(50)】

【詳解】D

有元素物質參與的反應（同素異形體互換不是），必為氧化還原反應。

故以上皆是。

10. Which of the following active ingredient is most commonly used in liquid bleaches (Sanitizers)?
    (A) NaCl   (B) NaClO   (C) $NaClO_2$ (D) $NaClO_3$ (E) $NaClO_4$

【109 高醫(21)】

【詳解】B

次氯酸鈉（NaClO）是常見的強氧化劑，陷阱是 $NaClO_4$

11. Which "P" in the following compounds has the lowest oxidation state?
    (A) Phosphoric acid   (B) Phosphorous acid   (C) Hypophosphorous acid
    (D) Sodium phosphide   (E) Black phosphorus

【109 高醫(70)】

【詳解】D

(A) $H_3\underline{P}O_4$;   (B) $H_3\underline{P}O_3$;   (C) $H_3\underline{P}O_2$;   (D) $Na_3\underline{P}$;   (E) $\underline{P}(s)$
     +5   +3   +1   −3   0

12. Which theory, phenomenon or equation can explain redox potential difference on ion concentrations?
    (A) Disproportionation   (B) Electrogenerated chemiluminescence
    (C) Galvanic displacement   (D) Henderson-Hassebalch equation
    (E) Nernst equation

【109 高醫(79)】

【詳解】E

非標準狀態電池電位 ε_{cell} 可由 *Nernst equation* 表達：

$$\varepsilon_{cell} = \varepsilon_{陰極還原電位} - \varepsilon_{陽極還原電位}$$

$$= \varepsilon^0_{cell} - \frac{0.0592}{n}\log\frac{[陽極電解質]}{[陰極電解質]} \quad (n：總電子數)$$

【應用】：<u>濃差電池</u>（pH meter 應用此原理）

13. Using the data shown as follows to calculate ΔG^0 for the reaction
    (1 F = 96,485 coulombs): $2Fe^{3+}(aq) + Cu(s) \rightarrow 2Fe^{2+}(aq) + Cu^{2+}(aq)$ The
    reduction potentials for Fe^{3+} and Cu^{2+} are as follows:
    $Fe^{3+} + e^- \rightarrow Fe^{2+}$ $\varepsilon^0 = 0.77$ V ; $Cu^{2+} + 2e^- \rightarrow Cu$ $\varepsilon^0 = 0.34$ V
    (A) -8.3×10^4 J   (B) -1.2×10^5 J   (C) -4.2×10^4 J
    (D) -6.0×10^4 J   (E) -2.4×10^5 J

    【109 高醫(81)】

【詳解】A
陽極：$Cu \rightarrow Cu^{2+} + 2e^-$ $E^0 = -0.34$ V
陰極：$Fe^{3+} + e^- \rightarrow Fe^{2+}$ $E^0 = +0.77$ V
全：$Cu + 2Fe^{3+} \rightarrow 2Fe^{2+} + Cu^{2+}$ $E_{cell}^0 = +0.43$ V
根據能士特方程式：
$\Delta G^0 = -nFE_{cell}^0 = -2 \times 96500 \times 0.43V = -8.3 \times 10^4$ J

14. For corrosion of iron, which of the following statements is (are) true?
    I. Anode reaction: $Fe \rightarrow Fe^{2+} + 2e^-$
    II. Cathode reaction: $O_2 + 2H_2O + 4e^- \rightarrow 4OH^-$
    III. Moisture serving as a salt bridge
    (A) I   (B) III   (C) I and II   (D) I, II, and III
    (E) None of the statement is true

    【109 高醫(82)】

【詳解】D
生鏽的反應機構：（在純水中）
A. 陽極反應：$Fe(s) \rightarrow Fe^{2+} + 2e^-$ $\varepsilon^0 = 0.45V$
B. 陰極反應：$O_2 + 2H_2O + 4e^- \rightarrow 4OH^-$ $\varepsilon^0 = 0.81V$
C. 鏽（rust）生成：$4Fe^{2+} + O_2 + (4+2n)H_2O \rightarrow 2Fe_2O_3 \cdot nH_2O + 8H^+$，$\varepsilon^0 = 1.26V$

15. 下列哪一個物質中具有最高氧化數的原子？
    (A) SO_3 (B) MnO_2 (C) $HClO_4$
    (D) K_2CO_3 (E) $K_2Cr_2O_7$

    【109 中國醫(15)】

【詳解】C

(A) $\underline{S}O_3$ (B) $Mn\underline{O}_2$ (C) $H\underline{Cl}O_4$

    +6   +4   +7

(D) $K_2\underline{C}O_3$ (E) $K_2\underline{Cr}_2O_7$

    +4   +6

---

16. 下列化學方程式何者**不屬於**自身氧化還原反應 (disproportionation reaction)？

(A) $Mn_2O_3 + 2H^+ \rightarrow MnO_2 + Mn^{2+} + H_2O$

(B) $Cl_2 + 2OH^- \rightarrow ClO^- + Cl^- + H_2O$

(C) $2\,H_2O_2 \rightarrow 2H_2O + O_2$

(D) $N_2O_3 + 2OH^- \rightarrow 2NO_2^- + H_2O$

【109 私醫(9)】

【詳解】D

自身氧化還原反應 (***Disproportionation reaction***)：

同一物質的同一元素原子，一部分的氧化數增加（即為氧化），

另一部分氧化數減少（即為還原）的反應，稱為『自身氧化還原反應』

$\Rightarrow Cl_2 + 2OH^- \rightarrow ClO^- + Cl^- + H_2O$ ……………....…（O）

$\Rightarrow 1ClO_3^- + 5Cl^- + 6H^+ \rightarrow 3Cl_2 + 6H_2O$ ……………（X）

---

17. 對以下電池反應，$E^\circ_{cell} = 1.66\ V$，$P_4(s) + 3\,OH^-(aq) + 3\,H_2O(l) \rightarrow PH_3(g) + 3\,H_2PO_2^-(aq)$。其氧化劑和還原劑分別是：

(A) P_4 and P_4 (B) OH^- and P_4 (C) H_2O and P_4 (D) P_4 and OH^-

【109 私醫(41)】

【詳解】A

自身氧化還原反應 (***Disproportionation reaction***)：

同一物質的同一元素原子，一部分的氧化數增加（即為氧化），

另一部分氧化數減少（即為還原）的反應，稱為『自身氧化還原反應』

氧化反應：$P_4(s) \rightarrow H_2PO_2^-(aq)$（未平衡）

還原反應：$P_4(s) \rightarrow PH_3(g)$ （未平衡）

18. 對伏打電池使用 Fe∣Fe^{2+}(1.0 M) 和 Pb∣Pb^{2+}(1.0 M)半電池，以下哪個說法是正確的？

$Fe^{2+}(aq) + 2e^- \rightarrow Fe(s)$; $E° = -0.41$ V

$Pb^{2+}(aq) + 2e^- \rightarrow Pb(s)$; $E° = -0.13$ V

(A) 鐵電極的質量在放電期間增加

(B) 電子在放電過程中離開鉛極通過外部電路

(C) 放電過程中 Pb^{2+}的濃度降低

(D) 鐵電極是陰極

【109 私醫(42)】

【詳解】C

(A)(D) 鐵為陽極，鐵電極的質量在放電期間**下降**

(B) 電子在放電過程中離開**陽極（Fe）**極通過外部電路

19. 氫燃料電池是利用氫氣及氧氣發生反應產生電流及水，電池的反應式為 $2H_2(g) + O_2(g) \rightarrow 2 H_2O(l)$，對於此電池的敘述何者正確？

(A) 陽極半反應式為 $O_2(g) + 2H_2O(l) \rightarrow 4OH^-(aq)$

(B) 需要貴重金屬如鉑或鎳作為電催化觸媒 (electrocatalysts)

(C) 電催化觸媒的作用是將氣態燃料轉換成液態，讓電池運作較安定。

(D) 產生的電壓與鋅電極銅電極組成的伏打電池相似，約為 3.4 伏特。

【109 私醫(43)】

【詳解】B

(A) 陽（－）極：$H_{2(g)} + 2 OH^-_{(aq)} \rightarrow 2 H_2O_{(l)} + 2 e^-$

　　陰（＋）極：$1/2 O_{2(g)} + H_2O_{(l)} + 2 e^- \rightarrow 2 OH^-_{(aq)}$

(B)(C)

以覆蓋鉑或鎳的多孔性碳板為電極，比較特別的是兩電極可用同種金屬（因為兩極均為非活性電極，並不參與反應），且皆需經過催化劑的作用以提升反應率。

(D) 大約 0.6~0.9 伏特

20. 一電池由鋅極浸在 Zn^{2+} 溶液中及銀電極浸在溶液中組成

$Zn^{2+} + 2e^- \rightarrow Zn$ $\varepsilon° = -0.76$ V $Ag^+ + e^- \rightarrow Ag$ $\varepsilon° = 0.80$ V

當 $[Zn^{2+}]_0 = 0.050$ M 和 $[Ag^+]_0 = 12.54$ M 時，試求此電池的電位？

(A)1.35 V   (B)1.46 V   (C)1.66 V   (D)1.77 V

【109 私醫(44)】

【詳解】C

ε_{cell} = $\varepsilon_{陰極還原電位}$ — $\varepsilon_{陽極還原電位}$

$$= \varepsilon^0_{cell} - \frac{0.0592}{n} \log \frac{[陽極電解質]}{[陰極電解質]} \quad (n：總電子數)$$

代入公式： $\varepsilon_{cell} = +1.56V - \frac{0.0592}{2} \log \frac{(0.05M)}{(12.54M)^2}$

$\varepsilon_{cell} = +1.66V$

21. Which of the following statements is true about the following electrochemical cell? Ca | Ca^{2+} (aq) ‖ K^+ (aq) | K

Ca^{2+} (aq) + $2e^-$ → Ca(s) ; $\varepsilon^0 = -2.87$ V

K^+ (aq) + e^- → K(s) ; $\varepsilon^0 = -2.93$ V

(A) The cell reaction is spontaneous with a standard cell potential of 0.06 V.

(B) The cell reaction is nonspontaneous with a standard cell potential of –5.80 V.

(C) The cell reaction is nonspontaneous with a standard cell potential of –0.06 V.

(D) The cell reaction is spontaneous with a standard cell potential of 5.80 V.

(E) The cell is at equilibrium.

【108 高醫(64)】

【詳解】C

電池的表示法：陽極│陽極溶液‖陰極溶液│陰極

（－）陽極半反應：$Ca_{(s)} \longrightarrow Ca^{2+}_{(aq)} + 2 e^-$ $\varepsilon^0 = 2.87$ V

（＋）陰極半反應：$K^+_{(aq)} + e^- \longrightarrow K_{(s)}$ $\varepsilon^0 = -2.93$ V

全反應為：$2K^+_{(aq)} + Ca_{(s)} \rightarrow Ca^{2+}_{(aq)} + 2K_{(s)}$

$\varepsilon_{cell}^0 = -2.93$ V + (2.87V) $= -0.06$V

22. 使用下列的半反應電位，25 °C 下碘化銀(AgI)的溶解度積(solubility product)
為何？

$$AgI(s) + e^- \rightarrow Ag(s) + I^-(aq) \qquad E° = -0.15\ V$$
$$Ag^+(aq) + e^- \rightarrow Ag(s) \qquad E° = +0.80\ V$$

(A) 2.9×10^{-3} (B) 1.9×10^{-4} (C) 2.1×10^{-12}

(D) 9.0×10^{-17} (E) 2.4×10^{-20}

【108 中國醫(9)】

【詳解】D

$$AgI(s) + e^- \rightarrow Ag(s) + I^-(aq) \qquad E° = -0.15\ V$$
$$Ag(s) \rightarrow Ag^+(aq) + e^- \qquad E° = -0.80\ V$$

方程式：$AgI(s) \rightarrow Ag^+(aq) + I^-(aq) \qquad E_{cell}° = -0.95\ V$

代入：$E_{cell}° = \dfrac{0.0591}{n} \log K$

$$(-0.95V) = \dfrac{0.0591}{1} \log K \Rightarrow K_{sp} = 10^{(-16.07)} \Rightarrow 10^{(-16.0 \sim -17.0)}$$

---

23. 下列反應平衡後，氧化劑和還原劑之間有幾個電子轉移？

$$SO_3^{2-}(aq) + MnO_4^-(aq) \rightarrow SO_4^{2-}(aq) + Mn^{2+}(aq)$$

(A) 2   (B) 5   (C) 7   (D) 9   (E) 10

【108 中國醫(15)】

【詳解】E

$$10e^- + 16H^+ + 2MnO_4^- \rightarrow 2Mn^{2+} + 8H_2O$$
$$+)\quad 5H_2O + 5SO_3^{2-} \rightarrow 5SO_4^{2-} + 10e^- + 10H^+$$

全：$2MnO_4^- + 5SO_3^{2-} + 6H^+ \rightarrow 2Mn^{2+} + 3H_2O + 5SO_4^{2-}$

---

24. 下列為一般汽車使用的鉛蓄電池的化學反應式，25 °C 時此反應的自由能
變化 $\triangle G° = ?$

$$Pb + PbO_2 + 2HSO_4^- + 2H^+ \rightarrow 2PbSO_4 + 2H_2O \quad E° = +2.04\ V$$

(A) −98 kJ   (B) −197 kJ   (C) −394 kJ   (D) −591 kJ   (E) −787 kJ

【108 中國醫(16)】

【詳解】C

最大功(w) $\Rightarrow \Delta G^0 = -nF\varepsilon_{cell}^0 = -2 \times 96500 \times +2.04V \times \dfrac{1\,kJ}{1000\,J} = -394\ kJ$

25. 在 25℃ 時，下列各半反應的標準還原電位如下：

$Fe^{2+}(aq) + 2e^- \rightarrow Fe(s)$　　　　$E^0 = -0.44\ V$

$Fe^{3+}(aq) + e^- \rightarrow Fe^{2+}(aq)$　　　$E^0 = 0.76\ V$

$Cu^{2+}(aq) + 2e^- \rightarrow Cu(s)$　　　　$E^0 = 0.34\ V$

則下列反應在 25℃時的標準電壓(E^0_{rxn})是多少？

$3Cu^{2+}(aq) + 2Fe(s) \rightarrow 3\ Cu(s) + 2Fe^{3+}(aq)$

(A) 0.02 V　　　　(B) 0.38 V　　　　(C) 0.45 V　　　　(D) 0.64 V

【108 慈濟(1)】

【詳解】B

$$\underbrace{Fe^{3+} + e^- \rightarrow Fe^{2+}}_{+0.76V} + \underbrace{2e^- \rightarrow Fe}_{-0.44V}$$

電位差是一種反應趨勢的量化結果，沒有加成性！

需利用能量具有加成性：

$Fe^{3+} + e^- \rightarrow Fe^{2+}$　$E^0 = 0.76\ V$

$Fe^{2+} + 2e^- \rightarrow Fe$　$E^0 = -0.44\ V$

$Fe^{3+} + 3e^- \rightarrow Fe$　$E^0 = xV$

$3x = +0.76V \times 1 + (-0.44V \times 2) \Rightarrow x = -0.04V$

$3Cu^{2+} + 6e^- \rightarrow 3Cu$　　　$E^0 = +0.34V$（方程式xn倍，電位差不變）

$2Fe \rightarrow 2Fe^{3+} + 6e^-$　　　$E^0 = +0.04V$（方程式xn倍，電位差不變）

則：$3Cu^{2+} + 2Fe \rightarrow 3Cu + 2Fe^{3+}$，$\Delta E^0 = (+0.34V) + (+0.04V) = +0.38V$

26. 乙醇燃料電池是將化學能轉為電能，電池的放電反應式如下：

$C_2H_5OH(l) + 3O_2(g) \rightarrow 2CO_2(g) + 3H_2O(l)$　　　$E^0 = 1.14\ V$

若燃料電池消耗 1.0 莫耳乙醇，最多約能作多少功？

(A) 2.2×10^3 kJ　　　(B) 3.3×10^2 kJ　　　(C) 6.6×10^2 kJ　　　(D) 1.3×10^3 kJ

【108 慈濟(12)】

【詳解】D

$$最大功(w) \Rightarrow \Delta G^0 = -nF\varepsilon^0_{cell} = -12 \times 96500 \times +1.14V \times \frac{1\,kJ}{1000\,J} = -1320\ kJ$$

27. 假設原子序 119 的新元素 Q 為一穩定元素，若根據化學元素的週期性，預測 Q 的性質。下列敘述，哪一項較可能？

（提示：鋇與鐳的原子序分別為 56 與 88，鋇、鐳與鈹同族）

(A) Q 為非金屬元素　　　(B) Q 與水反應形成 $Q(OH)_3$

(C) Q 與水反應產生氫氣　(D) Q 所形成的碳酸鹽，其化學式為 QCO_3

【108 慈濟(36)】

【詳解】C

第七週期最後一個元素原子序為 118，故原子序 119 新元素應屬於第八週期第 1 族元素。

(A)應為金屬元素　　(B)應形成 QOH　　(D)應為 Q_2CO_3

---

28. 有一伽凡尼電池 (galvanic cell)其一端使用鋁電極並使用 1 M 硝酸鋁水溶液作為電解質；另一端使用鉛電極並使用 1 M 硝酸鉛水溶液作為電解質。兩電極水溶液之間則是以氯化鉀 鹽橋進行連接。下列何者為此電池之總反應？

(A) $Pb_{(s)} + Al^{3+}_{(aq)} \rightarrow Pb^{2+}_{(aq)} + Al_{(s)}$

(B) $3\ Pb_{(s)} + 2\ Al^{3+}_{(aq)} \rightarrow 3\ Pb^{2+}_{(aq)} + 2Al_{(s)}$

(C) $3\ Pb^{2+}_{(aq)} + 2\ Al_{(s)} \rightarrow 3\ Pb_{(s)} + 2\ Al^{3+}_{(aq)}$

(D) $Pb^{2+}_{(aq)} + Al_{(s)} \rightarrow Pb_{(s)} + Al^{3+}_{(aq)}$

【108 私醫(45)】

【詳解】C

電化學電池其標示為：$Al_{(s)} \mid Al^{3+}_{(aq)} \parallel Pb^{2+}_{(aq)} \mid Pb_{(s)}$ 【活性：Al > Pb】

（－）陽極：$Al_{(s)} \rightarrow Al^{3+}_{(aq)} + 3e^-$

（＋）陰極：$Pb^{2+}_{(aq)} + 2e^- \rightarrow Pb_{(s)}$

全反應：$3\ Pb^{2+}_{(aq)} + 2\ Al_{(s)} \rightarrow 3\ Pb_{(s)} + 2\ Al^{3+}_{(aq)}$

---

29. 若一伏打電池 (voltaic cell)的反應中 ，其 $\Delta H°$ 與 $\Delta S°$皆為正值，下列何項敘述為真？

(A) E_{cell} 隨溫度增加而增加　　　(B) E_{cell} 隨溫度增加而降低

(C) E_{cell} 不隨溫度改變　　　　　(D) 任何溫度下，其 ΔG 皆為負值

【108 私醫(46)】

【詳解】A

ΔH^0	ΔS^0	ΔG^0	ΔE_{cell}
+	+	在高溫下為自發反應	↑

---

30. 已知半反應 $6\,OH^- + Br^- \rightarrow BrO_3^- + 3\,H_2O + 6\,e^-$，$E° = -0.61\,V$ 及 $2\,OH^- + Br^-$ $\rightarrow BrO^- + H_2O + 2\,e^-$，$E° = -0.76\,V$。試計算 $BrO^- + 4\,OH^- \rightarrow BrO_3^- + 2\,H_2O$ $+ 4\,e^-$ 之 $E°$ 值為何？

(A) 0.15 V   (B) -0.15 V   (C) 0.53 V   (D) -0.53 V

【108 私醫(47)】

【詳解】D

$$\overset{+0.61V}{\overbrace{BrO_3^- + 4e^- \underset{xV} {\longrightarrow} \underset{+0.76V}{\underbrace{BrO^- + 2e^- \longrightarrow Br^-}}}}$$

電位差是一種反應趨勢的量化結果，沒有加成性！

需利用能量具有加成性：

$6\,OH^- + Br^- \rightarrow BrO_3^- + 3\,H_2O + 6\,e^-$，$E° = -0.61\,V$

$2\,OH^- + Br^- \rightarrow BrO^- + H_2O + 2\,e^-$，$E° = -0.76\,V$

$BrO^- + 4\,OH^- \rightarrow BrO_3^- + 2\,H_2O + 4\,e^-$，$E° = -x\,V$

$6 \times (+0.61V) = +0.76V \times 2 + (-xV \times 4) \Rightarrow x = -0.535V$

---

31. When the permanganate ion, MnO_4^-, acts as an oxidizing agent which forms different products depending on the pH of the solution. Which species corresponding to the conditions listed below is **correct**?

	Acid	Basic	Neutral
A	Mn^{2+}	$Mn(OH)_2$	MnO_2
B	Mn^{2+}	MnO_4^{2-}	MnO_2
C	MnO_2	MnO_4^{2-}	$Mn(OH)_2$
D	Mn^{2+}	$Mn(OH)_2$	MnO_4^{2-}
E	MnO_2	$Mn(OH)_2$	MnO_4^{2-}

(A) A   (B) B   (C) C   (D) D   (E) E

【107高醫(75)】

【詳解】B

$$MnO_4^- + 8\,H^+ + 5\,e^- \xrightarrow{\text{酸}} \underset{(\text{粉紅})}{Mn^{2+}} + 4\,H_2O$$

$KMnO_4$ $\begin{cases} \end{cases}$

$$MnO_4^- + 2H_2O + 3e^- \xrightarrow{\text{中性或微鹼}} \underset{(\text{褐})}{MnO_2} + 4\,OH^-$$

$$MnO_4^- + e^- \xrightarrow{\text{強鹼}} \underset{(\text{綠})}{MnO_4^{2-}}$$

---

32. Consider the galvanic cell shown below (the contents of each half-cell are written beneath each compartment). The standard reduction potentials are as follows:

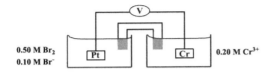

0.50 M Br₂
0.10 M Br⁻　　Pt　　Cr　　0.20 M Cr³⁺

$$Cr^{3+} + 3e^- \rightarrow Cr(s) \qquad E° = -0.73\ V$$
$$Br_{2(aq)} + 2e^- \rightarrow 2Br^- \qquad E° = +1.09\ V$$

Which of the following statements about this cell is incorrect?

(A) The value of E° for this cell is 1.82 V

(B) Electrons flow from the Cr electrode to the Pt electrode.

(C) Reduction occurs at the Cr electrode.

(D) The cell is not at standard conditions.

(E) The value of E for this cell at 25°C should larger than 1.82 V.

【107 高醫(87)】

【詳解】C

(A)陽極：$2Cr_{(s)} \rightarrow 2Cr^{3+}_{(aq)} + 6e^-$　　　　　　$E^0 = 0.73\ V$

　　陰極：$6e^- + 3Br_{2(l)} \rightarrow 6Br^-_{(aq)}$　　　　　　$E^0 = 1.09\ V$

　　全：$2Cr_{(s)} + 3Br_{2(l)} \rightarrow 2Cr^{3+}_{(aq)} + 6Br^-_{(aq)}$　$E_{cell}^o = 1.82\ V$

(B)電子流必由陽極經外電路至陰極（正確）

(C)陽極為氧化端（故錯誤）

(D)電池或電解標準狀態：壓力：1atm；溫度：298K；離子濃度：1M

(E)代入能士特方程式：1.88V

33. A galvanic cell consists of two half-reactions:

$Cl_{2(g)} + 2\,e^- \rightarrow 2\,Cl^-_{(aq)}$ $E^\circ = 1.36\ V$

$Fe^{3+}_{(aq)} + e^- \rightarrow Fe^{2+}_{(aq)}$ $E^\circ = 0.77\ V$

What is the maximum work can be obtained from this cell at standard condition?

(Faraday constant = 96500 C mol^{-1})

(A) 173.7 kJ   (B) 347.4 kJ   (C) 569.4 kJ

(D) 113.9 kJ   (E) None of the above.

【107 高醫(88)】

【詳解】D

Key：最大功意旨求 $\triangle G^0$

陽極：$2Fe^{2+} \rightarrow 2Fe^{3+} + 2e^-$ $E^\circ = -0.77\ V$

陰極：$Cl_2 + 2e^- \rightarrow 2Cl^-$ $E^\circ = 1.36\ V$

全：$Cl_2 + 2Fe^{2+} \rightarrow 2Fe^{3+} + 2Cl^-$ $E_{cell}^\circ = 0.59\ V$

$\Delta G^\circ(maximum\ work) = -nFE^\circ = -2 \times 96500 \times 0.59 \times \dfrac{1kJ}{1000J} = 113.9\ kJ$

34. 下列何者最不可能作為氧化劑？

(A) S^{2-} (B) H^+ (C) H_2O_2 (D) Br_2

【107 義守(3)】

【詳解】A

(A)硫離子 S^{2-} 已達最低氧化態，適合當還原劑：$S^{2-} \rightarrow S + 2e^-$

(B)$2H^+ + 2e^- \rightarrow H_2$

(C)$H_2O_2 + 2\,H^+ + 2\,e^- \rightarrow 2\,H_2O$

(D) $Br_2 + 2\,e^- \rightarrow 2Br^-$

35. 下列哪一鹵素(X_2)不可由其 NaX 之酸性溶液經 MnO_2 氧化而製得？

(A) I_2 (B) Br_2 (C) Cl_2 (D) F_2

【107 義守(41)】

【詳解】D

F_2 為元素中氧化力最強者，不能以一般氧化還原置換製備。

需以 $HF_{(g)}$ 為原料 $KF_{(s)}$ 共熔後電解。

36. 有 A、B、C、D 四種不同元素，如果
    $A + CO \rightarrow AO + C$　　$B + DO \rightarrow BO + D$　　$C + BO \rightarrow CO + B$
    請問哪一元素的氧化物最安定？
    (A) A　　　　　　(B) B　　　　　　(C) C　　　　　　(D) D

    【107 義守(48)】

【詳解】A
　Key：哪一元素的氧化物最安定意旨：元素活性最大
　故：$AO > CO$; $BO > DO$; $CO > BO$
　　　$\Rightarrow$　$AO > CO > BO > DO$

37. 有一化學電池的總反應：
    $3Ag(s) + NO_3^-(aq) + 4H^+(aq) \rightarrow 3Ag^+(aq) + NO(g) + 2H_2O(l)$
    陽極半反應：$Ag(s) \rightarrow Ag^+(aq) + e^-$　　　　　　　　　　$E° = -0.7990\ V$
    陰極半反應：$NO_3^-(aq) + 4H^+(aq) + 3e^- \rightarrow NO(g) + 2H_2O(l)$　$E° = 0.9644\ V$
    請問此電池的標準電動勢 (standard cell potential) 是？
    (A) –1.7634 V　　　(B) 0.1654 V　　　(C) 2.0942 V　　　(D) 3.5268 V

    【107 慈濟(17)】

【詳解】B
　陽極：$3Ag(s) \rightarrow 3Ag^+ + 3e^-$　　　　　　　　　　$E^0 = -0.7990\ V$
　陰極：$NO_3^-(aq) + 4H^+(aq) + 3e^- \rightarrow NO(g) + 2H_2O(l)$　$E^0 = +0.9644\ V$
───────────────────────────────────────
　全：$3Ag(s) + NO_3^-(aq) + 4H^+(aq) \rightarrow 3Ag^+(aq) + NO(g) + 2H_2O(l)$
　　$E^o_{cell} =$ 陽極氧化電位＋陰極還原電位
　　　　$= -0.799V + 0.9644\ V = 0.1654\ V$

38. 兩金屬離子的還原電位如下：
    $Au^{3+} + 3e^- \rightarrow Au,$　　　$E° = +1.50\ V$
    $Ni^{2+} + 2e^- \rightarrow Ni,$　　　$e° = -0.229\ V$
    請問下列反應的自由能 ΔG^0 (25℃時) 為何？
    $2Au^{3+} + 3Ni \rightarrow 3Ni^{2+} + 2Au$
    (A) 1.67×10^2 kJ　　(B) -7.36×10^2 kJ　　(C) -1.67×10^2 kJ　　(D) -1.00×10^3 kJ

    【107 慈濟(18)】

【詳解】D

陽極：$3Ni \rightarrow 3Ni^{2+} + 6e^-$ $E^0 = +0.229$ V

陰極：$2Au^{3+} + 6e^- \rightarrow 2Au$ $E^0 = +1.50$ V

全：$3Ni + 2Au^{3+} \rightarrow 2Ni^{2+} + 2Au$ $E_{cell}^0 = 1.729$ V

根據能士特方程式：

$$\Delta G^0 = -nFE_{cell}^o = -6 \times 96500 \times 1.729 \times \frac{1kJ}{1000J} = -1.00 \times 10^3 \text{ kJ}$$

---

39. 下列化合物中，氮(N) 原子的氧化數 (oxidation state) 都不相同：

    K_3N , N_2H_4 , NH_2OH , $Ca(NO_3)_2$, N_2O_3。以上五種化合物中，

    氮原子的氧化數由大到小的排列順序為：

(A) $K_3N > N_2H_4 > Ca(NO_3)_2 > NH_2OH > N_2O_3$

(B) $NH_2OH > N_2H_4 > K_3N > Ca(NO_3)_2 > N_2O_3$

(C) $N_2O_3 > Ca(NO_3)_2 > K_3N > N_2H_4 > NH_2OH$

(D) $Ca(NO_3)_2 > N_2O_3 > NH_2OH > N_2H_4 > K_3N$

【107 慈濟(22)】

【詳解】D

(D) $Ca(\underline{N}O_3)_2 > \underline{N}_2O_3 > \underline{N}H_2OH > \underline{N}_2H_4 > K_3\underline{N}$

       +5   +3   −1   −2   −3

---

40. 已知下列半反應的標準還原電位 $E°$：

    $Ag^+ + e^- \rightarrow Ag$ $E° = 0.80$ V

    $Mn^{2+} + 2e^- \rightarrow Mn$ $E° = -1.18$ V

    求電池反應 $2Ag^+ + Mn \rightarrow 2Ag + Mn^{2+}$ 的標準電池電位為何？

(A) 2.78 V   (B) 1.98 V   (C) 0.42 V   (D)−0.38 V

【107 私醫(26)】

【詳解】B

$\Delta \varepsilon^0 = 0.8V + (1.18V) = 1.98V$（電位差與係數無關）

---

41. 下列哪一個物質和水反應不會產生氫氣？

    (A) $CaO_{(s)}$ (B) $Na_{(s)}$ (C) $LiAlH_{4(s)}$ (D) $MgH_{2(s)}$

【107 私醫(27)】

【詳解】A

(A) $CaO + H_2O \rightarrow Ca(OH)_2$

(B) $Na + H_2O \rightarrow NaOH + 1/2H_2$

(C) $LiAlH_4 + 4H_2O \rightarrow LiOH + 4H_2 + Al(OH)_3$

(D) $MgH_2 + 2H_2O \rightarrow Mg(OH)_2 + H_2$

---

42. 下列哪一種類的元素有可能是最強的氧化劑?

    (A) 鹼金屬(alkali metals)   (B) 過渡金屬(transition metals)

    (C) 鹼土金屬(alkaline earth metals)   (D) 鹵素(halogens)

【107 私醫(32)】

【詳解】D

(1) 氧化劑:本身還原反應,鹵素得電子能力為同週期最強。

(2) 還原劑:本身氧化反應,金屬為最佳解。

---

43. 氫(hydrogen)可以具有哪些氧化態?

    (A) -1、0 和 +1   (B) 只有 +1   (C) 0 和 +1   (D) -1 和 +1

【107 私醫(46)】

【詳解】A

氫分子元素態= 0

化合物中氫原子氧化數:

(a) 大部分為 H^+（意指為 +1）

(b) 金屬氫化物中 H 為 -1（H 的 EN = 2.1,金屬的 EN $\leq$ 2.1 居多 ）

---

44. Which of the statements below correctly describes the combustion of glucose,

    shown below? $C_6H_{12}O_6 + 6O_2 \rightarrow 6CO_2 + 6H_2O$

    (A) Hydrogen in $C_6H_{12}O_6$ is being reduced

    (B) Oxygen in O_2 is being oxidized

    (C) Hydrogen in $C_6H_{12}O_6$ is the reducing agent

    (D) Oxygen in $C_6H_{12}O_6$ is the oxidizing agent

    (E) Carbon in $C_6H_{12}O_6$ is being oxidized.

【106 高醫(62)】

【詳解】E

(1) $C_6H_{12}O_6$ 中 C 原子平均氧化數 0 → CO_2 中 C 原子氧化數為+4。

故 $C_6H_{12}O_6$ 中的 C 原子被氧化。

(2) $C_6H_{12}O_6$ 中的 H 原子與氧原子，經反應不氧化也不還原。

(3) O_2 被還原。

---

45. How long will it take to produce 18.2 g of Ag (atomic mass = 107.87 amu) from a solution of $AgNO_3$ using a current of 10.00 amp? (F = 96500 C/mol)

(A) 3.26×10^3 s   (B) 8.14×10^2 s   (C) 4.88×10^3 s

(D) 1.63×10^3 s   (E) 5.43×10^3 s

【106 高醫(79)】

【詳解】D

根據法拉第電解定律：$n \times \dfrac{\Delta W}{M} = \dfrac{Q}{F}$

$\Rightarrow 1 \times \dfrac{1.82\ g}{107.87(g/mol)} = \dfrac{10A \times time\ (s)}{96500\ coul/mol}$ （M 金屬價數為 1，故 n = 1）

$\Rightarrow time = 1.63 \times 10^3 s \ldots$ 選 D

---

46. Calculate $E°_{cell}$ and indicate whether the overall reaction shown is spontaneous or nonspontaneous.

$Co^{3+}_{(aq)} + e^- \rightarrow Co^{2+}_{(aq)}$ $E° = 1.82$ V

$MnO_4^-_{(aq)} + 2H_2O_{(l)} + 3e^- \rightarrow MnO_{2(s)} + 4OH^-_{(aq)}$ $E° = 0.59$ V

Overall reaction:

$MnO_4^-_{(aq)} + 2H_2O_{(l)} + 3Co^{2+}_{(aq)} \rightarrow MnO_{2(s)} + 3Co^{3+}_{(aq)} + 4OH^-_{(aq)}$

(A) $E°_{cell} = -1.23$ V, spontaneous   (B) $E°_{cell} = -1.23$ V, nonspontaneous

(C) $E°_{cell} = 1.23$ V, spontaneous   (D) $E°_{cell} = 1.23$ V, nonspontaneous

(E) $E°_{cell} = -0.05$ V, nonspontaneous

【106 高醫(81)】

【詳解】B

$Co^{2+}_{(aq)} \rightarrow Co^{3+}_{(aq)} + e^-$ $E° = -1.82V$

$+ \ MnO_4^-_{(aq)} + 2H_2O_{(l)} + 3e^- \rightarrow MnO_{2(s)} + 4OH^-_{(aq)}$ $E° = 0.59V$

$\Rightarrow MnO_4^-_{(aq)} + 2H_2O_{(l)} + 3Co^{2+}_{(aq)} \rightarrow MnO_{2(s)} + 3Co^{3+}_{(aq)} + 4OH^-_{(aq)}$

$E°_{cell} = -1.82V + 0.59V = -1.23V < 0$ （非自發 nonspontaneous）

47. 根據下列各反應式，何者為最強的還原劑？

$Cl_2 + 2e^- \rightarrow 2Cl^-$，$E° = +1.36 \text{ V}$

$Mg^{2+} + 2e^- \rightarrow Mg$，$E° = -2.37 \text{ V}$

$2H^+ + 2e^- \rightarrow H_2$，$E° = 0.00 \text{ V}$

(A) Mg　　　(B) Mg^{2+}　　　(C) H_2　　　(D) Cl_2　　　(E) Cl^-

【106 中國醫(26)】

【詳解】A

強還原劑即具有高氧化電位，題目中數據為還原電位。

若將為上述反應寫為逆反應即得各反應氧化電位

氧化電位大小：Mg (2.37V)＞H_2 (0.00V)＞Cl^- (-1.36V)

48. 使用 4.0 安培的電流電解熔融鹽 MCl，通電 16.0 分鐘產生 1.56 公克金屬，這個金屬 M 是？（法拉第常數 F = 96500 C/mol）

(A) Li（原子量 6.94 g/mol）　　　(B) Na（原子量 22.99 g/mol）

(C) K（原子量 39.10 g/mol）　　　(D) Rb（原子量 85.47 g/mol）

【106 義中醫(19)】

【詳解】C

根據法拉第電解定律：$n \times \dfrac{\Delta W}{M} = \dfrac{Q}{F}$

$\Rightarrow 1 \times \dfrac{1.56 \text{ g}}{M(\text{g/mol})} = \dfrac{4A \times 16 \text{ min} \times 60 \text{ s/min}}{96500 \text{ coul/mol}}$　（M 金屬價數為 1，故 n = 1）

$\Rightarrow M = 39.20 \approx 39.10 \text{ g/mol} \dots$ 選 C

49. 在賈凡尼電池(galvanic cell)中，

$Al(s) \mid Al^{3+}(aq, 1.0 \text{ M}) \parallel Cu^{2+}(aq, 1.0 \text{ M}) \mid Cu(s)$。下面何者會增加電池的電位 (cell potential)？

I. 稀釋Al^{3+}溶液至0.0010 M。

II. 稀釋Cu^{2+}溶液至0.0010 M。

III. 增加Al(s)電極的表面積。

(A)只有I　　　(B)只有II　　　(C)只有III　　　(D)只有I 和III

【106 慈中醫(2)】

【詳解】A

方程式：$2Al + 3Cu^{2+} \rightarrow 3Cu + 2Al^{3+}$

根據勒沙特列原理：

I：生成物 Al^{3+} 濃度下降，平衡向右，電池電位增加。

II：反應物 Cu^{2+} 濃度下降，平衡向左，電池電位下降。

III：增加金屬（固體）表面積，不影響電池電位。

---

50. 利用下表預估以下反應的標準電池電位應為多少？

$$Sn^{2+}_{(aq)} + 2Fe^{3+}_{(aq)} \rightarrow 2Fe^{2+}_{(aq)} + Sn^{4+}_{(aq)}$$

Half-reaction	E^0(V)
$Cr^{3+}_{(aq)} + 3e^- \rightarrow Cr_{(s)}$	-0.74
$Fe^{2+}_{(aq)} + 2e^- \rightarrow Fe_{(s)}$	-0.440
$Fe^{3+}_{(aq)} + e^- \rightarrow Fe^{2+}_{(aq)}$	$+0.771$
$Sn^{4+}_{(aq)} + 2e^- \rightarrow Sn^{2+}_{(aq)}$	$+0.154$

(A) +1.388　　　(B) +0.617　　　(C) -0.255　　　(D) +0.925

【106 慈中醫(22)】

【詳解】B

電位的性質：

(1) 半反應方向逆寫時，由還原半反應變成氧化半反應，其電位須乘以 -1。

(2) 當半反應的係數乘上某一倍數時，其還原電位不變。

∵還原電位是物質得到電子的趨勢，**不因莫耳數多寡而改變**。

$2Fe^{3+} + 2e^- \rightarrow 2Fe^{2+}$　　　　$E^0 = +0.771V$

$Sn^{2+} \rightarrow Sn^{4+} + 2e^-$　　　　$E^0 = -1.54V$

則：$Sn^{2+}_{(aq)} + 2Fe^{3+}_{(aq)} \rightarrow 2Fe^{2+}_{(aq)} + Sn^{4+}_{(aq)}$，

$\triangle E^0 = (+0.771V) + (-1.54V) = 0.617V$

51. 對於滴定反應 A + B → C，其中 A=分析物、B =滴定劑、C =產物，根據下表吸光度的訊息，用分光光度計以 550 nm 為光源偵測滴定溶液，請問下面哪一個圖形最可能是滴定曲線？

物質	吸收波長 (nm)
A	400-600, 700-800
B	< 400, 500-700
C	< 400

(A)

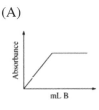

(B)

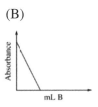

(C)

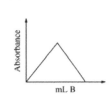

(D)

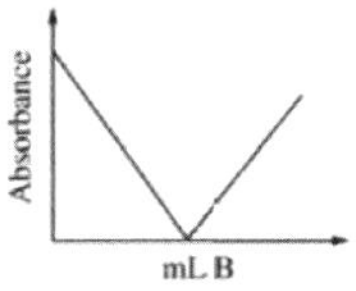

【106 慈中醫(21)】

【詳解】D

分析物 A 吸收波長(nm)在 400-600，700-800；滴定劑 B 吸收波長在 < 400, 500-700。皆是分光光度計 550 nm 可偵測範圍。

產物 C 吸收波長在< 400 nm，不在此範圍。

(1) 滴定前只有 A，吸收度最高。

(2) 開始滴定後，A 與 B 反應產生 C，產物 C 吸收光不在 550 nm 範圍，此範圍吸收度隨 B 加入的量，呈現向下直線。

(3) A 與 B 剛好完全反應時(即當量點)，此時溶液只有 C，完全沒有 550 nm 的吸收，故當量點時吸收度為零。

(4) 繼續加入 B（過當量點）在 550 nm 即有吸收。隨 B 的量增加, 吸收度再次上升, 呈現向上直線。

綜合以上敘述(D)為最佳解。

52. 如圖，鹼性燃料電池消耗氫氣和純氧，生成可以飲用的水、熱和電力。
它是燃料電池中效率最高的，可高達 70%。關於氫氧燃料電池的敘述何者
為真？

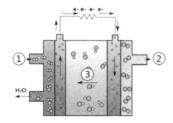

(A)產生電力是因為氫氣和氧氣藉由電子點火反應而產生的
(B)在陽極，氧氣①與 KOH 進行氧化反應生成水和釋放出電子
(C)在陰極，氫氣②進行還原反應，生成氫氧根再與碳酸根離子共存
(D)氫氧化鉀③溶液在電池中是可以流動，形成電解質循環迴路

【106 私醫(28)】

【詳解】D
(1) **定義**：
燃料電池是一種將化學能直接轉變成電能的裝置，不需充電，只要連續
補充燃料及氧化劑，即可連續運轉發電。燃料與氧化劑不可混合，而是
分別進入電池的陽極與陰極以產生反應。

(2) **鹼性電解質之氫氧燃料電池**：以約 30% *KOH* 為電解質
　(A) **電極**：
以覆蓋鉑或鎳的多孔性碳板為電極，比較特別的是兩電極可用同種金屬
（因為兩極均為非活性電極，並不參與反應），且皆需經過催化劑的作用
以提升反應率。

　(B) **半電池反應**：
陽（－）極：$H_{2(g)} + 2\,OH^-_{(aq)} \rightarrow 2\,H_2O_{(l)} + 2\,e^-$
陰（＋）極：$1/2\,O_{2(g)} + H_2O_{(l)} + 2\,e^- \rightarrow 2\,OH^-_{(aq)}$
全反應：$H_{2(g)} + 1/2\,O_{2(g)} \rightarrow H_2O_{(l)}$，可放出 **2** 個法拉第的電量。

53. 在 $Br_2 + Na_2CO_3 \rightarrow NaBr + NaBrO_3 + CO_2$(未平衡)的氧化還原反應中，下列敘述何者為真？
   (A)Na_2CO_3 為還原劑
   (B)氧化半反應為 $CO_3^{2-} \rightarrow 1/2O_2 + CO_2 + 2e^-$
   (C)當氧化劑的 Br_2 為所有 Br_2 參與反應的 16.7%
   (D)平衡反應式的最簡單係數總和為 15

【106 私醫(30)】

【詳解】D
鹵素 X_2（Cl_2,Br_2,I_2）在鹼性（OH^-）溶液下會自身氧化還原，各半反應如下：
氧化半反應：$12OH^- + Br_2 \rightarrow 2BrO_3^- + 6H_2O + 10e^-$）× 1
還原半反應：$Br_2 + 2e^- \rightarrow 2Br^-$）× 5
全反應式：$3Br_2 + 6OH^- \rightarrow BrO_3^- + 5Br + 3H_2O$
此反應：$3Br_2 + 3Na_2CO_3 \rightarrow 5NaBr + 1NaBrO_3 + 3CO_2$
【註】：$CO_3^{2-} + H_2O \rightleftharpoons \underline{OH^-} + HCO_3^-$
(A)Na_2CO_3 提供鹼性溶液環境
(B) 氧化半反應為：$12OH^- + Br_2 \rightarrow 2BrO_3^- + 6H_2O + 10e^-$

(C) 氧化劑（本身還原）：$\dfrac{5Br^-}{3Br_2} = \dfrac{5個Br}{6個Br} \times 100\% = 83.3\%$

(D)$3 + 3 + 5 + 1 + 3 = 15$

54. 在酸性條件下，平衡下列的氧化還原反應後，各項係數的總和值為多少？
   $CH_3OH_{(aq)} + Cr_2O_7^{2-}{}_{(aq)} \rightarrow CH_2O_{(aq)} + Cr^{3+}{}_{(aq)}$
   (A)15　　(B)18　　(C)24　　(D)9

【106 私醫(32)】

【詳解】C
$3CH_3OH_{(aq)} + 1Cr_2O_7^{2-}{}_{(aq)} + 8H^+{}_{(aq)} \rightarrow 3CH_2O_{(aq)} + 2Cr^{3+}{}_{(aq)} + 7H_2O_{(l)}$
各項係數的總和：$3 + 1 + 8 + 3 + 2 + 7 = 24$

55. 下列試劑中，何者可在標準狀態下，將 H_2O 氧化成 $O_{2(g)}$？
(A)$H^+_{(aq)}$　　　(B)$Cl^-_{(aq)}$　　　(C)$MnO_4^-_{(aq)}$(酸性)　　　(D)$Cu^{2+}_{(aq)}$
【106 私醫(45)】

【詳解】C
H_2O 氧化成 O_2，顯然需與氧化劑反應
(C)(D)皆可當氧化劑，在標準狀態下，$MnO_4^-_{(aq)}$ 酸性氧化力夠強，
可將 H_2O 氧化成 O_2。

56. 以下列還原半反應與電位判斷下列反應何者為自發反應？

$Na^+ + e^- \rightarrow Na$　　　　　　$E^0 = -2.71V$
$Fe^{3+} + 3e^- \rightarrow Fe$　　　　　$E^0 = -0.04\ V$
$Hg_2Cl_2 + 2e^- \rightarrow 2Hg + 2Cl^-$　　$E^0 = 0.27\ V$
(A)$3Na^+ + Fe \rightarrow Fe^{3+} + 3Na$　　(B)$2Fe^{3+} + 6Hg + 6Cl^- \rightarrow 3Hg_2Cl_2 + 2Fe$
(C)$Fe^{3+} + 3Na \rightarrow 3Na^+ + Fe$　　(D)$2Na^+ + 2Hg + 2Cl^- \rightarrow Hg_2Cl_2 + 2Na$
【106 私醫(46)】

【詳解】C
$E_{cell}^0 > 0$ 即反應為自發
(A) $3Na^+ + Fe \rightarrow Fe^{3+} + 3Na$　　　$E_{cell}^0 = -2.71V + 0.04V = -2.67V$
(B) $2Fe^{3+} + 6Hg + 6Cl^- \rightarrow 3Hg_2Cl_2 + 2Fe$　$E_{cell}^0 = -0.04V - 0.27V = -0.31V$
(C) $Fe^{3+} + 3Na \rightarrow 3Na^+ + Fe$　　　$E_{cell}^0 = -0.04V + 2.71V = +2.67V$
(D) $2Na^+ + 2Hg + 2Cl^- \rightarrow Hg_2Cl_2 + 2Na$　$E_{cell}^0 = -2.71V - 0.27V = -2.98V$

57. 以 $HF_{(g)}$ 為原料，可經由下列哪一種方法製備 $F_{2(g)}$？
(A)與 $KF_{(s)}$ 共熔後電解　　　(B)以 $KMnO_{4(aq)}$ 氧化
(C)以 $HNO_{3(aq)}$ 氧化　　　(D)將 $HF_{(g)}$ 通入水中後電解
【106 私醫(48)】

【詳解】A
(1) 氟為元素中最強的氧化劑，因此不能用氧化劑將其由 F^- 氧化而得
　　故電解熔鹽中的 $HF_{(l)}$ 製備之
(2) $HF_{(l)}$ 不能被電解，因 $HF_{(l)}$ 以氫鍵形成 $(HF)_x$ 之聚合物，不能導電。
　　所以先將 $HF_{(l)}$ 溶於 $KF_{(l)}$ 熔鹽中形成 $KHF_{2(l)}$ 以產生 $K + HF_2^-$ 而導電
　　方程式：$2HF(\ KF\ 熔鹽\ ) \rightarrow H_2(陰極) + F_2(陽極)$

58. 以碳棒為電極，下列哪些化合物的水溶液在電解後 pH 值會上升？
   (A)$CuSO_4$　　　(B)K_2SO_4　　　(C)$AgNO_3$　　　(D)KI

【106 私醫(50)】

【詳解】D

選項	方程式	備註
(A)	陽極：$H_2O \rightarrow 1/2O_2 + 2H^+ + 2e^-$ 陰極：$Cu^{2+} + 2e^- \rightarrow Cu$	陽極產生 H^+，pH 值會下降
(B)	陽極：$H_2O \rightarrow 1/2O_2 + 2H^+ + 2e^-$ 陰極：$2H_2O + 2e^- \rightarrow H_2 + 2OH^-$	K_2SO_4 為中性鹽且全反應視為電解水，pH 值不變
(C)	陽極：$H_2O \rightarrow 1/2O_2 + 2H^+ + 2e^-$ 陰極：$Ag^+ + e^- \rightarrow Ag$	陽極產生 H^+，pH 值會下降
(D)	陽極：$2I^- \rightarrow I_2 + 2e^-$ 　　　$(I^- + I_2 \rightleftharpoons I_3^-)$ 陰極：$2H_2O + 2e^- \rightarrow H_2 + 2OH^-$	陰極產生 OH^-，pH 值會上升

59. 下列物質中，何者為最強的氧化劑？
   (A) O_2^+　　(B) O_2　　(C) O_2^-　　(D) O_2^{2-}　　(E) OH^-

【105 中國醫(14)】

【詳解】A

氧化劑為本身還原者，選項中(A)最缺電子，是各項中最強氧化劑。

60. 有關正在使用中的伏打電池（voltaic cell），下列敘述何者正確？
   (A) $\Delta G > 0$；$E = 0$　　　(B) $\Delta G < 0$；$E < 0$　　　(C) $\Delta G = 0$；$E > 0$
   (D) $\Delta G < 0$；$E > 0$　　　(E) $\Delta G > 0$；$E > 0$

【105 中國醫(22)】

【詳解】D

自發性反應	電動勢 ε	電池電功 w	標準自由能 ΔG^0	宇宙熵變化 ΔS_{univ}
	>0	<0	<0	>0

61. 下列有關氧化還原反應 (oxidation-reduction reactions) 和酸鹼反應
   (acid-base reactions) 的敘述中，何者**有誤**？
   (A)化學反應中涉及原子的氧化數 (oxidation number) 改變之反應稱為
   　　氧化還原反應
   (B)根據路易士 (Lewis) 酸鹼定義，鹼提供電子，酸接受電子
   (C)BF_3 和 NF_3 反應生成 $F_3B：NF_3$ 是酸鹼反應，從形式電荷
   　　（formal charge） 的觀點來看，也可視為氧化還原反應
   (D)在 NaO_2 中的氧原子其氧化數是 -2
   (E)氧原子的氧化數在從 CO 氧化成 CO_2 過程中並沒有改變

   【105 中國醫(40)】

【詳解】D

(A)(B)分別為氧化還原＆路易士酸鹼定義，正確。

(C)BF_3 中的 B 原子形式電荷為 0，經反應後，形式電荷為 -1，視為還原反應
　　NF_3 中的 N 原子形式電荷為 0，經反應後，形式電荷為 $+1$，視為氧化反應

(D)NaO_2 為超氧化物，O 的氧化數平均為 $-1/2$

(E)$CO \rightarrow CO_2$ 中只有 C 原子氧化數由 $+2 \rightarrow +4$，但 O 原子不變。

62. 下列何者屬於氧化還原反應？
   I. $Zn_{(s)} + Cu^{2+}_{(aq)} \rightarrow Zn^{2+}_{(aq)} + Cu_{(s)}$
   II. $2\,Na_{(s)} + Cl_{2(aq)} \rightarrow 2NaCl_{(s)}$
   III. $2\,Mg_{(s)} + O_{2(g)} \rightarrow 2\,MgO$
   (A) 僅 I 和 II　　(B) 僅 I 和 III　　(C) 僅 II 和 III　　(D) I, II 和 III 皆是

   【105 義中醫(34)】

【詳解】D

判斷氧化還原反應：
(1) 方程式中具有元素的消耗或生成必是
(2) 化學反應中涉及原子的氧化數 (oxidation number) 改變者。
　　故：(I)、(II)、(III)皆符合。

63. 由以下的半反應之還原電位，推測何者為最強之還原劑 (reducing agents)

$$MnO_4^{-}{}_{(aq)} + 8H^+{}_{(aq)} + 5e^- \rightarrow Mn^{2+}{}_{(aq)} + 4\ H_2O \qquad E^o_{red} = +1.15V$$

$$Fe^{3+}{}_{(aq)} + e^- \rightarrow Fe^{2+}{}_{(aq)} \qquad E^o_{red} = +0.77\ V$$

$$2H^+{}_{(aq)} + 2e^- \rightarrow H_{2(g)} \qquad E^o_{red} = 0.00\ V$$

(A) Fe^{3+}　　(B) Fe^{2+}　　(C) H_2　　(D) Mn^{2+}

【105 慈中醫(42)】

【詳解】C

強還原劑即具有高氧化電位，題目中數據為還原電位。

若將為上述反應寫為逆反應即得各反應氧化電位

氧化電位大小：$H_2\,(0.00V) > Fe^{2+}\,(-0.77V) > Mn^{2+}\,(-1.15V)$

64. 利用反應 $2Ag^+ + Cu \rightarrow 2Ag + Cu^{2+}$ 組成電池，當 Cu 電極中通入 H_2S 氣體後，電池電動勢 (electromotive force) 將：

(A)升高　　(B)降低　　(C)不變　　(D)變化難以判斷

【105 慈中醫(43)】

【詳解】A

根據化學平衡勒沙特列原理：

Cu 電極中亦有 Cu^{2+} 離子，通入 H_2S 氣體，$S^{2-} + Cu^{2+} \rightarrow CuS_{(s)}$ 黑色沉澱

視為產物 $[Cu^{2+}]$ 下降，平衡往右，電動勢 ε 升高。

65. 試平衡離子方程式：$a\ Fe^{2+} + b\ H^+ + c\ Cr_2O_7^{2-} \rightarrow dFe^{3+} + e\ Cr^{3+} + f\ H_2O$，請問 $a+b+c+d+e+f$ 等於多少？

(A)14　　(B)25　　(C)36　　(D)42

【105 私醫(10)】

【詳解】C

方程式：$Cr_2O_7^{2-} + 6Fe^{2+} + 14H^+ \rightarrow 2Cr^{3+} + 6Fe^{3+} + 7H_2O$

係數和：$1 + 6 + 14 + 2 + 6 + 7 = 36$

66. 在下述的反應中，何者作為氧化劑？

$Cr_2O_7^{2-} + 6S_2O_3^{2-} + 14H^+ \rightarrow 2Cr^{3+} + 3S_4O_6^{2-} + 7H_2O$

(A)$Cr_2O_7^{2-}$　　(B)$S_2O_3^{2-}$　　(C)H^+　　(D)Cr^{3+}

【105 私醫(45)】

【詳解】A

氧化劑(還原反應): $Cr_2O_7^{2-} \rightarrow Cr^{3+}$

還原劑(氧化反應): $S_2O_3^{2-} \rightarrow S_4O_6^{2-}$

67. 已知下列半反應的標準還原電位 E^o：

$Ag^+ + e^- \rightarrow Ag_{(s)}$　　$E^o = 0.80 V$

$Zn^{2+} + 2e^- \rightarrow Zn_{(s)}$　　$E^o = -0.76 V$

求電池 $Zn(s)\,|Zn^{2+}(aq, 0.001\,M)\,\|\,Ag^+(aq, 0.1\,M)\,|Ag_{(s)}$ 在 25 $^{\circ}C$ 時之電池電動勢為何？

(A)2.66 V　　(B)1.59 V　　(C)1.56 V　　(D)1.53 V

【105 私醫(46)】

【詳解】B

$\varepsilon_{cell} = \varepsilon_{\text{陰極還原電位}} - \varepsilon_{\text{陽極還原電位}}$

$$= \varepsilon^0_{cell} - \frac{0.0592}{n}\log\frac{[\text{陽極電解質}]}{[\text{陰極電解質}]}\quad (n：\text{總電子數})$$

代入公式：$\varepsilon_{cell} = [+0.8V - (-0.76V)] - \dfrac{0.0592}{2}\log\dfrac{[10^{-3}M]^1}{[10^{-1}M]^2}$

$$\varepsilon_{cell} = +1.59V$$

68. 近年發展出來的新型氫氧燃料電池，主結構是由三層薄膜所疊合而成，其構造如圖。中間的薄膜為電池的電解質，是由固態超強酸聚合物製作的質子交換膜(PEM)；兩極則是附著有貴金屬觸媒的碳紙。下列有關此電池的敘述，何者正確？

(A)氫氣端應接伏特計的正極，氧氣端應接伏特計的負極

(B)氧氣在陽極反應，氫氣在陰極反應

(C)電子沿著外電路由氫氣電極向氧氣電極移動

(D)欲提高電壓，可以多組電池並聯成電池組

碳紙　PEM　碳紙

【105 私醫(48)】

【詳解】C

(A)(B)

陽（−）極：$H_{2(g)} + 2\,OH^-_{(aq)} \rightarrow 2\,H_2O_{(l)} + 2\,e^-$

陰（＋）極：$1/2\,O_{2(g)} + H_2O_{(l)} + 2\,e^- \rightarrow 2\,OH^-_{(aq)}$

　　全反應：$H_{2(g)} + 1/2\,O_{2(g)} \rightarrow H_2O_{(l)}$。

(C)電子經外電路由陽極向陰極移動

(D)應該串聯才可以增加電池電壓

---

69. 電解硫酸銅溶液時，要析出 a 克的銅需要 b 庫侖電量，若 1 個電子之電量為 d 庫侖，且銅之原子量為 c 克/莫耳，則下列何者為亞佛加厥數之計算式？

(A) $\dfrac{bc}{ad}$ 　(B) $\dfrac{bc}{2ad}$ 　(C) $\dfrac{2bc}{ad}$ 　(D) $\dfrac{bd}{2ac}$ 　(E) $\dfrac{2ac}{bd}$

【104 中國醫(5)】

【詳解】B

氧化還原當量法：

$$2 \times \frac{\text{析出 a g}}{\text{原子量 c (g/mol)}} = \frac{\text{b coul}}{\text{亞佛加厥數}N_A \times d} \Rightarrow N_A = \frac{bc}{2ad}$$

---

70. 關於鉛蓄電池放電的過程，下列敘述何者正確？

(A) 陰極反應為 $Pb_{(s)} + HSO_4^-_{(aq)} \rightarrow PbSO_{4(s)} + H^+_{(aq)} + 2e^-$

(B) 陽極反應為 $PbO_{2(s)} + 3H^+_{(aq)} + HSO_4^-_{(aq)} + 2e^- \rightarrow PbSO_{4(s)} + 2H_2O_{(l)}$

(C) 全反應為 $Pb_{(s)} + PbO_{2(s)} + 2H^+_{(aq)} + 2HSO_4^-_{(aq)} \rightarrow 2PbSO_{4(s)} + 2H_2O_{(l)}$

(D) 此反應為自發反應，是電能轉變成化學能的過程

(E) 鉛蓄電池無法充電再生

【104 中國醫(6)】

【詳解】C

(A)(B)(C)

陽（−）極：$Pb_{(s)} + SO_4^{2-}_{(aq)} \rightarrow PbSO_{4(s)} + 2\,e^-$

陰（＋）極：$PbO_{2(s)} + 4\,H^+ + SO_4^{2-}_{(aq)} + 2\,e^- \rightarrow PbSO_{4(s)} + 2\,H_2O_{(l)}$

全反應：$PbO_2 + Pb + 2\,H_2SO_4 \rightarrow 2\,PbSO_4 + 2\,H_2O$

(D)電池放電反應為化學能轉變為電能反應

(E)鉛蓄電池為二次電池（充電電池）

71. 某電化學電池如右所示：$Zn_{(s)} \mid Zn^{2+}_{(aq)} \parallel Cu^{2+}_{(aq)} \mid Cu_{(s)}$；下列何者正確？

(A)氧化半反應是：$Cu_{(s)} \rightarrow Cu^{2+}_{(aq)} + 2\ e^-$

(B)還原半反應是：$Zn^{2+}_{(aq)} + 2\ e^- \rightarrow Zn_{(s)}$

(C)鋅為還原劑

(D)總反應是：$Zn^{2+}_{(aq)} + Cu_{(s)} \rightarrow Cu^{2+}_{(aq)} + Zn_{(s)}$

【104 義中醫(21)】

【詳解】C

（－）陽極半反應：$Zn_{(s)}$ （還原劑）$\longrightarrow Zn^{2+}_{(aq)} + 2\ e^-$

（＋）陰極半反應：$Cu^{2+}_{(aq)}$ （氧化劑）$+ 2\ e^- \longrightarrow Cu_{(s)}$

全反應為：$Zn_{(s)} + Cu^{2+}_{(aq)} \longrightarrow Zn^{2+}_{(aq)} + Cu_{(s)}$

72. 某電化學電池如下所示：

$Fe_{(s)} \mid Fe^{2+}_{(aq)} \parallel MnO_4^-{}_{(aq)}, H^+_{(aq)}, Mn^{2+}_{(aq)} \mid Pt_{(s)}$

下列何者可以提升電池的電位？

(A)增加$[Fe^{2+}_{(aq)}]$　　　　(B)降低$[MnO_4^-{}_{(aq)}]$

(C)增加$[H^+_{(aq)}]$　　　　(D) $[H^+_{(aq)}]$不會影響電池的電位

【104 義中醫(22)】

【詳解】C

電池全反應：$16H^+ + 5Fe + 2MnO_4^- \rightarrow 5Fe^{2+} + 2Mn^{2+} + 8H_2O$

根據勒沙特列原理判斷平衡方向、K 與電位變化

(A) $[Fe^{2+}]\uparrow$，平衡$\leftarrow$，$\varepsilon\downarrow$　　　(B) $[MnO_4^-]\downarrow$，平衡$\leftarrow$，$\varepsilon\downarrow$

(C)(D) $[H^+]\uparrow$，平衡$\rightarrow$，$\varepsilon\uparrow$

73. 下列何者為最強之還原劑(reducing agent)？

已知：$Ag^+_{(aq)} + e^- \rightarrow Ag_{(s)}$　　　$E° = 0.80\ V$

$Fe^{3+}_{(aq)} + e^- \rightarrow Fe^{2+}_{(aq)}$　　$E° = 0.77\ V$

$Cu^{2+}_{(aq)} + 2e^- \rightarrow Cu_{(s)}$　　$E° = 0.34\ V$

(A) Ag　　　(B) Cu^{2+}　　　(C) Fe^{2+}　　　(D) Cu

【104 慈中醫(11)】

【詳解】D

最強的還原劑具有較大的氧化電位。

氧化電位：$Cu > Fe^{2+} > Ag$　【$-0.34V > -0.77V > -0.8V$】

第 13 單元　過渡元素與錯合物

一、 第一列過渡元素的一般性質

元素	鈧 Sc	鈦 Ti	釩 V	鉻 Cr	錳 Mn	鐵 Fe	鈷 Co	鎳 Ni	銅 Cu	鋅 Zn
族別	IIIB	IVB	VB	VIB	VIIB	VIIIB			IB	IIB
原子序	21	22	23	24	25	26	27	28	29	30
原子量	45.0	48.0	51.0	52.0	55.0	56.0	59.0	58.7	63.5	65.4
價電子組態	$3d^1 4s^2$	$3d^2 4s^2$	$3d^3 4s^2$	$3d^5 4s^1$	$3d^5 4s^2$	$3d^6 4s^2$	$3d^7 4s^2$	$3d^8 4s^2$	$3d^{10} 4s^1$	$3d^{10} 4s^2$
熔點℃	1541	1660	1890	1857	1244	1535	1495	1453	1083	420
密度 (g/ml)	3.0	4.51	6.11	7.19	7.43	7.87	8.92	8.91	8.94	7.13
IE1 (kJ/mol)	631	658	650	652	717	759	758	736	745	906
原子半徑（pm）	160	146	131	125	129	126	125	124	128	133
氧化數	+3	+1 , +2 +3 , +4	+2 , +3 +4 , +5	+2 , +3 +6	+2 , +3 +4 , +6 +7	+2 , +3	+2 , +3	+2 , +3	+1 , +2	+2

二、 錯合物

定義	由中心金屬原子或離子與提供電子對 的配位基（Ligands） 以配位鍵形成一特殊幾何形狀的離子化合物，稱為錯化物（錯離子）
中心陽離子	具有高的電荷密度，且有足夠之低能量空價軌域。
配位基	(1) 提供電子對與中心金屬原子或離子鍵結者 (2) 具有未共用電子對的中性分子或負離子。

三、 常見過渡金屬離子&錯合物顏色

紅色	深紫紅：MnO_4^- 　赤(血)紅色：$[Fe(CN)_6]^{3-}$、$[FeSCN]^{2+}$ (粉)紅：Mn^{2+}、MnS、Co^{2+}、$[Co(H_2O)_6]^{2+}$、Cu^+、$Cu_2[Fe(CN)_6]$
橘色	V_2O_5、$Cr_2O_7^{2-}$
黃色	CrO_4^{2-}、Fe^{3+}、$[Fe(CN)_6]^{4-}$
綠	Cr^{3+}、Cr_2O_3、MnO_4^{2-}、Fe^{2+}（淡）、Ni^{2+}（深）
藍	$Fe[Fe(CN)_6]_3$、$CoCl_4^{2-}$、Cu^{2+}、$[Cu(NH_3)_4]^{2+}$、$CuSO_4 \cdot 5H_2O$
白	$CuSO_4$、ZnS、$Zn_3[Fe(CN)_6]_2$
黑	MnO_2、CuO
褐色	Fe_2O_3

四、 常見錯合物配位基

1. 單芽基：

Ligand	Name
F^-、Cl^-、Br^-、I^-	Fluoro、Chloro、Bromo、Iodo
$:CN^-$	Cyano（Metal $\leftarrow$ C atom）
$:CO$	Carbonyl（Metal $\leftarrow$ C atom）
$H_2O:$	Aqua
$:NH_3$	Ammine
$:NO$	Nitrosyl（Metal $\leftarrow$ N atom）
$:NO_2^-$	Nitro（Metal $\leftarrow$ N atom）
$:ONO^-$	Nitrito（Metal $\leftarrow$ O atom）
$:NCO^-$	Cyanato（Metal $\leftarrow$ N atom）
$:SCN^-$	Thiocyanato（Metal $\leftarrow$ S atom）
$:NCS^-$	Isothiocyanato（Metal $\leftarrow$ N atom）
$CH_3COO:^-$	Acetato
$C_5H_5N:$	Pyridine（py）

2. 雙芽基：

Ligand 縮寫	Name	Structure
en	Ethylenediamine	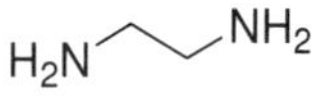 H_2N ⌣ NH_2
ox	Oxalato	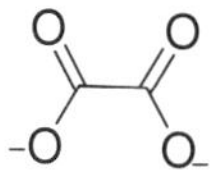
CO_3^{2-}	Carbonato	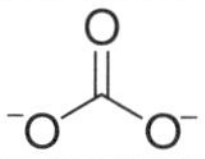
acac	Acetylacetonato	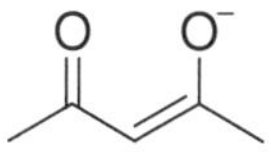
bipy	2,2'-Bipyridine	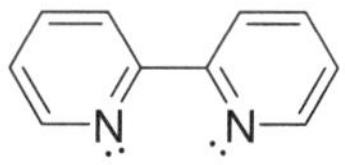

3. 三芽基、四芽基與六芽基：

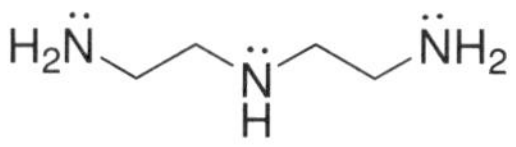

Diethylenetriamine , dien

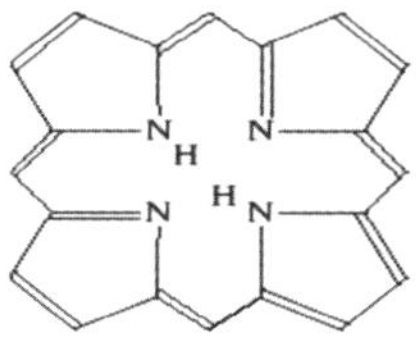

Porphine

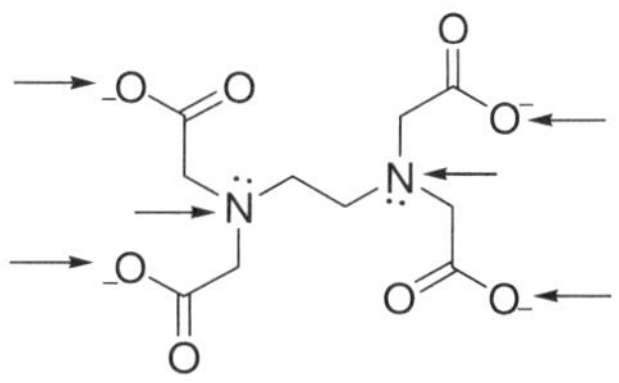

五、 常見金屬離子的配位數

M^+	配位數	M^{2+}	配位數	M^{3+}	配位數	M^{4+}	配位數
Cu^+	2、4	Mn^{2+}	4、6	Sc^{3+}	6	Pt^{4+}	6
Ag^+	2	Fe^{2+}	6	Cr^{3+}	6	Pd^{4+}	6
Au^+	2、4	Co^{2+}	4、6	Co^{3+}	6		
		Ni^{2+}	4、6	Au^{3+}	4		
		Cu^{2+}	4、6	Al^{3+}	4、6		
		Zn^{2+}	4、6	Fe^{3+}	4、6		
		Pt^{2+}	4				
		Pd^{2+}	4				

六、 錯合物形狀 & 晶場理論

配位數	混成軌域	幾何形狀	圖 形	晶場理論	實 例
2	sp	直線		$\overline{d_{z^2}}$ $\overline{d_{xz}}\quad\overline{d_{yz}}$ $\overline{d_{xy}}\quad\overline{d_{x^2-y^2}}$	$[Ag(CN)_2]^-$ $[Ag(NH_3)_2]^+$
4	sp^3	四面體		$\overline{d_{xy}}\quad\overline{d_{xz}}\quad\overline{d_{yz}}$ $\overline{d_{z^2}}\quad\overline{d_{x^2-y^2}}$	$[Zn(NH_3)_4]^{2+}$ $[Zn(CN)_4]^{2-}$ $[Ni(CO)_4]$ $Cu(H_2O)_4^{2+}$
4	dsp^2	平面四邊形		$\overline{d_{x^2-y^2}}$ $\overline{d_{xy}}$ $\overline{d_{z^2}}$ $\overline{d_{xz}}\quad\overline{d_{yz}}$	$[Ni(CN)_4]^{2-}$ $[Cu(NH_3)_4]^{2+}$ $[PtCl_4]^{2-}$ $[Pt(NH_3)_2Cl_2]$ $[AuCl_4]^-$
6	d^2sp^3	八面體		$\overline{d_{z^2}}\quad\overline{d_{x^2-y^2}}$ $\overline{d_{xy}}\quad\overline{d_{xz}}\quad\overline{d_{yz}}$	$[Co(NH_3)_6]^{3+}$ $[Fe(CN)_6]^{4-}$ $[PtCl_6]^{2-}$ $[AlF_6]^{3-}$ $[Fe(C_2O_4)_3]^{3-}$

七、 判斷四配位形狀

1. 四配位錯合物 大多為四面體 。

2. 中心金屬為 Pt^{2+}、Pd^{2+}、Au^{3+}，無論配位基種類

   → 絕大部分為平面四邊形。【EX】：$[Pt(NH_3)_4]^{2+}$; $[PdCl_4]^{2-}$; $[AuCl_4]^-$

3. 中心金屬為 $3d^8$、$3d^9$，配位基強度 $\geq NH_3$ → 為平面四邊形。

八、　*影響晶場分裂大小因素*

不同配位數 錯離子	八面體＞四面體（$\Delta_t = 4/9\,\Delta_0$）
八面體	(1) 中心金屬大小：5d＞4d＞3d 　　EX：$[Ir(en)_3]^{3+}＞[Rh(en)_3]^{3+}＞[Co(en)_3]^{3+}$ (2) 中心金屬電荷數：$M^{n+1}＞M^{n+}$ 　　EX：$Co(H_2O)_6^{3+}＞Co(H_2O)_6^{2+}$ (3) 光譜序列配位基： 　　強場：CO，$CN^-＞phen＞NO_2^-＞en＞py＞NH_3＞CH_3CN＞$ 　　弱場：$H_2O＞NCS^-＞C_2O_4^{2-}＞OAc^-＞OH^-＞F^-＞NO_3^-＞$ 　　$Cl^-＞SCN^-＞S^{2-}＞Br^-＞I^-$

九、　*錯離子晶場分裂應用*

1. **高&低自旋錯合物晶場穩定能比較**：以八面體為例

中心金屬 d 軌域電子數	弱配位場基（*weak field*）　→　高自旋（*high spin*）錯合物		
	t_{2g} 電子組態	e_g 電子組態	CFSEΔ_0（or 10 Dq）
d^1	↑		$-2/5\Delta_0$ or -4 Dq
d^2	↑　↑		$-4/5\Delta_0$ or -8 Dq
d^3	↑　↑　↑		$-6/5\Delta_0$ or -12 Dq
d^4	↑　↑　↑	↑	$-3/5\Delta_0$ or -6 Dq
d^5	↑　↑　↑	↑　↑	0
d^6	↑↓　↑　↑	↑　↑	$-2/5\Delta_0$ or -4 Dq
d^7	↑↓　↑↓　↑	↑　↑	$-4/5\Delta_0$ or -8 Dq
d^8	↑↓　↑↓　↑↓	↑　↑	$-6/5\Delta_0$ or -12 Dq
d^9	↑↓　↑↓　↑↓	↑↓　↑	$-3/5\Delta_0$ or -6 Dq
d^{10}	↑↓　↑↓　↑↓	↑↓　↑↓	0

中心金屬 d 軌域電子數	強配位場基（*strong field*）　→　低自旋（*low spin*）錯合物		
	t_{2g} 電子組態	e_g 電子組態	CFSEΔ_0（or 10 Dq）
d^1	↑		$-2/5\Delta_0$ or -4 Dq
d^2	↑　↑		$-4/5\Delta_0$ or -8 Dq
d^3	↑　↑　↑		$-6/5\Delta_0$ or -12 Dq
d^4	↑↓　↑　↑		$-8/5\Delta_0$ or -16 Dq

d^5	↑↓ ↑↓ ↑		$-10/5\Delta_0$ or -20 Dq
d^6	↑↓ ↑↓ ↑↓		$-12/5\Delta_0$ or -24 Dq
d^7	↑↓ ↑↓ ↑↓	↑	$-9/5\Delta_0$ or -18 Dq
d^8	↑↓ ↑↓ ↑↓	↑ ↑	$-6/5\Delta_0$ or -12 Dq
d^9	↑↓ ↑↓ ↑↓	↑↓ ↑	$-3/5\Delta_0$ or -6 Dq
d^{10}	↑↓ ↑↓ ↑↓	↑↓ ↑↓	0

2. 討論

(1) 金屬價電子為 $d^4 \sim d^7$ 具有高、低自旋之分。

(2) 四面體錯合物，大多為高自旋錯合物（Δ_t 較小）

十、 錯離子顏色

1. **原理**：d-d transtion

2. **常見中心金屬離子**：d^0，d^{10} 無色，$d^1 \sim d^9$ 絕大部分有顏色

3. **顏色受晶場分裂大小影響**：晶場分裂大，吸收光波長短，呈現互補光

吸收光			互補光	
波長範圍，nm	波數，cm^{-1}	光波（顏色）	波長，nm	呈現顏色
400～450	22000～25000	紫色	560	黃綠色
450～490	20000～22000	藍色	600	黃色
490～550	18000～20000	綠色	620	紅色
550～580	17000～18000	黃色	410	紫色
580～650	15000～17000	橘色	430	藍色
650～700	14000～15000	紅色	520	綠色

十一、 *異構物*

1. 結構異構物 (*Structural isomers*) ：

配位基連接次序的不同所造成的異構物

種類	內容
解離異構物 (*Ionization isomers*)	由於解離不同離子的異構現象
水合異構物 (*Aquation isomers*)	與配位的水分子數目有關
配位異構物 (*Coordination isomers*)	中心金屬相同，配位基不同
連結異構物 (*linkage isomers*)	由於配位基具有兩個配位鍵結位置（非同時）

2. 立體異構物 (*Stereoisomers*) ：配位基組成相同，但空間排列不同。

(1) 幾何異構物（*Geometric isomers*）

M 為中心金屬代表，ABC...為配位基代表

A. 2 配位錯合離子直線型：無

B. 4 配位中四面體型：無

C. 4 配位中平行四邊形（方形平面）型：

(a) MA_4，MA_3B 型：無　　　　(b) MA_2B_2 型：（有 2 種）

(c) MA_2BC 型：（有 2 種）　　(d) $MABCD$ 型：（有 3 種）

D. 6 配位八面體型：

(a) MA_6，MA_5B 型：無　　　　(b) MA_4B_2 型：（有 2 種）

(c) MA_4BC 型：（有 2 種）　　(d) MA_3B_3 型：（有 2 種）

(e) MA_3B_2C 型：（有 3 種）　(f) MA_3BCD 型：（有 4 種）

(g) $MA_2B_2C_2$ 型：（有 5 種）　(h) MA_2BCDE 型：（有 9 種）

(i) $MABCDEF$ 型：（有 15 種）

(2) <u>光學異構物（*Optical isomer*）</u>

    A. 四面體（*Tetrahedral*）：MABCD

    B. 八面體（*Octahedral*）

        (a) $[MA_2B_2C_2]$【A-B，B-C，A-C】型

        (b) cis-$[M(bidentate)_2B_2]$，

        (c) cis-$[M(bidentate)_2BC]$ 及 $[M(bidentate)_3]$

十二、 *Jahn Teller effect*

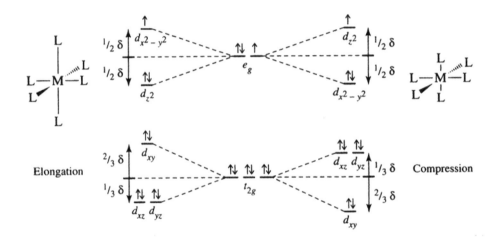

歷屆試題集錦

1. For the process $Co(NH_3)_5Cl^{2+} + Cl^- \rightarrow Co(NH_3)_4Cl_2^+ + NH_3$, what would be the ratio of *cis* to *trans* isomers in the product?
   (A) 1:1　　(B) 4:1　　(C) 2:1　　(D) 1:4　　(E) 1:2
   【110 高醫(16)】

【詳解】B

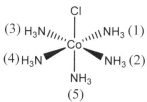

(1)~(4)號相對於原來的 Cl 皆為順式；(5)則為反式

2. The chemical compound "ethylenediaminetetraacetic acid, EDTA" is a chelating agent to coordinate several metallic ions, such as ferric, cupper, and calcium ions. In the living organism, which amino acid is usually used as a chelating agent?
   (A) Cysteine　　　(B) Glycine　　　(C) Leucine
   (D) Tryptophan　　(E) Proline
   【110 高醫(24)】

【詳解】A

半胱胺酸 Cysteine（Cys , C）　如圖所示： 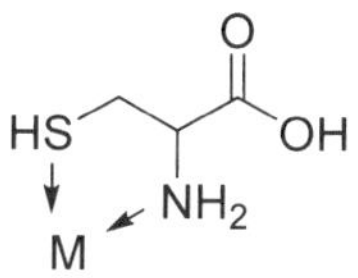
具有兩個配位基位置（多芽基）
便具有熬合劑的鉗合效應。

3. Which of the following complexes will absorb visible radiation of the shortest wavelength?

(A) $[Co(H_2O)_6]^{3+}$　　　(B) $[Co(I)_6]^{3-}$　　　(C) $[Co(OH)_6]^{3-}$

(D) $[Co(en)_3]^{3+}$　　　(E) $[Co(NH_3)_6]^{3+}$

【110 高醫(78)】

【詳解】D

光譜化學序列 (spectrochemical series)如下：

$I^- < Br^- < Cl^- < F^- < OH^- < H_2O < NH_3 < en < NO_2^- < CN^-$

當配位基愈強，電子由低能階至高能階所需能量愈大，吸收波長愈短。

※　能階差：(D) > (E) > (A) > (C) > (B)

波長短至長：(D) < (E) < (A) < (C) < (B)

4. 錯合物 $[Co(H_2O)_6]^{2+}$ 有幾個不成對電子？

(A) 0　　　(B) 1　　　(C) 2　　　(D) 3

【110 中國醫(29)】

【詳解】D

$[Co(H_2O)_6]^{2+}$：H_2O 為弱配位基造成 Co^{2+} = d^7 *high spin* 排列

中心金屬 d 軌域電子數	弱配位場基（*weak field*） → 高自旋（*high spin*）錯合物		
	t_{2g} 電子組態	e_g 電子組態	磁性
d^7	↑↓　↑↓　↑	↑　　↑	順磁（3 個未成對電子）

5. 下面哪一個是逆磁物質(diamagnetic)？

(A) $[Mn(CN)_6]^{4-}$　　　　　　(B) $[Co(CN)_6]^{3-}$

(C) $[V(CN)_6]^{3-}$　　　　　　(D) $[Cr(CN)_6]^{3-}$

【110 中國醫(36)】

【詳解】B

(A)中心原子 d 軌域：d^5；　(B)中心原子 d 軌域：d^6

(C)中心原子 d 軌域：d^2；　(D)中心原子 d 軌域：d^3

中心金屬 d 軌域電子數	強配位場基（*strong field*）　→　低自旋（*low spin*）錯合物		磁性
	t_{2g} 電子組態	e_g 電子組態	
d^5	↑　↑　↑	↑　↑	順磁
d^6	↑↓　↑↓　↑↓		逆磁
d^2	↑　↑		順磁
d^3	↑　↑　↑		順磁

---

6. 下列錯合物的混成軌域和形狀何者正確？
   (A) $Ni(CO)_4$, dsp^2, 平面四邊形　　(B) $[Cu(H_2O)_4]^{2+}$, sp^3, 四面體
   (C) $Zn(NH_3)_4Cl_2$, sp^3d^2, 八面體　　(D) $Pt(NH_3)_4Cl_4$, dsp^2, 平面四邊形
   【110 義守(14)】

【詳解】B
(A) $Ni(CO)_4$，sp^3，四面體
(B) $[Cu(H_2O)_4]^{2+}$, sp^3, 四面體　（正確）
(C) $Zn(NH_3)_4Cl_2 \rightarrow Zn(NH_3)_4^{2+} + 2Cl^-$　故為 dsp^2，平面四邊形
(D) $Pt(NH_3)_4Cl_4$, 其中 Pt4+所產生的錯合物為六配位
　　故：d^2sp^3, 八面體

---

7. Which of the following complex is diamagnetic?
   (A)$[Ni(CN)_6]^{4-}$　　　　(B)$[Ti(CN)_6]^{3-}$　　　　(C)$[Cr(CN)_6]^{3-}$
   (D)$[Co(CN)_6]^{3-}$　　　　(E)All of these
   【109 高醫(17)】

【詳解】D
(A)中心原子 d 軌域：d^8；(B)中心原子 d 軌域：d^1
(C)中心原子d軌域：d^3；(D)中心原子d軌域：d^6

中心金屬 d 軌域電子數	強配位場基（*strong field*）　→　低自旋（*low spin*）錯合物		磁性
	t_{2g} 電子組態	e_g 電子組態	
(A) d^8	↑↓　↑↓　↑↓	↑　↑	順磁
(B) d^1	↑		順磁
(C) d^3	↑　↑　↑		順磁
(D) d^6	↑↓　↑↓　↑↓		逆磁

8. First-row transition metals play significant roles in biological system. Which of the following transition metal is a component of vitamin B_{12}?
   (A) Cr   (B) Zn   (C) Fe   (D) Cu   (E) Co

【109 高醫(25)】

【詳解】E

常見生物無機錯合物	葉綠素	血紅素	維他命B_{12}	葉綠素銅
中心金屬離子	Mg^{2+}	Fe^{2+}	Co^{2+}	Cu^{2+}

9. The complex cis-$Pt(NH_3)_2Cl_2$ showed high anti-tumor activity, but trans-$Pt(NH_3)_2Cl_2$ showed no effect on tumor therapy. These two complexes can be classified into which type of isomerism.
   (A) linkage isomerism   (B) optical isomerism   (C) coordination isomerism
   (D) ionization isomerism   (E) geometric isomerism

【109 高醫(28)】

【詳解】E

Cis-form 與 trans-form 即為幾何異構物 geometric isomerism

10. The color difference between $[CoCl_4]^{2-}$ and $[Co(H_2O)_6]^{2+}$ can be supported by which concept?
    (A) Redox process   (B) Spectrochemical series
    (C) Disproportionation reaction   (D) van't Hoff factor
    (E) Hard-Soft Acid-Base

【109 高醫(66)】

【詳解】B

$CoCl_4^{2-}$(藍色) + $6H_2O$ ⇌ $Co(H_2O)_6^{2+}$(粉紅色) + $4Cl^-$

其中，$CoCl_4^{2-}$(藍色)是四面體，配位數＝4，鈷離子氧化數＝+2

       $Co(H_2O)_6^{2+}$(粉紅色)是八面體，配位數＝6，鈷離子氧化數＝+2

故兩者顏色不同主要是因為配位基的不同。光譜序列 Spectrochemical series
：a listing of ligands in order based on their ability to produce d-orbital splitting

11. 試問 $K_3[Fe(CN)_6]$ 有幾個不成對電子？
    (A) 1　　　　(B) 2　　　　(C) 3　　　　(D) 4　　　　(E) 5

    【109 中國醫(2)】

【詳解】A

$K_3[Fe(CN)_6] \rightarrow 3K^+ + Fe(CN)_6^{3-}$

$Fe(CN)_6^{3-}$：CN^-為強配位基造成 $Fe^{3+} = d^5$ *low spin* 排列

中心金屬 d 軌域電子數	強配位場基（*strong field*） → 低自旋（*low spin*）錯合物		
	t_{2g} 電子組態	e_g 電子組態	磁性
d^5	↑↓　↑↓　↑		順磁

12. 下列哪一個化合物是順磁物質？
    (A) O_2　　(B) CO　　(C) N_2O_4　　(D) $Ni(CO)_4$　　(E) $[Co(NH_3)_6]Cl_3$

    【109 中國醫(5)】

【詳解】A

(A) O_2：$KK\,(\sigma_{2s})^2(\sigma_{2s}^*)^2(\sigma_{2pz})^2(\pi_{2px},\ \pi_{2py})^4(\pi_{2px}^*,\ \pi_{2py}^*)^2$

　　　　未成對電子 $\underline{\ \uparrow\ }$　$\underline{\ \uparrow\ }$　$(\pi_{2px}^*,\ \pi_{2py}^*)$

(B) CO 分子逆磁，分子軌域能圖如下：

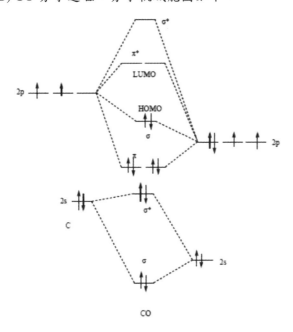

(C) N_2O_4 為偶數電子數，價電子皆成對（逆磁）　；(D) Ni^0 視為 d^{10}（逆磁）

(E) $Co(NH_3)_6^{3+}$：NH_3 為強配位基造成 $Co^{3+} = d^6$ *low spin* 排列

中心金屬 d 軌域電子數	強配位場基（*strong field*） → 低自旋（*low spin*）錯合物		磁性
	t_{2g} 電子組態	e_g 電子組態	
D^6	↑↓　↑↓　↑↓		逆磁

---

13. 錯合物 $M(NH_3)_2Br_2Cl_2$ 有幾種異構物？
    (A) 3　　　　　(B) 4　　　　　(C) 6　　　　　(D) 12　　　　　(E) 15

    【109 中國醫(16)】

【詳解】C

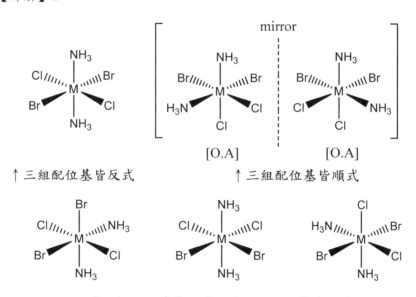

↑ 三組配位基皆反式　　　　　　↑ 三組配位基皆順式

↑ 兩組配位基為順式；另一組配位基為反式

---

14. 有關錯合物 $Co(en)_2Cl_2^+$ (en = $H_2NCH_2CH_2NH_2$)，下列敘述何者正確？
    (A) 此錯合物含 Co(I)
    (B) 因為 en 是強場配位基，此錯合物為順磁
    (C) 有順反異構物且有光學異構物
    (D) 以上皆非

    【109 義守(6)】

【詳解】C

(A) Co^{3+}；　(B)(C)

中心金屬 d 軌域電子數	強配位場基（*strong field*）　→　低自旋（*low spin*）錯合物		
	t_{2g} 電子組態	e_g 電子組態	磁性
d^6	↑↓　↑↓　↑↓		逆磁

trans [O.I]　　　　　　　　　cis 皆為 [O.A]

---

15. 錯合物 $[Ni(NH_3)_6]^{2+}$ 和 $[Cr(NH_3)_6]^{3+}$ 的吸收波長分別為 926 nm 和 463 nm，
    前者的 Δo 是後者的幾倍？
    (A) 2　　　　　　(B) 1/2　　　　　　(C) 4　　　　　　(D) 1/4
    【109 義守(9)】

【詳解】B

$$\Delta_0 = \Delta E = h\nu = \frac{hc}{\lambda} \Rightarrow \Delta E \propto \nu \propto \frac{1}{\lambda}$$

$$\Rightarrow \frac{\Delta E_1}{\Delta E_2} = \frac{\lambda_2}{\lambda_1} \Rightarrow \frac{\Delta E_1}{\Delta E_2} = \frac{463nm}{926nm} \Rightarrow \frac{\Delta E_1}{\Delta E_2} = \frac{1}{2}$$

---

16. K_2CoCl_4 溶於水後解離出的藍色 $CoCl_4^{2-}$，與水反應逐漸生成粉紅色的
    $Co(H_2O)_6^{2+}$ 反應之平衡反應方程式為：
    $CoCl_4^{2-} + 6H_2O \rightleftharpoons Co(H_2O)_6^{2+} + 4Cl^- + heat$　下列敘述何者正確？
    (1) 對此平衡反應加熱，水溶液會呈現紅色。
    (2) 加入少量稀鹽酸溶液，水溶液會從粉紅色轉變為藍色。
    (3) 加入水稀釋，平衡會向左移動，水溶液會呈現藍色。
    (4) 加入硝酸銀，水溶液會呈現粉紅色。
    (A) (1)與(2)　　(B) (2)與(3)　　(C) (3)與(4)　　(D) (2)與(4)
    【109 私醫(34)】

【詳解】D

(1) 對此平衡反應加熱，平衡往左移動，水溶液呈現偏藍色。

(3) 加入水稀釋，平衡會向右移動（右邊離子係數和較大），

　　水溶液會呈現偏紅色。

---

17. 以下哪一個錯合物是屬於反磁性質 ？

　　(A)$[Mn(CN)_6]^{4-}$　　　(B)$[V(CN)_6]^{3-}$　　　(C)$[Co(CN)_6]^{3-}$　　　(D)$[Cr(CN)_6]^{3-}$

【109 私醫(45)】

【詳解】C

(A)中心原子 d 軌域：d^5；　(B)中心原子 d 軌域：d^2

(C)中心原子 d 軌域：d^6；　(D)中心原子 d 軌域：d^3

中心金屬 d 軌域電子數	強配位場基（*strong field*）　→　低自旋（*low spin*）錯合物		
	t_{2g} 電子組態	e_g 電子組態	磁性
d^5	↑↓　↑↓　↑		順磁
d^2	↑　↑		順磁
d^6	↑↓　↑↓　↑↓		逆磁
d^3	↑　↑　↑		順磁

---

18. $[Co(CN)_4]^{3-}$錯合物的分子形狀為平面四邊形 (square planar)，請判斷中心離子未成對電子數目？

　　(A) 0　　　(B) 1　　　(C) 2　　　(D) 4

【109 私醫(46)】

【詳解】A

Co^+：d^8，平行四邊形，無未成對電子數。

---

19. 下列哪一個離子化合物由分光光譜儀測量出的吸收光波長最長

　　(A)$[RhCl_6]^{3-}$　　　(B)$[Rh(CN)_6]^{3-}$　　　(C)$[Rh(NH_3)_6]^{3+}$　　　(D)$[Rh(H_2O)_6]^{3+}$

【109 私醫(47)】

【詳解】A

光譜化學序列 (spectrochemical series)如下：

$I^- < Br^- < \underline{\mathbf{Cl}^-} < F^- < OH^- < \underline{\mathbf{H_2O}} < \underline{\mathbf{NH_3}} < en < NO_2^- < \underline{\mathbf{CN}^-}$

當配位基愈弱，電子由低能階至高能階所需能量愈小，吸收波長愈長。

※ 能階差：(B) > (C) > (D) > (A)

　　波長短至長：(B) < (C) < (D) < (A)

---

20. 下列何種物質其中心金屬氧化態為+2價？

(A) $[Pt(en)_2Cl_2](NO_3)_2$　　　　(B) $Ni(CO)_4$

(C) $[Co(NH_3)_5Cl]Cl_2$　　　　(D) $[Ru(NH_3)_5(H_2O)]Cl_2$

【109 私醫(48)】

【詳解】D

(A) $[\underline{\mathbf{Pt}}(en)_2Cl_2](NO_3)_2$　　　　(B) $\underline{\mathbf{Ni}}(CO)_4$

　　+4　　　　　　　　　　　　　　0

(C) $[\underline{\mathbf{Co}}(NH_3)_5Cl]Cl_2$　　　　(D) $[\underline{\mathbf{Ru}}(NH_3)_5(H_2O)]Cl_2$

　　+3　　　　　　　　　　　　　　+2

---

21. Consider the following octahedral complex structures, each involving ethylene diamine and two different, unidentate ligands X and Y. Which, if any, of the following pairs are optical isomers?

    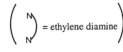

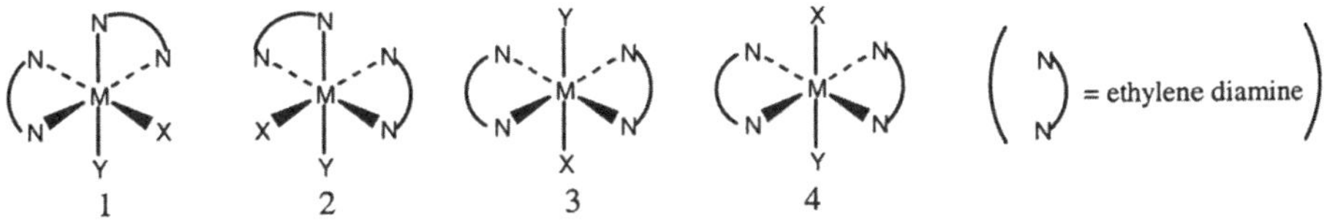

1　　　　2　　　　3　　　　4

(A) 1 and 4　　　(B) 1 and 2　　　(C) 3 and 4

(D) 1 and 3　　　(E) None of the above.

【108 高醫(26)】

【詳解】B

(3)(4)分子內具有鏡面，此鏡面是包含 X-M-Y 的面

22. A metal ion in a high–spin octahedral complex has four more unpaired electrons than the same ion does in a low–spin octahedral complex. The metal ion could be:
(A) V^{2+}　　(B) Cu^{2+}　　(C) Mn^{2+}　　(D) Cr^{3+}　　(E) Co^{2+}

【108 高醫(83)】

【詳解】C

Key：6 配位錯合物，中心金屬價電子為 __$d^4 \sim d^7$__ 才有高、低自旋之分。

(A) V^{2+}：d^3　(B) Cu^{2+}：d^9　(C) Mn^{2+}：d^5　(D) Cr^{3+}：d^3　(E) Co^{2+}：d^7

其中：(C) Mn^{2+}：d^5 unpaired electrons 相差 $5-1=4$

　　　　(E) Co^{2+}：d^7 unpaired electrons 相差 $3-1=2$

23. Which of the following coordination compounds will form a precipitate when treated with an aqueous solution of $AgNO_3$?
(A)$[Cr(NH_3)_3Br_3]$　　　(B)$[Mo(Cl)_2(NH_3)_4](NO_3)$　　　(C)$Na_3[WCl_6]$
(D)$[Pt(NO^{linear})_2(OAc)_2]Br_2$　　(E) None of the above.

【108 高醫(84)】

【詳解】D

錯離子（*complex ion*）：

以具空價軌域的一個金屬原子或陽離子為中心（當作路易斯酸），與具有孤對電子之陰離子或極性分子（配位基）相結合成複雜的帶電荷或中性原子團稱為錯離子。習慣上以 __[ ]__ 表示錯離子之存在。

故：(A)$[Cr(NH_3)_3Br_3]$ → 不解離

　　(B)$[Mo(Cl)_2(NH_3)_4](NO_3)$ → $[Mo(Cl)_2(NH_3)_4]^+ + NO_3^-$

　　(C)$Na_3[WCl_6]$ → $3Na^+ + [WCl_6]^{3-}$

　　(D)$[Pt(NO^{linear})_2(OAc)_2]Br_2$ → $[Pt(NO^{linear})_2(OAc)_2]^{2+} + 2Br^-$

　　　　使得 $Ag^+ + Br^- \rightarrow AgBr_{(s)} \downarrow$

24. 一氧化碳是危險的空氣汙染物，主要原因是
(A)易與氧氣反應產生二氧化碳　　　　(B)會催化臭氧的分解
(C)和血紅素結合生成安定的錯合物　　(D)會催化煙霧(smog)的生成
(E)與雨水結合產生造成酸雨

【108 中國醫(10)】

【詳解】C

一氧化碳與體內血紅蛋白的親和力比氧與血紅蛋白的親和力大 200－300 倍，而碳氧血紅蛋白較氧合血紅蛋白的解離速度慢 3600 倍，當一氧化碳濃度在空氣中達到 35ppm，就會對人體產生損害，會造成一氧化碳中毒（又稱煤氣中毒）。

---

25. 光譜化學序列 (spectrochemical series)如下：

$I^- < Br^- < Cl^- < F^- < OH^- < H_2O < NH_3 < en < NO_2^- < CN^-$

下列哪一個錯合物吸收的可見光的波長最短？

(A) $[Co(H_2O)_6]^{3+}$　　　　(B) $[CoI_6]^{3-}$　　　　(C) $[Co(OH)_6]^{3-}$

(D) $[Co(NH_3)_6]^{3+}$　　　　(E) $[Co(en)_3]^{3+}$

【108 中國醫(19)】

【詳解】E

當配位基愈強，電子由低能階至高能階所需能量愈大，吸收波長愈短。

※ 能階差：(E) > (D) > (A) > (C) > (B)

波長短至長：(E) < (D) < (A) < (C) < (B)

---

26. 下列五個錯合物中，幾個有幾何異構物？

Ⅰ. $Pd(NH_3)_2Br_2$　　　　Ⅱ. $[Co(NH_3)_3(H_2O)_3]Cl_3$　　　　Ⅲ. $Cr(CO)_5(PPh_3)$

Ⅳ. $Ni(NH_3)_4(NO_2)_2$　　　　Ⅴ. $K_2[CoBr_4]$

(A) 0　　　(B) 1　　　(C) 2　　　(D) 3　　　(E) 4

【108 中國醫(23)】

【詳解】D

(I) $Pd(NH_3)_2Br_2 \Rightarrow$ 為平行四邊形 MA_2B_2 型，具有 cis/trans

(II) $[Co(NH_3)_3(H_2O)_3]Cl_3 \Rightarrow$ 為八面體 MA_3B_3 型，具有 cis/trans（又稱 mer/fac）

(III) $Cr(CO)_5(PPh_3) \Rightarrow$ 為八面體 MA_5B_1 型不具有 cis/trans，為單一異構物。

(IV) $Ni(NH_3)_4(NO_2)_2 \Rightarrow$ 為八面體 MA_4B_2 型，具有 cis/trans

(V) $K_2[CoBr_4] \Rightarrow$ 為四面體 MA_4 型不具有 cis/trans，為單一異構物。

27. 以波哈法(Volhard method)來定量 Ag^+ 時,是以下列何者所呈現之顏色作為滴定終點的判定?
(A) Ag^+ 與 Cl^- 生成 $AgCl$ 白色沉澱
(B) Fe^{3+} 與 SCN^- 生成 $FeSCN^{2+}$ 血紅色錯離子
(C) Ag^+ 與 SCN^- 生成 $AgSCN$ 白色沉澱
(D) Ag^+ 與 CrO_4^{2-} 生成 $AgCrO_4$ 黃色沉澱

【108 義守(20)】

【詳解】B
波哈法(Volhard's method)是沈澱滴定法的一種,此法利用沈澱劑與指示劑產生可溶性著色物質,以利終點的辨認。

例如:硫氰酸鉀滴定銀時,溶液預先加入硫酸鐵銨(ferric ammonium sulfate),當硫氰酸銀完全沈澱後,則過量的 SCN^- 與 Fe^{3+} 反應呈現血紅色:

$Fe^{3+} + SCN^- \rightleftharpoons FeSCN^{2+}$ (血紅色)

其中:硫酸鐵銨(ferric ammonium sulfate)是指示劑。
　　　硫氰酸鉀(KSCN)是沈澱劑(滴定劑)。

28. 關於 $[Co(NH_3)_5Cl]Cl_2$ 的敘述,下列何者正確?
(A) IUPAC 的命名為 pentaaminechlorocobalt(III) dichloride
(B) 金屬鈷的氧化數為 +2
(C) 無鏡像異構物(enantiomer)
(D) 此化合物的水溶液中加入銀離子(Ag^+)不產生沉澱

【108 義守(38)】

【詳解】C
(A) 命名為 pentaa**mm**inechlorocobalt(III) chloride
(B) $Co + 0 + (-1) = +2 \Rightarrow Co = +3$
(C) $[Co(NH_3)_5Cl]^{2+}$:屬於 MA_5B_1,無異構物。
(D) $[Co(NH_3)_5Cl]Cl_2 \rightarrow [Co(NH_3)_5Cl]^{2+} + \mathbf{2Cl^-}$ (←會與 Ag^+ 產生沉澱)

29. 在 $[Fe(CN)_6]^{3-}$ 離子中的 CN^- 是強場配位基(strong-field ligand),若 $[Fe(CN)_6]^{3-}$ 在最穩定狀態時,其 Fe 原子的 d 軌域有多少個未配對電子(unpaired electron)?
(A) 1　　　(B) 2　　　(C) 3　　　(D) 5

【108 慈濟(7)】

【詳解】A

$Fe(CN)_6^{3-}$，Fe^{3+}：d^5；CN^- 強配位場

中心金屬 d 軌域電子數	強配位場基（*strong field*）　→　低自旋（*low spin*）錯合物		
	t_{2g} 電子組態	e_g 電子組態	磁性
d^5	↑↓　↑↓　↑		順磁

---

30. 下列哪一個錯合離子(complex ion)能吸收光線的波長最長？
   (A) $[Co(H_2O)_6]^{2+}$　　(B) $[Co(NH_3)_6]^{2+}$　　(C) $[CoF_6]^{4-}$　　(D) $[Co(CN)_6]^{4-}$

【108 慈濟(10)】

【詳解】C

當配位基愈弱，電子由低能階至高能階所需能量愈小，吸收波長愈長。

※　能階差：(D) > (B) > (A) > (C)

　　波長長至短：(D) < (B) < (A) < (C)

---

31. 依據晶格場論(crystal field theory)，線性錯合物(linear complex，配位基處於 Z 軸)的五個 d 軌域，下列何組的兩個 d 軌域能量相同？
   (A) d_{x2-y2} 和 d_{z2}　　　　(B) d_{xy} 和 d_{xz}
   (C) d_{xy} 和 d_{x2-y2}　　　(D) d_{xy} 和 d_{yz}

【108 慈濟(23)】

【詳解】C

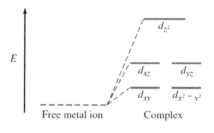

※ 直線形錯合物依晶場理論，
　配位基點電荷與 d_{z^2} 軌域
　靜電斥力最大。
　故 d_{z^2} 能階最高
　與 Z 軸相關能階次之
　與 Z 軸無關者，能階最低。

32. 依照 spectrochemical series，H_2O (weak ligand) < CN^- (strong ligand)。
已知，$[M(H_2O)_6]^{2+}$是高自旋錯化合物(high-spin complex)；$[M(CN)_6]^{4-}$是低自旋錯化合物(low-spin complex)。則 M 最可能是下列何者？
(A) Ti^{2+}　　(B) Fe^{2+}　　(C) Ni^{2+}　　(D) Cu^{2+}

【108 慈濟(25)】

【詳解】B
Key：6 配位錯合物，中心金屬價電子為 __$d^4 \sim d^7$__ 才有高、低自旋之分。
(A) Ti^{2+}：d^2　　(B) Fe^{2+}：d^6　　(C) Ni^{2+}：d^8　　(D) Cu^{2+}：d^9

33. 下列哪些金屬元素在形成化合物時，存在最多的氧化態？
(A)銫 Cs　　(B)錳 Mn　　(C)鐳 Ra　　(D)鈦 Ti

【108 慈濟(38)】

【詳解】B
大部分過渡元素具有兩種以上的氧化數：故可以形成多種化合物，
最高氧化數不超過其價電子數，元素中，以鋨（Os）氧化數為＋8 最高

B 族	Sc	Ti	V	Cr	Mn	Fe	Co	Ni	Cu	Zn
常見氧化數	+3	+1 +2 +3 +4	+2 +3 +4 +5	+2 +3 +6	**+2** +3 **+4** +6 **+7**	+2 +3	+2 +3	+2 +4	+1 +2	+2

34. 已知 $Fe_2O_{3(s)} + 6\ H_2C_2O_{4(aq)} \rightarrow 2\ Fe(C_2O_4)_3^{3-}{}_{(aq)} + 3\ H_2O_{(l)} + 6\ H^+{}_{(aq)}$是一個移除鐵鏽反應，試問該 $H_2C_2O_4$化合物結構為下列何者 ？

(A)　　　　(B)　　　　(C)　　　　(D)

【108 私醫(36)】

【詳解】D

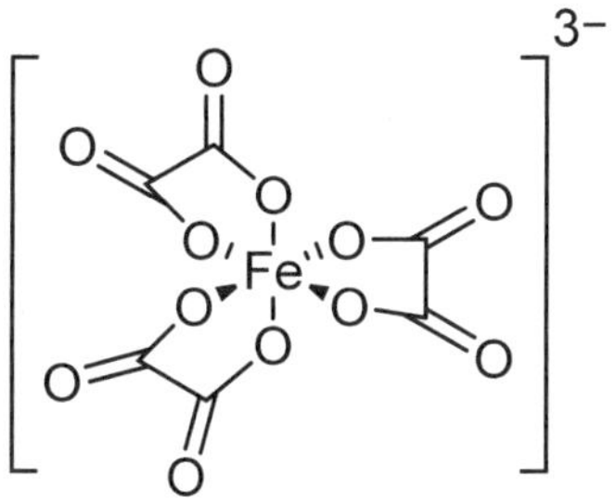

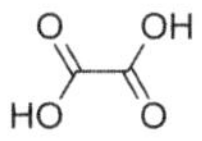

Oxalic acid

---

35. 關於錯離子化合物的命名，下列何者為真？

    (A) $NH_4[PtCl_3(NH_3)]$ = Ammonium Amminetrichloroplatinate (III)

    (B) $[Co(NH_3)_3(H_2O)_5]_2(SO_4)_3$ = Triamminepentawatercobalt(III) Sulfate

    (C) $Na_2[MoCl_4]$ = Disodium Tetrachloromolybdate(IV)

    (D) $[Cr(en)_2(CN)_2]Cl$ = Dicyanobis(ethylenediamine)chromium(III) Chloride

【108 私醫(38)】

【詳解】D

命名原則：

(1) 先寫陽離子，再寫陰離子。

(2) 先命名配位基，然後命名中心金屬，並標示出金屬的氧化態。

(3) 配位基之命名順序，以英文字母先後順序排列

故正確為：

(A) $NH_4[PtCl_3(NH_3)]$ = Ammonium Amminetrichloroplatinate (**II**)

(B) $[Co(NH_3)_3(H_2O)_5]_2(SO_4)_3$ = Triamminepent**aqua**cobalt(III) Sulfate

(C) $Na_2[MoCl_4]$ = **Sodium** Tetrachloromolybdate(**II**)

---

36. 若有一錯合物 (complex)會吸收波長為 700 nm 之電磁波，則該錯合物會呈現出甚麼顏色？

    (A)紅色   (B)綠色   (C)黃色   (D)橘色

【108 私醫(39)】

【詳解】B

吸收光			互補光	
波長範圍，nm	波數，cm^{-1}	光波（顏色）	波長，nm	呈現顏色
450～490	20000～22000	藍色	600	黃色
580～650	15000～17000	橘色	430	藍色
650～700	14000～15000	紅色	520	綠色

37. 化合物 $Co(NH_3)_5Cl_3$ 溶液之導電度與同濃度 $CaCl_2$ 之導電度相近，則此化合物解離後 Co 之配位數為何 ？

(A) 7　　　(B) 6　　　(C) 5　　　(D) 4

【108 私醫(40)】

【詳解】B

$CaCl_2 \rightarrow Ca^{2+} + 2Cl^-$ （真實離子總數有 3）

故錯離子應為：$Co(NH_3)_5Cl_3 \rightarrow [Co(NH_3)_5Cl]^+ + 2Cl^-$

$$C.N = 6$$

38. Carbon monoxide is commonly used to reduce ores to produce free metals and carbon monoxide is converted to _____.

(A) carbon dioxide　　　　(B) carbon black　　　　(C) methane

(D) graphite　　　　(E) carbon nanotube

【107高醫(16)】

【詳解】A

一般使用鼓風爐煉鐵。原料除鐵礦外，尚需加入煤焦、灰石（$CaCO_3$）及熱空氣。煤焦除可直接作為還原劑外，並能與熱空氣反應，生成一氧化碳，繼續還原鐵的氧化物。一氧化碳其分子能與鐵礦發生快速碰撞，其作為還原劑之效率比煤焦高。

　$3Fe_2O_3 + CO \rightarrow 2Fe_3O_4 + CO_2$

　$Fe_3O_4 + CO \rightarrow 3FeO + CO_2$

　$FeO + CO \rightarrow Fe + CO_2$

39. Which elements are most similar in atomic size?

　　(A) Li (Z = 3) and Na (Z = 11)　　　　(B) B (Z = 5) and Al (Z = 13)

　　(C) Co (Z = 27) and Rh (Z = 45)　　　(D) Zr (Z = 40) and Hf (Z = 72)

　　(E) Be (Z = 4) and F (Z = 9)

【107 高醫(24)】

【詳解】D

第二列過渡元素與第三列過渡元素原子半徑相差不大。

　∵ *Lanthanide contraction* （鑭系收縮）

40. Cisplatin cis-[PtCl$_2$(NH$_3$)$_2$] has been applied as an anti-tumor drug. What is its main interaction in vivo?

　　(A) Binding with DNA.　　　　(B) Binding with lipid.

　　(C) Binding with protein.　　　(D) Binding with sugar.

　　(E) Blocking ion absorption.

【107 高醫(62)】

【詳解】A

順鉑進入體內後，一個氯緩慢被水分子取代，形成[PtCl(H$_2$O)(NH$_3$)$_2$]$^+$，

其中的水分子很容易脫離，從而鉑與 DNA 鹼基一個位點發生配位。

然後另一個氯脫離，鉑與 DNA 單鏈內兩點或雙鏈發生交叉聯結，抑制

癌細胞的 DNA 複製過程，使之發生細胞凋亡。

41. The crystal field diagram for a linear transition metal complex ML$_2$ where the ligands lie along the z axis is shown below. Which of the following statements is correct?

　　(A) A orbital is d$_{x2-y2}$　　　　(B) B orbital and C orbital are d$_{xz}$ and d$_{yz}$

　　(C) A orbital is d$_{xy}$　　　　　(D) B orbital and C orbital are d$_{x2-y2}$ and d$_{z2}$

　　(E) A orbital is d$_{z2}$

【107 高醫(80)】

【詳解】E

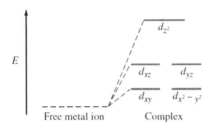

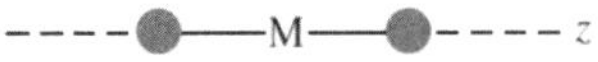

※ 直線形錯合物依晶場理論，
配位基點電荷與 dz^2 軌域
靜電斥力最大。
故 dz^2 能階最高
與 Z 軸相關能階次之
與 Z 軸無關者，能階最低。

---

42. Consider the following complexes: (en=H_2N–CH_2–CH_2–NH_2 and is bidentate)

I. $Pt(NH_3)_2Cl_2$ (square planar)

II. $RhCl_2(en)_2^{2+}$ (octahedral)

III. $CoCl_4^{2-}$ (tetrahedral)

IV. $RhCl_4(en)^{2+}$ (octahedral)

Which can exhibit cis-trans isomerism?

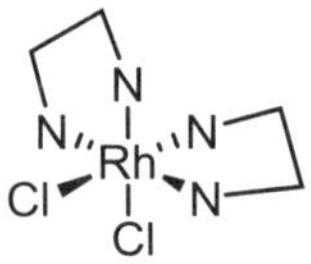

(A) I　　　　　　　　(B) I and II　　　　　　(C) I, II, and III

(D) I, II, III, and IV　　(E) I, II, and IV

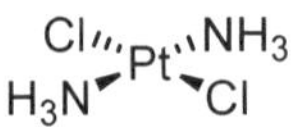

【107 高醫(81)】

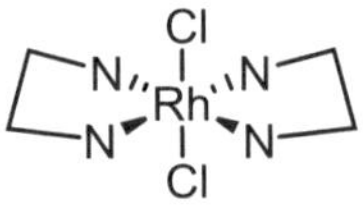

【詳解】B

43. Four solutions have violet, blue, yellow and green color, respectively. Each solution contains the following compounds:

Please use the following table to predict the color for each solution.

Absorbed wavelength (nm) and color	Observed color
400 violet	brownish yellow
450 blue	yellow
570 yellow-green	violet
580 yellow	dark blue
600 orange	blue
650 red	green

(A) I: green; II: blue; III: violet; IV: yellow
(B) I: yellow; II: violet; III: blue; IV: green
(C) I: green; II: yellow; III: violet; IV: blue
(D) I: green; II: violet; III: blue; IV: yellow
(E) I: violet; II: blue; III: green; IV: yellow

【107 高醫(82)】

【詳解】A

因中心金屬離子相同且配位數相同，晶場開裂大小僅受配位基強度影響：

en > H_2O > Cl^-，強度愈強 d 軌域開裂就愈大。

故晶場開裂：$[Cr(H_2O)_4Cl_2]^+ < [Cr(H_2O)_5Cl]^{2+} < [Cr(H_2O)_6]^{3+} < [Cr(en)_3]^{3+}$

吸收光的能量差 $\Delta E = hc/\lambda$，$\lambda \downarrow$ 能差 $\uparrow$。

IV(450nm)　互補色　yellow

III(570nm)　互補色　violet

II(600nm)　互補色　blue

I(650nm)　　互補色　green

因此 A 選項為最佳解。

44. 下列敘述何者正確？

　(A) $[CoF_6]^{3-}$ 具有逆磁性(diamagnetism)

　(B) 一般來說碘離子屬於強場配體(strong-field ligand)

　(C) 過渡金屬錯合物結構中，四面體(tetrahedral) 與八面體(octahedral)
　　　在分子軌域 (molecular orbital)中，d 軌域的能階的排序為相同

　(D) Ni^{2+}之錯合物，配體不管是強場或是弱場，都具有順磁性(paramagnetism)

　(E) $[PtCl_4]^{2-}$具有順磁性

【107 中國醫(9)】

【詳解】送分

　(A) $[CoF_6]^{3-}$ 為順磁 d^6 high spin

　(B) 單就配位基（ligand）I^- 無法決定強弱場，搭配金屬離子時，
　　　　　常視為弱場配體(weak-field ligand)

　(C) 八面體與四面體：

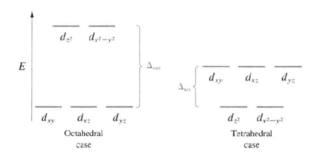

　(D) Ni^{2+} 使用 CN^-(強)為 $Ni(CN)_4^{2-}$，是 d^8 平行四邊錯離子，
　　　　　則為逆磁；若為 6 配位 Ni^{2+}錯離子，則都是順磁。

　(E) $PtCl_4^{2-}$, Pt^{2+}為 $5d^8$，平面四邊錯離子 $\Rightarrow$ 逆磁

---

45. 以下哪一個配位化合物具備逆磁性？

　(A)$[Fe(H_2O)_6]^{2+}$(weak field)　　(B)$[Co(NH_3)_6]^{3+}$(weak field)

　(C)$[Fe(CN)_6]^{4-}$(strong field)　　(D)$[Mn(CN)_6]^{2-}$(strong field)

【107 慈濟(6)】

【詳解】C

(A)中心原子 d 軌域：d^6；(B)中心原子 d 軌域：d^6

(C)中心原子d軌域：d^6；　(D)中心原子d軌域：d^3

中心金屬 d 軌域電子數	弱配位場基（*weak field*）→ 高自旋（*high spin*）錯合物		
	t_{2g} 電子組態	e_g 電子組態	磁性
(A)(B) d^6	↑↓ ↑ ↑	↑ ↑	順磁

中心金屬 d 軌域電子數	強配位場基（*strong field*）→ 低自旋（*low spin*）錯合物		
	t_{2g} 電子組態	e_g 電子組態	磁性
(D) d^3	↑ ↑ ↑		順磁
(C) d^6	↑↓ ↑↓ ↑↓		逆磁

46. The spectrochemical series is
$I^- < Br^- < Cl^- < F^- < OH^- < H_2O < NH_3 < en < NO_2^- < CN^-$. Which of the following complexes will absorb visible radiation of the highest energy?
(A) $[Co(H_2O)_6]^{3+}$ (B) $[CoI_6]^{3-}$ (C) $[Co(OH)_6]^{3-}$
(D) $[Co(en)_3]^{3+}$ (E) $[CoCl_6]^{3-}$

【106 高醫(67)】

【詳解】D
當配位基愈強，電子由低能階至高能階所需能量愈大，吸收波長愈短。

47. Which of the following coordination compounds will form a precipitate (AgCl) when treated with an aqueous solution of $AgNO_3$?
(A) $[Cr(NH_3)_3Cl_3]$ (B) $[Cr(NH_3)Cl]SO_4$ (C) $Na_3[Cr(CN)_6]$
(D) $[Cr(NH_3)_6]Cl_3$ (E) None of the above

【106 高醫(69)】

【詳解】D
$Ag^+ + Cl^- \rightarrow AgCl$ 欲沈澱，Cl^- 須在第二配位圈
(D) $[Cr(NH_3)_6]Cl_3 \rightarrow Cr(NH_3)_6^{3+} + 3Cl^-$

48. If a complex ion is square planar, which d-orbital is highest in energy?
(A) d_{x2-y2} (B) d_{x2} (C) d_{xy}
(D) d_{yz} (E) d_{xz}

【106 高醫(70)】

【詳解】A

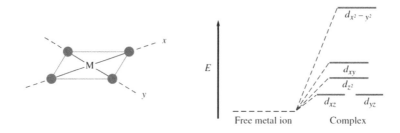

49. 下列反應所生成的產物其順式與反式的比例為何？

$$[Co(NH_3)_5Cl]^{2+} + Cl^- \rightarrow [Co(NH_3)_4Cl_2]^+ + NH_3$$

(A) 1:1　　(B) 1:2　　(C) 1:4　　(D) 2:1　　(E) 4:1

【106 中國醫(23)】

【詳解】E

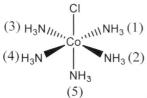

(1)~(4)號相對於原來的 Cl 皆為順式；(5)則為反式

50. Ni^{2+}錯化合物為八面體結構，下列敘述何者正確？

　　(A)其強場(strong field)與弱場(weak field)錯化合物皆為逆磁性(diamagnetic)

　　(B)強場錯化合物為逆磁性，弱場錯化合物為順磁性

　　(C)強場錯化合物為順磁性，弱場錯化合物為逆磁性

　　(D)其強場與弱場錯化合物皆為順磁性

　　(E)其強場與弱場錯化合物皆不具順磁性及逆磁性

【106 中國醫(29)】

【詳解】D

中心金屬 d	弱配位場基（*weak field*）　→　高自旋（*high spin*）錯合物		
軌域電子數	t_{2g} 電子組態	e_g 電子組態	磁性
d^8	↑↓　↑↓　↑↓	↑　　↑	順磁
	⑦	⑧	

中心金屬 d 軌域電子數	強配位場基（*strong field*）→ 低自旋（*low spin*）錯合物		
	t_{2g} 電子組態	e_g 電子組態	磁性
d^8	↑↓　↑↓　↑↓	↑　　↑	順磁
	⑦	⑧	

---

51. 下列何種原因造成過渡金屬錯化合物具有顏色？

(A)彎曲形式震動(bending vibrations)

(B) d 軌域間的電子躍遷

(C) p 軌域間的電子躍遷

(D)伸張形式震動(stretching vibrations)

(E) s 軌域間之電子躍遷

【106 中國醫(41)】

【詳解】B

(1) 電子由分裂 *d* 軌域之低能階吸收光至高能階而產生。

　　A. 若 d 軌域沒有電子（d^0）或全滿軌域（d^{10}）→ 離子呈現無色

　　B. 若 d 軌域具有未填滿電子（$d^1 \sim d^9$）→ 離子呈現顏色

(2) 顏色是被吸收光的 互補色

---

52. 請問 $K_3[Fe(CN)_6]$ 的正確命名為何？

(A) potassium hexacyanoiron(II)　　　　(B) tetrapotassium hexacyanoiron(II)

(C) potassium hexacyanoferrate(III)　　(D) tetrapotassium hexacyanoferrate(III)

【106 義中醫(13)】

【詳解】C

錯合物（離子）命名原則：

(1) 先寫陽離子，再寫陰離子。

(2) 先命名配位基，然後命名中心金屬，並標示出金屬的氧化態。

　　【舉例】$K_3[Fe(CN)_6]$：Potassium hexacyano ferrate(III)

　　　　　　$[Co(NH_3)_6]Cl_3$：Hexaamine cobalt(III) chloride

53. 當有 0.010 莫耳的下列化合物分別溶解於1.0公升的水中。
請由高至低排列出其導電度。
(1) $BaCl_2$ 　　(2) $K_4[Fe(CN)_6]$ 　　(3) $[Cr(NH_3)_4Cl_2]Cl$ 　　(4) $[Fe(NH_3)_3Cl_3]$。
(A) 2 > 1 > 3 > 4 　　　　(B) 3 > 1 > 4 > 2
(C) 4 > 2 > 3 > 1 　　　　(D) 1 > 4 > 3 > 2

【106 慈中醫(12)】

【詳解】A
導電度：電解質水溶液＞非電解質水溶液
若皆為電解質水溶液，離子濃度↑導電度↑。
(1) $BaCl_2 \rightarrow Ba^{2+} + 2Cl^-$ 　解離出 3 個離子
(2) $K_4[Fe(CN)_6] \rightarrow 4K^+ + [Fe(CN)_6]^{4-}$ 　解離出 5 個離子
(3) $[Cr(NH_3)_4Cl_2]Cl \rightarrow [Cr(NH_3)_4Cl_2]^+ + Cl^-$ 　解離出 2 個離子
(4) $[Fe(NH_3)_3Cl_3] \rightarrow$ 非電解質不解離（NH_3、Cl^- 皆第一配位圈）
故導電度：(2) > (1) > (3) > (4)………選 A

54. 考量化學平衡反應 $Co(H_2O)_6^{2+}$(粉紅色) + $4Cl^- \rightleftharpoons CoCl_4^{2-}$(藍色) + $6H_2O$，若
加入硝酸銀($AgNO_3$)溶液，下列敘述何者正確？
(A)反應沒有變動 　　　　　　　　(B)溶液變得更藍色
(C)銀離子與 $CoCl_4^{2-}$ 產生反應 　　(D)$Co(H_2O)_6^{2+}$濃度增加

【106 私醫(20)】

【詳解】D
根據勒沙特略原理即為"多退少補"概念：
加入硝酸銀($AgNO_3$)於溶液中，產生沉澱反應：$Ag^+ + Cl^- \rightarrow AgCl(s)$。
故視為反應物被反應掉，平衡往左移動。
(A)往左移動　　(B)(D) $Co(H_2O)_6^{2+}$濃度增加，溶液粉紅色加深
(C)產生沉澱反應：$Ag^+ + Cl^- \rightarrow AgCl(s)$

55. 下列化合物中，中心金屬原子的價數，何組完全**正確**？
$[Ru(NH_3)_5(H_2O)]Cl_2$、$[Cr(NH_3)_6](NO_3)_3$、$[Fe(CO_5)]$
(A)Ru^{2+}、Cr^{6+}、Fe^0 　　　　(B)Ru^{2+}、Cr^{3+}、Fe^0
(C)Ru^{3+}、Cr^{2+}、Fe^{1+} 　　　(D)Ru^{3+}、Cr^{2+}、Fe^0

【106 私醫(27)】

【詳解】B

價數：$NH_3 = 0$; $H_2O = 0$; $Cl^- = -1$; $NO_3^- = -1$; $CO = 0$

$[Ru(NH_3)_5(H_2O)]Cl_2 \rightarrow [Ru(NH_3)_5(H_2O)]^{2+} + 2Cl^-$

故：$Ru + 0 + 0 = +2 \Rightarrow$ **Ru = +2**

$[Cr(NH_3)_6](NO_3)_3 \rightarrow [Cr(NH_3)_6]^{3+} + 3Cl^-$

故：$Cr + 0 = +3 \Rightarrow$ **Cr = +3**

$[Fe(CO_5)] \Rightarrow Fe + 0 = 0 \Rightarrow$ **Fe = 0**

---

56. 下列哪一個錯合物擁有幾何異構物(geometric isomer)？

(A)$[Co(H_2O)_5Cl]^{2+}$　　　　(B)$[Co(H_2O)_6]^{3+}$

(C)$[CoCl_6]^{3-}$　　　　(D)$[Co(H_2O)_2Cl_4]^-$

【106 私醫(41)】

【詳解】D

(A)屬於 MA_6 型 ; (B)(C)屬於 MA_5B_1 型皆無幾何異構物。

(D) $[Co(H_2O)_2Cl_4]^-$屬於 MA_4B_2 型，具有幾何異構物。如下：

cis-form　　　trans-form

---

57. 錯合物$[ML_6]^{n+}$的磁性性質與配位基(L)的種類無關的金屬離子是：

(A) Cr^{3+}　　(B) Cr^{2+}　　(C) Fe^{3+}　　(D) Fe^{2+}　　(E) Co^{2+}

【105 中國醫(6)】

【詳解】A

錯合物中心金屬電子組態為： d^1~d^3 或 d^8~d^{10} 與配位基結合無強弱場之分。

(A)d^3　　(B) d^4　　(C) d^5　　(D) d^6　　(E) d^7

---

58. 配位化合物$[Cr(NH_3)(en)_2Cl]Br_2$ 其金屬原子的配位數(C.N.)和氧化數（O.N）分別是：

(A) C.N. = 6; O.N. = +4　　(B) C.N. = 6; O.N. = +3

(C) C.N. = 5; O.N. = +2　　(D) C.N. = 4; O.N. = +2

【105 義中醫(33)】

【詳解】B

C.N 配位數＝[各配位基芽基數×各配位基數量]之和

$\Rightarrow$ 1×1+2×2+1×1 = 6

氧化數 = Cr + 0 + 0 +($-$1) + ($-$1×2) = 0 $\Rightarrow$ Cr 氧化數= +3

---

59. $[Cr(en)_3]^{3+}$錯合物中，Cr 的配位數 (coordination number) 為何？

(en = ethylenediamine; $H_2NCH_2CH_2NH_2$)

(A) 0 　　(B) 3 　　(C) 4 　　(D) 6

【105 慈中醫(18)】

【詳解】D

公式：配位基數目× 配位基各芽基數= 配位數

3 　　×　　 2 　　=　　 6

---

60. 下列何者具有光學活性(optical activity)？

(A)$[Co(NH_2CH_2CH_2NH_2)_3]Cl_3$ 　　(B)$[Co(NH_3)_4Cl_2]Cl$

(C)$[Co(NH_3)_6]Cl_3$ 　　(D)$Na_2[CoCl_4]$

【105 私醫(37)】

【詳解】A

(A)　O.A　　　O.A

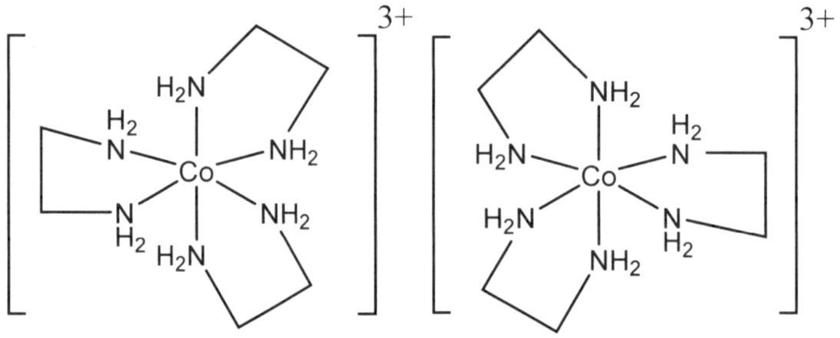

(B)

$$\left[\begin{array}{c}Cl\\H_3N \diagdown \Big|\diagup NH_3\\Co\\H_3N \diagup \Big|\diagdown NH_3\\Cl\end{array}\right]^{+}$$

$$\left[\begin{array}{c}Cl\\H_3N \diagdown \Big|\diagup Cl\\Co\\H_3N \diagup \Big|\diagdown NH_3\\NH_3\end{array}\right]^{+}$$

O.I　　　　　　　O.I

(C)

$$\left[\begin{array}{c}NH_3\\H_3N \diagdown \Big|\diagup NH_3\\Co\\H_3N \diagup \Big|\diagdown NH_3\\NH_3\end{array}\right]^{3+}$$

(D)

$$\left[\begin{array}{c}Cl\\ \Big|\diagup Cl\\Co\\Cl \diagup \Big|\\Cl\end{array}\right]^{2-}$$

---

61. 下列配位化合物中，何者具有最大的分裂能(Δ)？

(A)$Fe(NH_3)_6^{3+}$　　　(B)$Co(NH_3)_6^{3+}$　　　(C)$Ni(NH_3)_6^{3+}$　　　(D)$Rh(NH_3)_6^{3+}$

【105 私醫(38)】

【詳解】D

※造成分裂場大小因素：

(1)中心金屬離子：$5d > 4d > 3d$

(2) $M^{n+1} > M^{n+}$

(3)光譜序列: C 端> N 端> O 端> X 端

(D) Rh^{3+}離子 4d 軌域，其餘金屬離子位於 3d 軌域

---

62. 下列含正八面體錯合物

(Zn^{2+}, Fe^{2+}, Mn^{2+}, Cu^{+}, Cr^{3+}, Ti^{4+}, Ag^{+}, Fe^{3+}, Cu^{2+}, Ni^{2+})，不具有顏色的有幾種？

(A)1　　　(B)2　　　(C)3　　　(D)4

【105 私醫(39)】

【詳解】D

錯合物中由於電子由分裂 d 軌域之低能階吸收光至高能階而產生，

若 d 軌域沒有電子（d^0）或全滿軌域（d^{10}）$\Rightarrow$ 離子呈現無色。

其中：$\underline{Zn^{2+}, Cu^{+}, Ag^{+}, Ti^{4+}}$，符合上述條件。

63. 錯離子$[Mn(CN)_6]^{3-}$是一低旋錯合物(low-spin complex)，此物具有多少未成對電子(unpaired electron)？

(A)0　　(B)2　　(C)3　　(D)5

【105 私醫(40)】

【詳解】B

	能階分裂情況	未配對電子數	順逆磁
$[Mn(CN)_6]^{3-}$ Mn^{3+}：d^4	─ ─ ↑↓ ↑ ↑	2	順磁性

64. 下列化合物溶於水中，何者的導電度最大？

(A)$[Co(NH_3)_6]Cl_3$　　　(B)$[Co(NH_3)_5Cl]Cl_2$

(C)$[Co(NH_3)_4Cl_2]Cl$　　(D)$Co(NH_3)_3Cl_3$

【105 私醫(41)】

【詳解】A

$CoCl_3 \cdot n\,NH_3$ （配位數均為 6）	n＝3	n＝4	n＝5	n＝6
解離	不解離	$[Co(NH_3)_4Cl_2]^+$ $+Cl^-$	$[Co(NH_3)_5Cl]^{2+}$ $+2Cl^-$	$[Co(NH_3)_6]^{3+}$ $+3Cl^-$
每莫耳錯合物在溶液中的粒子總莫耳數	1	2	3	4
導電程度	無	小	中	大

65. NH_2-CH_2-CH_2-NH-CH_2-CH_2-NH_2 可做為配位基(ligand)，和金屬離子形成配位化合物，請問此配位基和金屬離子最多可形成多少個共價鍵？

(A) 0　　(B) 2　　(C) 3　　(D) 4　　(E) 6

【104 中國醫(19)】

【詳解】C

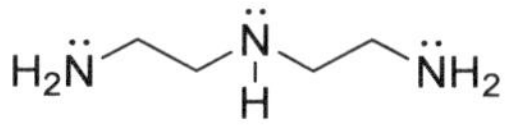

$H_2\ddot{N}$—CH₂—CH₂—$\overset{\overset{\ddot{N}}{|}}{\underset{H}{N}}$—CH₂—CH₂—$\ddot{N}H_2$

有三處的 N 端可與金屬同時進行配位共價鍵

---

66. 對大部分 Zn^{2+} 的錯化合物都不呈現顏色，其可能的原因為何？

(A) Zn^{2+} 為順磁性(paramagnetism)

(B) Zn^{2+} 的錯化合物會產生 "d orbital splittings" 的現象，以至於吸收了
所有的可見光

(C) Zn^{2+} 為 d^{10} 的離子，以至於它不吸收可見光

(D) Zn^{2+} 不屬於過渡金屬

【104 慈中醫(4)】

【詳解】C

Zn^{2+}（d^{10}）：已全滿，不易吸收光能使電子跳躍，故無法放光產生顏色
(d-d transition)

---

67. $Co(CN)_6^{4-}$ 的結晶配位場(crystal field)能階為何？

(CN⁻為具strong field 的配位基)

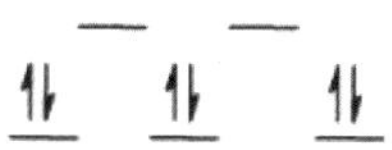

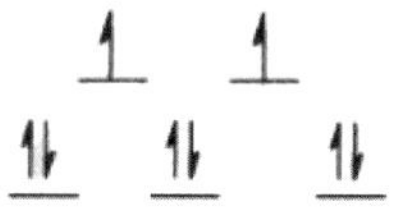

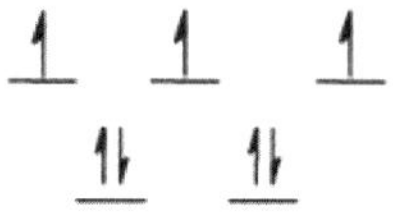

【104 慈中醫(5)】

【詳解】B

$Co(CN)_6^{4-}$，Co^{2+}：d^7；CN⁻ 強配位場

中心金屬 d 軌域電子數	強配位場基（*strong field*）　→　低自旋（*low spin*）錯合物		
	t_{2g} 電子組態	e_g 電子組態	磁性
d^7	↑↓　↑↓　↑↓	↑	順磁

第 14 單元　有機化合物

一、 官能基

官能基	通式	化合物類名	示性式
鹵素原子 （－X）	R－X　　　（R 為烴基）	鹵烴 Alky halides	CH_2ClCH_3
羥基 （－OH）	R－OH　　（R 為烴基）	醇 Alcohols	CH_3OH
	◯－OH（R 為 H 或烴基，可為鄰、間或對位）	酚 Phenol	C_6H_5OH
醚基 （－O－）	R^1－O－R^2 （R^1、R^2 為烴基）	醚 Ethers	CH_3OCH_3
羰基 （>C=O）	R－C(=O)H　（R 為 H 或烴基）	醛 Aldehydes	HCHO
	R^1－C(=O)－R^2　（R^1、R^2 為烴基）	酮 Ketones	CH_3COCH_3
羧基 （－COOH）	R－C(=O)OH　（R 為 H 或烴基）	酸 Carboxylic Acids	HCOOH
酯基 （－COOR）	R^1－C(=O)O－R^2（R^1 為 H 或烴基，R^2 為烴基）	酯 Esters	$HCOOCH_3$
胺基 （－N<）	R^1－NH$_2$　（R^1 為烴基）		CH_3NH_2
	R^1－NH－R^2　（R^1、R^2 為烴基）	胺 Amines	$(CH_3)_2NH$
	R^1－N(R^2)R^3　（R^1、R^2、R^3 為烴基）		$(CH_3)_3N$
醯胺基 （－C(=O)N<）	R_1－C(=O)N(R_2)R_3（R^1、R^2、R^3 為 H 或烴基）	醯胺 Amides	$HCONH_2$

二、 **同分異構物**（異構物 *isomer*）

1. **結構異構物**（*Constitutional isomers*）：

(1)官能基異構物 ；(2)鏈狀異構物 ；(3)位置異構物

2. **立體異構物**（*Stereomers*）：

(1) **幾何異構物**（*Geometric isomers*）：

A. 順反異構物（*cis / trans*，*E/Z* ; *cis /trans diastereomers*）

B. 結構的特殊性：

C. 含 C-C 雙鍵（EX：烯類）或環狀（EX：環烷類）化合物

D. 判斷方式：

(a) 在**雙鍵**結構 $\overset{a}{\underset{b}{}}C=C\overset{c}{\underset{d}{}}$ 中：則 a≠b 且 c≠d

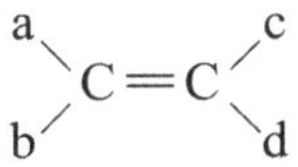

才有順反異購物。

(b) 在**環烷**類 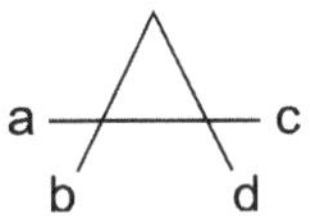 a△c（b、d）中：則 a≠b 且 c≠d，才有幾何異構物。

(2) 光學異構物（*Optical isomers*）：對於極化光具有旋光活性者稱之。

三、 **掌性中心與掌性結構**：

1. **掌性中心**（*Chiral center*）：

(1) 條件 1：中心原子具有 sp^3 混成軌域。

(2) 條件 2：此中心外皆得四團基團都不重複。

(3) 表示法：滿足上述兩條件的中心原子以：『 * 』註記

2. **掌性的**（*Chiral*）：

(1) 定義：

當化合物存在與自身無法重疊（*superimpose*）的鏡像時，稱此化合物為掌性的（*chiral*），若否，稱為 *achiral*。

(2) 同義詞：

　　A. 具有光學活性（[O.A]）

　　B. 它的鏡像異構物存在且不能重疊

四、 烷類（Alkanes）定義與性質：

1. 定義：

(1) 僅含碳-碳單鍵的烴稱之。最簡單的烷類為甲烷。

(2) 鍵結：sp^3

(3) 化學式：C_nH_{2n+2}；碳、氫數的比例最高。

2. 烷類的製備 & 來源：

(1) 烷烴為石油與天然氣的主要成分，燃燒烷烴產生能量，因此可以當作燃料。

　　石油利用分餾方式（利用沸點性質）將烷類依碳數多寡分類。

(2) 天然氣的主要成分為 甲烷（48~90%）& 乙烷（6~18%）

(3) 家庭桶裝液化瓦斯（液化石油氣）的主要成分為 丙烷 & 丁烷 。

(4) 打火機、瓦斯罐填充主要為 丁烷 。

3. 烷類的物理性質：

(1) 正烷烴的熔、沸點一般隨碳數的增加而增高

　　A. 鏈狀烷類的沸點隨碳數的增加而增加。

　　B. 烷類熔點：正丁烷＞乙烷＞甲烷＞丙烷

(2) 溶解度 & 密度：

　　A. 烷烴均不溶於水且密度小於 1。

　　B. 易溶於乙醚（$(C_2H_5)_2 O$）、氯仿（$CHCl_3$）、四氯化碳（CCl_4）及苯（C_6H_6）等有機溶劑。

五、 *環烷類（Cyclo-Alkanes）定義與性質*：

1. **定義**：

(1) 環狀僅含碳-碳單鍵的烴稱之。最簡單的烷類為環丙烷。

(2) 鍵結：sp^3

(3) 化學式：C_nH_{2n}。

2. **常見環烷類結構與物理性質**：

名稱	環丙烷	環丁烷	環戊烷	環己烷	環庚烷
分子式	C_3H_6	C_4H_8	C_5H_{10}	C_6H_{12}	C_7H_{14}
球－棍模型					
熔點(℃)	-128	-91	-94	6.5	-12
沸點(℃)	-33	12.5	49	81	118
	隨著碳數增加，沸點亦增加				
密度(g/mL)	0.617	0.720	0.746	0.779	0.810

(1) 環烷類的碳的混成軌域 sp^3，最合適的鍵角 109^0，但環丙烷內角 60^0，環丁烷內角 90^0。其鍵角由 109^0 被扭曲到 $60^0 \sim 90^0$，所以此兩物不安定。環戊烷 108^0 接近 109^0，故為安定；$n \geq 6$ 的環烷以所謂的稠環（puckered ring）存在，鍵角皆為 109^0，故皆安定。

(2) 除環丙烷三個碳共平面外，**$n \geq 4$ 的環烷**，其**全部碳不在共平面**。

(3) **環己烷**有兩種構造：**椅式**（*chair form*，99.99%），船式（*boat*，0.01%）

六、 *烷類（Alkanes）反應（化學性質）*：

1. **鹵化反應：取代反應**

   (1) $CH_4 + Cl_2 \xrightarrow{\text{hv}} CH_3Cl$（其中之一產物）$+ HCl$

   $$
   \left\{
   \begin{aligned}
   &CH_4 + Cl_2 \to CH_3Cl（氯甲烷）+HCl \\
   &CH_4 + 2Cl_2 \to CH_2Cl_2（二氯甲烷）+2HCl \\
   &CH_4 + 3Cl_2 \to CHCl_3（三氯甲烷或氯仿）+3HCl \\
   &CH_4 + 4Cl_2 \to CCl_4（四氯化碳）+4HCl
   \end{aligned}
   \right.
   $$

   (2) **反應性**：

       A. 依烷類結構中的 C 級數反應速率：$3^0 > 2^0 > 1^0$

       B. 鹵素種類：$F_2 > Cl_2 > Br_2 > I_2$（F_2、I_2 大多不討論）

2. **硝化反應：取代反應**

   $$CH_4 + HNO_3 \xrightarrow{475^\circ C} CH_3NO_2(硝基甲烷) + H_2O$$

3. **環丙烷&環丁烷特殊反應**：利用本身結構不穩定的特性

   (1) 環丙烷＋Br_2 →

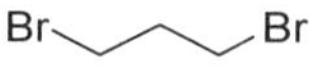

   (2) 環丙烷＋$Br_2 \xrightarrow{\text{hv}}$

   (3) 環丁烷＋$H_2 \xrightarrow{\text{Ni}/\Delta}$

   (4) 環丙烷＋$H_2SO_{4(aq)}$ →

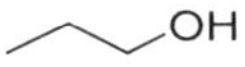

七、 *烯類 (Alkenes)*：

1. **定義**：

    (1) 烴類中具有不飽和 C=C 稱之。最簡單的烯類為乙烯 $H_2C=CH_2$。

    (2) 碳的混成軌域（鍵結）：sp^2

    (3) 化學式：C_nH_{2n} （鏈狀烯類）

2. **烯類的製備 & 來源**：

    (1) 烷烴熱裂解成小分子的烯類。

    (2) 在高溫（180℃）且濃硫酸催化下，醇類進行分子內脫水可製得烯類。

$$\underset{\substack{| \quad | \\ H \quad OH}}{\overset{\substack{H \quad H \\ | \quad |}}{H-C-C-H}} \ (\text{乙醇}) \ \xrightarrow[180°C]{H_2SO_4} \ CH_2=CH_2 \ (\text{乙烯}) + H_2O$$

    (3) 鹵烷與強鹼在乙醇溶液中共熱，脫去鹵化氫，生成烯類。

$$C_2H_5Br + NaOH \xrightarrow[\Delta]{C_2H_5OH} CH_2 = CH_2 + NaBr + H_2O$$

3. **烯類的常見反應與用途**：

    (1) 鹵素的加成：

$$CH_2 = CH_2 + Br_2 \rightarrow CH_2Br - CH_2Br$$
$$\quad\quad\quad\quad \text{紅棕色} \quad\quad \text{無色}$$

    (2) 鹵化氫的加成：

$$\underset{R}{\overset{H}{}}{>}C=C{<}\overset{H}{\underset{H}{}} + HX \longrightarrow \underset{\substack{| \quad | \\ X \quad H}}{\overset{\substack{H \quad H \\ | \quad |}}{R-C-C-H}}$$

    (3) <u>水的加成</u>：

$$CH_3CH=CH_2 + H_2O \xrightarrow{H^+} \underset{\substack{| \\ OH}}{CH_3CH-CH_3} \ (\text{2-丙醇})$$

(4) 聚合反應：

$$nCH_2=CH_2 \xrightarrow[\text{催化劑}]{\text{高溫高壓}} +CH_2-CH_2+_n \text{（聚乙烯）}$$

(5) 氧化反應：

$$3CH_2=CH_2 + 2KMnO_4 + 4H_2O \longrightarrow 3\underset{HO}{CH_2}-\underset{OH}{CH_2} + 2MnO_2 + 2KOH$$

八、　*烍類（Alkyne）*：

1. **定義**：

   (1) 烴類中具有不飽和 C≡C 稱之。最簡單的烍類為

   　　乙炔 HC≡CH。

   (2) 碳的混成軌域（鍵結）：sp

   (3) 化學式：C_nH_{2n-2}　（鏈狀烍類）

2. **烍的製備**：

   工業上由灰石、煤和水製取。

   $$CaCO_3 \xrightarrow{\triangle} CO_2 + CaO \quad ; \quad 煤 \xrightarrow{\triangle} C \text{（煤焦）}$$

   $$3C + CaO \xrightarrow{2000\sim3000^{\circ}C} CO + CaC_2 \text{（碳化鈣，俗稱電石）}$$

   $$CaC_2 + 2H_2O \rightarrow Ca(OH)_2 + HC\equiv CH \text{（乙炔，俗稱電石氣）}$$

   乙炔為無色、無臭的氣體，與空氣或氧混合具有爆炸性。

3. **烍類的常見反應與用途**：

   (1) **加成反應**：

   A.
   $$CH\equiv CH + H_2 \xrightarrow{Pt或Ni} CH_2=CH_2$$
   $$CH\equiv CH + 2H_2(過量) \xrightarrow{Pt或Ni} CH_3CH_3$$

   B.
   $$CH\equiv CH + Br_2 \rightarrow CHBr=CHBr$$
   $$CH\equiv CH + 2Br_2 \rightarrow CHBr_2CHBr_2$$

C.
$$CH{\equiv}CH + HCl \rightarrow CH_2{=}CHCl$$
$$CH{\equiv}CH + 2HCl \rightarrow CH_3CHCl_2$$

D.
$$CH{\equiv}CH + H_2O \xrightarrow{HgSO_4,\ H_2SO_4} CH_3{-}\overset{\displaystyle O}{\overset{\|}{C}}{-}H \quad （乙醛）$$
$$CH_3C{\equiv}CH + H_2O \xrightarrow{HgSO_4,\ H_2SO_4} CH_3{-}\overset{\displaystyle O}{\overset{\|}{C}}{-}CH_3 \quad （丙酮）$$

(2) **聚合反應**：

A.
$$3CH{\equiv}CH \xrightarrow{500°C} C_6H_6$$

B.
$$n\ CH{\equiv}CH \xrightarrow[催化劑]{高溫高壓} {\left(\!{-}CH{=}\overset{\displaystyle H}{C}{-}\!\right)}_n \quad （聚乙炔，導電塑膠）$$

(3) **氧化反應**：

A.
$$3CH{\equiv}CH + 10KMnO_4 + 2H_2O \rightarrow 6CO_2 + 10KOH + 10MnO_2$$

B.
$$CH_3C{\equiv}CH \xrightarrow[H^+]{KMnO_4/{}^-OH} CH_3COOH \ + \ CO_2$$

(4) **金屬取代反應**：

A.
$$H{-}C{\equiv}C{-}H + 2Cu(NH_3)_2Cl \rightarrow Cu{-}C{\equiv}C{-}Cu$$
$$+ 2NH_4Cl + 2NH_3 \qquad 乙炔亞銅（紅色沉澱）$$

B.
$$H{-}C{\equiv}C{-}H + 2Ag(NH_3)_2NO_3 \rightarrow Ag{-}C{\equiv}C{-}Ag +$$
$$2NH_4NO_3 + 2NH_3 \qquad 乙炔銀（白色沉澱）$$

4. **備註**：

金屬取代反應常用以鑑定乙炔和具有末端炔($R{-}C{\equiv}C{-}H$)結構的炔烴。

(1) $CH_3CH_2C{\equiv}CH$ (1－丁炔) $+ Ag(NH_3)_2NO_3 \rightarrow CH_3CH_2C{\equiv}C{-}Ag$

(2) $CH_3C{\equiv}CCH_3$ (2－丁炔) $+ Ag(NH_3)_2NO_3 \rightarrow$ 無反應

九、　苯 (Benzene)：

1. 定義：

(1) 含 4n+2 個 π 電子。

(2) 碳的混成軌域（鍵結）：sp^2

為一含六個碳的環狀化合物，六個碳原子成平面正六角形。

12 個原子都在同一平面，任何兩個鍵間角度均為 120°，

碳－碳間的鍵長均相同，介於 C－C 單鍵（1.54 Å）與 C＝C 雙鍵

（1.34 Å）之間，視為 $1\frac{1}{2}$ 鍵，既非單鍵亦非雙鍵。

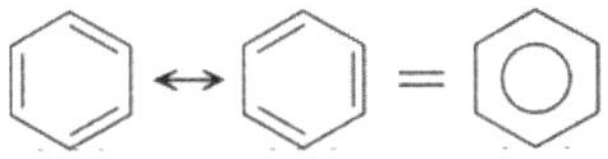

　　（苯環共振結構）

2. 苯類的物理性質：

(1) 俗稱**安息油**，沸點 80.1℃，熔點 5.5℃，為無色有特殊氣味的
揮發性液體。

(2) 能溶解脂肪、石蠟及橡膠等有機物，為實驗室及工業常用的
溶劑，但最近發現苯可能誘發**白血病**，因而漸被**甲苯**所取代。

3. 苯類的製備＆來源：

(1) 製備：

A.　分餾煤溚所得輕質油，再行分餾可得苯。

B.　$CH_3CH_2CH_2CH_2CH_2CH_3 \xrightarrow[500\,℃]{Pt\ 或\ V_2O_5} 4\,H_2\ +\ C_6H_6$

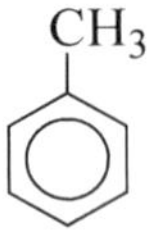

C.

【註】苯與環己烯的性質：

	冷、稀 $KMnO_{4(aq)}$	Br_2/CCl_4	H_2+Ni
苯(⬡) 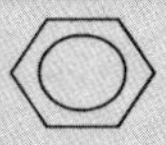	無反應	無反應	緩慢氫化 (100~200℃、102atm)
環己烯(⬡) 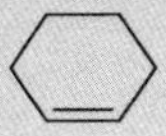	迅速氧化	迅速加成	迅速氧化 (25℃、1.3atm)

(2) 取代反應：

A. 硝化　⬡ + HNO_3 $\xrightarrow[50°C]{H_2SO_4}$ ⬡—NO_2 + H_2O

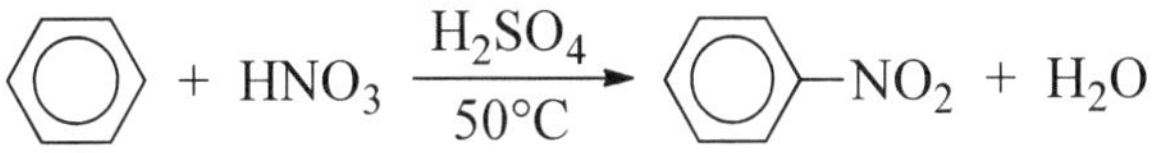

B. 磺酸化 (磺化)　⬡ + H_2SO_4 $\xrightarrow[\Delta]{H_2SO_4}$ ⬡—SO_3H + H_2O

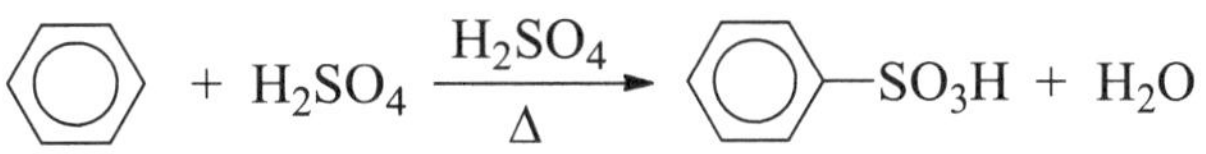

C. 鹵化　⬡ + Cl_2 $\xrightarrow{FeCl_3}$ ⬡—Cl + HCl

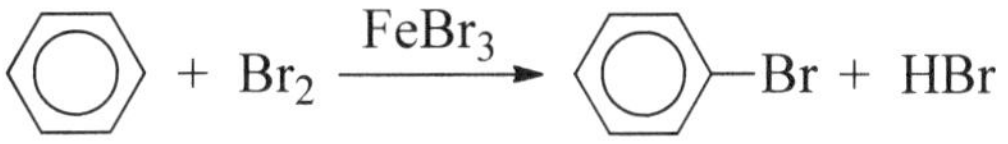

⬡ + Br_2 $\xrightarrow{FeBr_3}$ ⬡—Br + HBr

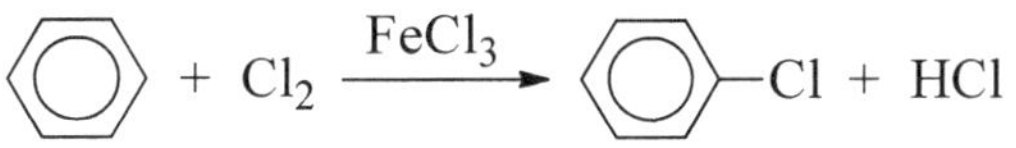

D. 烷基化　⬡ + CH_3Cl $\xrightarrow[\Delta]{AlCl_3}$ ⬡—CH_3 + HCl

※ 苯上取代後的反應：

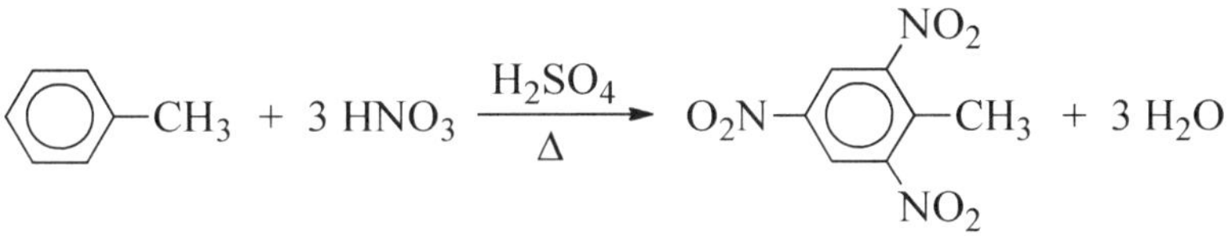

⬡—CH_3 + 3 HNO_3 $\xrightarrow[\Delta]{H_2SO_4}$ O_2N—⬡(NO_2)(CH_3)(NO_2) + 3 H_2O

※ 烷基苯的氧化反應：

⬡—CH_3 $\xrightarrow[\Delta]{KMnO_4,\ H^+}$ ⬡—$COOH$ ，　⬡—$CH_2CH_2CH_3$ $\xrightarrow[\Delta]{K_2Cr_2O_7,\ H^+}$ ⬡—$COOH$

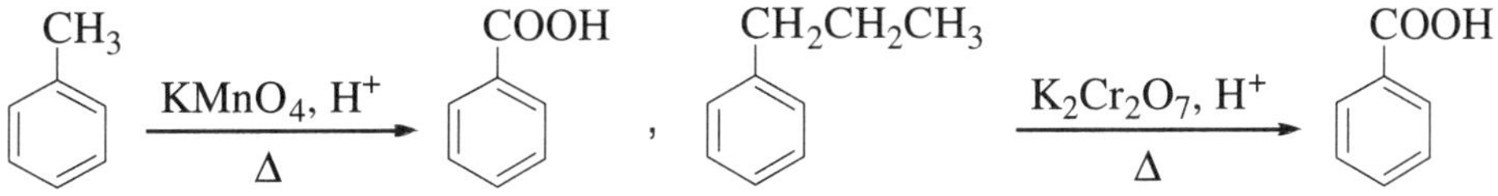

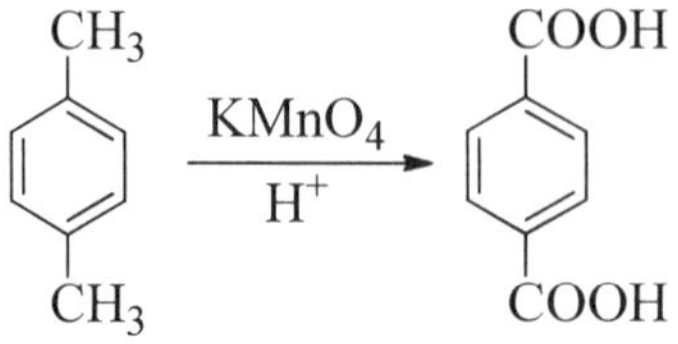

※ 加成反應：

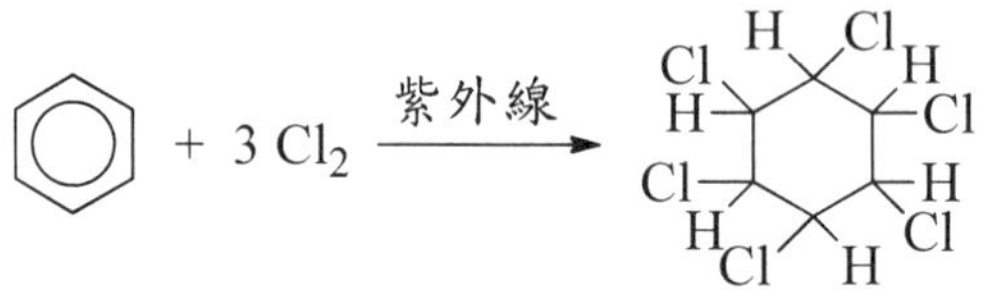

六氯化苯(BHC)

十、 *有機鹵化烴* (*Alkyl halide*)：

1. 鹵化烴物性＆化性：

(1) 物理性質：

A. 純的鹵烴是無色。

B. 鹵烴之分子量較同碳數之烴類大，故沸點較高。

(2) 化學性質：

鹵烷的化性比相對應烷烴活潑，由於鹵原子的存在而引起。

A. 取代反應：親核取代反應

(a) 溴乙烷與氫氧化鈉水溶液共熱，生成乙醇和溴化鈉

$$C_2H_5Br + NaOH \xrightarrow{\Delta} C_2H_5OH + NaBr$$

(b) 反應性：鹵烷基：$RI > RBr > RCl$；

親核基：$NH_3 > OR^- > OH^-$

B. 脫去反應：

$$C_2H_5Br + NaOH \xrightarrow[\Delta]{C_2H_5OH} CH_2 = CH_2 + NaBr + H_2O$$

十一、 *醇類（Alcohol）*：

1. 定義：

(1) 烴分子中的 H 被羥基（－OH）取代所生成的化合物稱為醇類。

(2) 通式：R-OH（R 為脂肪族），接-OH 的碳混成軌域 sp^3。

(3) 化學式：$C_nH_{2n+2}O$；$C_nH_{2n+1}OH$　（飽和鏈狀醇類）

2. 醇的分類：

(1) 依所含 OH 官能基的 個數 可分：

A. 一元醇：含有一個 OH 基。

B. 二元醇：含有二個 OH 基。【EX】：乙二醇 CH_2OHCH_2OH。

C. 三（多）元醇：含有三個 OH 基以上者。

　　【EX】：丙三醇（甘油）$CH_2OHCHOHCH_2OH$。

(2) 一元醇依其 OH 基所接碳原子的環境可分：

A. 1°醇，*primary alcohol*：與羥基相連的碳上連接一個碳者。

B. 2°醇，*secondary alcohol*：與羥基相連的碳上連接兩個碳者

C. 3°醇，*tertiary alcohol*：與羥基相連的碳上連接參個碳者。

3. 醇類製備 & 來源：

(1) 烯的水合：$CH_2 = CH_2 + H_2O \xrightarrow{H_2SO_4} CH_3CH_2OH$　（乙醇）

(2) 烯之氧化反應：

$$3CH_2 = CH_2 + 2KMnO_4 + 4H_2O \rightarrow 3CH_2OHCH_2OH + 2MnO_2 + 2KOH$$

(3) 有機鹵化物的取代：$C_2H_5Cl + NaOH(水溶液) \xrightarrow{\Delta} C_2H_5OH + NaCl$

(4) 醣的發酵法：$C_6H_{12}O_6 \xrightarrow{酵母菌} 2C_2H_5OH + 2CO_2$

(5) 由水媒氣$(CO + H_2)$合成甲醇：$CO + 2H_2 \xrightarrow[高溫 \cdot 高壓]{ZnO \cdot Cr_2O_3} CH_3OH$

(6) 由格里納試劑製造

$$\left[RCHO , RC(O)R' \right] + R''MgX \longrightarrow \overset{\displaystyle |}{\underset{\displaystyle R''}{-C}}-MgX \xrightarrow[\;H^+\;]{H_2O} RCH_2OH \; , \; \overset{\displaystyle H}{\underset{\displaystyle OH}{R-C-R'}}$$

4. **醇類反應：**

(1) 醇與活性大的金屬(如 Na、K)作用產生氫氣

$$2C_2H_5OH + 2Na \rightarrow 2C_2H_5ONa + H_2$$

【註1】：醇當酸，ROH 反應速率：$CH_3OH > 1^0 > 2^0 > 3^0$

【註2】：乙醇與鈉反應比較緩和，故實驗室常將未反應完的

鈉置入乙醇中，以處理廢棄的鈉。

(2) 醇與鹵化氫反應產生鹵烷類：

$$CH_3-\overset{\displaystyle CH_3}{\underset{\displaystyle CH_3}{C}}-OH + HBr \xrightarrow{\Delta} CH_3-\overset{\displaystyle CH_3}{\underset{\displaystyle CH_3}{C}}-Br + H_2O$$

【註】：ROH 的反應速率：$3^0 > 2^0 > 1^0 < CH_3OH$

HX 反應速率：$HI > HBr > HCl$

(3) 醇類氧化作用：

A. 一級醇氧化：

$$R-\overset{\displaystyle H}{\underset{\displaystyle H}{C}}-OH \begin{cases} \xrightarrow[\text{或}O_2 + Cu\;\;250°C]{K_2Cr_2O_7} R-C\overset{\displaystyle O}{\underset{\displaystyle H}{<}} \xrightarrow[\text{或}K_2Cr_2O_7]{KMnO_4} R-\overset{\displaystyle O}{C}-OH \\[2em] \xrightarrow{\quad KMnO_4 \quad} R-\overset{\displaystyle O}{C}-OH \end{cases}$$

1°醇　　　　　　　　　　　　　　　　醛　　　　　　　　羧酸

(a) $3CH_3CH_2CH_2OH(1-丙醇) + Cr_2O_7^{2-} + 8H^+$

$\rightarrow 3CH_3CH_2CHO(丙醛) + 2Cr^{3+} + 7H_2O$

(b) $5CH_3CH_2CH_2OH + 4MnO_4^- + 12H^+$

$\rightarrow 5CH_3CH_2COOH(丙酸) + 4Mn^{2+} + 11H_2O$

(c) $CH_3CH_2OH + \dfrac{1}{2}O_2 \xrightarrow{\ Cu\ } CH_3CHO(乙醛) + H_2O$

B. 二級醇氧化

$$2°醇\quad \underset{\underset{H}{|}}{\overset{\overset{R'}{|}}{R-C-OH}} \xrightarrow[\text{或}O_2+Cu\ \ 250°C]{K_2Cr_2O_7\text{或}KMnO_4} \underset{酮}{R-\overset{\overset{O}{\|}}{C}-R'}$$

(a) $5CH_3CH(OH)CH_3(2-\overline{丙醇}) + 2MnO_4^- + 6H^+$

$\rightarrow 5CH_3COCH_3(丙酮) + 2Mn^{2+} + 8H_2O$

(b) $CH_3CH(OH)CH_3 + \dfrac{1}{2}O_2 \xrightarrow{\ Cu\ } CH_3COCH_3 + H_2O$

C. 三級醇 $\xrightarrow[\text{或}O_2+Cu]{K_2Cr_2O_7\text{或}KMnO_4}$ 不反應

5. 醇類的一般物理性質：

(1) 低級醇可以與水以任意比例互溶 。

　　【EX】：甲醇、乙醇、丙醇及 2－甲基－2－丙醇。

(2) 熔、沸點：隨碳數的增加而增高。

6. 醇類同分異構物不同級數鑑別：

	1^0（1-丁醇）	2^0（2-丁醇）	3^0（2-甲基-2-丙醇）
沸點	大	中	小
熔點	小	中	大
溶解度	小	中	大
$HCl + ZnCl_2$	需加熱 30 mins 後產生渾濁	2~3 mins 後變成渾濁	迅速變成渾濁
$CrO_3 + H_2SO_4$	呈現藍綠色	呈現藍綠色	不反應
$KMnO_4$	深紫色消失	深紫色消失	不反應

※ HCl + ZnCl₂ 水溶液：稱為 Lucas'reagent

※ CrO₃ + H₂SO₄ 水溶液：稱為 Jone'reagent

十二、 *醚類（Ethers）*：

1. **定義**：

   醇或酚中羥基上的氫被烷基取代的化合物，具有–O–官能基的化合物，可以用 R－O－R' 來代表，R 與 R' 可以相同也可不同。

2. **命名**：根據醚鍵（－O－）所連接的兩個烴基來命名。

   (1) 對稱醚：命名時，只以一邊烴基來命名。

   (2) 不對稱醚：以所連接的兩個烴基來命名

3. **醚類製備**：

$$2C_2H_5OH \xrightarrow[130\sim140°C]{H_2SO_4} C_2H_5OC_2H_5 + H_2O$$

4. **醚類性質**：

   (1) 物性：

   A. 醚類的極性很小。不易與水相混而分成兩層，水在下，醚在上。

   B. 乙醚可用為麻醉劑和有機溶劑。

   (2) 化性：醚不與鈉、鹼、氧化劑、還原劑作用

   (3) 常見醚類：乙醚

   沸點很低（34.6 ℃）的無色液體，易揮發，易燃、引起氣爆。

十三、 *酚類（Phenol）*：

1. 定義：

苯環上的氫被－OH 基取代所形成的化合物稱為酚類，

通式為 Ar－OH。

2. 製備：

(1) 天然來源：酚為煤溚的主要成分之一，可由其中提取。

(2) 工業上製法，將氯苯與 NaOH 加壓、加熱可製得。

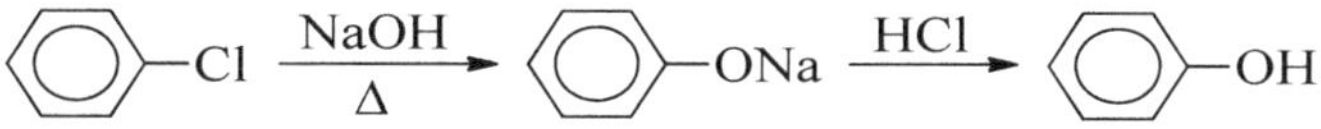

3. 酚類物理 & 化學性質

(1) 物性：

   A. 酚(C_6H_5OH，俗稱 <u>石炭酸</u>)具有氫鍵，沸點(182℃)高。

   B. 酚微溶於水 (溶解度為 8g/100 克水)，故酚在水中呈混濁狀。

(2) 化性：

   A. 弱酸性：

     (a) 苯酚($K_a = 1.28 \times 10^{-10}$)的酸性比碳酸($K_{a1} = 4.3 \times 10^{-7}$)弱，

        不能使石蕊試紙呈紅色，不與 $NaHCO_3$ 作用。

     (b) 苯酚易溶於氫氧化鈉溶液生成苯酚鈉：

     苯酚（微溶於水）　　　　　　苯酚鈉（溶於水）

B. 取代反應：

C. 苯酚可與活性大的金屬(Na、K)反應產生 H_2：

$$C_6H_5OH + Na \rightarrow C_6H_5ONa + 1/2H_2$$

4. **酚類檢驗**：

(1) 酸性強度：

羧酸＞碳酸＞酚＞醇(中性)，可用 NaOH 及 $NaHCO_3$ 區別羧酸、

酚、醇。

	氫氧化鈉溶液	碳酸氫鈉溶液	金屬鈉
羧酸	有反應	有反應	有反應
酚	有反應	不反應	有反應
醇	不反應	不反應	有反應

(2) 苯酚遇氯化鐵($FeCl_3$)呈紫色反應：

$$6C_6H_5OH + 2FeCl_3 \rightarrow Fe^{3+}[Fe(OC_6H_5)_6]^{3-}(紫色錯合物) + 6HCl$$

十四、　*醛類（Aldehyde）與酮類（Ketone）*：

1. 醛、酮的通論：

(1) 兩者均為含有羰基（*carbonyl*，$\overset{\diagdown}{\diagup}C=O$）之碳的混成軌 $R-\overset{\overset{O}{\|}}{C}-H$

域為 sp^2 的化合物，故此碳的結構是三角平面形且鍵角為 120^0。

(2) 若為鏈狀飽和脂肪族，則兩者之分子式均為 $C_nH_{2n}O$。

2. 醛、酮的定義：

(1) 羰基的碳接一個或兩個氫者為醛類，通式為 RCHO， $R-\overset{\overset{O}{\|}}{C}-H$

最簡單的醛為甲醛。

(2) 羰基的碳接兩個烴基者為酮類，通式為 RCOR'， $R-\overset{\overset{O}{\|}}{C}-R'$

最簡單的酮為丙酮。

3. 醛、酮類的製備：

(1) 醇類氧化：一級醇、二級醇氧化可分別得到醛或酮

$$3C_2H_5OH + Cr_2O_7^{2-} + 8H^+ \rightarrow 3CH_3CHO + 2Cr^{3+} + 7H_2O$$

$$3CH_3-\underset{\underset{OH}{|}}{C}H-CH_3 + Cr_2O_7^{2-} + 8H^+ \longrightarrow 3CH_3-\underset{\underset{O}{\|}}{C}-CH_3 + 2Cr^{3+} + 7H_2O$$

(2) 炔類的水合：碳數 ≥ 3 的炔類經水合反應皆為酮類

$$H-C\equiv C-H + H_2O \xrightarrow[HgSO_4]{H_2SO_4} CH_3-\overset{\overset{H}{|}}{C}=O$$
乙炔　　　　　　　　　　　　　乙醛

$$CH_3-C\equiv C-H + H_2O \xrightarrow[HgSO_4]{H_2SO_4} CH_3-\underset{\underset{O}{\|}}{C}-CH_3$$
丙炔　　　　　　　　　　　　　　丙酮

4. 物理性質：

(1) 常溫下甲、乙醛為氣體，其餘醛、酮為液體。

(2) 分子有極性，故沸點較同碳數的烴、醚高，

(3) 低級醛、酮對水溶解度大（甲、乙醛及丙酮與水完全互溶）。

5. **醛酮化學反應＆檢驗：**

(1) 氧化反應：醛具有還原性，在相同條件下，醛可被氧化成酸，酮則不會。

   A. 斐林試劑：

   $$CH_3CHO + 2Cu^{2+} + 5OH^- \rightarrow CH_3COO^- + Cu_2O\downarrow + 3H_2O$$
   　　　　（藍色）　　　　　　　　　　　　（紅色沈澱）

   B. 多侖試劑（*Tollen's reagent*）：

   $$CH_3CHO + 2Ag(NH_3)_2^+ + 3OH^- \rightarrow CH_3COO^- + 2Ag + 4NH_3 + 2H_2O$$

(2) 還原反應：常見還原劑 H_2/Pt ＆ $LiAlH_4$

   A. 醛可被 H_2/Pt ＆ $LiAlH_4$ 還原產生一級醇。

   $$CH_3-\overset{\overset{O}{\parallel}}{C}-H + H_2 \xrightarrow{Pt} CH_3CH_2OH \text{ (1°醇)}$$

   B. 酮可被 H_2/Pt ＆ $LiAlH_4$ 還原產生二級醇。

   $$CH_3-\overset{\overset{O}{\parallel}}{C}-CH_3 + H_2 \xrightarrow{Pt} CH_3\overset{\overset{OH}{|}}{C}HCH_3 \text{ (2°醇)}$$

十五、 *羧酸類*（*Carboxylic acids*）：

1. 定義：

(1) 烴類中的氫被羧基（$-\overset{\overset{\displaystyle O}{\|}}{C}-OH$）取代的生成物，稱為 __羧酸__ 。而其中的碳以 sp^2 混成存在且夾角近 120^0。

(2) 通式為 $R-COOH$，分子式為 $C_nH_{2n}O_2$。

2. 製備：

(1) $5C_2H_5OH + 4MnO_4^- + 12H^+ \rightarrow 5CH_3COOH + 4Mn^{2+} + 11H_2O$

(2) 烷基苯氧化可得芳香酸

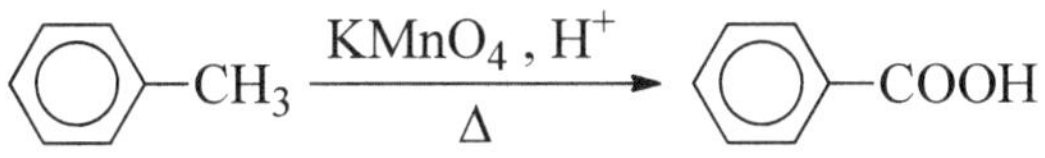

$$\text{⬡}-CH_3 \xrightarrow[\Delta]{KMnO_4 \ , \ H^+} \text{⬡}-COOH$$

(3) 由酯類、醯氯水解而得。

$$CH_3-\overset{\overset{\displaystyle O}{\|}}{C}-O-C_2H_5 + H_2O \xrightarrow{H^+} CH_3COOH + C_2H_5OH$$

$$CH_3-\overset{\overset{\displaystyle O}{\|}}{C}-Cl + H_2O \longrightarrow CH_3COOH + HCl$$
$$\quad\text{乙醯氯}$$

3. 物理性質：

(1) 有機酸均具有極性，純液體間有分子間氫鍵，故沸點較同級醇或醛為高。沸點 b.p： __酸＞醇＞醛或酮＞醚＞烴__ 。

(2) 羧酸可與水形成氫鍵，故**甲酸至丁酸**能與水完全互溶；高級酸（C_{10} 以上者）為固體，大多難溶於水。

4. **羧酸化學性質通論：**

(1) 有機弱酸的酸性比較：

 A. 碳數越多，酸性越小：

 B. 酸之個數越多，酸性越強：

 C. 酸衍生物中，氫被越高陰電性取代越多，距離越近，酸性越強。

  【EX】：$FCH_2COOH > ClCH_2COOH > BrCH_2COOH$

    ：$Cl_3CCOOH > Cl_2CHCOOH > ClCH_2COOH$

    ：$CH_3CHClCOOH > ClCH_2CH_2COOH$

(2) 因具弱酸性，能溶於**氫氧化鈉**或**碳酸氫鈉**水溶液。

(3) 可與活性大的金屬（如：Na、K 等）作用產生氫氣。

(4) 在 H_2SO_4 的催化下，可與醇類進行酯化反應，產生酯和水。

$$CH_3COOH + CH_3OH \xrightarrow{\;H^+\;} CH_3COOCH_3 + H_2O$$

(5) 羧酸不易被氧化，化性安定，但"甲酸"、"草酸"具有還原性。

 A. 甲酸分子含醛基，可被 $KMnO_4$、$K_2Cr_2O_7$ 氧化生成 CO_2

 B. 草酸(乙二酸)含 $C_2O_4^{2-}$，可被 $KMnO_4$、$K_2Cr_2O_7$ 氧化生成 CO_2

十六、　*酯類*（*Esters*）：

1. 定義：

(1) 其通式為 RCOOR'，酯類分子內含有酯基($-\overset{\overset{O}{\|}}{C}-O-C$)。

(2) 最簡單的酯為甲酸甲酯(HCOOCH$_3$)。

2. 製備與命名：

(1) **製備**：

$$R-\overset{\overset{O}{\|}}{C}\underset{}{+}OH + H\underset{}{+}OR' \rightleftharpoons[H^+] R-\overset{\overset{O}{\|}}{C}-O-R' + H_2O$$

　　羧酸　　　　醇　　　　　　　酯

※ 醯氯或酸酐和醇在 H$^+$ 之催化下加熱製得。

$$(CH_3CO)_2O + CH_3OH \xrightarrow{H^+} CH_3COOCH_3 + CH_3COOH$$

　乙酐　　　　甲醇　　　　　　乙酸甲酯　　　乙酸

【註】：反應性比較

酸衍生物反應性：醯氯＞酸酐＞一般羧酸

醇類不同級數：CH$_3$OH＞1^0＞2^0＞3^0

(2) 命名：

A. 中文：由 A 酸與 B 醇製得的酯，可命名為 A 酸 B 酯。

B. 英文：醇的部分在前以烷基命名，酸的部分在後去 ic 加 ate

3. 物理&化學性質：

(1) **酯分子間不形成氫鍵**，所以沸點、熔點較同分子式之酸低，沸點與分子量大約相等的醛、酮相近。

(2) 酯類**難溶於水，比重小於水**。

(3) **酯的水解**：

A. **酸催化**：$R-\overset{\overset{O}{\|}}{C}-OR' + H_2O \rightleftharpoons[H^+] R-\overset{\overset{O}{\|}}{C}-OH + R'OH$，為"可逆反應"

B. **鹼催化**：$R-\overset{\overset{O}{\|}}{C}-OR' + OH^- \longrightarrow R-\overset{\overset{O}{\|}}{C}-O^- + R'OH$，為"非可逆反應"

(4) 甲酸所生之酯 $H-\overset{\overset{O}{\|}}{C}-O-R'$ 仍含有醛基，因此具有還原性，可使 $KMnO_4$ 褪色，亦可與多侖試液呈銀鏡反應。

十七、 *油脂（Oil or Fats）*：

1. 定義：

屬於天然酯類的脂肪及油，合稱為油脂，是動植物組織的重要成分。

2. 製備與結構：

不論脂肪或油類，其結構皆為高級（高 C 數）脂肪酸與丙三醇所形成之甘油酯。

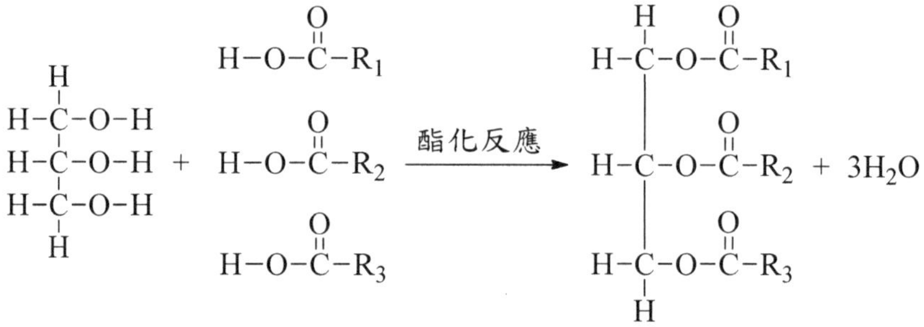

甘油　　　各種脂肪酸(有機酸)　　　　脂肪或油

※ 脂肪、油中 R_1、R_2、R_3 均表烴基，可能相同或不同。

3. 分類：

(1) 以脂肪酸中是否具有不飽和鍵分類：

　　A. 油（oils）：

　　　其脂肪酸之碳鏈為 不飽和（雙鍵較多）　，故常溫下為液體。

　　B. 脂肪（fats）：其脂肪酸之碳鏈為飽和（碳鏈較長），故常溫下為固體，

(2) 以脂肪酸中碳鏈長度分類：

　　A. 軟脂酸（正十六烷酸 $C_{16}H_{32}O_2$，Hexadecanoic acid）

　　　（俗稱棕櫚酸）

　　B. 硬脂酸（十八酸 $C_{18}H_{36}O_2$，Octadecanoic acid ; Stearic acid）

4. **物理性質&化學性質**：

(1) 油脂的比重一般在 $0.9 \sim 0.95$ 之間，不溶於水故浮於水上，易溶於汽油、苯及乙醚等有機溶劑。

(2) 精製的油脂大都為中性、無色、無臭、無味，久置於空氣中會被氧化成黃色的酸性物質，稱為油脂的酸敗。

十八、　_胺類（Amine）_：

1. **定義**：

   可以視為氨的氫原子被烷基（或芳香基）取代的衍生物。

2. **分類、命名與檢驗**：

   (1) 第一胺（一級胺，1°胺）：

      A. NH_3 上的一個氫為烴基（烷基或芳香基）所取代者。

      B. **通式**：RNH_2。

   (2) 第二胺（二級胺，2°胺）：

      A. NH_3 上的兩個氫為烴基所取代者。

      B. **通式**：R_1R_2NH。

   (3) 第三胺（三級胺，3°胺）：

      A. NH_3 上的三個氫均為烴基所取代者，

      B. **通式**：$R_1R_2R_3N$（無氫鍵）。

   (4) 第四胺（四級胺，4°胺）：

      A. 氮上連接四個烴基者，

      B. 通式：$R_1R_2R_3R_4N^+$（無氫鍵）。

   (5) 1^0、2^0、3^0 胺類檢驗級數：

胺類級數	$PhSO_2Cl$	NaOH	HCl
1^0 amine	$C_6H_5SO_2NHR$，沈澱	可溶於水鹽類	產生沈澱
2^0 amine	$C_6H_5SO_2NHR_2$，沈澱	N.R（不溶）	N.R（不溶）
3^0 amine	N.R	不溶	可溶（酸鹼中和）

3. **製備：**

(1) 以鐵(或鋅)與稀鹽酸還原硝基苯製苯胺

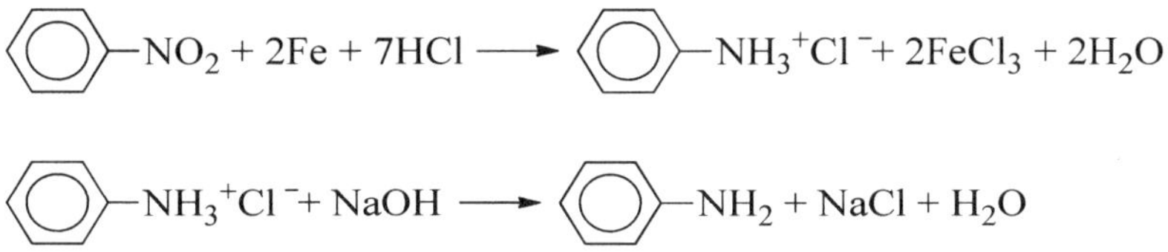

$$\bigcirc-NO_2 + 2Fe + 7HCl \longrightarrow \bigcirc-NH_3^+Cl^- + 2FeCl_3 + 2H_2O$$

$$\bigcirc-NH_3^+Cl^- + NaOH \longrightarrow \bigcirc-NH_2 + NaCl + H_2O$$

(2) 以觸媒氫化還原硝基苯製苯胺

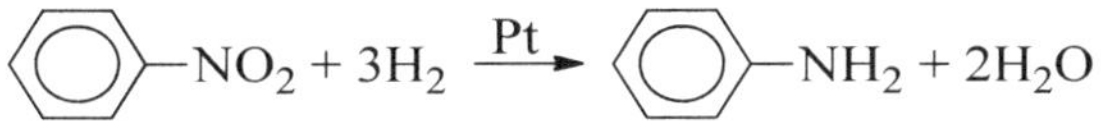

$$\bigcirc-NO_2 + 3H_2 \xrightarrow{Pt} \bigcirc-NH_2 + 2H_2O$$

(3) 氨的烴基化反應：氨與鹵烷作用。

$$CH_3CH_2Br + NH_3 \rightarrow CH_3CH_2NH_2 + HBr$$

4. **物理性質＆化學性質：**

(1) 物理性質：

A. 低級胺具有氨的氣味，魚類腐敗所生的惡臭也是一種胺類（三甲胺）的特殊臭味。

B. 1°、2°、3°胺均可與水形成氫鍵，低級胺類對水溶解度大。

(2) 化學性質：含 N 有機鹼鹼性大小比較：

脂肪胺＞芳香胺＞醯胺類＞腈＞磺胺類

(3) 胺類為鹼性，故易溶於酸性溶液：

$$C_6H_5NH_2 + HCl \rightarrow C_6H_5NH_3^+ + Cl^- \quad （澄清可溶）$$

十九、 *醯胺類（Amide）*：

1. 定義：

羧酸中的羥基被胺基取代者，稱為醯胺類。

2. 通式與命名：

(1) 醯胺的結構中含有**醯基**（ $R-\overset{\overset{O}{\|}}{C}-$ ）及**胺基**（ $-NH_2$ ），其**通式**為：

$R-\overset{\overset{O}{\|}}{C}-NH_2$ 。

(2) **命名**：（英文命名時，將烷類去 e 加 amide）

3. 醯胺的性質：

(1) 在常溫下，除甲醯胺為液體外，其餘皆為無色固體。

(2) 醯胺可與水形成氫鍵，含有 5 個碳以下的醯胺可溶於水。

(3) 沸點： 醯胺＞羧酸＞醇＞胺＞酯、醛、酮＞醚＞烷

(4) 醯胺中的 $-\overset{\overset{O}{\|}}{C}-\overset{\overset{H}{|}}{N}-$ 稱為醯胺鍵或肽鍵，為蛋白質長鏈分子的基本結構。

(5) 醯胺的水溶液呈中性。

(6) 醯胺與酸或鹼作用後，水解成羧酸（或羧酸鹽）及銨鹽（或氨）。

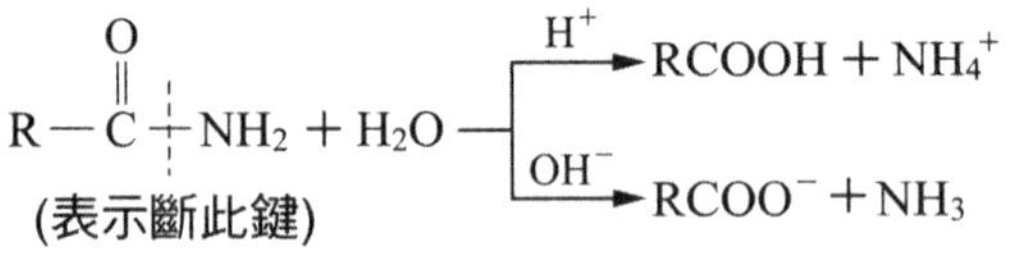

$$R-\overset{\overset{O}{\|}}{C} \dashv NH_2 + H_2O \begin{cases} \xrightarrow{H^+} RCOOH + NH_4^+ \\ \xrightarrow{OH^-} RCOO^- + NH_3 \end{cases}$$
(表示斷此鍵)

4. **製備**：

$$CH_3-\overset{\overset{O}{\|}}{C}-Cl + NH_3 \longrightarrow CH_3-\overset{\overset{O}{\|}}{C}-NH_2 + HCl$$

　　乙醯氯　　　　　　　　　　　乙醯胺

$$H-\overset{\overset{O}{\|}}{C}-OC_2H_5 + CH_3NH_2 \longrightarrow H-\overset{\overset{O}{\|}}{C}-\overset{\overset{H}{|}}{N}-CH_3 + C_2H_5OH$$

　　甲酸乙酯　　　　　甲胺　　　　　　　N-甲基甲醯胺　　　乙醇

※ 反應性：醯氯＞酸酐＞酯＞羧酸類

5. **胺基酸**：

(1) 胺基酸因同時具有胺基($-NH_2$)及羧基($-COOH$)，

故為兩性化合物，與酸或鹼作用都可形成鹽。

$$R-\overset{\overset{H}{|}}{\underset{NH_2}{C}}-\overset{\overset{O}{\|}}{C}-O^- \underset{OH^-}{\overset{H^+}{\rightleftharpoons}} R-\overset{\overset{H}{|}}{\underset{NH_2}{C}}-\overset{\overset{O}{\|}}{C}-OH \underset{OH^-}{\overset{H^+}{\rightleftharpoons}} R-\overset{\overset{H}{|}}{\underset{NH_3^+}{C}}-\overset{\overset{O}{\|}}{C}-OH$$

（鹼性溶液存在的物種）　　　　　　　　　　　（酸性溶液存在的物種）

$$R-\overset{\overset{H}{|}}{\underset{NH_3^+}{C}}-\overset{\overset{O}{\|}}{C}-O^- \text{（中性溶液）}$$

(2) **胺基酸的等電點**（*isoelectric point*）：

在某 pH 值時，胺基酸的淨電荷為零，則通過電場時，胺基酸不

流向負極亦不流向正極；此種 pH 值稱為胺基酸等電點（又稱 *pI*）

$$NH_3^+\text{-}CH(CH_3)COOH \Leftrightarrow NH_3^+\text{-}CH(CH_3)CO_2^- + H^+ \cdots\cdots pK_{a1}$$

$$NH_3^+\text{-}CH(CH_3)CO_2^- \Leftrightarrow NH_2\text{-}CH(CH_3)CO_2^- + H^+ \cdots\cdots pK_{a2}$$

$$pH = pI = \frac{pKa_1 + pKa_2}{2}$$

歷屆試題集錦

1. Which of the following options best describes the relationship between the following two compounds?

(A) Constitutional isomers   (B) Stereoisomers

(C) Identical   (D) Not isomers, different compounds entirely.

(E) Conformers

【110 高醫(18)】

【詳解】C

(A)為陷阱答案，看到凸凹以為該 C 原子是 chiral center，便以為是鏡像

(B)實際上，同一碳上有兩個甲基，不是 chiral center。故答案為 B 相同

2. How many asymmetric carbons are presented in the compound below?

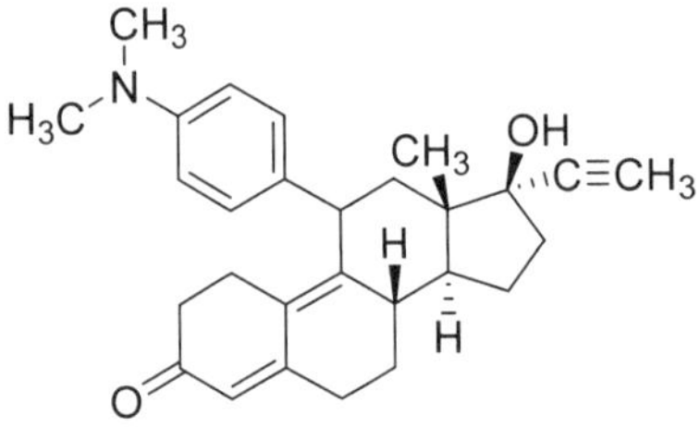

(A) 2   (B) 3   (C) 4   (D) 5   (E) 6

【110 高醫(23)】

【詳解】D

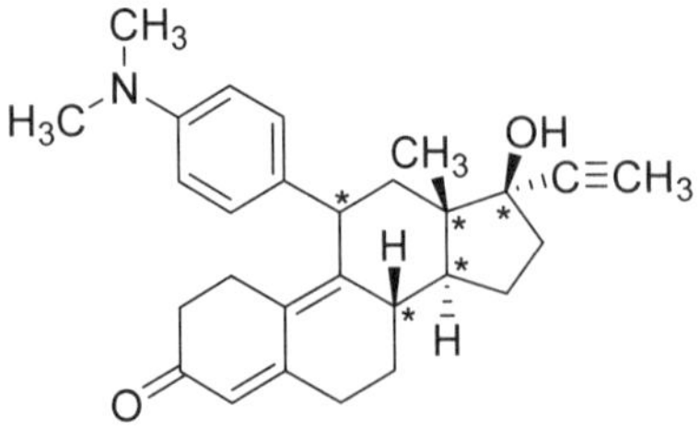

3. Please choose the most stable cation?

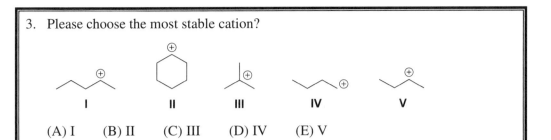

I　　II　　III　　IV　　V

(A) I　　(B) II　　(C) III　　(D) IV　　(E) V

【110 高醫(79)】

【詳解】C

有機物中間體碳陽離子穩定性：$3^0 > 2^0 > 1^0$

故穩定性順序：III >（I≒II≒V）> IV

4. The students used salicylic acid and acetic anhydride to synthesize aspirin in the experiment of "The Preparation of Aspirin". The chemical reaction is shown as below: Which compound will react with FeCl$_3$ to become a purple complex?

(A) Salicylic acid　　(B) Acetic anhydride　　(C) Aspirin

(D) Acetic acid　　(E) 18 M sulfuric acid

【110 高醫(90)】

【詳解】A

FeCl$_3$ 常用於檢驗有機物中苯上具有羥基(-OH)，羥基(-OH)上的 O 原子會配位至 Fe^{3+}，產生穩定的六配位紫色錯合物。

5. 與環戊烷互為同分異構物的烯類共有幾種？

(A) 4　　　　(B) 5　　　　(C) 6　　　　(D) 7

【110 中國醫(1)】

【詳解】C

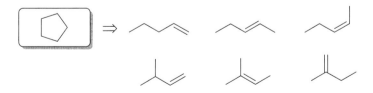

6. 下列烷類分子的 IUPAC 系統命名為何？

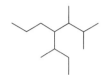

(A) 2,3-dimethyl-4-*sec*-butylheptane　　(B) 4-*sec*-butyl-2,3-dimethylheptane
(C) 2,3,5-trimethyl-4-propylheptane　　(D) 4-propyl-2,3,5-trimethylheptane

【110 中國醫(7)】

【詳解】C

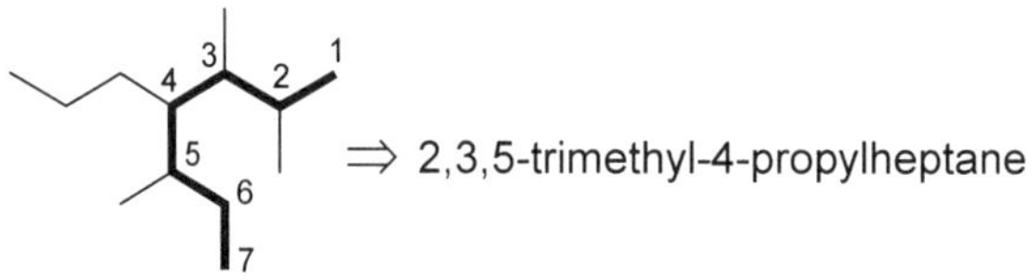

⇒ 2,3,5-trimethyl-4-propylheptane

7. 有關下列化合物的敘述何者不正確？

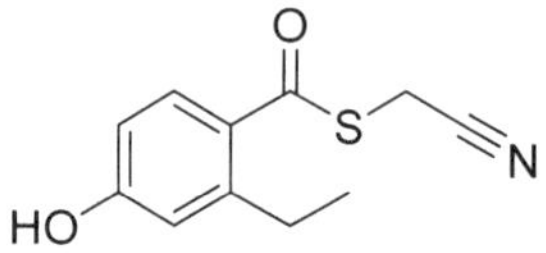

(A) 分子式為 $C_{11}H_{11}O_2SN$　　(B) 具酚基(phenol group)
(C) 未共用電子對(lone pair)有6對　　(D) 結構中的碳原子有7個 sp^2 混成軌域

【110 義守(1)】

【詳解】C
(C) 未共用電子對(lone pair)有 **7** 對　（O, S 上各兩對，N 上有一對）

8. 下列化合物的名字何者正確？
(A) 6-Ethyl-2,2-dimethylheptane　　(B) 2-Isopropyl-4-methylheptane
(C) 3-Ethyl-4,4-dimethylhexane　　(D) 4,4-Diethyl-2,2-dimethylhexane

【110 義守(2)】

【詳解】D

(A) 2,2,6-trimethyloctane

(B) 2,3,5-trimethyloctane

(C) 4-Ethyl-3,3-dimethylhexane

---

9. 下圖化合物之IUPAC名稱為2,3-dihydroxybutanoic acid，請問其鏡像組態為何？

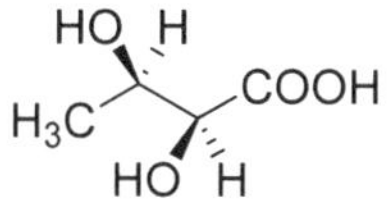

(A) 2S, 3S　　(B) 2R, 3R　　(C) 2S, 3R　　(D) 2R, 3S

【110 義守(26)】

【詳解】D

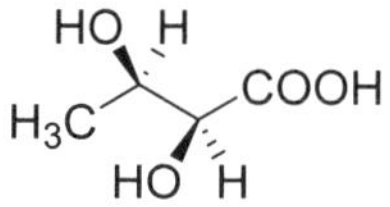

(2S,3R)-2,3-dihydroxybutanoic acid　其鏡像組態為（2R, 3S）

---

10. 下列何者不能與$FeCl_3$溶液進行顯色反應？

(A) Phenol　　(B) Aspirin　　(C) Ethyl acetoacetate　　(D) Salicylic acid

【110 義守(48)】

【詳解】B

$FeCl_3$ 常用於檢驗有機物中苯上具有羥基(-OH)，羥基(-OH)上的 O 原子會配位至 Fe^{3+}，產生穩定的六配位紫色錯合物。

(C)乙醯乙酸乙酯（Ethyl acetoacetate）當雙芽基與鐵離子產生六配位錯合物

11. 阿黴素（doxorubicin）是目前常使用的癌症治療藥物，阿黴素有幾個對掌中心（chiral center）？

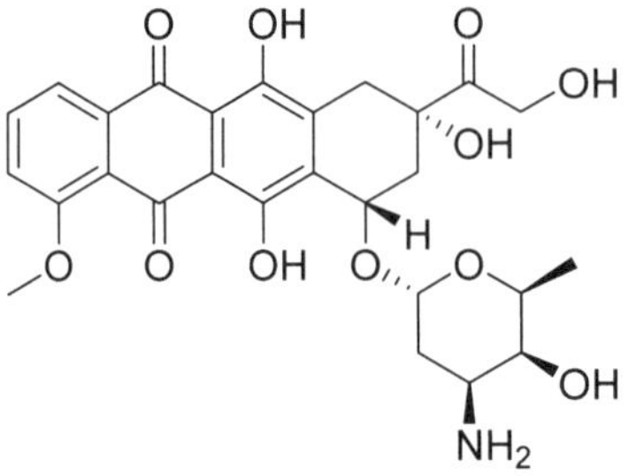

Doxorubicin

(A) 5　　　(B) 6　　　(C) 7　　　(D) 8

【110慈濟(8)】

【詳解】D

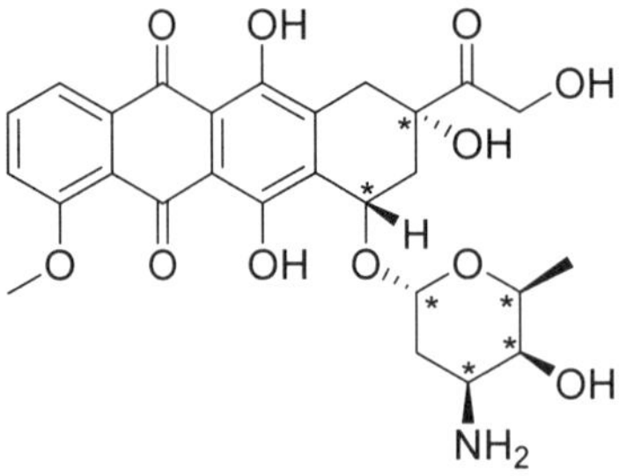

Doxorubicin

12. 下列哪個胺基酸具有兩個立體中心？
   (A) 麩醯胺(glutamine)　　　(B) 脯胺酸(proline)
   (C) 苯丙胺酸(phenylalanine)　(D) 異白胺酸(isoleucine)

【110慈濟(28)】

【詳解】D

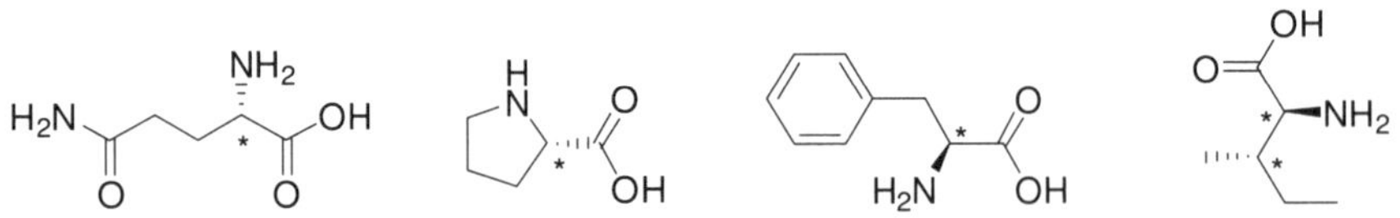

glutamine　　proline　　phenylalanine　　isoleucine

13. Which of the following substrate is most likely to exhibit liquid crystalline behavior?

(A)

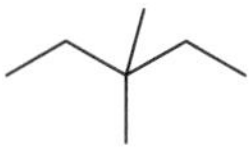

(B)

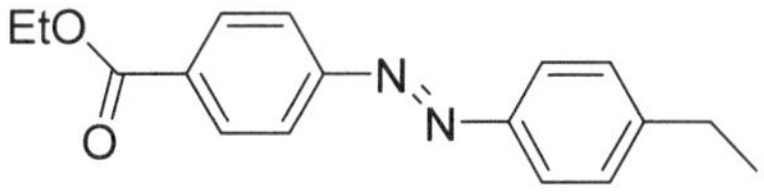

(C)

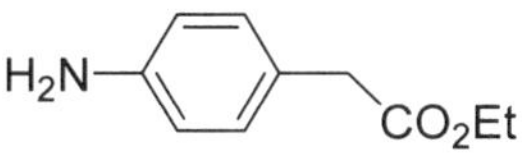

(D)

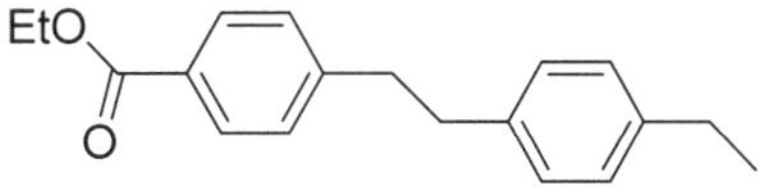

(E) $C_{25}H_{51}OH$

【109 高醫(19)】

【詳解】B

液晶的結構：

(1) 具有液晶性質的分子形狀有柱狀、盤狀或圓錐狀。其中以柱狀體較多，長度通常不超過 3 奈米（3×10^{-9} m）。

(2) 較常見的液晶材料分子大都具有一長軸且不對稱的結構，通常由一連接基 Z 連接環形化合物 A 與環形化合物 B。

R：末端基（如：$-R'$、$-OR'$、$-CN$）
X：末端基（如：OR、R、CN、F）
Z：連接基（如：$-C=N-$、$-N=N-$）
A&B：芳香環、飽和脂肪環或雜環

※ R 為柔軟、易彎曲的鏈基，可以是極性的或非極性的基團，對形成的液晶具有一定穩定作用，因此也是構成液晶分子不可缺少的結構因素。

14. What is the range of wave number (cm^{-1}) for an organic molecule containing a carbonyl group in the infrared spectrum?
(A) 3610–3640
(B) 2850–3300
(C) 2100–2300
(D) 1690–1760
(E) 1080–1300

【109 高醫(27)】

【詳解】D

常見官能基伸張振動正常值：

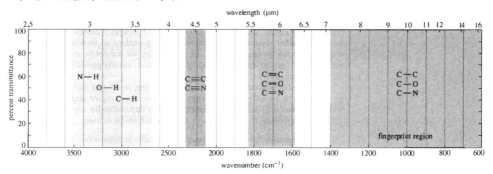

---

15. What is the resonance frequency (MHz) for ^{13}C nuclei operated in a nuclear magnetic resonance spectrometer of 400 MHz?
(gyromagnetic ratio of ^{1}H and ^{13}C is ~4)

(A) 100   (B) 200   (C) 400   (D) 800   (E) 1600

【109 高醫(65)】

【詳解】A

$$\nu = \frac{\gamma}{2\pi} H_0 \quad , \quad \gamma : \text{gyromagnetic ratio (隨原子核改變)} ,$$

the ratio of gyromagnetic ratio of ^{1}H and ^{13}C is ~ 4

故 $\gamma_{1H} = 4\gamma_{13C}$

$$400 \text{ MHz} = \nu = \frac{4\gamma_{13_C}}{2\pi} H_0 \Rightarrow 100 \text{ MHz} = \frac{\gamma_{13_C}}{2\pi} H_0$$

---

16. How many π electrons are delocalized in 1,4-diphenyl-1,3-butadiene?

(A) 4   (B) 8   (C) 16   (D) 24   (E) 32

【109 高醫(71)】

【詳解】C

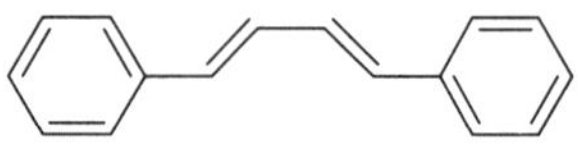

1,4-diphenylbuta-1,3-diene   (具有 16 個 π electrons，陷阱是 B)

17. 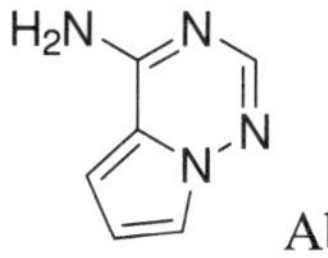 Above structure is the precursor of the Remdesivir

(potential COVID–19 drug), which of the below statements are true?

   I.It is an aromatic compound   II.It has 13 σ bond

   III.It shows dipole moment   IV.It has 11 σ bond

   V.It contains sp hybridization

Please choose one of the answer below,

(A) I and IV   (B) II and IV   (C) I, II, and III

(D) I, II, III, and V   (E) None of these

【109 高醫(83)】

【詳解】E

(A) 此結構具有芳香性。

(B)(D) 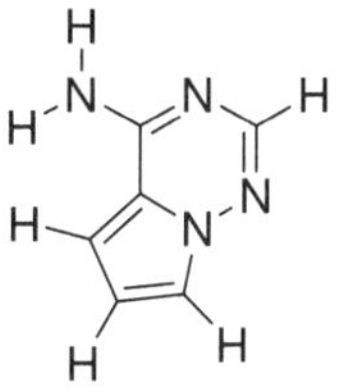   （應具有 17 個 sigma 鍵）。

(C) 結構中的上方，具有含 N 原子電子雲較集中，故具有 dipole moment。

(E) 此結構只具有 sp^3 & sp^2 混成軌域。

18. 下列哪一個物質是離子溶液？

(A) 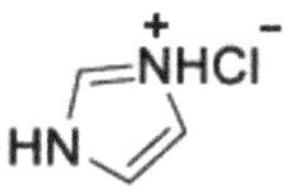   (B) 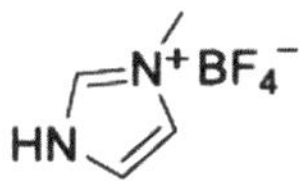   (C)

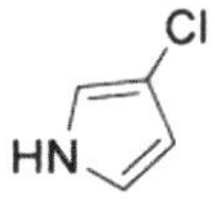

(D) 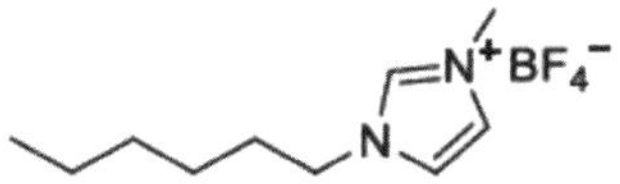   (E)

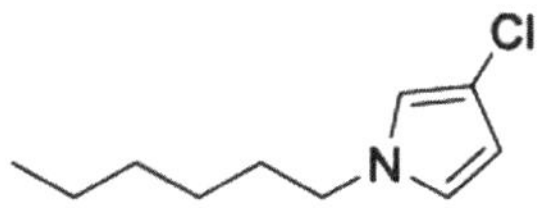

【109 中國醫(17)】

【詳解】D

離子液體：

(1) 全由離子組成的液體，稱為離子液體。

(2) 研究最為廣泛的離子液體是 1-丁基-3-甲基咪唑六氟磷酸鹽：

$$N^{\oplus}-N-CH_3$$

$$\begin{bmatrix} F & F & F \\ & P & \\ F & F & F \end{bmatrix}^-$$

(3) 由於其有機陽離子結構不對稱，因此使得離子不易規則的堆積成晶體，所以熔點只有 10 ℃ 左右。

(4) 具有低蒸氣壓、低熔點、高極性、不可燃性、耐強酸、高熱穩定性、高導電度及較廣的液體溫度範圍。

(5) 可代替一般揮發性有機溶劑，應用於有機合成、催化、分離、分析及電化學領域，可避免環境的汙染。

---

19. 若 $^{16}O_2$ 振動的力常數(force constant)和 $^{18}O_2$ 振動的力常數相同，則 $^{16}O_2$ 和 $^{18}O_2$ 的振動頻率比為

(A) 8/9　　　(B) 9/8　　　(C) $\dfrac{3}{\sqrt{8}}$　　　(D) $\dfrac{\sqrt{8}}{3}$

【109 義守(7)】

【詳解】C

振動公式：$\tilde{v} = \left(\dfrac{1}{2\pi c}\right)\left(\dfrac{k}{m_{red}}\right)^{\frac{1}{2}}$

$k = force\ constnt\ (bond\ strength)$; $m_{red} = reduced\ mass = \dfrac{m_1 m_2}{m_1 + m_2}$

$$\tilde{v} \propto \sqrt{\dfrac{1}{\dfrac{m_1 m_2}{m_1 + m_2}}} \Rightarrow \tilde{v} \propto \sqrt{\dfrac{m_1 + m_2}{m_1 \times m_2}} \Rightarrow \dfrac{\tilde{v}_{^{16}O-^{16}O}}{\tilde{v}_{^{18}O-^{18}O}} = \dfrac{\left(\dfrac{16+16}{16\times16}\right)^{\frac{1}{2}}}{\left(\dfrac{18+18}{18\times18}\right)^{\frac{1}{2}}} = \dfrac{3}{\sqrt{8}}$$

20. 激發態分子可經由釋放螢光(fluorescence)或磷光(phosphorescence)回到
　　基態，何者較快？
　　(A)螢光　　　　　(B) 磷光　　　　　(C) 一樣　　　　(D)不一定
　　　　　　　　　　　　　　　　　　　　　　　　　　　【109 義守(12)】

【詳解】A
分子螢光（*Fluorescence*）：
A. 分子由激發單線態返回基態單線態，所伴隨放出的光，自旋選擇性。
B. 強度　大　但生命期短（ $10^{-8} \sim 10^{-5}$ 秒）。
分子磷光（*Phosphorescence*）：
A. 分子在系統間穿越到一激發三重線態後，在返回基態單線態。
B. 放出之光不遵守自旋選擇性，強度小生命期長（ 10^{-4} 秒）以上
如圖：

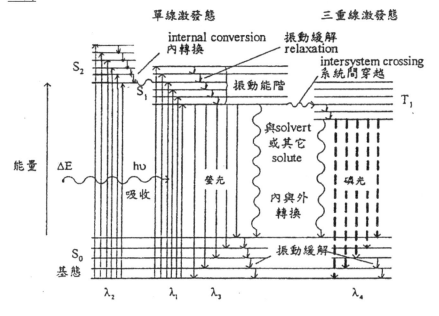

21. 下列化合物中，何者 $\pi \rightarrow \pi^*$ 躍遷所需能量最大：
　　(A) 1,3–丁二烯　　　　　(B) 1,4–戊二烯
　　(C) 1,3–環己二烯　　　　(D) 2,3–二甲基–1,3–丁二烯
　　　　　　　　　　　　　　　　　　　　　　　　　　　【109 慈濟(10)】

【詳解】B

在共軛分子中之 $\pi \rightarrow \pi^*$ 遷移波長隨 HOMO 與 LUMO 之能隙（energy gap）而定，也就是隨共軛係之本性而定。由分子軌域計算顯示，共軛程度增加，HOMO 與 LUMO 間能量差減少。1,4-戊二烯無共軛系統，故能隙大波長最短。

---

22. 下列何種鍵結或分子運動最不可能有紅外線光譜吸收：
   (A) CH_3CH_3 的 C–C 伸縮
   (B) CH_3CCl_3 的 C–C 伸縮
   (C) SO_2 的對稱性伸縮運動
   (D) H_2O 的對稱性伸縮運動

【詳解】A

(1) 電磁波譜的紅外光區，其波長為 $7.8 \times 10^{-7} \sim 10^{-4}$ m，但有機常用為 $1.5 \times 10^{-6} \sim 2.5 \times 10^{-5}$ m（2.5~25 μm）。

(2) 在光譜學上，頻率常用波數（*wavenumver* , $\bar{v}$）來描述。所以紅外振動為 4000~400 cm^{-1}，相當於 48~4.8 KJ/mol （11.5~1.15 Kcal/mol）

$$\bar{v}(\text{cm}^{-1}) = \frac{1}{\lambda(cm)}$$

$$cm^{-1} = \frac{1}{\mu m} \times 10000$$

(3) IR 吸收：分子必須由於振動而有偶極矩淨變化。

(4) 有機分子紅外活性（*IR-active*）之振動，能夠引起吸收之最簡模式為伸張（*stretching*）與彎曲（*bending*）模式。

---

23. 某一含鹵素化合物質譜圖上同位素峰值比 M（母峰）:(M+2):(M+4):(M+6) = 27:27:9:1，推斷下列何者最有可能：
   (A) 該化合物含兩個氯
   (B) 該化合物含三個氯
   (C) 該化合物含兩個溴
   (D) 該化合物含三個溴

【詳解】B

$(^{35}Cl + ^{37}Cl)^3$ 視為 $(a+b)^3$

$\Rightarrow (a+b)^3 \Rightarrow a^3 + 3ab^2 + 3a^2b + b^3$

$\Rightarrow a = 3$, $b = 1$ (a:b=3:1)

代入：$3^3 + 3 \times 3 \times 1^2 + 3 \times 3^2 \times 1 + 1^3$

$\Rightarrow 27 : 9 : 27 : 1$ （M：M+4：M+2：M+6）

24. 小明在實驗桌上發現 A–D 四個未知物，經實驗證實
    (1) 分子極性大小 A > B > C；　　(2) A 很容易被過錳酸鉀氧化；
    (3) B 與 D 含有不飽和鍵；　　　(4) C 與 D 跟水不會互溶。
    請問 A–D 可能是那些實驗室常見的有機化合物 ？
    (A) A:丙酮，B:乙醇，C:苯，D:正己烷
    (B) A:乙醇，B:丙酮，C:正己烷，D:苯
    (C) A:乙醇，B:丙酮，C:苯，D:正己烷
    (D) A:丙酮，B:正己烷，C:苯，D:乙醇

【109 私醫(25)】

【詳解】B
(1) 分子極性大小：氫鍵 (A) > 極性分子(B) > 非極性分子(C)
(2) A 很容易被過錳酸鉀氧化…意旨一級醇
(3) B 與 D 含有不飽和鍵…意旨丙酮和苯
(4) C 與 D 跟水不會互溶…意旨正己烷和苯
答案：(B) A:乙醇，B:丙酮，C:正己烷，D:苯

25. 下列有機分子或是金屬錯合物哪一個**不具有**對掌性 (chirality)？
    (A) bromofluoroiodomethane
    (B) 2–bromobutane
    (C) *trans*–dichlorobis(ethylenediamine)cobalt(III) ion
    (D) cis–dichlorobis(ethylenediamine)cobalt(III) ion

【109 私醫(49)】

【詳解】C

選項	A	B	C	D
結構	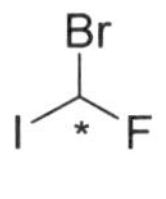	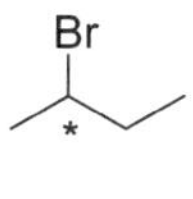	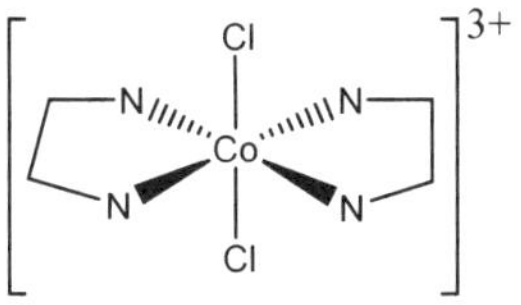	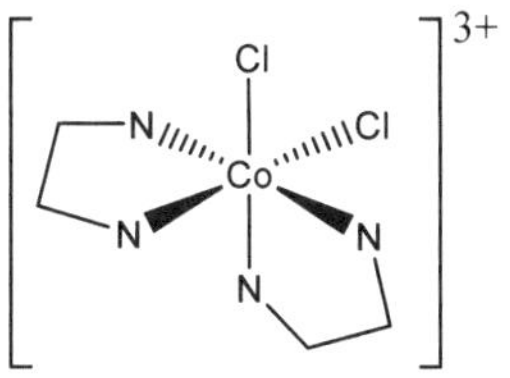
對掌性	V	V	X	V

26. 對於右圖有機分子的敘述何者正確？ 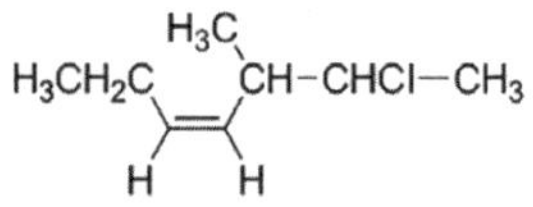
    (A) IUPAC 名稱為(E)-6-chloro-5-methylhex-3-yne
    (B) 可能具有兩個不對稱中心(chiral center)
    (C) 分子極性大於乙醇
    (D) 屬於芳香烴(aromatic hydrocarbon)化合物

【109 私醫(50)】

【詳解】B

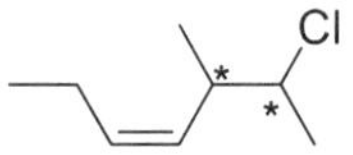

(A)(B) (Z)-6-chloro-5-methylhept-3-ene

(C)乙醇具有氫鍵且碳數較少，極性較大
(D) 烴類 (hydrocarbon)化合物指的是只含 C、H 的化合物。

27. The structure of pentose is shown on the down figure. How many carbon atoms with chirality are there in this molecule?

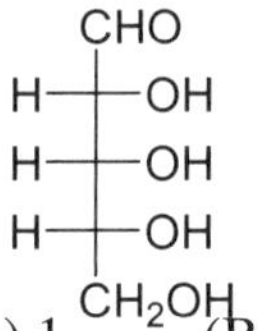

(A) 1　　(B) 2　　(C) 3　　(D) 4　　(E) 5

【108 高醫(29)】

【詳解】C

掌性中心（Chiral center）：
條件 1：中心原子具有 sp^3 混成軌域。
條件 2：此中心外皆得四團基團都不重複。
表示法：滿足上述兩條件的中心原子以：『 * 』註記

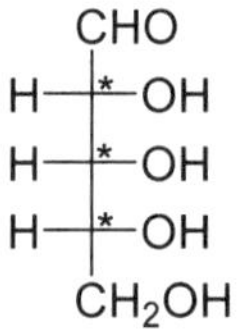

28. Regarding the reactions of organic compounds, which of the following statements is NOT true?

(A) The reaction of benzene and chloromethane can produce toluene.

(B) Methanol is prepared in industry by the hydrogenation of carbon dioxide.

(C) The commercial production of ethanol is carried out by the reaction of water with ethylene.

(D) Aldehyde can be produced commercially by the oxidation of primary alcohol.

(E) Ketone can be produced commercially by the oxidation of secondary alcohol.

【108 高醫(61)】

【詳解】B（釋疑後送分）

(A) $\bigcirc$ + CH_3Cl $\xrightarrow[\Delta]{AlCl_3}$ $\bigcirc-CH_3$ + HCl

(B) 由水媒氣(CO + H₂)合成甲醇：$CO + 2H_2 \xrightarrow[\text{高溫．高壓}]{ZnO \cdot Cr_2O_3} CH_3OH$

(C) $\underset{H \quad OH}{\overset{H \quad H}{H-C-C-H}}$（乙醇）$\xrightarrow[180°C]{H_2SO_4}$ $CH_2=CH_2$（乙烯）+ H_2O

(D) 醛可被 H₂/Pt & LiAlH₄ 還原產生一級醇。

$CH_3-\overset{O}{\overset{\|}{C}}-H + H_2 \xrightarrow{Pt} CH_3CH_2OH$ (1°醇)

(E) 酮可被 H₂/Pt & LiAlH₄ 還原產生二級醇。

$CH_3-\overset{O}{\overset{\|}{C}}-CH_3 + H_2 \xrightarrow{Pt} CH_3\overset{OH}{\overset{|}{C}HCH_3}$ (2°醇)

29. As shown below, compound IV can be prepared from reagents I, II, and III. Which of the following reaction conditions is the most suitable for the preparation of IV?

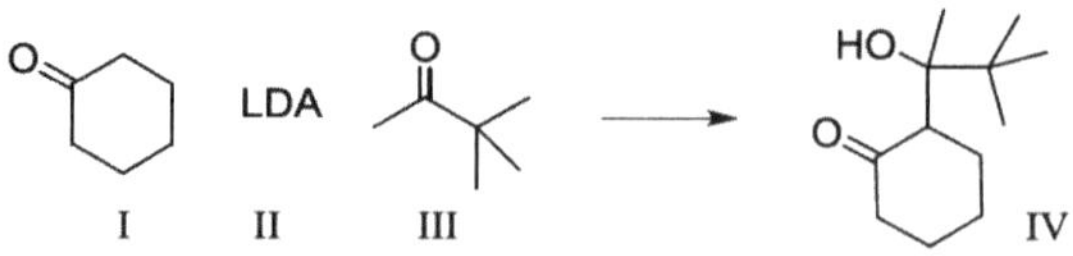

(A) I is slowly added to II, and III is then added to the above mixture.
(B) I is slowly added to II, and the resultant mixture is slowly added to III.
(C) II is slowly added to I, and III is then added to the above mixture.
(D) II is slowly added to I, and the resultant mixture is slowly added to III.
(E) I is slowly added to III, and II is then added to the above mixture.

【108 高醫(78)】

【詳解】A&C（釋疑後增加 A，但 C 仍為最佳解）

實屬大二專業有機化學。

此反應為"醛醇加成反應"（*Aldol addition reaction*）

The Aldol condensation is the coupling of an enolate ion with a carbonyl compound to form a β-hydroxycarbonyl, and sometimes, followed by dehydration to give a conjugated enone. A simple case is addition of an enolate to an **ald**ehyde to afford an alco**hol**, thus the name **aldol**

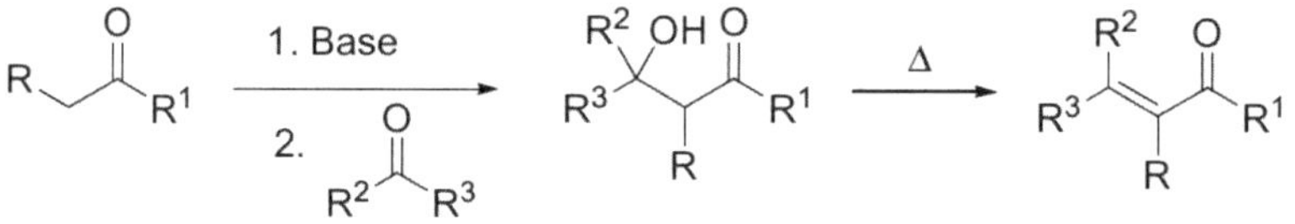

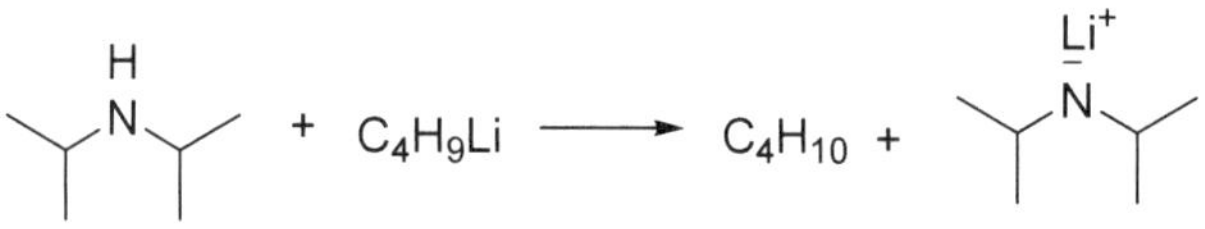

diisopropylamine   lithium diisopropylamide (LDA)

【EX】：

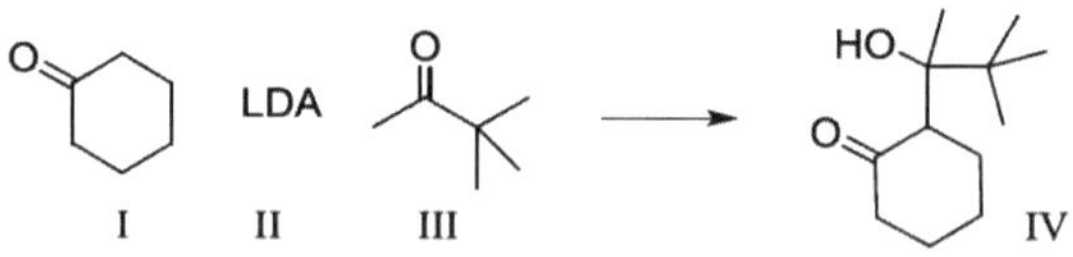

其合成步驟：II is slowly added to I, and III is then added to the above mixture.

30. A student gave a molecule the following name:2-methyl-4-t-butylpentane
    However, the teacher pointed out that, although the molecule could be correctly
    drawn from this name, the name violates the IUPAC rules. What is the correct
    (IUPAC) name of the molecule?
    (A) 2-t-butyl-4-methylpentane   (B) 2,4,5,5-tetramethylhexane
    (C) 1-sec-butyl-1,2,2-trimethylpentane (D) 2-t-butyl-4-iso-propylbutane
    (E) None of the above.

    【108 高醫(90)】

【詳解】E

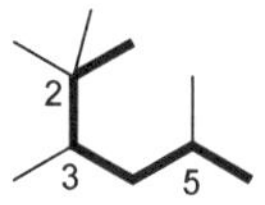

正確命名：2,2,3,5-tetramethylhexane

31. 非環狀化合物 C_5H_{10} 有多少個異構物？
    (A) 3   (B) 4   (C) 5   (D) 6   (E) 7

    【108 中國醫(36)】

【詳解】D

C_nH_{2n}	C_4H_8	C_5H_{10}	區別
鏈狀烯類 （含幾何異構物）	4	6	可使 Br_2/CCl_4、$KMnO_4$ 溶液褪色
環烷類 （不含光學異構物）	2	6	不可使 Br_2/CCl_4、$KMnO_4$ 溶液褪色
異構物總數	6	12	

32. 下列化合物沸點由低至高排列

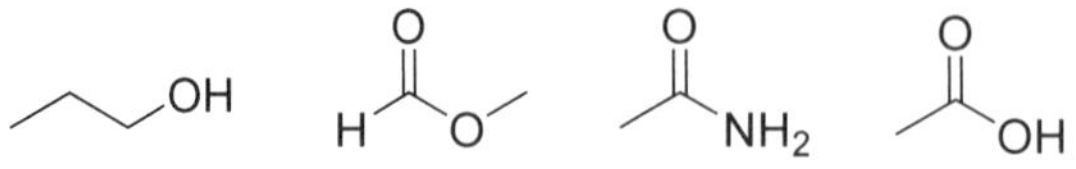

I   II   III   IV

(A) I ＜ II ＜ III ＜ IV　　(B) III ＜ I ＜ IV ＜ II
(C) II ＜ IV ＜ III ＜ I　　(D) II ＜ I ＜ IV ＜ III
(E) I ＜ IV ＜ II ＜ III

【108 中國醫(44)】

【詳解】D

有機物沸點比較大原則

A. 分子量相近不同官能基：**醯胺**＞**羧酸**＞**醇**＞胺＞**酯**、醛、酮＞醚＞烷
　：III > IV > I > II

B. 同官能基同碳數：接觸面積越大，沸點越高。

33. 胜肽鍵(peptide bond)是屬於下列何種連結？
(A) ether linkages　　　　(B) ester linkages
(C) amide linkages　　　　(D) imido linkages

【108 義守(1)】

【詳解】C

醯胺(amide)中的 $-\overset{\overset{O}{\|}}{C}-\overset{\overset{H}{|}}{N}-$ 稱醯胺鍵或肽鍵，為蛋白質長鏈分子的基本結構。

34. 下列何化學鍵之伸縮(stretching)振動頻率(vibrational frequency)最大？
（D 為氘）
(A) C=C　　(B) C=O　　(C) C－H　　(D) C－D

【108 義守(7)】

【詳解】C

$$\tilde{v} = \left(\frac{1}{2\pi c}\right)\left(\frac{k}{m_{red}}\right)^{\frac{1}{2}}$$

k = force constnt (bond strength)…

m_{red} = reduced mass = $\dfrac{m_1 m_2}{m_1 + m_2}$

故伸縮振動頻率：(C) C−H＞(D) C−D＞(B) C=O＞(A) C=C

頻率大約(cm^{-1})：　　2900　　　2200　　　1715　　　1600

---

35. 下列何種儀器對判斷分子共軛(conjugation)性質的效果最好？
    (A) 紅外光譜儀(Infrared spectrometer)
    (B) 質譜儀(Mass spectrometer)
    (C) 紫外-可見光光譜儀(Ultraviolet-visible spectrometer)
    (D) 核磁共振光譜儀(Nuclear magnetic resonance spectrometer)

【108 義守(13)】

【詳解】C
(1) 紅外光譜術（Infrared spectroscropy , IR），決定官能基
(2) 質譜術（Mass spectrometry , MS），決定分子量及化學式
(3) 紫外光-可見光譜術（Ultravoilet-visible spectrosopy , UV-Vis），偵測電子分佈，特別是共軛 π 電子系統之分子
(4) 核磁共振光譜術（Nuclear magnetic resonance spectroscopy , NMR）決定碳-氫骨架

---

36. 下式化合物的 IUPAC 命名為＿＿＿。

    (A) 3-ethyl-2-methylhexane　　　(B) 3-ethyl-2-methylpentane
    (C) 3-ethyl-4-methylpentane　　　(D) 3-isobutylpentane

【108 義守(39)】

【詳解】B

正確命名	陷阱答案
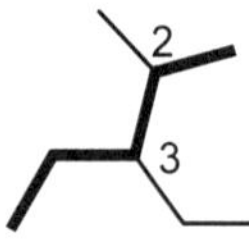 3-ethyl-2-methylpentane	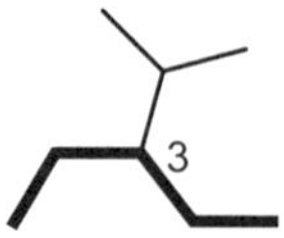 3-isopropylpentane

---

37. 在水溶液中鹼性最強的是_____。
    (A) NH_3 　　　(B) $C_6H_5NH_2$ 　　　(C) $(CH_3)_3N$ 　　　(D) $(CH_3)_2NH$

【108 義守(40)】

【詳解】D

含 N 有機鹼鹼性大小比較：

(A) 不同級數脂肪胺類鹼性大小比較：

　　　$(R)_2NH > RNH_2 > (R)_3N > NH_3$ （R 為甲基-CH_3）

　　　　2^0　　　1^0　　　3^0　　0^0

(B) 綜合：脂肪胺＞芳香胺＞醯胺類

---

38. 阿斯匹靈(aspirin)的化學結構式是_____。

(A)

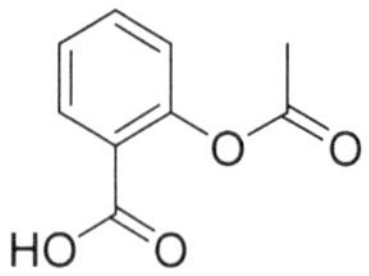

(B)

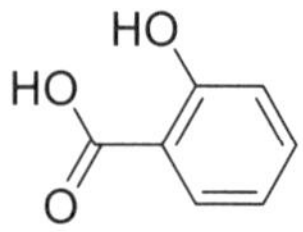

(C)

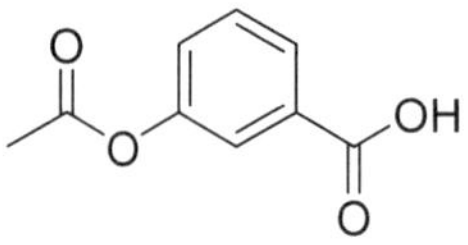

(D)

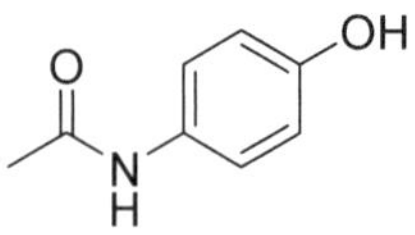

【108 義守(41)】

【詳解】A

阿司匹靈製備：乙酐和柳酸作用，即得阿司匹靈（乙醯柳酸 ，*Aspirin*）。

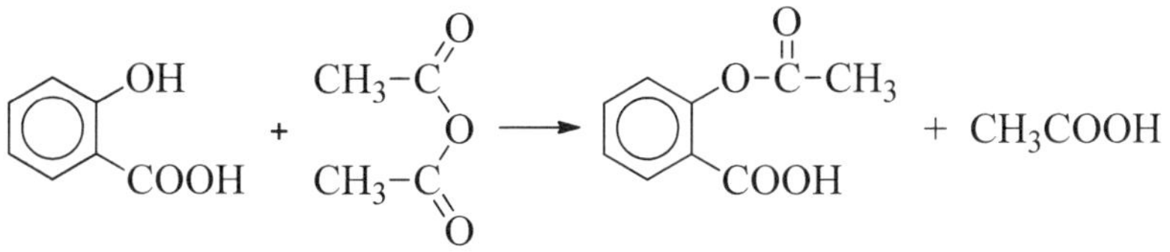

---

39. 下式化合物的鏡像異構物是＿＿＿。

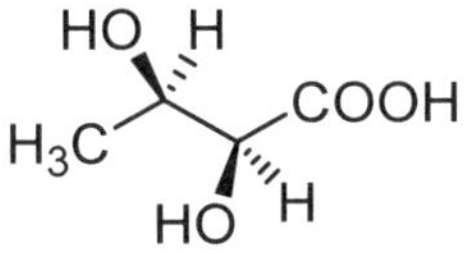

(A) (2*S*,3*S*)-2,3-dihydroxybutanoic acid (B) (2*R*,3*R*)-2,3-dihydroxybutanoic acid

(C) (2*R*,3*S*)-2,3-dihydroxybutanoic acid (D) (2*S*,3*R*)-2,3-dihydroxybutanoic acid

【108 義守(42)】

【詳解】C

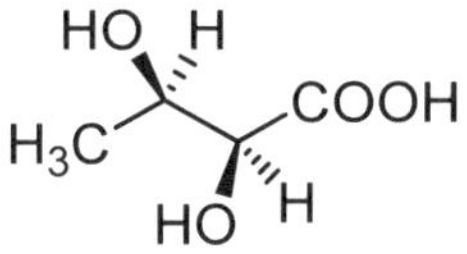

(2*S*,3*R*)-2,3-dihydroxybutanoic acid

上述化合物鏡像異構物：

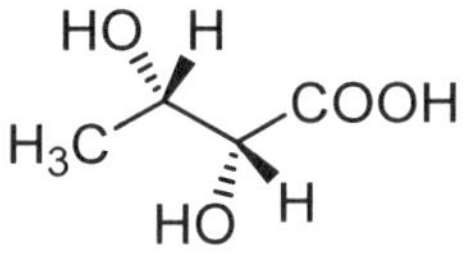

(2*R*,3*S*)-2,3-dihydroxybutanoic acid

40. 有一樣品是苯甲酸(benzoic acid)和 4－羥基苯甲醛(4－hydroxybenzaldehyde)
的混合物，下列哪一組溶劑最適合於該混合物的萃取分離
(liquid－liquid extraction)？

苯甲酸　　　　　　　4－羥基苯甲醛

(A)乙醚和水
(B)乙醚和 1.0 M NaOH 水溶液
(C)乙醚和 1.0 M $NaHCO_3$ 水溶液
(D)乙醚和 1.0 M HCl 水溶液

【108 慈濟(5)】

【詳解】C

	氫氧化鈉溶液	碳酸氫鈉溶液	金屬鈉
羧酸	V	V	V
酚	V	X	V

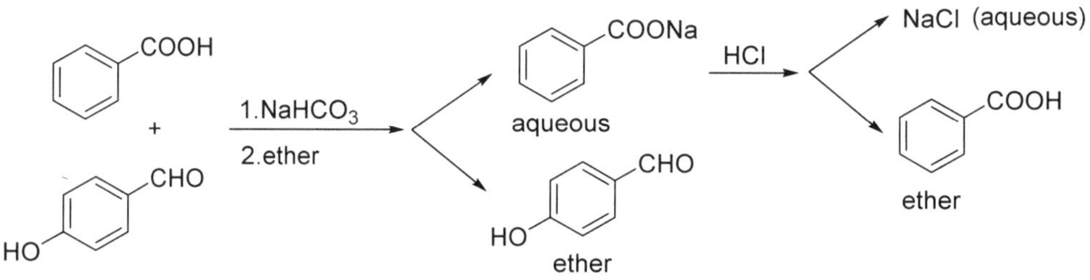

41. 下列那一種醇類化合物最不易被 CrO_3 氧化？

(A) 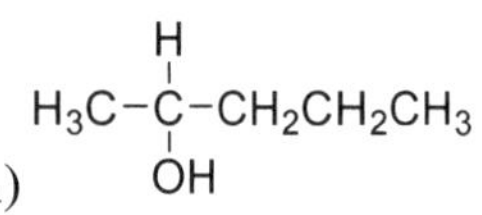
(B) 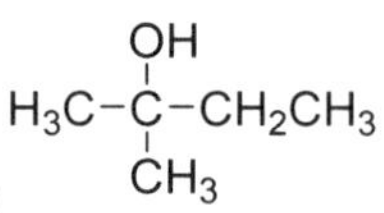
(C) 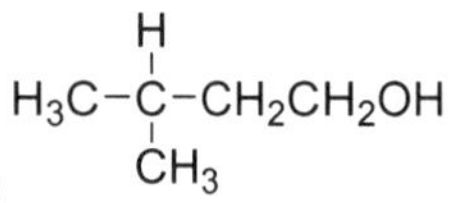
(D)

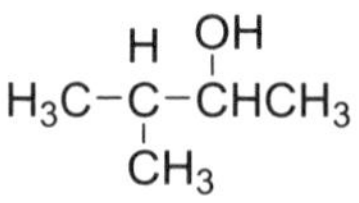

【108 慈濟(6)】

【詳解】B

3^0-OH 不被強氧化劑（EX：CrO_3/H^+；$KMnO_4/H^+$）氧化。

(A) 2^0-OH (B)3^0-OH (C)1^0-OH (D)2^0-OH

---

42. 在葡萄糖($C_6H_{12}O_6$)的環狀結構分子中，有幾個碳原子具非對稱中心 (chiral centers)性質？

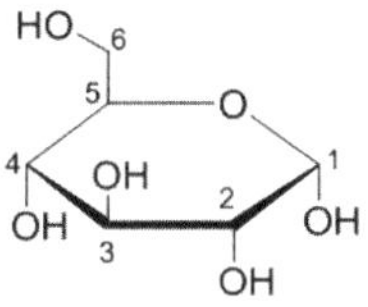

(A) 2   (B) 3   (C) 4   (D) 5

【108 慈濟(20)】

【詳解】D

掌性中心（*Chiral center*）：

  (4) 條件 1：中心原子具有 sp^3 混成軌域。

  (5) 條件 2：此中心外皆得四團基團都不重複。

  (6) 表示法：滿足上述兩條件的中心原子以：『＊』註記

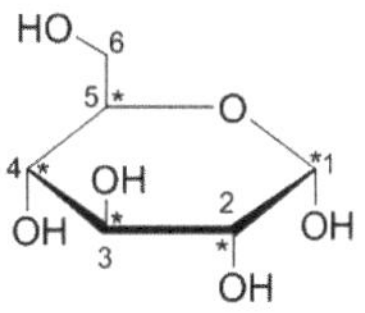

---

43. 下列有機化合物中，何者與其自身鏡像不可相互重疊 (nonsuperimposition)？

(A) 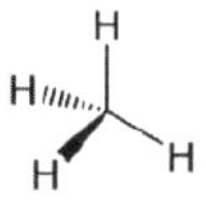   (B) 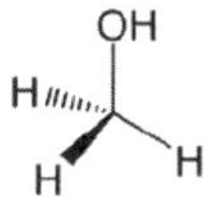   (C) 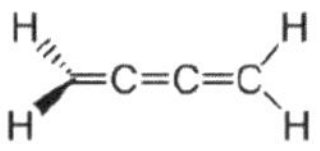   (D)

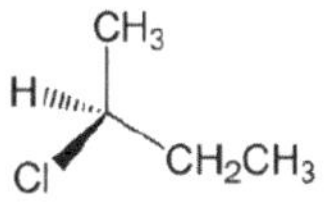

【108 私醫(33)】

【詳解】D

…與其自身鏡像不可相互重疊 (nonsuperimposition)

意旨：此化合物有鏡像異構物，本身具有光學活性。

故：

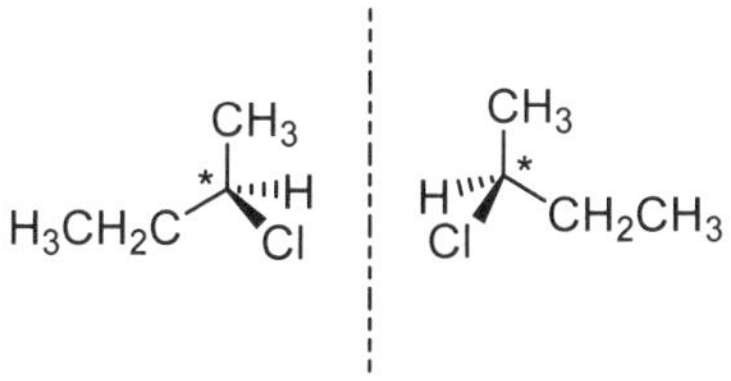

44. 某炔烴 X 完全氫化成烷類後，分子量增加 10%，試問 X 為下列何者 ？
(A) C_2H_2　　　(B) C_3H_4　　　(C) C_4H_6　　　(D) C_5H_8

【108 私醫(34)】

【詳解】B

方程式：$C_nH_{2n-2} + 2H_2 \rightarrow C_nH_{2n+2}$

故：$(12n + 2n - 2) \times (1.1) = (12n + 2n+2) \Rightarrow n = 3$ …此炔類 C_3H_4

45. 下列醇類化合物中，何者是一元醇(monohydric alcohol)也是二級醇 (secondary alcohol)？
(A) 乙二醇　　　(B) 丙三醇　　　(C) 2-丁醇　　　(D) 2-甲基-2-丙醇

【108 私醫(37)】

【詳解】C

(A)乙二醇 ⇒ 二元醇皆為一級醇

(B)丙三醇 ⇒ 三元醇兩個一級醇 ；一個二級醇

(D) 2-甲基-2-丙醇 ⇒ 一元醇三級醇

46. How many chiral centers are in this molecule?

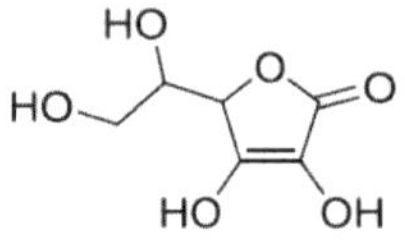

(A) 0　　　(B) 1　　　(C) 2　　　(D) 3　　　(E) 4

【107 高醫(18)】

【詳解】C

掌性中心（*Chiral center*）：

(1) 條件 1：中心原子具有 sp^3 混成軌域。

(2) 條件 2：此中心外皆得四團基團都不重複。

(3) 表示法：滿足上述兩條件的中心原子以：『＊』註記

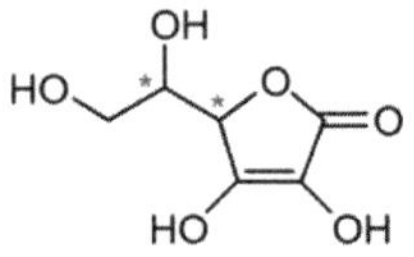

47. A chemist wishes to separate benzoic acid from 4-hydroxybenzaldehyde.

Which is the best method to achieve this separation

(A) Partitioning the mixture between diethyl ether and water.
(B) Partitioning the mixture between diethyl ether and 1 M aqueous NaHCO₃.
(C) Partitioning the mixture between diethyl ether and 1 M aqueous NaOH.
(D) Partitioning the mixture between diethyl ether and 1 M aqueous HCl.
(E) Recrystallizing the mixture in diethyl ether.

【107 高醫(22)】

【詳解】B

※ 酸性強度：

羧酸＞酚＞醇(中性)，可用 NaOH 及 NaHCO₃ 區別羧酸與酚

	氫氧化鈉 NaOH	碳酸氫鈉 NaHCO₃	金屬鈉 Na
羧酸	V	V	V
酚	V	X	V

48. Of the following eleven compounds, how many of them have aromatic character?

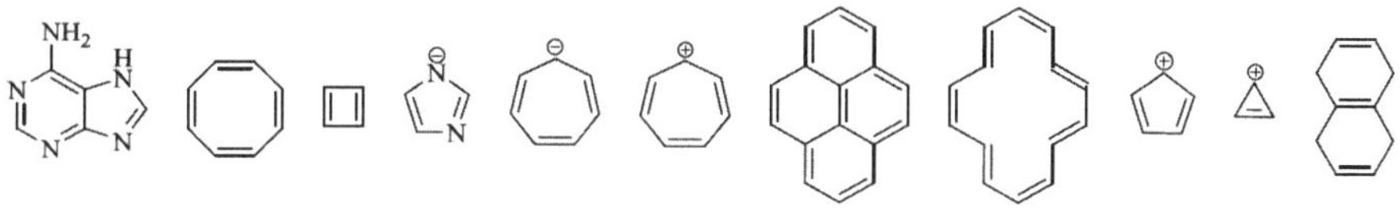

(A) 3　(B) 4　(C) 5　(D) 6　(E) 7

【107 高醫(64)】

【詳解】D

芳香性有：

49. Which of the following statements is the best to describe the results of attempted separation by fractional distillation of the two isomers of 1,2-dichloroethene?

Isomer 1　　　Isomer 2

(A) They can be separated by fractional distillation, with isomer 1 boiling at the lower temperature.

(B) They can be separated by fractional distillation, with isomer 2 boiling at the lower temperature.

(C) They cannot be separated by fractional distillation because both isomers have the same boiling point.

(D) They cannot be separated by fractional distillation because they interconvert rapidly at the distillation temperature.

(E) They cannot be separated by fractional distillation because they have the same molecular weight and reactivity.

【107 高醫(83)】

【詳解】B
(1) 順反異構物沸點不同，可藉由蒸餾進行分離。
(2) 順 1,2-氯乙烯的極性大於非極性的反 1,2-氯乙烯，
　　故反 1,2-氯乙烯沸點較低。

50. What are the factors influencing the infrared frequency of the CX vibration for CH_3X?

　I. mass of X

　II. strength of the CX bond

　III. type of CX vibration (stretch or bend)

(A) I　　　(B) II　　　(C) I and II　　　(D) II and III　　　(E) I, II, and III

【107 高醫(85)】

【詳解】E

※ 振動公式：$\tilde{v} = \left(\dfrac{1}{2\pi c}\right)\left(\dfrac{k}{m_{red}}\right)^{\frac{1}{2}}$

　　$k = force\ constnt\ (bond\ strength)\dots$

　　$m_{red} = reduced\ mass = \dfrac{m_1 m_2}{m_1 + m_2}$

※ 振動模式：

　　有機分子紅外活性（***IR-active***）之振動，能夠引起吸收之最簡模式為伸張（***stretching***）與彎曲（***bending***）模式。一般而言，不對稱伸張振動之頻率高於對稱伸張振動。對稱伸張振動之頻率高於彎曲。

　　例如：

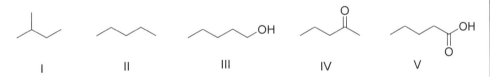

51. 下列化合物請依照沸點由低至高的順序排列，下列選項何者正確？

| I | II | III | IV | V |

(A) II < I < IV < III < V　　(B) I < II < IV < III < V　　(C) V < III < IV < I < II
(D) I < II < IV < V < III　　(E) I < II < III < IV < V

【107 中國醫(23)】

【詳解】B

有機物沸點比較大原則

A. 分子量相近不同官能基：醯胺＞**羧酸**＞**醇**＞胺＞酯、醛、**酮**＞醚＞**烷**

　　：V ＞ III ＞ IV ＞（I，II）

B. 同官能基同碳數：接觸面積越大，沸點越高。

　　：V ＞ III ＞ IV ＞ II ＞ I…選 B

52. 下列何者的沸點最高？
(A) CH_3OH　　(B) $CH_3CH_2CH_2OH$
(C) $CH_3(CH_2)_2CH_2OH$　　(D) $(CH_3)_3COH$
【107義守(9)】

【詳解】C
有機物沸點比較大原則
(A) 分子量相近不同官能基：醯胺＞羧酸＞醇＞胺＞酯、醛、酮＞醚＞烷
(B) 同官能基不同碳數：分子量大，沸點越高。
(C) 同官能基同碳數：接觸面積越大，沸點越高。故沸點：C > D > B > A

53. 製作手工香皂時會進行皂化反應，皂化是下列哪兩種化學品間的反應？
(A) 油脂和酸　(B) 油脂和鹼　(C) 醇和酸　(D) 葡萄糖和鹼
【107 義守(38)】

【詳解】B

通式：油脂 $\xrightarrow{NaOH/\Delta}$ 甘油＋長鏈脂肪酸鹼金屬鹽（肥皂）

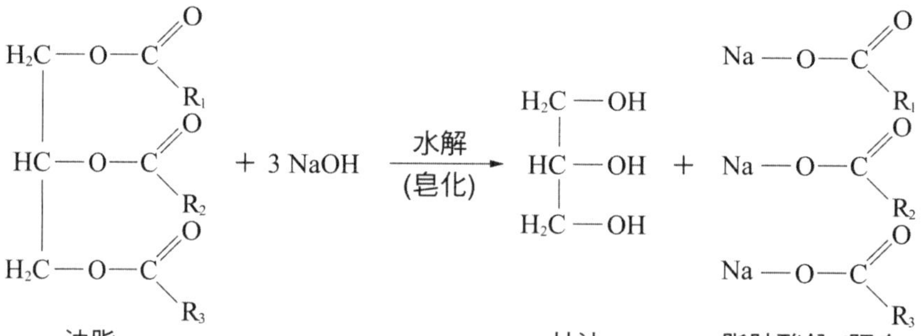

油脂　甘油　脂肪酸鈉 (肥皂)

54. 有關乙酸、乙烷、二甲醚與乙醇的沸點大小順序，請問下列敘述何者正確？
(A)乙酸 > 乙醇 > 乙烷 > 二甲醚
(B)乙酸 > 乙醇 > 乙烷 = 二甲醚
(C)乙酸 > 乙醇 > 二甲醚 > 乙烷
(D)乙醇 > 乙酸 > 二甲醚 > 乙烷
【107慈濟(8)】

【詳解】C

有機物沸點比較大原則

　A. 分子量相近不同官能基：醯胺＞**羧酸**＞**醇**＞胺＞酯、醛、酮＞**醚**＞**烷**

　B. 同官能基同碳數：接觸面積越大，沸點越高。

　　故：乙酸 ＞ 乙醇 ＞ 二甲醚 ＞ 乙烷

---

55. 請選出以下化合物正確的有機命名：

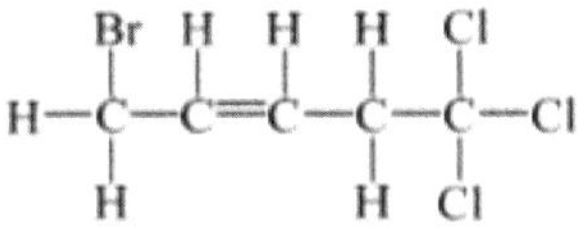

(A) 1,1,1-trichloro-5-bromo-3-pentene

(B) 1-bromo-5,5,5-trichloro-2-pentene

(C) 1,1,1-trichloro-5-bromo-2-pentene

(D)1,1,1-trichloro-5-bromo-3-pentyne

【107 私醫(29)】

【詳解】B

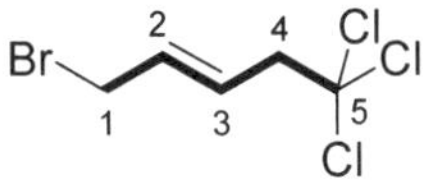

（1-bromo-5,5,5-trichloro-2-pentene）

---

56. 乳酸(lactic acid)分子有二種異構物，分別為肌肉中的(+)-lactic acid 及變質牛奶中的(−)-lacticacid，其結構分別如下：

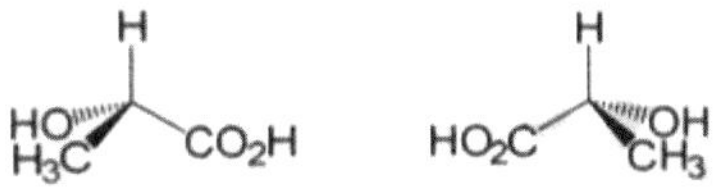

(+)-Lactic acid　　(−)-Lactic acid

這二種異構物在下列哪一性質中會不同？

　I.熔點　　II.在水中溶解度　　III.偏轉平面極化光的方向　　IV. Ka 值

(A) I　　　　(B) II　　　　(C) III　　　　(D) IV

【107 私醫(30)】

【詳解】C

兩者為對掌異構物，只有偏轉平面極化光方向不同，其餘性質皆相同。

57. 下列化合物有幾個對掌中心(chiral centers)？

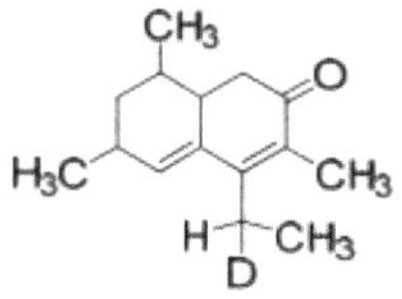

(A) 4   (B) 5   (C) 6   (D) 7

【107 私醫(33)】

【詳解】A

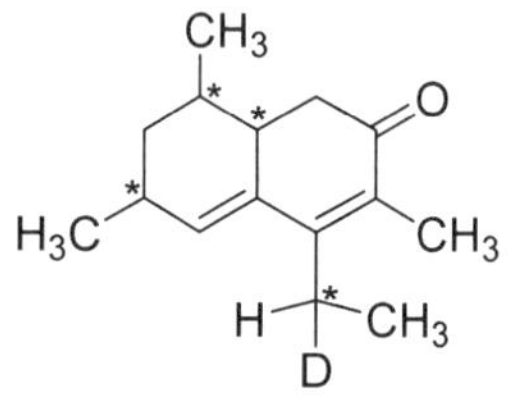

58. 二級醇氧化之後的產物為下列何者？
(A) 一級醇   (B) 醛   (C) 酮   (D) 酯

【107 私醫(34)】

【詳解】C

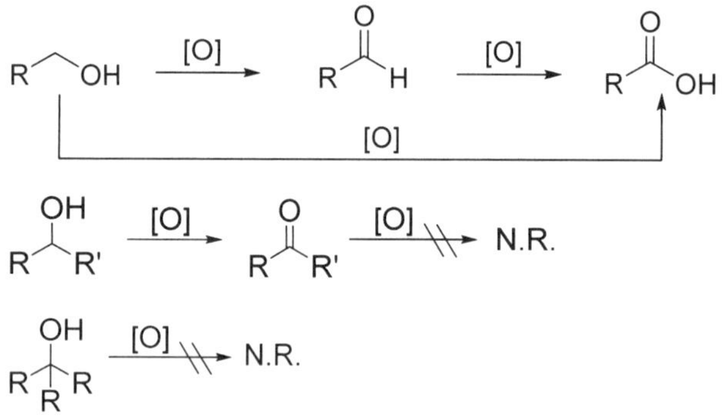

59. 以下何者為醯胺類(amide)化合物？
Ⅰ. $C_2H_5CONHCH_3$ Ⅱ. $CH_3CH(NH_2)COOH$ Ⅲ. $CH_3CH_2NH_2$
(A) 只有Ⅰ   (B) 只有Ⅱ   (C) 只有Ⅲ   (D) Ⅰ 和 Ⅲ

【107 私醫(37)】

【詳解】A

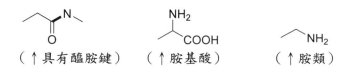

（↑具有醯胺鍵）　（↑胺基酸）　（↑胺類）

---

60. 下列化合物的 IUPAC 命名為何？

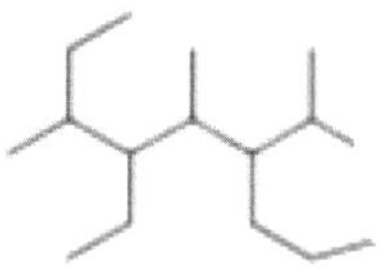

（A) 5-ethyl-2,4,6-trimethyl-3-propyloctane
（B) 4-ethyl-3,5,7-trimethyl-3-propyloctane
（C) 4-ethyl-6-isopropyl-3,5-dimethylnonane
（D)6-ethyl-4-isopropyl-5,7-dimethylnonane

【107 私醫(40)】

【詳解】C

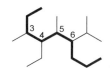

（4-ethy-6-isopropyl-3,5-dimethylnonane）

---

61. 對於下列有機化合物之相關敘述，何者正確？

(A) 乙二醇及丙三醇互為同分異構物
(B) 分子式為 C_7H_8O 且屬於酚類物質的同分異構物有 4 種
(C) 甲苯能使酸性過錳酸鉀溶液變色，說明甲基使苯環活性變大
(D) 乙酸乙酯製備時殘餘的少量乙酸雜質，可加入飽和 Na_2CO_3 溶液，後經分液漏斗進行分離

【107 私醫(41)】

【詳解】D

(A) 分子式不同，故非同分異構物。乙二醇 $= C_2H_6O_2$，丙三醇 $= C_3H_8O_3$

(B)

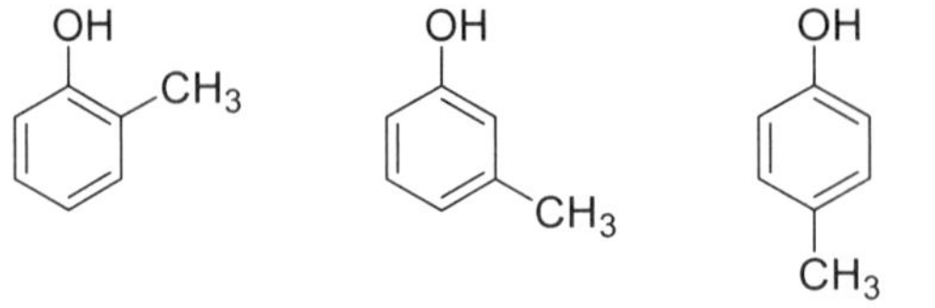

      (o-)   (m-)   (p-)

(C)

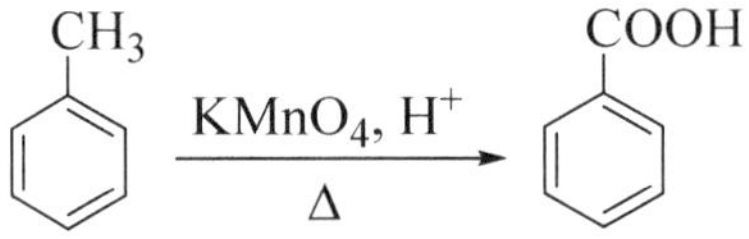

---

62. 下列哪一個分子的酸性最強？

    (A) $CH_3CH_2CO_2H$ (B) CH_3CHFCO_2H

    (C) $CH_3CHClCO_2H$ (D) $CH_2BrCH_2CO_2H$

【107 私醫 (45)】

【詳解】B

酸的衍生物中，氫被越高陰電性取代越多，且距離越近，酸性都越強。

【EX】：$FCH_2COOH > ClCH_2COOH > BrCH_2COOH$（陰電性因素）

        ：$Cl_3CCOOH > Cl_2CHCOOH > ClCH_2COOH$（個數因素）

        ：$CH_3CHClCOOH > ClCH_2CH_2COOH$（距離因素）

故酸性大小：(B) > (C) > (D) > (A)

---

63. HBr 與 2-丁烯 (2-butene) 反應會得到下述何種主要產物？

    (A) 1-bromobutane   (B) 2-bromobutane

    (C) 1,2-dibromobutane   (D) 2,3-dibromobutane

【107 私醫 (47)】

【詳解】B

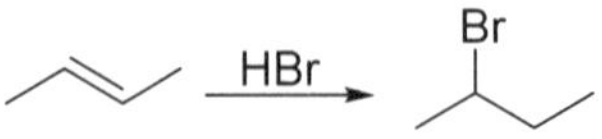

2-bromobutane

64. Which of the following statement is **incorrect** about hydrocarbons?

(A) Breaking the C-H bonds separately of CH_4 requires different energies.

(B) The average C-H bond energy of CH_4 is higher than that of H-H

(C) Hydrocarbons are hydrophobic

(D) Longer alkanes are with higher viscosities than shorter ones

(E) Branched alkanes are with lower boiling points than their corresponding straight isomers

【106 高醫(71)】

【詳解】B

(A)分別打斷 CH_4 中的 C-H 鍵需要不同的能量（O）

(B)CH_4 中的 C-H 鍵能較 H-H 高（X）

∵ $CH_4 \rightarrow CH_3 \cdot + H \cdot$; $H_2 \rightarrow 2H \cdot$

其中甲基 $CH_3 \cdot$ 較氫自由基 $H \cdot$ 穩定。

∴ 切斷 CH_4 中的 C-H 鍵所需鍵能較 H-H 低。

(C)碳氫化合物為親油性（疏水性）（O）

(D)黏性：長碳鏈烷類＞短碳鏈烷類（O）

(E)等分子量下，沸點：直鏈烷類＞支鏈烷類（O）

65. Which of the following molecules is an optically active molecule?

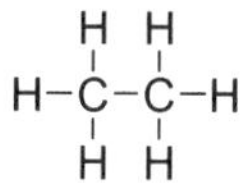

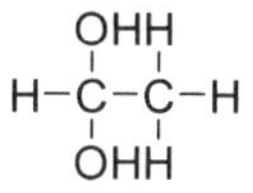

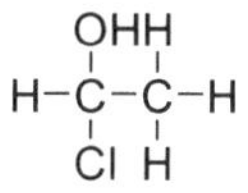

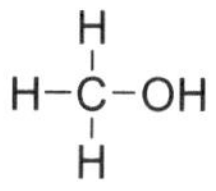

(E)None of the above

【106 高醫(72)】

【詳解】C

(C)結構中具有不對稱碳：

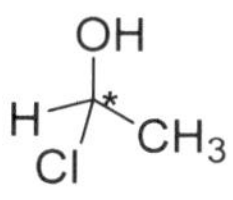

66. Identify the products of the reaction of 3-octene with chlorine.

$CH_3CH_2CH_2CH_2CH=CHCH_2CH_3 + Cl_2 \rightarrow$?

(A)
$$\begin{array}{c} Cl\ Cl \\ | \ \ | \\ CH_3CH_2CH_2CH_2HC-CHCH_2CH_3 \end{array}$$

(B)
$$\begin{array}{c} Cl\ Cl \\ | \ \ | \\ CH_3CH_2CH_2CH_2C-CCH_2CH_3 \\ | \ \ | \\ Cl\ Cl \end{array}$$

(C)
$$\begin{array}{c} H\ \ Cl \\ | \ \ | \\ CH_3CH_2CH_2CH_2HC-CHCH_2CH_3 \end{array}$$

(D)
$$\begin{array}{c} Cl\ Cl \\ | \ \ | \\ CH_3CH_2CH_2CH_2HC=CHCH_2CH_3 \end{array}$$

(E) $CH_3CH_2CH_2CH_2CH_2Cl + CH_3CH_2CH_2Cl$

【106 高醫(74)】

【詳解】A

此為烯類 or 炔類鹵素加成反應：

67. Which of the following statements about molecular spectroscopies is incorrect?

(A) Ultraviolet-visible (UV-vis) spectra provides information about HOMO-LUMO gap.

(B) Infrared (IR) spectra gives information on bond vibrational transitions.

(C) Rotation transitions occur in the microwave region.

(D) Nuclear magnetic resonance (NMR) spectra provides information about the electronic transitions.

(E) UV-vis spectra involves both the molecular ground state and the excited state.

【106 高醫(75)】

【詳解】D

光譜區域	主要用途
紫外光區（UV）＆可見光區（visible）	分子或原子中電子轉移所吸收的能量
紅外光區（Infrared）	分子振動所吸收的能量
微波光譜（Microwave）	分子單純轉動所吸收的能量
雷達波（radio wave）	分子內原子核間互相作用（NMR）

68. 下列哪個取代基鍵結在環己烷環(cyclohexane ring)上，可被命名為
"cyclohexyl alkane"？
(A) tert-butyl　　　　(B) 2-methylpentyl　　　　(C) cyclopentyl
(D) octyl　　　　　　(E) hexyl

【106 中國醫(37)】

【詳解】D
"cyclohexyl alkane"此意為環己基某烷。故主鏈 alkane 的 C 數需超過 6

69. 萘(naphthalene)的溴化反應會有幾種單取代產物？
(A) 2　　　(B) 3　　　(C) 4　　　(D) 6　　　(E) 8

【106 中國醫(38)】

【詳解】A

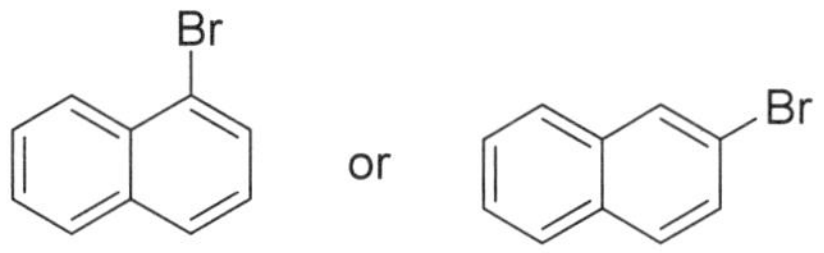

70. 當有機分子以紫外光照射(ultraviolet radiation)吸收能量後，
下列敘述何者正確？
I. 可增加官能基的分子運動(molecular motions)
II. 可將電子從一分子軌域激發至另一分子軌域
III. 可翻轉(flip)原子核的自旋
IV. 可將一分子的電子轉換(strip)形成自由基陽離子(radical cation)
(A) I 與 III 正確　　　　(B) II 與 III 正確　　　　(C) 僅 II 正確
(D) 僅 III 正確　　　　　(E) 僅 IV 正確

【106 中國醫(42)】

【詳解】C

光譜區域	主要用途
X-射線（x-ray）	探測晶體結構或其他構造
紫外光區（UV）&可見光區（visible）	分子或原子中電子轉移所吸收的能量
紅外光區（Infrared）	分子振動所吸收的能量
微波光譜（Microwave）	分子單純轉動所吸收的能量

71. 下列哪一個烷烴(alkanes)具有最高的沸點？
    (A) heptane
    (B) 2-methylhexane
    (C) 2,3-dimethylpentane
    (D) 2,2,3-trimethylbutane
    (E) 全部皆有相同的分子量，所以具有非常相近的沸點

【106 中國醫(44)】

【詳解】A
烷類沸點：
(1) C 數多，沸點高
(2) C 數相同的同分異構物中，接觸面積大的沸點高
　　【EX】：正戊烷＞異戊烷＞新戊烷

72. 此化合物正確名稱為：

    (A) *n*-propyl acetate　　　　(B) ethyl propanoate
    (C) isopropyl acetate　　　　(D) isopropyl formate

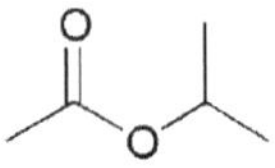

【106 義中醫(26)】

【詳解】C
酯類命名：
中文：由 A 酸與 B 醇製得的酯，可命名為 A 酸 B 酯。
英文：醇的部分在前以烷基命名，酸的部分在後去 ic 加 ate

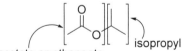

acetate or ethanoate　　　isopropyl

73. 下列何者為(CH₃)₂CHCH₂CH₂OH 的 IUPAC 命名？
    (A) isopentyl alcohol　　　　(B) 3-methyl-1-butanol
    (C) 3,3-dimethyl-1-propanol　(D) 2-isopropyl-1-ethanol

【106 義中醫(27)】

【詳解】B

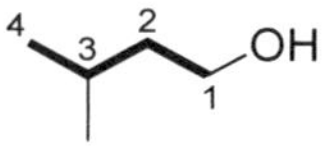

英文：3-methyl-1-butanol；中文：3-甲基-1-丁醇

---

74. 三酸甘油脂可由以下哪兩種化合物製備？

(A) 羧酸和胺　　　(B) 羧酸和醇　　　(C) 醇和醛　　　(D) 醇和酮

【106 義中醫(30)】

【詳解】B

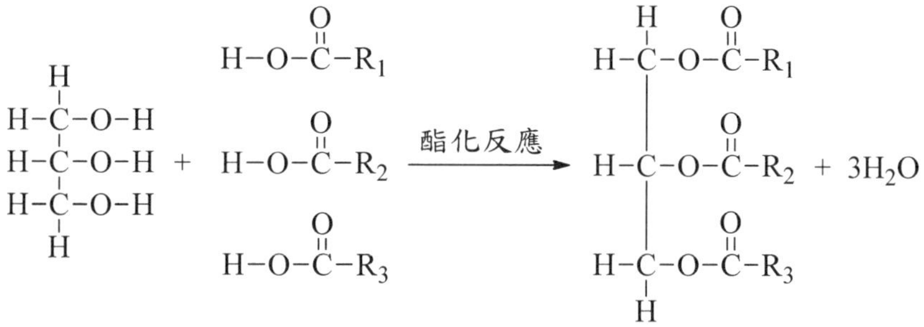

甘油　　　　　各種脂肪酸(有機酸)　　　　　　脂肪或油

※ 脂肪、油中R_1、R_2、R_3均表烴基，可能相同或不同。

---

75. 下列酮類化合物，何者最容易與水互溶？

(A) acetone　　(B) cyclohexanone　　(C) 2-butanone　　(D) 3-butanone

【106 義中醫(31)】

【詳解】A

醛酮家族可與水互溶者：甲醛（Methanal）;乙醛（ethanal）;丙酮（acetone）

※ 高碳數有機物較高親油性，不易與水互溶。

---

76. 前列腺素的前驅物為花生四烯酸（分子式為 $C_{20}H_{32}O_2$），其為一非環羧酸 (acyclic carboxylic acid)，結構中不具有 C≡C 參鍵，請問該分子含有多少雙鍵？

(A) 2　　　　(B) 3　　　　(C) 4　　　　(D) 5

【106 義中醫(32)】

【詳解】D

有機物通式：$C_xH(X)_yN_zO_a$

由分子式判斷雙鍵、三鍵或環之個數公式：DBE $\Delta = \dfrac{2x+2-y+z}{2}$

$\Rightarrow$ DBE(Δ) $= \dfrac{20\times2+2-32}{2} = 5$（因無環無三鍵，5 皆為雙鍵數）

---

77. C_6H_{14} 有多少個結構異構物？
    (A) 4　　　　(B) 5　　　　(C) 6　　　　(D) 7

【106 義中醫(34)】

【詳解】B

(1) DBE(Δ) $= \dfrac{6\times2+2-14}{2} = 0$（此為無環無 π 鍵，飽和鏈狀烷類）

(2) 主鏈碳數 = 6

主鏈碳數 = 5

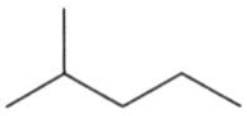

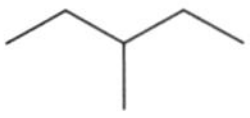

主鏈碳數 = 4

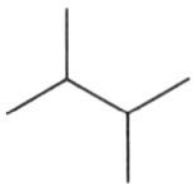

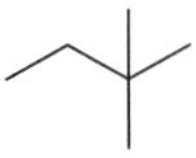

---

78. 化合物四甲基苯(tetramethylbenzene)有幾個異構物？
    (A)2　　　(B)3　　　(C)4　　　(D)5

【106 私醫(26)】

【詳解】B

$C_6H_4X_2$ 異構物數目 $= C_6H_2X_4$（X＝取代基，例如：甲基-CH_3）

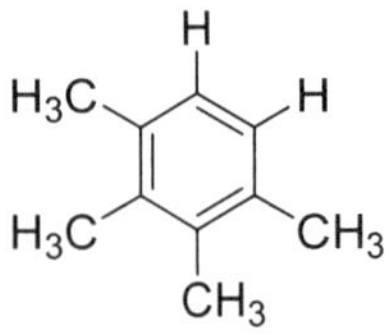

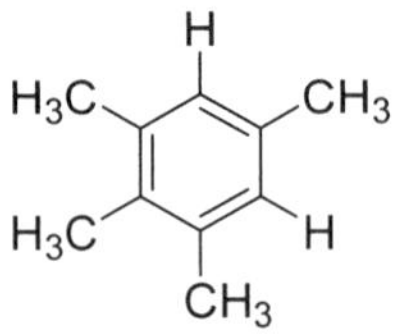

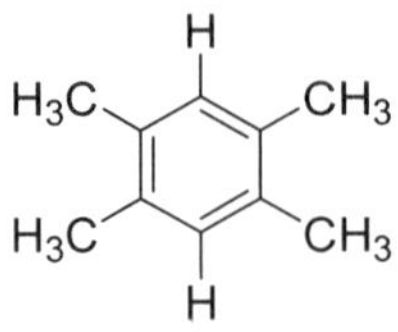

79. 有關有機化學的敘述，下列何者錯誤？（多選）

(A)乙醇之沸點明顯地較二甲醚來得大，這是因為醇中有氫鍵

(B)酚在許多反應表現為弱酸，醇為弱酸及弱鹼，胺為弱酸

(C)一級醇很容易被氧化成羧酸

(D)在鹵化烷上碳與鹵素原子之間的共價鍵具有極性，這是因為碳原子有較大的電負度(electronegativity)

【106 私醫(39)】

【詳解】BD（經釋疑）

(B) 胺為弱鹼

(D) ...這是因為**鹵素原子**有較大的電負度(electronegativity)

---

80. 下列哪一個是正確的 IUPAC 命名？

(A)1-chloro-2-fluoro-4,4-dimethylnonane

(B)3,4-dichloropentane

(C)1,1-dimethyl-2,2-diethylbutane

(D)cis-1,3-dimethylbutane

【106 私醫(44)】

【詳解】A

(B) 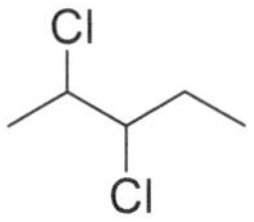 2,3-dichloropentane

(C) 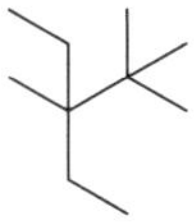 3,3-diethyl-2,2-dimethylpentane

(D) 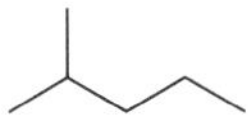 2-methylpentane

81. 完成下面巴豆醛(crotonaldehyde)分子的路易士結構，此分子中有幾個雙鍵？

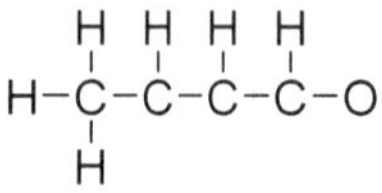

(A)1　　　(B)2　　　(C)3　　　(D)4

【106 私醫(49)】

【詳解】B

根據路易士八隅結構式概念，其巴豆醛(crotonaldehyde)分子正確結構如下：

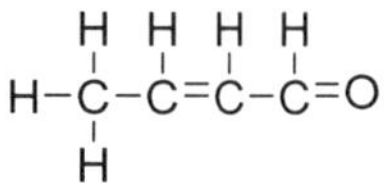

82. 下列化合物中，何者最難被氧化？

(A)CH_3CH_2OH　　　(B) $(CH_3)_2CHOH$　　　(C) $(CH_3)_3COH$

(D)CH_3CHO　　　(E) CH_3CH_2CHO

【105 中國醫(24)】

【詳解】C

3^0-醇不可（最難）再氧化。

83. 下列化合物有幾個對掌中心(chiral centers)？

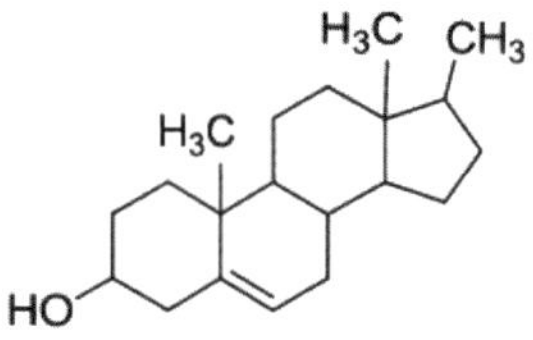

(A)7　　　(B)8　　　(C)9　　　(D)10

【105 私醫(31)】

【詳解】A

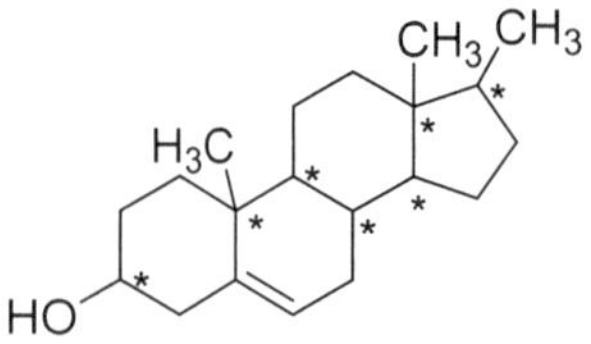

84. 銅葉綠素鈉是食品著色劑，其結構如圖所示。下列有關銅葉綠素鈉的敘述中，何者不正確？

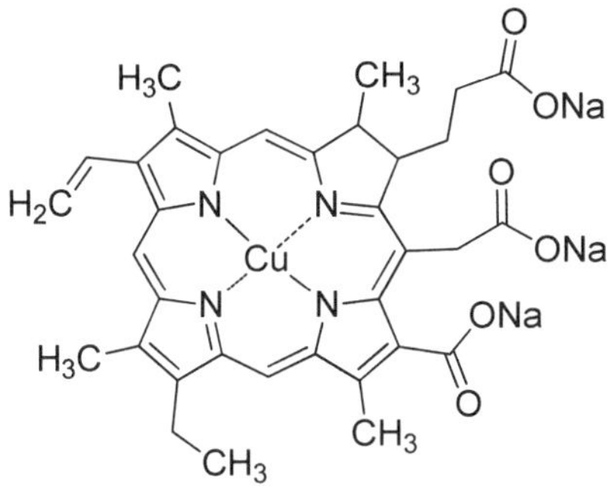

(A)銅葉綠素鈉可以具有共振結構
(B)銅葉綠素鈉的共軛酸結構中含有羧基
(C)將銅葉綠素鈉溶於水後水溶液呈酸性
(D)銅葉綠素鈉結構中的碳原子沒有 sp 混成軌域

【105 私醫(32)】

【詳解】C
(A)化合物有共軛鏈必具有共振結構。
(C)銅葉綠素鈉結構中具有羧酸根，溶於水，水解後呈鹼性。
(D)銅葉綠素鈉結構中只有 sp^2 & sp^3 混成軌域的 C 原子

85. 用於治療帕金森氏症的藥物 L-多巴(L-DOPA)的結構如附圖，下列關於 L-多巴性質之敘述，何者正確？

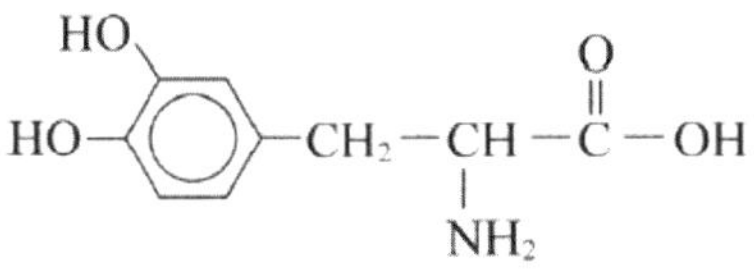

(A)L-多巴為一種α-胺基酸，結構中含有醯胺鍵
(B)L-多巴屬於二級胺
(C)1 分子 L-多巴中，未鍵結電子對共有 8 對
(D)分子式為 $C_9H_{11}O_4N$

【105 私醫(36)】

【詳解】D

(A) 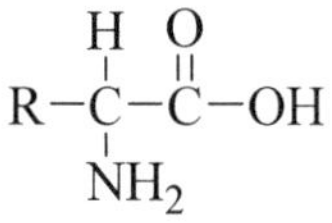
$$R-\underset{\underset{NH_2}{|}}{\overset{\overset{H}{|}}{C}}-\overset{\overset{O}{\|}}{C}-OH$$ 胺基酸的通式

雖是 α-胺基酸，結構中不具有醯胺鍵（醯胺鍵存在於肽類與蛋白質中）

(B)

(C)

(D)

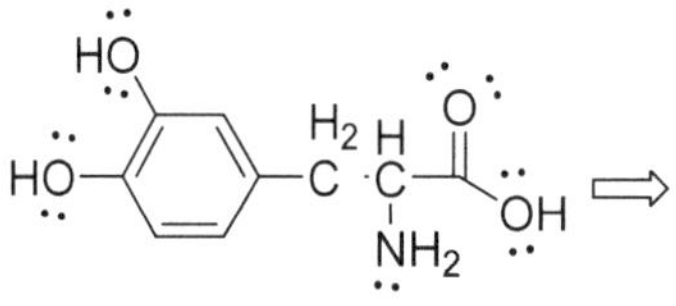

(B)RNH_2 為 1^0 級胺

(C)共有 9 對未鍵結電子對

(D)分子式：$C_9H_{11}O_4N$

第 15 單元　聚合物

一、 **聚合物（polymers）性質**

1. **意義**：由很多小分子的單元重複連接而成的巨大分子稱為聚合物。

2. **單體、單體單元、聚合度**：

3. **分類**：

(1) 依 "來源"：

天然聚合物 ⎰ 動物中：蛋白質、核酸（DNA，RNA）
　　　　　　⎱ 植物中：澱粉、纖維素、橡膠

合成聚合物 ⎧ 耐綸、達克綸：織物材料
　　　　　　⎨ 聚氯乙烯：地板、雨衣、塑膠管材料
　　　　　　⎩ 新平橡膠：高級輪胎橡膠材料

(2) 依 "單體種類"：

　A. 同元聚合物（homopolymer）：由一種單體聚合而成之聚合物。

　　【EX】：聚乙烯(單體：乙烯)、澱粉：(單體：葡萄糖)

　B. 共聚物（copolymer）：由二種或二種以上的單體聚合而成之聚合物。

　　【EX】：達克綸（單體：乙二醇、對苯二甲酸）、

　　　　　　耐綸 66（單體：己二酸、己二胺）。

(3) 依 "聚合方式"：

　A. 加成聚合物（addition reaction）：

　　(a) 定義：由加成反應得到的聚合物，如聚乙烯、聚氯乙烯。

　　(b) 條件：單體必須具有不飽和鍵，如烯、二烯或炔。

　　(c) 反應：

$$\underset{\underset{H}{|}}{\overset{\overset{H}{|}}{C}} = \underset{\underset{H}{|}}{\overset{\overset{R}{|}}{C}} + \underset{\underset{H}{|}}{\overset{\overset{H}{|}}{C}} = \underset{\underset{H}{|}}{\overset{\overset{R}{|}}{C}} \longrightarrow -\underset{\underset{H}{|}}{\overset{\overset{H}{|}}{C}}-\underset{\underset{H}{|}}{\overset{\overset{R}{|}}{C}}-\underset{\underset{H}{|}}{\overset{\overset{H}{|}}{C}}-\underset{\underset{H}{|}}{\overset{\overset{R}{|}}{C}}-$$

(d) 性質：

　　加成聚合反應的過中，沒有釋出小分子，

　　故聚合物的重量百分組成與單體的重量百分組成相同。

B. 縮合聚合物（condensation reaction）：

(a) 定義：由縮合反應得到的聚合物，如耐綸、達克綸。

(b) 條件：

　　單體通常具有兩個或兩個以上的官能基，如 $-OH$、$-NH_2$、$-COOH$。

(c) 反應：

　　單體彼此間行縮合反應而聚合成巨大分子，縮合聚合時**有小分子脫去**。

　　【EX】：己二胺和己二酸經由縮合聚合而得耐綸 66

$$n \, HO-\overset{\overset{\textstyle O}{\|}}{C}-(CH_2)_4-\overset{\overset{\textstyle O}{\|}}{C}-OH \ + \ n \, H-\overset{\overset{\textstyle H}{|}}{N}-(CH_2)_6-\overset{\overset{\textstyle H}{|}}{N}-H$$

$$\longrightarrow HO\left[\overset{\overset{\textstyle O}{\|}}{C}-(CH_2)_4-\overset{\overset{\textstyle O}{\|}}{C}-\overset{\overset{\textstyle H}{|}}{N}-(CH_2)_6-\overset{\overset{\textstyle H}{|}}{N}\right]_n H + (2n-1)H_2O$$

4. **性質**：

(1) 聚合物為不同聚合度高分子的混合物，由實驗測得的分子量是一種平均分子量。

(2) 聚合物為混合物，無法形成晶體，沒有固定熔點。

(3) 聚合物的結構通常分為線狀結構與網狀結構：

	有機溶劑	受熱	實例
線狀聚合物	可溶	軟化，具有熱塑性	聚乙烯、聚氯乙烯
網狀聚合物	難溶	難熔化	尿素甲醛樹酯

二、 常見聚合物（polymers）

1. 生活常見的塑膠：

單體結構	單體名稱	聚合物結構	聚合物名稱
$CH_2=CH_2$	乙烯	$-(CH_2-CH_2)_n$	聚乙烯 (PE)
$CH_2=CH$ 　　CH_3	丙烯	$-(CH_2-CH)_n$ 　　　CH_3	聚丙烯 (PP)
$CH_2=CH$ 　　Cl	氯乙烯	$-(CH_2-CH)_n$ 　　　Cl	聚氯乙烯 (PVC)
$CH_2=CH$ 　　CN	丙烯腈	$-(CH_2-CH)_n$ 　　　CN	聚丙烯腈
$CH_2=CH$ 　　苯環	苯乙烯	$-(CH_2-CH)_n$ 　　苯環	聚苯乙烯 (PS)
$CH_2=C-C-OCH_3$ 　　CH_3　O	甲基丙烯酸甲酯	$-(CH_2-C)_n$ 　　　CH_3 　　　$C=O$ 　　　OCH_3	聚甲基丙烯酸甲酯（壓克力）
$F_2C=CF_2$	四氟乙烯	$-(CF_2-CF_2)_n$	特夫綸
$HO-CH_2CH_2-OH$ $HOOC-$苯環$-COOH$	乙二醇 對苯二甲酸	$-(C-$苯環$-C-O-CH_2CH_2 \cdot O)_n$	聚對苯二甲酸乙二酯

2. **日常生活常見的橡膠：**

(1) 天然橡膠（*Nature Rubber*）：加成聚合反應

$$nH_2C=\underset{\underset{H}{|}}{C}-\underset{\underset{CH_3}{|}}{C}=CH_2 \longrightarrow \left(H_2C-\underset{\underset{H}{|}}{C}=\underset{\underset{CH_3}{|}}{C}-CH_2 \right)_n$$

　　　　異戊二烯　　　　　　　聚異戊二烯

(2) 聚丁二烯橡膠：加成反應

$$nCH_2=CH-CH=CH_2 \longrightarrow \left(CH_2-CH=CH-CH_2 \right)_n$$

(3) 聚氯丁二烯橡膠（新平橡膠，*Neoprene rubber*）：

　A. 氯丁二烯可由乙炔和氯化氫反應而得。

$$2HC\equiv CH \xrightarrow{\text{催化劑}} CH_2=CH-C\equiv CH \text{（乙烯乙炔）}$$

$$CH_2=CH-C\equiv CH + HCl \xrightarrow{\text{催化劑}} CH_2=CH-\underset{\underset{Cl}{|}}{C}=CH_2$$

　B. 加成反應

$$nCH_2=CH-\underset{\underset{Cl}{|}}{C}=CH_2 \longrightarrow \left(CH_2-CH=\underset{\underset{Cl}{|}}{C}-CH_2 \right)_n$$

3. **日常生活常見的纖維（*Fiber*）：**

(1) 達克綸（聚對苯二甲酸乙二酯，*Dacron*）：

　羥基與羧基縮合聚合，形成聚酯纖維。

$$nHO-CH_2-CH_2-OH + nHO-\overset{\overset{O}{\|}}{C}-\bigcirc\!\!\!-\overset{\overset{O}{\|}}{C}-OH$$

$$\longrightarrow H\left(O-CH_2CH_2-O-\overset{\overset{O}{\|}}{C}-\bigcirc\!\!\!-\overset{\overset{O}{\|}}{C} \right)_n O-H + (2n-1)H_2O$$

(2) 耐綸－66（*Nylon 6.6*）：

　羧基與胺基縮合聚合，而成聚醯胺纖維。

$$nHO-\overset{O}{\overset{\|}{C}}-(CH_2)_4-\overset{O}{\overset{\|}{C}}-OH + nH-\overset{H}{\overset{|}{N}}-(CH_2)_6-\overset{H}{\overset{|}{N}}-H$$

$$\longrightarrow HO-\left[\overset{O}{\overset{\|}{C}}-(CH_2)_4-\overset{O}{\overset{\|}{C}}-\overset{H}{\overset{|}{N}}-(CH_2)_6-\overset{H}{\overset{|}{N}}\right]_n H + (2n-1)H_2O$$

(3) *Nylon6*：1 個 6 代表單體成分的己內醯胺（*caprolactam*）

4. 生物體中的大分子：

(1) 澱粉（*starch*）：

　　A. 結構：

　　B. 性質：

　　　　(a) 由 α-葡萄糖脫水縮合聚合而成，單體間形成聚醚鍵，

　　　　　　n 值大約介於 300～3000 之間。

　　　　(b) 澱粉約由 75～80％的支鏈澱粉（amylopectin）與 20～25％

　　　　　　的直鏈澱粉（amylose）組成，不溶於冷水，可溶於熱水。

　　　　(c) 澱粉在稀酸的作用下，水解過程：澱粉→糊精→麥芽糖→

　　　　　　葡萄糖。

　　　　(d) 檢驗：澱粉遇到碘液呈深藍色。

(2) 纖維素（*cellulose*）：

　　A. 結構：

B. 性質：

(a) 由（β）葡萄糖脫水縮合聚合而成，單體間形成聚醚鍵，
n 值大約介於 1000～10000 之間。

(b) 植物細胞壁的主要部分，至少占植物體乾重 30%，棉花
超過 90% 為純的纖維素。是地球上分布最廣的有機物質。

(c) 在稀酸溶液及高溫、高壓的條件下，水解為（β）葡萄糖。

(d) 不能為人類所吸收，但能協助腸胃的蠕動，增進腸胃的健
康。

(e) 是炸藥（硝化纖維素）、造紙及人造絲的重要原料。

(3) 肝糖（*Glycogen*）：

其為 α-葡萄糖的聚合物，每個肝糖含有幾千個葡萄糖而儲存在肝
臟以平衡血液中的葡萄糖濃度，但肝糖在肌肉可立即轉成能量。

(4) 蛋白質（*Protein*）：

A. 組成：

(a) 蛋白質是由 50 個到數千個 α－胺基酸聚合而成的聚合物。
胰島素是人體最小的蛋白質，由 51 個胺基酸組成，其分子
量為 5808。

(b) 組成蛋白質的胺基酸，都屬左旋型。

B. 結構：

(a) 蛋白質的一級結構：

蛋白質分子中各種胺基酸排列的順序稱為胺基酸序列
（*amino acid sequence*），即為該蛋白質的一級結構。
雖然有相同的胺基酸殘基（*residue*），但不同的胺基酸序列，
即成為不同的蛋白質。

$$H_2N\text{-}CHC{\overset{O}{\diagdown}}OH + H_2N\text{-}CHC{\overset{O}{\diagdown}}OH \longrightarrow H_2N\text{-}CH\text{-}\overset{\overset{O}{\|}}{C}\text{-}\overset{\overset{H}{|}}{N}\text{-}CH\text{-}\overset{\overset{O}{\|}}{C}\text{-}OH + H_2O$$

R_1	R_2	$R_1 \quad R_2$
A	B	AB

$$H_2N\text{-}CHC{\overset{O}{\diagdown}}OH + H_2N\text{-}CHC{\overset{O}{\diagdown}}OH \longrightarrow H_2N\text{-}CH\text{-}\overset{\overset{O}{\|}}{C}\text{-}\overset{\overset{H}{|}}{N}\text{-}CH\text{-}\overset{\overset{O}{\|}}{C}\text{-}OH + H_2O$$

R_2	R_1	$R_2 \quad R_1$
B	A	BA

(b) 蛋白質的二級結構：

由於胺基上的氫與羧基上的氧可形成氫鍵，故蛋白質的肽鍵會形成螺旋及褶板兩種結構，稱為二級結構。

(c) 變性：

蛋白質的結構，因加熱、酸、鹼、重金屬鹽、紫外線作用下，蛋白質會發生性質上的改變，變性後喪失它生理上功能，這種變化是不可逆的。

(5) *DNA&RNA*：

	DNA （*deoxyribonucleic acid*）	RNA （*ribonucleic acid*）
名稱	去氧核糖核酸	核糖核酸
鍵結	由相鄰的去氧核糖核苷酸以磷酸二酯鍵結合，形成的核苷酸聚合物	由相鄰的核糖核苷酸以磷酸二酯鍵結合，形成的核苷酸聚合物
鹼基	腺嘌呤（A）、胸腺嘧啶（T）、胞嘧啶（C）與鳥嘌呤（G）	腺嘌呤（A）、 嘧啶（U）、胞嘧啶（C）與鳥嘌呤（G）
核苷酸個數	通常上百萬(分子量較大)	通常數百至數千個(分子量較小)
骨架結構	雙股螺旋	單股螺旋

歷屆試題集錦

1. What is the appropriate representation of the repeating unit of the following polymer?

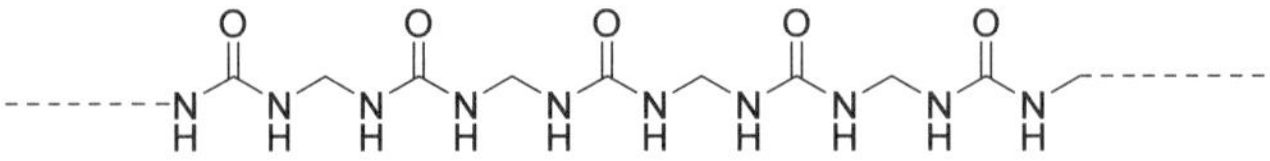

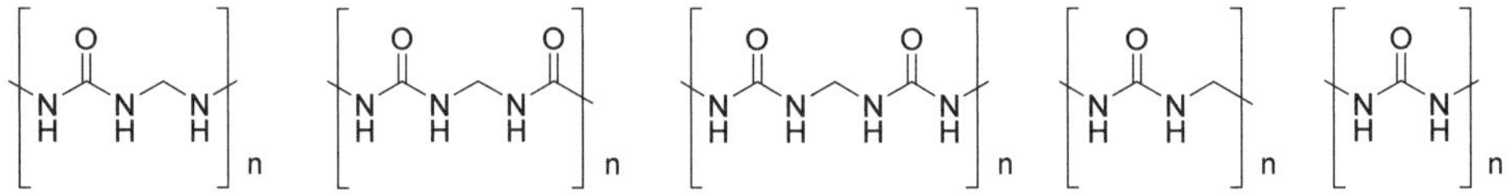

   (I)　　(II)　　(III)　　(IV)　　(V)

   (A) I　　(B) II　　(C) III　　(D) IV　　(E) V

   【110 高醫(75)】

【詳解】D

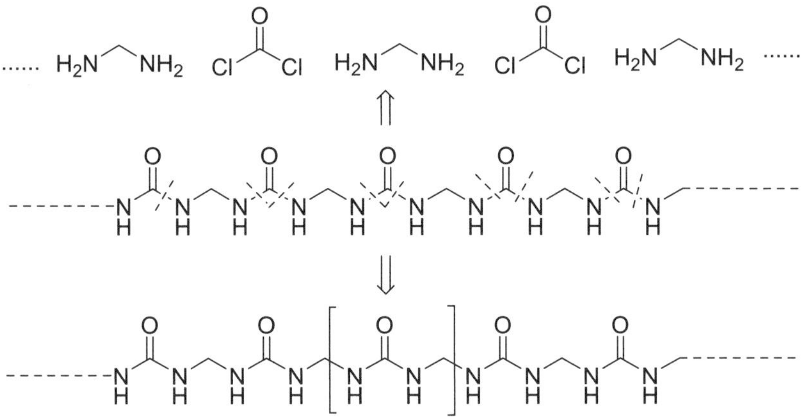

2. Which of the following structures is the major form of the lysine at the pH = 14?

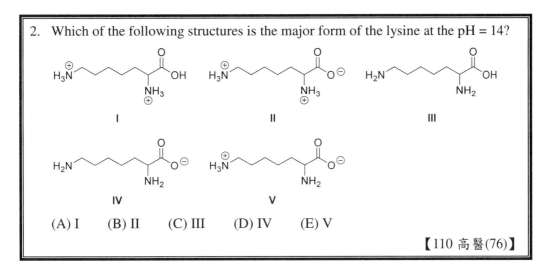

I   II   III

IV   V

(A) I   (B) II   (C) III   (D) IV   (E) V

【110 高醫(76)】

【詳解】D

Lysine(Lys , K)

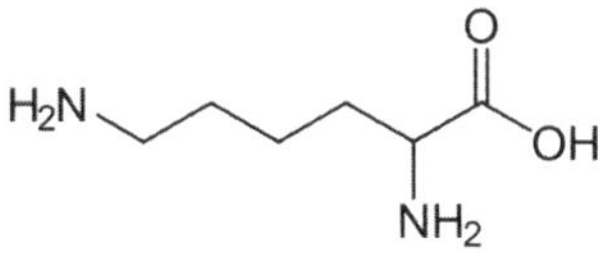

⇒ 在 pH=14 極鹼環境下，
全部的 -COOH → COO⁻
-NH₃⁺ → NH₂

3. 請問要維持蛋白質三級結構的交互作用力類型中，下面那一個交互作用力
的鍵結能力最強？
(A) 氫鍵   (B) 離子交互作用力   (C) 雙硫鍵   (D) π-π交互作用力
【110 義守(21)】

【詳解】C
蛋白質一級結構：
組成蛋白質多肽鏈的線性胺基酸序列。一個蛋白質**是一個聚醯胺**。
蛋白質二級結構：
依靠不同胺基酸之間的 C=O 和 N-H 基團間的**氫鍵**形成的穩定結構，
主要為 α 螺旋和 β 摺疊。因為二級結構是局部的，不同的二級結構的
許多區域可存在於相同的蛋白質分子。

蛋白質三級結構：
通過多個二級結構元素在三維空間的排列所形成的一個
蛋白質分子的三維結構，是單個蛋白質分子的整體形狀。
蛋白質的三級結構大都有一個疏水核心來穩定結構，同時具有穩定作用的還有鹽橋 (蛋白質)、氫鍵和**二硫鍵**，甚至轉譯後修飾。「三級結構」常常可以用「摺疊」一詞來表示。三級結構控制蛋白質的基本功能。

4. 離胺酸（lysine）是人體必需的胺基酸之一，其pKa分別為2.2、9.0和10.5。當pH值由1增加到12時，離胺酸的分子結構變化順序下列何者最有可能？

I
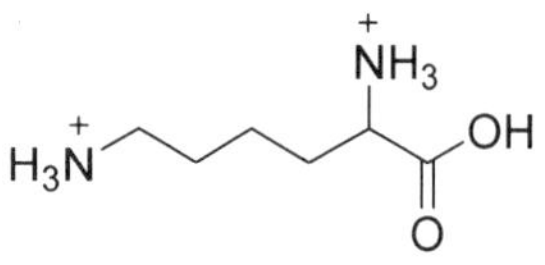

II
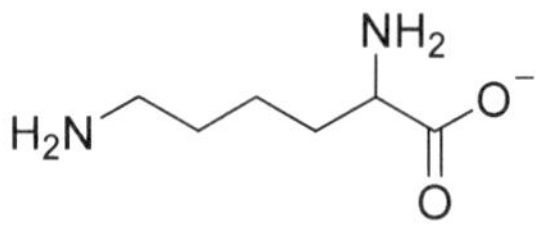

III
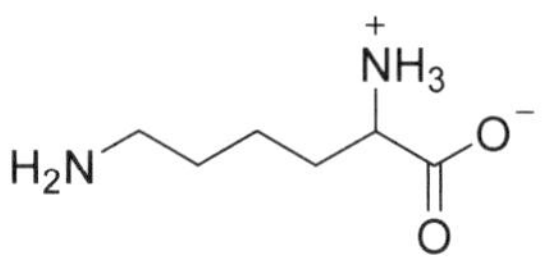

IV
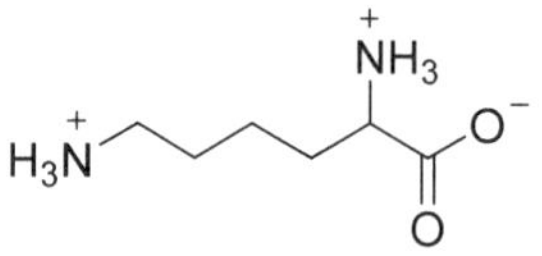

V
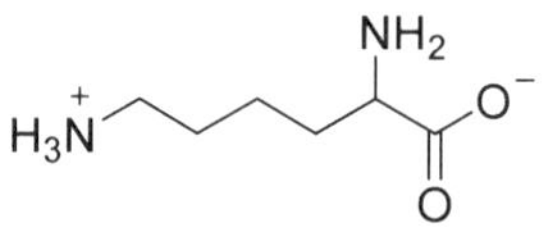

(A) I → IV → V → II　(B) I → IV → III → II
(C) IV → III → II　(D) II → V → IV → I

【110慈濟(9)】

【詳解】A
胺基酸在極酸至極鹼環境，所帶電荷會有正（越多越酸）到負（越多越鹼）
故可判斷：I 在極酸（pH=1）環境，II 在極鹼（pH=12）環境

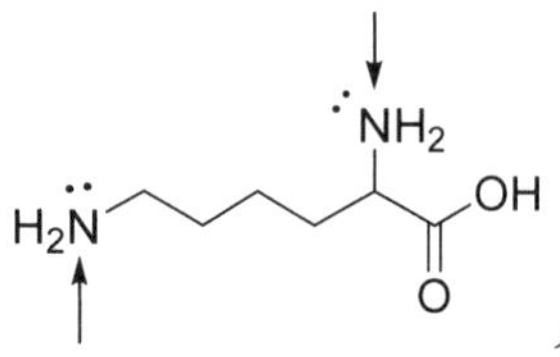

在末端的 N 鹼性較強，在酸性環境下，優先質子酸化
故當 pH 值由 1 增加到 12 時，離胺酸的分子結構變化順序：I → IV → V → II

5. 以下哪一個化合物含有較高的鍵能，能在糖解反應（glycolysis）中用來合成 ATP？
   (A) fructose-1,6-bisphosphate　　(B) 1,3-bisphosphoglycerate
   (C) acetyl phosphate　　(D) 1-phosphoglycerate

   【110慈濟(11)】

【詳解】B

1,3-雙磷酸甘油酸也稱為 1,3-二磷酸甘油酸，是生物細胞中的常見分子之一，通常是糖解作用與卡爾文循環的中間產物。

在糖解作用的第六個步驟中，甘油醛-3-磷酸會在甘油醛-3-磷酸去氫酶（Glyceraldehyde 3-phosphate dehydrogenase）的催化之下生成 1,3-雙磷酸甘油酸，此反應會消耗掉一個 NAD^+，使其成為 NADH（可直接利用的能量攜帶分子），並釋出一個氫離子。

由於一個葡萄糖分子可以形成了兩分子的甘油醛-3-磷酸，所以對於一分子葡萄糖所進行的糖解作用來說，在此反應將會有兩分子的 NADH 與兩分子 1,3-雙磷酸甘油酸的誕生。接下來兩分子的 1,3-雙磷酸甘油酸會經由磷酸甘油酸激酶（Phosphoglycerate kinase）的催化，而生成 3-磷酸甘油酸，並且使兩個 ADP 轉變成 ATP，這是糖解作用過程中第一個生成 ATP 的步驟。

6. DNA 雙股螺旋結構中，氫鍵在哪兩個鹼基之間發生？
   (A)腺嘌呤(adenine)和胸腺嘧啶(thymine)
   (B)胸腺嘧啶和鳥糞嘌呤(guanine)
   (C)腺嘌呤和鳥糞嘌呤
   (D)胞嘧啶(cytosine)和胸腺嘧啶
   (E)腺嘌呤和胞嘧啶

   【108 中國醫(27)】

【詳解】A

	DNA（*deoxyribonucleic acid*）	RNA（*ribonucleic acid*）
鹼基	腺嘌呤（A）、胸腺嘧啶（T）胞嘧啶（C）與鳥嘌呤（G）	腺嘌呤（A）、嘧啶（U）、胞嘧啶（C）與鳥嘌呤（G）

7. 假設 alanine 之兩個酸解離常數分別為 $K_{a1} = 5.0 \times 10^{-3}$ 和 $K_{a2} = 2.0 \times 10^{-10}$，則其等電點(isoelectric point)最接近下列何值？
   (A) 2.3　　　(B) 6.0　　　(C) 7.0　　　(D) 9.7

   【108 義守(2)】

【詳解】B

胺基酸的等電點（*isoelectric point*）：

在某 pH 值時，胺基酸的淨電荷為零，則通過電場時，胺基酸不流向負極亦不流向正極；此種 pH 值稱為胺基酸等電點（又稱 *pI*）

$$pH = pI = \frac{pK_{a1} + pK_{a2}}{2} = \frac{2.3 + 9.7}{2} = 6$$

8. 下列合成塑膠中，何者抗腐蝕性最佳？
   (A) 高密度聚乙烯　　　(B) 聚苯乙烯　　　(C) 聚氯乙烯　　　(D) 聚四氟乙烯

   【108 義守(12)】

【詳解】D

單體結構	單體名稱	聚合物結構	聚合物名稱	用途
$CH_2=CH_2$	乙烯	$+CH_2-CH_2+_n$	聚乙烯(PE)	塑膠袋、玩具
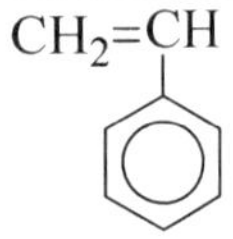 $CH_2=CH$ 苯環	苯乙烯	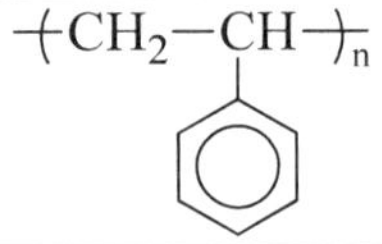 $+CH_2-CH+_n$ 苯環	聚苯乙烯 (PS)	保麗龍
$CH_2=CH$ Cl	氯乙烯	$+CH_2-CH+_n$ Cl	聚氯乙烯 (PVC)	地板、雨衣
$F_2C=CF_2$	四氟乙烯	$+CF_2-CF_2+_n$	特夫綸	襯墊、鍋塗膜

9. 若一 aldohexose 的 carbonyl group 基團上的碳當成是碳 1(carbon number 1)，那麼此糖分子哪一個碳上的 hydroxy group 之立體方位是決定此糖為 D− 或是 L− 立體異構物(stereoisomer)？
   (A)碳 2　　　(B)碳 3　　　(C)碳 4　　　(D)碳 5

   【108 慈濟(24)】

【詳解】D

此為生物化學基本觀念，判斷 D—、L—：

看倒數第二個碳（碳 5）或對掌中心最高碳數上的—OH 是放哪一邊

由費雪投影觀察→—OH 在右邊者為 D-form；

　　　　　　　　　—OH 在左邊者為 L-form

---

10. 下列哪一選項的兩種分子可以形成 polyester？

    (A) $H_2C=CHCH_3 + CH_3CH_2CH_2COOH$

    (B) $HOCH_2CH_2OH + HOOCCOOH$

    (C) $H_2NCH_2COOH + H_2NCOCH_2CH_2COOH$

    (D) $HOOC(CH_2)_2COOH + H_2NCH_2CH=CHOCH_3$

【108 私醫(32)】

【詳解】B

  【EX】達克綸（聚對苯二甲酸乙二酯，*Dacron*）：

  <u>單體</u>：乙二醇和對苯二甲酸。

  <u>反應</u>：由羥基與羧基縮合聚合，形成聚酯 polyester 纖維。

$$nHO-CH_2-CH_2-OH + nHO-\overset{O}{\underset{\|}{C}}-\bigcirc-\overset{O}{\underset{\|}{C}}-OH$$

$$\longrightarrow H-\left(O-CH_2CH_2-O-\overset{O}{\underset{\|}{C}}-\bigcirc-\overset{O}{\underset{\|}{C}}\right)_n O-H + (2n-1)H_2O$$

---

11. Which organic base is NOT found in RNA?

    (A) Uracil   (B) Cytosine   (C) Thymine

    (D) Adenine   (E) Guanine

【107 高醫(27)】

【詳解】C

	DNA （*deoxyribonucleic acid*）	RNA （*ribonucleic acid*）
鹼基	腺嘌呤（A）、胸腺嘧啶（T）、胞嘧啶（C）與鳥嘌呤（G）	**腺嘌呤（A）、嘧啶（U）、胞嘧啶（C）與鳥嘌呤（G）**

12. Alanine, $H_2NCH(CH_3)CO_2H$, has $K_a = 4.5 \times 10^{-3}$ and $K_b = 7.4 \times 10^{-5}$. Which species has the highest concentration in water (pH=7.0)?
    (A) $H_2NCH(CH_3)CO_2H$ 　　　(B) $^+H_3NCH(CH_3)CO_2H$
    (C) $H_2NCH(CH_3)CO_2^-$ 　　　(D) $H_2NCH(CH_3)CO_2H_2^+$
    (E) $^+H_3NCH(CH_3)CO_2^-$

【107 高醫(76)】

【詳解】E

胺基酸等電點的算法：$[H^+] = \sqrt{\dfrac{K_a \times K_w}{K_b}} = \sqrt{\dfrac{4.5 \times 10^{-3} \times 1 \times 10^{-14}}{7.4 \times 10^{-5}}} = 7.8 \times 10^{-7}$

接近 pH = 7，故此 Alanine 結構應為 $^+H_3NCH(CH_3)CO_2^-$

13. 下列結構與命名何者**正確**？

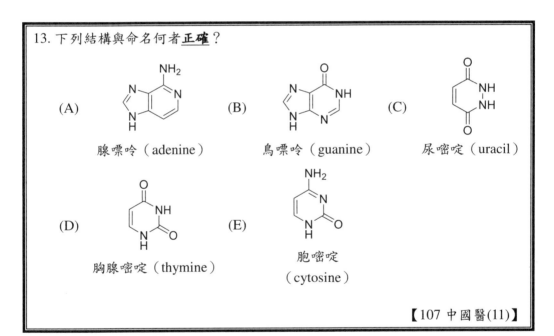

(A) 腺嘌呤（adenine）
(B) 鳥嘌呤（guanine）
(C) 尿嘧啶（uracil）
(D) 胸腺嘧啶（thymine）
(E) 胞嘧啶（cytosine）

【107 中國醫(11)】

【詳解】E

(A) 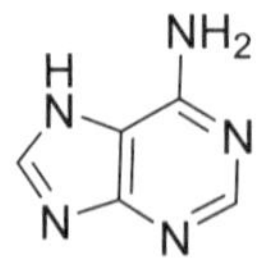 adenine
(B) 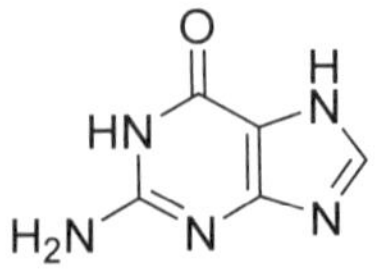 guanine
(C) 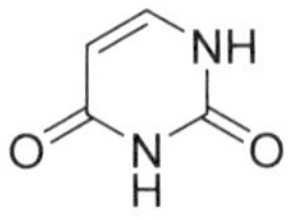 uracil
(D) 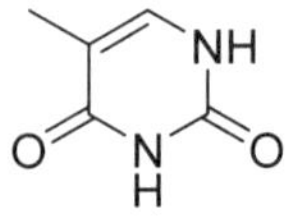 thymine

14. 下列結構與命名何者**有誤**？

(A) 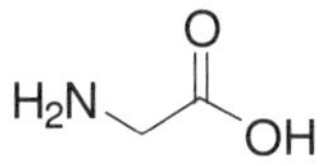 甘胺酸(glycine)

(B) 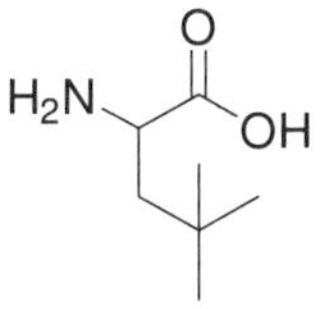 賴胺酸（leucine）

(C) 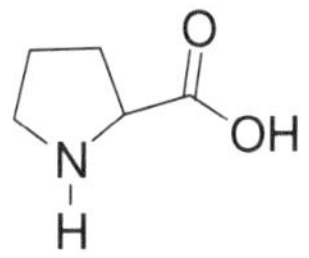 脯胺酸（proline）

(D) 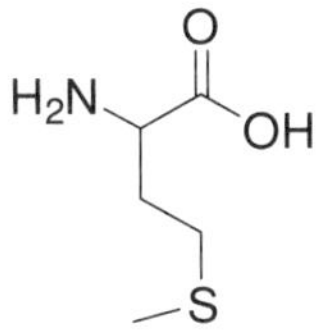 蛋胺酸（methionine）

(E) 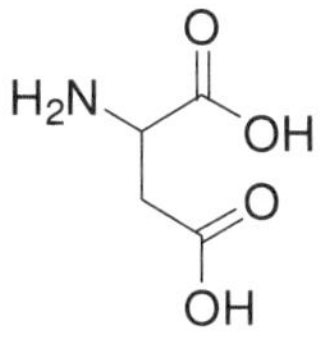 穀胺酸（glutamic acid）

【107 中國醫(13)】

【詳解】BE

(B) 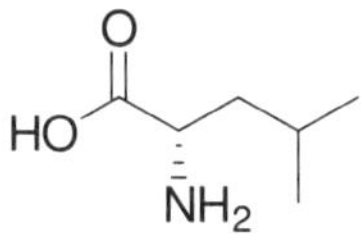 leucine

(E) 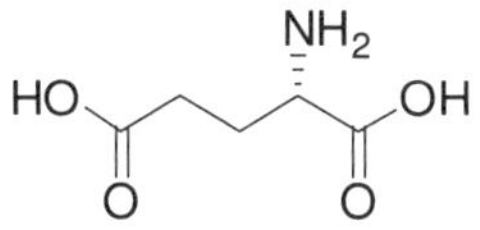 glutamic acid

15. 下列何者不為導電聚合物(conducting polymer)？
(A) *trans*－polyacetylene
(B) nylon
(C) polyaniline
(D) polypyrrole

【107義守(15)】

【詳解】B
導電聚合物（高分子）要有共軛 π 鍵結構【EX】：聚乙炔

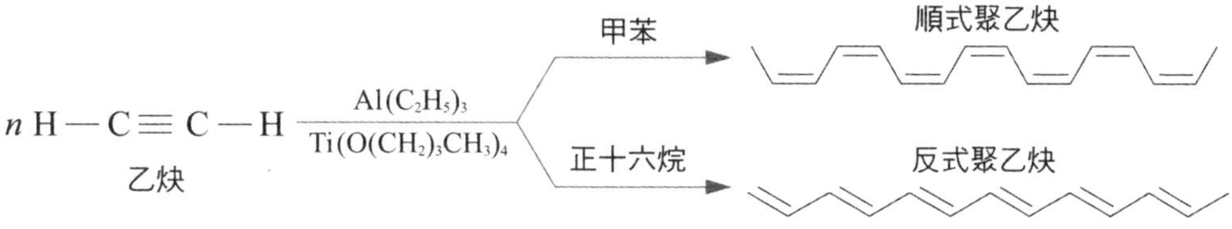

$n\,H-C\equiv C-H$ 乙炔

$\dfrac{Al(C_2H_5)_3}{Ti(O(CH_2)_3CH_3)_4}$

甲苯 → 順式聚乙炔

正十六烷 → 反式聚乙炔

(B) EX：***nylon 6,6*** 由羧基與胺基縮合聚合，而成聚醯胺纖維。

$$n\,HO-\overset{O}{\overset{\|}{C}}-(CH_2)_4-\overset{O}{\overset{\|}{C}}-OH \;+\; n\,H-\overset{H}{\overset{|}{N}}-(CH_2)_6-\overset{H}{\overset{|}{N}}-H$$

$$\longrightarrow HO\!\!\left[\!\!\overset{O}{\overset{\|}{C}}-(CH_2)_4-\overset{O}{\overset{\|}{C}}-\overset{H}{\overset{|}{N}}-(CH_2)_6-\overset{H}{\overset{|}{N}}\!\!\right]_{\!n}\!\!H \;+\; (2n-1)H_2O$$

---

16. 胜肽鍵(peptide bond)是屬於下列何種連結？
    (A) ether linkages   (B) ester linkages
    (C) amide linkages   (D) imido linkages

【107義守(28)】

【詳解】C

由**羧基與胺基進行縮合反應**，脫去一個水，形成醯胺鍵($-\overset{O}{\overset{\|}{C}}-\overset{H}{\overset{|}{N}}-$)，又稱為**肽鍵**。

$$-\overset{O}{\overset{\|}{C}}\!\!+\!\!OH + H\!\!+\!\!\overset{H}{\overset{|}{N}}- \longrightarrow -\overset{O}{\overset{\|}{C}}-\overset{H}{\overset{|}{N}}- + H_2O$$

---

17. 天然橡膠(natural rubber)是下列何種單體(monomer)的聚合物？
    (A) 苯乙烯   (B) 氯乙烯   (C) 丁二烯   (D) 異戊二烯

【107義守(36)】

【詳解】D

聚合物名稱	單體	聚合物結構
天然橡膠 (聚異戊二烯)	$CH_2\!\!=\!\!\overset{CH_3}{\overset{\|}{C}}\!\!-\!\!CH\!\!=\!\!CH_2$ 2-甲基-1,3-丁二烯 1,3-Butadiene	$-\!\!\left[CH_2-\overset{CH_3}{\overset{\|}{C}}\!\!=\!\!CH-CH_2\right]_{\!n}$

18. 胺基酸 Lysine 於 pH = 7.4 的血漿中期主要結構形式是什麼？

a) $\overset{\oplus}{H_3}NCH_2CH_2CH_2CH_2\overset{\overset{\displaystyle O}{\parallel}}{C}HCOH$ 　　b) $H_2NCH_2CH_2CH_2CH_2\overset{\overset{\displaystyle O}{\parallel}}{C}HCO^{\ominus}$

　　　　　　　　　　　$\underset{\overset{|}{NH_3}}{}$　　　　　　　　　　　　　　　　　$\underset{|}{NH_2}$
　　　　　　　　　　　　　$\oplus$

c) $\overset{\oplus}{H_3}NCH_2CH_2CH_2CH_2\overset{\overset{\displaystyle O}{\parallel}}{C}HCO^{\ominus}$ 　　d) $\overset{\oplus}{H_3}NCH_2CH_2CH_2CH_2\overset{\overset{\displaystyle O}{\parallel}}{C}HCO^{\ominus}$

　　　　　　　　　　　$\underset{|}{NH_2}$　　　　　　　　　　　　　　　　　$\underset{\overset{|}{NH_3}}{}$
　　　　　　　　　　　　　　　　　　　　　　　　　　　　　　　　　$\oplus$

(A)a　　　　(B)b　　　　(C)c　　　　(D)d

【107 慈濟(44)】

【詳解】D

pH = 7.4 微弱鹼性環境，

胺基-NH_2 本身為鹼性，應為陽離子; 羧基-COOH 本身為酸性，應為陰離子

故：(d)是最佳選項

(a)酸性環境下，(b)強鹼環境下，(c)電中性，應為 pH ≒ 7

19. DNA 會形成雙螺旋結構(double helix structure)是因為 DNA 分子間產生何種作用力？

(A)共價鍵(covalent bond)

(B)氫鍵(hydrogen bond)

(C)離子-偶極吸引力(ion-dipole interaction)

(D)配位共價鍵(coordinate covalent bond)

【107 私醫(31)】

【詳解】B

DNA 分子間以氫鍵作為主要作用力。

20. The structure below is the repeating unit of a

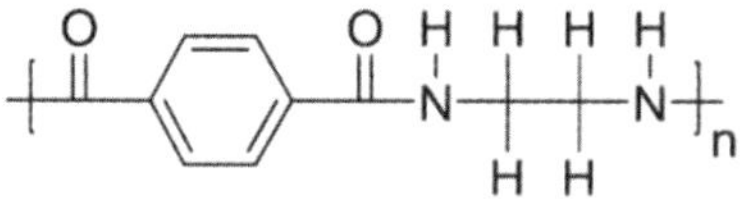

(A) homopolymer formed by an addition reaction

(B) homopolymer formed by a condensation reaction

(C) copolymer formed by an addition reaction

(D) copolymer formed by a condensation reaction

(E) polyester formed by an addtion reaction

【106 高醫(73)】

【詳解】D

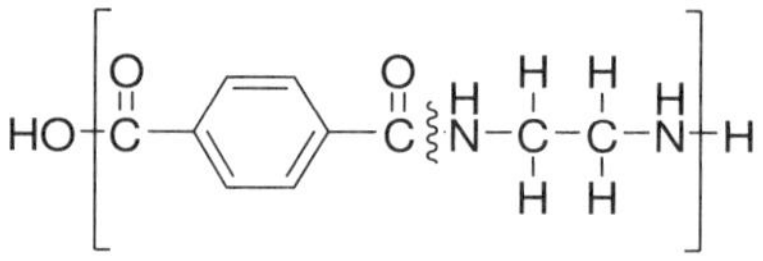

單體為：對苯二甲酸 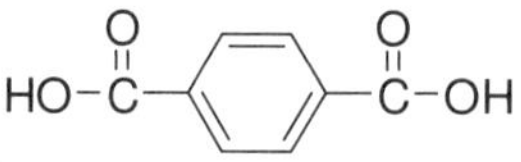 & 乙二胺 $H_2NCH_2CH_2NH_2$

※ homopolymer 為同元聚合物，意指單體皆相同。

※ copolymer 為共聚物，意指單體各不相同。

21. 下列何者為加成聚合物？

　I. polypropylene　　II. Teflon　　III. Nylon

(A)只有 I　　　(B)只有 II　　　(C)只有 III　　　(D) I 和 II

【106 義中醫(28)】

【詳解】D

加成聚合物（addition reaction）：

(a) 定義：由加成反應得到的聚合物，如聚丙烯（PP）、聚四氟乙烯（Teflon）。

(b) 條件：單體具有不飽和鍵，如烯（C=C）、二烯(C=C-C=C)或炔(C≡C)。

縮合聚合物（condensation reaction）：

(a) 定義：由縮合反應得到的聚合物，如耐綸（Nylon）、達克綸（Dacron）。

(b) 條件：單體通常具有兩個或兩個以上的官能基，

　　　　如 −OH、−NH₂、−COOH。

22. 有機玻璃(Plexiglas)為何種高分子？
　　(A)聚醯胺(polyamide)　　　　(B)聚酯(polyester)
　　(C)聚碳酸酯(polycarbonate)　　(D)聚甲基丙烯酸甲酯(polymethylmethacrylate)

【106 義中醫(35)】

【詳解】D

單體結構	單體名稱	聚合物結構	聚合物名稱	用途
$CH_2=\overset{CH_3}{\underset{}{C}}-\overset{O}{\underset{}{C}}-OCH_3$	甲基丙烯酸甲酯	$+CH_2-\overset{CH_3}{\underset{\underset{OCH_3}{C=O}}{C}}\!\!+_n$	聚甲基丙烯酸甲酯（壓克力）（有機玻璃）	高品質透明塑膠製品

23. 合成下方聚合物之原料為何？

$$\left[\begin{array}{c} C=C \\ \overset{}{H} \quad \overset{}{Cl} \end{array}\right]_n$$

(A) $H_3C,\ CH_3,\ H,\ Cl$ （$C=C$）

(B) $H_2C=\overset{}{C}-\overset{}{C}=CH_2$, H , Cl

(C) $H_2C=CH_2$ 和 $H_2C=CHCl$

(D) $HOCH_2,\ CH_2OH,\ H,\ Cl$ （$C=C$）

(E) $H_2C=O$ 和 $HC\equiv CCl$

【105 中國醫(18)】

【詳解】B

聚合物名稱	單體	聚合物結構
新平橡膠（聚氯丁二烯）	$\overset{Cl}{\underset{}{CH_2=C-CH=CH_2}}$　2-氯-1,3-丁二烯	$+CH_2-\overset{Cl}{\underset{}{C}}=CH-CH_2+_n$

24. 下列物質中，何者含有果糖 (fructose) 的成分？
    (A) 直鏈澱粉 (amylose)　　(B) 支鏈澱粉 (amylopectin)
    (C) 麥芽糖 (maltose)　　(D) 蔗糖 (sucrose)
    (E) 纖維素 (cellulose)

【105 中國醫(20)】

【詳解】D
(A)(B)(E)三者多醣之單體皆為葡萄糖。
(C)麥芽糖為雙糖，為兩葡萄糖脫去一分子水得到。
(D)蔗糖為雙糖，為一葡萄糖＋一果糖脫去一分子水得到。

25. 天然橡膠是一種聚合物(polymer)，下列何者是它的單體(monomer)？
    (A) Acrylic acid　　　　　(B) 1, 3-Butadiene
    (C) 2-Methyl-1, 3-butadiene　　(D) Vinyl chloride

【105 義中醫(3)】

【詳解】C

聚合物名稱	單體	聚合物結構
天然橡膠 (聚異戊二烯)	$CH_2=\overset{CH_3}{\underset{|}{C}}-CH=CH_2$ 2-甲基-1,3-丁二烯 1,3-Butadiene	$-(CH_2-\overset{CH_3}{\underset{|}{C}}=CH-CH_2)_n$

26. 蔗糖(分子式 $C_{12}H_{22}O_{11}$)3.42 克與澱粉(分子式$(C_6H_{10}O_5)_n$)3.24 克之混合物，以酸作催化劑，完全水解後，可得葡萄糖(x)與果糖(y)各幾克？
    (A)x = 4.80 克、y = 3.20 克　　(B)x = 1.80 克、y = 5.40 克
    (C)x = 4.20 克、y = 2.08 克　　(D)x = 5.40 克、y = 1.80 克

【105 私醫(33)】

【詳解】D

G：葡萄糖；F：果糖

澱粉水解：$(C_6H_{10}O_5)n + (n-1)H_2O \rightarrow nC_6H_{12}O_6$（G）

$$\frac{3.24\,g}{162n\,(g/mol)} \times n \times 180 = 3.6 \text{ 克（G）}$$

蔗糖水解：$1C_{12}H_{22}O_{11} + H_2O \rightarrow 1C_6H_{12}O_6$（G）$+ 1C_6H_{12}O_6$（F）

$$\frac{3.42\,g}{342\,(g/mol)} \times 180 = 1.8 \text{ 克，各得 } 1.8 \text{ 克（G）\&（F）}$$

故葡萄糖（G）$= 3.6 + 1.8 = 5.4\,g$；果糖（F）$= 1.8\,g$

---

27. 玻尿酸和甲殼素其結構如附圖，下列敘述何者不正確？

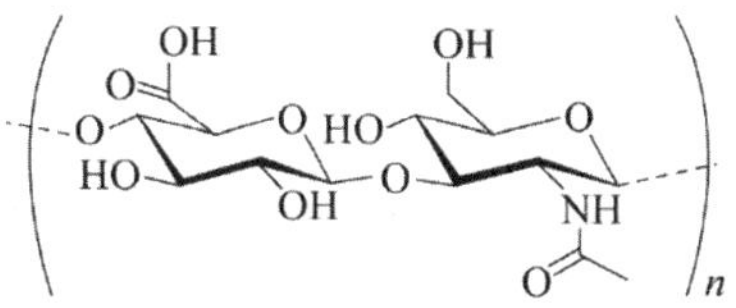

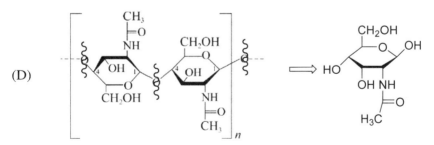

玻尿酸 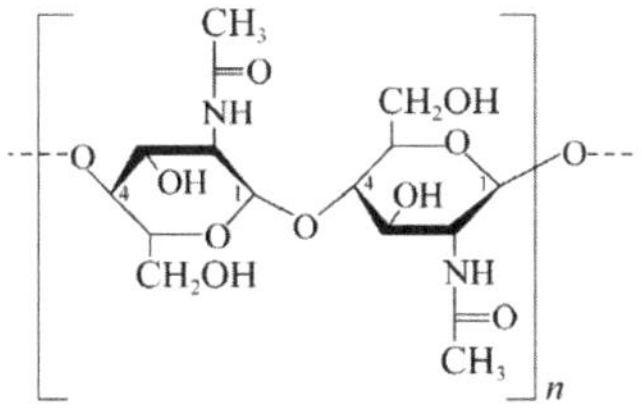　　　　甲殼素

(A)兩者都是屬於多醣體　　(B)兩者都具有醯胺鍵，亦可屬於多肽分子

(C)兩者都是聚合物　　　　(D)甲殼素水解後僅能得到一種單體分子

【105 私醫(35)】

【詳解】B

(A)(B)(C)兩者皆為 6 碳糖所組成的多醣體聚合物

(D)

---

28. 由三種不同胺基酸組成的三肽(tripeptide)，有幾種可能的序列(sequence)？

(A) 1　　(B) 2　　(C) 3　　(D) 5　　(E) 6

【104 中國醫(4)】

【詳解】E

設三個胺基酸為 A, B, C

組合數有：ABC, ACB, CAB, BAC, BCA, CBA 等六種

29. 下面的高分子是由哪些單體(monomer)聚合而成的？

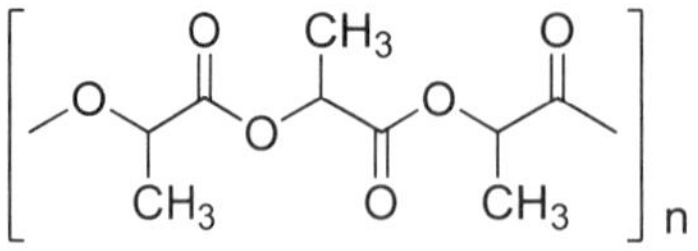

I.

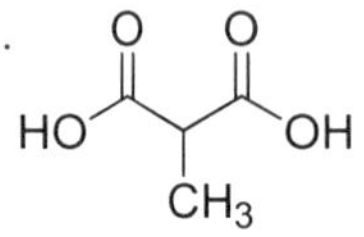

II.

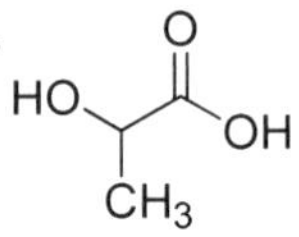

III.

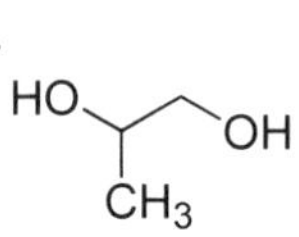

(A) I　(B) II　(C) III　(D) I 和 III　(E) II 和 III

【104 中國醫(15)】

【詳解】B

斷鍵情況：

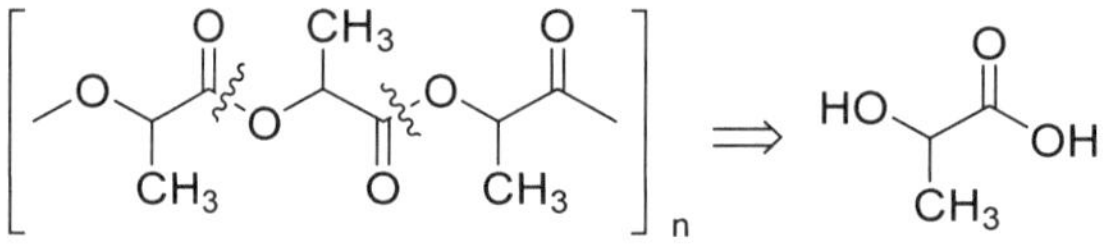

30. 天然橡膠是由何種單體結合而成的聚合物？

(A) 乙烯　(B) 氯乙烯　(C) 異戊二烯　(D) 氯丁二烯

【104 義中醫(20)】

【詳解】C

單體	聚合物
(A) 乙烯	聚乙烯PE
(B) 氯乙烯	聚氯乙烯PVC
(C) 異戊二烯	天然橡膠(聚異戊二烯)
(D) 氯丁二烯	新平橡膠(聚氯丁二烯)

【註】：(C)異戊二烯(2-甲基-1,3-丁二烯) 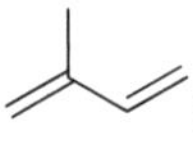 (D) 氯丁二烯： 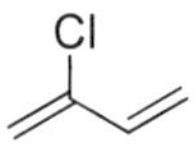

對的選擇比努力更重要

高元-最專業的師資團隊

國文/簡正
（簡正崇）

英文/張文忠

生物/黃彪
（黃凱彬）

普化/李鈇
（李庠權）

普化·有機/方智
（方朝正）

生化/于傳
（葉傳山）

有機/林智
（林生財）

有機/潘奕
（潘己全）

物理/金戰
（林煒富）

物理/吳笛
（吳志忠）

A6　　　　中國時報　　　　中華民國110年9月23日(星期四)

清大設學士後醫學系過關
教育部准年底招生

　　清大、中山及中興等3校申設學士後醫學系，教育部組成醫學審議小組審議，並在上周開會，經投票議決，最後僅清大獲「同意設立」。清大學士後醫學系預計明年有第一批公費生入學，他們畢業後將至基層服務6年並加上2年的醫學中心進修機會。

去年有清大中山、中興及原智等四校申請增設學士後醫學系，教育部去年底初步同意清大、中山、中興等3校繼續籌備。

近日教育部再組成醫學審議小組，成員包括衛生福利部、醫學教育會、醫學院評鑑委員會代表，以及教育、醫學領域學者專家等，最後經過投票，清大獲同意設立。

清大校長賀陳弘表示，清華發展醫學系的優勢在於深厚的醫學研究基礎，以及跨領域整合大數據、AI人工智慧與機械、材料、核子等全方位科技訓練，學士後醫學系將招收具電子、機械、資訊、材料、物理、化學等多元背景及從醫熱忱的優秀大學畢業生，採4年制學制。

公費生畢業後將至基層服務6年並加上2年的醫學中心成長進修機會，預計今年底前展開獨立招生作業，將培育具清華特色的新世代雙專長醫師人才。

清華大學投入醫學教育所需的師資、經費、醫院已全數到位，賀陳弘說，除校內原有的180名跨學科師資外，已聘得71名專任助理教授以上醫學教師，並與國內各大醫學院合聘87位臨床醫師教師，更募得20億醫學教育基金，在桃園航空城設立清華大學教學醫院及醫療研發園區已獲教育部同意，目前正在衛福部審查中。

幽默風趣的教學
挑戰化學極限

(李庠權)

普通化學 李鉌

1.理論根基實力強,講解完全切入核心。
2.講義教材、編輯按照考情趨勢編寫。
3.教學由淺入深，讓非本科生容易理解，本科生更增進實力。

黃文彥（台師大物理） 考取 中國醫/後中醫 榜眼 義守/慈濟 後中醫 連中三榜

普化這科，有了李鉌(李庠權)老師深入淺出的解說，再搭配強大的速解法以及有趣的口訣，使考試時間充裕了起來，如此就能穩穩的拿下屬於你的分數，把化學變成我的強科。

吳定遠（嘉藥藥學） 考取 義守/後中醫 探花

李鉌老師的普化課使我的觀念清晰，而這科需要觀念建構、加上題目熟練，李鉌老師對題目敏感度更不在話下，老師的速解法也很好用，在有限的時間把普化寫完還有時間檢查，多虧了老師的訓練！

黃彥凱（高醫心理） 考取 中國醫/後中醫 慈濟/後中醫 連中雙榜 一年考取

李鉌老師在理科考試方向有很大的掌握度，聽完老師的課可省去許多整理重點的時間，且老師的筆記都很適合上考場，真的是筆記在手考試沒煩惱。我想若沒兩位老師也許今天理科仍是我的弱點，老師幫了我提升理科實力，也很願意回答學生問題，我想問題能及時解惑也是理科得以成長的原因吧。

林容嬋（北護護理） 考取 中國醫/後中醫 慈濟/後中醫 連中雙榜 一年考取

李鉌(李庠權)老師對於每個章節都能透過系統性的板書，再搭配上淺顯易懂的講解方式建立扎實的基礎概念，以及清楚的結論與重點，並透過課前老師所精選的練習卷來審視自己哪些觀念仍需加強，想要在化學拿下高分跟著李鉌老師腳步準沒錯。

梁呈瑋（成大化學） 考取 中國醫/後中醫 慈濟/後中醫 探花 義守/後中醫 一年考取 應屆

李鉌老師上課的內容絕對足夠應付後中考試的題目，至於偶爾出現偏專業科目的考題，這些題目就連我們本身是化學背景的人也不見得能夠完全掌握，所以最重要的還是要掌握住最基本普化的內容就很足夠了。

詹勳和（中央資工） 考取 中國醫/後中醫 慈濟/後中醫 連中雙榜 一年考取

如果要用一個字來形容李鉌的化學課，那我想那個字會是，穩，老師在教學上非常的清楚仔細，可謂是面面俱到，深入淺出，只要好好的聽課，然後遵從老師的建議，普化一科絕對能穩穩地達標～

李岱勳（大仁藥學） 考取 義守/後中醫 慈濟/後中醫 連中雙榜

普化：很推李鉌老師上課的步調，老師上課只把該章節需要知道的內容寫或板書，留下大量的時間給我們刷考古題，上課前也會小考，老師把考古題整理好了，真的非常用心，讓我們馬上能檢測自己上一堂課讀懂了多少。

黃資淨（嘉藥藥學） 考取 中國醫/後中醫

普化-李鉌老師對考古十分熟悉，所以可以給我們方向準備，其實普化非常好拿分數，因為有準備通常不會很為難學生，老師的衝刺班也幫我們網羅許多很精典的題目，讓我們在考前充分的訓練出燒燙燙的手感，讓現場考試時計算幾乎是用反射動作完成。

高元 110後中西醫 感言錄

粘湘宜
（台大／心理） 全國第五 連中三榜
考取 中國醫／後中醫 義守／後中醫 慈濟／後中醫

普化李銖老師是一台不折不扣的考試機器，上課時會分享參加考試應該要有的心態之外，也非常熟悉考試型態。老師在上課時教的解題技巧在考場上救了我兩次。老師除了在化學專業之外，也是一位非常親切且關心學生的老師。不管我問多簡單的問題，老師總是非常親切詳細的回答，老師親切耐心的回應確實讓我增加了想把化學學得更好的動力。雖然我是上線上課程，從未與老師真正見面，但我真心認為李銖老師是我在準備後中考試中遇見的幾位貴人之一，不知道該如何報答老師，高分上榜和推薦老師給各位學弟妹可能是我目前能做到的事了。

鄭惠欣
（高醫／藥學） 一年考取 連中三榜
考取 中國醫／後中醫 義守／後中醫 慈濟／後中醫

感謝高元優秀的師資，讓我可以在一年間把不可能變可能，也感謝櫃台人員總是很熱心地回答問題，提供各種貼心的考生服務。

我在一開始就覺得讀不完，一定要有所犧牲，所以我選擇先鞏固自己的強項化學生物，而國文英文就盡量維持在不扯後腿的狀態，隨時依讀書進度，調整各科時間。

[國文]簡正老師：上課跟著老師從「三十課綱」到「大學國文選」走過一次，考題中常出現的文章到網路查出原文，大概了解每篇的內容。上課抄下老師所講的筆記及「國文筆記書」在考前多翻閱。做歷屆試題熟悉題型，「後中國文狂刷題」練習倒扣。

[英文]張文忠老師：文法則上課認真聽講，筆記就如同老師說的邊寫邊思考，經老師教學解題技巧，在此題型有進步。

[生物]黃彪老師：彩色課本、板書內容豐富完整，輔以PPT教學，提供最新圖片、資料及高清影片，讓繁雜的生物容易記憶。

[化學]李銖老師：是唯一複習有跟上進度的一科，每週都會早到寫小考考卷，可以清楚了解上週所學及複習的內容是否有完整。老師的上課筆記完整，還包含曾經考過的題目。

[有機]林智老師：基礎打穩後，後續的課程就容易多了。上課保持專注，跟上老師的節奏，快速抄寫黑板內容，回到家將上課題目及其他練習題寫過一次。

許文宸
（成大／醫技） 一年考取 連中雙榜
考取 中國醫／後中醫 慈濟／後中醫

備考初期就確定要把國文分數衝高，剛好再搭配簡正老師對於課文精闢的解說，大大增強了我對文章的翻譯能力。

(1)簡正老師上課會講解得非常詳細，讀老師整理的筆記加練習習題就足夠我應付。簡正老師整體上課內容淺顯明瞭，筆記內容精準到位！

(2)單字&閱讀測驗：單字部分，學習到張文忠老師介紹的格林法則之後，我才發現英文單字原來可以這麼有系統地去記憶！文法&克漏字：張文忠老師上課會講解各種英文文法與使用方式，同時也會寫上詳盡的筆記，老師精闢的筆記讓我面對這兩部分考題已經綽綽有餘！

(3)高元的生物課本採用全彩印刷，對我而言真的是非常傑出的設計，讓我在劃記重點時可以看得非常清楚。彪哥上課的圖解與解說也都非常詳細，彪哥板書內容雖然多，但圖像非常清晰易懂，純文字的部分也是去蕪存菁。

(4)李銖老師真的不愧是高中化學老師，對高中生態瞭如指掌，後中醫課程裡反覆強調的普化重點。因此對於初入普化領域的同學——凡是李銖老師上課特別提點的內容，請多加記憶或演算過，後中考題時常出現！李銖老師也很貼心，近年開始使用他自該製的講義，講義薄薄一本，內容卻都是該單元的精髓且非常便於攜帶，讓我在征戰三間後中醫時，只需要帶幾本普化講義就可以完整複習了，感謝老師的自製講義，相當實用。

(5)林智老師非常強調有機的反應過程與反應試劑，老師都會鉅細靡遺的解說。

賀先御
（中正／資工）
考取 中國醫／後中醫

高元各科老師都非常給力，只要你敢開口問，老師們都非常樂意傾囊相授，只怕你不問！雞湯溫度很順口(國文)，肌肉帥哥板書讚(生物)，考試機器技巧香(普化)，選擇高元，高中狀元！

高元 110後中西醫 感言錄

蔡易澂
（嘉藥／藥學） 連中三榜

考取 中國醫/後中醫　義守/後中醫　慈濟/後中醫

1.國文：過去我的國文實力並不好，在104年大學學測國文科僅得到11級分。然而在簡正（簡正崇）老師的薰陶下，國文成為了我在考場上戰勝他人的一大武器。

2.普化：李鈺（李庠權）老師非常厲害，可以把複雜的化學觀念講解地十分清楚，上課所發的化學筆記可以讓我們快速地複習觀念，而每次課前的小考練習更是檢視自己學習狀態的好機會。老師出版的「普化百分百」更是大推，但這本書還是幫助我非常多，所以建議同學一定要熟讀這本普化百分百！

3.有機：林智（林生財）老師加上20幾年教學經驗的累績，可以說是幾乎能夠完全了解同學解題的盲點，從最基本的普化觀念複習到複雜的有機合成都蘊含在講義當中！

4.英文：文法規則有一套不同於傳統舊式的教法，讓學生可以拋棄過去死背文法規則的學習模式。

5.生物：黃彪（黃凱彬）老師授課內容相當豐富。透過課本中的圖片讓我對於生物知識的了解更加清晰，熟讀黃彪老師的課本是最佳的解法利！

施佳呈
（中山醫／視光）

考取 義守/後中醫

簡正老師，遙想當年學測我的國文是介在後標和根底標之間，是一個連社會組較冷門科系都無法就讀的成績，但是跟著每週老師的進度走，國文成績整個是大躍進。再來是英文，文忠老師是我心目中的英文教父，他直接將單字、文法、克漏字、閱讀完全拆解，用一個理科方式去讀文科。很推薦已經對英文失望的同學，可以讓文忠老師幫你的英文重新建構，不再讓你對英文更加絕望。化學方面，普化直接按照你李鈺老師的步調準備。李鈺老師真的是考試機器，除了幫忙統整題目，讓我們更加熟悉考試，同時也會提供運算上的訓練，讓你體驗概算的魅力；有機這科我是選擇林智老師，林智老師會在上課圖解有機，他會一步一步幫你建構有機，同時他會搭配一些時事梗去輔助你記憶有機，加深有機觀念的印象。生物課的黃彪老師，有名的肌肉男神，老師會幫你整理出重點並且在黑板上用精美的圖呈現，並且還會額外補充資料，讓你除了掌握基本分之外，還可以追求更高的分數。生物這科透過老師的教學，可以很直接去洞悉考點的所在。

黃光毅
（嘉藥／藥學） 一年考取 連中雙榜

考取 義守/後中醫　慈濟/後中醫

1.國文：簡正老師的教學十分完備，內容清晰，條理分明

2.英文：張文忠老師的文法教得非常好。

3.生物：老師課本的編排很精細，閱讀時一定要仔細抓住編排的脈絡與思維。

4.普化＆有機：感謝李鈺老師上課對我特別的關注。小考考卷可以檢視上一週學習的成效，所以學習時我走基本路線，就是把百分百2.0做到盡善盡美。有任何化學相關的問題都可以問李鈺老師，老師一定會耐心的解到學生懂為止。

5.有機我選的是林智老師。老師上課幽默風趣，笑話都會結合時事，為有機課程增添許多趣味。

金中玉
（中國醫／藥學） 一年考取

考取 中國醫/後中醫　義守/後中醫

感謝高元補習班的雲端課程，讓我能在兼顧藥學系課業、藥局實習、醫院實習和藥師國考的情況下順利應屆考取我的第一志願中國醫藥大學學士後中醫系。我在大四報名高元的兩年學士後中醫系課程，自己安排讀書計畫，大四看英文、生物、有機化學，大五看國文、普化1.把簡正老師上課的內容完整聽了一遍，並寫近十年歷屆，分析出我的「字音字形、字義、六書、公文」偏弱，所以後來就有重點複習講義上這些部分。

2.英文：每天花30分鐘背張文忠老師的【字根單字同義字大全】裡的單字。

3.生物：黃彪-我當初會選高元，就是因為看到網路上彪哥的好評，黃彪老師的上課講義是六大本全彩書，圖文並重，精美漂亮。而老師上課的板書，字跡工整，將內容整理的有系統和脈絡，方便理解。彪哥回答問題也很親切。我很推薦黃彪的【105~108年 生物歷屆試題真詳解 2.0】和【奪彪2.0 生物精選題庫】（題目非常多，有助於釐清不熟稔的細節），這兩本書在準備生物的期間提供我很大幫助。

4.化學：李鈺老師教書很有條理，能快速建立正確概念、掌握考試的大方向，不愧人送外號「考試機器」，李鈺老師的解題技巧，讓我在時間有限無法寫太多題目的情況下，抓牢基本分。

5.有機：潘奕老師上課注重反應機構。

6.面試：96分 高元補習班營造逼真的模擬面試，請了許多優秀的學長姐協助，模擬面試的練習讓我在考場上不會太緊張，能穩定發揮，讓我能在面試時有好的表現。

高元 110後中西醫 感言錄

蔡文穎
(高醫/護理)　**考取 義守/後中醫**

【國文】簡正老師是一位很溫暖的師長，每次上課都是心理富足及滿車知識，只要跟上老師的進度，相信老師的進度安排，國文就能有基本分數。

【化學】李鈺老師是說話實在、條理清晰的師長，每一章節的重點都很清楚，尤其筆記就是考點!!!最後反覆複習筆記觀念特別重要。另外，普化百分百2.0(考古題分章)一定要寫(N遍都不爲過)，要能夠看到題目就能知道在考哪個point!

【有機】林智老師真的太可愛、太有魅力了啦!每個禮拜來上老師的課都很療癒。這一科目只要跟著老師，把課本習題按進度做完，不懂得弄清楚，有機不會有太大問題。

【英文】文忠老師是很用心很爲學生著想的老師，是不可多得的好老師。單字、文法、閱讀、文章架構，老師都能從最基本觀的觀念切入!

【生物】黃彪老師是邏輯清楚的老師，不論是精美講義編排及簡潔的上課板書，都是考試的利器。

朱怡靜
(高醫/藥學)　**全國第五**　**考取 義守/後中醫**

1. 國文：跟著簡正老師的課，很可能是會被拉開分數的一科，每天都寫題目，維持語感很重要。

2. 英文：我很喜歡張文忠老師的作文教學，這兩年進步最多的就是作文，老師都會先教作文架構及範例!

3. 化學：跟著李鈺老師的課程，按部就班地念與寫題目。老師上課的板書一目了然，可以馬上得到那個單元的重點精髓，當周我就會老師上到哪裡，題目寫到哪裡，透過李鈺老師的教學，可以有效率學習普化!

4. 有機：上方智老師的課，老師去蕪存菁的教學，可以讓我學會解題技巧，迅速掌握有機的重點。

5. 生物：老師上課很扎實，課本的內容，透過書寫筆記，我可以很快地在課堂上就吸收，後面就是考古題，搭配前面彩色的課本內容，學習生物很有效率!

陳垣元
(成大/統計)　**非本科系**　**考取 中國醫/後中醫**

1. 英文：張文忠老師的書我自己是覺得蠻夠用了，而且課前的考卷很棒。

2. 普化：我在這次備戰期的前半段有把李鈺(李老師)的課本練習寫過一遍(9、10、11、12章)，之後就是透過大量的題目練習，我自己是覺得觀念建立好，再來就是靠練習來複習。

3. 生物：老師的筆記真的很完善也很重要，加上今年有搭配投影機，我覺得有時候更能加深對課本內容的印象，再加上大量題目的練習鞏固記憶，一定能在生物上贏別人。

感謝一路以來幫助過我的人，除了老師的盡心教學，台南高元的工作同仁都很友善且站在學生角度替我們設想，尤其是昌哥、小英姐、詩涵、椪柑，也因爲有他們我才能有充分的考卷練習。

謝采恩
(中國醫/藥學)　**考取 中國醫/後中醫**

高元的老師及同仁都非常有人情味，跟同學們相處宛如一個大家庭，在這種氣氛下一起奮戰，不僅有活力，更具續航力!

1. 英文：老師格林文法當基礎,每天都接觸英文，一定要天天碰。

2. 普化：老師上課很愛跟同學互動，所以上課起來都不會想睡覺，上課前的測驗也要認真訂正，確定每一題都知道怎麼算，跟著老師上課步調走，就可以穩穩當當的考取好成績!

3. 生物：老師彩色課本就是貼心，各種版本都在老師去蕪存菁下呈現在你眼前。當老師上課在抄筆記時，也能更快速掌握重點。另外生物考古題是掌握考試重點很重要的工具，考古題一定要滾瓜爛熟，生物要拿到基本分絕對沒問題。

邱鈺翔
（雲科企管）　**連中三榜 非本科系**　**考取**　中國醫/後中醫　義守/後中醫　慈濟/後中醫

詢問補習班的過程中發現高元的櫃檯人員最為親切熱情，課程安排最有彈性，師資方面最為堅強，綜合以上幾點我最後毅然的選擇了高元的二年班。而在二年的課程結束後，也順利的考上中國醫。

準備後中這條路上，我只有上高元的課程，沒有去過他班，如果你像我一樣是個五專生、技職生、文科科系但卻有著成為醫師的夢想，就選擇高元補習班吧！

國文-簡正老師是一個充滿正能量的老師，老師的上課內容非常全面，基礎的小學字音字形、艱澀古文、字意辨認都面面俱到，讓我可以從五專生的國文程度提升至後中等級。

普化-李鈺老師我都戲稱他是考試機器兼整理神人，雖然我上一次接觸化學是國中的時候，但因為我將老師上課的筆記、課前的小考、上課的習題等抄好、背好、練好，2年多的時間使我在化學這一科和傳統高中出來的考生可一較高下。

老師的筆記就是普化精華重點，實在不用去另外購買外面的參考書了，這份筆記可以直接當作考前複習帶著去考場。

英文-英文這科絕對不能放棄。張文忠老師的文法課非常扎實，老師通常都會先完整講完文法架構後，並分析題目中的單字以及片語等。

生物-在生物這科，毫無疑問的一定選擇彪哥黃彪老師啦！大家一定要來上老師的現場課，老師上課的筆記還有口述教課都是考試的重點，再加上6本全彩圖片精美排版的生物課本，一定會讓你愛上生物！

邱翊寧
（高醫/藥學）　**連中雙榜**　**考取**　中國醫/後中醫　義守/後中醫

國文：簡正老師精煉又充實的教學讓我省下很多念書的功夫，跟著老師的進度去複習和寫題目，不知不覺就會累積一定的實力。

英文：張文忠老師的文法講得非常清楚，讓我建立一個完整的文法觀念，老師也會教我們怎麼快速的找到篇章結構的順序或是在長篇閱讀中找答案。

化學：普化同樣是跟著李鈺老師的進度複習，這科真的可以完全相信李鈺老師，教很多非常實用的考試技巧，讓我們在考試的時候能比較有餘裕穩地答題。有機化學的部分我是選擇方智老師，老師上課會使用很多生活上的例子來輔助我們記憶，講義編排很清楚。

生物：黃彪老師整理的板書把繁雜的內容簡化成重點精華，每個章節後面的歷屆還有奪彪題庫可以幫助我更清楚出題重點。

汪秝稼
（中山/化學）　**連中雙榜**　**考取**　中國醫/後中醫　慈濟/後中醫

國文：簡正（簡正崇）老師有明確的課程規劃，國文筆記書更是明確的整理各個考試重點，能夠省下很多時間。

普化：李鈺（李庠權）老師的上課筆記清晰有系統，對於每個學校的考點瞭若指掌，上課會多加提醒令人印象深刻，更加容易能抓到重點。

有機化學：林智（林生財）老師強調整個有機的觀念，上課前對於化學需要有一定的基礎，跟著老師解析有機反應的機構，一步步釐清其中脈絡，讀到後面就一通百通。

英文：張文忠老師的文法教是我學習歷程中我最推薦的，整個閱讀的架構是很有系統的，文法的解題都是有跡可循的，對於閱讀文章也很有幫助能快速抓住文章重點。

生物：黃彪（黃凱彬）老師的上課把很多重要的考試重點都有系統性的整理，基本上上課有注意老師提點的小細節以及熟讀筆記，想要拿到不錯的分數應該不會有問題。

沈庭蔚
（成大/航太）　**連中三榜 一年考取**　**考取**　中國醫/後中醫　義守/後中醫　慈濟/後中醫

感謝台南高元提供這麼好的環境讓我能在大四同時兼顧學校課業跟準備高元的櫃台老師們尤其是我的導師小英姐，給我很多資源跟幫忙，從考試前到面試都一直很照顧我，非常喜歡這裡的氣氛跟行政效率。

1. 國文：簡正老師非常正能量，常給學生鼓勵，從他身上能學到的不單只有國文，更多是面對人生的態度。

2. 英文：張文忠老師講的文法雖然容易理解。

3. 普化：李鈺老師蠻有趣的，雖然普化簡單，但內容頗多，老師卻總能很有條理地列出重點，建議中英文練習本都要寫，然後老師出版的普化百分百2.0大推，要熟練。

4. 有機：真的教得很好，前面忍一下後面海闊天空。

5. 生物：彪哥的講義真的很讚，又厚又全彩。

6. 面試：我因為疫情沒參加補習班的現場模擬面試，但高元超好讓我線上跟學姊練習，幫我開通影片還給我很多資料在家準備，最後我有兩題講錯也還有91。

高元 110後中西醫 感言錄

翁嘉隆
(中國醫/藥學)
考取 中國醫/後中醫

普化：李鉌老師的筆記除了將章節的重點清晰明瞭化，更把各個學校的歷屆考題透過課堂問答的方式讓學生思考，加上老師獨特的教學風格，讓我上普化時大腦時時刻刻都在接受衝擊，老師解題上的一些小技巧更是不藏私的分享給大家使用，讓我在解題上高人一等。

林岦毅
(中山醫/醫技)
考取 義守/後中醫

化學：李鉌老師上課從基本觀念慢慢帶入，配合經典例題，即使化學底子薄弱也會得到很好的學習效果，課前試題練習更是將各章觀念精華再順過一次，只要跟著老師進度走，觀念、題目練習不要掉隊，化學考高分是一件簡單的事情，也可看出老師教導的功力。

曾薇螢
(北醫/藥學)
考取 高醫/後西醫

謝謝高元，一直是我們堅強的後盾，我是報視訊班，但每次去櫃檯拿講義的時候，總是被櫃檯姊姊們暖到，眞的謝謝你們！

黃彪老師的生物課給人一個安心可靠的感覺，老師精美的板書，不疾不徐每個考點都教的很清楚。
于傳老師將繁雜的生化，用簡單清楚的方式表達，生化的部分整理屬於自己的筆記是很值得投資的。
李鉌老師身經百戰，考試經驗豐富，題庫班的考卷對於訓練答題手感，以及時間的掌握非常有幫助。
文法則是跟著張文忠老師的腳步，老師的文法眞的上的非常清楚。

江惠彬
(長庚/護理)
考取 高醫/後西醫

我認爲自己考上的關鍵是考前三個月，化學部分李鉌老師的題庫班對我幫助很大，老師選的題目幫我找到了許多盲點。
生物黃彪老師和生化于傳老師的上課內容都非常有系統和條理，對建立架構非常有幫助！

王品淇
(成大/職治)
一年考取 考取 高醫/後西醫

物理：吳笛老師上課內容簡潔有力，教材不多卻包含考試精華，也很清楚後西物理考試重點與技巧，我原本最擔心的是物理，不過老師的教學模式與教材讓我覺得很輕鬆，實際考試時也達到90%正確率，能讓學生徹底發揮自己的實力!

英文：文法測驗-張文忠老師上課不停強調的重點就是考題了。

生物：黃彪老師超厲害的板書我都是先上課認眞聽，講義很厚，不過全彩讓人念得很舒服。老師上課也會強調重點一定要記住！大約掌握某單元出題方向，搭配老師於講義上標註的紅字粗體重點以及筆記，這樣我就足夠應付考試了。

普通化學：李鉌老師上課超級有組織!!抄板書我用跟生物一樣的方法，先聽課之後再抄。老師會精挑細選小考題請大家在20分鐘內寫完!這就是考試的模式,除了精熟的教學方式，老師也非常親民，對學生的問題都會即時且耐心地回答!

生化：我完全沒有基礎。于傳老師上課會不停強調重點，也會用很生動的方式描述教材內容，學生化不是背而是要理解

廖啟佑
(中國醫/藥學)
考取 高醫/後西醫

今年我下了很大的功夫在黃彪生物及于傳生化上，在上課前就先按照去年的課本整理了一份筆記，在上課時就是對照、劃重點還有補上一些可能漏掉的地方。

楊昇霖
(高醫/醫化)
考取 高醫/後西醫

1.生物：黃彪老師的課本內容絕對是非常足夠!!!
前期(整理筆記)：我自己整理筆記的方式是將老師課本內重要的表格
中期：反覆複習觀念，做內轉的題目或後醫考古題，後期(驗證筆記)：針對93-109年每年考古題做深度的檢討以及做題。
2.生化：我認爲以于傳老師課本以及筆記就可以應付8成的後醫考題，那另外我還有做老師挑選過的小考考題!!
3.物理/化學：
李鉌老師的講義和筆記也是非常勘用，另外我也有做老師的小考考卷，以及一些轉學考英文的題目，那我認爲絕對不是盲目的做題目，而是要對照高醫考題的方向去抓我們要的題目，EX：高醫每年都會考好幾題所謂的定義題，那在做轉學考的定義題時我就會特別注意對於某些定義的關鍵字句我提到建立筆記架構在物理以及化學又格外重要，因爲物理以及化學題目數量都很多，並不是要一直去追求看過每一題，而是要從做有限的題目能將每一題都歸進自己所建立的架構當中!

高元 110後中西醫 感言錄

楊巧瑄
(成大/土木) 非本科系 **考取** 高醫/後西醫

首先感謝高元的老師及工作人員全力的支持，讓我能夠專注地準備考試

1.〔英文〕文法寫了張文忠老師的教材，還練習了句型解析那本書，我認為文法是一個一定要掌握的題目。

2.〔生物〕每天唸三個單元然後把後面的題目寫了一遍這是我今年準備生物的策略。

3.〔生化〕準備內容就是課本、小考題目、于傳老師的課重點。

4.〔化學〕課本範例、題庫班、考古題。小考題目我偷懶沒寫完。把老師上課的重點及解題思路拿出來應用。其實化學記憶性的東西也蠻多的並且更容易忘（因為不像生物那樣的生活化）我會把課本放在身邊，忘記了就馬上翻。

5.〔物理〕今年跟著金戰老師按部就班的唸書，先把老師上課講的課文跟範例都看懂了再寫。重點整理也很重要—尤其電磁學，有關聯的、相似的公式整理一起。

李祈
(成大/生科) **考取** 高醫/後西醫

將常考的觀念練成精才是最有效的。

【英文】英文準備我以背單字為目標，文忠老師的單字考卷和單字本是固定的例行公事。

【生化】于傳老師的CP值真的很高！把老師的板書抄成自己的筆記幾乎就可以打遍天下，把筆記背熟，如果都找得到老師講的內容在筆記的哪裡，相信你已經離上榜不遠，于傳老師抓題很精準，跟著老師的方向準沒錯，不會亂花冤枉時間。

【生物】我從黃彪老師身上學到最精華的就是答題技巧，老師的範圍真的太大了，課建議仔細聽老師的解題脈絡，你會發現其實不用什麼東西都背在腦海裡，愛考的重點就是那些。一樣很推薦多問老師問題XD我從老師的答題技巧真的學到很多。

【物理】金戰老師上課很詳細，講義也做得很清楚，上課時老師會帶很多題目讓大家了解考試重點，也會把難度拉高讓我們真正到考場時更駕輕就熟。

【化學】李銤老師可說是我的心靈導師，就跟他出的考題一樣犀利，常常能一語道破你的讀書狀況或是盲點。老師的正課就是挑重點記錄，再搭配他的無敵小考卷，也有把老師的英文考題全部寫完，我覺得練習是不會背叛你的，不用太鑽牛角尖，但是速度上的手感練上來會幫自己爭取到很多信心和寫物理的時間。大推老師的題庫班，寫完會覺得自己戰力點滿。

詹孟婕
(台科大材料) **考取** 高醫/後西醫

我今年的生物是上高元的黃彪老師，老師上課精美的板書和詳細的解釋都讓我在學習生物的過程中不再只是死記硬背，而是了解整個脈絡後再記憶，讓我對生物的背誦掌握度提高。黃彪老師在每一小節後都會放上該章節的歷屆考題，這對我來說幫助非常大！

陳建豪
(中國醫藥學) **考取** 高醫/後西醫

生物的部分唸完一章或者一小節就搭配考古題做練習，非常推黃彪老師！
生化的部分就是真的跟著于傳老師走就對了，老師的筆記真的很強而且要看得很熟，我認為把老師的筆記弄熟為主然後再搭配手上的可能有的題庫練習，基本上這科絕對不是問題。

曾媛愛
(高醫/藥學) **考取** 高醫/後西醫

1.化學這科我很推李銤老師～基本上跟著老師進度走。我很喜歡老師直接的個性，他會清楚的幫你分析哪些題目要注意。老師挑題和猜題功夫都是一流的！
Line的回覆也超級快！每次點開李銤老師的line，就會像開禮物盒?樣幫你解答所有知識和盲點。

2.英文：文忠老師很幽默，讓文法課變得很有趣，我跟著老師的課程進度，上課時就盡量把正在教的練習題作完。

3.生化：于傳老師的課報酬率超高，基本上老師上課講的話都是重點，所以筆記要看熟，也大推老師的題庫班和超詳解書，都是老師自己用心整理編排，今年他按照每種氨基酸去延伸相關代謝，我認為這在做總複習時會變得很輕鬆！！

4.生物：黃彪老師的講義是全彩，不但唸書看得很舒服幫助學習也省去很多抄板書時間。跟著老師的進度，上完課後我自己做筆記，外加寫生物講義每一章後的練習題，老師上課內容基本上都夠考試用。

蘇人豐
(高醫/藥學) **考取** 高醫/後西醫

感謝黃彪老師、于傳老師、李銤老師以及淑慧姐，給我在這段崎嶇路途上的所有支持和幫助。

幽默風趣的教學 挑戰化學極限

普通化學
李銖

1. 理論根基實力強,講解完全切入核心。
2. 講義教材、編輯按照考情趨勢編寫。
3. 教學由淺入深,讓非本科生容易理解,本科生更增進實力。

林佳祺
(清大/中文) 非本科系 考取 高醫/後西醫

普化:預習提升上課效率,課前小考絕對要考。普化是後醫五科考科當中,我最喜歡的一科。老師上課的內容絕對足夠應付後西醫的考試。在上課中老師也會傳授一些快速解題方法,且預測考題趨勢,完全符合後醫的考試模式。在最後題庫班的十二回裡,李銖老師強烈建議必須把接下來每一次的練習都當作真實考試一樣,這些模擬的感覺都幫助我在考試當天緊張感下降了不少。

張榮脩
(中國醫/藥學) 一年考取 連中雙榜 考取 高醫/後西醫 中國醫/後中醫

化學方面:如果認為自己化學基礎不錯的人,老師的上法很有效率,重點筆記要抄,上課例題一定要熟,原文練習題目本練熟,傳說中題庫班的 12 回考卷要計時寫完,應該就可以拿到不錯的分數。

林仁傑
(高醫/護理) 一年考取 考取 高醫/後西醫

李銖老師是一位很愛與學生互動的老師,所以上起課來不會太拘謹,也常常以活潑生動的方式來描述一個化學的現象,而上課內容以題目為主的方式也很適合後醫考試!可以讓同學迅速掌握常考題觀念,課本中每一題都對應到一個觀念的應用、變化,更有老師所謂的集大成題,綜合了該章節的所有觀念,其實把課本內的題目及課後練習乖乖寫完就已經具備初步的應考能力了!

吳宥潤
(高醫/藥學) 一年考取 考取 高醫/後西醫

學習化學的重點有三:作題、思考、學習快速答題的技巧。一直以來我都以自己速度太慢而苦,何況化學又須要計算。而李銖老師的教法活潑,常常會教多重解法:解一可以了解題目的觀念,解二可以快速逼出答案。有時覺得老師不是老師,而是一個喜歡"較量"的同學,在問問題時,我很喜歡跟老師討論一些新解法,在這樣長期練習的狀態下,不知不覺地就跨過了門檻。

劉昱昀
(北醫/藥學) 考取 高醫/後西醫

老師上課的東西絕對足夠應付考試,準備考試的期間我完全沒有碰原文書,只有把老師發的題目完整做完,這樣就非常足夠了。而且老師許多快速的解題方法都非常好用,確實是適合考試的取向。老師對學生就像朋友或是大哥一樣,很樂意幫大家解題。所以很推薦大家上李銖老師的課。

鄭芷薇
(高醫/臨藥所) 考取 高醫/後西醫

老師的教學經驗很豐富,從高中一路教上來,所以他很懂每一屆學生的課綱有什麼、哪一年畢業的學生沒學過什麼,不會的地方也可以盡量跟老師討論。再加上老師其實很喜歡跟同學當朋友,吃飯時間都可以閒聊增進感情。而且老師記憶力超強,看過的題目就會記起來,你問過的地方他也會記住,會再額外提點你弱點之處該注意什麼。

黃瑋祥
（高醫／藥學）　半年考取　**考取** 中國醫／後中醫

我覺得李鈺老師上課的板書很有系統，雖然老師上課板書節內容很多，不要以為他考古題指考難而恭喜你高中有的單元。理解能緊配搭百分且因為難整理得很好，理解前我覺得不用花太多時間研究去鑽研難過的考古題，那其實他考題觀念以快，但奏如果些花點時間浪費在搭配去鑽研。而如果是高中有的單元，恭喜你。板書結果是容易學以輕鬆拿。而如學弟妹，考過指考的單元分數一化中後中的普化難度不會比指考難。

陳秉緯
（成大／材料）　一年考取　**考取** 義守／後中醫

普化是我熟悉的科目，除了上課以外只有寫小考卷，李鈺老師選的題目非常棒，很容易偵測盲點，讓我能迅速鞏固這科。建議同樣是二類組背景的考生，不要花太多時間在普化上，只要熱力學、錯合物和比較難的酸鹼鹽生物。若是對普化不熟悉的考生也不用擔心，老師的講義和板書條理分明，建議先把上課範例的考古題弄懂，再搭配百分百熟悉內容即可。只要照著老師的進度走，普化絕對是容易拿分的科目。

張凱斌
（高師／生科）　**考取** 慈濟／後中醫

李鈺老師講義編排很像高中的教材，對於高中讀三類存古的我很容易喚醒高中的先輩知識（夢魘），去無間沒有存在的距離，讓人很輕鬆的進入狀況，幽默的口條，讓大家輕鬆用深入淺出的方式了解後中的考點程度，另外老師對解題也蠻多速解法，增強我們對考題的靈敏度和速度，把老師的解題百分百和範例好好刷爛，你會發現普化這科是很好衝高的利器。

陳冠霖
（中正／通訊）　雙榜　**考取** 中國醫／後中醫　慈濟／後中醫

大力稱讚老師課堂前的小考（考的是上禮拜教學的內容），能讓我赤裸裸的立馬知道自己寫完也能在下課時間與老師或同學討論，老師上課的內容，板書能幫我再次複習，較熟悉的單元就趕緊往前做題目，較陌生的單元就專心聽老師講解，這樣的機動性-我認為蠻有效率的。

吳佩軒
（高醫／職治）　**考取** 慈濟／後中醫

化學最令人不知所措的就是題型繁雜且多，但老師從一開始上課所求的觀念，重點不是做題型分明，做各種題型都求不一定要明確，分章的講義將各種題目，而是要了解正確且歷屆試題本各校的化學試卷內容，絕大多都是有涵蓋在老師的教材中。

劉宇真
（中正／傳播）　非本科系　**考取** 義守／後中醫

普化因為高中讀的是自然組，普化相對來說是我比較上手的科目，所以我準備的重點放在解題速度，李鈺老師的課前小考就是很好的練習機會，上課前提早半小時到教室，要求自己在有限的時間內解題，除了訓練自己的答題速度，也幫助自己了解對上一週課程的熟悉度。把課本、小考、歷屆試題、題庫班的題目寫過兩三遍，常錯的題目再多加強，並且提升計算能力與速度，就足夠應付考試了。

蘇玟
（文化／財法）　非本科系　**考取** 中國醫／後中醫

李鈺老師的普化我大力推薦，老師把每章的重點集結重新編成一冊，上課幫我們做統整復習，再搭配共有12回的試卷，可以再把我的觀念釐清。有不會的題目，即使很基本，老師也會不厭其煩的解答，真的很感謝他。

洪宇頡
（台大／中文）　非本科系　**考取** 中國醫／後中醫

老師給的練習量，普化必定能迎刃而解。李鈺老師除了課程、練習，還會分享他人生中的考試經驗及方法，也會陪同學吃飯聊天，降低考試壓力。

李宗融
（陽明／醫工所）　**考取** 中國醫／後中醫

李鈺老師，將老師課本的題型觀念徹底掌握住，再配合老師的葵花寶典，化學考試取得高分絕非難事。

蘇昶翰
（高醫／物治）　雙榜　**考取** 義守／後中醫　慈濟／後中醫

李鈺老師在解題方面相當有一套，上課在講解題目可先模其思維，在平時多練習老師篩選過的題目即足夠，不需再額外多買不必要的題本

高元 108後中西醫 感言錄

吳俊賢
(高醫/藥學) 考取 高醫/後西醫

化學這科從高中就讓我很頭痛，但只要跟著李鉌老師的進度走一切都不是問題，而且老師也常常主動關心學生，有任何問題都可以直接問不用害羞。
另外，我非常推薦老師的題庫班，在參加題庫班前其實我很多東西都還很不熟，但是經過題庫班的魔鬼12回訓練之後，每回都被電爆，但是「寧可練習全錯、不要考試多錯」，題庫班讓我在短時間之內把化學這科給救了起來，最後在考場上也有不錯的發揮！

林孟嬋
(長庚/生醫) 一年考取 考取 高醫/後西醫

老師的上課方式由簡入深，原理也講得很清楚，老師在一堂課結束之後都會預告下次上課的預習範圍，建議同學可以提前預習，老師每次上課都會有隨堂考卷，建議同學上面授的話可以提早30分鐘到教室寫完那張考卷，一來可以模擬答題速度，二來不會的可以馬上跟老師還有同學討論，題庫班有增加我今年化學答題的信心。

蔡宜臻
(成大/醫技) 雙榜 一年考取 考取 中國醫/後中醫 慈濟/後中醫

在上課時就先盡量聽懂公式與理論，純計算的題目一定要先掌握好，回家複習完後就要在當週將百分百寫完加深記憶。考前的考古題練習眞的非常重要，因爲各個章節的考題會全部出現，是一個很好分析自己哪章不熟的方法，並且要確實找出不熟公式或不懂的觀念。

洪一哲
(成大/醫技) 全國第五 一年考取 考取 慈濟/後西醫

老師非常親切，時常會打從內心關心學生。同時也因爲老師有豐富的教學經驗、解題技巧，所以時常能舉出平易近人的譬喻，並且在繁瑣的計算中，示範概算及速解法。老師的百分百、中文練習本、每週練習卷，還有題庫班絕對是必備。最後，不得不推薦的是老師的板書，簡潔明瞭，讓我能在考前快速完整複習許多次。

王柏文
(陽明/藥理所) 一年考取 考取 中國醫/後中醫

眞的很感謝李鉌老師，讓我能夠在短時間內上手！我特別推薦李鉌老師的三個部分：課本編排、上課板書、課前小考。老師課本編排的相當有邏輯而且清楚，以考題爲導向，讓我們能夠很快知道重點在哪裡。除此之外，老師上課也會教我們一些解題技巧，在考場上眞的會有很大的幫助。我在普化這一科花的時間並不多，只有在考前將老師每本課本的範例寫過3~4遍，特別是有標記出處的部分。總結來說，只要把老師上課教的內容好好複習，並且搭配題目做練習，普通化學眞的是很好拿分的！

吳宛玟
(中國醫/營養) 一年考取 考取 中國醫/後中醫

化學我是選擇視訊，從考卷就可以看出李鉌老師的用心。化學講義的題型也是包山包海，上課的範例就很完整的涵蓋各個觀念，課後再完成後面練習題，基本上考試範圍都不超過老師講義。雖然講義內容看似很多，但老師上課時會把精簡的筆記抄在黑板上，並將學生容易搞錯的點都講解得十分仔細，並分享一些解題技巧，教你如何快狠準答題。另外很推薦老師的百分百歷屆試題，我認爲這本書是市面上詳解寫得最仔細的書，考前寫考古題就寫這本！

盧雅蒨
(台大/法律) 考取 中國醫/後中醫

很慶幸這次遇到了李鉌老師，觀念講解清晰，而且老師對各種考古題都瞭若指掌，帶著學生由基本題做到進階題，就是要你會解題。老師也會在Line上回覆學生問題，但他的要求是學生必須把自己的想法寫清楚，我覺得這樣的要求是非常好的訓練。記得有一題酸鹼沉澱，我想了一個晚上還是解不出跟答案一樣的選項，後來放著睡一覺醒來就想通了！我將解題步驟及算式寫下來，拍照寄給老師，問說是不是這樣、或者有更快速的解法，當老師秒回：「很好，就是這樣。」我除了很開心，也像吃了一顆定心丸，我的普化還是有救的！

高元 學士後中(西)醫

最強師資團隊 最優質課程輔導/上榜的保證

簡介　系別	學士後西醫		學士後獸醫
學校	高雄醫學大學	清華大學	亞洲大學
名 額	60人	50人(預計)	正取45名
考試科目	(A)組　55人 英文100分 生物+生化150分 化學+物理150分 (B)組　5人 英文100分 生物+生化150分 計概+程設150分	以招生簡章為主	英文 化學(含普化.有機) 生物學(動物學.植物學) 生化
成績計算	筆試60% 口試40%	筆試 書審+口試	筆試60%+口試30% +書審10%
考試日期	111年6月	111年(以簡章為主)	111年6月
報考資格	大學畢業.不限科系　(男生需役畢或免役者)		

簡介　系別	學士後中醫		
學校	中國醫/後中醫	慈濟/後中醫	義守/後中醫
名 額	100人	45人	50人
考試科目	國文100分 英文100分 生物100分 化學(含有機)100分	國文100分 英文100分 生物100分 化學(含有機)100分	國文100分 英文100分 生物100分 化學(含有機)100分
成績計算	筆試(60%) 口試(40%)	每科100分	每科100分 加權計分-國文*1.2 加權計分-生物*1.2
考試日期	111年4月24日(週日)	111年4月30日(週六)	111年(以簡章為主)

學士後醫-金榜班 (高元 全國最強後醫師資團隊)

秋季學年精修班 8月~4月	二年保證班 8月~5月(第一年) 自6月~隔年5月(第二年)	二年學年班 二年課程 雙效合一	題庫班 每年2月~5月

林嘉心
畢業學校（台大/地理）

筆試總分 342
口試 92

中國醫
後中醫 榜首

考取感言

【生物】黃彪老師

黃彪老師是我的偶像。我很喜歡生物課，上課解題的老師嚴肅的很帥也不太廢話真的很完美，下課請教問題的時候會發現老師其實給人非常溫柔友善的感覺，非常親民。後中考試的普生很可能考到其他專業選修的深度，不過這些都不必擔心，拿好老師的課本與筆記，面對百鬼夜行的考卷，可以所向披靡。上課跟著做那黑板上神一樣的筆記，它會是考前兩個月的良伴，這個是我把生物念起來的關鍵。模考前看、寫到題目回來看、考前一週也花個一兩天看完它。下課後，黃彪老師對於學生的疑問總是負責任且精闢用心的回答。課程結束的時侯沒有空做感恩的卡片給老師，那時候我就想說，今年要送老師一個榜首，好險成功了。

【國文】簡正老師

簡正老師對我是安定慌亂之心的一個重要的存在，課本也很實際很詳盡完整，整體而言做各種題目吃苦耐勞見一個做一個是我拿下這科的關鍵。簡老師對學生很慈祥，授業之餘，也很樂意解惑，也會適時關心學生，傳遞許多正向積極的人生的道理。上老師的國文課是一個非常愉快的過程，感覺得出老師治學的嚴謹態度以及保護教學品質的用心，由衷感謝老師營造出這樣紳士的舒適的上課氛圍，讓我在這兩年的過程中有一個尋回那放失本心的空間。

【面試】

中國醫的第二階段。高元的模擬面試會提供許多練習的題目，還有請學長姐來分享經驗，很棒。

一段特殊的人生階段，在高元，很感謝台中高元的書娟姐的友善也很感謝嘉瑩姐的親切，除了麻煩她們處理各種課務也常麻煩她們幫忙訂便當，老師和同學們的陪伴與鼓勵也讓我在這裡很幸福。

考取感言

感謝高雄高元的團隊成為我最強大的後盾，除了各科老師對於學科以及教學的專業之外，櫃檯的姐姐們也十分照顧考生們，把高元打造成同學們心靈的避風港，讓我們能準備十足再出發應戰，凱旋而歸。

博學多聞的簡正老師、幽默風趣的國文時光、筆走龍蛇的優美板書、事半功倍的精美講義，讓我不再害怕迷失在國文的浩瀚之中，尤其是那筆記書，每次翻頁，就能多撿個幾題，使成績如虎添翼。

普化這科，有了李鈺老師深入淺出的解說，再搭配強大的速解法以及有趣的口訣，使考試時間充裕了起來，如此就能穩穩的拿下屬於你的分數，把化學變成我的強科。

就算是最艱深的有機化學，有了林智老師幽默的講解以及極具脈絡的課程安排，也能把地基往下打穩，掌握度直線攀升，最後回頭檢視考題，眉頭不再深鎖，笑顏逐漸展開。

英文張文忠老師，從頭到尾培養起我的文法能力，讓原本不敢寫英文句子的我，每次英文寫作都可以很有自信的寫出具深度的英文句子，講義中不管是單字題、文法題、克漏字甚至閱讀題，都有十分細膩的詳解，使我的英文分數錦上添花。

生物學的茫茫大海之中，黃彪老師就像是一盞明燈，指引著考生們的方向，尤其老師上課的板書就是精華中的精華，能把龐大又複雜的概念整理成一個精巧又清楚且不失細節的小段落，並且考試熱區會一再的提醒，讓我們成為生物大師。

黃文彥
畢業學校（師大/物理）

筆試總分 326
口試 95

中國醫
後中醫 榜眼

高元私醫榜首

陳麒安

原就讀:實踐/食品營養系
考取:長庚中醫系

榜首

國文 80.50分 英文 83.80分
生物 84.50分 化學 89.90分
總分 338.70分

對的選擇比努力更重要

事記 高三就讀:台北市成功高中,因目標是中醫學系
高中數理不佳(6級分程度),自知大學學測和指考無法考上醫學系
知道私醫聯招/學士後醫管道可圓醫師夢

心路歷程 在高元準備私醫,終於考上夢想的長庚中醫學系。
在高三上學期 9月起自台北每週坐車到台中 高元上面授課程
生物-黃彪 普化-李鈺的私醫聯招、學士後中西醫課程
到了大一選擇(就讀實踐/食品營養系)
因為不用唸物理、微積分、大一共同必修也是普化、生物,
符合我準備私醫聯招考科-生物及普化。
大一時從台北地區,每週六、日風雨無阻的台中高元面授
李鈺-普化、黃彪-生物的課程、(國文、英文改用網路教學)

心得

你來高元,絕對可以讓你高中狀元,這邊的老師與教材都是一流
的。首先,簡正老師的教學經驗豐富,他最精華的一本書就是筆記
書,考前一定要抱著它不放。接著是張文忠老師的格林法則真是威
力強大,一定要用理解方式背單字才不會這麼辛苦,至於文法就從
閱讀測驗的文章中慢慢去習慣它會很有效率。再來,彪哥是一本生
物百科全書,他真的很有學問,總可以用簡單的方式來闡述複雜的
觀念,老師的板書都是重點整理,看好他的筆記,絕對讓你大大進
步。最後來介紹李鈺老師,完全是一個考試機器人,他可以教你如
何在最短的時間內獲取最高的分數,老師的教法也是一聽就懂,超
級讚!希望明年的高元可以培育出更多未來的醫師們,加油!

高元 109後中|西醫金榜錄
對的選擇比努力更重要！

109年 高醫｜高元學士後西醫金榜

郭晏榕 (高醫/藥學)	余承曄 (台大/生化)	陳姵妤 (台大/財金) 非本科	張芷瑄 (大學畢業)
鄭淑貞 (北醫/藥學)	莊德邦 (高醫/藥學)	鄭惠方 (台大/動科)	郭千榕 (台大/分醫所)
陳曉柔 (台大/護理)	戴偉閔 (成大/醫技) 一年考取	許同學 (中興/化工)	吳家均 (成大/醫技)
洪暐翔 (高大/生科)	張同學 (中國醫/藥學)	蔡芝蓉 (成大/臨藥所)	蔡凱彥 (台大/企管) 口試輔導
賴牧祈 (成大/化學) 口試輔導	黃秉澤 (中山醫/生醫) 口試輔導	呂英鴻 (成大/藥理所) 口試輔導	劉昱廷 (北醫/藥學) 口試輔導
林晉丞 (政大/心理) 口試輔導	翁珮珊 (成大/電機) 口試輔導	鍾其修 (高醫/藥學) 備5	...陸續查榜中

109年 中國醫｜高元學士後中醫金榜　　囊括45席金榜 平均每2人就有1人來自高元！

林嘉心 (台大/地理) 榜首 雙榜	黃文彥 (台師大/物理) 榜眼 三榜	黃琬珺 (台大/護理) 全國第4	梁呈瑋 (成大/化學) 一年考取 雙榜
雙榜 黃彥凱 (高醫/心理) 一年考取	岳書琪 (台大/工管) 一年考取 非	詹勛和 (中央/資工) 一年考取 雙非	林容嬋 (北護/護理) 一年考取
謝承叡 (台大/土木)	陳玳維 (中國醫/藥學)	王靖淇 (成大/醫技)	賴煒珵 (交大/管科) 三榜 非本科
莊濰存 (中山/生科)	蔡詠安 (中央/土木)	蔡宛臻 (中國醫/中資)	李宥霆 (成大/化學) 雙榜
黃資淨 (嘉藥/藥學)	江凡宇 (中山/職治)	陳柏州 (中國醫/護理)	江橞媗 (中國醫/藥學) 雙榜
吳詠琦 (中國醫/藥學)	沈韋廷 (中山醫/醫技)	陳佳瑜 (台大/外文) 雙榜 非本科	徐道恆 (實踐/應外) 非本科
雙榜 蔡宸紘 (政大/哲學) 非本科	范育瑄 (高醫/藥學)	林彥妤 (長庚/生醫)	陳冠妤 (中國醫/藥學)
雙榜 田鈞皓 (長庚/機械) 非本科	李銘浩 (北醫/藥學) 雙榜	陳韻涵 (嘉藥/藥學)	王昱臻 (中國醫/中資)
張簡茹 (清大/醫科) 口試輔導	江冠羲 (中國醫/藥學) 口試輔導	陳沛羽 (高醫/藥學) 口試輔導	葉秋宏 (北醫/藥學) 口試輔導
張益安 (中國醫/中資) 口試輔導	李俊佑 (台大/生理) 口試輔導	陳昭如 (彰師大/物理) 口試輔導	黃致翔 (中國醫/藥妝) 口試輔導
劉俞君 (高醫/藥學) 口試輔導	李昶駐 (長榮/資管) 備1	麥嘉津 (高師大/經營) 備2	曾薇螢 (北醫/藥學) 備4
吳宣賞 (嘉大/生農) 備5	...陸續查榜中		

109年 慈濟｜高元學士後中醫金榜

探花 梁呈瑋 (成大/化學) 一年考取	李宥霆 (成大/化學) NO.6 雙榜	詹勛和 (中央/資工) 一年考取 雙榜	李銘浩 (北醫/藥學) 雙榜
陳冠妤 (中國醫/藥學) 雙榜	林嘉心 (台大/地理) 雙榜	賴煒珵 (交大/管科) 三榜 非本科	黃文彥 (台師大/物理) 三榜
許培菁 (政大/國貿) 雙榜 非本科	蔡詠安 (中央/土木) 雙榜	林清文 (輔大/職治)	范育瑄 (高醫/藥學) 雙榜
鄭仲伶 (成大/醫技) 雙榜	江品慧 (中正/生醫)	陳玳維 (中國醫/藥學)	林容嬋 (北護/護理) 雙榜
雙榜 江橞媗 (中國醫/藥學) 雙榜	田鈞皓 (長庚/機械) 非本科	許培甫 (中山/財管) 非本科	黃彥凱 (高醫/心理) 雙榜
陳佳瑜 (台大/外文) 非本科 雙榜	曾品儒 (台北/法律) 非本科	廖冠泓 (成大/心理)	陳建旭 (台大/口腔生物)
黃琬珺 (台大/護理) 雙榜	蔡宸紘 (政大/哲學) 非本科	周育丞 (中山醫/職治)	吳詠琦 (中國醫/藥學) 備49
王詩萍 (台大/獸醫) 備51	李岱勳 (大仁/藥學) 備52	馬樅鈞 (北醫/護理) 備53	黃資淨 (嘉藥/藥學) 備55
王昱雯 (大學畢業) 備59			...陸續查榜中

109年 義守｜高元學士後中醫金榜

探花 吳定遠 (嘉藥/藥學)	許培菁 (政大/國貿) 非醫	張馨方 (嘉藥/藥學)	林禹欣 (成大/交管) 一年 非	陳映涵 (中國醫/物治) 備9
三榜 賴煒珵 (交大/管科) 非	洪芙蓉 (輔大/生科)	陳映端 (高大/生科所)	陳怡靜 (台大/生化所)	郭書宏 (雲科/電機) 備11
雙榜 鄭仲伶 (成大/醫技)	葉天曄 (中山醫/生醫)	謝忠穎 (成大/地科)	李欣陪 (嘉大/微免)	吳雅筠 (中山醫/物治) 備15
陳怡蓉 (大學畢業)	黃琬云 (高醫/藥學)	黃文彥 (台師大/物理) 三	顏于勛 (台大/生化所)	何佩珍 (中國醫/職安) 備17
莊一清 (高醫/心理)	李岱勳 (大仁/藥學)	張瓊文 大學畢業	陳建旭 (台大/口腔生物) 備7	王昱雯 (長庚/生醫) 備20
洪昇銘 (中山醫/營養)				

高元 後中醫/後西醫
2021年 錄取率 稱霸全國 賀

110年高醫 後西醫 高元金榜
狂賀!!後西招考60人 每3位就有1位來自高元

林侑央 315·75 總分　**廖啓佑 309·75** 總分　**曾媛愛 308·25** 總分　**曾薇螢 306·50** 總分

詹孟婕 (台科大/材料)	蘇人豐 (高醫/藥學)	宋柏憲 (台大/醫工所)	曾媛愛 (高醫/藥學)
廖啓佑 (中國醫/藥學)	非本科 楊巧瑄 (成大/土木)	李祈 (成大/生科)	楊昇霖 (高醫/醫化)
余紹揚 (長庚/呼治)	蔡侑霖 (高醫/藥學)	曾薇螢 (北醫/藥學)	陳靖旻 (中國醫/藥學)
陳建豪 (中國醫/藥學)	應屆 王品淇 (成大/職治)	林侑央 (交大/生技)	陳柔蓁 (高醫/藥學)
江惠彬 (長庚/護理)	侯心一 (台大/獸醫)-口試	戴于傑 (高醫/藥學)	程設計概組 陳同學 (大學畢業)

110年中國醫 後中醫 高元金榜
中國醫後中醫前10名 本班強佔3位,並榮登全國第2名

劉子睿 榜眼 一年考取　　**粘湘宜** 第五名 連中三榜　　**許文展** 第九名 一年考取 雙榜

榜眼 一年考取 劉子睿 (中國醫/藥學)	第五名 一年考取 粘湘宜 (台大/心理)	第九名 雙榜 一年考取 許文展 (成大/醫技)	三榜 陳亮穎 (高醫/藥學)
連中三榜 沈庭蔚 (成大/航太)	三榜 鄭惠欣 (高醫/藥學)	連中三榜 一年考取 施育婕 (台大/植微)	三榜 邱鈺翔 (雲科大/企管)
三榜 蔡易澂 (嘉藥/藥學)	雙榜 傅勝騰 (高醫/醫放)	三榜 李沂蓁 (高醫/呼治)	三榜 一年考取 金中玉 (中國醫/藥學)
雙榜 非本科 賀先御 (中正/資工)	雙榜 鄭妍鈴 (中國醫/運醫)	雙榜 王振宇 (中國醫/醫技)	口試 范植盛 (高醫/藥學)
雙榜 邵翊寧 (高醫/藥學)	雙榜 汪耘稼 (中山/化學)	雙榜 陳啓銘 (嘉藥/藥學)	口試 陳亭安 (北醫/藥學)
一年考取 陳廷陽 (交大/材料所)	謝采恩 (中國醫/藥學)	非本科 口試 劉庭瑄 (政大/新聞)	口試 黃少鏞 (中興/獸醫)
一年考取 翁嘉隆 (中國醫/藥學)	陳襄禎 (成大/生科)	口試 李秉諭 (中國醫/藥妝)	口試 謝○倫 (中央/化工)
非本科 陳垣元 (成大/統計)	口試 王律祺 (嘉大/獸醫)	口試 陳中華 (高醫/藥學)	口試 劉孟佳 (清大/生科)

110年義守 後中醫 高元金榜
義守後中醫前10名,本班強佔4位 並榮登榜首、探花、第5名、第10名

劉子睿 義守-榜首 一年考取　　**陳亮穎** 探花 一年考取　　**朱怡靜** 第五名

榜首 一年考取 劉子睿 (中國醫/藥學)	探花 一年考取 陳亮穎 (高醫/藥學)	第五 朱怡靜 (高醫/藥學)	雙榜 義守第十 蔡文穎 (高醫/護理)
連中三榜 一年考取 施育婕 (台大/植微)	連中三榜 一年考取 沈庭蔚 (成大/航太)	連中三榜 一年考取 鄭惠欣 (高醫/藥學)	連中三榜 非本科 邱鈺翔 (雲科大/企管)
三榜 蔡易澂 (嘉藥/藥學)	三榜 粘湘宜 (台大/心理)	雙榜 一年考取 賴雋儒 (台大/心理)	三榜 李沂蓁 (高醫/呼治)
雙榜 一年考取 黃光毅 (嘉藥/藥學)	雙榜 邵翊寧 (高醫/藥學)	雙榜 翁瑞澤 (台大/免疫所)	雙榜 鄭妍鈴 (中山醫/運醫)
三榜 一年考取 金中玉 (中國醫/藥學)	雙榜 非本科 賀先御 (中正/資工)	非本科 施佳呈 (中山醫/視光)	雙榜 韓承恩 (哥倫比亞/心理)
非本科 林羿佑 (台大/數學所)	雙榜 林岦毅 (中山醫/醫技)	朱俊炫 (高醫/護理)	陳明暄 (中山醫/物治)
柳欣妤 (北醫/口衛)			

110年慈濟 後中醫 高元金榜
慈濟後中醫前10名,本班強佔3位 並榮登榜首、探花、第4名

陳亮穎 慈濟-榜首 一年考取　　**賴雋儒** 探花 非本科系　　**邱鈺翔** 第四名 非本科系

榜首 一年考取 陳亮穎 (高醫/藥學)	探花 一年考取 賴雋儒 (台大/心理)	第四名 一年考取 邱鈺翔 (雲科大/企管)	連中三榜 鄭惠欣 (高醫/藥學)
連中三榜 一年考取 沈庭蔚 (成大/航太)	連中三榜 一年考取 粘湘宜 (台大/心理)	連中三榜 一年考取 施育婕 (台大/植微)	連中三榜 蔡易澂 (嘉藥/藥學)
雙榜 傅勝騰 (高醫/醫放)	雙榜 一年考取 黃光毅 (嘉藥/藥學)	雙榜 陳啓銘 (嘉藥/藥學)	雙榜 汪耘稼 (中山/化學)
雙榜 翁瑞澤 (台大/免疫所)	黃亭鈞 (中山醫/營養)	謝佩蓁 (大同/生物)	雙榜 廖庭玉 (北醫/藥學)
雙榜 王振宇 (中國醫/醫技)	雙榜 韓承恩 (哥倫比亞/心理)	連中三榜 一年考取 許文展 (成大/醫技)	三榜 李沂蓁 (高醫/呼治)
雙榜 蔡文穎 (高醫/護理)	連中三榜 一年考取 金中玉 (中國醫/藥學)	雙榜 林岦毅 (中山醫/醫技)	

普通化學百分百3.0 試題詳解

【106-110年高醫後西醫 +104-110年後中醫(中國醫.義守.慈濟) + 105-109年私醫 歷屆試題詳解】

著　　作：李銖老師

總 企 劃：楊思敏

電腦排版：陳如美

封面設計：薛淳澤

出版者：高元進階智庫有限公司

地　　址：台南市中西區公正里民族路二段67號3樓

郵政劃撥：31600721

劃撥戶名：高元進階智庫有限公司

網　　址：http://www.gole.com.tw

電子信箱：gole.group@msa.hinet.net

電　　話：06-2225399

傳　　真：06-2226871

統一編號：53032678

法律顧問：錢政銘 律師事務所

出版日期：2021 年 10 月　　　　ISBN 978-626-95281-0-3

定價：600 元 (平裝)

本書若有缺頁或裝訂錯誤，請寄回退換！讀者服務傳真專線06-2226871